NOUVEAU COURS

COMPLET

D'AGRICULTURE

DU XIXᵉ SIÈCLE.

PLA—QUO.

———

TOME DOUZIÈME.

NOMS DES AUTEURS.

MESSIEURS

THOUIN, Professeur d'Agriculture au Jardin du Roi.

TESSIER, Inspecteur-général des Établissements ruraux appartenant au Gouvernement.

HUZARD, Inspecteur-général des Écoles Vétérinaires de France.

SILVESTRE, Secrétaire de la Société royale et centrale d'Agriculture de Paris.

BOSC, Inspecteur-général des Pépinières royales et de celles du Gouvernement.

YVART, Professeur d'Agriculture et d'Économie rurale à l'École royale d'Alfort, etc.

> Composant la Section d'Agriculture de l'Institut royal de France.

CHASSIRON, de la Société d'Agriculture de Paris, Propriétaire-Cultivateur.

CHAPTAL, Membre de l'Institut, Propriétaire-Cultivateur, etc.

DE LACROIX, Membre de l'Institut et Propriétaire.

DE PERTUIS, Membre de la Société d'Agriculture de Paris, Propriétaire-Cultivateur.

DE CANDOLLE, Professeur de Botanique et Membre de la Société d'Agriculture.

DU TOUR, Propriétaire-Cultivateur à Saint-Domingue.

DUCHESNE, Membre de la Société d'Agriculture de Versailles.

FÉBURIER, Membre de la même Société.

DE BRÉBISSON, Membre de la Société d'Agriculture et des Arts de Caen.

Les articles signés (R.) sont de ROZIER.

OUVRAGE IMPRIMÉ PAR Mme HUZARD,

(NÉE VALLAT LA CHAPELLE).

NOUVEAU COURS

COMPLET

D'AGRICULTURE

DU XIXME SIÈCLE,

CONTENANT LA THÉORIE ET LA PRATIQUE DE LA GRANDE ET DE LA PETITE CULTURE,
L'ÉCONOMIE RURALE ET DOMESTIQUE, LA MÉDECINE VÉTÉRINAIRE, ETC.,

OU

DICTIONNAIRE RAISONNÉ ET UNIVERSEL

D'AGRICULTURE,

Ouvrage rédigé sur le plan de celui de feu l'abbé ROZIER, duquel on a conservé les
articles dont la bonté a été prouvée par l'expérience ;

Par les Membres

DE LA SECTION D'AGRICULTURE DE L'INSTITUT DE FRANCE, ETC.

Avec des Figures en taille-douce.

NOUVELLE ÉDITION,

revue, corrigée et augmentée.

DU FONDS DE M. DETERVILLE.

PARIS,

A LA LIBRAIRIE ENCYCLOPÉDIQUE DE RORET,

RUE HAUTEFEUILLE, 10 BIS.

1838.

IMPRIMERIE DE A. ÉVRAT ET Cⁱᵉ,
rue du Cadran, 16.

NOUVEAU COURS COMPLET D'AGRICULTURE.

P L A

PLACEMENT D'UN ÉTABLISSEMENT RURAL. ARCH. RURALE. On n'est presque jamais le maître de choisir l'emplacement le plus convenable pour un établissement rural, on est quelquefois obligé d'y consacrer le seul terrain dont on puisse disposer, le plus souvent on est réduit à réparer une construction anciennement établie.

Ce n'est donc que dans le cas d'un nouvel établissement, et lorsqu'on est absolument libre de choisir sur un terrain d'une grande étendue, que l'on peut déterminer son emplacement le plus avantageux.

Avant d'en fixer le choix, il faut étudier le site, la nature du sol, la situation des sources et la direction des vents dominans; examiner la position des chemins environnans, la situation des terres de l'exploitation et l'éloignement du village; et après avoir calculé les avantages et les inconvéniens que présenterait l'établissement dans différentes positions, on se déterminera pour l'emplacement qui, à salubrité égale, offrira au propriétaire la construction la plus économique, et au fermier la moindre perte de temps pour satisfaire à tous les besoins de son ménage et de son exploitation.

D'ailleurs, « on doit, quand on le peut, préférer un terrain en pente douce, afin d'obtenir à volonté l'écoulement des eaux pluviales sans ravines et à peu de frais, et la conduite des eaux de fumier où l'on voudra; un terrain où l'on puisse, faute de sources ou d'eaux courantes, faire des puits peu dispendieux et d'un service peu pénible » : M. Garnier Deschesnes, tom. 1er. des *Mém. de la société d'agr. de Paris.* (DE PER.)

PLACENTA. Organe qui, dans les femelles des quadrupèdes, unit l'enfant à la mère. Il en a été question au mot ARRIÈRE-FAIX. (B.)

PLACENTA. Partie du fruit qui donne naissance aux vaisseaux qui portent la nourriture aux semences.

La forme et la position du placenta varient presque dans chaque plante. Il est très-rare que les agriculteurs soient dans le cas de le prendre en considération. *Voyez* FRUIT et SEMENCE. (B.)

PLAGO. Synonyme de PLAIE dans le midi de la France. (B.)

PLAIES. MÉDECINE VÉTÉRINAIRE. On appelle plaie toute solution de continuité faite aux parties du corps par une cause quelconque, et on en distingue plusieurs sortes, suivant l'état où elles se trouvent et la cause qui les a produites. Ainsi, on reconnaît des *plaies simples*, des *plaies qui suppurent*, des *contusions*, des *piqûres*, des *plaies d'armes à feu* et des *plaies envenimées*.

1. *Plaies simples.* — La plaie simple n'est qu'une division, qu'une simple séparation des parties par un instrument tranchant; le danger d'une plaie simple ne consiste que dans la nature des tissus coupés, et quand ce ne sont pas des organes importans ou des vaisseaux considérables, il n'y en a aucun. Les deux bords de toute plaie simple doivent être réunis sur-le-champ, et maintenus agglutinés jusqu'à ce qu'ils soient repris et cicatrisés. Quelquefois cette simple réunion opère la guérison dans l'espace de quelques jours; c'est ce que l'on appelle réunion par première intention. Pour opérer cette réunion, il est nécessaire de nettoyer avec précaution les plaies simples, de les débarrasser du sang et de tous les autres corps étrangers qui pourraient être répandus sur leur surface. Cette opération doit être exécutée de manière à ne point irriter la plaie, et à la laisser le moins de temps possible en contact avec l'air et le froid. On doit employer l'eau tiède et encore mieux le vin aussi tiède.

Cette réunion par première intention est bien difficile dans les animaux; on ne peut point les contraindre à une immobilité presque absolue, souvent nécessaire, pour que le contact des bords de la plaie soit continuel, et presque toujours quelque accident vient empêcher la réunion. On doit néanmoins tenter l'opération, et la réussite couronnera quelquefois la tentative.

2. *Plaies qui suppurent.*—Le plus ordinairement il se passe un autre ordre de phénomènes: les bords de la plaie, irrités par le fait même de l'instrument tranchant, ensuite par la présence de l'air et des corps étrangers qui s'y introduisent, présentent tous les caractères qui dénotent une inflammation. C'est, en effet, une inflammation qui tend à se terminer par

suppuration. La marche d'une plaie qui se guérit ainsi, présente trois périodes, qu'il convient de bien distinguer, pour ne pas la gêner par des soins mal entendus. La première est la période d'irritation ou d'inflammation ; la seconde, la période de suppuration ; et enfin la troisième, celle de cicatrisation.

Au moment où un instrument tranchant fait une plaie, le sang en découle de tous côtés ; mais s'il n'y a point de gros vaisseaux entamés, l'hémorrhagie ne tarde pas à s'arrêter, et la plaie à se couvrir d'une sérosité limpide jaunâtre : c'est l'instant qu'il faut saisir pour réunir les bords, et tâcher d'obtenir une réunion par première intention : si l'on ne peut pas y parvenir, les deux bords se gonflent, les parties environnantes se tuméfient, deviennent douloureuses, plus chaudes, en un mot, présentent tous les caractères de l'inflammation : c'est la période d'inflammation.

Cet état dure plus ou moins de temps, selon les espèces d'animaux, ensuite selon la constitution de l'individu, et enfin selon la nature de l'organe ; quelquefois dès le troisième jour, quelquefois seulement au huitième ou neuvième, la plaie qui jusque alors n'avait jeté qu'une sérosité jaunâtre, roussâtre, commence à se couvrir d'une matière plus blanche, plus consistante, plus grumeleuse, inodore quand elle est nouvellement sécrétée, et que l'on appelle *pus* ; la plaie est alors recouverte de végétations peu élevées, rougeâtres, de formes irrégulières, qui sont les organes de cette sécrétion et que l'on appelle bourgeons charnus. Ils sont produits par le développement momentané des lames du tissu cellulaire, dont les vaisseaux sont remplis des fluides attirés par l'irritation : c'est la période de suppuration.

Les bourgeons charnus se vident bientôt par la suppuration des sucs dont ils sont gorgés, ils se resserrent, adhèrent les uns aux autres. Les bords de la plaie, qui avaient été séparés par le gonflement inflammatoire, se rapprochent par le dégorgement, qui est la suite de la suppuration ; la plaie diminue d'étendue à chaque instant, aux extrémités d'abord, et enfin disparaît quand le centre se réunit : c'est la période de cicatrisation.

Quand il n'y a point eu perte de substance, c'est-à-dire quand une partie de l'organe malade n'a pas été séparée du corps, la cicatrisation se fait quelquefois assez vite et est très-peu apparente ; mais quand il y a eu perte de substance et perte de la peau sur-tout, il arrive souvent que la cicatrisation ne se fait pas si vite, et que même la plaie ne se recouvre pas de peau. Voici alors ce qui arrive : les lames du tissu cellulaire, qui forment les bourgeons charnus, se vidant par la suppuration, forment une membrane particulière, différente de la peau, et qui est intermédiaire entre ses bords ; elle sert à les réunir et à fermer la plaie. C'est cette membrane qui constitue la cicatrice ; elle est plus délicate que la peau et plus sujette à s'irriter ; elle s'enlève par écailles et se renouvelle assez souvent.

Nous avons vu que la suppuration était, pour ainsi dire, la marche régulière de l'inflammation, que c'était sa terminaison naturelle ; quand donc une plaie suppure, elle tend naturellement à sa cicatrisation, et tous les efforts doivent tendre à amener ce résultat : le traitement consiste à entretenir les propriétés vitales de la partie dans un état moyen d'excitation. Trop élevées, elles retardent la marche, en empêchant la suppuration, ou en l'entretenant ; trop faibles, le travail suppuratoire ne se fait pas, et souvent la plaie, au lieu de diminuer, augmente. On mettra donc la plaie à l'abri de tous les excitans extérieurs ; et si, ce qui est rare, l'inflammation languit ; si les bourgeons charnus perdent leurs couleurs vermeilles, s'ils deviennent blafards, le pus séreux, on ranime alors la plaie par quelques applications stimulantes, et par quelques fortifians à l'intérieur.

La saignée, une diète plus ou moins sévère, des cataplasmes émolliens, sont les moyens propres à modérer l'inflammation lorsqu'elle est trop vive.

Un accident vient quelquefois compliquer les effets de la suppuration et amener des suites funestes. Les bourgeons charnus, qui, ainsi que nous l'avons dit, proviennent des lames du tissu cellulaire, sont pourvus, comme tous les organes formés de ce tissu, de vaisseaux absorbans, aussi bien que de vaisseaux exhalans ; quelquefois, et sur-tout dans le cas où le pus séjourne trop long-temps sur la plaie, il arrive qu'il est absorbé : une fièvre de mauvais caractère, plus ou moins intense, en est la suite : l'animal maigrit rapidement ; la plaie, de couleur rose et vermeille qu'elle était, devient pâle, blafarde ; la suppuration cesse, il n'en découle plus qu'une sérosité au lieu de pus, et l'animal souvent meurt, si des soins bien entendus ne sont apportés. On préviendra cet accident en donnant un libre écoulement au pus et avec des pansemens soignés et répétés. Dans le chien, les plaies qui suppurent n'exigent presque point de soins ; l'animal, en les léchant continuellement, les amène bientôt à cicatrisation.

L'inflammation du tissu cellulaire, qui est très-commune, et qui se termine le plus souvent par suppuration, offre bien régulièrement tous les phénomènes d'une plaie qui suppure. On appelle *phlegmon* ou *flegmon* cette inflammation. *Voyez* Phlegmon.

3. *Plaies contuses. Contusions.* — L'on nomme ainsi toute séparation superficielle et profonde, apparente ou non, qui arrive sur une partie par le choc d'un corps. Ainsi, l'épaule reçoit un coup, la peau n'en est pas déchirée, parce qu'elle est mobile et qu'elle a cédé à l'impression ; mais les muscles sous-jacens, qui sont fixes et plus fermes, ne cèdent point ; leurs fibres sont séparées ou distendues ou rompues, les vaisseaux qui entrent dans leur compression déchirés, et le sang s'épanche dans la partie : voilà une contusion cachée. La peau est-elle entamée, c'est une contusion apparente.

La contusion présente une foule de nuances, depuis le plus léger degré d'une simple compression où la solution de continuité n'a intéressé que quelques vaisseaux capillaires, jusqu'au degré où les parties ont été désorganisées en entier par le corps contondant. Ces nuances dépendent donc presque entièrement de la manière dont ce dernier agit sur les parties, de son poids, de sa vitesse, de sa dureté, etc.

Dans le cas où la contusion a été très-légère, où il n'y a eu que quelques petits vaisseaux rompus, et peu de sang épanché, la contusion peut se terminer par résolution, et l'absorption des fluides épanchés s'opérer ; mais s'il y a séparation des parties, c'est en vain qu'on voudrait chercher à réunir les lèvres de la plaie, et la suppuration est presque toujours inévitable.

Quand la contusion n'est point trop forte, et que la peau n'est point ou que peu entamée, on a remarqué que des lotions résolutives et souvent renouvelées suffisaient pour faire disparaître ces accidens. Mais si la douleur est vive et que des signes d'inflammation commencent à se manifester, on doit substituer les lotions et les cataplasmes émolliens aux lotions résolutives. Si même la contusion a été violente, une saignée est toujours indiquée pour diminuer la réaction inflammatoire, à moins de contre-indication extraordinaire. C'est un moyen que la pratique avait démontré très - bon et que la bonne théorie a confirmé ; il est indispensable de l'employer toutes les fois qu'une grande partie de la peau et que les chairs sous-jacentes ont souffert de la contusion ; on met ensuite en usage le même traitement que celui indiqué pour les plaies qui suppurent.

Les contusions les plus ordinaires étant le résultat du choc de quelques corps, et souvent de corps fragiles, il arrive que des morceaux de ces corps restent dans les plaies, enfoncés et cachés dans les chairs, où ils causent des douleurs continues et des accidens consécutifs qu'on ne sait à quoi attribuer. La première chose à faire, dans le cas de contusions avec plaies, est donc de rechercher la cause de l'accident, et si l'on a quelque espèce de doute, d'examiner avec soin si quelques parties du corps contondant ne sont pas restées dans les chairs. On a vu, dans ces cas, la suppuration se prolonger indéfiniment jusqu'à la sortie du corps; dans d'autres, la plaie se fermer et se rouvrir plus tard pour donner issue à un nouvel amas de matières, et au corps qui en avait été cause.

Les contusions, dans les animaux domestiques, ont lieu sur toutes les parties du corps; mais il y a quelques endroits qui en sont plus particulièrement affectés, à cause du genre de service auquel ces animaux sont employés : ainsi la nuque du cheval, son garrot et son poitrail sont plus particulièrement exposés aux contusions; comme ces maux sont assez fréquens et qu'ils entraînent des suites graves, quelquefois même qu'ils amènent ou nécessitent sa destruction, il est essentiel d'en parler à part. *Voyez* MAL DE TAUPE, MAL DE GARROT.

4. *Piqûres.* — Les piqûres sont des plaies étroites plus ou moins profondes, faites par la pointe d'un instrument aigu, tel qu'un clou, une aiguille, une épine, une épée.

Les accidens qui en sont la suite varient beaucoup; quelquefois la piqûre se termine par la réunion par première intention, mais le plus souvent par suppuration : dans ce cas, si la blessure est profonde, il peut en résulter les accidens les plus graves; l'inflammation qui s'établit d'abord occasionne des douleurs aiguës, ensuite le pus qui s'accumule dans le fond de la plaie sollicite, pour son écoulement et pour la cicatrisation de la plaie, les opérations les plus graves. Telles sont les piqûres qui pénètrent dans les aponévroses; telles sont celles, encore plus dangereuses, qui pénètrent les sabots du cheval ou du bœuf jusqu'aux parties sous-jacentes très - sensibles, et qui ne peuvent ni céder au gonflement inflammatoire, à cause de la résistance que leur oppose la corne, ni donner encore, par cette même raison, une issue au pus qu'elles sécrètent. Comme ces accidens sont toujours très - dangereux, nous y reviendrons quand nous parlerons des maladies du SABOT (*voy.* ce mot). Le traitement des piqûres consiste à débrider le plus possible les parties affectées, afin de donner issue au sang, aux sérosités épanchées, et aussi de permettre au gonflement inflammatoire de se développer et de parcourir ses périodes.

5. *Plaies d'armes à feu.* — Les plaies d'armes à feu, dont les conséquences sont si terribles et qui exigent tant de soins, tant d'opérations graves et dangereuses dans la médecine humaine, sont souvent, à cause de leur gravité même, hors du pouvoir de la médecine et de la chirurgie vétérinaires. Comme elles mettent presque toujours l'animal hors de service pour un temps considérable, comme celles des extrémités les rendent le plus souvent impropres à presque tous les services, leur guérison deviendrait trop coûteuse, et les animaux sont

sacrifiés : elles rentrent dans le domaine du vétérinaire, toutes les fois qu'elles sont peu graves, ou toutes les fois que l'animal, quoique blessé, peut encore travailler et gagner, comme l'on dit, sa subsistance.

Les plaies d'armes à feu que l'on peut traiter, se réduisent donc à des plaies peu considérables des extrémités, ou à l'introduction simple des balles dans les tissus musculaires, ou enfin à la fracture d'os autres que ceux des extrémités, tels que ceux de la tête et du tronc. On sent bien que quand les os des extrémités sont brisés en esquilles, il n'y a plus d'efforts à tenter; la guérison devient trop longue, trop dispendieuse, et quelquefois impossible.

Le trou que fait une balle en entrant est petit, et cependant les dérangemens qu'elle produit sont toujours très-graves; les tissus, déchirés, tiraillés, quelquefois frappés d'un engourdissement voisin de la mort, ont d'abord de la peine à produire la réaction inflammatoire nécessaire à leur guérison, et ensuite quand elle se développe, elle s'accompagne des symptômes les plus graves, d'un gonflement considérable et d'une douleur violente.

La première indication à remplir lors d'une blessure d'arme à feu, est de s'assurer si le corps est sorti de la plaie, et s'il ne l'est pas, d'employer tous les moyens propres à le faire sortir, à moins qu'il ne soit placé de manière à ne pouvoir être extirpé sans danger, ou de manière à faire espérer que la suppuration consécutive opérera sa sortie.

Il faut ensuite donner issue aux fluides extravasés et épanchés qui peuvent s'amasser dans des sinus, et qui, en agissant à la manière de corps étrangers, ne feraient qu'aggraver le mal.

La troisième indication, et la plus importante peut - être, consiste à surveiller le gonflement inflammatoire, à lui permettre de s'opérer librement par des débridemens nécessaires. Il faut encore veiller à ce que le pus s'écoule facilement au dehors, qu'il n'ait pas le temps, pour ainsi dire, de séjourner dans la plaie et de s'infiltrer dans les lames du tissu cellulaire environnant : cette dernière précaution est d'autant plus nécessaire que l'accident est plus proche des os spongieux, dont les caries sont toujours très-longues à guérir et souvent même très-difficiles.

Quand ces derniers ont été fracturés et qu'il y a des esquilles, il faut, si elles ne tiennent que peu, les enlever de suite, sinon attendre que la suppuration les détache, ou que l'inflammation opère leur réunion avec l'os : c'est dans ces cas sur-tout qu'il convient d'entretenir les plaies bien ouvertes pour faciliter leur sortie, pour empêcher le pus de séjourner et pour prévenir tous les accidens qui sont la suite de sa stagnation.

6. *Plaies envenimées.* — Ces plaies ne diffèrent des précédentes que parce que le corps vulnérant, en même temps qu'il forme la plaie, y dépose une matière vénéneuse, dont la présence occasionne une inflammation particulière, de la nature de celles que nous avons appelées *spéciales*. Telles sont les plaies occasionnées par la morsure d'une vipère, d'un chien enragé, par la piqûre d'une abeille, d'un instrument imprégné d'un virus quelconque.

Les symptômes qui caractérisent ce genre d'affection varient suivant la nature du venin dont le corps vulnérant était imprégné. Ainsi, dans le cas d'une piqûre d'abeille, de scorpion, d'une morsure de vipère, etc., des signes d'une douleur subite et assez forte, suivant l'espèce des animaux, se manifestent, et une tuméfaction se développe tout-à-coup autour de la blessure; quand, au contraire, la plaie a été produite par un animal enragé, souvent il ne se manifeste aucun symptôme subit alarmant, et la plaie paraît d'abord suivre la marche ordinaire d'une plaie contuse qui suppure : mais au bout de plusieurs jours, on aperçoit des signes de malaise dans l'animal, la plaie devient douloureuse; quoique quelquefois déjà guérie, elle se rouvre, son aspect n'est pas bon, et le plus souvent une fièvre de mauvais caractère se développe et accompagne ces symptômes.

Le traitement prophylactique est, dans ces sortes de plaies, le plus utile : aussitôt donc qu'une plaie accidentelle est soupçonnée envenimée, il faut chercher à neutraliser le venin, pour l'empêcher d'agir; les caustiques sont les meilleurs moyens; le cautère actuel sur-tout, par la promptitude avec laquelle il agit, doit être préféré; un morceau de fer chauffé à blanc et introduit à plusieurs reprises au fond de tous les sinus de la plaie, décompose le venin et annulle tous ses effets; une large escarhe noire recouvre la plaie, tombe au bout de quelques jours, et fait place à une bonne suppuration; l'enlèvement total de la partie par l'instrument tranchant, est encore préférable quand elle est une de celles dont la perte ne nuit en rien au service de l'animal.

Dans le cas où le cautère actuel ne pourrait pas être appliqué sans danger, il faudrait employer le beurre d'antimoine liquide; c'est le caustique qui agit le plus promptement après le feu, et enfin, à son défaut, il faut se servir de tous ceux qui se trouvent le plus tôt sous la main.

Si, par malheur, l'on n'avait pu prévenir les accidens, et si la lividité de la plaie, son gonflement douloureux, la nature de la sanie qui en découle, et enfin l'abattement de l'animal et son malaise général indiquaient les ravages du venin, il faudrait avoir recours aux plus forts stimulans, administrés à grande dose; l'eau-de-vie, le quinquina, le camphre, l'ammoniaque sont des remèdes à employer intérieurement, tandis que, par un traitement extérieur appliqué à la nature de la plaie, on tâche de changer son aspect et de l'amener à une bonne suppuration.

Ces accidens sont très-rares en France sur les animaux domestiques; et le poison de la vipère, qui est le plus dangereux, ne peut faire périr nos grands animaux que dans le cas où les morsures de ce reptile sont multipliées, et près des organes des principales fonctions.

C'est presque seulement à l'égard des chiens mordus qu'il faut employer ces mesures sévères. Ces animaux, très-difficiles à contenir, qui contractent plus facilement la rage que tous les autres, et qui peuvent la répandre au loin, jusque sur l'espèce humaine, doivent être le plus surveillés. Au moindre soupçon que la plaie est le résultat d'une morsure d'un animal enragé, ils doivent être séparés, traités convenablement, et tenus à l'attache ou renfermés jusqu'à ce que la maladie se soit déclarée, ou jusqu'à ce qu'il n'y ait plus le moindre doute. Les herbivores mordus par des animaux enragés contractent bien la rage, mais il n'y a point encore d'exemples bien constatés qu'ils l'aient communiquée à d'autres par leurs morsures. L'excès de précaution dans ce cas n'est cependant pas un mal, en attendant que des expériences bien faites aient constaté cette propriété de contracter la rage, mais de ne point la communiquer. (Huz. fils.)

PLAIES DES ARBRES. On donne ce nom à toute lésion désorganisatrice du corps d'un arbre, quelque peu profonde qu'elle soit, ainsi qu'à toute amputation ou rupture de branches, de feuilles, de fleurs ou de fruits. *Voyez* Arbre.

Dans l'état naturel, les arbres sont peu sujets aux plaies. Les plus considérables qu'ils éprouvent sont l'effet de la chute de la foudre ou la suite des vents violens qui en cassent les branches et même le tronc. Ceux produits par la dent des quadrupèdes ou le bec des oiseaux, ou les mandibules des insectes, ont rarement des inconvéniens graves.

C'est l'homme qui, sous ce rapport, leur cause le plus de dommage C'est son insouciance ou son ignorance qui couvre les arbres des grandes routes, des promenades publiques, des vergers, des jardins, de plaies si hideuses.

Les plaies des arbres doivent être divisées en deux sortes : les unes, qui portent sur le bois; les autres, qui n'influent que sur l'écorce : les premières sont réellement incurables, puisqu'il reste toujours entre la surface de la section et le nouveau bois une solution de continuité, les secondes se ferment avec une grande facilité. *Voyez* Ecorce, Couche corticale, Cambium, Sève.

Quoiqu'une meurtrissure de l'écorce ne paraisse pas toujours d'abord donner lieu à une plaie; cependant il est rare que la portion meurtrie de cette écorce ne meure pas, et par conséquent il s'en produit presque toujours une dans ce cas. Il en est de même lorsqu'une forte gelée ou un violent coup de soleil a désorganisé l'écorce. *Voyez* Meurtrissure et Gelée.

Lorsqu'un coup de hache a enlevé une portion d'écorce et de bois d'un arbre, il se forme plus ou moins promptement, selon la saison, un bourrelet autour de la plaie. (*Voyez* au mot Bourrelet). Bientôt ce bourrelet, grossissant du côté du bois beaucoup plus que du côté extérieur, remplit le vide, et au bout d'une, deux, trois ou d'un plus grand nombre d'années, selon la grandeur de la plaie, l'espèce de l'arbre, son âge, etc., ce vide se trouve rempli; il ne paraît à l'extérieur aucune trace de la plaie, quoique, comme je l'ai dit plus haut, il n'y ait pas union effective entre l'ancien et le nouveau bois. (*Voyez* au mot Bois.) Il en est de même dans toutes les plaies produites par l'amputation d'une branche ou portion de branche.

Quand on a enlevé, par quelque moyen que ce soit, une portion d'écorce et de Liber (*voyez* ce mot) à un arbre, les choses se passent de la même manière, excepté que le bourrelet ne fait que s'étendre sur la plaie, et que le Cambium (*voyez* ce mot) qui le forme, trouve quelquefois moyen d'y adhérer; ce qui fait que dans ce cas il n'y a pas toujours solution complète de continuité.

Enfin lorsque les couches corticales seules sont entamées, la plaie ne se remplit pas; mais aussi elle n'a aucune influence nuisible sur la croissance de l'arbre, et elle disparaît après un temps plus ou moins long, par suite de l'élargissement des mailles de l'Ecorce. *Voyez* ce mot et le mot Couche corticale.

L'expérience a prouvé qu'une mollesse permanente était la circonstance la plus favorable à la guérison des plaies des arbres; aussi les plaies tournées au nord se guérissent-elles plus promptement que celles tournées au midi : or, il n'y a que deux moyens d'obtenir cette mollesse, 1°. en humectant à chaque instant leurs bords; 2°. en empêchant l'humidité que leur porte la sève de s'évaporer. Le premier de ces moyens est impraticable en grand et d'une difficile exécution en petit; le second s'exécute aisément en privant la plaie du contact de l'air par l'application d'un emplâtre quelconque.

On trouve dans les livres des recettes sans nombre pour composer des emplâtres propres à accélérer la guérison des plaies des arbres. Le moins coûteux, le plus simple et le meilleur pour les cas ordinaires est certainement l'ONGUENT DE SAINT-FIACRE. (*Voyez* ce mot.) J'ai indiqué, au mot ENGLUMENT, ceux qui doivent être préférés dans les cas les plus importans.

Un moyen certain d'accélérer le rétablissement de l'écorce des arbres, c'est de recouvrir la plaie avec l'écorce enlevée à un autre arbre, de fixer cette écorce au moyen d'un osier et de recouvrir ses bords de bouse de vache. Dans ce mode, il y a privation d'air et nul obstacle à la reproduction de la nouvelle écorce.

J'ai personnellement observé que, dans les plaies qui ont été abandonnées à la nature et qui se ferment avec lenteur, on obtenait une accélération notable dans leur guérison, en fendant légèrement l'écorce du bourrelet dans le sens du pourtour de la plaie, encore mieux en enlevant avec ménagement l'écorce de ce pourtour. Par ces opérations, on facilite l'expansion du tissu cellulaire, et par suite l'affluence du cambium; ce qui opère l'effet indiqué.

On accélère encore la guérison d'une plaie en unissant ses bords, et si elle est la suite de la coupe d'une branche, en unissant toute son étendue. Il faut toujours enlever toute la partie morte de l'écorce et ensuite faire la même chose lorsque la plaie est la suite d'une meurtrissure, d'une forte gelée, ou d'un coup de soleil.

Les arbres à bois mou, ou ceux qui n'ont pas d'aubier apparent, cicatrisent plus promptement leurs plaies que celles des arbres à bois dur. Celles du chêne demandent un temps considérable pour se guérir.

Les plaies ne restent pas toujours simples, leurs suites sont souvent la carie sèche ou humide, et quelquefois la mort de l'arbre (*voyez* CARIE, GOUTTIÈRE, POURRITURE); mais les chances de ces accidens sont de beaucoup diminuées par l'usage des emplâtres ou englumens indiqués plus haut : c'est pourquoi il faut toujours en user lorsqu'on veut conserver sains des arbres précieux.

Si la plaie se ferme avant que la carie ait fait des progrès, il arrive souvent qu'elle s'arrête, mais le bois ne se rétablit jamais. Lorsque bien des années après on le débite, elle se fait voir et nuit souvent beaucoup à l'emploi des PLANCHES et des POUTRES dans la menuiserie et la charpente. *Voyez* ces mots.

Si au contraire la carie gagne rapidement le cœur de l'arbre : s'il se fait un trou, la plaie ne se referme plus, et le bourrelet, après s'être accru jusqu'à un certain point, reste stationnaire autour de ce trou.

La suite des plaies faites à tous les arbres, même à toutes les plantes qui ont des Sucs propres (*voyez* ce mot), est l'extravasion de ce suc. Ainsi chaque fois qu'on blesse un amandier, un cerisier, il flue de la gomme ; chaque fois qu'on entaille un pin, un sapin, un mélèze, il découle de la résine. C'est sur cette propriété que sont fondées les opérations par lesquelles on exploite la plupart des gommes, des résines et des sucs intermédiaires.

La sève des arbres, lorsqu'elle est en activité, coule aussi par les plaies qu'on leur fait, et se perd par conséquent. Il en résulte que tel arbre que la grêle ou des blessures multipliées ont couvert de plaies, cesse de végéter avec la même vigueur, s'affaiblit au point de ne pouvoir pas amener ses fleurs à bien, ses fruits à maturité, de périr même quelquefois. Ils sont donc bien imprudens ces jardiniers qui taillent à outrance leurs arbres pendant la force de la sève, qui les ébourgeonnent trop tôt ou trop rigoureusement, etc. *Voyez* au mot Taille et au mot Ebourgeonnement. (B.)

PLAINE. Étendue considérable de terre dans laquelle il n'existe pas de partie très-saillante, et qui est par conséquent presque de niveau. *Voyez* Montagne.

Les géologues distinguent deux sortes de plaines : les plaines hautes, qui constituent le plateau des montagnes ; les plaines basses, qui constituent les bassins de ces montagnes. *Voyez* Plateau et Bassin.

Les premières sont toujours le fond des anciennes Mers ou des anciens Lacs d'eau douce. *Voyez* ces deux mots.

Les secondes, ou sont les résultats du cours des Rivières qui, d'un côté, rongent la base des montagnes, et de l'autre élèvent le sol des Vallées, ou sont le fond d'un lac moderne. *Voyez* ces mots.

C'est principalement dans les plaines que la charrue opère sans obstacles ; aussi sont-elles généralement consacrées à la Grande culture, n'y voit-on que des Fermes (*voyez* ces deux mots) : l'eau y manque souvent, et c'est leur plus grand inconvénient. *Voyez* les mots précités et ceux Fontaine, Ruisseau, Puits et Citerne.

Très-fréquemment les plaines hautes n'offrent qu'une très-petite épaisseur de terre végétale, soit parce que cette épaisseur n'a pas pu augmenter beaucoup depuis qu'elles sont livrées à la végétation, soit parce que les eaux pluviales l'ont entraînée dans les vallées à mesure qu'elle se formait. Il n'en est pas de même dans les plaines basses, qui se sont enrichies de la terre des premières : aussi en est-il dont la couche de terre végétale a plusieurs pieds, même plusieurs toises de profondeur, c'est-à-dire sont d'une inépuisable fertilité.

Les agriculteurs distinguent trois sortes de plaines : les plaines sèches, les plaines de bon fond, et les plaines marécageuses.

Les plaines sont sèches, parce que leur couche de terre végétale, étant peu épaisse, repose immédiatement sur la roche ou sur un banc de SABLE. *Voyez* ce mot.

Les plaines hautes sont plus fréquemment sèches que les basses, parce que les eaux s'en écoulent plus facilement, et qu'elles sont constamment battues par les VENTS. *Voyez* ce mot.

Les plaines sont marécageuses, parce que leur couche de terre végétale, épaisse ou non, repose sur un banc d'argile, qui ne permet pas aux eaux pluviales ou autres de s'infiltrer. *Voyez* MARAIS.

Il existe en France de très-grandes plaines, soit hautes, soit basses, soit sèches, soit marécageuses, soit fertiles, soit stériles : ces dernières portent quelquefois le nom de LANDES. (*Voyez* ce mot.) Je n'entreprendrai point d'en donner la nomenclature, mais je ferai remarquer qu'elles sont plus multipliées vers le nord que vers le midi. Les plaines de la Champagne, qui sont au nombre des hautes ; les plaines de la Flandre et de la Normandie, qui sont au nombre des basses, sont connues de tous ceux qui ont quelque instruction.

S'il est à désirer d'avoir des biens dans les pays de plaines, à raison de l'étendue et de la certitude de leurs produits, il est à désirer de n'être pas forcé d'y établir sa demeure, à raison de leur monotonie : en effet on n'y voit que le ciel et du blé. En un quart d'heure, on a vu tout ce que le séjour le plus prolongé fera voir. Heureux lorsque quelques bois ou quelques ruisseaux viennent égayer le paysage ; car il y a des plaines où il n'y a ni eau ni arbre, où le blé, le seigle, le froment, l'avoine, l'orge seuls sont cultivés ! (B.)

PLAINE. Sorte de petite CHARRUE qui s'emploie aux environs de Lyon pour donner la dernière façon aux terres à blé. (B.)

PLAN, ou dessin figuré sur le papier, d'un bâtiment, d'un parc, d'un jardin, d'une promenade, d'une réparation, d'une rivière, etc. Les plans coûtent peu à tracer ; tout homme s'ingère d'en donner, et un très-petit nombre de personnes sont en état d'en présenter de bons. Je ne parle pas seulement ici de la disposition des jardins, qui doit être uniquement décidée d'après la disposition des lieux, la variété des sols et l'effet qu'on veut produire, mais du placement des bâtimens destinés à loger le maître, à placer les écuries et autres dépendances. Un plan mis en pratique n'est parfait qu'autant qu'au moins de frais possible il réunit un plus grand nombre d'aisances dans tous les genres, et on ne les trouve jamais lorsque le jardin ou les bâtimens sont faits de pièces ou de morceaux. Il est inutile d'entrer ici dans de plus grands détails. *Voyez* JARDIN et CONSTRUCTIONS RURALES. (R.)

PLANCHE. Ce mot a plusieurs significations en agriculture. On dit *laboureur en planches*, c'est-à-dire former des parallélogrammes très-allongés, proportion gardée avec leur largeur. La planche de labourage, qui, dans quelques endroits, est désignée par le mot impropre de SILLON, est composée d'un plus ou moins grand nombre de sillons proprement dits, c'est-à-dire de raies ouvertes par la charrue. Quelques-unes ont vingt sillons de largeur ; d'autres quinze, douze, huit, six et au moins quatre. Le besoin, et plus souvent encore la coutume, ont consacré dans tel lieu le nombre des sillons et la manière de les bomber. *Voyez* SILLON, BILLON et LABOUR.

Les jardins seront distribués par carrés, et les carrés divisés en planches. La longueur de celles-ci dépend de l'étendue du carreau ; mais en bonne règle sa largeur ne doit pas excéder 4 à 5 pieds, afin que la personne supposée placée dans le sentier qui la borde puisse facilement atteindre jusqu'à son milieu, en étendant le bras, soit pour en serfouir la terre, soit pour en arracher les mauvaises herbes, etc. *Voyez* CARRÉ, DOS D'ANE. (R.)

PLANCHES DE BOIS. Parties de bois très-longues, larges de plusieurs pouces, et épaisses d'un pouce au plus, qu'on enlève aux troncs abattus des arbres de haute futaie, au moyen de la scie, et dont l'emploi est fréquent dans la bâtisse et l'économie rurale. *Voyez* BOIS.

Les diverses espèces de bois ayant des qualités différentes, les planches qu'ils fournissent sont, chacune, propres à des usages distincts. Ainsi celles du chêne sont plus dures, plus durables ; celles du noyer plus susceptibles du poli ; celles du peuplier plus légères, etc. Il est donc important que les cultivateurs réfléchissent sur l'objet qu'ils se proposent en employant des planches, afin de choisir celles qui rempliront le mieux cet objet.

Comme j'ai eu soin de parler des qualités des bois à chacun des articles qui leur sont consacrés, et que j'ai donné une idée générale de ces qualités au mot BOIS, je me crois dispensé de m'étendre davantage sur ce qui les regarde.

Une observation, qu'il est cependant bon de rappeler ici, c'est que tous les bois dont on fait des planches en Europe sont susceptibles de diminuer de volume par leur dessiccation, de faire ce qu'on appelle retraite. De là, la nécessité de n'employer les planches, dans tous les cas où elles doivent être assemblées les unes avec les aures, que lorsqu'elles sont par-

faîtement sèches, c'est-à-dire plusieurs années après la coupe
de l'arbre qui les fournit. C'est pour ne pas faire assez attention à cette circonstance que tant de cultivateurs ont des
meubles ou des ustensiles de peu de durée ou d'un mauvais
service. De plus, quelques-uns de ces bois sont susceptibles
de se contourner, de se courber, de se déjeter dans la même
circonstance, ou même seulement après qu'ils ont été mouillés.
Il faut donc aussi prendre garde à cette considération dans
l'emploi de ces planches.

Mettre les planches tremper quelques jours dans l'eau
chaude ou quelques mois dans l'eau froide, accélère leur dessiccation. (B.)

PLANCHON. Plant de COLZA dans le département du Nord.

PLANÇON ou PLANTARD. Grosses branches de saule,
de peuplier ou d'osier qu'on met en terre dans un trou fait au
moyen d'un morceau de fer ou de bois conique enfoncé à coups
de maillet. Cet instrument se nomme PINCE, AIGUILLE, PAL,
BARRE, LANIÈRE.

Cette méthode de multiplier les arbres à bois tendre est généralement pratiquée par les cultivateurs ; cependant elle n'a
qu'un seul avantage, c'est de fournir des boutures (car les
plançons en sont de véritables) susceptibles de se défendre ,
c'est-à-dire de ne pouvoir être renversées, ou d'avoir les feuilles
mangées par les bestiaux; sous tous les autres rapports, elle est
désavantageuse et contre les principes d'une saine théorie. *V.*
BOUTURE.

En effet, si on compare les produits d'une pépinière de trois
ans, produits résultant d'une plantation de boutures au-dessous de la grosseur du petit doigt, c'est-à-dire de bois de l'année avec ceux d'une plantation de plançons gros comme le bras,
ou d'un bois de quatre ans, on peut voir combien les premiers
sont préférables, étant plus vigoureux, plus pourvus de branches, et augmentant tous les ans en grosseur dans une beaucoup plus rapide progression. Je voudrais donc qu'au lieu de
planter des plançons, les propriétaires établissent des pépinières où ils éléveraient des saules, des peupliers et autres
arbres, et où ils trouveraient des sujets défensables bien enracinés, pour regarnir leurs plantations et en faire de nouvelles. *Voyez* PÉPINIÈRE.

Mais comme on n'abandonnera pas tout de suite , malgré
cette observation , la méthode des plantations par plançons, il
convient d'indiquer les autres inconvéniens résultant de la manière actuelle de les faire exécuter.

Lorsqu'on enfonce un pieu dans la terre , il ne peut faire
un trou qu'en comprimant la terre autour de lui dans une proportion d'autant plus forte qu'il est plus gros, et que la terre

est plus compacte de sa nature. Or, les racines, ou, mieux, les suçoirs, encore faibles, encore en petit nombre, qui sortent de l'écorce de la partie du plançon qui est en terre, pouvant difficilement pénétrer dans cette terre, jouissant moins du bénéfice des pluies, dont l'eau n'arrive qu'en petite quantité jusqu'à elles, périssent pour ainsi dire avant de naître, en partie ou en totalité : de là la faiblesse, de là la mort d'un si grand nombre de plançons, sur-tout dans les terres argileuses. Il est donc avantageux de substituer aux trous faits avec des pieux des trous faits avec la bêche, et dont la terre sera par conséquent bien ameublie. On objectera sans doute que ces trous seront beaucoup plus coûteux, que les plançons y seront moins fermement assujettis contre les efforts des vents, les frottemens des bestiaux, les entreprises des voleurs ; aussi je regarde les plançons, ainsi que je l'ai déjà dit, comme sujets à plus d'inconvéniens que les plantatïons ; mais il n'en reste pas moins vrai que ceux qui sont placés dans une terre meuble réussissent plus certainement t et profitent mieux que ceux entourés d'une terre tassée ou endurcie.

Par-tout on coupe la tête des plançons de saules ; mais le raisonnement et l'expérience prouvent que si on leur laissait deux ou trois grosses branches garnies de quelques boutons dans leur partie supérieure, on assurerait et on accélérerait leur reprise. En effet, il faut que la sève fasse de grands efforts pour créer ou développer de nouveaux boutons sous l'écorce du plançon, qu'elle en fasse d'autres pour leur faire percer cette écorce (fort épaisse dans le saule) pour faire prendre aux bourgeons une direction voisine de la verticale lorsqu'ils sont sortis sous une direction voisine de l'horizontale. Que de temps perdu, aussi que de plançons qui ne poussent qu'à la sève d'automne, qui périssent même après avoir fait de premiers efforts et par suite même de ces efforts ! C'est dans les années où l'été est sec que cette circonstance se présente le plus souvent.

La pratique ordinaire est de couper triangulairement et en pointe l'extrémité des plançons, et cette pratique est bonne en ce que c'est le long de ces triangles que sortent les premiers suçoirs, et que les racines qu'ils donnent fixent plus régulièrement l'arbre.

On ne doit pas ébourgeonner les plançons, comme on ne le fait que trop communément, parce que les arbres vivant autant par leurs feuilles que par leurs racines, les progrès de ces dernières en seraient retardés. Au plus doit-on supprimer ceux de ces bourgeons qui sont dans la partie inférieure, et qui poussent beaucoup plus vigoureusement que les autres. Pendant l'hiver de la première année on coupe, à quelques lignes du tronc, toutes les brindilles qu'on ne veut pas conserver, et au printemps suivant on supprime sans miséricorde tous les nouveaux bourgeons qui se développent.

C'est en automne, dans les terrains frais, et au printemps, dans les terrains secs, qu'il faut mettre en terre les plançons, parce que, dans le premier cas, les suçoirs se disposent à percer pendant l'hiver, et que, dans le second cas, la sève contenue dans la tige s'évaporerait en pure perte. Le moment où la sève commence à s'émouvoir est l'instant préférable dans ces derniers; en conséquence, ou on laisse les plançons sur l'arbre, ou on les met dans l'eau pour l'attendre. (B.)

PLANE. *Voyez* PLATANE et ERABLE.

PLANÈRE, *Planera*. Genre de plantes de la monoécie, qui renferme deux arbres que l'on cultive dans les jardins des environs de Paris.

L'un, le PLANÈRE DE RICHARD, est originaire des bords de la mer Caspienne; ses feuilles sont ovales et obtusément dentées. On l'a long-temps appelé l'*orme polygame*, à raison de ses rapports avec cet arbre. Il s'élève fort haut.

L'autre, le PLANÈRE DE GMELIN, originaire de la Caroline, dont les feuilles sont ovales, aiguës et dentées en scie. Je n'en ai pas vu de plus de 12 à 15 pieds de haut dans ce pays.

Le premier ne craint point les gelées du climat de Paris. On le greffe sur l'orme avec beaucoup de facilité.

Le second a besoin d'être conservé en serre ou sous une bache, et ne peut se multiplier que de marcottes.

Ces deux arbres, et particulièrement le second, que j'ai observé en Caroline, ont le bois très-liant et très-dur. Ils peuvent être avantageusement employés au charronnage; mais ils ne concourront jamais beaucoup à l'embellissement des jardins, n'étant remarquables ni par leurs fleurs, ni par leurs fruits. (B.)

PLANEZE. Nom des plaines volcaniques dans le département du Cantal. *Voyez* VOLCAN et CHAUSSE. (B.)

PLANIER. On donne ce nom, dans le sud - ouest de la France, aux plaines qui existent sur le sommet des montagnes, c'est-à-dire à ce qu'ailleurs on appelle PLATEAU, PLANÈZE. (B.)

PLANT. Les pépiniéristes donnent ce nom aux jeunes arbres et aux jeunes plantes qu'ils enlèvent du lieu où ils ont été semés, pour les replanter ailleurs. Ainsi on dit du plant d'épine, du plant d'acacia, du plant de tulipier, du plant de chou, du plant d'œillet, etc. Il est quelques espèces d'arbres dont le plant porte un nom particulier. Celui de l'orme s'appelle de l'ORMILLE, celui du mûrier de la POURRETTE. *Voy.* ces mots et PÉPINIÈRE.

L'âge auquel du plant cesse d'être du plant n'est pas fixe; aussi abuse-t-on beaucoup de cette dénomination. En général c'est à un, deux, trois mois pour les plantes, à un, deux et trois ans pour les arbres ; cependant des épines arrachées dans les forêts s'appellent encore du plant, quoiqu'elles aient souvent cinq à six ans et plus.

L'acception de ce mot change quand il s'agit de la vigne : dans quelques endroits, ce sont ses boutures ou ses marcottes déjà enracinées ; dans d'autres, ce sont ses variétés, auxquelles on l'applique. Souvent, comme dans la ci-devant Bourgogne, ces deux acceptions sont également reçues. Ainsi, à Beaune, on dit : Voilà deux milliers de plant destiné à planter une nouvelle vigne ; Mon vignoble n'est plus composé que de plant de pineau franc, j'en ai fait arracher tout le plant de gamé. *Voyez* au mot Vigne.

On trouvera au mot Semis les notions générales sur la manière de se procurer du plant dans les jardins et pépinières, et à l'article de chaque plante celle de ces notions qui la concerne en particulier. Ici, je dirai seulement que du beau plant n'est pas toujours du bon plant ; car on peut le rendre beau en semant les graines dans une terre très-fertile ou très-fumée, ou arrosée à outrance pendant les chaleurs de l'été, et ce plant, transporté dans un sol moins bon et moins arrosé, dépérira et finira par mourir. Un cultivateur éclairé doit donc toujours comparer son terrain avec celui d'où il est dans l'intention de tirer son plant, avant d'en faire l'acquisition. S'il veut établir une pépinière, il doit donc la placer dans un fond de médiocre qualité et sur-tout peu humide.

La manière d'arracher le plant n'est point indifférente. Beaucoup de pépiniéristes, après l'avoir fortement arrosé, tirent à la main le plus beau, ce qui permet à celui qui reste de venir beau à son tour ; mais par ce moyen on casse souvent nombre de pieds au collet des racines.

Pour lever convenablement du plant, il faut faire une tranchée à la tête de la planche où il se trouve, et l'approfondir assez pour qu'on puisse voir l'extrémité de ses racines. Le plus petit, celui qui n'est pas propre à être planté en pépinière, est mis de côté et placé en jauge ou en rigole, c'est-à-dire près à près, dans de petites tranchées régulièrement espacées. *Voyez* aux mots Jauge et Rigole.

Presque tous les jardiniers et les pépiniéristes habillent le plant qu'ils replantent, c'est-à-dire qu'ils coupent une partie de ses racines et une partie de sa tige. Cette pratique, absurde au premier coup d'œil, et qui a excité l'indignation de quelques écrivains, est cependant fondée sur l'expérience, et on ne peut l'abandonner dans les grandes plantations.

Voici les principes :

Plus un arbre a de racines, plus il végète avec force ; mais il faut que ces racines aient la direction qui leur est naturelle ; car lorsqu'elles sont en zigzags, ou contournées, ou relevées, ou toutes rassemblées d'un seul côté, elles ne peuvent ni puiser la sève dans la terre, ni la transmettre au tronc, ou elles le peuvent difficilement : or, pour disposer les racines d'un seul pied de plant comme elles l'étaient avant qu'il fût arraché, il faut un fort long temps, et encore n'est-on jamais certain d'avoir réussi. A quelle énorme dépense entraîneraient donc de grandes plantations ! Et qui, malgré cette dépense, pourrait être assuré que les ouvriers employés opéreraient toujours bien ? C'est ici que l'expérience a prouvé qu'un mal en évitait un plus grand. En effet, il a été constaté qu'un arbre dont les racines avaient été coupées reprenait d'abord plus sûrement et croissait ensuite mieux que celui dont les racines avaient été mal disposées. Or, elles le sont toujours mal lorsqu'on opère avec rapidité, et on ne peut s'empêcher d'opérer avec rapidité dans les grandes plantations. On a donc dû couper les racines, et on l'a fait.

Mais jusqu'à quel point faut-il couper les racines ? Les jardiniers ou pépiniéristes qui n'en laissent presque point ont-ils raison ? Ce que je viens de dire répond à cette question. Tout plant ou tout arbre jeune ou vieux, auquel on attache beaucoup d'importance et pour lequel on ne regarde pas à la dépense, sera planté avec toutes ses racines saines ; c'est-à-dire qu'on ne coupera que celles qui sont pourries en totalité, que l'extrémité de celles qui le seront en partie, ou qui, par leur grosseur, annonceraient plus de vigueur que les autres (il faut, pour qu'un arbre isolé vienne bien, que toutes ses racines soient de même force). Tout arbre commun dont la reprise est difficile, le chêne, par exemple, n'aura que le moins possible de ses racines coupées ; c'est-à-dire qu'on ne les raccourcira qu'autant qu'il faudra pour qu'on puisse les mettre en terre convenablement et rapidement. Enfin tout arbre dont la reprise est aisée, principalement celui qui vient de bouture, peut avoir les racines raccourcies sans danger. *Voy*. HABILLER LE PLANT.

C'est au cultivateur qui est dans le cas d'opérer par lui-même à faire actuellement l'application de ces principes ; car cette application doit varier et varie en effet autant qu'il y a d'espèces d'arbres, de natures de terrains, d'époques de plantations, etc. Les arbres résineux n'y sont pas soumis ; ils ne souffrent jamais la mutilation de leurs racines.

Je n'ai parlé jusqu'ici que des racines en général. Il en est cependant une qui se trouve dans une catégorie particulière et qui a donné lieu à de grandes divergences d'opinions entre les praticiens et les théoriciens, c'est le PIVOT. Je me réserve de développer, à l'article qui le concerne, ma manière de voir à son égard.

Quelquefois on met des arbres d'une reprise difficile, principalement des arbres verts, dans de petits pots ou dans des mannequins d'osier, et on enterre ces pots et ces mannequins. Les arbres croissent, une partie de leurs racines débordent le pot, passent à travers les mailles du mannequin; mais le reste remplit leur capacité. L'année suivante, on peut les transplanter en cassant le pot, en coupant le mannequin, avec certitude de reprise. Ces moyens s'emploient fréquemment dans les pépinières des environs de Paris. L'augmentation de dépense qui en est la suite est presque nulle, puisque les pots et les mannequins sont au plus de la valeur d'un à deux sous.

Actuellement il faut passer à la coupe du tronc ou des branches principales du plant que l'on plante.

Tout arbre a le tronc et les branches proportionnés à l'étendue de ses racines, c'est une loi générale, mais qui varie selon chaque espèce. Elle est fondée sur ce que les feuilles concourent autant que les racines à la nourriture des végétaux. Chaque fois que cet équilibre est rompu par la coupe du tronc, il tend à se rétablir naturellement; aussi voit-on des rejets d'autant plus nombreux et d'autant plus vigoureux sortir de la souche, que les racines sont elles-mêmes plus nombreuses et plus vigoureuses (il y a des exceptions, mais elles tiennent à des causes autres que celles dont il est ici question). Il en est de même pour la reproduction des racines, quand on les coupe entre deux terres à l'époque de la sève d'août, c'est-à-dire lorsque les arbres sont garnis de toutes leurs feuilles; mais quand on arrache les arbres en hiver pour les transplanter, on les met dans une situation hors de la nature, et il faut raisonner d'après d'autres principes.

L'enlèvement d'une partie des feuilles dans les plantes qu'on repique en état complet de végétation, est une opération toujours utile au succès de la reprise, attendu que la grande transpiration qui a lieu par ces feuilles affaiblit d'autant les racines; mais il faut le faire avec le plus de modération possible, en laissant les pétioles, pour que la perte de sève qui a lieu par la plaie soit la moindre possible: couper la totalité des feuilles par un seul coup de couteau, comme le font ordinairement les jardiniers, est très-blâmable, puisque les feuilles du centre sont diminuées de moitié, et que n'en végétant pas moins, elles fournissent fort peu des principes de l'air à la sève organisée. *Voyez* VÉGÉTATION.

Du plant transplanté en hiver, qu'on n'ait pas ou qu'on ait coupé ses racines, ne peut pas d'abord fournir à son tronc et

à ses branches la quantité de sève nécessaire au remplacement
de celle qui s'y trouvait et qui a été ou évaporée ou employée
au premier développement des bourgeons, parce qu'il faut
qu'il se forme de nouveaux suçoirs à ses racines : aussi y a-t-il
toujours retard et faiblesse dans la végétation de ce plant ;
souvent même l'extrémité de ses branches, toutes ses branches,
son tronc et même ses racines meurent par l'effet seul de cette
transplantation. L'expérience a prouvé aux jardiniers et aux
pépiniéristes que lorsqu'on diminuait, dans du plant ou dans
un arbre arraché, l'espace que la sève avait à occuper et à parcourir, proportionnellement à ce que les racines pouvaient en
fournir par suite des premiers efforts de la végétation, la reprise de cet arbre était plus assurée. Ils ont donc coupé
l'extrémité des branches, toutes les branches, le tronc même,
sans considérer qu'il y a souvent les circonstances, qui militent
contre cette pratique.

On ne peut nier la vérité des principes ci-dessus et les bons
effets de la pratique qui les a pour base ; cependant encore
ici il faut les distinguer. Ainsi en arrachant du plant avec
toutes les précautions requises et en saison favorable, en le
plantant de suite avec toutes ses racines, disposées convena-
ment dans un bon terrain, en l'ombrageant pour diminuer sa
transpiration (évaporation de sa sève), en l'arrosant copieusement, on peut être assuré qu'il reprendra ; mais toutes ces
opérations sont difficiles, longues, coûteuses, et faire vite et à
bon compte est le désir de tout cultivateur qui travaille dans
l'espérance d'un bénéfice. Je crois donc qu'il ne faut pas proscrire la pratique générale de couper la tête des arbres, mais la
régler. Ainsi toutes les fois qu'un arbre, par sa rareté, la
beauté de sa forme, ou tout autre motif, vaudra la peine d'être
planté avec les précautions indiquées plus haut, on ne lui coupera rien : ainsi tous les arbres qu'on appelle *arbres faits dans
les pépinières*, c'est-à-dire qui ont quatre et cinq ans et plus
et qui sont destinés à être plantés sur des routes, à former des
avenues, des quinconces, etc., n'auront pas la tête coupée sur
le tronc, comme on le fait généralement, mais sur les branches,
de manière qu'il y reste quelques boutons dont le facile développement favorise les efforts de la sève. (*Voyez* Plançon et
Orme.) Ainsi tous les plants d'un et même de deux ans, c'est-
à-dire dont la tige n'aura pas plus d'un pied de hauteur, ne
seront point coupés.

Il est des arbres qui ne supportent point la coupe de leur
tête sans se détériorer. De ce nombre sont les arbres résineux,
tels que les pins, les sapins, etc. ; les arbres à bois dur, tels
que le chêne, le tulipier, etc. ; les arbres à flèche, tels que
les érables, les frênes, les marronniers, etc. On ne doit donc

les soumettre à cette pratique que lorsqu'on ne peut pas faire autrement.

Tout ce que j'ai dit ci-dessus des arbres s'applique en partie à la plupart des plantes annuelles ou vivaces qui se cultivent dans nos jardins pour l'utilité ou l'agrément.

Il faut 14,000 plants pour planter un arpent de pépinière de 100 perches de 22 pieds chacune. (B.)

PLANTAGE DU BLÉ. *Voyez* PLANTOIR.

PLANTAIN, *Plantago*. Genre de plantes de la tétrandrie monogynie et de la famille des plantaginées, qui renferme plus de soixante espèces, dont plusieurs sont si communes dans toute la France, qu'elles doivent être connues des cultivateurs.

Le GRAND PLANTAIN, *Plantago major*, Lin., a les racines vivaces, fibreuses; les feuilles toutes radicales, pétiolées, ovales, à sept nervures, presque glabres, luisantes, larges de 2 ou 3 pouces, rarement dentées; les tiges ou hampes légèrement anguleuses, un peu velues, hautes de 8 à 10 pouces; les fleurs verdâtres et disposées en un long épi à l'extrémité des tiges. Il est très-commun dans les jardins, le long des haies, sur la berge des fossés, dans tous les lieux dont le terrain est gras et humide, et fleurit pendant une partie de l'été. Les chèvres, les moutons et les cochons le mangent; mais les bœufs et les chevaux le repoussent. Ses graines sont extrêmement du goût des petits oiseaux chanteurs, et on ne peut leur faire plus de plaisir que d'en mettre des épis sur leur cage. Il est sous ce rapport, à Paris et autres grandes villes, l'objet d'un commerce qui fait vivre beaucoup de vieilles femmes. On le regarde comme vulnéraire et astringent; mais les bons effets que produisent ses feuilles sur les plaies ne sont réellement que ceux résultans de la privation de l'air extérieur et de la conservation d'une humidité lubrifiante.

Ce plantain, et le suivant, sont nuisibles dans les prairies en ce que leurs feuilles sont étalées sur la terre, tiennent la place d'autres plantes qui produiraient un fourrage meilleur et plus abondant. En effet chaque pied embrasse un espace de 6 à 8 pouces de diamètre et ne fournit que huit à dix feuilles dont la faux épargne la partie qui est couchée, tandis que dans le même espace il croîtrait quatre à cinq touffes de graminées qui s'éleveraient à plus d'un pied de haut et donneraient vingt fois plus de nourriture aux bestiaux. Un bon agronome doit donc désirer en débarrasser ses prairies, il le peut de deux manières; savoir, en les faisant arracher avec une pioche à fer étroit, à la fin de l'hiver, ou en faisant labourer et semer une année en avoine et ensuite remettre en herbe son terrain. Ce dernier moyen est le plus avantageux, à mon avis; car les plantains se multiplient principalement dans les prairies lorsqu'elles sont fatiguées de porter des graminées; c'est-à-dire qu'elles sont épuisées et demandent ou d'autres plantes ou un renouvellement de terre.

Le PLANTAIN MOYEN, *Plantago media*, Lin., diffère du précédent en ce qu'il a les feuilles plus petites, un peu velues, exactement appliquées sur la terre; les épis très-courts, et qu'il croît dans les lieux secs et arides, sur-tout sur les montagnes calcaires.

Le PLANTAIN LANCÉOLÉ, *Plantago lanceolata*, Lin., a les racines vivaces, anguleuses; des feuilles lancéolées, velues, blanchâtres, à cinq nervures et longues de 5 à 6 pouces; des hampes anguleuses, velues, hautes de 6 à 8 pouces; des fleurs blanchâtres disposées en épis ovales à l'extrémité des tiges Il est excessivement commun dans toute l'Europe le long des chemins, dans les pâturages, les prairies sèches, les gazons des jardins, etc. Il fleurit au milieu du printemps. Les bestiaux le mangent sans le rechercher beaucoup. Haller dit que c'est à lui que le laitage des Alpes doit ses bonnes qualités : on le cultive en Angleterre pour fourrage, et Gilbert a proposé d'en faire de même en France. Comme ses feuilles sont longues de 6 à 8 pouces et qu'elles se tiennent droites, il est possible de le faucher lorsque le terrain sur lequel on l'a planté est très-uni. Malgré les autorités ci-dessus, je doute qu'il soit avantageux d'en former des prairies; mais j'insiste pour qu'on le laisse dans celles où il se trouve.

Le PLANTAIN CORNE DE CERF, *Plantago coronopus*, Lin., a les racines annuelles, pivotantes; les feuilles profondément divisées par des découpures inégales et presque linéaires; des hampes à peine longues de 6 pouces; des fleurs blanchâtres disposées en long épi terminal. Il croît dans l'Europe méridionale aux lieux secs et sablonneux; souvent il couvre seul des espaces considérables : les moutons le mangent. Il est des pays où les hommes le mangent également en salade ou cuit comme les épinards.

Le PLANTAIN MARITIME, *Plantago maritima*, Lin., a les racines vivaces; les feuilles demi-cylindriques, érigées, entières, laineuses à leur base; les hampes cylindriques; les fleurs en épi allongé. Il croît sur les bords de la mer souvent en grande abondance. Tous les bestiaux le mangent; les vaches et les chevaux, qui recherchent peu les espèces précitées, aiment celle-ci avec passion. Comme elle s'élève à plus d'un pied, que ses feuilles sont très-nombreuses et relevées, qu'elle croît fort bien dans les terrains éloignés de la mer, c'est avec elle que je voudrais composer des prairies artificielles, si je n'avais de choix que parmi les plantains.

Le **Plantain pulicaire** forme aujourd'hui un genre parti-culier. *Voyez* au mot **Pulicaire**. (B.)

PLANTAIN. Arbre; c'est le **bananier.**

PLANTAIN D'EAU. *Voyez* au mot **Fluteau.**

PLANTARD. Synonyme de **plançon.**

PLANTATION. Lieu où on a planté des arbres.

Dans les colonies, ce mot est synonyme de propriété rurale.

Faire des plantations est l'objet d'une des deux divisions de la grande ainsi que de la petite agriculture. Bien planter doit être le but de tout cultivateur.

On ne peut trop planter en ce moment d'arbres en France, la diminution des forêts naturelles, la rareté des fruits dans beaucoup de parties de la France, en font un devoir.

Il est des cantons en France où des lois, quelquefois seule-ment des usages barbares, s'opposent aux plantations : ainsi dans la ci-devant Basse-Bretagne, lorsque les *arbres ont pris vent*, c'est-à-dire qu'ils ont acquis un tronc et peuvent résister au vent, ils deviennent la propriété des propriétaires, et il n'est plus permis aux fermiers d'en tirer profit ; aussi ces der-niers ont-ils soin de les couper avant cette époque. Il est de fait que tant que cette loi ou cet usage subsistera, il ne sera pas possible que ce canton se repeuple de grands arbres, puisque l'intérêt présent de la plupart des habitans s'y oppose. La légis-lation seule peut remédier à cet abus, qui est tellement grave, que plusieurs communes n'ont plus pour se chauffer et cuire leurs alimens que la fiente desséchée de leurs vaches.

Il semble que jusqu'à Duhamel les plantations aient été livrées à la plus grossière impéritie ; et encore en ce moment, malgré les excellens préceptes qui se trouvent dans son savant Traité des semis et des plantations, il est fort peu de localités où on plante convenablement.

La matière que j'entreprends de traiter après ce célèbre agronome, pourrait remplir plusieurs volumes, et je n'ai que quelques pages à lui consacrer. Heureusement qu'un grand nombre d'articles de théorie et de pratique de ce Dictionnaire serviront de complément à celui-ci.

Avec des précautions, on peut planter toute l'année ; mais on ne le fait ordinairement que pendant l'hiver, c'est-à-dire depuis l'époque de la chute des feuilles jusqu'à celle de leur renouvellement. *Voyez* **Hiver** et **Sève.**

Toutes les fois qu'on plante des arbres, des arbrisseaux, des arbustes ou des plantes pendant l'été, il faut, autant que pos-sible, les enlever avec la motte, les ombrager pendant plus ou moins de temps, et les arroser avec surabondance ; encore ces soins n'ont-ils pas toujours des résultats satisfaisans, sur-tout lorsque les pieds sont gros. *Voyez* **Hale.**

Couper les branches des arbres qu'on plante dans cette saison, leur ôter toutes leurs feuilles, sont des moyens d'assurer leur reprise; mais ces suppressions les retardent d'un an, et par conséquent cette plantation n'a aucun avantage sur celle d'hiver, faite six mois plus tard. *Voyez* HABILLER.

Lorsqu'on fait les plantations d'été entre les deux sèves, c'est-à-dire à la fin de juillet ou au commencement d'août, dans le climat de Paris, les chances augmentent, parce que la dernière sève, qui se porte principalement des feuilles aux racines, fait pousser ces dernières. La théorie indique même cette saison comme plus avantageuse, principalement pour les arbres résineux, du moins lorsqu'on a la facilité d'arroser abondamment, et un grand nombre de faits anciens et modernes la confirment. *Voyez* un mémoire de M. Abrial sur une plantation de ce genre faite dans un jardin de Paris.

Mais les occupations multipliées des cultivateurs et le plus haut prix de la main d'œuvre pendant l'été, joints à la nécessité des arrosemens et autres soins que n'exigent point les plantations d'hiver, feront toujours donner la préférence à ces dernières lorsqu'on voudra travailler en grand.

On a souvent discuté la question de savoir si les plantations d'automne étaient plus avantageuses que celles du printemps. Le résultat aujourd'hui généralement reconnu, c'est que les arbres qui poussent de très-bonne heure au printemps, ceux qu'on destine à des sols légers, secs et chauds, doivent être plantés en automne ; ceux qui craignent les gelées, ceux qu'on destine à être placés dans des terrains argileux et humides, doivent l'être au printemps. *Voyez* SÉCHERESSE et HUMIDITÉ.

Dans les pays chauds, comme aux environs de Marseille, où la végétation se prolonge souvent jusqu'à la fin de décembre, on peut avec avantage, au dire de M. Lardier, planter des arbres fruitiers dès que leurs pousses sont aoûtées, c'est-à-dire les premiers jours de novembre.

Il faut éviter de planter lorsque la terre est gelée, et quand l'air est sec et froid. *Voyez* GELÉE et GLACE.

Les divers modes de plantations dépendent et de l'âge du plant et du motif de la plantation.

Planter des arbres d'un à deux ans dans une pépinière, et à 6 ou 8 pouces de distance, dans l'intention de les relever un ou deux ans après, pour les mettre dans une autre partie de la même pépinière et à une distance plus considérable, s'appelle REPIQUER. *Voyez* ce mot et celui PLANT.

Disposer ce plant dans des tranchées de 6 pouces de large, sur une longueur indéterminée à 2, 3, 6 pouces de distance pour le repiquer l'année suivante, s'appelle mettre en RIGOLE, en JAUGE. *Voyez* ces mots.

Transplanter ce plant repiqué dans une autre partie de la pépinière et à la distance de 25 pouces, terme moyen, s'appelle REPLANTER. *Voyez* ce mot et le mot PÉPINIÈRE.

On dit qu'on *plante définitivement*, qu'on *plante à demeure*, qu'on *met en place* les arbres qui sont destinés à ne plus sortir d'un lieu.

L'âge ou la grosseur à laquelle il convient de planter dépend du but de la plantation. Ainsi, lorsqu'on plante un bois, une haie, une palissade de charmille, etc., on emploie du plant d'un, deux à trois ans au plus. Lorsqu'on plante une route, il faut y mettre du plant qui ne puisse pas être facilement arraché à la main ou renversé par les bestiaux, c'est-à-dire du plant de quatre, cinq, six ans et davantage. Ce plant s'appelle, en terme de pépiniériste, *plant fait, plant défensable.*

En principe général, plus les arbres sont jeunes et plus ils sont d'une reprise assurée, et plus ils deviennent beaux, durent long-temps, donnent plus abondamment de fruits, etc. Les personnes qui pensent gagner du temps en plantant de plus forts pieds, celles sur-tout qui mettent une grande importance à ne planter que des ESPALIERS, des CONTR'ESPALIERS, des PYRAMIDES, des QUENOUILLES toutes dressées, se trompent bien lourdement. *Voyez* ces mots.

Ce n'est donc que lorsqu'on ne peut faire autrement qu'il faut se résoudre à planter des arbres d'un âge au-dessus de six ans; il y a au reste une grande variation dans la *capacité* des arbres à cet égard. Il est quelquefois difficile de faire reprendre un chêne, un pin de plus de trois ans, et on peut presque toujours réussir à transplanter un tilleul, un peuplier de quinze à vingt ans.

Lorsqu'on est dans le cas de transplanter un arbre déjà fort, il est avantageux de couper ses grosses racines superficielles à 2 ou 3 pieds du tronc un an à l'avance, parce que ces tronçons repoussent du chevelu qui assure la reprise.

Toute économie de main d'œuvre doit être comptée pour beaucoup en agriculture, et il y en a une extrêmement considérable à ne planter que de jeunes arbres.

Quelque soin qu'on apporte aux plantations, il meurt toujours quelques arbres. Il faut donc se prémunir contre cet événement, en mettant à part quelques pieds des plus forts pour les mettre l'année suivante à la place de ceux qui seront morts; je dis des plus forts, parce que deux déplantations successives nuiront beaucoup à leur croissance, et qu'il est important qu'ils soient et restent pareils à ceux déjà plantés.

Il arrive souvent qu'un arbre planté en hiver avec tous les soins convenables ne commence à pousser des bourgeons qu'en automne, quelquefois même seulement au printemps de l'année suivante. On assure même en avoir vu *bouder*, c'est le terme, pendant deux, trois et quatre ans. Il est probable que beaucoup de causes influent ou peuvent influer ensemble ou séparément sur cet effet, et que ces causes varient pour chaque cas. Je n'entreprendrai donc pas ici de discuter la valeur de ces causes, qu'on ne peut éclaircir dans les applications que par une suite d'observations fort délicates, et même fort difficiles. J'ai cru plusieurs fois être sur le point de prendre la nature sur le fait, mais je n'ai jamais pu acquérir la certitude d'y être parvenu. Il faudrait peut-être consacrer une vie entière pour pouvoir fixer des bases assurées à ces causes. Greffer en fente des arbres qui boudaient ainsi, m'a souvent réussi, parce que je leur offrais par là des boutons faciles à développer.

Toujours il faut choisir, lorsqu'on plante des arbres destinés à croître librement, à devenir ce qu'on appelle des *arbres de ligne*, comme ceux des avenues, des routes, etc., des sujets à tige droite et sans lésions sur leur écorce. On les fera lever avec le plus de soin possible, afin que leurs racines ne soient point mutilées; s'ils ont un Pivot, on le conservera. (*Voyez* ce mot et le mot Plant.) La tête ne sera pas coupée, comme on le fait si généralement, sur la tige même, mais sur les grosses branches, à une distance d'autant plus grande du sommet de la tige que cette dernière sera plus grosse. On y laissera quelques brindilles, qui serviront à attirer la Sève (*voyez* ce mot), et favoriseront le développement des Boutons adventifs qui doivent percer à travers l'Ecorce (*voyez* ces deux mots), et qui la percent d'autant plus facilement qu'elle est moins épaisse que celle de la tige.

Il serait très-avantageux que les arbres destinés à être plantés à demeure le fussent dans un sol complétement défoncé à 2 ou 3 pieds de profondeur; mais l'énorme dépense de cette opération ne le permet presque jamais. C'est dans des tranchées de 6 pieds de large et de 2 de profondeur qu'on les place lorsqu'on veut les mettre dans les circonstances les plus favorables, et dans des trous carrés de 2, 3, 4 pieds de large lorsqu'on suit le mode le plus ordinaire. Ces trous se font plusieurs mois à l'avance, afin que les influences atmosphériques agissent sur la terre de leur fond et de leurs parois, ainsi que sur celle qui en a été tirée, et qui est dispersée à l'entour. (*Voyez* Labour.) Il n'est point indifférent de faire, sous le spécieux prétexte de l'économie, ces trous trop petits, ainsi que l'observation de tous les siècles le prouve, et ainsi que le montrent de la manière la plus rigoureuse les faits qui suivent.

M. Chalumeau, auteur du livre intitulé *Ma chaumière*, a placé quatre pêchers aussi semblables que possible, et auxquels il fit donner les mêmes soins et la même taille, dans des trous de capacité différente ; savoir, le premier dans un trou de 3 pieds en tous sens ; le second, dans un de 2 ; les deux autres dans des trous de 18 pouces, tous dans la même terre et à la même exposition. Toutes les années, les récoltes ont été d'autant plus abondantes que le pied avait été planté dans un plus grand trou, et lorsque M. Chalumeau écrivait, le premier avait 18 pieds d'envergure et 8 pouces de tour ; le second 9 pieds d'envergure et 5 pouces et demi de tour ; le troisième 5 pieds et demi d'envergure et 3 pouces 8 lignes de tour ; le quatrième 6 pieds de développement et 3 pouces de tour. Eh ! qu'on dise, d'après cette expérience, qu'il est indifférent de donner de la terre facilement perméable aux racines !

Dans les mauvais terrains, on doit faire les trous destinés à recevoir les arbres plus grands que dans les bons. On doit même préférer les tranchées aux trous, parce que plus les racines de ces arbres auront de quoi s'étendre avec facilité, et plus ils profiteront. Or les racines pénètrent bien plus aisément dans une terre remuée que dans une terre qui ne l'a jamais été, ou qui ne l'a pas été depuis long-temps.

Les abricotiers, les pêchers et autres arbres qui craignent la surabondance de l'humidité, se placent souvent avec avantage sur des Buttes factices. *Voyez* ce mot.

On appelle ÉCRÊTEMENT l'opération de gratter la surface des côtés des trous pour en mettre la terre fort ameublie et fort améliorée par les influences atmosphériques, au fond de ces trous. Il ne faut jamais se refuser à la pratiquer lorsque les trous ont plus d'un mois de date.

M. Dourches s'est assuré, par des expériences multipliées, que les plantations dans les terrains sablonneux réussissaient mieux quand elles étaient BUTTÉES. *Voyez* ce mot.

Deux moyens tirés de leur mode de plantation s'emploient avec succès pour forcer les arbres que leur trop de vigueur stérilise, à donner du fruit : l'un, c'est de les très-peu enterrer et de faire courir leurs racines à fleur de terre ; l'autre, de les beaucoup enterrer et de contourner leurs racines en spirale. Dans le premier de ces cas, les arbres s'affaiblissent, parce que leurs racines manquent d'eau ; dans le second, parce qu'elles manquent de chaleur ; et dans tous les deux, parce qu'elles sont dans une position forcée.

La distance qu'il convient de mettre entre chaque trou doit varier suivant la nature du terrain, selon la grandeur à laquelle les arbres peuvent parvenir, la forme de leur tête et autres circonstances moins importantes. Ainsi ils seront plus écartés dans un bon que dans un mauvais fond ; l'orme le sera plus que le robinier, le peuplier blanc plus que le peuplier d'Italie,

Le pommier plus que le poirier, etc. Le bel effet des plantations et la durée des arbres dépendent de leur éloignement. L'excès en plus est bien moins nuisible que l'excès en moins; mais on en abattra un entre deux lorsqu'ils seront devenus grands, disent les partisans des plantations rapprochées. Presque jamais ce projet ne s'exécute, comme l'expérience le prouve, et la plantation reste toujours faible.

M. Rart Maupas, directeur de la pépinière départementale de Lyon, qui cultive, depuis longues années, avec un grand succès des arbres exotiques aux environs de cette ville, frappé des inconvéniens des plantations d'avenues trop peu espacées, et voulant en même temps satisfaire et aux désirs des propriétaires qui veulent de l'ombre sur-le-champ, et à son goût pour la multiplication des arbres étrangers, a proposé de faire des plantations perpétuelles. Ne pouvant insérer ici l'intéressant mémoire qu'il a fait imprimer dans les *Annales d'agriculture*, je vais copier l'extrait qu'il en a fait lui-même.

« La vie des arbres étant aussi variée que celle des animaux, il est facile de les disposer de manière que des espèces différentes soient intercalées et se succèdent sans inconvéniens pendant une longue suite de siècles. Par exemple, en plantant des arbres capables de vivre quatre-vingt-dix ans, et assez espacés pour en admettre entre eux deux autres dont l'existence serait de trente ans, ceux-ci, croissant ordinairement avec plus de vigueur, formeraient d'abord un aspect d'autant mieux garni et ombragé que les arbres seraient plus rapprochés. Au bout de trente ans, les premiers auraient acquis assez de croissance pour former avenue malgré la destruction des deux intermédiaires qui auraient lieu alors. A la place de ces deux arbres abattus et au milieu, on en plante un qui doit vivre quatre-vingt-dix ans; il a le temps de croître et de devenir fort pendant les trente années suivantes, après lesquelles on doit exploiter les anciens plantés. On remplace ces anciens par des arbres d'une courte durée, et successivement, en suivant le même ordre; cette avenue serait ainsi continuellement garnie. Les connaissances agricoles trouveraient dans cette disposition un avantage difficile à rencontrer dans le mode actuel de plantation. C'est qu'au moyen de la grande variété d'espèces d'arbres, on pourrait faire des expériences sur la durée, la bonté, la qualité de chaque arbre, expériences qu'il est presque impossible de faire dans les plantations des particuliers, l'existence d'un arbre étranger cessant presque toujours avec celle de celui qui l'a planté. »

Il est fâcheux, pour la science et la jouissance des habitans de Lyon, que le jardin de la Déserte n'ait pas été planté d'a-

près les idées de M. Rart Maupas, idées parfaitement con-
formes aux vrais principes. *Voyez* Assolement et Orme.

Lorsqu'on place un arbre dans le trou qui lui est destiné,
il y a plusieurs considérations importantes à envisager : 1°. il
faut donner un labour au fond du trou, et en enlever les
pierres ou les feuilles sèches qui pourraient s'y trouver ;
2°. placer l'arbre le plus perpendiculairement possible, et
s'il doit être en avenue ou en quinconce, le mettre en ligne
avec les autres ; 3°. disposer ses racines, après avoir coupé
l'extrémité de celles de ces racines qui auraient été desséchées
par le hâle ou mutilées en les arrachant, de manière qu'elles
soient également écartées et nullement forcées ; 4°. les recouvrir de terre, prise autant que possible à la surface du sol, en
leur donnant, par de légers soulèvemens de la tige, des se-
cousses propres à faire couler la terre entre leurs intervalles ;
5°. lorsque le trou est aux deux tiers plein, fouler légèrement
la terre sur les racines avec les pieds pour la Plomber.
Voyez ce mot.

Une infinité de plantations, principalement celles des bois,
peuvent être faites avec succès dans des rigoles de 4 pouces de
largeur et de profondeur, faites par un homme armé d'une
pioche, marchant devant lui, lequel met en terre, à la distance convenable, et à mesure de l'allongement de la rigole,
le plant qu'il tient dans un panier.

Les terres argileuses ou autres qui sont en mottes laissent
souvent des cavités (*chambres* selon le langage des jardiniers)
autour des racines, ce qui souvent est la cause de la mort des
arbres. Il faut veiller sur les ouvriers, les empêcher de se
presser, les obliger même à étendre chaque bêchée de terre
pour diviser d'autant ces mottes. Ceci me conduit à observer
qu'il est toujours bon d'attendre que la terre soit suffisamment
ressuyée pour faire les plantations, quoiqu'un temps pluvieux
et doux soit plus avantageux qu'un temps sec et froid.

Tant que les racines ne sont pas complétement enveloppées
de terre, qu'elles n'ont pas poussé de nouveaux chevelus,
elles restent exposées directement aux effets de la sécheresse,
c'est-à-dire de ce que les jardiniers appellent le Hale : de là
la Mort de tant de plantes dans les années Chaudes ou Sèches.
Voyez ces mots et Pépinière.

Un arbre planté trop près de la superficie du terrain, dit
Duhamel, peut être renversé par le vent ; les grandes sécheresses ou les fortes gelées sont dans le cas d'atteindre ses racines et de le faire périr ; mais si on le plante trop avant, ses
racines sont moins à portée de s'étendre dans la meilleure
terre, qui est toujours à la surface, et elles se trouvent
privées des influences et de la chaleur, et de l'air, et des petites

pluies, etc. Aussi languit-il, et s'il est de nature à pousser aisément des racines, il en fera de nouvelles au-dessus des anciennes; il y a donc un milieu à garder. Les arbres destinés à devenir fort grands, ceux qui sont exposés au midi, ceux qui sont dans des terres légères, craignent moins d'être enterrés que les autres. Les arbres résineux, ceux des pays chauds, ceux qu'on plante sur les montagnes, dans un sol humide ou profondément défoncé, doivent l'être fort peu. Les arbres greffés ne doivent l'être que jusqu'à la hauteur de la greffe. Dans les terrains fort secs, il est bon que la surface de la terre s'incline vers la tige, c'est le contraire dans ceux qui sont humides.

Quelques personnes ont prétendu qu'il était important d'orienter les arbres en les plantant comme ils étaient dans la pépinière; mais des expériences positives, et faites en grand par Duhamel, ne permettent pas de croire à la nécessité de cette pratique, quoique elle ne soit pas repoussée par la théorie.

Un moyen assez certain d'assurer la reprise des jeunes arbres qu'on veut planter au milieu des massifs, dans une ligne où il s'en trouve de vieux très-rapprochés, c'est de les planter dans des trous entourés d'un fossé, qui empêche les racines voisines de rivaliser avec celles qui sortent du jeune arbre. On ne peut que recommander cette excellente pratique, dans tous les cas où l'on craint la rivalité précitée.

Toute plantation d'arbres précieux, en terrain sec et exposé au soleil, devrait être suivie du placement de deux et même de quatre tuiles à plat sur leur pied, ou de quelques poignées de litière, de mousse, de feuilles sèches, recouvertes de terre, afin qu'empêchant l'évaporation de l'humidité si nécessaire à des racines affaiblies, la reprise de l'arbre en soit plus assurée. Une telle méthode, quoique obligeant d'abord à une mise dehors, est cependant économique, en ce qu'elle évite des remplacemens ou des arrosemens. J'ai été plusieurs fois témoin de ses bons effets.

Si un arbre nouvellement planté est exposé à toute la violence des vents, on lui donnera un tuteur d'une force suffisante. S'il est dans le cas d'être ébranlé ou brouté par les bestiaux, on l'entourera de branches d'épines attachées avec deux harts ou deux liens de fil de fer.

Un moyen très-économique de garantir les jeunes arbres de la dent des bestiaux est de planter quatre ou cinq bâtons à 3 pouces de leur tronc, et de les assujettir par leur bout supérieur au tronc préalablement garni d'un tampon de mousse ou de paille, au moyen d'un osier ou d'un fil de fer.

Une excellente idée qu'on doit à M. Lardier, c'est de fixer en croix au collet des racines deux bâtons en croix, pour empêcher ces racines de trop s'enfoncer dans la terre et mettre obstacle au renversement de la tige par suite des orages. La seule objection qu'on puisse faire à l'exécution de cette idée, ce sont la grande consommation de bois et la longueur de l'opération.

Lasteyrie, dans son important ouvrage sur les machines et appareils usités dans l'économie rurale, donne la figure, tome 1er., de trois manières d'entourer les tiges des arbres nouvellement plantés, pour les garantir des atteintes des bestiaux.

Généralement on laboure le pied des arbres pendant les trois ou quatre hivers qui suivent leur plantation ; mais cela se fait si légèrement et si près du tronc, que les résultats en sont fort peu remarquables.

Il est une opération peu connue, mais dont j'ai eu occasion de reconnaître les grands avantages, c'est de défoncer le terrain de 2 pieds de large chaque année, autour des trous où un arbre a été placé, jusqu'à ce que tout l'espace l'ait été ; et en effet on sent que les racines, trouvant chaque printemps de la terre meuble, doivent prendre beaucoup plus d'extension que si elles eussent percé dans la terre dure. Il ne faut pas craindre, dans ce défoncement, de couper l'extrémité du chevelu des racines de l'année précédente, puisqu'il est prouvé que cette mutilation détermine une plus grande multiplication de ce chevelu, et par suite une plus grande vigueur dans l'arbre. (*Voyez* Rempotement.) A ces avantages, j'ajouterai que le défoncement se faisant partiellement, sa dépense sera moins sensible.

On ne doit point toucher aux branches des arbres la première année de la plantation ; la seconde, on commence à les disposer à la forme qu'on est dans l'intention de leur donner. *Voyez* aux mots Espalier, Pyramide, Quenouille, Buisson (arbre en), Taille des arbres, Pêcher, Abricotier, Poirier, Route, Palissade, etc.

Quant à la plantation des Jardins, des Bois, des Haies, des Palissades (*voyez* ces mots), et quant à celle des arbres en Caisses, des plantes en Pots, *voyez* ceux Empoter, Rempoter, Rencaisser et Oranger.

Dans les colonies, où les ouragans sont beaucoup plus fréquens et beaucoup plus violens qu'en France, et où ils arrachent quelquefois des plantations entières de cafiers et autres arbres, il serait avantageux de toujours grouper les arbres de ces plantations, c'est-à-dire d'en placer trois à 3 pieds de distance, lesquels se soutiendraient réciproquement. Sans doute par cette pratique on perdrait près de moitié de la récolte, puisque les branches de l'intervalle ne produiraient rien ; mais n'est-ce pas être bien dédommagé de cette privation, que d'être assuré de son revenu ?

Le traité des semis et plantations de Duhamel, qui offre un si grand nombre de faits précieux, est le complément nécessaire de cet article : en conséquence j'invite les cultivateurs à le consulter, ainsi qu'un mémoire de M. de Blaveau, successeur de ce célèbre agriculteur, sur les résultats de ses expériences, observés après trente-huit ans, mémoire inséré parmi ceux de l'ancienne Société d'agriculture de Paris, année 1787. (B.)

PLANTAGINÉES. Famille de plantes établie presque sur le genre Plantain, puisque les deux autres qui y entrent, la Pulicaire et la Littorelle, en ont fait partie. *Voyez* ces mots. (B.)

PLANTE. Être organisé, vivant, privé de sentiment et de la faculté locomobile, tirant sa nourriture de l'air et de la terre.

Cette définition générale convient réellement à toutes les plantes ; mais si on veut la préciser davantage, on tombe dans les exceptions et on ne se reconnaît plus.

En effet, presque tous les végétaux ont des Racines, et il semble que cette partie leur est essentielle ; cependant les Truffes n'en montrent point. La plupart ont des tiges et elles manquent chez beaucoup. Il en est de même des Branches, des Feuilles, des Fleurs et parties des fleurs et même des Fruits, si on range les Champignons, les Conferves, les Varecs, les Nostocs, les Ulves et les Varecs parmi elles. *Voyez* tous ces mots.

On ne peut nier que les végétaux soient organisés ; car on leur reconnaît des pores, des vaisseaux de plusieurs sortes, des organes reproductifs, sécréteurs et excréteurs, des fluides circulans, etc.

Les plantes vivent, puisqu'elles naissent, croissent, que beaucoup de circonstances apparentes ou non peuvent altérer ou détruire leurs fonctions, et que nous pouvons à volonté les faire mourir en tout ou en partie, en les arrachant, en les coupant, etc.

Jusqu'à présent aucun fait ne nous induit à croire, même à supposer, que les plantes puissent éprouver de la douleur ou du plaisir, même dans l'acte de la génération ; car les mouvemens de quelques feuilles, de quelques étamines, etc., paraissent n'être qu'automatiques, quoique souvent ils ne se développent que dans telle ou telle circonstance.

Des observations de tous les siècles et de tous les instans, des expériences positives faites dans ces dernières années, prouvent indubitablement que si quelques plantes vivent sans racines et sans feuilles, ou sans racines et avec des feuilles, ou sans feuilles et avec des racines, la plupart ont un besoin indispensable de ces deux organes. *Voyez* Racine et Feuille.

L'Eau, un certain degré de chaleur, une extrêmement petite quantité de Terre, de la Lumière et des Gaz, surtout celui qui est appelé Acide carbonique, sont, d'après les analyses les plus exactes, ce qui entre dans la composition des plantes, ce qui, au moyen de différentes combinaisons, constitue tous leurs solides et leurs fluides. Cependant, malgré les travaux des chimistes modernes, il reste encore beaucoup d'éclaircissemens à désirer sur ce point. *Voyez* les articles précités et les mots Cendre, Alcali, Sève, Mucilage, Gomme, Résine, Sucre, Acide et Air.

Sans les plantes, nul être n'existerait. C'est aux dépens de leurs débris altérés par la putréfaction que se sustentent ces singuliers animalcules dépourvus d'organes, que le meilleur microscope peut à peine rendre visibles. C'est de leurs feuilles, de leurs fruits, de leurs racines, etc., que vivent tant d'insectes, tant d'oiseaux, tant de quadrupèdes qui, à leur tour, servent de nourriture à d'autres animaux des mêmes ou des autres classes. L'homme par-dessus tous se nourrit indifféremment de végétaux et d'animaux, ainsi que de leurs divers produits; c'est pour se procurer plus abondamment les uns et les autres, pour les avoir toujours à sa disposition et de meilleure qualité, qu'il s'est fait agriculteur.

En ne considérant ici que les plantes, je remarquerai qu'il n'est pas une seule de leurs parties qui n'offre des exemples d'emploi utile pour notre nourriture, ou pour nos habillemens, nos ameublemens, etc., qu'il n'est pas une de leurs parties que l'art n'ait altérée d'une manière avantageuse à l'objet pour lequel elle est destinée. Je ne crois pas devoir entrer dans le détail de toutes les considérations que ce sujet amène, parce que presque tous les articles de cet ouvrage sont des complémens de celui-ci, et que ce serait faire un double emploi que de les développer de nouveau.

Excepté quelques rochers battus des vagues, quelques plages sablonneuses, journellement agitées par les vents, quelques places où la terre est annuellement entraînée par les eaux des torrens, etc., toute la partie solide du globe est couverte de plantes. Les pierres les plus dures fournissent une attache à des Lichens, à des Jongermanes, à des Mousses (*voyez* ces mots), qui favorisent leur décomposition. Les sables les plus mobiles, les argiles les plus tenaces, donnent naissance à certaines plantes, qui, par leur décomposition, forment de l'humus, c'est-à-dire le principal aliment visible de toutes (*voyez* Humus): il en est de même des eaux. Des plantes d'une nature particulière vivent dans chacune d'elles, et élèvent le fond des Rivières, des Lacs, des Étangs, des Marais, par leurs dépouilles annuelles. *Voyez* ces mots et le mot Tourbe.

Les plantes cryptogames, que j'ai citées d'abord, paraissent être réellement la première base de toute végétation, parce qu'elles tirent toute leur nourriture de l'air et fournissent, je le répète, de l'humus à la terre. J'ai développé la marche que suit la nature dans cette opération, aux mots Lichen et Mousse : j'y renvoie le lecteur.

Envisagées d'une manière absolue, il n'est pas une plante qui n'ait une valeur propre et qui ne remplisse complétement sa destination; mais considérées par rapport à l'homme et aux animaux qu'il s'est assujettis, quelques-unes sont d'une importance telle qu'on doit leur sacrifier la plus grande partie des autres. C'est sur ce principe que repose l'agriculture, laquelle ne consiste en définitive qu'à multiplier certaines plantes de préférence aux autres. La science du cultivateur consiste donc à savoir discerner les plantes utiles ou les agréables, et à en tirer le parti le plus avantageux à son intérêt, et par suite à la société. Il faut donc qu'il apprenne à les connaître; c'est pourquoi l'étude de la Botanique (*voyez* ce mot) lui est indispensable; c'est pourquoi je les ai toutes décrites à leur article.

Il est des plantes qui croissent partout où le hasard porte leurs graines; mais il en est un bien plus grand nombre qui affectent exclusivement certains sols, certaines positions. On peut bien contrarier pendant quelque temps le naturel de ces dernières; mais il n'est jamais avantageux de l'entreprendre. Sera-t-il possible de faire croître d'aussi belles luzernes dans un sol crétacé, aride et superficiel, que dans un sol gras, humide et très-profond? N'y a-t-il pas toujours de l'avantage à préférer, pour le premier, le sainfoin qui y croît spontanément?

Il est des plantes qui semblent appartenir à tout l'univers. Ainsi la Brunelle commune, la Verveine officinale, le Jonc des champs (*luzula*), la Samole aquatique, le Potamota feuilles de graminées, ainsi que plusieurs autres moins connues, se trouvent naturellement en Europe, en Asie, en Afrique, en Amérique et en Austrasie ou Nouvelle Hollande. Je dis naturellement, parce qu'il en est quelques-unes telles que le Pissenlit, le Bluet, l'Agrostème, la Moutarde des champs, etc., etc., qui ont été portées partout où on a établi des colonies et semé du blé. *Voyez* Géographie agricole.

Tous les bestiaux repoussent constamment certaines plantes ; quelques-uns d'entre eux en mangent quelques autres, que d'autres dédaignent ; enfin il en est que tous ou quelques-uns d'eux repoussent d'abord, mais qu'on les accoutume petit à petit à manger. La connaissance de la qualité des plantes, sous ces trois rapports, est d'une grande importance. Linnæus a fait, sous le nom de *Pan de Suède*, un catalogue de plantes de sa patrie qui sont dans ces trois cas, et il y a de plus indiqué celles que tel ou tel animal préfère. Lamanon avait entrepris un essai du même genre pour les plantes de la Crau. J'ai aussi fait quelques expériences isolées, relatives aux plantes des parties méridionales de l'Europe, et à celles étrangères qu'on cultive habituellement dans les jardins des environs de Paris ; mais le travail de Linnæus, malgré que son utilité soit généralement reconnue, n'a pas encore été appliqué à la France. Je sollicite les botanistes, amis de l'agriculture, de vouloir bien s'en occuper. Comme j'ai eu soin, à chaque espèce de plante comprise dans le catalogue de Linnæus, d'indiquer si les bestiaux ou quelques-uns des bestiaux la mangent ou la repoussent, je me dispense de reproduire ici ce catalogue.

Les plantes qui s'élèvent beaucoup, qui croissent abondamment dans certains lieux, et que les bestiaux refusent, peuvent être utilisées de différentes manières par l'agriculteur instruit et actif.

Par exemple, en les faisant couper avant leur floraison, il sera profitable pour lui ou de les brûler pour en fabriquer de la potasse, ou de les jeter sur son fumier pour en augmenter la masse, ou de les stratifier avec de la terre et en former un compost qui servira l'année suivante à fumer ses champs. Il n'est point de pays qui ne présente plus ou moins de ces plantes ; mais les pays de bois et les pays marécageux en offrent plus que les autres. Je mets en fait qu'une famille nombreuse, propriétaire ou fermier de quelques arpens de terre, qui s'adonnerait à la récolte de ces plantes, auxquelles on n'a mis jusqu'à présent aucune importance, pourrait se placer dans une honorable aisance ; aussi ai-je, dans le cours de cet ouvrage, profité de toutes les occasions pour exciter l'attention des cultivateurs sur l'objet en question.

Les principales de ces plantes sont, la *millefeuille*, l'*aigremoine*, le *fluteau*, l'*amaranthe*, le *muflier*, l'*aristoloche*, l'*armoise*, le *roseau*, l'*asclépiade*, la *balotte*, le *bident*, le *buis*, le *caltha*, les *chardons*, les *laiches*, les *carthames*, les *centaurées*, la *chicorée*, la *ciguë*, *la clématite*, la *cardère*, la *vipérine*, l'*épilobe*, la *prèle*, la *bruyère*, l'*eupatoire*, les *euphorbes*, les *galéopes*, les *genêts*, le *lierre*, l'*ellébore*, la *berce*, la *jusquiame*, les *millepertuis*, les *iris*, les *joncs*, le *genevrier*, le *lamion*, le *troène*, le *lycope*, la *lysimaque*, la *salicaire*, la *mauve*, le *marrube*, les *menthes*, les *mousses*, la *bugrane*, les *fougères*, le *panais*, le *peucédan*, les *ronces*, les *sauges*, le *sureau*, la *scabieuse*, le *choin*, la *scrophulaire*, les *seneçons*, les *sarrètes*, les *sysimbres*, la *massette*, l'*ajonc*, les *orties*, les *molènes*, les *verveines*, le *glouteron*, le *rubanier*.

Il est aussi des plantes qui croissent en abondance dans les eaux, et qu'on doit récolter pour le même objet, telles que les *calitriches*, les *potamots*, les *persicaires*, les *préles*, etc. J'en ai parlé au mot CURURE (*des rivières et des étangs*).

Je ne puis me refuser à copier ici un passage de **J.-J. Rousseau** relatif au sujet que je traite, parce qu'il peint.

« Les arbres, les arbrisseaux, les plantes, sont la parure et le vêtement de la terre. Rien n'est si triste que l'aspect d'une campagne nue et pelée, qui n'étale aux yeux que des pierres, du limon et des sables ; mais vivifiée par la nature et revêtue de sa robe de noce, au milieu du cours des eaux et du chant des oiseaux, la terre offre à l'homme, dans l'harmonie des trois règnes, un spectacle plein de vie, d'intérêt et de charmes, le seul spectacle au monde dont ses yeux et son cœur ne se lassent jamais.

» Plus un contemplateur a l'âme sensible, plus il se livre aux extases qu'excite en lui cet accord. Une rêverie douce et profonde s'empare alors de ses sens, et il se perd avec une délicieuse ivresse dans l'immensité de ce beau système, avec lequel il se sent identifié. Alors tous les objets particuliers lui échappent ; il ne voit, il ne sent rien que dans le tout : il faut que quelque cause particulière resserre ses idées et circonscrive son imagination, pour qu'il puisse observer par parties cet univers qu'il s'efforçait d'embrasser.

» Les odeurs suaves, les vives couleurs, les plus élégantes formes semblent se disputer à l'envi le droit de fixer notre attention. Il ne faut qu'aimer le plaisir pour se livrer à des sensations si douces ; et si cet effet n'a pas lieu sur tous ceux qui en sont frappés, c'est dans les uns une faute de sensibilité naturelle ; et dans la plupart, que leur esprit, trop occupé d'autres idées, ne se livre qu'à la dérobée aux objets qui frappent leurs sens. »

Les plantes *hermaphrodites* sont celles qui ne portent que des fleurs en même temps mâles et femelles ; les *monoïques*, celles qui offrent des fleurs mâles et des fleurs femelles sur le même pied ; les *dioïques*, celles qui offrent des fleurs mâles seulement sur certains pieds, et des fleurs femelles seulement sur d'autres pieds ; les *polygames*, celles qui ont en même temps des fleurs hermaphrodites et des fleurs monoïques ou dioïques.

Les plantes complètes ont, comme je l'ai dit plus haut, des racines, des tiges ou troncs, des branches, des feuilles, et leurs accompagnemens, des fleurs et des fruits ; et la plupart de ces parties diffèrent, dans chaque espèce, de forme, d'apparence, de consistance, de position, et ce sont elles qui servent à distinguer ces espèces : aussi leur nomenclature est-elle d'une nécessité indispensable à ceux qui veulent apprendre à les connaître. Je vais donc la donner ici.

Les racines qui s'enfoncent peu, s'étendent parallèlement à la surface du sol et poussent des tiges de distance en distance, s'appellent *rampantes* ou *traçantes*.

Lorque les racines, d'abord fibreuses, grossissent subitement, s'arrondissent, on les appelle *tubéreuses*.

Une racine est dite *fusiforme* lorsqu'elle est épaisse à son sommet et pointue à son extrémité ; *rameuse*, quand elle se divise en plusieurs branches latérales ; *noueuse*, quand ses fibres se renflent de distance en distance ; *fasciculée*, quand elle est composée de plusieurs rameaux partant du collet ; *bulbeuse*, quand la base des feuilles, devenue charnue, entoure la partie supérieure de leur collet ; *grumeleuse*, quand le collet pousse en dessous plusieurs rameaux épais subdivisés ; *pivotante*, quand elle s'enfonce perpendiculairement ; *horizontale*, lorsqu'elle s'étend parallèlement à la surface du sol sans pousser de tige ; *tronquée*, lorsque son extrémité est comme coupée net.

La tige est *herbacée* lorsqu'elle est tendre pendant toute sa durée ; *ligneuse*, lorsqu'elle est formée de Bois (*voyez* ce mot) ; *solide*, lorsqu'elle n'est pas creuse ; *fistuleuse*, lorsqu'elle est vide dans son intérieur ; *noueuse*, quand elle offre des renflemens plus durs de distance en distance ; *articulée*, quand elle offre des renflemens, et qu'elle se casse facilement à ces renflemens ; *simple*, lorsqu'elle ne se divise point ; *rameuse*, lorsqu'elle se divise; *fourchue* ou *bifurquée*, quand elle se divise en deux ; *dichotome*, quand elle se divise plusieurs fois de suite en deux ; *effilée*, quand elle est longue et mince ; *droite*, *verticale* ou *perpendiculaire*, lorsqu'elle s'élève perpendiculairement au sol ; *oblique*, lorsqu'elle fait un angle avec le sol ; *genouillée*, quand elle fait un angle ou coude; *couchée*, lorsqu'elle s'étend sur la terre sans y prendre racine ; *rampante*, lorsqu'elle s'étend sur la terre et y prend racine ; *stolonifère*, lorsque des branches particulières s'étendent sur la terre et y prennent racine ; *radicante*, lorsqu'elle s'attache aux autres corps par des espèces de suçoirs ou de crochets ; *flexueuse*, lorsqu'elle forme des zigzags ; *sarmenteuse*, lorqu'elle est très-mince, très-longue, et s'entortille autour des corps voisins ; *grimpante*, lorsqu'elle est très-longue, très-mince, et s'attache aux corps voisins par le moyen de VRILLES (*voyez* ce mot) ; *entortillée* ou *voluble*, lorsqu'elle est très-longue, très-mince, et se roule en spirale autour des corps ; *cylindrique*, lorsqu'elle est ronde ; *triangulaire, quadrangulaire, pentagone, hexagone*, lorsqu'elle offre trois, quatre, cinq ou six côtés ; *polygone* ou *angulaire*, quand elle offre plus de six côtés ; *comprimée*, quand elle est aplatie ; *gladiée*, quand, étant comprimée, ses angles sont tranchans. Quand elle est garnie de feuilles, on dit qu'elle est *feuillée* ; d'épines, qu'elle est *épineuse* ; d'aiguillons, qu'elle est *aiguillonnée* ; de poils, qu'elle est *velue* ; d'écailles, qu'elle est *écailleuse* ; de stipules, qu'elle est *stipulée*. Quand elle manque de feuilles, on l'appelle *non feuillée* ; d'épines ou d'aiguillons, *inerme* ; de poils, *glabre* ; de feuilles, de branches, etc., *nue*. Elle est *ailée* quand elle présente des membranes saillantes ; *lisse*, quand elle est unie ; *striée*, quand elle offre de petites côtes ou des lignes longitudinales enfoncées ; *sillonnée*, quand les lignes longitudinales enfoncées ont une certaine largeur ; *âpre, rude*, quand elle paraît inégale au toucher ; *tuberculeuse*, quand elle porte des saillies grosses et arrondies ; *échinée* ou *muriquée*, quand ses tubercules sont longs, gros et pointus.

Les branches sont *droites* ou *érigées* quand elles forment avec la tige des angles très-aigus ; *pyramidales*, lorsque étant érigées, leur ensemble se termine en pointe ; *nivelées*, lorsque étant érigées, leur ensemble est à la même hauteur ; *divergentes*, quand elles s'écartent de la tige ; *étalées*, quand elles forment des angles presque droits avec la tige ; *courbées* quand elles sont arquées en dehors ; *pendantes*, quand elles retombent presque perpendiculairement.

Les feuilles *séminales* sont celles qui sortent de terre au moment de la germination, les *primordiales* leur succèdent.

On appelle feuilles *florales* ou BRACTÉES (*voyez* ce mot) celles qui accompagnent les fleurs. Il en sera question plus bas lorsque je parlerai des accessoires.

Les feuilles *radicales* sont celles qui sortent du collet de la racine ; les *caulinaires*, celles qui s'insèrent sur la tige ; les *pétiolées*, celles qui sont portées sur un pétiole ; les *sessiles*, celles qui sont dépourvues de pétiole. Ces dernières se subdivisent en *amplexicaules*, qui entourent la tige par leur base ; en *engaînantes*, qui embrassent la tige dans une portion de leur longueur ; en *décurrentes*, dont la base forme une appendice sur la tige ; en *perfeuillées* ou *perfoliées*, lorsqu'elles sont traversées par la tige ; en *cônées*, lorsque deux feuilles opposées sont soudées par leur base.

On dit que des feuilles sont *géminées*, lorsqu'elles sont rapprochées et à la même hauteur sur un des côtés de la tige ; *op-*

posées , quand elles sont à la même hauteur de chaque côté de la tige ; *croisées* (*decussata*), quand les paires opposées se coupent à angles droits ; *spirales*, lorsque chaque paire se coupe sous un angle très-aigu ; *verticillées*, quand plusieurs sortent à la même hauteur et tout autour de la tige ; *ternées* ou *quaternées*, quand le verticille n'est que de trois ou de quatre feuilles ; *éparses*, lorsqu'elles n'offrent aucune disposition particulière sur la tige ; *alternes*, quand elles sont placées alternativement de chaque côté de la tige ; *fasciculées*, lorsque plusieurs sortent du même point.

Les feuilles sont *sans nervures* quand leurs nervures sont peu visibles ; *nerveuses*, quand leurs nervures ne sont pas ramifiées ; *veinées*, quand leur nervures sont nombreuses et anastomosées. Elles sont *grasses* ou *succulentes* quand elles sont épaisses et abondamment pourvues de sucs aqueux ; *membraneuses*, quand au contraire elles sont minces , sèches et vertes ; *scarieuses*, quand elles sont encore plus minces , encore plus sèches et décolorées.

Des feuilles sont *orbiculaires* lorsqu'elles ont la figure d'un cercle ; *arrondies*, lorsqu'elles approchent de la figure précédente ; *ovales*, lorsqu'elles sont plus longues que larges et également arrondies à leurs extrémités ; *ovées*, lorsqu'elles sont ovales, mais que leur base est plus large que leur sommet ; *obovées*, lorsqu'elles sont ovales et que leur sommet est plus large que leur base ; *oblongues*, lorsque leur longueur contient plusieurs fois leur largeur ; *cunéiformes*, lorsqu'elles sont tronquées et plus larges à leur sommet; *spathulées*, lorsqu'elles sont plus larges et arrondies à leur sommet ; *lancéolées*, lorsqu'elles sont allongées et rétrécies également à leurs deux extrémités ; *linéaires*, lorsqu'elles sont étroites et d'égale largeur, excepté à leur sommet ; *subulées* ou en *alène*, lorsque leur base est linéaire et leur sommet allongé et pointu ; *capillaires*, *filiformes*, *sétacées* lorsqu'elles sont très-longues et très-minces; *renflées*, lorsque étant charnues elles sont épaisses dans leur milieu ; *cylindriques*, lorsqu'elles sont épaisses, allongées et cylindriques ; *triquètres*, lorsqu'elles sont épaisses, ont trois côtés et se terminent en pointe ; *deltoïdes*, lorsqu'elles sont épaisses, ont trois côtés et sont tronquées à leur sommet ; *ligulées*, lorsqu'elles sont épaisses , peu allongées , obtuses, et un peu bombées en dessous ; *comprimées*, lorsqu'elles sont épaisses et aplaties sur les côtés ; en *sabre*, lorsqu'elles sont épaisses, allongées, à trois côtés, dont deux sont plus larges, et à trois angles, dont l'un est tranchant ; en *doloir*, lorsqu'elles sont épaisses, allongées, à trois côtés, dont le supérieur est arrondi, et à trois angles, dont l'un est plus saillant.

On distingue les feuilles en *échancrées*, lorsque leur sommet offre un angle rentrant ; en *dentées* ou *serrées*, lorsque leurs bords sont pourvus d'un grand nombre d'angles rentrans, ou peu ouverts, ou très-ouverts, dont l'intervalle est aigu ; en *crénelées*, lorsque leurs bords sont pourvus d'un grand nombre d'angles rentrans dont l'intervalle est arrondi ; en *découpées* ou *divisées*, ou *incisées*, ou *partagées*, lorsqu'elles offrent des sinuosités plus ou moins longues, plus ou moins larges; en *lobées*, quand elles sont divisées jusqu'à la nervure principale, et que les intervalles des divisions sont obtus ; en *lyrées*, lorsqu'elles sont divisées, mais non jusqu'à la nervure principale, et que les intervalles des divisions sont obtus ; en *multifides* ou *laciniées*, ou *déchiquetées*, ou *décomposées*, lorsque les divisions sont très-nombreuses, égales ou inégales, régulières ou irrégulières ; en *bifides*, lorsqu'elles n'ont qu'une échancrure, mais qu'elle est très-profonde; en *pédiaires*, lorsqu'elles sont divisées, et que plusieurs des divisions sont sur les deux extérieures ; en *digitées*, quand elles sont divisées jusqu'à leur base et imitent les doigts de la main ; en *tronquées*, quand leur sommet est coupé net ; en *aiguës*, lorsqu'elles se terminent petit à petit en courte pointe ; en *mucronées*, quand elles sont terminées en pointe subitement aiguë ; en *acuminées*, lorsqu'elles se terminent petit à petit en longue pointe ; en *obtuses*, quand elles se terminent par un bord arrondi ; en *triangulaires, quadrangulaires, pentaèdres, hexaèdres*, lorsqu'elles ont trois, quatre, cinq ou six angles saillans ; en *anguleuses*, lorsque leurs angles sont très-multipliés; en *rhomboïdes*, lorsque leurs bords offrent quatre angles, dont deux obtus et aigus; en *deltoïdes*, lorsqu'elles ont quatre angles, dont les deux latéraux se rapprochent de la base; en *cordiformes*, lorsqu'elles sont en pointe à leur sommet et échancrées à leur base; en *réniformes*, lorsqu'elles sont arrondies à leur sommet et échancrées à leur base; en *lunulées*, lorsqu'elles sont très-arrondies à leur sommet, et échancrées et terminées de chaque côté en pointe à leur base; en *hastées*, lorsqu'elles sont triangulaires et terminées en pointe à leurs trois angles, et échancrées à leur base ; en *roncinées*, lorsqu'elles sont découpées latéralement en lobes profonds et écartés, qui ne vont pas en diminuant vers leur base commune ; en *panduriformes*, lorsqu'elles sont élargies à la base et au sommet; en *pinnatifides*, lorsqu'elles sont divisées par des sinus étroits presque parallèles, qui n'atteignent pas la nervure principale; en *sinuées*, lorsqu'elles sont divisées par des sinus larges et non parallèles; en *rongées*, lorsque leurs sinus sont inégalement dentés ; en *composées*, lorsque sur un pétiole commun il se trouve plusieurs feuilles qu'on appelle folioles.

Les feuilles composées sont *conjuguées* quand le pétiole

commun ne porte que deux folioles ; *ternées* ou *trifoliées* , lorsqu'il porte trois folioles ; *quaternées* , *tétraphylles* ou *quadrifoliées* , quand il en porte quatre ; *quinnées* , *pentaphylles* ou *quinquefoliées*, quand il y en a cinq ; *polyphylles*, quand il y en a un grand nombre ; *pinnées* ou *ailées*, quand les folioles sont rangées des deux côtés du pétiole, et dans tout ou partie de sa longueur ; *pinnées avec* ou *sans impaire* , lorsque l'extrémité du pétiole porte ou ne porte pas une foliole ; *begeminées* ou *biconjuguées* , lorsque étant conjuguées elles portent deux folioles conjuguées ; *biternées* , *triternées* , lorsque étant triphyllées elles portent des folioles biphylles ou triphylles ; *bipinnées* ou *deux fois ailées* , lorsque étant ailées elles portent des folioles ailées.

Les feuilles sont *persistantes* lorsqu'elles restent plusieurs années sur les plantes ; elles sont *caduques* lorsqu'elles tombent avant la révolution de la saison, ou dès qu'on les touche.

Les accompagnemens des feuilles sont les Stipules (*Voy.* ce mot.) Elles sont *caulinaires* lorsqu'elles sont insérées sur la tige, et *pétiolaires,* quand elles sont insérées sur le pétiole.

Les Fleurs (*voyez* ce mot) sont *terminales* lorsqu'elles naissent au sommet de la tige ; *latérales,* lorsqu'elles sortent des côtés ; *axillaires,* lorsqu'elles sont placées dans les aisselles des feuilles ; *extra* ou *supra-axillaires,* lorsqu'elles sont placées hors ou au-dessus des mêmes aisselles ; *sessiles,* quand elles reposent immédiatement sur la tige ; *pédonculées,* quand elles sont portées par un rameau particulier (*voyez* Pédoncule et Hampe) ; *alternes, éparses , opposées , géminées , verticillées* ou *spirales,* lorsque leur disposition sur la tige est la même que celle des feuilles de même nom ; en *ombelles,* quand plusieurs petits pédoncules sortent du même point à l'extrémité d'un gros pédoncule ; en *épi,* lorsqu'elles sont sessiles le long d'un axe ; en *chaton ,* quand elles ont la même disposition, et n'ont que des écailles pour calice et corolle ; en *grappe ,* quand elles sont pédonculées le long d'un axe ; en *thyrse,* quand elles sont insérées au sommet des pédoncules rameux sortant d'un axe ; en *panicule ,* lorsque les pédoncules sont rameux et très-écartés ; en *corymbe,* quand les pédoncules sont d'autant plus longs , qu'ils sont plus éloignés du sommet de l'axe ; en *cime,* quand elles sont placées latéralement sur des pédoncules sortant du même point ; en *tête,* quand elles sont presque sessiles et ramassées en grand nombre autour du centre ; *agrégées,* lorsqu'elles sont réunies en tête ; *composées,* lorsqu'elles sont insérées sur un réceptacle, et que leurs anthères sont réunies en un tube à travers lequel passe le pistil ; *flosculeuses,* lorsque, dans ce dernier cas, elles ne sont composées que de Fleurons (*voyez* ce mot), c'est-à-dire de petites fleurs à cinq divisions régulières ; *radiées*, quand leur disque offre des fleurons et leur circonférence des Demi-fleurons (*voyez* ce mot) ; c'est-à-dire de petites fleurs à languette ; *semi-flosculeuses*, lorsqu'elles n'ont que des demi-fleurons ; Apétales, quand elles manquent de corolle ; Monopétales, quand elles n'ont qu'un seul pétale ; Polypétales, lorsqu'elles offrent plusieurs pétales ; Labiées ou Personnées, lorsque la corolle a deux lèvres (*voyez* ces cinq derniers mots) ; *mâles*, lorsqu'elles ne renferment que des étamines ; *femelles*, lorsqu'elles ne renferment que des pistils ; *unisexuelles*, lorsqu'elles ne renferment que des étamines ou des pistils ; *hermaphrodites*, lorsqu'elles renferment des étamines et des pistils ; *simples*, lorsqu'elles n'ont que le nombre naturel de pétales ; *doubles*, lorsque les étamines et les pistils se sont changés en pétales ; *semi-doubles*, lorsqu'une portion de leurs étamines ou de leurs pistils est changée en pétales. *Voyez* Fleur double.

Les accompagnemens des fleurs s'appellent Bractées. *Voyez* ce mot.

Une fleur complète est composée du Calice, de la Corolle, des Etamines et du Pistil (*voyez* ces mots), parties que je vais passer successivement en revue. *Voyez* aussi Réceptacle et Nectaire.

Le calice est *monophylle* lorsqu'il n'est que d'une pièce ; il est *polyphylle* lorsqu'il est composé de plusieurs. Dans ce dernier cas, on énumère souvent ses folioles ; c'est-à-dire qu'on dit qu'il est *diphylle, triphylle*, etc. Il est *caduc* lorsque ses folioles tombent au moment de la fécondation ; *persistant*, quand elles restent en place jusqu'à la maturité des graines ; *marcescent*, lorsque étant persistant il se dessèche ; *accrescent*, lorsque après la fécondation il continue de prendre de l'accroissement ; *inférieur*, quand il est placé sous l'ovaire ; *supé·*·ur, quand il est placé sur l'ovaire. Dans ce dernier cas, on dit encore qu'il est *adhérent*.

La corolle monopétale est *entière* lorsque son bord n'a aucune division ; *bipartite, tripartite*, etc., lorsqu'elle a deux, trois, etc., divisions ; *multipartite*, lorsqu'elle a plus de dix divisions aiguës, qui se prolongent au-delà de sa moitié ; *bilobée, trilobée*, etc., lorsqu'elle a deux, trois lobes obtus ; *bidentée, tridentée*, etc., quand elle a deux, trois dents peu saillantes ; *bifide, trifide*, etc., quand elle est divisée deux, trois fois, etc., au tiers de sa longueur ; *campanulée*, lorsqu'elle ressemble à une cloche ; *infundibuliforme*, lorsqu'elle ressemble à un entonnoir ; *hypocratériforme*, lorsqu'elle ressemble à une soucoupe à bords renversés ; en *roue*, lorsqu'elle ressemble à une roue, c'est-à-dire qu'elle n'a presque pas de tube ; *bilabiée*, quand elle offre deux divisions principales, une supérieure et l'autre inférieure ; *éperonnée*, quand elle porte à sa base un prolongement en forme de corne.

La corolle polypétale est *dipétale*, *tripétale*, etc. ; elle est *cruciforme* lorsqu'elle est composée de quatre pétales disposés en croix ; *rosacée*, lorsqu'elle est composée de plus de quatre pétales égaux ; *papilionacée*, lorsqu'elle est composée de quatre à cinq pétales disposés en forme de papillon qui vole. *Voyez* Légumineuse, Etendard, Carène et Aile.

La corolle *régulière* est celle dont toutes les divisions sont égales et également disposées les unes à l'égard des autres ou du pistil.

La corolle *irrégulière* est celle dont les divisions ne sont pas égales ou également disposées.

Les étamines sont *hypogynes* lorsque leur filet prend naissance au-dessous de l'ovaire ; *périgynes*, lorsque leur filet prend naissance autour de l'ovaire ; *épigynes*, lorsque leur filet est inséré sur le pistil ; *syngénésiques* lorsqu'elles sont toutes réunies par leurs anthères ; *monadelphes*, quand elles sont toutes réunies par leurs filets ; *diadelphes*, lorsqu'elles sont réunies par leurs filets en deux faisceaux ; *polyadelphes*, quand elles sont réunies par leurs filets en plusieurs faisceaux ; *didynames*, quand il y en a quatre, dont deux plus grandes ; *tétradynames*, quand il y en a six, dont deux plus courtes.

Le pistil est *monogyne, digyne, trigyne*, etc. , selon qu'il y a un, deux, trois, etc., styles ou stigmates. Il est *polygyne*, lorsqu'il y en a plus de douze. *Voyez* Pistil, Ovaire, Style et Stigmate.

Ce que j'appelle les accessoires des diverses parties des plantes sont les Glandes, les Poils, les Epines, les Aiguillons, les Vrilles ou Mains. *Voyez* ces mots.

Les principales espèces de fruits sont la Silique, le Légume ou la Gousse, le Drupe, la Pomme, la Baie, la Noix, la Capsule, la Follicule, la Coque. *Voyez* ces mots et les mots Graine et Semence.

Je termine ici cette longue énumération des parties des plantes en renvoyant aux ouvrages des botanistes, principalement à la Flore française, édition de Decandolle, ceux qui voudraient de plus grands développemens. (B.)

PLANTE AUX OEUFS. C'est le mélongène.

PLANTER SOUS LA SERPETTE. Expression usitée dans quelques vignobles, et qui signifie planter sur-le-champ les sarmens qu'on sépare du ceps par l'opération de la taille. *Voy.* Vigne. (B.)

PLANTES GRASSES. On donne ce nom aux plantes qui ont des feuilles très-épaisses et remplies d'un suc mucilagineux. C'est principalement dans les genres Ficoïde, Pourpier, Orpin, Cierge, Euphorbe, Crassule, Joubarbe, Coty-

LET, etc. (*voyez* ces mots), qu'elles se rencontrent. On les reconnaît au premier coup d'œil ; il en est plusieurs qui sont indigènes. Le cap de Bonne-Espérance fournit la plus grande partie de celles qu'on cultive dans nos orangeries, à raison de leur singularité ou de la beauté de leurs fleurs. Elles croissent toutes dans les lieux arides, et semblent se nourrir de leur propre substance pendant les chaleurs de l'été, où elles ne reçoivent souvent presque rien de la terre ni de l'atmosphère. Un petit nombre, parmi lesquelles se distinguent en Europe le POURPIER, et en Amérique le CACTIER A LA COCHENILLE (*voyez* ces mots), sont l'objet d'une grande culture.

Les plantes grasses du cap de Bonne-Espérance qu'on conserve dans nos orangeries demandent des soins particuliers ; elles craignent le froid et sur-tout l'excès d'humidité ; il leur faut beaucoup de lumière : les changer souvent de pot serait leur perte. Quelques précautions qu'on prenne, on les voit souvent se faner du jour au lendemain, ou se pourrir rapidement, le tout sans causes apparentes et sans qu'il soit possible de l'empêcher. (B.)

PLANTES MARINES. On appelle quelquefois de ce nom les plantes qui croissent dans les sols salés, sur les bords de la mer ou des marais formés par ses eaux, telles que les SOUDES, les SALICORS, les TROSCARTS, etc. ; mais plus généralement on les restreint aux plantes de la famille des conferves qui vivent dans la mer même. Les genres qu'offrent ces plantes sont peu nombreux : ils se réduisent aux VARECS, aux CONFERVES, aux ULVES ; mais les espèces qui les composent le sont beaucoup. Leur réunion, après qu'elles ont été arrachées, forme ce qu'on appelle *algues*, *varecs*, *goémons* dans quelques endroits.

Les cultivateurs voisins de la mer tirent un grand parti de ces plantes, soit qu'ils les arrachent du fond de l'eau avec de grands râteaux à dents de fer, soit qu'ils ramassent seulement celles que les vagues rejettent sur la plage. Les uns, après les avoir fait dessécher, les brûlent pour en tirer de la SOUDE (*voyez* ce mot) ; les autres les emploient à fumer leurs terres, soit sur les champs en les répandant sur le sol avant de le labourer, soit un an après, en les stratifiant avec de la terre, en en faisant ce qu'on appelle actuellement un COMPOST. *Voyez* ce mot et les mots VAREC, ENGRAIS. (B.)

PLANTEUR. C'est celui qui plante.

Ce mot n'est plus guère usité en France comme appellatif, mais il s'emploie encore dans les colonies pour désigner les propriétaires des terres. (B.)

PLANTOIR. C'est un morceau de bois rond et court, pointu à l'une de ses extrémités, recourbé à l'autre, quelquefois ferré par le bout, dont les jardiniers et les pépiniéristes se servent pour les repiquages de semis d'arbres, et pour la transplantation de jeunes plantes potagères ou d'ornement qui n'ont encore qu'un petit nombre de racines. *Voyez* PLANT et PLANTATION.

Les plantoirs doivent être faits en bois dur; ils sont ordinairement de chêne. La courbure qui se trouve à leur partie supérieure doit être telle qu'elle tienne lieu de poignée, au moyen de laquelle la main de l'ouvrier puisse facilement saisir l'instrument et l'enfoncer en terre sans trop d'efforts. La longueur et la grosseur des plantoirs sont toujours proportionnées à la force des plants qu'on repique; il est clair qu'il faut une ouverture plus large et plus profonde pour de jeunes arbres que pour de petites fleurs ou de menus légumes. Ils varient quelquefois de forme dans leur partie inférieure. Ainsi, pour les plantes à bordure, telles que le buis, le thym, la lavande, la sauge, on se sert d'un plantoir dont le bout est revêtu en tôle, et a la forme à-peu-près d'une langue. Celui avec lequel on plante les oignons de fleurs ne doit point être pointu, mais avoir un pouce environ de diamètre à son extrémité, et être traversé à 4 pouces au-dessus par deux chevilles horizontales, dont l'objet est d'arrêter l'instrument quand on l'enfonce, afin que tous les trous aient une égale profondeur. Pour les boutures et les plançons d'une certaine longueur, on fait usage de plantoirs plus longs, dont la pointe est très-aiguë et armée de fer, et qui sont aussi traversés par des chevilles. *Voyez* BOUTURE et PLANÇON.

Quelques agronomes ont pensé qu'il devait être avantageux de planter le blé et autres grains au lieu de le semer, supposant, comme cela est vrai, qu'étant également espacé il profiterait mieux et des sucs de la terre et des influences de l'atmosphère. Pour cela ils ont placé deux, quatre, six ou huit morceaux de bois pointus à 2 pouces de distance le long d'une traverse surmontée d'un manche à potence, et ils ont appelé cet instrument un plantoir; mais l'emploi de ce plantoir, qui ne peut servir qu'à de petites cultures, n'a pas eu un grand succès. (D.)

Lasteyrie a figuré plusieurs sortes de plantoirs, dans le premier volume de sa Collection de machines et instrumens en usage en agriculture; ouvrage que je ne puis trop engager les cultivateurs à étudier.

Les plantoirs entassant la terre contrarient l'effet des labours, aussi ne faut-il en faire usage que dans les jardins. (B.)

PLANTULE. Si on laisse quelque temps la semence dans la terre ou dans l'eau, les lobes, pénétrés de parties aqueuses, chargés de sucs nourriciers, et que la chaleur met en mouvement, s'enflent et grossissent ; l'air renfermé dans leur substance, en se dilatant, fait éclater l'enveloppe qui tient les deux lobes réunis, la radicule se montre : on dit alors que la semence est germée ; en même temps les lobes sortent de terre en s'allongeant un peu sous la forme de deux feuilles très-différentes de celles que la plante doit porter ; on dit que la graine est levée. Dans cet état, la radicule va chercher des sucs dans le sein de la terre ; la plantule commence à paraître ; les cotylédons, toujours unis à la plantule par les deux troncs de vaisseaux, l'accompagnent hors de terre comme deux mamelles destinées à allaiter le même sujet ; sa force et le développement graduel continuent en raison de la chaleur et des sucs qui l'opèrent ; enfin la plantule forme ensuite une plante, un arbrisseau ou un arbre. *Voyez* GERMINATION. (R.)

PLANTUN. Nom vulgaire de la SALICORNE HERBACÉE dans les marais de l'embouchure du Rhône. (B.)

PLAQUEMINIER, *Diospyros*, Lin. Nom de quelques arbres et arbrisseaux qui croissent naturellement dans les contrées chaudes ou tempérées des deux continens, et qui, la plupart, produisent des fruits bons à manger. Ils appartiennent à un genre et à une famille du même nom. Ils ont des fleurs hermaphrodites et femelles sur le même pied, et des fleurs mâles sur des pieds différens. Leurs feuilles sont entières et disposées alternativement sur les rameaux.

On compte sept à huit espèces de *plaqueminiers,* parmi lesquelles on distingue le PLAQUEMINIER D'EUROPE, *diospyros lotus,* Lin., le PLAQUEMINIER DE VIRGINIE, et l'espèce qui produit la véritable ébène, c'est-à-dire l'ébène noire.

On trouve le premier dans les parties méridionales de l'Europe. C'est un arbre de moyenne grandeur, d'un port assez agréable, et qui produit des fruits gros comme une cerise, et d'une couleur jaunâtre ; ils sont très-astringens, mais on tempère leur astriction par la cuisson et le sucre. Ce plaqueminier est remarquable par ses feuilles, dont la surface supérieure est verte, et la surface inférieure rougeâtre. Il croît aussi en Barbarie. On a cru pendant long-temps que c'était avec ses fruits que se nourrissaient les lotophages de l'Afrique, d'où lui vient le nom de *lotus.* Mais M. Desfontaines a prouvé que le véritable *lotus* des anciens appartenait au *ziziphus lotus,* qui est une espèce de JUJUBIER. *Voyez* ce mot.

Le PLAQUEMINIER DE VIRGINIE, *Diospyros virginiana,* Lin., a les feuilles de même couleur sur les deux surfaces. Il est beaucoup plus élevé que le précédent, et porte des fruits gros comme une noix, qui sont acerbes avant leur complète maturité, mais qui, cueillis à propos et conservés pendant quelque temps, deviennent mous, doux et sucrés. En écrasant leur pulpe dans l'eau, on en compose une liqueur vineuse; et en la faisant dessécher on en fait une confiture fort bonne, et qui entre toujours dans les provisions d'hiver des sauvages. On cultive ce plaqueminier en pleine terre dans les environs de Paris, mais ses fruits y mûrissent difficilement.

Le Plaqueminier ébène, *Diospyros ebenum*, Lin., vient dans l'Inde et à Madagascar. Il a des feuilles oblongues, coriaces, veinées et lisses des deux côtés. Son écorce brûlée repand une odeur agréable. On sait le parti que les tabletiers et les ébénistes tirent de son bois. Plus il est dur, pesant et noir, plus il est recherché.

En France, on ne peut élever cette troisième espèce qu'en serre chaude; mais les deux autres peuvent y être multipliées en pleine terre par leurs graines, qui germent aisément. Elles supportent même assez bien les plus grands froids de nos hivers quand elles ont acquis de la force. Si on veut qu'elles fassent dans les commencemens plus de progrès, il faut semer leurs graines dans des pots, et plonger ces pots dans une couche de chaleur modérée. On habitue insensiblement les jeunes plants au plein air, et on les y expose tout-à-fait depuis le mois de juin jusqu'en novembre : alors on les met sous des vitrages de couches pour les préserver des fortes gelées. Au printemps suivant, on les transplante en pépinière dans une situation chaude, où on peut les laisser pendant deux ans, après quoi on les place dans le lieu où elles doivent rester à demeure. (D.)

PLAQUER DU GAZON. C'est poser dans un lieu qu'on veut garnir d'herbe des mottes de gazon plus larges qu'épaisses, enlevées sur le bord des chemins, dans les pâturages, etc. *Voyez* au mot Gazon. (B.)

PLATANE, *Platanus*. Genre de plantes de la monoécie polyandrie, et de la famille des amentacées, qui renferme deux arbres de première grandeur, dont la beauté et l'utilité n'est contestée par personne, et que tout ami de sa patrie doit désirer voir multiplier à millions, chaque année, sur le sol de la France.

De ces deux espèces l'une est originaire des bords de la mer Caspienne, et est appelée le platane d'Orient; l'autre croît dans l'Amérique septentrionale, et se nomme le platane d'Occident. Tous les autres, indiqués par les auteurs comme espèces, ne paraissent être en réalité que des variétés, et je ne les mentionnerai pas ici, parce que leurs différences sont difficiles à saisir et peu importantes.

Le **Platane d'Orient** était connu des anciens, et même déjà célèbre dès le temps de la guerre de Troye, puisqu'on le préféra aux autres arbres pour le planter sur le tombeau de Diomède. Non-seulement Pline et autres naturalistes ont vanté son vaste ombrage, sa grosseur monstrueuse, l'excellence de son bois, mais les historiens même ont plusieurs fois cité des pieds de cet arbre comme des objets remarquables. Les voyageurs modernes qui l'ont vu dans le voisinage de son pays natal ne tarissent pas sur sa grosseur, la beauté de son feuillage et l'excellence de son bois. (*Voyez* Olivier, Voyage dans l'empire ottoman, vol. 1.) Il fut apporté en Italie par les Romains, vers l'époque de la prise de Rome par les Gaulois, et cultivé avec grand soin dans le temps de la prospérité de leur république; mais lorsqu'ils furent tombés sous le joug de maîtres féroces et destructeurs de toute industrie, il devint fort rare, et peut-être même disparut tout-à-fait de cette contrée. Ce n'est qu'en 1561 qu'il parut en Angleterre, et qu'en 1754 que Louis XV le fit venir en France. Aujourd'hui il est fort répandu par toute l'Europe méridionale et tempérée; mais on se contente de le planter dans les jardins, d'en faire des avenues, lorsqu'on devrait en former des forêts, en couvrir des cantons entiers.

La tige de ce platane est couverte d'une écorce d'un blanc grisâtre, qui se détache elle-même tous les ans en plaques irrégulières; ses feuilles sont alternes, longuement pétiolées, à cinq lobes aigus, glabres, d'un vert luisant en dessus, légèrement velues en dessous, aux angles de leurs nervures; les moyennes ont 4 à 5 pouces de diamètre. Toutes ont une stipule perfoliée, arrondie, découpée et assez grande. Ses fleurs sont disposées en boules, portées, au nombre de trois ou quatre, sur des pédoncules axillaires, longs de plus d'un demi-pied, dont une seule, la dernière, est mâle.

La croissance du platane est assez rapide. Dans un terrain léger, profond et frais, j'ai vu pousser ses marcottes, de trois ans de plantation, de près de 8 pieds en une saison. Cette sorte de terrain est celui qui lui convient le mieux; cependant il vient assez bien dans les autres, pourvu qu'ils ne soient pas trop secs ou trop aquatiques. Son bois a l'apparence de celui du hêtre; il n'a presque pas d'aubier. Il est moins dur, mais a le grain plus fin, plus serré et plus susceptible d'un beau poli. Il prend beaucoup de retraite en séchant, et a beaucoup de disposition à se fendre. Les anciens en faisaient le plus grand cas. Dans l'Orient, on l'emploie à la charpente, ainsi qu'à la menuiserie et à l'ébenisterie. Les meubles qu'on en fait sont d'une beauté égale à celle de beaucoup d'arbres des Indes et d'Amé-

riqua. Encore quelques années, et on pourra en tirer parti,
en France, sous les mêmes rapports, si le goût des plantations
subsiste avec la même vivacité. L'amateur des jardins ne peut
trop le multiplier ; car il produit les effets les plus agréables,
soit qu'on le plante en avenue, en allée, ou en massifs. Il n'est
point d'arbre plus imposant que lui lorsqu'il est isolé. Son
ombre est impénétrable aux rayons du soleil, et l'œil se repose
volontiers sur la douce verdure de son feuillage. On peut le
tailler en éventail, comme le tilleul, sans plus d'inconvéniens
pour sa croissance. Il conserve ses feuilles très-tard.

Le Platane d'Occident, ou Platane de Virginie, a les
feuilles plus grandes que celles du précédent, offrant trois
grandes divisions, anguleuses et lobées, et les nervures principales cotonneuses en dessous. Son écorce est plus blanche et ses
écailles plus grandes, ses boules de fruit plus grosses. Du reste,
il lui ressemble si fort, qu'il faut de l'habitude pour les distinguer lorsqu'ils ne sont pas rapprochés. Sa grosseur et sa
hauteur ne sont pas inférieures aux siennes. Michaux fils en
a vu qui avaient 5 à 6 pieds de diamètre. J'en ai aussi observé
de superbes sur le bord des rivières de la haute Caroline ;
mais ils n'approchaient cependant pas de ces dimensions. Varennes de Fenille a constaté, par le calcul, qu'il grossissait de
9 lignes et demi de diamètre par an dans un bon fond des
environs de Bourg, département de l'Ain. Sa vaste cime donne
beaucoup de prise aux vents, ce qui occasionne souvent la
rupture de ses branches, et oblige de le planter dans des lieux
abrités. Il est préférable au premier pour l'ornement ; mais il
présente un inconvénient, qui a obligé beaucoup de colons
américains à le couper dans les environs de leurs demeures :
c'est que, dans les chaleurs de l'été, les poils de ses feuilles
se détachent naturellement, voltigent dans l'air, et affectent
les yeux de démangeaisons insupportables. On ne s'est pas
encore plaint de cet inconvénient en France ; mais il est probable qu'il doit y avoir lieu comme en Amérique.

Le bois de ce platane diffère peu, pour ses qualités physiques, de celui du précédent. On en fait des meubles, de la
charpente et du charronnage dans le Canada, où il est commun. Les Américains l'estiment beaucoup. Il pèse sec 51 livres
8 onces 7 gros par pied cube.

L'estimable Malesherbes a trouvé dans ses semis une variété
de ce platane, qu'il a appelée *tortillard*, parce qu'elle était entourée de nodosités, qui rendaient ses fibres déviantes, et par conséquent aussi difficiles à fendre que celles de l'orme du même
nom. Il présumait, et il en a fait l'essai en petit, que cette

variété serait très-précieuse pour fabriquer des moyeux. J'ignore si elle subsiste encore dans ses domaines.

Ces deux platanes se multiplient de la même manière, c'est-à-dire par semences, par marcottes et par boutures. Les semences sont sujettes à avorter dans le climat de Paris, et lorsqu'elles sont fécondes, les premières gelées de l'automne les frappent souvent : ces deux causes, jointes à ce que peu de jardiniers savent qu'elles ne veulent pas être enterrées, font que leurs semis réussissent rarement. La bonne graine se tire des parties méridionales de l'Europe. Pour la faire bien lever, il faut la répandre, aussitôt qu'elle est cueillie (ou arrivée), sur une terre préparée, au levant ou au nord, la fixer par un ou plusieurs arrosemens copieux, exécutés de haut, et ensuite la couvrir d'un demi-poupe de mousse ou de paille, ou d'une claie, ou de toute autre chose qui intercepte le grand air et entretienne une constante humidité. On distingue facilement les deux espèces à leurs boules, celle d'Orient les ayant rarement d'un pouce de diamètre et brunes, celle d'Occident les ayant toujours de plus d'un pouce et jaunâtres.

Le plant qui provient de ces graines est laissé ordinairement dans la planche pendant deux ans. Il ne demande que des sarclages et quelques arrosemens la première année seulement et lors des grandes sécheresses. Au printemps de la seconde, on le repique à 20 ou 24 pouces, plus ou moins, selon que le terrain est bon ou mauvais, dans un lieu profondément labouré, sans lui couper la tête, et on l'y laisse jusqu'à ce qu'il soit assez fort pour être planté définitivement, c'est-à-dire pendant quatre à cinq ans, en lui donnant tous les ans un labour et deux binages, et en coupant la seconde année ses branches latérales en crochet. Quelquefois sa tête se dessèche ou gèle ; mais il ne faut pas s'en inquiéter, sa disposition à pousser en zigzag faisant que le bourgeon supérieur reprend toujours de lui-même la direction perpendiculaire.

Le plant provenant de semis est préférable à tout autre, parce qu'il a plus de vigueur et conserve souvent son pivot, ce qui est très-important pour un arbre qui donne tant de prise aux vents; mais il faut attendre deux ans de plus les arbres qui en proviennent : aussi en trouve-t-on rarement dans les pépinières.

La multiplication par marcottes est très-assurée. Il suffit de coucher les branches de l'année précédente dans la terre pendant le cours de l'hiver, pour être assuré qu'à moins de sécheresse extraordinaire elles auront toutes des racines un an après. Dans les grandes pépinières, on consacre un certain nombre de pieds uniquement à cet objet, et ces pieds, de-

4 *

venant gros, fournissent souvent d'un à deux cents marcottes chacun. On les relève à la fin de l'hiver, on coupe la crosse immédiatement au-dessous du plus fort paquet de racines, et on les plante à 20 ou 24 pouces. Le plant se conduit ensuite comme celui provenant de semis ; mais il croît d'abord bien plus rapidement. Ce n'est qu'au bout de douze ou quinze ans de plantation définitive que ce dernier prend le dessus.

On doit faire les boutures de platanes pendant l'hiver : les premières mises en terre sont toujours celles qui reprennent le plus certainement. C'est le bois de l'année précédente, autant que possible, avec un petit talon de deux ans, qu'il faut préférer. Les petites branches, coupées avec une portion du vieux bois sur la partie voisine du pied des marcottes et hors de terre, en font d'excellentes. Elles doivent avoir au moins un pied de long, et il vaut mieux leur en donner 2 lorsque cela se peut. Une terre légère et fraîche, ou au moins ombragée, leur est indispensable. On les y place à 4 ou 5 pouces et obliquement, au moyen de rigoles faites à la bêche, de manière qu'il n'y ait que les deux ou trois yeux supérieurs qui sortent. En remplissant ces conditions à la rigueur, si l'été n'est pas extraordinairement sec, on peut être assuré que peu de ces boutures manqueront : toutes celles reprises seront, l'hiver suivant, repiquées comme les plants de semis et de marcottes.

M. Tschûdy a annoncé que le platane ne reçoit aucune greffe, pas même celle de son espèce. Ce fait a été reconnu exact par M. Juge-Saint-Martin, mais seulement pour le tronc, la greffe sur les racines ayant fort bien réussi. On peut donc croire que c'est à la nature de l'écorce qu'est dû le manque de la greffe de cet arbre sur ses branches.

Il est souvent avantageux de receper le plant de platane la seconde année de son repiquage, pour lui faire pousser une tige plus vigoureuse et plus droite ; mais lorsque la terre est bonne et qu'il a été bien conduit, on peut aussi souvent s'en dispenser. C'est au jardinier à juger des cas où il convient de faire cette opération qui retarde d'un an la jouissance, mais qui fait de plus beaux arbres. Il faut n'y soumettre qu'à regret celui provenant de semis.

Les platanes doivent être plantés, lorsqu'on les destine à former des avenues, à 30 pieds de distance dans les terrains médiocres, et à 40 dans les bons. Celui d'orient sera mis de préférence dans ceux qui seront secs, et celui d'occident dans ceux qui seront humides. Lorsqu'on veut en former des quinconces, la moitié de cette distance suffit, et encore moins si ce sont des massifs. Ils poussent leurs feuilles de bonne heure au printemps en même temps que leurs fleurs, et les gardent assez tard en automne, comme je l'ai déjà dit.

Les vieux platanes coupés forment, en repoussant, de superbes buissons, souvent hauts de 10 pieds la première année. Je ne doute pas que les taillis qui en seraient composés ne fussent très-productifs. On dit que leur bois donne peu de chaleur en brûlant ; mais a-t-on fait des observations bien exactes sur ce point ? Il donne au moins beaucoup de flamme, ainsi que je l'ai observé plusieurs fois. Je conseillerai donc à tout propriétaire jaloux d'enrichir ses possessions, de planter des bois de platane, sur-tout d'en regarnir ses forêts ; car il vient bien à l'ombre et il diffère beaucoup par sa constitution des autres arbres, ce qui fait croire qu'il pourra vivre dans le terrain le plus épuisé. Que d'expériences restent encore à faire à son égard ! (B.)

PLATEAU. Ce nom s'applique généralement aux plaines qui se trouvent souvent au sommet des montagnes, soit cultivées, soit incultes. On les appelle PLANEZE et PLANÈGE dans le midi de la France. *Voyez* MONTAGNE et PLAINE.

Dans les montagnes granitiques, les plateaux sont de peu d'étendue, et généralement peu fertiles par défaut d'épaisseur de terre et d'humeur.

Ils sont de moyenne fertilité, et par les mêmes causes, dans les montagnes secondaires.

Ceux des pays à couches peuvent le plus souvent être considérés comme des plaines sillonnées par des vallées produites par les rivières.

Quelle que soit la nature des plateaux, leurs productions sont plus savoureuses, mais moins abondantes que celles des vallées voisines, parce qu'elles sont plus exposées à l'action des vents. (B.)

PLATE-BANDE. Pièce de terre longue et étroite, qu'on dispose dans les jardins pour y cultiver des légumes, des fleurs, des arbustes, etc. *Voyez* JARDIN.

La largeur des plates-bandes varie, mais dans des limites assez étroites, parce qu'il faut qu'elles plaisent à la vue et qu'on puisse les sarcler, les biner sans entrer dedans. Rarement on en voit de moins de 3 ni de plus de 8 pieds de large. Leur mesure ordinaire est 4, 5 ou 6 pieds.

Dans les jardins légumiers, elles entourent les carrés, longent les murs et sont plantées d'arbres fruitiers, en contr'espalier, en quenouille, en pyramide, quelquefois, mais rarement, cultivées en légumes. Nos yeux y sont si accoutumés, qu'un jardin qui en est privé semble manquer d'un objet essentiel. Presque toujours on les borde d'oseille, de pimprenelle, de chicorée sauvage, de rocambole, de persil, de cerfeuil et autres plantes de ce genre, qui retiennent les terres et dessinent leur contour. Leur milieu est généralement peu bombé.

Celles des plates-bandes qui sont au pied des monts exposés au midi sont souvent cultivées en primeur, à l'effet de quoi on les dispose en Dos-d'ane, on les couvre de Chassis. *Voyez* ces mots.

Dans les parterres, les plates-bandes sont plus importantes, puisqu'elles sont les seules cultivées. Autrefois on leur donnait des formes très-variées et souvent baroques, aujourd'hui on est revenu à la simplicité. On se contente d'en entourer les gazons. Là, elles sont ordinairement très-bombées, plantées dans leur milieu d'un rang d'arbustes que le mauvais goût taille encore trop souvent en boule ou en cône, et de grandes plantes vivaces, et sur leurs côtés, de plantes vivaces et de plantes annuelles moins élevées. Rarement elles offrent plus de cinq rangs de ces plantes et le plus souvent seulement trois. Une bordure de buis, de gazon, de petits œillets, de violette et autres petites plantes vivaces, les dessine toujours. On leur donne un bon labour pendant l'hiver, quatre à cinq binages pendant l'été, et des arrosemens au besoin. Elles sont garnies chaque saison de fleurs annuelles qu'on élève dans une autre partie du jardin. L'important est qu'elles se succèdent sans interruption, et que leur disposition soit telle que leur grandeur, leur couleur et même leur forme contrastent et se fassent réciproquement valoir. Généralement on ne varie pas assez les espèces. On voit que ce sont toujours dans le rang du milieu des Rosiers, des Altheas, des Jasmins jaunes, des Lilas, des Obiers stériles, des Ifs, des Astères, des Verges d'or, des Alcées, des Pivoines, des Iris, des Matricaires, des Fritillaires, des Lis blancs, jaunes, rouges, des Ornithogales, des Asphodèles. Dans les rangs latéraux, des Ancolies, des Tagets, des Zinnias, des Pieds-d'alouette, des Marguerites, des OEillets, des Alyssons, des Pavots. *Voyez* tous ces mots.

On remarque en général que les plates-bandes des parterres des grands jardins ne sont pas assez amendées pour la quantité de plantes qu'elles nourrissent; aussi le plus souvent ces plantes sont-elles grêles; jaunes, et ne remplissent-elles que fort incomplétement le but qui les y a fait placer. Souvent aussi ces plantes sont si rapprochées, qu'elles se nuisent réciproquement.

Dans les parterres des fleuristes, les plates-bandes sont très-rapprochées et parallèles les unes aux autres. On préfère les

border en dalles de pierre, en planches, en briques, parce
qu'on a remarqué que les buis et autres grandes plantes donnaient retraite aux escargots, aux limaces et à des myriades
d'insectes. *Voyez*, pour le surplus, au mot PARTERRE. (B.)

PLATE-BANDE DE TERRE DE BRUYÈRE. On a donné
ce nom à un local disposé pour recevoir les semis, les plants
et même les pieds faits des arbres et arbustes, qui, à raison de
la ténuité de leurs racines, ne croissent bien que dans la terre
de bruyère. C'est une culture nouvelle, mais qui a pris une
extension telle, qu'il n'est plus de jardin d'amateur, plus de
fleuriste, plus de pépiniériste, qui puisse s'en passer. *Voyez* au
mot BRUYÈRE (TERRE DE).

Voici comme on la construit :

Sur la longueur septentrionale d'un mur de 8 à 10 pieds
de haut, quelquefois moins, on fait une tranchée au plus de
même largeur et d'une profondeur de 8, 10, 12 pouces et
plus, selon l'espèce des plantes qu'on veut y placer, selon la
nature plus ou moins légère du sol, enfin selon l'abondance de
la terre de bruyère qu'on a à sa disposition. Le fond de cette
tranchée est ainsi couvert de 4 pouces de sable pur, et ensuite
de terre de bruyère passée à la claie, jusqu'à 6 à 8 pouces au-
dessus du sol.

Lorsqu'on n'a pas suffisamment de terre de bruyère, on
peut la suppléer, dans le fond, par des feuilles pourries,
stratifiées avec une terre végétale légère, ensuite on couvre le
tout de quelques pouces de terre de bruyère : si on n'en a
pas du tout de cette dernière, on la supplée par du sable
dans lequel on mêle un quart ou un sixième de terre végétale légère.

Le sable pur que j'ai conseillé de mettre au fond de la fosse
est destiné à empêcher les larves de hannetons et les lombrics,
qui, pendant l'hiver, s'enfoncent à plus de 6 pieds, de monter
au printemps dans la plate-bande ; car ces animaux n'entrent
pas volontiers dans le sable, où ils ne trouvent pas de moyens
de subsistance. On éloigne par cela même les courtilières, qui
vivent de lombrics et qui ne se trouvent abondamment que
dans les lieux où ils sont communs. *Voyez* HANNETON, LOM-
BRIC et COURTILIÈRE.

Une plate-bande ainsi construite peut durer un grand nombre
d'années sans être renouvelée entièrement; mais comme elle
s'épuise et s'affaisse, il convient de la recouvrir, la CHARGER
(*voyez* ce mot) tous les deux ou trois ans de quelques pouces
de nouvelle terre. Jamais ou presque jamais il ne faut la fumer,
le fumier étant nuisible à la plupart des plantes qui lui sont
destinées.

C'est dans cette plate-bande qu'on sème les graines des plantes délicates qui exigent de la fraîcheur et de l'ombre, qu'on repique leur plant, qu'on place enfin les plantes mêmes. Cependant, par économie, on fait les semis et les repiquages dans des plates-bandes particulières, où l'épaisseur de la terre de bruyère n'est que de 4 à 6 pouces au plus.

En général tout arbre, tout arbuste, toute plante vivace ou annuelle, croît beaucoup mieux dans la terre de bruyère, lorsqu'elle est tenue par des arrosemens dans un état constant de fraîcheur, parce que ses racines y pénètrent plus facilement, et y trouvent plus d'humus à l'état soluble; cependant la nécessité d'économiser fait qu'on ne place guère dans les plates-bandes en question que les arbres, arbustes et plantes à qui cette terre est indispensable, tels que les BRUYÈRES, les ANDROMÈDES, les AIRELLES, les CÉANOTHES, les FOTHERGILLES, les ARALIES, les ARBOUSIERS, les AZALÉES, les CALICARPES, les CALYCANS, les CÉPHALANTES, les CLÉTHRAS, les HYDRANGÉES, les ITÉES, les KALMIES, les LÈDES, les ROSAGES, les RHODORES, quelques SPIRÉES et autres arbustes qui seront mentionnés à leur article, presque tous originaires de l'Amérique septentrionale.

La distance qu'il convient de donner anx arbustes dans les plates-bandes de terre de bruyère dépend de leur grandeur et de l'objet qu'on se propose. Ceux qui doivent s'y développer pour l'ornement, seront plus écartés que ceux qui y attendent un acquéreur, que ceux qui sont destinés à servir à la reproduction par le moyen des marcottes. Comme presque tous aiment à avoir le pied ombragé, on peut les rapprocher jusqu'à un certain point. Cependant je dois dire que, surtout dans les pépinières marchandes, ils le sont trop pour la facilité de la levée des rejetons, du couchage des marcottes, etc.

Deux ou trois binages pendant l'été, un labour pendant l'hiver, et des arrosemens pendant les chaleurs et dans les longues sécheresses, sont indispensables à une plate-bande de terre de bruyère. C'est lors du labour d'hiver qu'on fait la plupart des opérations de jardinage qu'elles exigent, telles que fabrication et séparation des marcottes, enlèvement des rejets, suppression des branches mortes, etc. Cependant toute l'année un amateur ou un pépiniériste y trouve à travailler. (B.)

PLATRAS. On donne à Paris le nom de plâtras aux débris des murs, parce que la plupart sont construits en plâtre. Par suite on a étendu l'acception de ce mot à tous les DÉCOMBRES. *Voyez* ce mot et le suivant.

La différence des plâtras et du plâtre est trop peu considérable pour que leur manière d'agir ne soit pas à-peu-près la même ; mais je ne sache pas qu'on ait fait des expériences comparatives propres à donner quelques lumières sur le degré de supériorité de l'un sur l'autre. Le vieux plâtre calciné de nouveau ne reprend qu'à un faible degré la faculté de se *gâcher* ; mais aussi il contient presque toujours des nitrates de potasse, de soude et de chaux, des muriates à base de même nature. Or ces sels, sur-tout le sel marin, sont dans quelques circonstances de très-bons amendemens. J'ai été témoin d'une expérience où, répandus sur du trèfle, ils ont équivalu à du plâtre neuf.

L'effet des plâtras peut agir mécaniquement ou chimiquement, ou l'un et l'autre à-la-fois ; mais il est toujours assuré, quels que soient la nature de la terre et l'objet de la culture. On les concasse avec des massues, et on les mêle avec la terre lors des premiers labours d'automne. Il n'y a que l'excès qui soit nuisible, parce qu'ils peuvent rendre la terre trop meuble ou donner un trop prompt passage à l'eau des pluies, comme on le voit souvent dans les jardins des faubourgs de Paris. Des observations prouvent qu'il y a beaucoup à gagner à les employer immédiatement après la démolition des bâtimens. Réduits en poudre fine et mêlés avec les fumiers, ils augmentent beaucoup l'énergie de ces derniers ; enfin ils n'ont contre eux que l'inconvénient de coûter beaucoup pour être transportés.

Je dois remarquer ici, comme je l'ai déjà remarqué au mot plâtre, qu'il ne paraît pas que l'eau qui dissout nécessairement les molécules des plâtras répandus sur la terre, soit ensuite nuisible aux racines des plantes sur lesquelles elle passe. (*Voyez* au mot SÉLÉNITE.) Si les arbres plantés dans les jardins composés en plus grande partie de plâtras meurent souvent pendant les grandes sécheresses de l'été, c'est qu'ils manquent d'humidité, et non parce que leurs racines sont encroûtées. J'en ai acquis plusieurs fois la preuve. (B.)

PLATRE. Pierre dont on voit les montagnes de quelques cantons en partie formées, et qui est le mélange du gypse ou sélénite avec de la pierre calcaire, de l'argile et du sable, dans des proportions fort variables.

Il ne paraît pas qu'il y ait en Europe plus de trois dépôts de plâtre ; savoir, celui des environs de Paris, celui des environs d'Aix, et celui des environs de Burgos, dépôts fort étendus et que j'ai tous visités. Ceux qu'on cite dans les Alpes, les Pyrénées, les Apennins, les Vosges, le Jura, etc., etc., sont, ainsi que j'ai pu m'en assurer pour quelques-uns, des gypses primitifs purs ou presque purs. *Voyez* aux mots Gypse et Sélénite.

Une propriété très-remarquable du plâtre et que je dois indiquer ici, c'est d'être septique, c'est-à-dire de favoriser singulièrement la décomposition des viandes. On n'a pas encore donné d'explication à ce fait.

Le plâtre est plus dur et est moins susceptible d'être dissous par l'eau que le gypse, à raison des matières étrangères qu'il contient; c'est ce qui le rend bien plus propre aux constructions que le gypse, sur-tout à celles de ces constructions qui sont exposées à l'air. Les trois quarts des maisons de Paris sont bâties avec du plâtre. Pour l'employer sous ce rapport, on le fait *cuire*, c'est-à-dire calciner à-peu-près comme la chaux; on le réduit en poudre grossière; on lui rend l'eau; on le remue (gâche), et on le met en place sur-le-champ, parce que, dès que sa combinaison avec l'eau est complétement effectuée, il durcit, se refuse à prendre la forme désignée, ou ne peut plus s'étendre sous la truelle.

Pour calciner le plâtre, on peut se servir de fourneaux à chaux. Aux environs de Paris, malgré la cherté du bois et la grande perte de chaleur qui en résulte, on cuit le plâtre entre trois murs, sous des hangars, après l'avoir cassé en morceaux plus ou moins gros. Dans cette intention, on fait une voûte de 2 pieds de haut avec les plus gros morceaux et de toute la longueur du tas; sur cette voûte on jette les morceaux moyens, ensuite les plus petits, et on fait dessous cette voûte un feu de fagots. Lorsque le plâtre est trop cuit, il se *prend* (se consolide) moins bien; ainsi il faut savoir arrêter le feu au moment convenable. L'expérience seule peut indiquer ce point, qui varie dans chaque carrière, à raison de la différence de proportion des composans du plâtre, celui où il y a beaucoup d'argile (c'est le moins bon pour la bâtisse) se calcinant plus tôt que celui qui renferme beaucoup de calcaire.

Pour pulvériser le plâtre, on pourrait faire usage de machines fort simples, fort expéditives et sans dangers, comme une meule de pierre tournant de champ sur une large pierre (*voyez* Moulin a huile); comme deux meules horizontales et presque parallèles, dont l'une est fixe et l'autre tourne (*voyez* Moulin a farine); comme deux ou trois cylindres de fonte cannelés, écartés d'un demi-pouce, et tournant horizontalement en sens contraire; comme un cône cannelé, renfermé dans une chemise également cannelée, et tournant perpendiculairement; comme des pilons mis en mouvement par un manége. Au lieu de cela on n'emploie, aux environs de Paris, que des bras armés d'un large bâton un peu recourbé;

de sorte qu'on fait peu de besogne, de la mauvaise besogne, et que la santé des ouvriers est compromise, à raison de la poussière qu'ils aspirent continuellement. Il est remarquable que l'art de fabriquer le plâtre soit encore dans l'enfance à la porte de Paris, lorsqu'il est plus perfectionné en Espagne, en Allemagne et même en Russie. Les plâtriers disent pour leur excuse que le plâtre trop fin ou trop également pulvérisé n'est pas d'un emploi aussi avantageux ; mais est-il donc si difficile d'avoir un résultat semblable avec une machine ? Il suffit de tenir les cylindres ou le cône à une distance assez considérable pour que quelques morceaux de plâtre échappent à leur action.

Il est bon de faire usage du plâtre pour la bâtisse aussitôt qu'il est cuit et pulvérisé, parce qu'il attire promptement l'humidité de l'air et qu'il perd par là la faculté de se gâcher. Lorsqu'on est forcé de le garder quelque temps, c'est dans des tonneaux défoncés et dans un lieu très-sec qu'il faut le renfermer.

Bien différent de la chaux, le plâtre ne perd qu'une très-petite partie de son poids par la cuisson, c'est-à-dire seulement son eau de cristallisation. Il n'y a donc pas d'augmentation de dépense à le faire venir cru de la carrière pour ne le calciner qu'à mesure du besoin.

Il y a lieu de croire que l'usage du plâtre comme amendement des terres est très-ancien ; mais on ne trouve rien qui le constate dans les écrits antérieurs au siècle dernier.

Mayer est le premier qui ait fait des expériences sur ses propriétés sous ce rapport, et qui en ait publié le résultat. Depuis, presque tous les agronomes l'ont vanté, et son emploi s'est étendu. Aujourd'hui on s'en sert dans un grand nombre de lieux de l'Allemagne, de la Suisse, de l'Italie, de l'Angleterre, de l'Amérique septentrionale et de la France ; mais on ne s'en sert pas encore par-tout où on le pourrait, et où par conséquent on le devrait. Les amis de la prospérité de l'agriculture doivent faire des vœux pour que les cultivateurs ouvrent les yeux sur les avantages qu'il offre.

Du plâtre répandu sur une terre labourée agit comme la marne, c'est-à-dire mécaniquement et chimiquement : mécaniquement, en rendant plus légères les terres argileuses lorsque le sable y domine, et plus compactes les terres légères lorsque c'est l'argile qui entre en plus grande quantité dans sa composition ; chimiquement, en rendant l'humus soluble à proportion de sa partie calcaire et sans doute de son sel propre, le sulfate calcaire, qui se dissout dans l'eau et se décompose à l'air. *Voyez* MARNE.

Lorsqu'on mêle du plâtre avec du fumier, on augmente considérablement les effets de ce dernier sur la terre où il est ré-

pandu. Il est probable qu'il agit dans ce cas et comme la
Chaux (*voyez* ce mot), et par sa propriété précitée d'accélérer
la décomposition des matières animales.

L'urine unie au plâtre, ou, mieux, aux marnes contenant
du plâtre, qui recouvrent les carrières de Montmartre, a été
préconisée, et avec raison, dans ces derniers temps, sous le
nom d'Urate. *Voyez* ce mot.

Mais les avantages du plâtre dans la grande agriculture proviennent de sa propriété d'augmenter l'activité de la végétation des plantes sur les feuilles desquelles on le répand après
l'avoir réduit en poudre ; c'est principalement sur les trèfles,
les sainfoins et les luzernes que le plâtre produit des effets
étonnans. Il en triple souvent les récoltes.

Il produit également des effets prodigieux sur les pois gris,
la vesce, la gesse et autres légumineuses, qu'on cultive pour
fourrage ; mais son action sur la vigueur des feuilles doit nuire
à la production du fruit (*Voyez* Feuille); cependant il n'est
pas venu à ma connaissance des faits qui le constatent.

Giobert a reconnu que les feuilles de pastel sur lesquelles
on avait répandu du plâtre étaient et plus grandes et plus riches en fécule colorante ; ce qui doit engager à faire constamment subir cette opération aux feuilles de cette plante, lorsqu'elles ont acquis environ le tiers de la grandeur à laquelle
elles doivent parvenir.

Son effet sur les colzas, les navettes, les moutardes et
autres plantes de la famille des crucifères, est également incontestable ; mais il a peu d'action sur le seigle, le froment, l'orge,
l'avoine et autres graminées.

Quelques agriculteurs assurent que le plâtrage des prairies naturelles ne donne aucun résultat utile ; d'autres, au
contraire, soutiennent qu'il produit d'excellens effets. J'ai
lieu de croire qu'ils ont raison les uns et les autres ; c'est-à-
dire que lorsque ces prairies ne contiennent que des graminées
le plâtrage ne les améliore pas, mais qu'il fait prédominer le
trèfle et autres légumineuses dans celles où il s'en trouve, et
par conséquent augmente leurs produits.

Des feuilles épaisses et aqueuses sont des conditions indispensables, à ce qu'il paraît, auxquelles doivent faire attention
ceux qui sont dans l'intention de l'employer à l'augmentation
de leurs récoltes.

C'est donc sur les feuilles qu'il faut répandre le plâtre, et
pour qu'il y reste, il faut qu'il soit réduit en poudre et qu'elles
soient mouillées ou ne tardent pas à l'être. En conséquence,
on le sème, ou le matin avant la disparition de la rosée, ou à

une époque de la journée où l'on peut espérer qu'il pleuvra légèrement.

On doit à M. Soquet, dans le Compte rendu des travaux de la Société d'agriculture de Lyon, année 1820, des expériences rigoureuses, qui constatent de nouveau d'une manière indubitable que c'est presque exclusivement sur les feuilles que le plâtre agit.

Les plantes légumineuses en terre sèche, que cette terre soit sablonneuse, argileuse, calcaire, siliceuse, sont celles qui se ressentent le plus des effets du plâtre, sur-tout quand l'année est également sèche.

L'effet du plâtre récemment cuit se fait sentir, lorsque le temps est favorable, moins de huit jours après sa dispersion sur les feuilles; plus son effet est prompt, et plus son action est énergique. Il faut toujours près d'un mois pour remarquer celui du plâtre cru.

La nature de la terre empêche quelquefois l'action du plâtre. Déjà anciennement il avait été constaté qu'il n'améliorait pas les récoltes des luzernes semées sur les déblais des carrières à Pantin, ce qui s'expliquait par la considération que ces déblais en contenaient trop pour que l'effet qu'il pouvait avoir ne fût pas produit d'avance; mais depuis, des observations positives ont prouvé que certaines terres de nature fort différente, et qui n'en contenaient pas, offraient la même anomalie. Je citerai principalement, d'après M. de Serres, les terres schisteuses du département des Basses - Alpes, fort voisines d'autres terres schisteuses, en apparence fort peu différentes. Les autres ont été analysées par Vauquelin, sans avoir fourni d'indications propres à conduire à l'explication de ce fait.

M. Mathieu de Dombasle cite un clos, près Nancy, sur une partie basse duquel le plâtre n'a produit aucun effet depuis quinze ans, quoiqu'il augmente de beaucoup les produits en trèfle de l'autre partie, qui est la plus élevée.

Au rapport de M. Chaptal, ses propriétés de Chantelou ne sont pas susceptibles de recevoir les bons effets du plâtre.

M. Parkinson et plusieurs agriculteurs français se sont positivement assurés que le plâtre ne produisait que peu d'effet sur les plantes, dans les terres infertiles. Il veut qu'on fume plus fortement les champs sur lesquels on se propose de l'employer, et on ne peut que l'approuver; car, comme je le ferai voir plus bas, le plâtre ne porte dans la terre aucun principe nutritif pour les plantes; il sert au contraire à rendre ces dernières plus propres à absorber l'Humus qui s'y trouve. *Voyez* ce mot.

La consistance des terres n'est pas un obstacle à l'emploi du plâtre ; cependant c'est sur les terres légères et sèches qu'il paraît avoir le plus constamment réussi.

Si l'on met du plâtre de Vaux, près Meulan, qui est surchargé d'argile, dans un terrain argileux, il n'y fera pas autant de bien que du plâtre de Montmartre, dans lequel le calcaire et le siliceux dominent.

Quoique les sols marécageux lui soient très-défavorables, les positions humides, les années un peu pluvieuses, augmentent singulièrement ses effets.

On a même remarqué dans les pays chauds, aux environs de Limoux, par exemple, que le plâtre était nuisible aux prairies artificielles lorsque les pluies du printemps n'étaient pas de quelque durée.

Il a été reconnu un grand nombre de fois que le plâtre le plus nouvellement cuit était celui qui agissait le plus promptement et le plus énergiquement : or, comme plus ces deux avantages sont prononcés, et plus les récoltes sont abondantes, il faut employer le plâtre presqu'au sortir du four.

Le plâtre primitif, ou GYPSE, qui ne contient pas ou fort peu de chaux, doit avoir sur les plantes une action un peu différente de celle du plâtre secondaire ; cependant on n'a pas encore fait d'expériences comparatives pour fixer les idées à cet égard : j'en ai provoqué à la Société d'agriculture de Versailles. Ce plâtre, le plus abondant dans sa nature, ainsi que je l'ai annoncé plus haut, s'emploie généralement dans tous les départemens du nord-est, de l'est, du sud-est, où j'ai dernièrement voyagé, et où il ne m'a pas été possible de reconnaître s'il était inférieur ou supérieur à celui des environs de Paris.

Uni au fumier, soit dans la cour, soit sur le champ, le plâtre augmente son énergie. Beaucoup de cultivateurs trouvent, par ce moyen, le secret d'en diminuer la consommation et d'améliorer cependant les produits de leurs cultures. Dans ce cas, il agit comme la marne, et se répand sur la terre avant les semailles.

L'effet du plâtre cesse sur les pieds plâtrés, lorsqu'on les transplante : ce qui s'explique par la mort des petites racines, qui est la suite de cette opération.

Mais le plâtre cesse de produire de bons effets si on le répand toutes les années sur le même champ. L'expérience a prouvé qu'il fallait en suspendre l'usage, au bout de trois à quatre ans au plus, pour y revenir après pareil intervalle. Des cultivateurs qui en ont trop répandu à-la-fois ont vu leurs champs frappés de stérilité pour plusieurs années, ce qui les a dégoûtés de son emploi. L'état de la science permet de croire que cet effet est dû, comme je l'ai déjà observé, à ce que le plâtre active la végétation sans augmenter l'humus soluble, et que par conséquent le sol est plus promptement épuisé de cet humus, ce qui nécessite des engrais ou un repos. C'est ce que M. Soquet a prouvé, tom. 12 de la seconde série des *Annales d'agriculture*, en constatant que les racines du trèfle plâtré sont près d'un tiers plus grosses que celles du trèfle non plâtré : de là l'influence du plâtrage sur les coupes suivantes, même avec l'intervalle d'un hiver.

Lasteyrie, dans son excellent Traité sur l'usage du plâtre dans la grande culture, avait déjà entrevu ces faits.

M. le curé d'Achain, qui se rend si souvent utile à ses paroissiens, leur a-fait voir, par une expérience en grand, que le plâtre n'agissait pas comme engrais, mais bien comme amendement.

Il a partagé un hectare de terre en quatre portions, dont deux ont été engraissées par environ 60 quintaux métriques de fumier, et il a fait semer du trèfle sur toutes.

L'année suivante, il a fait plâtrer la première portion fumée et la seconde portion non fumée.

La première portion fumée et plâtrée a produit, en trois coupes, 36 quintaux métriques de fourrage.

La seconde portion, non fumée mais plâtrée, a donné, en deux coupes, 16 quintaux métriques.

La troisième portion, fumée mais non plâtrée, a rendu, en trois coupes, 27 quintaux métriques.

La quatrième, ni fumée ni plâtrée, n'a offert que 13 quintaux métriques.

Les conclusions de ces expériences sont trop faciles à tirer pour qu'il soit nécessaire de les commenter.

Les blés et les autres céréales semés sur un défrichis de trèfle plâtré ont toujours, lorsque le terrain était naturellement fertile ou qu'il avait été fortement fumé, donné de meilleures récoltes que celles semées sur le même terrain après un trèfle non plâtré : c'est tout le contraire dans les terrains très-pauvres.

L'explication de ces faits se déduit des observations précédentes.

L'effet des cendres vitrioliques est positivement semblable à celui du plâtre, d'après les expériences de M. Dergère de Mandemont : ainsi lorsque ce dernier manque, on peut lui substituer les premières, quoiqu'elles aient un inconvénient grave, celui de contenir du fer, qui se mêle dans la terre et nuit à sa fertilité postérieure. *Voyez* CENDRE.

Mon collaborateur Yvart avait déjà appuyé sur ce fait l'opinion que c'était l'acide sulfurique contenu dans le plâtre qui agissait comme stimulant sur les feuilles des plantes plâtrées.

M. Poquet est à-peu-près de la même opinion, c'est-à-dire qu'il établit que son action est due au sulfure qui s'y forme par l'effet de la calcination ; mais le plâtre cru produit au moins autant d'effet que le plâtre cuit.

L'acide oxalique qui se trouve dans les végétaux jouit de la propriété de décomposer le sulfate de chaux. Ne serait-ce pas lui qui agit dans le cas dont il est ici question ? Voyez le mémoire de M. Masclet sur le plâtre, tome 11 de la seconde série des *Annales d'agriculture.*

Il a été observé, ainsi que je l'ai dit plus haut, que le gypse favorisait la putréfaction des corps : il se pourrait que ce fût d'après le même principe qu'il agît sur la végétation. Comme je manque de données pour expliquer ces faits, je n'en entretiendrai pas plus longuement le lecteur.

Les rosées sont plus abondantes et se conservent plus long-temps sur les prairies artificielles plâtrées, que sur celles qui ne le sont pas. On peut encore tirer de ce fait une explication plausible de la plus forte récolte qui est la suite de l'opération du plâtrage.

Une singularité digne de remarque, c'est que les eaux séléniteuses, c'est-à-dire qui tiennent un des principes du plâtre en dissolution, sont pernicieuses à la végétation, tandis que le plâtre ou le gypse la favorise puissamment. *Voyez* au mot Sélénite.

M. Théodore de Saussure, chimiste de Genève, et M. Maclure, minéralogiste américain, ont émis l'opinion que le plâtre n'agit pas seulement comme stimulant, mais encore comme alimentaire.

Le chimiste anglais Davy a reconnu, par l'analyse du trèfle, de la luzerne, etc., que ces plantes contenaient beaucoup de sulfate de chaux : de sorte que quand on en répand en poudre sur leurs feuilles, on leur fournit le moyen de s'en assimiler plus rapidement une plus grande quantité ; mais cette analyse est postérieure à la publication de l'opinion de MM. Théodore de Saussure et Maclure.

Actuellement il s'agit de savoir lequel du plâtre cru ou du plâtre cuit il convient d'employer sur les trèfles et les luzernes.

Long-temps on a cru en France que le plâtre cuit était le seul propre à l'usage de la grande agriculture, et encore aujourd'hui c'est lui qu'on préfère ; et la théorie de l'action des sulfures semble en effet y convier ; mais l'opération de la calcination et de la pulvérisation augmente son prix.

En Amérique, en Allemagne, en Suisse, dans le haut et bas Rhin, on n'emploie guère que le plâtre cru, et on s'en trouve bien, parce que son effet se fait sentir pendant plus long-temps.

Quant à l'effet, il y a fort peu de différence, ainsi que je l'ai constaté chez M. de Valcourt, correspondant du Conseil d'agriculture, près Toul, sur un trèfle divisé en quatre parties égales, dont une avait été plâtrée avec du plâtre cru, une autre avec du plâtre cuit, une autre avec des plâtras; lesquelles parties ne présentaient nulle différence entre elles, mais étaient considérablement plus belles que la partie non plâtrée.

Comme je l'ai déjà observé plus haut, le plâtre cru pèse très-peu plus que le plâtre cuit : ainsi il ne faut pas compter pour quelque chose d'important la différence de leurs frais de transport.

En mettant dans l'eau le plâtre cru argileux, il se délite comme la marne, et en le faisant ensuite sécher, on peut l'utiliser sans le broyer.

Aux moyens de pulvérisation annoncés plus haut, j'ajouterai le moulin figuré tome 16 de la seconde série des *Annales d'agriculture*, quoiqu'il soit coûteux.

M. de Serres, à qui l'on doit de très-bons mémoires sur l'action du plâtre, a reconnu que le plus dur et le plus récemment cuit est celui qui remplit le mieux le but. Il est possible que la chaux, qui prédomine dans le plâtre dur, agisse sur le sol en même temps que le sulfure agit sur les feuilles. *Voyez* CHAUX.

Le plâtre très-fin n'a pas produit sur les trèfles de M. de Villèle plus d'effet que celui grossièrement concassé.

« Le temps le plus avantageux pour répandre le plâtre, observe Lasteyrie dans le mémoire précité, c'est lorsque les plantes ont commencé à pousser, qu'elles sont élevées même de quelques pouces au-dessus du sol. On peut faire cette opération dans toutes les saisons, lorsque les autres circonstances sont d'ailleurs favorables : il faut cependant en excepter l'hiver, lorsque toute végétation est interrompue; si on sème du trèfle ou les plantes propres aux prairies artificielles parmi l'avoine ou les autres céréales, on pourra répandre le plâtre aussitôt après la récolte de ces céréales.

» Quelques agriculteurs ont trouvé de l'avantage à le faire après la première coupe de ces prairies, lors même qu'elles l'auraient déjà été avant l'hiver ou au printemps : il faut seulement le ménager davantage chaque fois.

» Si le climat et le sol sur lequel on veut répandre le plâtre sont secs, chauds et arides, on exécutera l'opération de bonne heure, avant que la terre et l'air aient perdu l'humidité dont ils sont alors imprégnés, c'est-à-dire pendant la rosée. On doit choisir, autant que possible, l'instant où le ciel est couvert de nuages, celui qui succède à une pluie douce et légère : les pluies d'orage ou continues entraînent le plâtre et font perdre une partie des effets qu'on aurait obtenus. Il en est de même des vents, car, on le répète, s'il est plus utile que le plâtre soit répandu sur les feuilles et les tiges que sur la terre, il est à craindre que le soleil, venant à frapper les plantes qui en sont couvertes, les dessèche et les brûle.

» Il est difficile de déterminer d'une manière précise la quantité de plâtre qui doit être répandue sur une superficie de terrain donnée. On a vu, par ce qui a été dit plus haut, qu'elle devait varier d'après la nature du sol, le genre de culture, la saison dans laquelle on l'emploie, les effets plus ou moins durables qu'on veut obtenir, la crudité, la cuisson, la pulvérisation plus ou moins grande de cette substance, etc. On peut donner, pour règle générale, qu'il suffit de vingt sacs, tels qu'on a coutume de les vendre aux environs de Paris, pour chaque arpent. Chaque sac est du poids de 5o livres. »

La quantité qu'on en répand doit être égale (en mesure et non en poids) à la quantité de froment qu'on semerait sur la même étendue de terrain.

Plusieurs faits tendent à prouver que trop de plâtre répandu à-la-fois brûle les trèfles. Il est donc en général prudent de plâtrer peu, sauf à répéter l'opération sur les coupes suivantes.

Il a été remarqué que le plâtrage des trèfles, l'année même de leur semis, était souvent nuisible à leurs récoltes subséquentes, ce qui peut s'expliquer par la même théorie. En général tous les faits venus à ma connaissance constatent que c'est le plâtrage de la seconde pousse de l'année qui suit celle du semis, qui produit les plus grands effets.

« L'effet est moins grand quand il survient une sécheresse après l'opération ; mais s'il tombe un peu de pluie dans les quinze jours qui suivent, les progrès de la plante sont incomparablement plus rapides, et les récoltes beaucoup plus fortes.

» Les effets du plâtre durent au moins six ans sur la luzerne et le sainfoin ; de sorte qu'il est plus avantageux de l'employer sur ces plantes que sur le trèfle et autres plantes annuelles ou bisannuelles ; mais c'est incontestablement sur le trèfle qu'il agit avec le plus de puissance. »

De ce fait et de ceux précédemment cités, il faut conclure que c'est toujours du plâtre récemment cuit qu'on doit répandre sur le trèfle ; que les sainfoins et les luzernes gagnent au contraire à recevoir du plâtre cru.

M. Soquet, déjà cité, a constaté qu'un nouveau plâtrage

sur une seconde coupe ne produisait pas une augmentation de produit suffisante pour payer sa dépense ; ce qui s'explique par la considération que tout l'effet possible a été produit par le premier.

On a remarqué que les bestiaux montrent une préférence marquée pour les fourrages qui ont été plâtrés, que les moutons sont préservés de la pourriture par leur usage continu : en Amérique, ils dispensent de leur donner du sel.

On a assuré à mon collaborateur Decandolle que les pois, les haricots et autres graines légumineuses provenant des plantes plâtrées devenaient plus difficiles et même quelquefois impossibles à cuire. Il semble croire que ce fait est dû à ce que le plâtre, absorbant la surabondance d'humidité, dessèche plus qu'il ne faut ces graines : il est difficile d'adopter cette théorie. *Voyez* GYPSE et EAU.

On trouve dans la seconde série des *Annales d'agriculture* un grand nombre d'excellens mémoires sur l'emploi du plâtre en agriculture, mémoires auxquels les cultivateurs qui ne trouveront pas l'exposé ci-dessus assez détaillé, pourront avoir recours. Je recommande principalement ceux qui ont été insérés dans les tomes 9, 11 et 12.

On a accusé les trèfles plâtrés de donner aux chevaux la maladie appelée la POUSSE (*voyez* ce mot); mais le fait est que dans ce cas les trèfles, étant plus forts et plus garnis de feuilles, se dessèchent plus difficilement, et moisissent par conséquent avec plus de facilité. C'est donc la MOISISSURE (*voyez* ce mot) qu'il faut accuser de cette maladie : de nombreuses expériences l'ont constaté.

Les fleurs du sainfoin plâtré ont paru à M. Farnaud plus abondantes en miel que celles du sainfoin non plâtré ; ce qui est en concordance avec tous les faits, c'est-à-dire que les plantes sécrètent d'autant plus de miel qu'elles sont plus vigoureuses.

L'incertitude où l'on est encore, malgré les observations faites dans toutes les parties du monde, relativement à l'emploi du plâtre, a déterminé M. le duc Decazes, lorsqu'il était ministre de l'intérieur, a envoyer à tous les préfets, à tous les correspondans du Conseil d'agriculture et à toutes les Sociétés d'agriculture, une série de questions qui l'ont uniquement pour objet.

Lorsque la totalité des réponses sera parvenue au Conseil d'agriculture, il chargera un de ses membres d'en former un tout, qui, publié, jettera nécessairement beaucoup de jour sur la théorie de son action et sur les moyens les plus certains et les les plus fructueux de l'employer. Je renvoie à cet ouvrage ceux

5 *

qui voudraient des preuves plus convaincantes que celles que je viens de mettre sous les yeux du lecteur.

PLAUSTRUM. Nom que les Romains donnaient au petit chariot avec lequel on DÉPIQUE les grains en Afrique. Les Arabes actuels l'appellent NOREG. (B.)

PLÉGAIRE. Les vignerons des environs de Narbonne appellent ainsi le VELOURS VERT (*attelabus Bacchus*), Fab. , qui dévore les bourgeons de leurs vignes. (B.)

PLEINE TERRE. Les jardiniers qui cultivent dans les climats froids, dans celui de Paris par exemple, appellent plantes de pleine terre celles qui ne craignent pas la gelée et peuvent rester à l'air pendant toute l'année, et ce par opposition aux plantes des pays chauds, qu'on est obligé de rentrer dans l'orangerie ou dans la serre pendant l'hiver.

Il résulte de cette définition que telle plante qui est de pleine terre dans le midi de la France ne l'est pas dans le nord ; que telle autre qui n'était pas de pleine terre à Paris, il y a cent ans, l'est devenue aujourd'hui, du moins selon l'opinion générale, par l'effet de son acclimation.

On sent, d'après cela, que ce mot n'a pas de signification dans la grande culture, et varie d'application dans la petite selon les lieux. Aussi je ne lui consacre un article que parce que les amateurs de plantes étrangères sont devenus très-nombreux, et que plusieurs ont besoin d'être guidés dans leurs déterminations à cet égard.

On peut distinguer les plantes de pleine terre en plantes de terre ordinaire et en plantes de terre de bruyère, parmi lesquelles sont des arbres et des arbustes. Voici le catalogue, d'après Dumont Courset, de celles qui sont cultivées le plus ordinairement dans les jardins des environs de Paris, rangées selon l'ordre de leur floraison. L'étoile signifie que la plante peut être frappée par les gelées extraordinaires, et le B qu'elle exige la terre de bruyère.

BOSQUET D'HIVER.

Arbres et arbustes.

Les Pins et sapins.	Le Laurier-thym. *	La Bacchante. *
Les Genevriers.	Le Laurier commun. *	Le Budlège. *
Les Cyprès.	Les Buis.	Le Phlomide. *
Les Thuyas.	Les Houx.	Les Genêts.
L'If.	Les Chênes verts. *	Le Jasmin jaune.
Les Alaternes. *	Les Fragons.	L'Othone.
Les Filarias. *	La Lauréole.	La Rue.
Les Arbousiers. *	Les Rosages. B	Les Pervenches.
Le Buplèvre en arbre.	Les Kalmies. B	Les Santolines.
Le Laurier-cerise.	Le Buisson ardent.	La Gualtherie. *

Suite du Bosquet d'hiver.

Le Romarin. *	La Germandrée.	Le Prinos. B
La Sauge.	La Soude en arbre.	Le bois Gentil.
La Lavande.	Le Polium.	
La Camelée. *	Le Stechas.	

Plantes vivaces.

Les Ellébores.	La Perce-Neige.	Le safran printanier.
La Galantine.	Les Anémones.	Les Saxifrages.

BOSQUET DE PRINTEMPS.

Arbres et arbustes.

Les Cornouillers.	Les Camécerisiers.	Les Calicants. B
Les Amandiers.	Les Gaigniers.	Les Bugranes.
Les Pêchers.	L'Émerus.	Les Magnoliers. B
Le Rhodore.	La Quintefeuille en ar-	Les Andromèdes. B
Le Sureau à grappes.	bre.	Les Bruyères. B
Les Lilas.	Les Mélèzes.	Les Lédons. B
Les Marroniers.	Les Robiniers.	Les Airelles. B
Les Cerisiers.	Les Seringats.	Les Cytises.
Le Frêne à fleur.	Les Obiers ou Viornes.	Les Pruniers.
Le Cytise.	Les Spirées.	Les Poiriers.
Les Sorbiers.	L'Épine-Vinette.	
Les Alisiers.	Les Érables.	
Les Néfliers ou épines.	L'Halezier. B	

Plantes vivaces.

Les Violettes.	Les Lychnides.	La Gyroselle.
Les Primevères.	Les Coquelourdes.	Les Polémoines.
Les Juliennes.	Les Muguets.	Les Géranions.
Les Pivoines.	Les Paquerettes.	Les Campanules.
Le Populage.	Les Alysses.	Les Véroniques.
Les Renoncules.	Les Valérianes.	Les Fumeterres.
Les Anémones.	Les Iris.	
Les petits OEillets.	Les Globulaires.	

BOSQUET D'ÉTÉ.

Arbres et arbustes.

Les Magnoliers. B	Les Frênes.	Le Céphalanthe. B
Le Catalpa.	Les Robiniers.	L'Itée. B
Le Tulipier.	Les Gleditzias.	Le Cléthra. B
Les Peupliers.	Le Cyprès distique.	Le Céanothe. B
Les Platanes.	Le Sophore du Japon.	La Ketmie. *
Les Chênes.	L'Amorpha.	La Grenadille.
Les Tilleuls.	Le Mélèze.	Le Tamarin.
Les Mûriers.	Le Ptélée.	Les Framboisiers.
Le Chionanthe. B	Le Ginkgo.	L'Hydrangée. B
Les Hêtres.	L'Aralie.	Les Liciets.
Les Saules.	Les Cornouillers.	Le Jasmin blanc.
Les Noyers.	Le Virgilie.	Les Clématites.
Le Chicot.	Les Fusains.	Les Vignes.
Les Sumacs.	Les Rosiers.	Les Cystes.
L'Aylanthe.	Les Bagnaudiers.	

Plantes vivaces.

Les Verveines.	Les Guimauves.	Les Hélénies.
Les Monardes.	Les Alcées.	Les Hélianthes.
Les Pimprenelles.	Les Fumeterres.	Les Coréopes.
Les Phlox.	Les Gesses.	Les Centaurées.
Les Asclépiades.	Les Sainfoins.	Les Rudbecks.
Les Gentianes.	Les Galegas.	Les Boulettes.
Les Panicauts.	Les Astragales.	La Spigèle.
Les Épilobes.	Les Absynthes.	Les Millepertuis.
Les Dauphinelles.	Les Tanésies.	Les Pigamons.
Les Aconits.	Les Senecons.	Les Salicaires.
Les Onagres.	Les Astères.	La Belle-de-nuit.
Les Dracocéphales.	Les Verges d'or.	Les Liserons.
Les Mufliers.	Les Chrysanthèmes.	Les Sylphions.
Les Acanthes.	Les Camomilles.	Les Colchiques.
Les Mauves.	Les Achillées.	

Cet article serait susceptible d'une grande extension, si on voulait le traiter sous le point de vue général ; mais, je le répète, il peut être considéré comme un hors-d'œuvre, puisque, dans l'acception naturelle, toutes les plantes sont de pleine terre et que je parle ici pour tous les climats. On trouvera au reste à chacun des mots qui font partie de la liste ci-dessus la distinction des espèces qui, dans le climat de Paris, sont dans le cas de craindre la gelée, et qui exigent par conséquent des soins particuliers. On trouvera aussi aux mots Couche, Bache, Chassis, Orangerie et Serre chaude des préceptes relativement à celles qui ne peuvent passer qu'une partie de l'année à l'air, c'est-à-dire qui, à Paris, ne sont pas de pleine terre. (B.)

PLEIN-VENT. Arbre fruitier à haute tige, abandonné à lui-même.

Nos pères ne connaissaient que les arbres en plein vent, c'était de leurs vergers qu'ils tiraient tous leurs fruits. Aujourd'hui on préfère les DEMI-TIGES, les ESPALIERS, les QUENOUILLES, les NAINS, etc. A-t-on raison ? Certainement, depuis La Quintinie, qui assure avoir vu naître la mode des espaliers, nos tables (je parle des environs de Paris) sont garnies de plus beaux et de meilleurs fruits ; mais les fruits sontils devenus plus communs, malgré l'immense quantité d'arbres qui se plantent tous les ans ? J'en doute. Loin de moi l'idée d'empêcher qu'on cultive les sortes d'arbres désignés plus haut, arbres qui sont une véritable conquête de la science sur la nature et qui augmentent réellement nos jouissances ; mais je voudrais qu'on n'abandonnât pas entièrement les pleins-vents ; que chaque cultivateur, en pensant à soi, pensât aussi aux pauvres et à la postérité. En effet, des arbres qui demandent à être labourés, taillés, ébourgeonnés tous les ans, qui ne

donnent que quelques fruits, qui ne durent que quelques années, ne peuvent jamais être qu'à l'usage des riches; au lieu
qu'un plein-vent, qui, une fois planté, ne demande plus aucun soin, qui rapporte des charretées de fruits, qui vit des
siècles, semble être une propriété publique et ne devoir produire que le salaire de la peine de cueillir ses fruits et de les
apporter au marché. De fait, très-fréquemment il en arrive
ainsi. Plantez donc des pleins-vents, propriétaires du sol;
rendez-vous utiles à vos concitoyens non-seulement au moment présent, mais encore dans la postérité. Pensez que si vos
pères n'avaient pas planté des pleins-vents, votre domaine
aurait une valeur bien inférieure à celle qu'elle a, que vous
n'auriez point de noix, point de prunes, peu de poires, de
pommes, etc.

Il est des espèces de fruits qui ne peuvent pas être avantageusement placées en plein vent. Ce sont celles qui sont fort
grosses et fort tendres, comme le doyenné, le beurré gris, etc.
Il en est d'autres qui n'y arrivent pas à une assez complète maturité, du moins dans le climat de Paris, telles que le Colmar,
la virgoulente, le bon-chrétien d'hiver, etc. *Voyez* POIRIER.

Avant l'établissement des pépinières, sur-tout des pépinières marchandes, on ne greffait les poiriers et les pommiers
que sur des sauvageons arrachés dans les bois. Les plantations
manquaient souvent, ne commençaient à porter du fruit qu'à
quinze ans, n'en donnaient que tous les deux ou trois ans, et
il était de qualité inférieure; mais les arbres duraient sans fin.
J'ai connu, et je connais encore tel de ces arbres qui égale
presque un chêne en grandeur, qui produit des milliers de
poires ou de pommes. Aujourd'hui on ne greffe plus, du moins
aux environs de Paris, que sur des FRANCS (*voyez* ce mot),
dont les plus rapprochés des sauvageons proviennent des poires
et des pommes à cidre, et qui ne forment que des arbres d'environ 20 à 30 pieds de haut, qu'on appelle des tiges, qui vivent à peine un siècle et qui produisent médiocrement. Je
voudrais donc que, sans renoncer à ces francs, qui donnent
du fruit plus beau, on élevât dans les pépinières de véritables
sauvageons, résultat du semis des poires et des pommes cueillies dans les bois, pour les greffer en bonnes espèces.

Ordinairement on réserve dans les pépinières les plus beaux
pieds des francs, sous le nom d'EGRAINS (*voyez* ce mot),
pour en faire des pleins-vents, et alors on les greffe à 6 ou 8
pieds de haut. Dans les départemens, où l'on ne connaît encore
que les sauvageons, on ne les greffe quelquefois que lorsqu'ils
ont dix à douze ans et plus, et alors on place des greffes nombreuses sur le tronçon des grosses branches.

Quelques personnes pensent qu'il est avantageux, relativement à la durée et à la vigueur de l'arbre, d'attendre ainsi. Mon opinion n'est pas encore fixée sur ce fait; cependant j'ai eu long-temps sous les yeux un poirier de beurré d'Angleterre, greffé à 2 pieds de terre, qui avait plus d'un siècle, 50 ou 60 pieds de haut, et qui fournissait quelquefois en fruits la charge d'une charrette à un fort cheval.

Plus les pleins-vents sont espacés et plus ils sont productifs, et plus leur fruit est savoureux; cependant ils gagnent, comme tous les autres arbres, à être abrités et des grands vents et des vents froids. J'ai indiqué, au mot VERGER, quelques principes de pratique pour leur plantation.

Les NOYERS et les CHATAIGNIERS sont les pleins-vents des plus vastes dimensions. Ils ne souffrent aucune gêne dans leur développement.

Les CERISIERS sont presque par-tout des pleins-vents, attendu qu'ils se prêtent difficilement à la taille, et que leurs produits en espaliers, en quenouilles, etc., sont peu considérables. Les guigniers et les bigarreautiers, qui sont des variétés du merisier perfectionnées par la culture, s'élèvent à une grande hauteur. Les cerisiers proprement dits et les griottiers, qui appartiennent à une autre espèce, sont toujours de médiocres arbres.

Tout ce que je viens de dire du cerisier s'applique aux pruniers, qui forment presque toujours des pleins-vents d'une hauteur moyenne.

Il en est de même de l'amandier.

Quoique les abricotiers et les pêchers s'accommodent fort bien de la taille, qu'ils fournissent beaucoup de beaux et bons fruits en espaliers, on les laisse souvent s'élever en pleins-vents, sur-tout dans les parties méridionales de la France. Le dernier, chose remarquable, subsiste moins long-temps lorsqu'il est ainsi abandonné à la nature, que lorsqu'il est tourmenté par la taille, le palissage, etc.

Le COIGNASSIER, le NÉFLIER, le CORMIER, l'AZAROLIER, le CORNOUILLER, le NOISETIER, le FIGUIER, l'OLIVIER, etc., etc., se tiennent presque toujours en plein-vent.

Les opérations de jardinage que demandent les pleins-vents se réduisent, 1°. à un ou deux labours au pied tous les ans; 2°. à la suppression des branches mortes et des branches chifones ou gourmandes; 3°. à l'enlèvement du gui et des mousses ou lichens qui naissent sur eux; 4°. à les rajeunir lorsqu'ils commencent à devenir vieux, c'est-à-dire à couper toutes les branches pour leur en faire pousser de nouvelles. Cette dernière opération ne doit être faite qu'avec beaucoup de prudence. *Voyez* aux mots TÉTARD, RAPPROCHEMENT, RAJEUNISSEMENT. (B.)

PLÉTHORE. Augmentation du volume ou de la quantité du sang dans les vaisseaux de l'animal.

Les vaisseaux qui rampent sur la surface du corps sont distendus; les veines de l'œil, des lèvres et de la bouche sont apparentes; les artères offrent au tact un pouls plein et des tuniques plus ou moins tendues.

On distingue deux sortes de pléthores, l'une vraie et l'autre fausse. Nous allons parler eu détail de l'une et de l'autre.

Fausse pléthore. Lorsque la chaleur augmente le volume du sang, les artères battent plus fréquemment que dans l'état naturel, la respiration est plus grande, sans diminution sensible des forces musculaires; les artères sont à proportion presque plus dilatées que les veines, leurs parois un peu tendues, les vaisseaux qui rampent sur les tégumens de la tête, du ventre et de la face interne de la cuisse, présentent un diamètre considérable; les vaisseaux sanguins de l'œil sont dilatés; la peau est chaude, la soif assez grande; l'appétit diminue, les matières fécales sont un peu sèches; l'urine colorée, quelquefois trouble et d'une odeur forte; enfin l'animal est plutôt inquiet et éveillé que las et assoupi.

Les principes les plus fréquens de cette maladie sont, 1°. la grande chaleur de l'été; 2°. l'exposition trop longue aux ardeurs du soleil; 3°. l'usage immodéré des plantes aromatiques et des plantes âcres; 4°. les vapeurs qui s'élèvent des animaux et du fumier abandonné à la fermentation putride; 5°. les travaux excessifs, les courses violentes et les marches forcées; 6°. la grandeur et la quantité de la laine dont le mouton est surchargé, sur-tout lorsque les chaleurs de l'été commencent à se faire sentir; 7°. le long séjour dans des écuries ou des bergeries où l'air n'est pas renouvelé.

La durée et l'intensité de la chaleur intérieure ou extérieure font tout le danger : plus la chaleur est douce et momentanée, moins l'animal en éprouve de mauvais effets; au contraire, plus elle est de longue durée et se fait sentir avec force, plus il faut s'attendre à des accidens fâcheux.

En Languedoc, le mouton, et après lui le cheval, sont plus sujets à cette espèce de pléthore que la chèvre, le bœuf et le porc. La chèvre est de tous les bestiaux celui qui craint le moins les grandes chaleurs; elle dort au soleil, et s'expose volontiers aux rayons les plus vifs de cet astre sans en être incommodée.

Le repos, les bains, les lavemens, les alimens rafraîchissans et aqueux sont les remèdes indiqués pour modérer la raréfac-

tion du sang. Le cheval restera tranquille dans une écurie
propre, bien aérée et exposée au vent du nord ; le bœuf et les
moutons seront envoyés à la pâture dans les bois de haute futaie, ou resteront dans l'étable parfumée, plusieurs fois le
jour, avec du vinaigre : là, on leur donnera pour nourriture
des plantes récemment cueillies, abondantes en mucilage
aqueux, douces et privées des parties aromatiques ; pour
boisson, du petit-lait, ou de l'eau dans laquelle on aura mêlé
deux poignées de farine d'orge, et une once de crême de tartre
sur environ 20 livres d'eau pure. Le cheval ou le bœuf boira
trois ou quatre fois par jour de cette eau, le mouton seulement
deux fois. Pour favoriser l'effet de ces boissons, si la saison
le permet, on fera baigner les animaux malades. Le bœuf, qui
se plaît naturellement au milieu des eaux, doit y rester plus
long-temps que le cheval : par exemple, deux bains de rivière
par jour, d'une heure chacun, suffiront pour le bœuf, un pour
le cheval ; tandis que le mouton, plus timide et moins ami de
l'eau, n'en prendra qu'un par jour, d'une demi-heure seulement. Les lavemens rafraîchissans ne sont pas moins utiles
pour s'opposer à la grande chaleur du sang : on en donne deux
ou trois par jour au bœuf et au cheval, avec la seule infusion
de feuilles d'oseille, ou avec la décoction d'orge saturée de
crême de tartre. On donnera au mouton du son humecté avec
de l'eau saturée de nitre et aiguisée de sel marin. On tiendra
la nuit les bestiaux malades dans les écuries où l'air se renouvelle souvent ; on évitera de les faire travailler, de leur donner
des remèdes et des alimens échauffans, de les faire marcher au
soleil, et de leur donner d'autre nourriture que le son humecté et la paille. Lorsque la chaleur est excessive, que les
vaisseaux offrent beaucoup de distension, malgré les boissons
tempérantes, les bains, les lavemens et les alimens rafraîchissans que nous venons de prescrire, une évacuation de sang par
la veine la plus propre à chaque animal (*voyez* S**AIGNÉE DES**
ANIMAUX), à la dose de 4 livres pour le bœuf, de 2 livres pour
le cheval, de 6 onces pour le mouton, etc., soulagera le malade : on doit bien comprendre que si ces animaux étaient ac-
cablés de fatigue, la saignée, sur-tout à cette dose, ne servirait qu'à les affaiblir sans condenser le sang. Dans cette maladie, entretenir les forces vitales et musculaires, condenser
le sang sans le coaguler, telles sont les seules indications à
saisir et remplir.

Pléthore vraie. Dans cette espèce de pléthore la chaleur de
la peau est tempérée, la respiration grande et fréquente.
Lorsque l'animal marche avec ardeur, les vaisseaux de la tête,
de l'œil, du ventre et de la face interne des cuisses, sont dilatés ;

le pouls qu'on sent aux artères maxillaires est plein, et un peu moins fréquent que dans l'état naturel; l'assoupissement et la diminution des forces musculaires ordinairement sensibles; les forces musculaires presque toujours proportionnées aux forces vitales; l'urine, comme dans l'état de parfaite santé; les matières fécales un peu humectées, la langue fraîche et vermeille; le désir de la boisson peu considérable.

Les causes de cette maladie se réduisent au défaut d'exercice, à la diminution de la transpiration insensible, à la qualité et à la quantité des alimens : ou ils sont trop nourrissans, ou les animaux en prennent une trop grande quantité, excès ordinaire au cheval et au porc; aussi les voit-on plus souvent attaqués de cette maladie que le bœuf et le mouton. La tête et la poitrine sont les parties du corps les plus exposées dans cette affection. L'inflammation du cerveau, l'inflammation des poumons, n'en sont que trop fréquemment les funestes suites. *Voyez* APOPLEXIE, PÉRIPNEUMONIE, VERTIGE.

Pour remédier à la pléthore vraie, il faut s'attacher à diminuer promptement la quantité du sang; la diète, l'exercice modéré et la saignée, remplissent cette indication : pour cet effet, promenez le cheval au pas, deux heures le matin, autant le soir; bouchonnez-le avec soin lorsqu'il sera de retour à l'écurie. (*Voyez* BOUCHONNER.) Faites labourer le bœuf trois heures par jour; que la brebis parque jour et nuit; que le cochon aille loin de son écurie exciter son appétit vorace dans des terrains arides. Ne donnez au cheval et au bœuf pour nourriture que de la paille et un peu de son humecté; que l'entrée des pâturages fertiles en plantes nutritives leur soit interdite; qu'ils parcourent des terrains stériles, plus propres à donner de l'exercice qu'une nourriture abondante.

Si la quantité de sang n'est pas excessive, ces moyens peuvent suffire pour la diminuer; mais lorsque le sang abonde au point d'affaiblir les forces musculaires et de déranger les forces vitales, il faut sur-le-champ avoir recours à la saignée. La quantité de sang à évacuer par cette opération doit varier selon l'intensité du mal, la taille de l'animal, l'espèce du sujet, sa constitution naturelle, la saison, les qualités de l'air, la nature du pays et l'âge du malade. *Voyez* SAIGNÉE DES ANIMAUX, où, d'après l'expérience et l'observation, et pour l'instruction des maréchaux et des habitans de la campagne, nous entrerons dans le plus grand détail sur toutes ces circonstances. *Voyez* MÉDECINE VÉTÉRINAIRE. (R.)

PLÉTHORE. JARDINAGE. Plenck, à qui on doit un assez bon ouvrage sur les maladies des végétaux, a transporté ce nom dans le jardinage en l'appliquant aux plantes que leur excès de nourriture empêche de porter des fleurs et des fruits. C'est en coupant les feuilles des céréales qu'on peut prévenir en elles cet inconvénient ; c'est en enlevant les feuilles des arbres, en les ébourgeonnant rigoureusement, en courbant leurs branches, en retranchant quelques-unes de leurs racines, en substituant de la mauvaise terre à celle qui entoure leurs racines, etc., qu'on parvient principalement à diminuer et même à faire cesser la pléthore. *Voyez* les mots EF-FEUILLER, FEUILLE, COURBURE, EBOURGEONNEMENT, RACINE, TERRE. (B.)

PLEURÉSIE. MÉDECINE VÉTÉRINAIRE. Ce nom vient de *plèvre* ou *pleure* ; la plèvre est une membrane qui est étendue sur toute la partie interne de la poitrine, sur la partie convexe du diaphragme et sur tous les poumons. Lorsque cette membrane est enflammée, on dit que l'animal est attaqué de la pleurésie vraie ; lorsque la matière morbifique ne comprime pas seulement la plèvre, mais qu'elle a principalement son siége dans les muscles intercostaux, il est atteint de la fausse pleurésie ; enfin, si l'inflammation affecte la portion de la plèvre qui recouvre le diaphragme du côté qui regarde la poitrine, pour lors l'animal est atteint de la paraphrénésie. De là, nous diviserons les maladies de la plèvre en trois sections : la première traitera de la vraie pleurésie ; la seconde, de la fausse ; et la troisième, de la paraphrénésie.

De la pleurésie vraie ou *inflammation de la plèvre*. On divise la vraie pleurésie en pleurésie humide et en pleurésie sèche. Dans la première, le bœuf, ainsi que les autres animaux expectorent facilement ; dans la seconde, la toux est sèche, elle fatigue l'animal qui en est atteint, sans le soulager ; les bœufs y sont plus sujets que les vaches. Parmi les premiers, ceux qui sont les plus exposés à la pleurésie sont les bœufs maigres et secs, ceux dont le tempérament est bilieux, les pléthoriques sur-tout ; enfin ceux à qui la nature ou le travail a donné des fibres fortes ou élastiques.

Les animaux qui ont déjà essuyé cette maladie contractent une disposition qui les y rend très-sujets par la suite, et il n'est pas douteux qu'elle ne soit pour eux des plus dangereuses. Le printemps est la saison dans laquelle on la voit le plus fréquemment.

La pleurésie peut être occasionnée par tout ce qui est capable de supprimer la transpiration ; en conséquence, par les vents froids du nord, les boissons d'eau froide quand les animaux ont chaud ; ceux qui couchent et habitent dans des étables ou des écuries humides, etc., sont exposés à cette maladie.

Les bœufs et les chevaux courent encore risque de la gagner

lorsqu'étant en sueur on les laisse exposés à l'air froid, ou qu'on les conduit dans l'eau froide, ou que pour les débarrasser de la boue et de l'écume dont ils se trouvent souvent couverts après leurs courses, on voit des cochers, esclaves d'une routine meurtrière, mettre pied à terre, dépouiller leurs chevaux de leurs harnois, et jeter des seaux d'eau froide sous le ventre, sur les parties latérales de la poitrine, contre le poitrail et entre les jambes de devant, sur le dos, sur les reins, sur les flancs, entre les cuisses et sur les quatre extrémités, jusqu'à ce qu'il n'y ait plus de boue, plus d'écume, et que l'eau qui en découle soit limpide.

Cette maladie peut aussi être causée par la suppression de quelque évacuation accoutumée, comme celle de vieux ulcères, de cautères, des eaux aux jambes, etc.

On a vu encore la rentrée subite de quelque éruption, telle que la gale, la gourme, l'occasionner.

Les écuries et les étables trop chaudes, trop fermées, disposent encore singulièrement à cette maladie.

Enfin la pleurésie peut être produite par les travaux excessifs, par les courses violentes qu'on fait faire aux animaux, et même par des coups sur la poitrine.

La seule conformation du corps de l'animal, comme une poitrine trop étroite et le peu de capacité des artères de la plèvre, rend quelques animaux sujets à cette maladie; de même il n'est pas douteux que le cavalier qui profite du moment de l'expiration de son cheval pour le sangler de toutes ses forces, ne diminue avec plus de facilité la capacité de la poitrine, que la sangle trop tendue n'en occasionne le resserrement, ne gêne les viscères qu'elle renferme, et ne soit une cause éloignée de la pleurésie.

La pleurésie, comme la plupart des autres fièvres, commence en général par le frisson et le tremblement, qui sont suivis de chaleur, de soif et d'insomnie. Le médecin vétérinaire s'assure de son existence en passant les mains à rebrousse-poil sur les vraies et fausses côtes; il distingue par là si le siége du mal occupe le côté droit ou le côté gauche, il juge de sa violence par le plus ou le moins de sensibilité que l'animal éprouve lorsqu'il le touche. Quelquefois la douleur s'étend jusque vers l'épine du dos, quelquefois vers les épaules, d'autres fois jusque vers le poitrail. Cette douleur est toujours plus aiguë dans le moment où l'animal fait le mouvement d'inspiration, et lorsqu'il tousse il se porte avec peine sur ses extrémités antérieures, et se plaint plus vivement chaque fois qu'il change de place.

Le pouls, dans cette maladie, est pour l'ordinaire vite et dur; les urines sont rougeâtres; le sang, après être sorti de la veine, se couvre d'une croûte dure. L'écoulement qui se fait par les narines n'a d'abord aucun caractère ; mais il s'épaissit bientôt et présente souvent une couleur sanguinolente.

La nature tente ordinairement de se débarrasser de cette maladie au moyen d'une hémorrhagie, par quelques-unes des parties du corps, ou par une expectoration abondante, ou par la sueur, des déjections séreuses, ou par des urines très-chargées, etc.

La marche du médecin vétérinaire est de seconder les intentions de la nature, en modérant l'impétuosité de la circulation, en relâchant les vaisseaux, en délayant les humeurs et favorisant l'expectoration.

En conséquence le régime doit être léger, rafraîchissant et délayant.

La boisson sera une décoction d'orge ; elle se fait de la manière suivante :

Prenez d'orge perlée, une demi-livre ; faites bouillir dans six pintes d'eau jusqu'à réduction d'un tiers ; passez ; et si le miel était du goût de l'animal, ajoutez-en plus ou moins.

La décoction de figues, de raisins secs et d'orge convient également dans la pleurésie.

Quelle que soit la boisson que l'animal préfère, il lui en faut donner peu à-la-fois ; il faut au contraire ne la lui faire boire que par gorgées et cela continuellement, afin qu'il ait sans cesse la bouche et le gosier humectés. Les boissons qu'on lui fera avaler doivent être toujours un peu chaudes ; il serait même à désirer que les alimens qu'il prendrait le fussent aussi.

L'animal malade doit être dans une température modérée et le plus à son aise possible, ayant toujours sur le dos une légère couverture, une bonne litière, et son habitation tenue très-proprement.

On doit lui donner plusieurs lavemens par jour avec les décoctions de graines de lin ou des racines de mauve, de guimauve : on pourra mettre dans chaque lavement un gros de sel de nitre.

Les bains de pieds ne produiraient que de très-bons effets dans cette maladie ; les chevaux les prennent fort aisément, et sans même qu'on ait besoin de les y tenir ; les bœufs exigent un peu plus de peine.

La pleurésie étant accompagnée d'une douleur violente, d'un pouls vif et dur, la saignée est nécessaire. Lorsque ces symptômes sont manifestes, plus on saigne promptement, mieux le malade s'en trouve.

Il faut que cette première saignée soit assez copieuse,

pourvu toutefois que l'animal puisse la soutenir. Une forte saignée, dans le commencement d'une pleurésie, fait infiniment plus d'effet que de petites saignées répétées plusieurs fois dans le cours de la maladie. On peut tirer à un animal formé 3 à 4 livres de sang, dès qu'on s'est assuré qu'il est attaqué d'une pleurésie ; on en tire moins, bien entendu, à un animal plus jeune ou plus délicat.

Si, après la première saignée, la violence des symptômes continue, il faudra, au bout de douze, ou de dix-huit heures, tirer encore environ 2 ou 3 livres de sang. Si, après cette seconde saignée, les symptômes ne diminuent pas encore, et que le sang se couvre de la couenne ou de la croûte dure dont nous avons parlé, il faudra alors une troisième saignée ; mais dès que la douleur diminue, que le pouls devient plus mollet, que l'animal commence à expectorer et à respirer plus librement, la saignée n'est plus nécessaire. Ce remède est rarement utile après le troisième ou quatrième jour de la maladie, et passé ce temps, il ne doit point être employé, à moins que des circonstances pressantes ne l'exigent.

Par exemple, quoiqu'il y ait déjà plusieurs jours que la maladie dure lorsqu'on commence à la traiter, si la fièvre et la douleur de côté sont encore violentes, si la respiration est difficile, si l'animal n'expectore point, ou s'il n'a point eu d'évacuation sanguinolente, il faut, sans s'embarrasser du jour, faire une saignée.

Au reste, on peut diminuer la viscosité du sang par beaucoup de moyens, sans avoir recours aux saignées multipliées : on peut même, sans leur secours, alléger la douleur de côté par différens remèdes.

Ces remèdes sont les fomentations émollientes, que l'on applique sur la partie malade, après la première ou la seconde saignée. Ces fomentations se font de la manière suivante :

Prenez fleurs de sureau, de camomille, de mauve, de chaque deux poignées. Faites bouillir ces plantes, ou toutes autres plantes adoucissantes, dans une quantité suffisante d'eau.

Mettez ces plantes ainsi bouillies dans un sac de toile, et appliquez-les toutes chaudes sur le côté.

On trempe encore une serviette ou un essuie-main dans la décoction de ces plantes ; on l'étend sur le sac, et on contient tout ce topique, à l'aide de la couverture, qui doit être habituellement sur le corps de l'animal, et cette couverture y sera pareillement assujettie à l'aide d'un surfaix. A mesure que ce remède se refroidit, on a soin de l'humecter avec la décoction

des plantes adoucissantes, dont le degré de chaleur sera aussi
fort que les mains de la personne qui soignera l'animal pourront le supporter. Pendant que ce topique sera sur la partie
douloureuse, on aura grand soin que l'animal ne prenne point
de froid.

Les fomentations non - seulement apaisent les douleurs,
mais encore elles relâchent les vaisseaux, et s'opposent à la
stagnation du sang et des autres humeurs.

On peut encore frotter souvent dans la journée le côté malade avec un peu du liniment volatil suivant :

Prenez huile d'amandes douces ou d'olives, 4 onces; d'esprit de corne de cerf, 2 onces. Mettez dans une bouteille,
seçouez vivement jusqu'à ce que les deux substances soient
parfaitement mêlées.

On en verse quelques gouttes sur le côté malade ; on l'étend
avec la main chauffée, et l'on frotte fortement jusqu'à ce qu'il
ait entièrement pénétré. On verse et on frotte de nouveau, jusqu'à ce que l'on ait employé la valeur d'une demi-tasse à café
de ce liniment. On recommence cette opération trois ou quatre
fois par jour.

On peut, à la place de ce liniment, ou lorsqu'on ne pourra
s'en procurer, employer à la même dose et de la même manière
la teinture de cantharides, qui produit le même effet et même
plus promptement.

On retire souvent de grands avantages, dans la pleurésie,
des saignées locales, faites avec des ventouses appliquées sur
la partie affectée, on peut même y appliquer un nombre convenable de sangsues : lorsqu'elles sont gorgées et qu'elles ne
tirent plus de sang, pour rendre ces saignées locales plus co-
pieuses il est un moyen bien simple, c'est de couper à ces
sangsues le bout de la queue avec des ciseaux. Le sang dont
elles sont pleines s'échappe par cette ouverture, et à mesure qu'elles se sentent débarrassées, elles se remplissent en
suçant de nouveau les parties sur lesquelles elles sont appliquées.

On peut encore appliquer avec avantage sur le côté malade
les feuilles de jeunes choux toutes chaudes : non - seulement
elles relâchent les parties, mais encore elles excitent une douce
moiteur, et peuvent dispenser le malade de l'application du
vésicatoire, auquel il faut cependant recourir quand les autres
moyens n'ont pas réussi.

Si la douleur du côté persiste après les saignées répétées,
après les fomentations et les autres moyens recommandés à
l'article du Régime et à celui des Remèdes, il faut appliquer
un vésicatoire sur la partie affectée, et l'y laisser pendant deux

jours : il excite non-seulement une évacuation dans cette partie, mais encore il en détruit le spasme, et par conséquent aide la nature à expulser la cause de la maladie.

Pour prévenir la strangurie à laquelle les vésicatoires donnent lieu dans certains sujets, on fera boire abondamment au malade de l'émulsion de gomme arabique suivante :

Prenez, d'amandes douces, 4 onces; mettez-les dans de l'eau chaude, pour pouvoir en ôter les enveloppes; pilez-les fortement dans un mortier avec une égale quantité de sucre ; ayez 4 pintes de décoction d'orge chaude, à laquelle vous ajouterez, de gomme arabique 4 onces; remuez pour la faire dissoudre; laissez refroidir; versez cette liqueur peu-à-peu sur les amandes et le sucre triturés ensemble, ayant soin de remuer continuellement, jusqu'à ce que la liqueur devienne également blanche ou laiteuse ; pesez; faites-en boire de deux en deux heures une pinte à l'animal malade.

Si l'animal est constipé, on lui donnera, chaque jour, deux lavemens composés d'une décoction de mauve ou de graine de lin, ou de toute autre plante émolliente, en ajoutant à chaque lavement 2 gros de sel de nitre. Ces lavemens non-seulement évacueront les intestins, mais encore produiront l'effet des fomentations chaudes appliquées aux viscères du bas-ventre, et causeront par là une dérivation des humeurs de la poitrine.

Il n'y a pas de médicamens plus utiles dans les maladies fiévreuses que les lavemens, sur-tout si les urines ne sont pas abondantes, ou si elles sont rouges, et si la fièvre est forte : dans tous ces cas, les lavemens soulagent ordinairement plus que si l'on faisait boire quatre ou cinq fois la même quantité de liquide : il faut en donner, quand même l'animal ne serait pas constipé ; mais il faut les supprimer, passé le cinquième jour, parce que des évacuations abondantes empêcheraient l'expectoration.

Pour exciter l'expectoration, on donnera des remèdes incisifs, huileux et mucilagineux, tels que le suivant :

Prenez d'oxymel ou de vinaigre scillitique, 2 onces, que vous mêlerez dans la décoction suivante :

Prenez d'orge mondée et lavée, 4 onces ; faites bouillir dans 5 pintes d'eau jusqu'à ce qu'elle soit crevée, et que l'eau soit réduite à 4 pintes; retirez du feu; ajoutez aussitôt de réglisse ratissée et coupée menue, de racine de guimauve, dont vous aurez ôté le cœur ligneux, et coupée menue, de feuilles de capillaire de Canada, demi-once; de fleurs de coquelicot, demi-once ; de fleur de tussilage, une once ; laissez infuser le tout pendant quatre heures , passez; faites-en boire à l'animal un quart de bouteille toutes les deux heures.

S'il s'agit, dans la pleurésie, de tempérer la chaleur du sang, prenez d'orge perlée, 4 onces ; faites bouillir dans 5 pintes d'eau ; ajoutez de raisins secs, de figues sèches , de chaque 4 onces ; de réglisse épluchée, une once.

Continuez de faire bouillir jusqu'à réduction de moitié. On peut ajouter 2 ou 3 gros de nitre. Administrez cette tisane au malade , à la même dose que la précédente.

Les émulsions huileuses conviennent dans la pleurésie.

Prenez d'eau distillée , 12 onces ; d'esprit volatil aromatique, demi-once; d'huile d'olive de Provence, 2 onces. Mêlez le tout ensemble ; ajoutez de sirop commun , une once ; faites avaler à l'animal, par demi-tasse , à deux heures de distance l'une de l'autre.

L'électuaire huileux produit aussi de bons effets.

Prenez d'huile d'amandes douces ou d'olives, de sirop de violette, de chaque demi-livre. Mêlez; ajoutez autant de sucre candi qu'il sera nécessaire pour faire un électuaire qui ait la consistance du miel. On le fera avaler à l'animal, chaque fois 2 onces, sur-tout lorsqu'il sera fatigué de la toux.

On peut encore lui donner une dissolution de gomme ammoniaque dans de l'eau d'orge.

Voici la manière dont elle se fait:

Prenez de gomme ammoniaque, une once ; triturez parfaitement dans un mortier ; versez peu-à-peu , en remuant toujours, 2 pintes de décoction d'orge, jusqu'à ce que la gomme soit entièrement dissoute. On peut ajouter 7 à 8 onces d'eau distillée simple de pouliot. On en fera prendre au malade trois ou quatre fois par jour une demi-tasse chaque fois.

Si l'animal attaqué de la pleurésie ne transpire point ; si, au contraire , une chaleur brûlante se fait sentir à la peau, et s'il urine très-peu, on donnera quelques petites doses de nitre purifié et de camphre combinés de la manière suivante :

Prenez de nitre purifié, une once ; de camphre, 17 à 18 grains ; triturez dans un mortier ces deux substances ; mêlez parfaitement; divisez en six doses égales; faites prendre à l'animal une de ces doses, toutes les cinq à six heures , dans une tasse de sa tisane, ou de quelques-unes de ses boissons.

Enfin , la décoction de sénéka produit les meilleurs effets dans la pleurésie, outre celui que cette racine produit contre la morsure du serpent à sonnettes.

Prenez racine de sénéka, deux onces; faites bouillir dans 3 pintes d'eau, jusqu'à réduction de 2 pintes; laissez reposer;

passez. La dose est d'un quart de pinte trois ou quatre fois par jour, ou même plus souvent.

Cette tisane ne doit être employée qu'après avoir fait les saignées convenables, et avoir pourvu aux autres évacuations.

Si ce remède fatigue le malade, il faudra mêler à cette décoction 4 ou 5 onces d'eau de canelle simple, ou le donner à plus petite dose.

Comme cette décoction favorise la transpiration, excite les urines et lâche le ventre, elle est capable de remplir la plupart des indications dans la cure de la pleurésie et des autres maladies inflammatoires de la poitrine.

On ne s'imaginera pas, sans doute, qu'il faille faire usage de tous ces remèdes à-la-fois. Si nous en recommandons plusieurs, c'est afin que l'on puisse choisir, et que si l'on ne peut se procurer celui pour lequel on s'est décidé, on puisse lui en substituer d'autres; d'ailleurs les différentes périodes d'une maladie demandent différens remèdes; et quand l'un n'a pas le succès qu'on en attend, il faut recourir à un autre, car les remèdes les plus puissans ne réussissent que par l'application convenable qu'on en fait.

L'instant le plus avancé d'une maladie aiguë, que l'on appelle crise, est quelquefois accompagné d'une difficulté très-grande de respirer, d'un pouls vif, irrégulier, de mouvemens convulsifs, etc., symptômes qui sont fort sujets à effrayer les assistans, et qui les portent souvent à faire des choses très-contraires au malade, comme de le faire saigner, de lui donner des remèdes forts et irritans, etc.

Cependant tous ces symptômes ne sont produits que par les efforts de la nature pour vaincre la maladie, efforts qu'il faut seconder par d'abondantes boissons délayantes, qui sont alors singulièrement nécessaires. Toutefois si les forces du malade étaient fort épuisées par la maladie, on pourrait, à cette période, le soutenir avec une pinte de petit-lait dans laquelle on aurait mêlé eau de canelle simple, 4 onces.

Lorsque les douleurs de la fièvre auront disparu, et que l'animal aura recouvré un peu ses forces, on lui donnera quelques doux purgatifs.

Dans la convalescence, la diète sera toujours légère et de facile digestion.

De la pleurésie fausse ou bâtarde. On donne le nom de *pleurésie* ou *de pleurésie bâtarde* à celle dont le siége de la douleur est plus externe que dans la pleurésie vraie, sèche ou humide, dont nous venons de parler. Ainsi, dans la pleurésie fausse, la douleur se fait sentir principalement dans les muscles intercostaux.

Les animaux qui sont sujets aux deux autres pleurésies sont également sujets à celle-ci. Elle n'a rien d'inflammatoire ; mais elle en peut acquérir le caractère, si elle est mal traitée, en se jetant sur la plèvre ou le poumon, et même sur le foie, ainsi qu'on ne saurait douter que cela puisse arriver, d'après l'ouverture d'un grand nombre de cadavres. La durée de la pleurésie fausse est assez incertaine, elle ne va guère au-delà du septième jour, et se termine souvent plus tôt ; mais elle est sujette à des retours auxquels on ne s'attend pas : elle a communément sa source dans la cause commune des fluxions ; mais la rentrée de la gale ou du roux vieux peut aussi y donner lieu. Cependant elle n'est pas dangereuse lorsqu'elle ne se jette point sur les parties internes ; la douleur qui change de place rassure contre cet accident.

Elle se manifeste par une toux sèche, un pouls vif, et une difficulté de se coucher sur le côté affecté ; symptôme qui mérite d'autant plus d'être remarqué, qu'il ne se rencontre pas toujours dans la pleurésie vraie. Si la pleurésie fausse est produite par des flatuosités, elle excite des douleurs plus vives, et gêne même la respiration, ainsi que le pouls, qui est alors lent et concentré. Elle attaque principalement les animaux qui font peu d'exercice, elle se dissipe ordinairement dans peu de temps et sans remède : il suffit de tenir chaudement les animaux qui en sont atteints, et de leur appliquer les topiques prescrits pour le traitement de la pleurésie vraie. Elle peut encore être produite par des vers ; celle-ci regarde principalement les jeunes animaux : la puanteur de leur bouche, et la fièvre irrégulière, pour ne pas faire mention des autres signes qui annoncent les vers, la décident.

Elle se guérit en tenant chaudement les animaux qui en sont atteints, en leur faisant prendre abondamment des boissons délayantes et qui portent un peu à la peau : telle est l'infusion de fleur de sureau. La saignée, les purgatifs, ne doivent être employés que lorsque la violence de la douleur, le degré de la fièvre et l'état des premières voies, demandent ces sortes de secours.

Si cependant cette maladie devient opiniâtre, il faut avoir recours à la saignée, aux vésicatoires, aux ventouses et aux scarifications de la partie affectée : ces remèdes et l'usage des boissons nitrées et rafraîchissantes manquent rarement de guérir la fausse pleurésie.

De la paraphrénésie, ou inflammation du diaphragme. La paraphrénésie, ou inflammation du diaphragme, approche de si près de la pleurésie et quant aux symptômes et quant au traitement, qu'il est à peine nécessaire de la considérer comme une maladie différente.

Cette maladie est accompagnée d'une fièvre très-aiguë, d'une douleur violente dans la partie affectée, qui, en général, augmente lorsque l'animal tousse, lorsqu'il respire, lorsqu'il rend ses excrémens et qu'il urine : aussi a-t-il la respiration courte, fort haute, fréquente, étouffée, qui se fait par la seule action du thorax, pendant que le bas-ventre est en repos ; on connaît encore ce mal par un délire perpétuel, par la révulsion des hypocondres, qui se jettent vers le diaphragme, par les convulsions, la fureur, les espèces de grimaces, et la gangrène.

Elle a les mêmes suites que la pleurésie; mais le mouvement continuel de la partie, la nécessité dont elle est pour la vie, la tension de ses membranes nerveuses, tout cela rend les progrès de la paraphrénésie plus rapides et plus funestes, et produit l'ascite purulente.

Dans ce cas, on doit tout employer pour prévenir la suppuration du diaphragme, parce que si ce malheur arrive, il est impossible de sauver l'animal.

Le régime et les remèdes sont les mêmes que nous avons prescrits pour la pleurésie.

Nous ajouterons seulement que, dans la paraphrénésie, les lavemens émolliens sont singulièrement utiles, parce qu'en relâchant les intestins, ils détournent l'humeur de la partie affectée.

Mais si le diaphragme vient à suppurer, l'abcès se rompt, la cavité de l'abdomen est inondée de pus, qui, venant à se putréfier, à s'amasser et s'accumuler de plus en plus, ronge les viscères, produit une consomption et la mort. (Roz.)

Observations sur l'article précédent.

La division des maladies de la plèvre en trois sections, telles que Rozier vient de les former, porte à faux. La plèvre, en s'enflammant, s'enflamme en totalité ou en partie, et c'est dans tous les cas une *pleurésie* d'autant plus intense seulement, qu'une plus grande partie de la plèvre est enflammée, d'autant plus sur-tout que les deux plèvres sont affectées simultanément. Dans nos animaux domestiques, où l'on peut distinguer quelquefois quelle plèvre est attaquée, il est impossible, ou au moins l'on n'est pas encore parvenu à distinguer si cette même plèvre est affectée en totalité ou en partie : l'article *fausse pleurésie* ou *pleurésie bâtarde* doit donc être supprimé; le signe que Rozier donne pour la distinguer, *la douleur se fait sentir principalement dans les muscles intercostaux,* est même insaisissable pour le vétérinaire, puisque son malade ne rend compte d'aucune des sensations qu'il éprouve. Quant à la *paraphrénésie*, c'est une maladie toute différente de la pleurésie, qui n'a point de rapport avec elle, qui est très-rare heureusement dans nos animaux domestiques, et qui devrait être traitée à part. La partie de la plèvre qui recouvre antérieurement le diaphragme ne peut pas manquer d'être plus ou moins affectée quand le diaphragme est enflammé lui-même ; mais ce n'est point la maladie principale, ce n'est qu'une complication, légère ordinairement, de la maladie et qui disparaît avec elle.

La division de la pleurésie vraie en deux sections, *pleurésie sèche* et *pleurésie humide*, distinguées l'une de l'autre par le jetage d'une matière liquide par les naseaux, n'a aucun avantage pour le traitement ; elle a un désavantage réel, en pouvant faire confondre d'autres maladies où ce jetage existe, avec la pleurésie où il existe très-rarement. Il a lieu quand la pleurésie est compliquée de péripneumonie, ou quand l'inflammation commençante attaque presque simultanément les membranes muqueuses pulmonaires, le tissu des poumons et les plèvres ; mais quand l'inflammation se porte seulement sur la plèvre, il n'y a point de jetage par les naseaux, quoiqu'il y ait souvent toux ; quelquefois même ce symptôme n'existe pas.

Dans ces grandes affections, ce n'est pas la quantité des remèdes qui guérit, ce n'est pas l'application de tel remède plutôt que tel autre ; l'objet essentiel est d'arrêter la marche de la maladie d'abord, ensuite de favoriser par des remèdes donnés à temps, ou d'exciter une terminaison par des crises sur la peau ou sur les reins, ou sur le canal intestinal, ou même sur les membranes muqueuses des voies respiratoires. Les causes les plus ordinaires de la pleurésie étant des arrêts de transpiration, quand elle ne fait que commencer et que l'on est sûr de la cause, on peut l'arrêter en rétablissant promptement les fonctions de la peau. On fait prendre à l'animal quelque substance stimulante, qui excite les fonctions de la peau ; on le couvre en outre d'une couverture chaude, ou, mieux, on le bouchonne vigoureusement. Dans ce cas, les substances liquides chaudes sont les meilleures à employer intérieurement : telles sont le vin chaud, la thériaque, à petites doses, délayée dans le vin, ou dans la bière, ou dans le cidre chaud ; les infusions de plantes aromatiques, de fleur de sureau, etc.

Si l'on a laissé à l'inflammation le temps de s'établir, ce moyen deviendrait dangereux ; le traitement devrait être alors tout contraire : dans la pleurésie, comme dans la péripneu-

monie, toute terminaison autre que la résolution est dangereuse ; c'est donc toujours vers ce but que doivent tendre toutes
les méthodes de traitement. L'inflammation paraît-elle trop
forte, trop active, il faut la modérer par la saignée, par les
breuvages émolliens, adoucissans. Paraît-elle être trop lente,
trop peu active et vouloir prendre le caractère d'une inflammation chronique et lente, c'est alors qu'il faut réveiller les
propriétés de la vie, les mettre pour ainsi dire sur un ton plus
haut, pour obtenir une résolution favorable. Les vésicatoires
sur les parties latérales du thorax, le vin, le miel ; des bols de
poudres cordiales, aromatiques ; des extraits amers, de quinquina, d'aunée, de gentiane, etc., doivent être employés.
(Huz. fils.)

PLEURO-PÉRIPNEUMONIE. Médecine vétérinaire.
C'est la réunion de la Pleurésie et de la Péripneumonie ;
c'est le cas qui se rencontre peut-être le plus souvent ; il s'annonce du reste par les symptômes communs et particuliers des
deux maladies ; les règles générales du traitement sont les
mêmes. *Voyez* ces deux mots. (B.)

PLEURS DE LA VIGNE. On appelle ainsi la sève aqueuse
qui sort goutte à goutte par l'endroit des coupures faites au
cep et au sarment de la vigne lors de la taille. *Voyez* Sève et
Vigne.

Lorsque les pleurs de la vigne mouillent un bouton, ils le
font presque toujours périr ; c'est pour éviter cet inconvénient
qu'on doit tailler en biais en commençant par la partie opposée au bouton.

L'homme met du merveilleux à tout, et la charlatanerie a
imaginé, pour lui plaire, que les pleurs de la vigne avaient,
par analogie, des propriétés admirables pour les inflammations
des yeux. Ces pleurs sont une eau distillée, pure et simple,
sans saveur ni odeur particulière, et qui n'a aucune qualité de
plus que l'eau pure de rivière. (R.)

PLEYON. Brin de bois long et mince avec lequel on fait des
liens. *Voyez* Hart.

Dans quelques endroits, ce sont les sarmens de la vigne re-
courbés pour leur faire porter plus de fruit. *Voyez* Vigne,
Arceau, Sautelle et Courbure des branches.

Ce mot a encore d'autres acceptions dont je n'ai qu'une idée
confuse. Au reste, on ne l'emploie pas dans l'usage ordinaire.
(B.)

PLION. Synonyme de pleyon, arceau, sautelle,
arance, etc., à Bar-le-Duc. *Voyez* Vigne. (B.)

PLOMBAGE. Ce n'est pas tout que d'enterrer les graines
après les avoir répandues sur le sol, il faut encore comprimer
la terre pour rapprocher ses molécules, afin que ces graines les

touchent de tous côtés, et que leur radicule, lorsqu'elle poussera, ne trouve pas de vides; sans quoi, elles se dessécheraient. On appelle plombage l'opération qui met la surface de la terre dans cet état de densité moyenne, qui est la plus avantageuse à la végétation. On se sert, pour l'effectuer, de différens moyens, calculés sur l'espèce des graines, sur la nature des terres, et même sur la saison. *Voyez* SEMIS et SÉMINATION.

Les grosses graines, qui demandent à être profondément enfouies; les terres fortes, que les pluies ne plombent le plus souvent que trop; les semis d'automne, qui sont suivis de pluies abondantes, n'en ont pas besoin.

C'est le rouleau de bois qui est le plus généralement employé pour plomber la terre qui recouvre les semis des plantes céréales et autres qui composent la grande agriculture. (*Voyez* ROULEAU.) Il remplit fort bien cet objet, c'est-à-dire qu'il raffermit la surface du sol sans trop la durcir. Les rouleaux en pierre et en fonte ne sont guère d'usage que dans les jardins; mais ils seraient utiles dans la campagne, sur-tout dans les climats secs et chauds, pour les terres légères et les semis de la fin du printemps. *Voyez* ROULAGE.

On plombe avec les pieds dans les jardins légumiers. Pour cela, le jardinier, marchant de côté, appuie successivement ses pieds sur tout le terrain qui a été semé; il appuie d'autant plus fort que cette opération convient mieux à l'objet de sa culture. La CAMPANULE-RAIPONCE, par exemple, aime à être dans une terre très-plombée, et l'oignon au contraire pousse moins bien dans ce cas. On appelle aussi ce plombage PIÉTINEMENT.

Les semis qui se font dans des AUGETS, ou FOSSETTES, dans des CAISSES, dans des TERRINES, dans des POTS, etc., se plombent avec le dos de la main ou avec une espèce de BATTE fort légère. *Voyez* ces mots et ceux LABOUR, SEMIS et TERRE.

On plombe avant ou après la plantation, selon les circonstances.

Il peut paraître singulier que, labourant la terre pour la diviser, pour rendre plus faciles la croissance et l'action des racines, pour ouvrir son sein aux influences atmosphériques, on détruise ces effets par le plombage; mais c'est que l'excès est souvent un défaut. Les terres trop légères, ou trop ameublies par les labours, perdent trop facilement l'eau si nécessaire à toute végétation, soit par l'infiltration, soit par l'évaporation, laissent trop d'intervalle entre leurs molécules pour que la radicule des grains qu'on y sème, les racines des plantes ou des arbres qu'on y met, y trouvent constamment l'humidité qui est si nécessaire non-seulement à leur accroissement, mais même à leur existence, croissent faiblement ou meurent.

Ce sont par conséquent les plantes les plus délicates qui exigent le plus impérieusement d'être dans une terre plombée.

Toutes les fois qu'on peut arroser constamment dans la sécheresse, il n'est pas nécessaire, il est même presque toujours nuisible de plomber.

Je ne puis donner de règles générales pour le plombage, puisque ces règles varient selon la nature des terrains, selon l'espèce des plantes et selon la saison. C'est au jardinier à juger du cas dans lequel il se trouve. Je l'engagerai seulement, lorsqu'il plombe après avoir planté, de ne pas trépigner la terre avec trop de force; car lorsqu'on fait prendre aux racines des inflexions contre nature, on nuit beaucoup à la reprise ou au prompt accroissement de l'objet planté. Presque tous les planteurs plombent trop.

Une pluie battante plombe un champ nouvellement labouré de manière à exiger quelquefois un nouveau labour ou un hersage avant de semer. (TH.)

PLON. Nom des OSIERS sur une partie du cours de la Loire. (B.)

PLOUTER. C'est herser avec une herse à dents de fer, chargée de pierres, afin de briser les mottes de terre, de rendre les champs meubles et unis. Cette bonne opération, qu'on peut beaucoup faciliter au moyen d'une HOUE A CHEVAL, d'un ROULEAU armé de pointes de fer (*voyez* ces mots et le mot LABOUR), n'est souvent pratiquée que sur les terres très-argileuses. Il faut la faire par un temps ni sec ni pluvieux. (B.)

PLOYON. On donne ce nom, dans le département des Ardennes, à un bâton de 3 pieds de long, aplati dans presque toute sa longueur, et qui s'entrelace sur la charrue entre deux chevilles et le coutre, et qui sert à l'assujettir dans les changemens de sillon. *Voyez* CHARRUE et LABOUR, *voyez* aussi PLEYON. (B.)

PLUIE. Sans eaux, ai-je déjà dit plusieurs fois dans le cours de cet ouvrage, la nature vivante cesserait d'exister; la pluie, qui rend à la terre l'eau que l'évaporation et l'assimilation animale, végétale et minérale lui avaient enlevée, est donc un des phénomènes les plus importans qui existent.

L'article que j'entreprends de rédiger pour rappeler les principaux faits que présente la pluie et les avantages indirects ou directs qu'en retire l'agriculture, serait d'une grande étendue si j'y faisais entrer l'ensemble des considérations que le sujet appelle, mais d'autres articles, tels que EAU, EVAPORATION, BROUILLARD, NUAGE, BRUME, ROSÉE, HUMIDITÉ, AIR, VENT, ORAGE, TONNERRE, GRÊLE, NEIGE, GIVRE, FONTAINE, RIVIÈRE, PUITS, MONTAGNE, CALORIQUE, CHALEUR, FROID,

Arrosement, Irrigation, Sécheresse, Hygromètre, Baromètre, Atmosphère, ont tant de connexion avec celui-ci, qu'on peut les regarder comme ses complémens : de sorte que pour éviter des redites, j'y renvoie le lecteur.

On appelle pluie une suite de gouttes d'eau plus ou moins grosses qui tombent de l'atmosphère dans une étendue plus ou moins grande de pays, et pendant un temps plus ou moins long.

Les physiciens modernes ont reconnu deux origines à la pluie. Les pluies ordinaires, selon eux, sont simplement dues à l'abandon que fait l'air de l'eau qu'il tenait en dissolution, et les pluies d'orage sont produites par une véritable action chimique formant de l'eau, c'est-à-dire par la combinaison de l'hydrogène et de l'oxygène qui se trouvent dans les parties supérieures de l'atmosphère ; combinaison opérée par l'intermédiaire de la foudre. *Voyez* au mot Orage.

L'air dissout d'autant plus d'eau que sa température est plus élevée, sa densité plus grande, ou que son mouvement est plus rapide : ainsi toute l'eau qui est à la surface de la terre est souvent dans le cas d'être élevée dans l'atmosphère, jusqu'à ce qu'elle y trouve un degré de froid suffisant pour se condenser d'abord en nuages, ensuite en pluie. *Voyez* aux mots Évaporation et Nuage.

Mais l'air étant continuellement refoulé sur lui-même par les vents, l'eau qu'il a dissoute est presque toujours entraînée loin du point d'où elle sort : de là vient l'irrégularité des pluies, leur manque de proportion avec la quantité d'eau fournie par tel ou tel canton ; de là vient que ce sont les vents qui décident presque toujours de la chute de la pluie.

Il tombe sept fois plus d'eau à Saint-Domingue qu'à Upsal ; mais cependant il pleut deux fois plus souvent dans ce dernier lieu : par la même raison, la quantité d'eau qui tombe à Paris pendant les trois mois de l'été est égale à celle qui tombe pendant les neuf autres mois.

Ainsi l'agriculteur qui désire si souvent la pluie, qui se plaint si souvent de l'excès de la pluie, ne peut ni déterminer ni empêcher sa chute ; il faut qu'il sache profiter de ses utiles effets et souffrir ses inconvéniens.

J'ai dit plus haut que l'eau dissoute dans l'air se résout en nuages lorsque cet air éprouve un certain degré de refroidissement ; un grand nombre de circonstances peuvent causer ce refroidissement, mais les principales sont sa plus grande élévation, l'action de l'étincelle électrique, un vent froid, l'attraction des hautes chaînes de montagnes.

Cette dernière cause est celle qui donne lieu aux pluies dominantes, qui fait qu'à raison de la position des Alpes, le vent du sud-ouest est celui qui les amène dans le climat de Paris. (*Voyez* au mot Montagne.) Cette direction change à mesure qu'on tourne autour des Alpes : de sorte qu'à l'opposé, aux environs de Venise, par exemple, c'est le vent de nord-est qui donne la pluie.

Les plus hautes montagnes sont celles sur lesquelles il tombe le plus de pluie. On trouve encore quelques jours sereins sur le sommet des Alpes ; mais sur les Cordillières, beaucoup plus élevées, il n'y en a plus, au rapport de la Condamine et autres voyageurs ; les averses y sont journalières depuis le commencement de l'année jusqu'à la fin.

Il résulte de cette observation que, lorsque les Alpes et autres grandes chaînes étaient plus élevées qu'elles ne le sont en ce moment, les pluies dominantes devaient également être plus abondantes : aussi l'inspection des vallées dans lesquelles coulent non-seulement les rivières qui descendent des Alpes, mais même toutes celles de la France, prouve qu'elles ont eu autrefois dans leurs crues un lit vingt à trente fois plus considérable qu'aujourd'hui.

C'est des Alpes que descendent le Rhône, le Rhin, le Danube, le Pô et tant d'autres rivières. Ce sont les Cordillières qui donnent naissance à l'Amazone, à l'Orénoque et autres immenses fleuves de l'Amérique méridionale.

Après les Alpes, ce sont les Pyrénées, les Cévennes, le Cantal, le Puy-de-Dôme, et autres sommets du centre de la France, qui ont le plus d'influence sur la chute de la pluie. Au reste, toute chaîne doit avoir, dans ce cas, une influence proportionnée à sa hauteur. Il est reconnu même que les collines des environs de Paris, collines dont l'élévation est si peu considérable, agissent sur la direction des nuages, sur-tout lorsqu'ils sont bas, et que tel village, Charenton, par exemple, reçoit moins de pluie que Vincennes, qui n'en est éloigné que d'une demi-lieue.

Il est des lieux tellement placés relativement aux montagnes, qu'il n'y pleut jamais, ou presque jamais. Le bas Pérou est dans le premier de ces cas, une partie de l'Egypte est dans le second. Des rosées abondantes suppléent au manque ou à la rareté des pluies.

Les bois augmentent l'élévation des montagnes de toute la hauteur de la tige des arbres qui les composent, et ayant spécialement la propriété d'attirer les nuages, à raison du mouvement de leurs feuilles, etc., devraient, pour l'avantage de l'agriculture, être religieusement conservés sur leur sommet. C'est à la destruction des bois ainsi placés que tant de cantons doivent la diminution et même la disparition de leurs fontaines.

Que les montagnes agissent ou n'agissent pas dans un cas quelconque de pluie, sa chute est toujours déterminée par la diminution de la température ou de la densité de l'air, souvent par ces deux causes à-la-fois, et l'air n'abandonne pas son eau sans qu'il se produise une grande humidité. C'est sur ces importantes circonstances que sont fondées les théories du Thermomètre, du Baromètre et de l'Hygromètre (*voyez* ces mots), et les services qu'on tire de ces instrumens pour prévoir plusieurs jours d'avance le temps qu'il doit faire, et régler en conséquence les travaux de l'agriculture.

L'air ayant une action puissante sur tous les êtres vivans, et changeant de densité selon qu'il est plus ou moins chargé d'eau, la pluie et la sécheresse s'annoncent quelque temps à l'avance, par des circonstances qui permettent souvent à l'observateur de connaître les changemens de temps sans le secours de ces instrumens. Il est d'une si grande importance pour les cultivateurs de savoir quand il fera beau ou quand il pleuvra, que les plus ignorans d'entre eux sont très-instruits à cet égard. J'ai rassemblé au mot Pronostic, d'après Aratus et Toaldo, la plupart de ces circonstances.

La direction des vents relativement aux montagnes, étant la cause la plus commune de la pluie, il en résulte que la quantité moyenne de pluie qui tombe dans un lieu donné est à-peu-près la même chaque anné; et comme depuis long-temps on mesure cette quantité dans quelques-unes des grandes villes d'Europe, il est connu qu'à Paris c'est 19 pouces, à Londres 37 pouces, à Rome 20 pouces, à Pize 34 pouces et demi, à Padoue 37 pouces et demi, à Leyde 29 pouces et demi, à Zurick 32 pouces, à Lyon 37 pouces. Cette connaissance de la quantité moyenne d'eau qui tombe annuellement dans un lieu donné peut être extrêmement importante à l'agriculture, quoique nulle part peut-être les cultivateurs aient cherché à l'acquérir. En effet, en la combinant avec celle de la nature du sol, elle doit fixer le genre de plantes qu'il est le plus avantageux de cultiver. Pour se la procurer, il suffit d'un vase de fer-blanc d'un pied carré de large et de 6 pouces de profondeur, placé au haut d'un bâtiment, vase communiquant, au moyen d'un tuyau de même matière et de quelques lignes de diamètre, avec un grand flacon de verre blanc dont la jauge a été comparée à celle du vase supérieur. Son ouverture est exactement fermée pour empêcher l'évaporation. Tous les jours, toutes les semaines, tous les mois même, selon sa capacité ou l'abondance de la pluie, on mesure la quantité d'eau

qu'il contient, on en tient note, et on la jette : à la fin de l'année
on additionne toutes ces quantités, on les réduit à la mesure
du vase supérieur, et on a pour résultat une masse d'eau d'un
pied carré de base sur tant de pouces de hauteur, qui est la mesure désirée. Cette opération, répé*e pendant dix ans, donne,
avec une exactitude plus que suffisante, par une simple règle
de proportion, la quantité moyenne d'eau qui est tombée
pendant ce temps, quantité que l'expérience a prouvé être
presque par-tout à-peu-près la même pendant des périodes
semblables.

Abstraction faite des montagnes, il paraît qu'il pleut plus
souvent dans les pays froids et, plus abondamment dans les
pays chauds. Entre les tropiques la saison des pluies dure six
mois : c'est leur hiver, mais cet hiver est fort différent du
nôtre, puisque c'est l'époque où la végétation se renouvelle, où
les plantes fleurissent, où les cultures s'exécutent, etc.

C'est au printemps et en automne qu'il tombe généralement
le plus de pluie en Europe; souvent aussi il en tombe beaucoup en hiver et en été, mais alors c'est aux dépens des autres
saisons, puisque, quelle que soit l'époque de leur chute, la
quantité en est presque toujours la même.

Le manque des pluies et leur surabondance sont également
nuisibles aux produits des cultures, mais la quantité n'est pas
absolue; elle est relative à la nature du sol et à l'espèce de
plantes. Par exemple, une terre crayeuse ou sablonneuse et
des navets, en demandent davantage qu'une terre argileuse,
du blé ou du sainfoin.

Les effets du manque de pluie sont d'empêcher les graines
de germer, les plantes de prendre de nouveaux développemens,
les graines de se former; de donner à l'air un degré d'insalu-
brité remarquable, enfin de dessécher les fontaines. *Voyez*
Sécheresse.

Les années sèches sont généralement peu abondantes en productions de culture; mais ces productions sont hâtives, savoureuses et susceptibles de se conserver.

Les années pluvieuses font pousser les plantes en feuilles,
et sont par conséquent favorables aux prairies qui ne sont
pas marécageuses, aux choux, aux salades et aux plantes
cultivées pour leurs feuilles; mais ces feuilles ont peu
de saveur et se pourrisssent facilement. Elles nuisent aux
récoltes des fruits en les empêchant de se former, et en diminuant leur bonté et leurs moyens de conservation. *Voyez*
Humidité.

Mais pour mettre de l'ordre dans les avantages et les inconvéniens des pluies, il faut étudier leurs effets dans toutes les saisons de l'année.

En hiver, les pluies humectent profondément la terre, fournissent, pour presque toute l'année, à l'aliment des fontaines. Leur abondance n'est presque jamais nuisible directement qu'aux terrains argileux et bas, semés en blé; mais elles causent des inondations destructives, sont accompagnées d'un temps mou, très-malsain pour les hommes et les animaux, etc.

Pendant la première moitié du printemps, des pluies douces favorisent les labours, la germination des graines, les plantations d'arbres, augmentent le produit des prairies, etc. Les pluies continuelles s'opposent à l'ensemencement des mars, à tous les travaux du jardinage, font pourrir les graines déjà mises en terre. Les pluies battantes déchaussent les blés, etc.

Pendant la seconde moitié de cette époque, les premières de ces pluies accélèrent le développement des feuilles et des fleurs, donnent de l'amplitude à toutes les parties des plantes, tandis que les secondes et les troisièmes nuisent au produit futur des récoltes, les unes en portant toute la force végétative dans les tiges et les feuilles aux dépens du fruit, qui est peu abondant et maigre, les autres s'opposent à la fécondation par l'entraînement du pollen des fleurs. Elles empêchent de plus la coupe des foins, etc.

Il est bon de faire remarquer ici qu'il y a des pluies chaudes et des pluies froides dans toutes les saisons de l'année, selon que le vent souffle du sud ou de l'ouest, du nord ou de l'est et que ces circonstances influent prodigieusement sur la végétation, sur-tout au printemps, les premières l'accélérant et les secondes la retardant. Dans les jardins, au moyen des châssis, des paillassons et autres abris, on peut garantir les semis, qui en sont principalement affectés, des effets de ces dernières, mais dans la grande culture il faut souffrir le mal.

Ordinairement les pluies sont plus rares en France en été qu'à aucune autre époque de l'année. Lorsqu'elles ont lieu avec modération dans cette saison, elles assurent l'abondance et la bonne qualité des récoltes d'automne; quand elles sont trop continues, elles s'opposent à la récolte des céréales, font germer ou pourrir le blé dans son épi, gênent les travaux de la vigne, etc.

Les petites pluies du commencement de l'automne concourent à faire grossir les fruits, à favoriser l'ensemencement des raves, des blés, etc., à prolonger la végétation. Les

grosses pluies empêchent que les fruits prennent toute la saveur qui leur est propre, déterminent leur moindre conservation, les font même pourrir sur pied. C'est sur-tout sur les
produits de la vigne qu'elles exercent leur désastreuse action,
soit en retardant la vendange, soit en rendant le vin sans
force et sans durée. Celles de la fin de l'automne se confondent avec celles de l'hiver.

Les années pluvieuses sont généralement mauvaises pour le
cultivateur, puisque, ainsi que je viens de le faire voir, si elles
offrent quelquefois d'abondantes récoltes, les objets de ces récoltes sont de médiocre, même de mauvaise qualité, et d'une
difficile, quelquefois d'une impossible conservation. Heureusement qu'il est des terrains qui demandent une grande quantité
d'eau, ou sur lesquels l'excès des pluies ne produit aucun
effet nuisible, les terrains sablonneux et graveleux; de sorte
que les inconvéniens de ces années pluvieuses ne sont jamais
généraux.

Lorsque les pluies d'orage ne sont pas trop violentes, elles
produisent quelquefois, pendant les chaleurs de l'été, des effets étonnans. Il semble qu'elles rendent visible la végétation,
tant elles l'accélèrent. Elles ne sont pas moins utiles aux animaux en purifiant l'air, en le débarrassant de l'excès d'acide
carbonique, de l'excès d'électricité, de l'excès de calorique
qu'il contenait. Qui n'a pas été à portée de connaître cette
odeur désagréable qu'on ressent lorsqu'il commence à pleu-
voir après une longue sécheresse? Qui n'a pas ressenti cette
pesanteur de tête, ce malaise général qui précèdent les
orages, et cet agréable sentiment de bien-être qui les suit
toujours?

On ne peut se refuser à regarder l'eau des pluies comme une
véritable eau distillée, cependant elle n'est pas parfaitement
pure. Elle contient toujours, 1°. de l'air; 2°. de l'acide carbonique; 3°. plus ou moins d'électricité; 4°. une petite quantité
de sels et de terre.

Ces faits sont le résultat des analyses faites à différentes époques
par les chimistes les plus exacts, et se confirment de plus par
des observations nombreuses. Il a été reconnu, par exemple,
que les plantes aquatiques, quoique toujours dans l'eau, reçoivent comme les autres une augmentation d'accroissement
de la chute de la pluie, sur-tout de la pluie d'orage; ce qui
prouve qu'elle entraîne avec elle des principes utiles à la
végétation et étrangers à la nature de l'eau. Ces principes
utiles, dans l'état actuel de nos connaissances, ne peuvent
être supposés autres que le gaz acide carbonique ou le fluide
électrique.

Dans les pays chauds, les hommes et les animaux domestiques ont à craindre des maladies graves, des fièvres aiguës, lorsqu'ils ont été mouillés par des pluies d'orage qui arrivent après de longues sécheresses. En France, cet inconvénient est moins remarqué, parce qu'il n'a pas de suites aussi dangereuses ; mais il n'en a pas moins lieu. Les cultivateurs, malgré que l'habitude d'être exposés à la pluie leur soit favorable, doivent donc prendre à cet égard plus de précautions qu'ils n'en prennent ordinairement.

Les premières gouttes de pluie qui tombent par suite d'un orage sont ordinairement peu nombreuses, très-larges et très-chaudes. Petit à petit elles augmentent en nombre et diminuent en largeur et en chaleur. La grêle leur succède souvent et la terminaison est une pluie très-froide. Toute pluie qui tombe d'un nuage élevé est petite et froide.

A Paris, les pluies, comme je l'ai dit plus haut, tombent plus souvent par le vent du sud-ouest, ensuite ce sont celles du sud et de l'ouest. Celles de l'est y sont les plus rares et les plus froides en été ; celles du nord sont très-froides et assez fréquentes en hiver.

Les eaux des pluies, sur-tout des pluies d'orage, entraînent les terres des coteaux dans les vallées, des vallées dans les plaines, des plaines dans la mer. C'est cette cause qui occasionne la diminution progressive et continuelle de la hauteur et de la largeur des montagnes, diminution dont j'ai parlé plus haut. C'est cet effet qui doit engager tous les propriétaires éclairés de planter en bois le sommet et les pentes trop rapides des montagnes, de préférer la culture des prairies artificielles à celle des céréales sur les coteaux. Des HAIES transversales sont, ainsi que je l'ai dit à leur article, un moyen de retarder l'éboulement des terres dans tous les lieux où il peut avoir lieu. Je les regarde comme remplissant plus sûrement et plus économiquement leur objet que ces terrasses qu'on construit dans quelques pays, dans les Cévennes, par exemple.

Il est beaucoup de cantons dépourvus d'eau de source et de rivière, qui n'ont d'autre boisson que l'eau de pluie qu'on rassemble dans les citernes, dans des étangs, dans des mares. Cette eau, supposée pure, est la meilleure pour tous les usages d'économie domestique et d'agriculture, à raison de l'abondance d'air qu'elle contient. *Voyez* aux mots EAU, CITERNE et MARE.

Les anciens propriétaires de terres en Italie avaient presque tous dans leur maison d'habitation un petit réservoir, appelé *impluvium*, dans lequel se rendaient les eaux des toits, lesquelles, après y avoir déposé les impuretés entraînées par elles, se déversaient dans une citerne. Il semble que cet exemple devrait être suivi par tous les propriétaires actuels qui ne sont pas à proximité d'une fontaine ou d'un ruisseau.

S'il n'est pas en la puissance de l'homme d'empêcher la pluie de tomber, il peut diminuer ses mauvais effets par divers procédés. Ainsi dans les jardins on garantit les semis, les arbres en fleurs, etc., des pluies battantes, violentes, qui déchaussent les premiers et empêchent les fruits des seconds d'être fécondés; des pluies froides qui empêchent les uns et les autres de se développer, au moyen de toiles, de paillassons ou autres abris. Ainsi dans les champs on empêche l'eau des pluies d'entraîner les terres cultivées, de séjourner sur les champs semés, en faisant des RIGOLES, des FOSSÉS, des EMPIERREMENS, des DIGUES, etc., qui favorisent son écoulement, qui l'empêchent d'arriver au lieu où elle peut nuire. La manière de labourer en DOS-D'ANE dans les jardins, en BILLONS dans les champs, est encore un moyen de diminuer les effets nuisibles des pluies sur les semis et même sur les plantes qui redoutent leur excès. Entrer dans les détails que ce sujet appelle serait répéter ce qu'on trouvera à presque tous les articles de culture pratique de cet ouvrage.

Je ne crois pas qu'il soit fort nécessaire de m'étendre longuement ici sur la nécessité de mettre à l'abri de la pluie non-seulement les produits des récoltes, mais encore tous les instrumens d'agriculture susceptibles d'être pourris ou rouillés par elle; de l'empêcher de pénétrer dans les greniers, les appartemens, les caves, les écuries, etc.; de séjourner trop long-temps dans le voisinage de la maison, etc.

L'ignorance, appuyée de la superstition, sa compagne ordinaire, a fait croire à des pluies de soufre, de sang, de sable, de crapauds, de limaces, etc. Les premières sont la poussière fécondante des pins chassée par les vents loin des forêts; les secondes, la liqueur rouge que tous les papillons rendent par l'anus quelques instans après leur sortie de la coque, et qu'ils déposent sur les murs, les arbres et autres lieux où ils se posent; les troisièmes, du sable enlevé par un vent d'orage et porté loin du lieu où il était déposé. Les pluies de crapauds et de limaces sont simplement des crapauds et des limaces nés de l'année et extrêmement nombreux dans certains endroits, qui sortent de leurs retraites au moment de la pluie pour jouir de ses bénignes influences, et qui y rentrent dès que les effets de cette pluie ont cessé.

Quant aux pluies de pierres, dont l'antiquité ne doutait pas, et qu'on a cru être le fruit de l'erreur, il vient d'être prouvé qu'elles sont réelles. *Voy.* au mot MÉTÉRÉOLITHES. (B.)

TOME XII.　　　　　　　　　　　7

PLUMBAGO. Nom latin de la Dentelaire. *Voyez* ce mot.

PLUME. Vêtement et moyen du vol des Oiseaux. *Voyez* ce mot.

Elles sont toutes composées d'un tuyau, d'une tige et de barbes : chaque partie du corps en offre de différentes. Celles des ailes, qui servent à voler, et celles de la queue, qui servent à diriger le vol , se remarquent principalement à leur grosseur, à leur longueur et à leur disposition.

La plupart des plumes tombent successivement tous les ans et sont remplacées par d'autres. On appelle cet état, qui est pour les jeunes oiseaux une crise qui en enlève beaucoup , la Mue. *Voyez* ce mot.

Si je voulais entrer dans les considérations physiologiques que ce sujet amène, je pourrais beaucoup étendre cet article; mais comme ce n'est que sous le rapport économique qu'il peut intéresser les cultivateurs, je renvoie au mot Oiseaux de basse-cour , où mon collaborateur Parmentier a traité de ce qui les concerne.

Les plumes blanches se vendent mieux à Paris que celles qui sont colorées, aussi voit-on plus de volailles de cette couleur dans les environs de cette ville , malgré qu'elles soient plus difficiles à élever, et que leur chair soit moins savoureuse.

Il est à désirer que les cultivateurs ramassent les plumes des oiseaux qu'ils mangent, au lieu de les laisser perdre. Certainement la dépouille d'un poulet est fort peu de chose; mais en joignant cette dépouille à une, deux, trois, dix, vingt autres, cela fait déjà une masse. Il est si facile de mettre ces plumes dans un vieux tonneau, au grenier, après les avoir laissées dessécher pendant quelques jours à l'air , qu'en vérité il faut être bien insouciant pour ne pas le faire. Il n'y a pas de petite économie en agriculture.

Je répéterai ici que les plumes des oiseaux morts et même de ceux tués depuis long-temps sont inférieures aux autres, et ne doivent pas être mises dans le tonneau. Le meilleur emploi qu'on puisse en faire, c'est de les enterrer comme engrais au pied des espaliers ou autres arbres malades, ou de les jeter sur le fumier. Les effets de l'engrais qu'elles fournissent durent plusieurs années, à raison de la lenteur de leur décomposition , et sont d'autant plus énergiques que la plante est plus en végétation , parce que leur décomposition est proportionnelle au degré de chaleur de l'atmosphère et de l'humidité de la terre. *Voyez* Corne et Poil, parties des quadrupèdes, qui donnent, à l'analyse, les mêmes produits que les plumes, et qui par conséquent ont la même manière d'agir.

Ce que j'ai dit plus haut indique qu'une ménagère éclairée doit faire plumer les volailles qu'elle tue pour sa consommation aussitôt qu'elles sont mortes, avant même qu'elles soient refroidies. (B.)

PLUMULE. Partie du Germe qui est destinée à devenir la Tige. *Voyez* ces mots et celui Plantule.

C'est la plumule qui sort de terre lorsqu'une graine lève : elle est souvent accompagnée du ou des cotylédons. Presque toujours la plante meurt lorsqu'on la coupe ou la casse : c'est pourquoi les jardiniers doivent être fort attentifs à éloigner de leurs Semis les insectes, les chiens et autres animaux. *Voyez* ce mot et ceux Graine et Germination. (B.)

PLUVIER DORÉ. Oiseau de passage, qui habite pendant l'été les plaines humides du nord de l'Europe, et qui, lorsqu'elles sont couvertes de neige, vient chercher des moyens de subsistance dans nos climats.

On reconnaît le pluvier à son plumage varié de brun, de blanc et de jàune, à son ventre blanc, à son bec effilé, à ses longues pattes, pourvues seulement de trois doigts, et à sa longueur d'environ 10 pouces. Il vit principalement de vers de terre, et se réunit en troupes nombreuses.

Quoique généralement maigre, la chair des pluviers est recherchée ; en conséquence on leur fait une chasse continuelle, principalement à leur arrivée, c'est-à-dire en septembre.

La chasse au fusil n'est pas toujours fructueuse, quoiqu'on emploie la hutte ambulante, la vache artificielle et autres subterfuges, à cause du caractère défiant des pluviers : aussi est-ce généralement avec des filets qu'on cherche à les atteindre. Il en est deux principaux qu'on préfère : l'un, le rets saillant, c'est-à-dire un filet long et élevé, tendu un peu obliquement, et qui tombe dès qu'il est frappé par le côté incliné. On le tend avant le jour dans le voisinage du lieu où on a vu le soir précédent les pluviers s'abattre pour passer la nuit, et ensuite, prenant un grand détour, on vient épouvanter la volée du côté opposé au filet : elle part en rasant la terre, et se jette dans le filet, qui tombe snr elle. On prend ainsi quelquefois des centaines de ces oiseaux d'un seul coup.

Une autre manière de les prendre, c'est de porter, pendant la nuit, à deux et sans faire de bruit un long et large filet qu'on appelle nappe, et de le poser successivement sur toutes les parties des champs. Lorsqu'on le pose sur la bande de pluviers, elle s'envole et se trouve prise. Cette chasse est moins certaine et moins agréable que la précédente. (B.)

POCHET. C'est la même chose qu'AUGET, c'est-à-dire un petit creux fait en terre avec la main pour semer des graines en touffes. *Voyez* SEMIS. (B.)

POIS-NOÉ. C'est la GESSE HÉRISSÉE dans le département des Ardennes. (B.)

POIGNERÉE, POIGNEUX, POIGNARDIÈRE. Ancienne mesure agraire et de capacité. *Voyez* MESURE.

POIL. Filament plus ou moins délié, plus ou moins long, plus ou moins dur, qui sort de la peau des hommes, des quadrupèdes et de quelques autres animaux. Ils ont pour base et pour germe une bulbe implantée dans le tissu cellulaire sous la peau. Leur accroissement se fait par le bas, c'est-à-dire que la partie sortant du bulbe pousse celle qui en était sortie auparavant. Plus on les coupe et mieux ils repoussent. Leur couleur dépend de celle du tissu cellulaire, ce que l'on voit très-clairement dans différens animaux, dont le poil est de plusieurs couleurs, et analogue à la couleur que paraît avoir la peau dans la place qu'il occupe ; car la peau n'a point de couleur par elle-même. Celle d'un nègre est aussi blanche que celle d'un Européen ; elle paraît noire, à cause de la couleur du tissu réticulaire qu'elle recouvre : il en est de même dans les fleurs et dans les plantes.

En général les animaux destinés par la nature à vivre dans les pays froids ont les poils ou plus fins ou plus serrés, ou plus longs que ceux qui se trouvent dans les pays chauds. Leur poil tombe en grande partie pendant l'été, et il en revient d'autre qu'on appelle leur robe d'hiver, pour les garantir du froid ; ce qui a beaucoup de rapport avec la mue des oiseaux.

Outre leur long poil, la plupart des animaux en ont de deux autres sortes : l'un très-court, très-gros, qu'on appelle JARRE (*voyez* ce mot) ; l'autre plus long, qu'on appelle DUVET (*voyez* ce mot), par comparaison aux poils des OISEAUX. *Voyez* ce mot.

Il est des poils qui ont des noms particuliers : ainsi on appelle CHEVEU celui de l'homme lorsqu'il est lisse, LAINE celui des moutons ; ainsi on appelle CRIN un des poils du cheval; BOURRE, celui du bœuf; SOIE, celui du cochon. *Voy.* ces mots.

Il est des animaux qu'on élève en partie pour leur poil ou pour leur duvet, les MOUTONS, les CHÈVRES d'Angora et de Cachemire, les LAPINS d'Angora, etc. Il en est d'autres qu'on chasse uniquement pour le même objet. *Voyez* au mót FOURRURE.

Les Cornes des bœufs, les Sabots des chevaux, les Ongles des chiens, le Bec des oiseaux, sont formés par l'agglutination d'une grande quantité de poils. *Voyez* ces mots.

Le poil lisse, luisant et serré est l'indice de la bonne santé dans l'animal : s'il est terne et hérissé, c'est un signe de maladie, et encore plus s'il tombe de lui-même lorsqu'on le touche. Si aucune maladie ne se déclare, il faut se contenter de laver tous les jours la partie où le poil tombe, avec de l'eau simple et non avec des corps graisseux, ni huileux, ni butireux, suivant la pratique ordinaire de quelques maréchaux. Les corps graisseux s'opposent à la transpiration insensible, et leur application est souvent la cause de maladies très-graves. Les chevaux, ainsi qu'il a déjà été dit, le bœuf, la chèvre, perdent leur robe d'hiver dans le mois de mars, avril ou mai, suivant le climat, et ce poil est remplacé par un autre plus court et plus fin. La chute ordinaire de la laine des brebis est au printemps, chacune suivant son climat; mais cette chute est accélérée lorsque l'animal a été tenu pendant l'hiver dans une bergerie trop petite, trop chaude, et dont l'air était malsain et brûlant. Si elles ont souffert, si elles ont manqué de nourriture, la chute est encore accélérée. La gale, les dartres, la clavelée, etc., font tomber la laine en tout ou en partie, suivant que l'animal en est affecté; il en est ainsi du farcin volant du cheval.

Les poils des animaux ne sont pas perdus après leur mort, comme je l'ai déjà annoncé. Le cheval offre son crin à plusieurs arts; le poil du bœuf et de la vache s'emploie, sous le nom de BOURRE, à garnir les chaises, les fauteuils, les selles, les colliers; à consolider la chaux ou la terre dont les maisons rurales sont bâties. Qui ne connaît les importans usages de la laine, qui n'est que le poil du mouton? Celui de la chèvre et sur-tout de la chèvre d'Angora, et encore plus de la chèvre de Cachemire (la plupart de celles de France en ont également, comme cela vient d'être reconnu), sert comme la laine, après avoir été filé, à fabriquer des tissus propres à notre habillement. Il en est de même de celui des variétés de lapin et de chat appelés du même surnom. Le castor, le lapin ordinaire, le lièvre, le chameau, etc., fournissent la plus grande partie du poil qui entre dans la composition des chapeaux fins. C'est des ours, des blaireaux, des renards, des loups, des chiens, des fouines, des martres, des loutres, etc., qu'on obtient ces fourrures qui, portées en habillement, empêchent la perte de notre chaleur pendant l'hiver et ornent notre demeure. Les cultivateurs doivent donc employer tous les moyens qui sont en leur pouvoir, à l'effet de conserver les peaux propres aux fourrures et à la chapellerie, qui sont le résultat de leur chasse ou de la mort naturelle ou violente des animaux qu'ils nourrissent. *Voyez* au mot PEAU.

On coupe le crin aux chevaux; on tond les moutons, les chèvres d'Angora; on peigne celles de Cachemire; on épile les lapins d'Angora, le tout pour avoir leur poil. Le dernier article, encore peu connu, peut être l'objet d'un grand produit dans les pays où la nourriture des lapins est peu coûteuse.

La nature des poils diffère peu de celle de la corne; ils sont composés, comme elle, de gélatine endurcie. La soude et la potasse caustique les dissolvent et forment avec eux des savons : de là l'inconvénient de laver avec du savon les habillemens de laine. Ils deviennent un excellent engrais, qui agit avec lenteur et toujours proportionnellement aux besoins des plantes, parce que leur décomposition est d'autant plus active que la terre est plus chaude et plus humide. C'est donc contre leurs intérêts qu'ils agissent ces cultivateurs qui laissent perdre sur les chemins, dans leurs cours, leurs greniers, etc., les poils des animaux qu'ils ont perdus ou qu'ils ont tués, au lieu de les jeter sur leurs fumiers, ou, mieux, de les enterrer au pied de leurs arbres fruitiers, qu'ils fertilisent pour plusieurs années consécutives. (B.)

POIL-DE-LOUP. Nom vulgaire du NARD SORRÉ.

POIL-DE-BOUC. Nom vulgaire de la FÉTUQUE DURIUSCULE dans le département du Cantal, dont elle compose en grande partie les pâturages.

Dans d'autres lieux, c'est la FÉTUQUE OVINE qui porte ce nom. (B.)

POIL DE CHEVRON. On donne ce nom, dans le commerce, au duvet des chèvres qui est importé de l'Orient à Marseille, pour l'usage de la chapellerie. Il ne diffère pas du DUVET DE CACHEMIRE avec lequel on fabrique les schalls de ce nom. Quelquefois on ajoute à ce nom le lieu prétendu de son origine, l'Abissinie; mais il est certain, d'après l'*Itinéraire dans l'Asie mineure* par Corancez, qu'il est apporté de cette partie de l'Orient, et que Smyrne est son principal entrepôt. L'ouvrage de Corancez a été imprimé en 1816, c'est-à-dire trois ans avant l'importation des chèvres de Cachemire par M. Ternaux aîné. (B.)

POINCILLADE, *Poinciana pulcherrima*, Lin. Nom d'un arbrisseau étranger de la famille des légumineuses, qui croît sur le continent de l'Amérique et aux Antilles, où on le cultive dans les jardins pour la beauté de sa fleur. Il s'élève à 10 ou 12 pieds sur une tige droite, qui se divise au sommet en plusieurs branches, munies, à chaque nœud, de deux épines courtes et courbées. Ses feuilles sont composées, très-grandes et d'un vert clair. Ses fleurs sont disposées en épis lâches à l'extrémité des rameaux; elles répandent une odeur agréable; leur bord est jaune, et leur centre couleur de feu et quelquefois tacheté de vert. Elles sont composées d'un calice coloré à cinq feuilles, d'une corolle à cinq pétales, dont quatre sont à-peu-près égaux et ronds, et le cinquième plus petit, irrégulier et dentelé; de dix étamines très-saillantes et velues à leur base, et d'un long style terminé par un stigmate aigu. Le fruit du poincillade est un légume long de 3 à 4 pouces, divisé, par des partitions transversales, en plusieurs cellules renfermant chacune une semence plate et irrégulière.

Cet arbrisseau fait en Amérique un des plus beaux ornemens des jardins. Il offre deux variétés, l'une à fleurs rouges, l'autre à fleurs jaunes: elles sont moins épineuses que l'espèce commune. Avec celle-ci on fait quelquefois des haies qui sont très-défensives et d'un aspect brillant. Le poincillade se multiplie par ses graines; il croît avec rapidité et fleurit deux fois par an. Il se plaît dans une terre fraîche, légère et sablonneuse, et ne demande pas à être beaucoup arrosé. En Europe, on ne peut élever cet arbrisseau qu'en serre chaude; il exige les mêmes soins que les autres plantes exotiques de la zone torride, et l'on est obligé de faire venir ses graines d'Amérique.

Les feuilles sèches du poincillade sont purgatives; dans quelques Antilles, on les emploie en guise de séné. Ses fleurs sont renommées pour la guérison des fièvres quartes, j'en ai fait l'essai sur moi-même avec succès dans cette maladie. On les prend en infusion comme du thé. (D.)

POINTRELLE. Nom qu'on donne, dans le département de l'Aisne, aux différens insectes qui attaquent les bourgeons de la vigne. *Voyez* Attelabe et Cryptocophale. (B).

POIRE. *Voyez* l'article Poirier ci-après.

POIRÉ. *Vinum piracium.* Liqueur que l'on tire des poires. (*Voyez* Poirier.) Peu de recherches ayant été faites sur cette boisson, on manque de renseignemens sur son origine. On sait seulement que l'usage du poiré a suivi de très-près celui du cidre en Normandie, d'où il a passé successivement dans quelques-unes des provinces voisines.

Moins sain et moins bienfaisant que le cidre, le poiré a cependant de bonnes qualités reconnues. On assure que les nourrices qui en boivent ont plus de lait. Il est très-apéritif, et c'est vraisemblablement la raison qui en fait recommander l'usage aux personnes qui ont trop d'embonpoint, et à celles qui sont menacées d'hydropisie. Il est si clair et si limpide, que la friponnerie et la mauvaise foi de certains marchands de vin l'ont souvent substitué avec succès à cette dernière liqueur, et sur-tout au vin mousseux de Champagne.

Cette liqueur, dont le goût est souvent plus agréable que celui du cidre, donne de bon alcool et en assez grande quantité. D'un kilolitre de poiré, on tire un hectolitre d'alcool, que l'on peut employer aux mêmes usages que celui que l'on tire du vin.

Moins estimé que le cidre, le poiré est toujours d'un prix fort inférieur. Souvent un tonneau de poiré ne coûte que le tiers d'un tonneau de cidre (en l'année 1808, le tonneau du meilleur poiré, contenant plus d'un kilolitre, n'a valu plus de 30 fr.). Il est d'ordinaire la boisson du pauvre, pour lequel il est peu économique, n'étant pas aussi nourrissant que le cidre.

Le poirier étant moins difficile sur la qualité du terrain, que le pommier, réussira très-bien dans les terres légères et peu substantielles. Il réussira également dans la glaise et l'argile, et il est d'observation que les poires qui viennent dans un tel sol donnent le meilleur poiré ; aussi la contrée de Normandie connue sous le nom de *Bocage*, a-t-elle une grande supériorité, sous ce rapport, sur tous les pays où l'on fait du poiré.

Les poires les plus âpres sont celles dont on tire le meilleur et le plus agréable poiré. Les procédés à employer sont les mêmes que pour faire le cidre, à la différence près que les poires fournissant presque moitié plus de liqueur que les pommes, il faut conséquemment moitié moins de poires pour avoir la même quantité de liqueur.

Le poiré se conservant moins long-temps que le cidre, on ne met de l'eau, et en petite quantité, que lorsqu'il y a disette de poires, ou dans celui qu'on se propose de boire immédiatement après qu'il a passé à l'état de fermentation. A l'ordinaire on le fait pur, soit pour le boire, soit pour le distiller. Fait de cette dernière manière, le bon poiré pourrait se conserver plusieurs années. Mis en bouteilles, il se garde encore plus long-temps, et, comme nous l'avons déjà dit, il prend souvent le masque du vin.

Deux époques différentes pour la maturité des poires les font désigner sous le nom de *poires tendres* et *poires dures* : elles ne doivent pas avoir le même degré de maturité que les pommes. Non-seulement il ne faut pas qu'il y en ait de pourries, il ne faut pas même qu'il y en ait de molles, pour qu'elles soient bonnes à piler. Il suffit qu'elles soient jaunes, et que leur odeur indique qu'elles sont mûres.

Les poires tendres se cueillent et se pilent dans le mois de septembre, et les dures dans celui d'octobre. On ne fait aucune différence entre la qualité du poiré de poires tendres et celui de poires dures, le seul choix qu'il y ait à faire consiste dans certaines espèces de poires dont la qualité est de beaucoup supérieure aux autres. Dans un catalogue des poires à piler, que nous nous proposons de donner à la suite du mot POIRIER, nous ferons la distinction des espèces que l'on regarde comme les meilleures et les plus avantageuses à cultiver.

De la réunion des pommes et des poires les premières tombées, on fait quelquefois une boisson (nommée *halbi*), qui est très-médiocre et qui n'est supportable qu'autant qu'elle est bue nouvellement faite.

Le résidu des poires, traité comme celui des pommes, brûle et chauffe bea: coup mieux que ce dernier. Les cendres en sont préférables. (BRÉBISSON.)

POIREAU, ou PORREAU, ou POURREAU. Espèce du genre de l'AIL (*voyez* ce mot), qui se distingue par sa bulbe oblongue, tuniquée; par sa tige unique, cylindrique, solide, haute de 2 pieds; par ses feuilles toutes radicales, toutes engaînantes, toutes lancéolées, creusées en gouttière, longues et glabres; par ses fleurs rougeâtres disposées en tête au sommet de la tige.

C'est des parties méridionales de l'Europe, principalement de l'Espagne, où j'en ai vu les champs infestés, qu'est originaire le poireau, qu'on cultive de temps immémorial dans tous les jardins pour l'usage de la cuisine. Il est bisannuel, et fleurit au milieu du printemps, plus tôt ou plus tard, selon le climat.

Il y plusieurs variétés de poireaux, mais elles sont peu saillantes. Les deux qu'on cite le plus souvent sont celles appelées *longues*, parce que la racine s'enfonce beaucoup en terre, et celle appelée *courte*, parce qu'elle n'a qu'un pouce ou 2 de blanc. Cette dernière est plus bulbeuse, plus âcre et moins sensible aux gelées.

Généralement les poireaux ne servent qu'à donner du goût aux potages et aux sauces. Nulle part que je sache on les mange seuls, cuits et assaisonnés; mais en Espagne, et peut-être aussi en France, les pauvres les mangent crus avec leur pain.

La consommation qui se fait des poireaux, seulement pour la soupe, est très-considérable dans toutes les parties méridionales, moyennes et tempérées de l'Europe, attendu qu'ils économisent, par leur saveur forte, la graisse ou le beurre qui entre dans la composition de cette soupe. Les cultivateurs sur-tout ne peuvent s'en passer sous ce rapport : aussi en voit-on dans tous leurs jardins. C'est un diurétique puissant et un sudorifique salutaire, de sorte qu'on doit en recommander l'emploi à ceux qui par leurs travaux sont exposés à des variations de température qui amènent des maladies causées par suppression de transpiration.

On sème la graine de poireaux, tantôt avant l'hiver à une exposition chaude, tantôt après l'hiver, lorsqu'il n'y a plus de gelées à craindre, en planche ou en plein champ. Excepté dans ce dernier cas, on repique ordinairement le poireau lorsqu'il a 6 pouces de haut. Cette opération a pour but de lui donner plus d'espace, et de le faire jouir plus également de l'influence du soleil. Lorsqu'on veut y procéder, on arrose largement la planche, afin de rendre plus facile l'extraction du plant. Quelques jardiniers, dans cette circonstance, diminuent de moitié la longueur des racines et des feuilles; mais on ne doit le faire que lorsqu'on a beaucoup de plant à mettre en terre, qu'il est très-fort, et qu'on manque d'eau pour les arrosemens. *Voyez* au mot PLANT.

Le poireau mutilé reprend en effet, mais celui qui ne l'est pas et dont les racines ont été convenablement disposées reprend encore mieux, et donne par la suite des individus beaucoup plus beaux.

Six pouces est la profondeur moyenne à laquelle on doit enfoncer les poireaux de la première variété, qui est celle qu'on préfère dans les environs de Paris.

La distance à laquelle on replante les poireaux ne doit pas être moindre que 6 pouces en tous sens. Dans les départemens méridionaux, on ne les place qu'à 4 pouces, mais on écarte les lignes d'un pied pour faciliter les irrigations.

Une terre substantielle, ni trop forte, ni trop légère, est celle qui convient le mieux aux poireaux. Si elle n'est pas naturellement fraîche, il faut lui donner de fréquens arrosemens, au moins pendant les chaleurs de l'été.

Assez souvent on coupe les feuilles des poireaux dans l'intention de faire grossir leur tige. Faite, en temps opportun, c'est-à-dire au moment de la suspension de la sève, cette opération a des résultats utiles; mais il vaut mieux obtenir le même effet par des binages fréquens et exécutés pendant la pluie. J'ai été à portée plusieurs fois d'apprécier la différence de ces deux méthodes, et toujours l'avantage a été en faveur de la dernière.

Lorsqu'on cultive des poireaux en plein champ, il faut

choisir un sol frais, les éclaircir convenablement, et les biner deux ou trois fois au moins.

Dans les climats plus froids que Paris, on relève tous les poireaux aux approches des grandes gelées, et on les enterre près à près, jusqu'à la moitié, dans le voisinage de la maison, pour, en les couvrant de litière, en avoir chaque jour malgré la rigueur de la saison. Cela donne de plus le moyen de ne pas perdre un instant pour donner les premières façons au terrain où ils étaient placés. Quelques personnes les mettent dans la cave; mais s'ils n'y pourrissent pas, ils y perdent au moins une partie de leur saveur. Dans le midi, pays où le jardinage est généralement peu perfectionné, on les laisse en terre jusqu'à consommation.

Assez fréquemment on conserve, dans les jardins de Paris, une tête de planche de poireaux pour obtenir de la graine; dans d'autres localités, on en repique pour cet objet dans un coin du jardin. Les pieds qu'on repique après l'hiver, à moins qu'on ne les mette dans un bon sol, à une exposition chaude, et qu'on ne les arrose copieusement pendant les chaleurs, donnent des graines plus petites et en moindre nombre que ceux qui ont été repiqués dès l'année précédente; et on sait que, toutes choses égales d'ailleurs, la plus belle semence donne les plus beaux produits. Il est nécessaire d'assurer les tiges contre les efforts des vents, au moyen des tuteurs, car elles se cassent souvent.

Lorsque la capsule commence à s'ouvrir, on coupe les tiges par le pied, et on les suspend dans un grenier, où la graine achève de mûrir. Celle qui tombe naturellement est la meilleure; ensuite vient celle qui tombe en frappant légèrement les têtes contre un corps dur; enfin la plus mauvaise provient du froissement des têtes entre les mains. La graine conservée dans les capsules reste bonne pendant trois ans; elle cesse de l'être à deux ans lorsqu'on la nettoie, comme on le fait généralement immédiatement après la récolte. (B.)

POIREAU, VERRUE ou FIC. Le poireau est une petite tumeur charnue, dure, indolente, qui se montre à la peau et s'élève indistinctement sur toutes les parties du corps.

Dans le cheval, il occupe le plus souvent la tête, les ars, la peau du ventre et celle du fourreau.

Dans le chien, ce sont la gueule et les parties de la génération qui en sont ordinairement le siége. Cet animal en est souvent affecté; j'ai vu, il y a quelques années, une chienne de chasse qui en avait une quantité prodigieuse autour des lèvres, sur la langue et dans l'intérieur de la gueule : ces poireaux se sont passés sans qu'on fît rien.

Les poireaux n'ont pas tous la même forme : les uns sont ronds et à base étroite, et ressemblent un peu à la tête du chou-fleur ou du poireau, d'où ils tirent vraisemblablement leur nom ; les autres sont aplatis, et par conséquent à base large.

Comme en médecine humaine le mot fic a la même acception que le mot poireau, nous croyons devoir prévenir qu'en vétérinaire on entend plus particulièrement par fic une excroissance charnue qui produit un ulcère fétide, auquel on donne aussi le nom de crapaud ; cette maladie affecte le pied du cheval.

Le mot fic est encore employé pour désigner une tumeur inflammatoire qui vient aux pieds des bêtes à cornes; mais dans ce cas il n'a pas de rapport avec ce qu'on nomme poireau ou verrue.

Les poireaux varient de grosseur depuis le volume d'un pois jusqu'à celui d'un gros œuf; arrivés à ce dernier point, ils sont ou assez désagréables, ou assez incommodes pour qu'on s'occupe d'en débarrasser l'animal qui en est affecté.

La cure des poireaux porte principalement sur la destruction de la racine.

La ligature et le cautère actuel sont les moyens à employer pour y parvenir.

Il serait peut-être nécessaire de dire ici ce que c'est que cette racine ; mais il nous semble qu'un ouvrage de la nature de celui pour lequel cet article est fait ne comporte pas de description anatomique et physiologique.

Nous nous contenterons donc de dire qu'on doit lier avec un fil ciré ceux à base étroite ; il faut serrer ce fil le plus qu'il est possible, afin de détruire la vie dans la partie.

On doit cependant observer de ne pas couper le poireau en le serrant; la compression n'ayant plus lieu, il reviendrait : si cela arrivait, on le cautériserait avec un fer rouge.

Quant à ceux à base large, on les coupera avec l'instrument tranchant, et on en cautérisera la racine le plus profondément possible et jusqu'à ce qu'on l'ait pour ainsi dire charbonnée. Le degré de cautérisation doit être basé sur la nature des parties sur lesquelles on opère, et aussi sur la nature de celles qui les environnent.

Les poireaux qui se montrent aux jambes des chevaux, à la suite des eaux, sont très-rebelles. Il n'est pas toujours possible de leur appliquer le traitement que nous venons d'indiquer; il en découle une sanie abondante et d'une odeur insupportable, la peau des parties qu'ils affectent en est souvent désorganisée.

Dans une maladie de cette nature, le traitement externe ne peut suffire; il faut mettre les chevaux à l'usage des fondans, donner le matin, dans du son, dans l'avoine, ou incorporée avec le miel, une once (32 grammes) d'une poudre composée de résine pulvérisée dans de la limaille de fer porphyrisée, dans la proportion d'un tiers pour cette dernière; les différens oxides de fer, à la dose d'une demi-once à une once, 16 à 32 grammes par jour, peuvent encore être donnés avantageusement. On continue ces médicamens jusqu'à ce que les effets en soient plus ou moins marqués, ce qui n'arrive assez communément qu'après une quinzaine de jours de leur usage.

Lorsque les poireaux affectent les jambes de derrière, on place des sétons aux fesses, et lorsqu'ils se montrent à celles de devant, on les met au poitrail (ils se manifestent plus généralement à celles de derrière).

Nous avons dit qu'il n'était pas toujours possible de faire la ligature des poireaux qui viennent aux extrémités, 1°. parce qu'ils sont souvent à base large; 2°. parce qu'ils sont quelquefois très-multipliés.

Dans ce cas, on coupe les plus gros avec un bistouri courbe sur plat, afin de les raser de plus près, et on cautérise la racine avec le cautère actuel; on appliquera ensuite sur la jambe des cataplasmes faits avec de la mie de pain et l'eau végéto-minérale (acétate de plomb liquide affaibli) ou des plumasseaux chargés d'onguent égyptiac; on doit se mettre en garde contre l'inflammation qui peut résulter de ces moyens irritans. On la fera cesser par les boissons d'eau blanche et un régime adoucissant, quelquefois même une saignée, si l'inflammation est considérable et si la douleur est grande.

Les poireaux qui sont la suite des eaux et qui les accompagnent le plus souvent, ne peuvent être considérés comme de simples verrues, on devra suivre, pour les guérir, le traitement de la maladie principale. (Des.)

POIRE-COLOQUINTE. *Voyez* COUGOURDETTE.

POIRÉE, *bette-poirée*. Espèce du genre des bettes (*Beta cicla*), Lin., qui croît naturellement sur les bords de la mer, qu'on cultive pour la nourriture des hommes et des bestiaux, et qu'on croit être le type de le *betterave*, quoiqu'il y ait quelques motifs pour croire qu'elle en diffère spécifiquement. *Voyez* au mot BETTERAVE.

Toute la feuille de la poirée se mange en guise d'épinards; mais l'usage a prévalu en France de se contenter du pétiole et de sa grande nervure, qui en est la prolongation. Celles de ses variétés qui ont le pétiole le plus large et le plus épais doivent donc être préférées : or, la poirée dite de *Hollande* est celle qui réunit le plus éminemment ces deux qualités. Celle à *pétiole vert* est peut-être plus savoureuse, mais c'est souvent un défaut.

La terre la plus convenable à la poirée est celle qui est un peu consistante, un peu humide et engraissée avec du fumier très-consommé. Les sables ou les argiles sèches lui sont complétement contraires, il faut de plus qu'elle soit profondément labourée et bien émiettée. Rarement on sème la graine de cette plante en place dans les jardins. Il y a à gagner de la faire lever en pépinière, contre un mur exposé au midi ou au levant, pour en transplanter les produits en planches ou en bordures; ces deux dispositions sont également fréquentes. C'est à la fin de mars qu'on la confie à la terre, et au commencement de mai qu'on en repique le plant dans le climat de Paris; mais ces époques ne sont pas tellement de rigueur, qu'on ne puisse les avancer et les reculer de quelques jours suivant les convenances. La distance à laisser entre chaque pied, sur-tout si c'est la variété dite de Hollande, ne peut pas être de moins de 15 à 18 pouces; des arrosemens pendant les chaleurs et des binages tous les mois sont les soins que demande cette plante. On peut commencer à en consommer les feuilles dès qu'elles ont la largeur de la main; mais il est plus convenable d'attendre leur complet développement, principalement si c'est seulement le pétiole qu'on ait en vue. Généralement on coupe toutes les feuilles avec un couteau lorsque le moment de les employer est venu; mais il est bien plus avantageux à leur prompte reproduction de ne casser que les plus grosses, c'est-à-dire les plus extérieures. Une planche ainsi conduite peut fournir une récolte toutes les semaines pendant la plus grande partie de l'année. Quoique supportant assez bien les hivers, il sera bon de la couvrir pendant les fortes gelées avec des feuilles sèches, de la fougère ou de la litière.

Cette plante, étant bisannuelle, monte en fleur au printemps de l'année suivante: il faut donc l'arracher à la fin de l'hiver, excepté les pieds destinés à fournir de la graine. Le mieux est même de planter des pieds uniquement pour cet objet, pieds dont on n'enlève point les feuilles; car, comme je l'ai dit un grand nombre de fois, leur soustraction influant toujours sur la petitesse de la graine, et la petitesse de la graine sur la faiblesse des produits à venir, la graine peut se garder bonne pendant plusieurs années.

Les pétioles de la poirée s'appellent *cardes,* par comparaison avec ceux de l'artichaut à demi sauvage, qu'on nomme *cardons.* On ôte la totalité de leur épiderme avant de les faire cuire, et on les assaisonne de diverses manières. Ils sont sujets à avoir un goût de fumier lorsqu'ils proviennent de pieds venus dans les jardins, et un goût âcre et sauvage lorsqu'ils sortent d'une terre sèche.

Lorsqu'on veut cultiver la bette uniquement pour en manger les feuilles en guise d'épinards, ou pour adoucir l'acidité de l'oseille, on la sème à la volée en planche et beaucoup plus serrée qu'il n'a été dit plus haut. Alors on la coupe avec le couteau aussi souvent qu'on le peut; car dans ce cas plus elle est jeune et meilleure elle est.

Une des variétés de cette plante a les feuilles plus longues et plus étroites que les autres, on l'appelle la *bette élevée*, et on la cultive en plain champ pour la nourriture des bestiaux. Les nourrisseurs de vaches à lait des environs de Paris la recherchent pour l'usage de ces animaux, parce qu'ils ont remarqué qu'elle leur donnait beaucoup de lait. Dans ce cas, on prépare la terre comme pour le blé, et on sème la graine à la volée, ainsi que je l'ai indiqué au paragraphe précédent. C'est après une hâtive récolte de pois, de haricots ou autres de ce genre, qu'on la place. On fauche deux ou trois fois les produits avant qu'ils aient acquis tout le développement dont ils sont susceptibles, et on laboure de nouveau en automne pour mettre autre chose en place. Cette sorte de culture, qui ne dure que trois ou quatre mois et qui donne un produit très-avantageux, devrait être plus répandue qu'elle ne l'est. (B.)

POIRES MOLLES. Altération qu'éprouvent la plupart des poires d'été avant de pourrir. *Voyez* aux mots Blossissement et Pourriture. (B.)

POIRIER, *Pyrus*. Genre de plantes de l'icosandrie monogynie et de la famille des rosacées, qui renferme une douzaine d'espèces, toutes arborescentes, dont trois sont l'objet d'une culture de première importance, et dont quelques-unes des autres se voient dans les jardins des amateurs de plantes étrangères.

Des trois espèces que je suis principalement dans le cas de prendre en considération, deux seront l'objet d'articles particuliers; savoir, le pommier et le coignassier: ainsi c'est seulement du poirier proprement dit et de ses variétés que j'ai à m'occuper en ce moment.

Quelques botanistes, et en dernier lieu Willdenow, ont fait entrer dans ce genre des espèces placées par d'autres parmi les néfliers et les alisiers. Je les ai énumérées aux articles de ces derniers.

Le poirier est du petit nombre des arbres fruitiers indigènes, c'est-à-dire croissant dans nos forêts dans l'état sauvage. Il prend naturellement la forme pyramidale, et s'élève à

5o ou 6o pieds. Son écorce est crevassée ; ses rameaux sont
pour la plupart terminés par des épines ; ses branches inférieures fort écartées du tronc ; ses feuilles alternes, coriaces,
ovales, dentées, légèrement velues en dessous dans leur jeunesse ; ses fleurs sont blanches, disposées en corymbes sur de
petites branches particulières (rarement au sommet des rameaux) ; ses fruits sont ovales, allongés, très-durs et très-
âpres au goût. On ne peut les manger que lorsque, après leur
chute de l'arbre, ils sont parvenus à cet état voisin de la pourriture qu'on appelle Blossissement (*voyez* ce mot), état qui
ne leur est commun qu'avec quelques autres fruits de la même
famille.

On voit peu de poiriers sauvages dans les bois des plaines ;
mais ils sont quelquefois extrêmement communs dans ceux des
pays de montagnes. Ils l'étaient jadis tellement dans ceux qui
sont sur la chaîne qui est entre Langres et Dijon, par suite du
principe établi de toute ancienneté qu'il fallait toujours laisser
sur pied les arbres fruitiers des forêts, que quelques années
avant la révolution on fut obligé de les faire couper par un arrêt
du conseil, parce qu'ils nuisaient à la reproduction des taillis.
Ils ne sont pas moins communs dans les haies et au milieu
des champs des mêmes pays et de beaucoup d'autres que j'ai
visités. La cause en est moins leur bois, quoique d'excellente
qualité, comme je le dirai plus bas, que la grande quantité
de fruits dont ils se chargent, fruits avec lesquels on fait ce
qu'on appelle dans le pays de la Piquette, et autre part de
la Boisson, c'est-à-dire une espèce de Poiré de fort mauvaise
nature, et qu'il serait à désirer qu'on abandonnât. *Voyez* ces
trois mots.

Quoiqu'en général le poirier sauvage préfère les terrains
fertiles et profonds, il s'en trouve de fort beaux dans des sols
de mauvaise qualité. Il doit l'avantage de croître presque par-
tout à la faculté d'approfondir son pivot, de pousser des racines dans les fentes des rochers.

Comme la plupart des arbres dans l'état de nature, les poiriers sauvages sont biennes ou triennes, c'est-à-dire ne produisent du fruit que tous les deux ou trois ans ; mais les années
de production ils en sont les plus souvent si surchargés, que
leurs branches plient sous le poids. Non-seulement ils servent,
comme je viens de le dire, à faire du poiré, mais encore à
nourrir les cochons et les vaches, qui les aiment beaucoup.

Malgré ces avantages, je ne conseillerai jamais à un cultivateur de laisser croître des poiriers sauvages dans ses champs,
parce qu'il est des variétés déjà perfectionnées, variétés dont
j'énumérerai quelques-unes, dont les fruits jouissent des mêmes

qualités, et qui sont en même temps plus gros, plus juteux et plus doux. J'insiste sur cette dernière considération, parce qu'il est d'expérience que les hommes et les animaux qui mangent des poires sauvages en trop grande quantité éprouvent, à raison de leur excessive âpreté, peut-être aussi de leur astringence, des accidens semblables à ceux qu'on appelle MAL DE BOIS OU MAL DE BROUT. *Voyez* BOIS (MAL DE).

La croissance des poiriers sauvages est plus lente que celle des variétés cultivées. Le grain de leur bois est plus fin, plus rouge. Ce bois pèse vert, d'après Varennes de Fenille, 79 livres 5 onces 4 gros, et sec, 53 livres 2 onces par pied cube. Il se tourmente et diminue d'un douzième de son volume, mais se fend rarement par la dessiccation. Il prend très-bien la teinture noire, et alors ils ressemble si fort à l'ébène, qu'on a de la peine à l'en distinguer. Après le buis et le cormier, c'est le meilleur de ceux que puissent employer les graveurs en bois. On en fait aussi un grand emploi dans la marqueterie, pour le tour et pour les outils de menuiserie. Il est facile à travailler. On ne doit pas le faire macérer dans l'eau, comme quelques ouvriers le pensent, parce que cela altère sa couleur et sa dureté. Sa qualité est excellente pour le feu.

Lorsqu'on veut avoir des poiriers à bons fruits d'une très-longue durée, c'est sur des poiriers sauvages, c'est-à-dire sur de véritables sauvageons, crus de pepins et en place, qu'il faut les greffer. J'en ai connu de tels auxquels on attribuait trois à quatre siècles, et qui étaient encore extrêmement productifs ; mais toutes les variétés ne réussissent pas également bien sur ces poiriers. (*Voyez* PÉPINIÈRE, GREFFE, SUJET, SAUVAGEON et FRANC.) Nos pères greffaient presque toujours sur sauvageons. On n'y greffe plus dans les pépinières des environs de Paris, parce qu'on a remarqué que dans ce cas les fruits sont moins gros, moins doux et plus longs à paraître. A-t-on raison, a-t-on tort ? Je ne discuterai pas cette question, chacun peut décider d'après les seules considérations que je viens de présenter. Au reste, il est beaucoup de francs qui s'écartent fort peu, par leur constitution, du véritable sauvageon.

L'ordre des progrès du perfectionnement des fruits du poirier et la moins grande complication de la culture, devraient me conduire à parler d'abord des poiriers à poiré ou à cidre de poire ; mais, pour me conformer à l'usage, je vais traiter des variétés véritablement jardinières.

Il paraît, par les écrits qui nous restent des Grecs et des Romains, que le poirier était cultivé chez eux de temps immémorial et qu'il y fournissait déjà un grand nombre de variétés. Olivier de Serres en comptait soixante-deux à la fin du quinzième siècle. Nous en comptons aujourd'hui plus de trois cents, et chaque année il en paraît de nouvelles. Un traité général sur la culture de cet arbre, que van Mons a fait imprimer, et dont il m'a envoyé quelques feuilles, double ce nombre. Il n'y a que les variétés de pommes, parmi les arbres fruitiers, qui puissent entrer en comparaison avec elles sous ce rapport. Je dois cependant observer que si on en gagne on en perd, soit parce que les moins bonnes sont, comme de raison, négligées, soit parce que les meilleures même s'altèrent ou par la transmutation des greffes, ou la différente nature des terrains et des expositions. Ce serait chose impossible que de chercher à établir la concordance entre les variétés citées par Olivier de Serres, et celles décrites par Duhamel. Plusieurs de ces dernières semblent déjà assez différentes de ce qu'elles étaient lorsqu'il les observait, c'est-à-dire il y a cinquante ans, pour qu'il soit quelquefois difficile de les reconnaître, malgré l'exactitude de ses descriptions et la précision de ses gravures. Ce fait est encore plus remarquable, quand on remonte à La Quintinie, ainsi que j'ai pu m'en assurer sur cinq à six arbres plantés par ce fondateur de l'art du jardinage, que, sans nécessité, à mon grand déplaisir et malgré mon opposition, on a arrachés, en 1807, dans le potager de Versailles.

Duhamel établit en fait que les variétés des poiriers, qu'il divise en deux branches principales, sont dues à la fécondation du poirier sauvage par le coignassier, même par les aliziers et les aubépines. Je n'ose ni appuyer ni combattre cette opinion. (*Voyez* au mot HYBRIDE.) Mais la cause du grand nombre de ces variétés peut être raisonnablement attribuée à l'ancienneté de la culture de l'espèce.

En se perfectionnant, les poiriers perdent leurs épines, et leurs feuilles augmentent de largeur. Tous prennent des caractères secondaires qui permettent de les distinguer à toutes les époques de l'année; mais ces caractères sont si peu saillans, qu'il est fort difficile de les fixer par la description et même par des figures. La connaissance de ces caractères lorsqu'ils sont privés de fruit, principalement pendant l'hiver, n'est presque jamais que l'effet de l'habitude locale. Tel jardinier, très-savant sur son terrain, devient fort sujet à se tromper lorsqu'il veut nommer ceux d'un jardin dont le sol et l'exposition sont différens, à plus forte raison ceux qui croissent dans un autre climat. Je ne parlerai donc que légèrement de ces caractères, pour ne pas allonger cet article outre mesure; ceux tirés des fruits, comme plus susceptibles d'être appréciés, seront ceux sur lesquels je m'appesantirai davantage, renvoyant à l'ouvrage de Duhamel, et encore mieux à la nouvelle édition qu'en ont donnée MM. Poiteau et Turpin, ceux qui voudraient des détails plus étendus.

C'est l'ordre de maturité que je vais suivre, en rapprochant cependant les variétés qui portent le même nom de celle d'entre elles qui est la première susceptible d'être mangée. On sent qu'un pareil tableau ne peut être d'une exactitude rigoureuse, puisque la maturité de certaines d'entre elles est avancée ou reculée, relativement à certaines autres, selon le climat et même l'année. Duhamel me servira de guide principal ; mais les variétés qui ont été décrites depuis la publication de son immortel ouvrage ne seront pas oubliées.

L'Amiréjoannet, ou *poire Saint-Jean*. Fruit petit, allongé, jaune, quelquefois roussâtre du côté du soleil. Sa chair est blanche, tendre, peu relevée. Il mûrit vers la fin de juin dans le climat de Paris.

Le Petit muscat, ou *sept-en-gueule*. Poire très-petite, arrondie, vert jaunâtre, rouge brun du côté du soleil. Sa chair est d'un blanc un peu jaunâtre, agréable au goût et musquée. Elle mûrit au commencement de juillet et est meilleure sur les vieux pieds. *Voyez* Duh. *Pl.* 1.

Cette variété réussit fort bien en plein-vent et dans un terrain sec.

Le Muscat-Robert, ou *poire à la reine*, ou *poire d'ambre*. Poire de 2 pouces de diamètre, presque ronde, d'un vert un peu jaunâtre, à chair tendre et sucrée, très-relevée. Elle mûrit à la mi-juillet. *Voyez* Duh. *Pl.* 2.

L'observation faite à l'occasion de la précédente lui est applicable.

Le Muscat fleuri. Poire très-petite, globuleuse, comprimée, d'un jaune verdâtre du côté de l'ombre, d'un rouge fauve du côté du soleil. Sa chair est verdâtre, musquée, mais peu relevée.

Le Muscat roye, Calvel. Fruit petit, allongé, rude au toucher, d'un vert jaunâtre du côté de l'ombre, d'un rouge agréable au soleil. Sa chair est cassante, parfumée. Il mûrit à la fin d'août.

L'arbre est vigoureux.

Le Muscat royal. Fruit très-petit, presque rond, gris. Sa chair est blanche, demi-cassante, musquée. Il mûrit au commencement de septembre.

Le Muscat l'alleman. Fruit ovale, de 3 pouces de diamètre, gris du côté de l'ombre, rouge du côté du soleil. Sa chair est jaunâtre, un peu fondante, musquée, agréable. Il mûrit en mars ou en avril. *Voyez* Duh. *Pl.* 36.

L'Aurate, ou *muscat de Nancy*. Poire turbinée, de 15 lignes de diamètre, d'un jaune pâle du côté de l'ombre, d'un rouge clair du côté du soleil. Sa peau est fine. Sa chair un peu sèche, quelquefois pierreuse. *Voyez* Duh. *Pl.* 3.

Il se greffe sur franc et sur coignassier, mais réussit mieux sur le premier.

TROMPE CASSAIRE. Fruit précoce, moyen, rond, vert, à longue queue, chair tendre, d'une assez bonne eau lorsqu'elle n'est pas trop mûre; charge beaucoup; son bois est attaqué par les vers : se cultive aux environs d'Aix, au rapport de M. Lardier.

La MAGDELEINE ou le *citron des carmes*. Poire ovale, de 2 pouces de diamètre, d'un vert jaunâtre un peu teint de roux du côté du soleil. Sa chair est blanche, fine, fondante, légèrement parfumée, mais devient cotonneuse par excès de maturité. *Voyez* Duh., *Pl.* 4.

L'arbre est vigoureux.

Poiteau et Turpin ont figuré une magdeleine longue dans leur *Nouveau Duhamel*.

Le HASTIVEAU. Poire très-petite, turbinée, d'un jaune clair excepté du côté du soleil, où il y a de petites marbrures d'un rouge vif; sa chair est jaunâtre, musquée, mais cependant peu agréable au goût : elle mûrit vers le milieu de juillet.

L'arbre est très-productif.

Le ROUSSELET HATIF, *perdreoux*, *poire de Chypre*. Poire petite, turbinée, jaune, avec du rouge vif parsemé de gris du côté du soleil : sa chair est jaune, demi-cassante, souvent pierreuse, très-parfumée et sucrée.

L'arbre est assez vigoureux.

Le ROUSSELET DE REIMS. Poire petite, turbinée, verdâtre et jaunâtre, tachée de brun, d'un rouge brun du côté du soleil. Sa chair est demi-beurrée, parfumée, d'un goût particulier très-agréable.

Le ROUSSELET (GROS), *roi d'été*. Poire de même forme que la précédente, mais plus grosse, d'un vert foncé ponctué de gris et d'un rouge brun du côté du soleil; sa chair est demi-cassante, parfumée, un peu aigrelette : mûrit au commencement de septembre.

Le ROUSSELET D'HIVER. Poire moins grosse que le rousselet de Reims, mais de même forme, un peu plus jaune du côté de l'ombre, et un peu plus brune du côté du soleil; sa chair est demi-cassante, aqueuse et d'un goût assez relevé : elle mûrit en février et en mars.

La CUISSE-MADAME. Poire de médiocre grosseur, très-allongée, luisante, d'un vert jaunâtre du côté de l'ombre, d'un rouge brun du côté du soleil; sa chair est demi-cassante sucrée, un peu musquée : elle mûrit à la fin de juillet. *Voyez* Duh., *Pl.* 5.

Réussit mal sur le coignassier; il se met difficilement à fruit.

Le Gros blanquet, ou *blanquette.* Fruit petit, allongé, blanc, jaunâtre à l'ombre, et d'un rouge clair au soleil : sa chair est cassante, sucrée et relevée : il mûrit à la fin de juillet.

C'est une belle et bonne variété qui est très-vigoureuse.

Le Gros blanquet rond. Fruit moins allongé que le précédent, chair plus parfumée, du reste fort peu différent.

Le Petit blanquet, ou *poire à la perle.* Fruit petit, allongé, blanchâtre; chair blanche, demi-cassante, musquée, et assez agréable. *Voyez* Duh., *Pl.* 6.

L'arbre est très-productif.

Le Blanquet a longue queue. Fruit petit, allongé, blanchâtre, quelquefois teint de roux du côté du soleil; sa chair est demi-cassante, blanche, parfumée et sucrée : il mûrit au commencement d'août. *Voyez* Duh., *Pl.* 6.

Cette variété est plus vigoureuse greffée sur franc que sur coignassier.

L'Épargne, *beau présent, Saint-Samson, grosse cuisse-madame.* Fruit très-allongé, de grosseur moyenne, verdâtre, marbré de fauve, quelquefois de rouge du côté du soleil; sa chair est fondante, d'un aigre fin très-agréable dans certaines localités : il mûrit à la fin de juillet. *Voyez* Duh., *Pl.* 7; est d'un grand débit à Paris.

L'arbre est vigoureux.

L'Ognonet, ou *archiduc d'été*, ou *amiré roux.* Fruit presque rond, de moyenne grosseur, jaunâtre du côté de l'ombre, d'un rouge vif du côté du soleil; sa chair est demi-cassante, souvent pierreuse, relevée, d'un goût rosat : il mûrit au commencement d'août. *Voyez* Duh., *Pl.* 8.

L'arbre produit beaucoup, mais veut être greffé sur franc plutôt que sur coignassier.

Le Sapin. Fruit petit, allongé, vert jaunâtre; sa chair est blanche, peu relevée, quoique parfumée : il mûrit vers la fin de juillet.

Le Deux-Têtes. Fruit moyen, d'un vert jaunâtre du côté de l'ombre, d'un rouge brun du côté du soleil, à œil rétréci dans son milieu par deux saillies qui le font paraître double; sa chair est blanche, un peu parfumée, mais peu délicate.

La Bellissime d'été, ou *suprême*, ou *poire-figue.* Fruit petit, peu allongé, jaune citron, taché de rouge du côté de l'ombre, d'un très-beau rouge foncé taché de jaune du côté du soleil ; sa chair est demi-cassante, d'un goût assez agréable quoique peu relevé : il mûrit en juillet, et demande à être cueilli avant sa maturité, parce qu'il devient promptement fade et cotonneux. *Voyez* Duh., *Pl.* 42.

L'arbre est vigoureux.

La Bellissime d'automne, le *vermillon*. Fruit de moyenne grosseur, très-allongé, jaune rougeâtre ponctué de brun du côté de l'ombre, rouge foncé ponctué de gris du côté du soleil ; sa chair est blanche, cassante, quelquefois pierreuse, d'un goût peu relevé : il mûrit vers la fin d'octobre. *Voyez* Duh., *Pl.* 19.

La Bellissime d'hiver. Fruit extrêmement gros, c'est-à-dire de près de 4 pouces de diamètre, presque rond, jaune ponctué de fauve du côté de l'ombre, rouge ponctué de gris du côté du soleil ; sa chair est tendre, douce, mais sauvage. Il se conserve jusqu'en mai, et ne se mange que cuit : il est beaucoup meilleur que le catillac.

Le Bourdon musqué. Fruit petit, presque rond, verdâtre, ponctué de la même couleur ; sa chair est cassante, musquée, un peu sucrée : il mûrit en juillet.

La Poire d'ange. Fruit petit, d'un vert jaune ; sa chair est demi-cassante, très-musquée : il mûrit au commencement d'août, se rapproche du salviati.

La Sans peau, ou *fleur de guignes*. Fruit de médiocre grosseur, allongé, d'un vert clair ponctué de gris du côté de l'ombre, d'un rouge pâle du côté du soleil ; sa chair est fondante, parfumée, très-agréable.

L'arbre est plus vigoureux lorsqu'il est greffé sur franc que lorsqu'il l'est sur coignassier.

Le Saint-Laurent. Fruit moyen, turbiné, d'un vert jaunâtre ; sa chair est âcre, mais est très-bonne en compote. Il mûrit au commencement d'août. M. Calvel, à qui on en doit la connaissance, dit qu'elle est commune dans les départemens méridionaux, et qu'elle mérite peu d'être cultivée.

Le Parfum d'aout. Fruit petit, allongé, d'un jaune citron ponctué de fauve du côté de l'ombre, d'un beau rouge foncé ponctué de jaune du côté du soleil ; sa chair est un peu grossière, mais très-musquée : il mûrit à la mi-août.

L'arbre est très-productif.

La Chair a dame. Fruit de moyenne grosseur, presque rond, jaunâtre, tacheté de gris, un peu teint de rouge du côté du soleil ; sa chair est douce, parfumée, agréable : il mûrit à la mi-août. *Voyez* Duh., *Pl.* 16.

Le **Fin or d'été**. Fruit de moyenne grosseur, d'un vert jaunâtre ponctué de rouge du côté de l'ombre, d'un rouge foncé brillant du côté du soleil; sa chair est verdâtre, demi-cassante, un peu aigre, mais agréable : il mûrit en même temps que la précédente.

Le **Fin or de septembre**. Fruit plus gros que le précédent, d'un vert gai du côté de l'ombre, rouge marbré du côté du soleil; sa chair est blanche, tendre, aigrelette, agréable : il mûrit au commencement de septembre.

L'**Epine rose**, ou *poire de rose*, *poire tulipée*, de *merlet*, d'*eau rose*, de *Malte*. Fruit gros, presque rond, d'un vert jaunâtre, pointillé et marbré de brun du côté de l'ombre, et lavé de rouge fauve du côté du soleil; sa chair est blanche, tendre, musquée, sucrée : il diffère peu de l'ognonet.

L'**Epine d'été**, ou *fondante musquée*, ou *bergiarda*. Fruit moyen, allongé, lisse, vert pré près l'œil, vert jaunâtre près la queue; sa chair est fondante, relevée, très-musquée : il mûrit en septembre. *Voyez* Duh., *Pl.* 30.

L'**Epine d'hiver**. Fruit gros, long, lisse, d'un vert jaunâtre; sa chair est fondante, quelquefois musquée et d'un goût très-agréable, d'autres fois insipide. Il se conserve jusqu'en janvier.

L'arbre veut être greffé sur franc dans les terrains secs., et sur coignassier dans les terrains humides. Le plein vent et une bonne exposition lui conviennent le mieux. Les années froides nuisent beaucoup à la qualité de son fruit.

Le **Salviati**. Fruit moyen, rond, jaune de cire, un peu rouge du côté du soleil, quelquefois marbré de rouge; sa chair est demi-cassante, sucrée, parfumée, excellente : il mûrit en août, et se confit au sucre ou sert à fabriquer du ratafiat. *Voyez* Duh., *Pl.* 9.

L'arbre est vigoureux sur franc, mais réussit mal sur coignassier.

L'**Orange musquée**. Fruit moyen, arrondi, tuberculeux, jaunâtre du côté de l'ombre, rouge clair du côté du soleil; sa chair est cassante, musquée, relevée, très-agréable. *Voyez* Duh., *Pl.* 10.

L'**Orange rouge**. Fruit gris du côté de l'ombre, rouge du côté du soleil, plus gros que le précédent; sa chair est cassante, musquée, sucrée : il mûrit en même temps que le précédent, c'est-à-dire en août.

L'arbre est vigoureux.

L'**Orange tulipée**, ou *poire aux mouches*. Fruit gros, ovale, vert ponctué de gris du côté de l'ombre, rouge brun et vergeté de rouge du côté du soleil; sa chair est demi-cassante, succulente, d'un goût agréable, quoique quelquefois un peu âcre : il mûrit au commencement de septembre. *Voyez* Duh., *Pl.* 41.

L'Orange d'hiver. Fruit de moyenne grosseur, arrondi, d'un vert sale, parsemé de taches d'un vert foncé, et souvent de saillies ; sa chair est blanche, cassante, musquée, assez agréable : il mûrit en mars ou avril. *Voyez* Duh., *Pl.* 19.

La Robine, ou *royale d'été*. Fruit rond, petit, d'un vert jaunâtre, ponctué de brun ; sa chair est blanche, demi-cassante, un peu sèche, très-musquée et sucrée, non sujette à mollir : il mûrit en août. *Voyez* Duh., *Pl.* 27.

L'arbre se greffe sur franc et sur coignassier ; mais il se met plus facilement à fruit, et donne de plus gros fruits sur ce dernier.

La Sanguinole. Fruit médiocre, allongé, un peu ponctué de gris du côté de l'ombre et de rouge du côté du soleil ; sa chair est rouge et peu agréable : il mûrit en août.

Le Vermillon d'été, Calvel. Fruit de moyenne grosseur, presque rond, d'un vert jaunâtre du côté de l'ombre, d'un rouge clair du côté du soleil ; sa chair est blanche, demi-fondante, assez parfumée. Il mûrit à la fin d'août.

Cette poire ne doit pas être confondue avec la bellissime d'été, quoiqu'elle en soit très-rapprochée.

La Grosse allongée, Calvel. Fruit gros, très-long, d'un vert jaune pointillé de roux ; il est plus gros que la verte-longue, et se rapproche du Saint-Germain.

Le Bon-Chrétien d'été musqué. Fruit moyen, allongé, jaune, fouetté de rouge du côté du soleil ; sa chair est blanche, parsemée de points verdâtres, cassante, sucrée, très-musquée. Il mûrit à la fin d'août. C'est un très-beau et très-bon fruit, mais sujet à se crevasser. *Voyez* Duh. *Pl.* 48.

L'arbre est délicat. Il ne se greffe pas sur le coignassier.

Le Bon-Chrétien d'été, ou *gracioli*. Fruit gros, allongé, un peu recourbé, jaunâtre ponctué de vert foncé ; sa chair est blanche, demi-cassante, sucrée. Il mûrit au commencement de septembre. *Voyez* Duh., *Pl.* 47, *fig.* 4.

L'arbre est très-productif.

Le Bon-Chrétien d'Espagne. Fruit très-gros, de 3 pouces de diamètre, allongé, courbé, bosselé, jaune pâle ponctué de brun du côté de l'ombre, et d'un beau rouge vif également ponctué du côté du soleil ; sa chair est blanche, parsemée de points verdâtres, sèche ou juteuse selon le terrain, et d'assez bon goût. Il mûrit en novembre ou décembre. C'est une des plus belles poires, mais qui n'est susceptible d'être mangée crue que lorsque l'arbre est à une bonne exposition et dans un terrain léger. *Voyez* Duh., *Pl.* 46.

Une très-belle sous-variété est figurée par Poiteau et Turpin, dans leur *Nouveau Duhamel*, sous le nom de *bon-chrétien panaché*, parce qu'elle est rayée de jaune.

Le Bon-Chrétien d'hiver. Fruit très-gros, quelquefois de 4 pouces de diamètre, très-allongé, bosselé, d'un jaune clair du côté de l'ombre, et incarnat du côté du soleil ; sa chair est cassante, juteuse, sucrée, parfumée et même vineuse. Il mûrit en janvier et février. *Voyez* Duh., *Pl.* 45.

Cette poire est extrêmement sujette à varier en forme, en couleur et en qualité. Rarement deux pieds du même jardin en donnent de parfaitement semblables, on pourrait même trouver sur un seul pied les six espèces de quelques auteurs, telles que du *vert*, du *doré*, du *rond*, du *long*, d'*Auch*, de *Vernon*, etc. Toutes les différences qu'elle présente ne constituent point des variétés ; elles dépendent du terrain, de la culture, du sujet, de l'exposition, de l'âge, de la vigueur, etc., l'arbre étant plus sujet à l'influence de ces circonstances que la plupart des autres poiriers. Ce que dit M. Calvel pour prouver que le bon-chrétien d'Auch est une variété distincte, appuie l'opinion de Duhamel.

Cet arbre se greffe sur franc et sur coignassier. Sur franc, il est tardif à se mettre à fruit et exposé à être dévoré par les punaises-tigres, lorsqu'il est sur-tout planté en espalier au midi. On le met rarement en plein vent dans le climat de Paris, attendu qu'il lui faut beaucoup de chaleur. Greffé sur coignassier et en espalier au couchant, il donne des fruits plus gros , plus colorés, d'une chair plus fine et ordinairement privés de pepins. Il y a une sous-variété à bois panaché.

La Mansuette, ou *solitaire*. Fruit gros, allongé, arqué, jaunâtre, bosselé, vert taché de brun, et rouge du côté du soleil ; sa chair est blanche, demi-fondante, un peu âcre. Il mûrit vers le commencement de septembre, et est sujet à mollir.

L'arbre se greffe mieux sur coignassier que sur franc.

L'Œuf, ou *poire d'œuf*. Fruit petit, ovale, vert jaunâtre, taché de roux, mêlé de rougeâtre du côté du soleil ; sa chair est demi-fondante, sucrée, musquée, agréable. Il mûrit au commencement de septembre.

L'arbre est vigoureux sur franc et faible sur coignassier. Sa fertilité est très-médiocre.

La Cassolette, *muscat vert, friolet, lechefrion*. Fruit petit, ovale, d'un vert tendre, jaunâtre, légèrement fouetté de rouge du côté du soleil ; sa chair est cassante, sucrée et musquée. Il mûrit à la fin d'août. *Voyez* Duh., *Pl.* 18.

Cet arbre réussit également sur franc et sur coignassier.

La **Grise bonne**, *poire de forêt*, *crapaudine*, *ambrette d'été*. Fruit moyen, arqué, d'un vert gris très-ponctué de blanc et de roux ; sa chair est fondante, sucrée et relevée. Il mûrit à la fin d'août.

La **Jargonnelle**. Fruit petit, allongé, très-jaune du côté de l'ombre, et d'un beau rouge du côté du soleil ; sa chair est blanche, demi-cassante, fine, musquée. Il mûrit au commencement de septembre. On le confond mal-à-propos avec la bellissime d'automne.

Le **Ah mon dieu**, ou *mandieu*, ou *poire d'abondance*. Poire moyenne, ovale, jaune clair du côté de l'ombre, rouge clair ponctué de rouge foncé du côté du soleil ; sa chair est blanche, demi-cassante, sucrée et parfumée. Elle mûrit au commencement de septembre.

L'arbre est très-productif, et c'est son plus grand mérite.

L'**Inconnue de cheneau**, ou *fondante de Brest*. Fruit moyen, un peu arqué, luisant, ponctué de brun et de gris, lavé de rouge du côté du soleil ; sa chair est blanche, cassante, quoique portant le nom de fondante, sucrée, aigrelette et agréable. Il mûrit au commencement de septembre. *V.* Duh., *Pl.* 17.

L'arbre est fertile et vigoureux sur franc, et ne pousse jamais droit sur coignassier.

La **Dillen d'automne**, van Mons. Fruit ovale, de 3 pouces et demi de diamètre transversal, à queue moyenne, à ombilic petit, à peau vert pâle tacheté de fauve et de brun. Chair blanche de beurré, très-sucrée, parfumée, excellente ; mûrit en septembre. *Voyez* sa fig., *Pl* 84 des *Annales générales des sciences*.

La **Poire-Figue**. Fruit de moyenne grosseur, très-allongé, d'un vert brun ; sa chair est blanche, fondante, sucrée. Il mûrit au commencement de septembre. Il ne faut pas le confondre avec la bellissime d'été, qui porte aussi ce nom.

La **Bergamotte d'été**, ou *milan de la beuvrière*. Fruit gros, (2 pouces et demi), rude au toucher, d'un vert gai ponctué de fauve, quelquefois roux du côté du soleil ; sa chair est à demi fondante, d'une acidité assez agréable. Il mûrit au commencement de septembre, et demande à être mangé un peu vert, parce qu'il devient promptement cotonneux.

La **Bergamotte d'Angleterre ou de Hamden**, Calvel. Fruit gros, arrondi, d'un vert jaunâtre ; sa chair est fondante, parfumée. Il mûrit au commencement de septembre. Ses rapports avec le précédent sont nombreux.

L'arbre veut le plein vent, un bon terrain et une bonne exposition. Il est commun à Boulogne.

La GILOGILE, ou *poire à gobert,* ou *garde-écorce*, Calvel., Fruit gros, turbiné, vert à l'ombre, d'un rouge noir au soleil; sa chair est cassante, parfumée. Il mûrit à l'époque de la précédente.

La BERGAMOTTE ROUGE. Fruit moyen, ovale, arrondi, d'un jaune foncé couvert de rouge du côté du soleil; sa chair est presque fondante, très-parfumée, mais sujette à devenir cotonneuse. Il mûrit au milieu de septembre. *V.* Duh., *Pl.* 19, *fig.* 6.

L'arbre est très-productif, quelquefois même trop.

La BERGAMOTTE SUISSE. Fruit de moyenne grosseur, presque rond, rayé de vert et de jaune, rougeâtre du côté du soleil; sa chair est fondante et sucrée. Il mûrit en octobre. *Voyez* Duh., *Pl.* 20.

L'arbre est vigoureux et produit beaucoup. Il n'aime pas une exposition trop chaude.

BRUTTE BONNE. Fruit allongé, vert, à peau rude; chair demi-fondante, très-sucrée; reste petite dans les terrains secs, mûrit en août; provient de la ci-devant Provence.

Le CRAMOISI, ou *poire cramoisie*, Calvel. Fruit gros, globuleux, d'un vert jaunâtre du côté de l'ombre, et d'un rouge clair du côté du soleil; sa chair est cassante, odorante, parfumée. Il mûrit au commencement de l'automne.

La BELLE DE BRUXELLES, Calvel. Fruit gros, piriforme, d'un vert jaunâtre; sa chair est blanche, fine, d'une saveur agréable. Il mûrit en même temps que le précédent.

Le PENDARD, ou *poire de pendard*, Calvel. Fruit assez gros, oblong, d'un jaune cendré du côté de l'ombre, et un peu coloré en rouge du côté du soleil; sa chair est cassante et agréablement musquée. Il mûrit vers la mi-octobre.

Le BON-CHRÉTIEN TURC, Calvel. Fruit gros, piriforme, un peu arqué. Il diffère fort peu du précédent, mais mûrit plus tard. C'est une très-bonne variété.

La PAYENCY, ou *poire de Périgord*, Calvel. Fruit moyen, allongé, d'un vert jaunâtre, parsemé de points gris; sa chair est demi-fondante et parfumée. Il mûrit au commencement de l'automne.

La BERGAMOTTE CADETTE, ou *poire-cadet*. Fruit gros, presque rond, jaunâtre, rouge du côté du soleil; sa chair est bonne, quoique inférieure aux autres bergamottes. Il mûrit en octobre, et devient pâteux après sa maturité. *Voyez* Duhamel, *Pl.* 44.

L'arbre est très-vigoureux et charge beaucoup.

La Bergamotte sylvange. Fruit piriforme, irrégulier, bosselé (de 3 pouces de diamètre sur un peu plus de longueur), à œil peu enfoncé, à queue oblique, à peau jaunâtre, tiquetée de gris ; à chair demi-fondante, granuleuse, juteuse, sucrée, excellente. Il mûrit en octobre. On ne le cultive pas assez dans les environs de Paris.

La Bergamotte-Pentecôte, van Mons. Fruit très-gros, (plus de 3 pouces de diamètre tranversal et plus d'une livre et demie de poids), renflé, à peau rayeuse, verte, lavée de fauve sale, de rouge, et tiquetée de brun ; ombilic presque saillant, queue courte et grosse ; chair blanche, verte ou jaune fondante, un peu aigrelette. Se garde quelquefois huit mois. *V.* sa figure, *Pl.* 40 du 3e. volume des *Annales générales des sciences*.

La Calebasse fondante a le fruit très-allongé, bosselé, d'un roux uniforme comme le martin-sec ; sa chair est fondante, sucrée, agréable, ainsi que j'ai pu en juger sur des fruits que m'a envoyés van Mons. Il mûrit au commencement d'octobre et mollit peu après.

L'arbre qui le porte est très-épineux.

La Bergamotte d'automne. Fruit presque rond, de grosseur moyenne, jaunâtre du côté de l'ombre, rouge brun faible ponctué de gris du côté du soleil ; sa chair est fondante, sucrée, parfumée. Il mûrit en novembre. *Voyez* Duhamel, *Pl.* 19 et 21.

C'est une des poires les plus anciennement connues et qui mérite le plus d'être cultivée.

L'arbre veut l'espalier.

La Bergamotte de Soulers, ou *bonne de Soulers*. Fruit de grosseur moyenne, rond, luisant, jaune ponctué de vert, rouge brun clair du côté du soleil ; sa chair est fondante, sucrée, agréable. Il mûrit en février ou mars. *Voy.* Duhamel, *Pl.* 44.

La Bergamotte de Paques ou d'hiver. Fruit très-gros (de 3 pouces de diamètre), rond, d'un vert jaunâtre ponctué de gris, lavé de roux du côté du soleil ; sa chair est très-blanche, demi-fondante, aigrelette, agréable. Il mûrit en février. *Voyez* Duhamel, *Pl.* 24.

L'arbre est vigoureux.

La Bergamotte de Hollande ou d'Alençon, ou *armoselle*. Fruit de la grosseur du précédent, rond, vert, jaunâtre, ponctué de brun; sa chair est demi-fondante, d'un goût relevé, agréable. Il mûrit en juin. *Voyez* Duhamel, *Pl.* 25.

L'arbre pousse bien.

La **Verte-Longue**, ou *mouille-bouche*. Fruit gros, très-allongé, vert; sa chair est blanche, très-fondante, sucrée et parfumée. Il mûrit au commencement d'octobre.

L'arbre est très-productif et réussit mieux sur franc que sur coignassier. Il veut un terrain chaud et léger.

La **Verte-Longue panachée**, ou *culotte de Suisse*, ne diffère de la précédente que parce qu'elle est rayée de jaune. *Voy.* Duhamel, *Pl.* 37.

Le **Beurré Bosc**, van Mons. Fruit allongé, terminé par un renflement de 3 pouces de diamètre, à ombilic peu enfoncé; à queue médiocre; à peau de couleur gris fauve, un peu jaunâtre à sa maturité; chair blanche, fondante, semi-beurré, excellente: mûrit à la fin de novembre; se rapproche de la calebasse-marianne par sa forme et sa saveur. *Voyez* sa figure *Pl.* 18 des *Annales générales des sciences*.

Le **Beurré romain**, Calvel. Fruit gros, presque rond, aplati au sommet, d'un vert jaunâtre à l'ombre, et légèrement coloré en rouge du côté du soleil; sa chair est fondante et exquise, mais demande à être mangée à point; car elle devient promptement pâteuse: il mûrit au commencement de septembre.

L'arbre réussit mieux sur franc, mais il vient sur coignassier dans les terrains sablonneux et gras.

Le **Beurré gris**, ou simplement le *beurré*. Fruit ovale, très-gros, c'est-à-dire de 3 pouces de diamètre, de couleur grise; sa chair est fondante, sucrée, très-agréable au goût; il mûrit à la fin de septembre: c'est une des meilleures poires. C'est à tort qu'on a indiqué les beurrés vert, rouge ou d'Amboise, d'Isambert, car les arbres jeunes et vigoureux donnent ordinairement leurs fruits gris; ceux qui sont greffés sur coignassier ou d'une vigueur médiocre en produisent de verts; ceux qui sont dans un terrain très-sec, à une exposition très-chaude, ou languissans, en produisent de rouges. *Voyez* Duhamel, *Pl.* 38.

L'arbre est très-productif et s'accommode de tous les terrains et de toutes les expositions.

Le **Beurré d'Angleterre**, ou la *poire d'Angleterre*. Fruit moyen, allongé, d'un vert grisâtre, ponctué de roux; sa chair est fondante, relevée, d'un goût agréable lorsqu'elle est juste à son point de maturité: il mûrit en septembre. C'est un de ceux qu'on peut le plus avantageusement dessécher au four ou employer à faire des marmelades. *Voyez* Duhamel, *Pl.* 39.

L'arbre ne réussit que sur franc ; il charge beaucoup, et manque rarement de produire.

Le Beurré d'Angleterre d'hiver. Fruit moyen, allongé, jaunâtre, tacheté de jaune foncé ; sa chair est très - blanche, très - fondante, fort douce, mais peu relevée : il mûrit en janvier.

Le Beurré d'hiver, ou *bézi de Chaumontel.* Fruit très-gros, ovale, relevé par des côtes, jaune du côté de l'ombre, rouge du côté du soleil ; sa chair est demi-fondante, quelquefois pierreuse, très-sucrée, relevée, excellente : il mûrit à la fin de janvier. *Voyez* Duhamel, *Pl.* 4.

Cette poire varie beaucoup ; elle est plus jaune lorsque l'arbre est greffé sur coignassier ou planté dans une terre légère, plus grosse en espalier qu'en plein vent ; sa forme n'a aucune constance : il faut être attentif pour saisir le vrai point de sa maturité.

Le Bézi de Montigny. Fruit de moyenne grosseur, ovale, jaunâtre ; sa chair est blanche, fondante, musquée, très-agréable : il mûrit à la fin de septembre. *Voyez* Duhamel, *Pl.* 44, *fig.* 6.

Le Bézi de Louvain, van Mons. Fruit allongé, de 2 pouces et demi de diamètre transversal ; à peau d'un vert tendre, lavé de rouge brun et taché de blanc ; à pédoncule court et articulé ; à ombilic peu enfoncé ; chair de beurré, très-agréablement parfumée : mûrit en octobre. *Voyez* sa figure *Pl.* 101 des *Annales générales des sciences.*

Le Bézi de la Motte. Fruit de moyenne grosseur, d'un vert jaunâtre, ponctué de gris ; sa chair est blanche, fondante, douce et bonne : il mûrit en octobre. *Voyez* Duhamel, *Pl.* 44, *fig.* 5.

L'arbre est épineux et vient mieux en plein vent qu'autrement.

Le Bézi de Caissoi, ou *Quessoy,* ou *roussette d'Anjou.* Fruit petit, presque rond, vert jaunâtre, très-chargé de taches brunes ; sa chair est fondante et d'un goût très-agréable lorsqu'il provient d'un arbre planté dans une terre franche et un peu fraîche : il mûrit en novembre. *Voyez* Duhamel, *Pl.* 29.

Cet arbre ne se greffe pas sur coignassier. C'est en Bretagne qu'on le cultive le plus.

Le Beurré Vitzhumb, van Mons. Fruit oval, bosselé, de 3 pouces et demi de diamètre ; à queue médiocre ; à ombilic petit ; à peau rude, verte, lavée de roux brun, ou de brun noir; chair blanc verdâtre, demi-transparente, fondante, parfumée : mûrit en décembre.

Cette belle et bonne poire est figurée *Pl.* 105 des *Annales générales des sciences*.

Le Beurré Diel, van Mons. Fruit allongé, bosselé, de la forme d'un bon-chrétien, de près de 4 pouces de diamètre transversal, de couleur vert pâle extrêmement tiqueté et quelquefois taché; chair blanche, un peu granuleuse, de beurré, sucrée, aromatique, excellente : peut se garder jusqu'en février. *Voyez* sa figure *Pl.* 31 des *Annales générales des sciences*.

Le Beurré d'Hardenpont, van Mons, ou de printemps. Fruit piriforme, irrégulier, rude au toucher; d'un brun gris rouge; à chair granuleuse, demi-fondante, très-sucrée, et agréable; sujet à changer de forme, et d'autant meilleur qu'il est plus gris : mûrit en février et mars; j'en ai mangé.

Le Beurré de Beauchamp, van Mons, a le fruit presque rond, d'un vert jaunâtre, tiqueté; la chair presque blanche, demi-fondante, ayant un petit goût particulier qui m'a paru agréable : il mûrit en novembre; l'arbre est très-fertile, au dire de van Mons, qui m'en a envoyé des fruits.

La Coloma, van Mons, a le fruit moyen, oval, mais renflé dans son milieu; d'un vert jaunâtre, ponctué de brun, devenant jaune au moment de la maturité, qui a lieu en novembre. Sa chair est fondante, parfumée, très-agréable au goût, si j'en juge par celui que j'ai mangé, lequel m'avait été envoyé par van Mons, de sa pépinière de Bruxelles.

La Capiaumont. Fruit allongé, de couleur jaune, marbré de fauve; chair blanche, extrêmement fondante, sucrée, agréable : mûrit en novembre. C'est une excellente poire; jamais une fleur ne coule, et leurs bouquets sont de six à dix; l'arbre en porte sur une greffe d'un an, au dire de van Mons, qui m'en a envoyé des fruits et des greffes.

Le Doyenné, ou *beurré blanc*, ou *Saint-Michel*, ou *bonne ente*. Fruit gros, presque rond, jaune du côté de l'ombre, rouge du côté du soleil; sa chair est fondante, sucrée, relevée : il mûrit en octobre. *Voyez* Duhamel, *Pl.* 43.

C'est une fort bonne variété, mais difficile à prendre à son vrai point de maturité, parce qu'elle passe promptement; elle est aussi fort sensible aux influences du sol, de l'exposition, de la saison, etc.

La Vanstalle a le fruit exactement piriforme, très-coloré en rouge, de moyenne grosseur; à chair de doyenné, c'est-à-dire granuleuse, devenant pâteuse, enfin molle; se conserve jusqu'au milieu d'octobre. Je ne l'ai pas trouvé excellent, mais cependant meilleur que le doyenné ; c'est de van Mons que je le tiens.

La VALLÉE FRANCHE, Calvel. Fruit très-gros, allongé, arqué, d'un vert jaunâtre, luisant ; sa chair est verte, agréable, mais souvent pâteuse.

La VALLÉE BATARDE, Calvel, diffère peu de la vallée franche ; son fruit est plus petit.

Poiteau et Turpin, dans leur *Nouveau Duhamel*, où ils l'ont figurée, ne distinguent pas ces deux variétés.

L'AMIRAL, ou *poire d'amiral*, Calvel. Fruit moyen, piriforme, d'un vert jaunâtre du côté de l'ombre, et rougeâtre du côté du soleil ; sa chair est demi-fondante et agréable : il mûrit à-peu-près à l'époque des précédens.

Poiteau et Turpin qui l'ont également figurée, lui donnent le nom de *cardinale*.

Le MAULNY, ou *poire de Maulny*, Calvel. Fruit moyen, oblong, d'un vert jaunâtre rouge du côté du soleil ; sa chair est demi-fondante et d'une eau agréable : il mûrit à la fin de septembre.

La JALOUSIE. Fruit très-gros, presque rond, fauve clair du côté de l'ombre, rougeâtre du côté du soleil, parsemé de petits tubercules gris ; sa chair est fondante, sucrée, excellente : il mûrit à la fin d'octobre. *Voyez* Duhamel, *Pl.* 47, *fig.* 3.

L'arbre ne se greffe que sur franc, parce qu'il languit et périt promptement sur coignassier.

La FRANGIPANE. Fruit de moyenne grosseur, allongé, un peu arqué, gras au toucher, d'un jaune clair du côté de l'ombre, et d'un rouge vif du côté du soleil ; sa chair est à demi-fondante, douce, sucrée, d'un goût particulier analogue à celui de la frangipane : il mûrit à la fin d'octobre.

L'arbre est très-vigoureux.

La ROUSSETTE DE BRETAGNE, Calvel. Fruit moyen, comprimé, turbiné, d'un fauve clair ; sa chair est très-blanche, à demi fondante, un peu âpre. Il se rapproche de la crassane et perd de sa qualité en quittant son sol natal.

Le LANSAC, ou *dauphine*, ou *satin*. Fruit moyen, presque rond, jaune ; sa chair est sucrée, d'un goût agréable, relevée d'un peu de fumet. Il mûrit à la fin d'octobre. *Voyez* Duhamel, *Pl* 57.

La VIGNE, ou *demoiselle*. Fruit ovale, petit, cendré, à queue très-longue, à peau rude, d'un gris brun un peu rougeâtre et ponctué de gris du côté du soleil ; sa chair est fondante, d'un goût relevé, mais devient molle ou pâteuse. Il mûrit en octobre. *Voyez* Duhamel, *Pl.* 58, *fig.* 2.

L'arbre est vigoureux.

La **Pastorale**, ou *musette d'automne*. Fruit gros, allongé, jaune-cendré, ponctué de roux; sa chair est à demi fondante, musquée et très-bonne. Il mûrit en novembre. *Voyez* Duhamel, *Pl*. 55.

L'arbre profite davantage greffé sur franc que sur coignassier.

Le **Messire-Jean**. Fruit gros, presque rond, un peu rude au toucher, jaune doré, très-ponctué de gris; sa chair est cassante, souvent pierreuse, d'un goût relevé, excellent. Il mûrit en octobre. *Voyez* Duhamel, *Pl*. 46.

La couleur des poires de messire-jean varie suivant l'âge, la vigueur de l'arbre, le sujet sur lequel il est greffé. Si le pied est vieux ou languissant, le fruit est *blanc;* s'il est jeune, vigoureux et sur franc, il est *doré;* il devient moins gros, plus pierreux et plus *gris* sur le coignassier. De là les trois variétés que quelques personnes séparent de lui.

La **Callebasse-Marianne**. Fruit allongé, de couleur orange, d'environ 3 pouces de diamètre tranversal, s'amincissant longuement; queue grosse; chair blanche, fondante, très-sucrée et très-parfumée. C'est une des meilleures de toutes les poires. Elle se rapproche beaucoup de celle qui porte mon nom. L'arbre est épineux. *Voyez* sa fig., *Pl*. 40 des *Annales générales des sciences*.

Le **Sucré vert**. Fruit moyen, ovale, toujours ponctué de gris; sa chair est très-fondante, très-sucrée, agréable au goût. Il mûrit à la fin d'octobre. *Voyez* Duhamel, *Pl*. 34.

L'arbre est vigoureux et productif.

Le **Franc réal**, ou *gros micet*. Fruit gros, rond, d'un vert jaunâtre, ponctué de roux; sa chair est très-bonne cuite. Il mûrit en octobre.

La **Rousseline**. Fruit petit, presque rond, quelquefois arqué, d'un fauve clair; sa chair est demi-fondante, sucrée, musquée, très-agréable. Il mûrit en novembre. *Voyez* Duhamel, *Pl*. 15.

L'arbre ne veut pas être greffé sur coignassier.

La **Crassane**, ou *bergamotte-crassane*. Fruit gros, presque rond, d'un gris verdâtre ponctué de roux; sa chair est fondante, sucrée, un peu parfumée, relevée d'une petite âpreté qui ne déplaît pas. Il mûrit en novembre. C'est une des bonnes poires, mais dont la qualité varie suivant le terrain, l'exposition, etc. *Voyez* Duh., *Pl*. 22.

L'arbre est vigoureux et demande un bon terrain, un peu humide. Il réussit mieux greffé sur franc que sur coignassier.

La **Merveille d'hiver**, ou *petit oin*. Fruit de moyenne grosseur, ovale, rude au toucher, d'un vert jaunâtre. Sa chair est fondante, sucrée, musquée, très-agréable. Il mûrit en no-vembre. *Voyez* Duh., *Pl.* 33.

L'arbre est très-productif sur franc, mais réussit mal sur coignassier. Il demande un terrain sec et chaud.

La Louise bonne. Fruit gros, allongé, blanchâtre, ponctué de vert. Sa chair est à demi fondante, douce, relevée, d'un fumet abondant. Il mûrit en novembre. *Voyez* Duhamel, *Pl.* 53.

L'arbre est grand, très-productif, et préfère le plein vent.

Le Martin-sec. Fruit moyen, très-allongé, bosselé, d'un brun clair du côté de l'ombre, et rouge ponctué de blanc du côté du soleil. Sa chair est cassante, quelquefois pierreuse, sucrée, parfumée, agréable. Il murit en décembre. *Voyez* Duhamel, *Pl.* 14.

L'arbre est très-fertile.

Le Martin-sire, ou *rouville, poire de Bunville, de Ho-crenaille.* Fruit gros, allongé, satiné, jaunâtre, rouge du côté du soleil. Sa chair est cassante, quelquefois pierreuse, douce, sucrée, même parfumée. Il mûrit en janvier. *Voyez* Duhamel, *Pl.* 19, *fig.* 5.

Le Saint-Lezain, Calvel. Fruit gros, allongé, arqué. Sa chair est dure, âpre, et n'est bonne que cuite. On peut voir cet énorme fruit figuré dans le *Nouveau Duhamel* de Poiteau et Turpin.

La Marquise. Fruit gros, ovale, allongé, jaunâtre, piqueté de vert, quelquefois rougeâtre du côté du soleil. Sa chair est fondante, sucrée, même un peu musquée. Il mûrit en dé-cembre. *Voyez* Duh., *Pl.* 49.

L'arbre est des plus vigoureux, et demande à être chargé à la taille.

L'Échassery, ou *bézi de Chassery.* Fruit moyen, ovale, jaunâtre. Sa chair est fondante, sucrée, musquée, d'un goût fort agréable. Il mûrit en décembre. On doit le regarder comme un des meilleurs lorsqu'il est bien conditionné. *Voyez* Du-hamel, *Pl.* 33.

L'arbre est grand, productif, et se met promptement à fruit; mais il lui faut une terre douce et légère.

L'Ambrette. Fruit de médiocre grosseur, arrondi, blan-châtre ou gris. Sa chair est un peu verdâtre, fondante, sucrée, excellente dans les années et les terrains favorables. Il mûrit en décembre. *Voyez* Duh., *Pl.* 31.

L'arbre est épineux. Il se greffe sur franc, mais mieux sur coignassier. Il veut un terrain sec et chaud, et une bonne ex-position. Le plein vent lui est plus avantageux que l'espalier :

les années pluvieuses ou froides sont contraires à la bonté de son fruit.

Le Vitrier. Fruit gros, ovale, vert, ponctué de vert plus foncé du côté de l'ombre, rouge foncé ponctué de brun du côté du soleil. Sa chair est blanche, d'un goût assez agréable. Il mûrit en décembre. *Voyez* Duh., *Pl.* 44, *fig.* 4.

Il est une autre poire de vitrier, qui est jaune du côté de l'ombre, et dont la chair est musquée.

La Béquesne. Fruit gros, allongé, arqué, jaune du côté de l'ombre, rougeâtre du côté du soleil, par-tout couvert de points gris. Sa chair est un peu fade quand elle est très-mûre; mais verte, elle fait d'excellentes compotes. Elle mûrit en décembre.

La Virgouleuse. Fruit gros, ovale, jaune, légèrement ponctué de roux, rougeâtre du côté du soleil. Sa chair est fondante, sucrée, relevée, excellente, et prend facilement le goût des choses sur lesquelles elle a mûri. Il se mange en décembre. *Voyez* Duh., *Pl.* 51.

L'arbre charge beaucoup, et se met difficilement à fruit. Il est peu difficile sur la nature du terrain. L'exposition du midi lui convient peu, parce que son fruit s'y crevasse. On ne peut cependant trop le multiplier.

Le Jardin. Fruit gros, arrondi, rude au toucher, jaune de diverses nuances du côté de l'ombre, rouge foncé ponctué de jaune du côté du soleil. Sa chair est à demi cassante, quelquefois un peu pierreuse, sucrée, de fort bon goût. Il mûrit en décembre. *Voyez* Duh., *Pl.* 19, *fig.* 3.

Le Saint-Germain, ou *l'inconnue*, la Fare. Fruit gros, allongé, jaunâtre, rude au toucher, ponctué de brun ou taché de roux. Sa chair est blanche, fondante, souvent pierreuse, excellente lorsque le terrain et l'année sont favorables. Il mûrit en janvier. *Voyez* Duh., *Pl.* 52.

L'arbre est vigoureux et fertile; mais pour donner de bons fruits, il faut le planter dans un sol ni trop sec ni trop humide, à une exposition ni trop chaude ni trop froide; encore, malgré ces soins, ses fruits varient-ils chaque année en qualité.

Il y en a une sous-variété à bois et à fruit panaché.

Le Chaptal, Calvel. Fruit gros, pyramidal, régulier, vert jaunâtre. Sa chair est fondante, peu pierreuse, acidule, sucrée. Il mûrit en janvier, et se conserve tout le printemps. C'est une excellente acquisition faite, dans ces dernières années, à la pépinière du Luxembourg.

La Royale d'hiver. Fruit gros, allongé, jaune, ponctué de fauve du côté de l'ombre, rouge ponctué de brun du côté du soleil. Sa chair est demi-fondante, jaunâtre, très-sucrée. Il mûrit en janvier. *Voyez* Duh., *Pl.* 35.

L'arbre est vigoureux, demande un terrain sec et chaud, et réussit mieux sur son sauvageon et en plein vent que sur coignassier et en espalier.

L'Angélique de Bordeaux, ou *Saint-Martial.* Fruit gros, allongé, aplati, d'un jaune très-pâle du côté de l'ombre, rouge du côté du soleil. Sa chair est cassante, douce et sucrée. Il mûrit en janvier.

L'arbre est très-délicat. Il réussit mal sur coignassier, et demande un terrain sec et en bonne exposition.

L'Angélique de Rome. Fruit moyen, allongé, rude au toucher, jaune du côté de l'ombre, rouge du côté du soleil. Sa chair est jaunâtre, demi-fondante, un peu pierreuse, sucrée et d'un goût relevé. Il mûrit en janvier.

L'arbre est vigoureux, mais il demande un terrain léger et frais pour produire de gros et de bons fruits.

La Fourcroy, van Mons. Fruit ovale, de 2 pouces et demi de diamètre transversal, à peau jaune, mouchetée, à queue robuste, à ombilic peu enfoncé; chair blanche, jaunissant à la maturité, fondante, légèrement acide, excellente. *Voyez* sa figure, *Pl.* 86 des *Annales générales des sciences.* Elle mûrit en janvier.

L'Oken d'hiver, van Mons. Fruit ovale, un peu allongé, de 5 pouces de diamètre transversal, à queue courte, à ombilic enfoncé, à peau d'un jaune clair lavé de fauve et de vert, et tiqueté de gris; chair blanche fondante, douce, parfumée, excellente. *Voyez* sa figure, *Pl.* 74 des *Annales générales des sciences.* Il mûrit en mars.

Le Saint-Augustin, *poire de Pise.* Fruit petit, allongé, jaune, ponctué de brun du côté de l'ombre, rougeâtre du côté du soleil. Sa chair est dure, mais musquée. Il mûrit en janvier. *Voyez* Duh., *Pl.* 58, *fig.* 3.

L'arbre demande une bonne terre un peu fraîche pour donner des fruits estimables.

Le Champ riche d'Italie. Fruit gros, long, d'un vert clair ponctué de gris. Sa chair est blanche, demi-cassante, et fort bonne cuite. Il mûrit en janvier.

La Livre. Fruit très-gros (ayant 3 à 4 pouces de diamètre), aplati, inégal, vert jaune ponctué de roux. Sa chair est cassante et se mange cuite. Il mûrit en janvier et février.

L'arbre est très-vigoureux, mais ne réussit pas sur coignassier.

Le Trésor, ou *amour.* Fruit encore plus gros que le précédent, allongé, rude au toucher, jaune ponctué de brun ou de fauve. Sa chair est blanche, presque fondante, très-bonne cuite. Poiteau et Turpin qui l'ont figuré dans leur *Nouveau Duhamel*, le regardent comme distinct.

L'arbre est trop vigoureux pour résister sur coignassier.

Le COLMAR, ou *poiremanne*. Fruit très-gros, pyramidal, d'un vert jaunâtre ponctué de brun, légèrement fouetté de rouge du côté du soleil. Sa chair est jaunâtre, fondante, très-douce, sucrée, relevée. Il mûrit en janvier, et se conserve jusqu'en avril. C'est un de ceux qui méritent le plus d'être cultivés. *Voyez* Duh., *Pl. 5*.

Le COLMAR-SABINE. (Van Mons.) Son fruit a la forme d'un beurré et 2 pouces et demi de diamètre. Sa couleur d'un beau vert, pointillé de brun, de grosseur moyenne, avec une longue queue et un ombilic peu profond. Sa chair est blanche, beurrée, très-sucrée, nullement musquée. Il ne mûrit qu'après l'hiver. *Voyez* sa figure *Pl*. 30, vol. 3 des *Annales générales des sciences physiques*.

Le COLMAR VAN MONS. Fruit piriforme, jaune ponctué de fauve, de grosseur moyenne, à chair demi-cassante, sucrée, très-agréable; se conserve deux ans suivant van Mons, mais était mûr en janvier. J'en ai mangé. Arbre extrêmement fertile.

Le TONNEAU. Fruit très-gros, allongé, d'un jaune verdâtre du côté de l'ombre, rouge du côté du soleil. Sa chair est très-blanche, un peu pierreuse, et excellente en compote. Il mûrit en février. *Voyez* Duh., *Pl*. 58, *fig*. 5.

Le DONVILLE. Fruit de médiocre grosseur, allongé, luisant, d'un jaune citron ponctué de fauve du côté de l'ombre, d'un rouge vif ponctué de gris du côté du soleil. Sa chair est blanche, cassante, un peu âcre. Il mûrit en février.

Une autre poire dont la forme est conique, la chair jaune et pierreuse, porte le même nom.

La TROUVÉE. Fruit moyen, allongé, jaune citron vergeté et ponctué de rouge du côté de l'ombre, rouge ponctué de gris du côté du soleil. Sa chair est d'un jaune pâle, cassante, sucrée, agréable. Il se mange cuit en janvier et février, et mûrit en mars.

Le CATILLAC. Fruit très-gros (3 à 4 pouces de diamètre), arrondi, bosselé, d'un gris jaunâtre du côté de l'ombre, d'un brun rougeâtre du côté du soleil. Sa chair est cassante, blanche, et bonne cuite depuis novembre jusqu'en mai.

Le CATILLAC ROSAT, Calvel. Fruit très-gros, arrondi, d'un vert gris coloré au soleil. Sa chair n'est bonne qu'à cuire.

La CUISINE, ou *poire de cuisine de Varin*, Calvel. Fruit

très-gros, roussâtre, ponctué de gris. Sa chair n'est également bonne qu'à cuire.

Le RATEAU, ou *poire-râteau*, Calvel. Fruit très-gros, d'un fauve clair. Sa chair est très-dure, très-âpre, uniquement bonne à cuire.

L'arbre ne se greffe que sur franc.

La DOUBLE FLEUR. Fruit gros, rond, vert jaunâtre du côté de l'ombre, rouge du côté du soleil, par-tout ponctué de gris. Sa chair est cassante, et ne se mange que cuite en février, mars et avril. *Voyez* Duh., *Pl.* 28.

Il y a une sous-variété rayée de vert et de jaune, qu'on appelle DOUBLE FLEUR PANACHÉE.

L'arbre est vigoureux. Il doit son nom à ce que ses fleurs sont semi-doubles.

Le PRÊTRE, ou *poire de prêtre*. Fruit gros, presque rond, gris ponctué de gris moins foncé. Sa chair est blanche, demi-cassante, pierreuse, aigrelette. Il mûrit en février.

Le NAPLES. Fruit moyen, un peu arqué, vert jaunâtre légèrement teint de rouge du côté du soleil ; sa chair est demi-cassante, douce et agréable. Il mûrit en mars. *Voyez* Duh., *Pl.* 56.

L'arbre est vigoureux.

Le CHAT BRUSLÉ, ou *pucelle de Saintonge*. Fruit moyen, allongé, luisant, jaune citron du côté de l'ombre, d'un rouge vif du côté du soleil ; sa chair est cassante, fine et très-propre à faire des compotes. Il se conserve jusqu'en mars.

Le TARQUIN. Fruit moyen, très-allongé, d'un jaune verdâtre marbré de fauve ; sa chair est cassante, aigrelette et assez fine. Il mûrit en avril et en mai.

L'IMPÉRIALE. Fruit moyen, allongé, d'un jaune verdâtre ; sa chair est demi-fondante, sucrée et agréable. Il mûrit en avril et mai. *Voyez* Duh. *Pl.* 54.

L'arbre est très-vigoureux. Ses feuilles sont sinuées et profondément incisées, ce qui leur donne quelquefois l'apparence d'une *feuille de chêne*.

Le SAINT-PAIRE, ou *saint-père*. Fruit moyen, pyramidal, rude au toucher, jaunâtre ; sa chair est blanche, tendre, très-bonne cuite et peut se manger crue dans la maturité. Il mûrit en mars et se conserve jusqu'en juin.

La GOBERT. Fruit gros, presque rond, vert jaunâtre du côté de l'ombre ; rougeâtre du côté du soleil ; sa chair est demi-cassante, blanche, musquée. Il se garde jusqu'au mois de juin.

Poiteau et Turpin figurent sous ce nom une fort belle poire, qu'ils regardent comme différente.

Le SARRASIN. Fruit moyen, allongé, jaune pâle du côté de

l'ombre, rouge brun ponctué de gris du côté du soleil; sa chair est blanche, presque fondante, sucrée, parfumée. Il se garde une année sur l'autre et plus. On en fait d'excellentes compotes.

On cultive de plus dans les pépinières du Jardin des plantes, du Luxembourg et de Versailles, quelques variétés de poires que je n'ai pas comprises dans ce catalogue, parce que n'ayant pas encore porté de fruits, je n'en ai pas pu établir les caractères distinctifs, ou je ne les ai pas étudiées.

Le chimiste van Mons, de Bruxelles, qui porte aujourd'hui son activité sur la culture des arbres fruitiers, a envoyé à Thouin une collection des variétés nouvelles qu'il s'est procurées par des semis ou par sa correspondance. Je crois devoir donner ici la nomenclature de celles de ces variétés qui se trouvent aujourd'hui dans nos jardins, et de la multiplication desquelles on peut s'occuper dès ce moment, quoique je n'en connaisse pas encore les fruits. Les amis de la science seront sans doute bientôt en état d'apprécier la valeur des travaux de van Mons; car il y a déjà quelque temps que l'ouvrage qu'il a rédigé sur la culture des arbres fruitiers est imprimé, et sa publication ne tient qu'à des circonstances de librairie qui lui sont étrangères.

Doyenné d'été.	S.-Ghislain.	Dorothée royale.
Beurré. { Duquesne.	d'Anxande précoce.	passe-Colmar.
d'hiver.	délice d'Hardenpont.	—————— épineux.
roux d'hiver.	Tentole.	de Neuville.
d'hiv. de Mons Noirchain.		de Belot.
rance.	calebasse béldil.	belotte.
bronzé.	princesse d'Orange.	monstrueuse.
Thouin.	inconnue d'été.	Bergamotte { de Guime.
Sickler,	Micil d'hiver.	doyenné.
de Neufmaison Chartrier.		d'Harer.
souveraine.	sans pareille.	Beaumont.
S.-Germain d'été.	Bezy Waat.	

Il est des variétés de pêches, de prunes, etc., qui se reproduisent par le semis de leurs graines, mais il n'y a pas de variétés de poires, dans la longue série que je viens de mettre sous les yeux du lecteur, qui soient dans ce cas. On ne peut multiplier les poiriers que par BOUTURES, par MARCOTTES et par la GREFFE sur SAUVAGEON, sur COIGNASSIER, sur ÉPINE. *Voyez* tous ces mots.

Certaines variétés de poiriers se mettent à fruit bien plus promptement que d'autres; au nombre des premières se trouvent le saint-germain et le beurré; au nombre des secondes la virgouleuse et le bon-chrétien d'hiver. Celles-ci demandent à être très-peu taillées dans leur jeunesse, sans quoi on risque de les cultiver pendant douze à quinze ans sans utilité.

On pratique plus fréquemment sur les poiriers que sur les autres arbres la belle opération qui consiste à casser à demi, entre les deux sèves, l'extrémité de leurs bourgeons. *Voyez* CASSER et SÈVE.

Rarement on emploie le moyen des boutures ou des marcottes, parce que les pieds qui en proviennent sont faibles et de peu de durée. Les rejetons qu'ils fournissent assez souvent sont également peu estimés. C'est donc par la greffe qu'on transmet presque exclusivement aux générations futures les variétés qui ont des qualités propres à les faire rechercher.

L'expérience a prouvé qu'en employant les sauvageons pour sujets, on obtenait des arbres très-vigoureux et d'une longue vie, mais qui se mettaient très-tard à fruit, c'est-à-dire après vingt ans et plus, et donnaient des productions moins perfectionnées que celles de la greffe sur coignassier : aussi aujourd'hui n'en fait-on presque plus usage.

Par opposition, en employant le coignassier pour sujet, on obtient des arbres faibles, de peu de durée, mais qui se mettent promptement à fruit (après deux ou trois ans) et donnent des productions plus perfectionnées.

La cause qui rend les coignassiers si utiles pour former des poiriers de petite taille et à fructification précoce, c'est que d'abord ils ont moins de racines que les poiriers francs, ensuite que leur sève est d'une nature assez différente pour que les greffes de ces derniers souffrent d'être forcées de s'en nourrir. Or, tout arbre qui se nourrit peu, reste petit et se presse de donner ses productions comme devant bientôt périr. L'action du POMMIER-PARADIS dans la greffe du pommier, est fondée sur la même théorie.

Le franc, qui est le produit du semis des graines des variétés déjà perfectionnées, tient le milieu entre ces deux extrêmes ; mais il est à observer que ce franc, tel qu'il est produit dans les pépinières, est un mélange de plusieurs variétés : les unes plus perfectionnées, qui doivent par conséquent améliorer la variété greffée ; les autres moins perfectionnées et qui doivent la détériorer. D'un côté les pepins des bonnes variétés sont les plus sujets à avorter, et de l'autre la difficulté de s'en procurer suffisamment et la nécessité d'économiser, obligent les pépiniéristes à semer des pepins de poires à poiré achetés chez les fabricans de cidre ou de bière, dont la nature diffère peu de celle des sauvageons ; ce qui produit un bien et un mal en même temps. C'est probablement autant à cette grande variation des sujets, qu'à la qualité de la terre, à l'exposition, au temps, etc., qu'on doit les altérations qu'on remarque dans la saveur, la grosseur, la couleur, etc., des variétés les plus recherchées, décrites par Duhamel, et les sous-variétés qu'on trouve dans presque tous les jardins et les parties d'un même jardin.

Il doit paraître surprenant que, dès qu'une variété de poire reprend à la greffe sur le coignassier, toutes n'y reprennent pas également ; mais il doit le paraître encore plus qu'il y ait de ces variétés qui reprennent plus facilement sur cet arbre que sur le franc. Ce fait, qui, d'après Duhamel, se remarque principalement dans la royale d'été, l'épine d'hiver, l'ambrette et la mansuette, nous prouve qu'il y a encore bien des découvertes à faire dans les élémens de l'organisation végétale.

Il y a tout lieu de croire qu'il est des francs qui se refusent également à recevoir les greffes de certaines variétés, car les pépinéristes rencontrent souvent des sujets sur lesquels ils ne peuvent parvenir à la faire prendre, ce qu'ils attribuent aux diverses causes qui peuvent faire manquer les greffes.

On préfère greffer sur coignassier dans tous les cas où on veut former des espaliers, des contr'espaliers, des buissons, des pyramides, des quenouilles et même des demi-pleins-vents, afin de régler plus facilement les arbres faits, d'en obtenir de plus beaux fruits et de les amener à en produire plus tôt. C'est une erreur de croire qu'on puisse, par le moyen de la taille, arriver aux mêmes résultats. Il n'y a que la Courbure des branches, la suppression des maîtresses Racines, l'enlèvement de la bonne Terre et autres moyens affaiblissans, ou l'Incision annulaire et la Ligature, qui puissent faire arriver au même résultat. *Voyez* tous ces mots.

En général le coignassier, comme je l'ai déjà observé plus haut, ne convient qu'aux variétés déjà faibles par leur nature ; cependant, d'après ce principe, celles qui ont de la vigueur devraient pouvoir être greffées sur le coignassier de Portugal, qui est plus grand que l'espèce ; mais il en est qui s'y refusent aussi, ce qui doit faire supposer qu'il y a réellement une hétérogénéité dans les principes.

On greffe le poirier sur l'épine lorsqu'on veut le cultiver dans un très-mauvais terrain, ou l'empêcher de s'élever ; mais lorsque les variétés qu'on y place sont très-vigoureuses, elles n'y subsistent pas long-temps, comme le prouvent l'ambrette, l'impériale, etc.

Toutes les espèces de greffes s'appliquent au poirier ; cependant dans les pépinières on ne fait guère usage que de celle à écusson à œil dormant, lorsque le franc n'a que deux ou trois ans, et lorsqu'on opère sur le coignassier et en fente, à 4 et 5 pieds, lorsqu'on n'a plus que des francs de quatre à cinq ans et au-delà. On trouvera aux mots GREFFE et PÉPINIÈRE, les motifs qui dirigent dans ce cas la conduite des cultivateurs.

Une terre profonde, fertile, légère et un peu humide, est celle qui convient le mieux aux poiriers de semis ou greffés sur franc. Ils jaunissent, ne vivent pas long-temps et portent des fruits inférieurs dans les sols trop arides, n'importe qu'ils soient sablonneux ou argileux, et dans ceux qui sont trop aquatiques. Ils s'accommodent de toutes les expositions ; cependant il est des variétés qui préfèrent l'une plutôt que l'autre. Leurs fruits, par exemple, sont rarement bons à celle du nord.

Comme le coignassier est un arbre du bord des eaux et des pays méridionaux, il faut que les poiriers greffés sur lui soient dans un sol encore plus humide et à une exposition encore plus chaude. Dans ces cas, il n'est pas nécessaire qu'il y ait autant de profondeur de terre, parce que le coignassier a les racines traçantes.

Cependant il ne faut pas croire que les poiriers ne veulent pas de chaleur. Les printemps froids et pluvieux empêchent leurs fruits de nouer, les étés pluvieux les rendent fades, les automnes pluvieux les empêchent de mûrir et de se conserver. Dumont Courset a observé que, dans ces deux derniers cas, on perdait, outre les fruits de l'année, ceux des années suivantes, parce que les BRINDILLES (*voyez* ce mot), à raison de la sève surabondante qu'elles reçoivent, se transforment en branches à bois. C'est, ajoute cet excellent cultivateur, la raison pour laquelle les poiriers rapportent moins depuis quelques années, que les étés sont constamment froids et pluvieux.

D'un autre côté, si un été très-sec et très-chaud est favorable à la bonté et à la conservation des poires, il les empêche de grossir et les rend pierreuses.

Dans les années trop sèches, les poiriers en général, et surtout ceux greffés sur coignassiers, et à plus forte raison quand à cette circonstance se joint un terrain aride, sont exposés à perdre au moins leurs boutons les plus élevés, et souvent l'extrémité de leurs branches; souvent à cela se joint le dessèchement complet de leurs feuilles. Des arbres ainsi maltraités se rétablissent difficilement et sont toujours plusieurs années sans porter de fruit.

C'est donc un été ni trop sec ni trop humide que les amateurs doivent désirer, et ils sont rares dans le climat de Paris : aussi combien souvent les poires manquent-elles !

Quoique le poirier soit indigène à la France, il est sensible aux gelées lorsqu'il commence à pousser au printemps. Ses fleurs sur-tout en sont souvent frappées, ce qui est encore une cause du manque des récoltes. Toutes les variétés ne sont pas également susceptibles d'en ressentir les effets; celles à bois dur y résistent davantage que les autres.

Il est d'autres circonstances qui concourent aussi à faire manquer les récoltes des poiriers; mais comme elles sont communes à presque tous les arbres, je renvoie aux articles généraux, tels que FÉCONDATION, COULURE, etc.

Plusieurs insectes nuisent spécialement aux poiriers : le plus dangereux de tous est la TINGIS, connue sous le nom de *tigre*, et dont il sera question à la fin de l'article PUNAISE. Il s'oppose quelquefois totalement à la culture en espalier de certaines variétés qu'il préfère.

Après lui je dois citer le CHARANÇON GRIS qui dévore au printemps les bourgeons naissans, comme je l'ai observé encore cette année, et l'ATTELABE ALLIAIRE, qui coupe la pétiole des feuilles naissantes. Il n'y a d'autre moyen que de leur faire la chasse au moment de leur apparition.

Les chenilles des BOMBICES COMMUN et LIVRÉE, de la NOCTUELLE PSY, et quelques autres moins abondantes, mangent ses feuilles. Il en est de même de la larve du TENTHRÈDE du CERISIER, qui quelquefois ne laisse à ses feuilles que le réseau, ce qui les empêche de remplir leur destination et leur donne une apparence de brûlé dès le milieu de l'été. Une COCHENILLE et une ou peut-être deux espèces de PUCERONS leur nuisent également beaucoup.

Les larves de L'ATTELABE et le CHARANÇON DES POMMES, et peut-être quelques autres, ainsi que celles de la TEIGNE-POMMONELLE, d'une MOUCHE et d'une TIPULE, vivent dans l'intérieur des fruits. Ce sont ces larves qui les rendent verreux et les font tomber avant le temps. Je suis entré dans quelques détails sur ce qui les concerne aux articles qui les ont pour objet.

Les pépiniéristes ne semant presque que des pepins de poires à poiré, pour avoir des sujets pour la greffe, et les tirant des pressoirs à cidre, ils ne savent, par conséquent, ni de quelles variétés ils proviennent, ni de quelle qualité ils sont; le hasard seul préside donc aux résultats qu'ils en doivent obtenir. Ils les répandent avec le marc dans des planches bien labourées, à une exposition orientale et abritée, ou en plein champ lorsqu'ils ne peuvent faire autrement, tantôt à la volée, tantôt en rayons écartés de 6 à 8 pouces. Comme ils sont certains que beaucoup de pepins ne valent rien, soit parce qu'ils ne sont pas arrivés à leur point de maturité, soit parce qu'ils ont été écrasés par suite du pressurage, ils les répandent fort épais. Les pepins sont recouverts, dans les deux cas, d'un pouce de terre-meuble, sur laquelle on répand un demi-pouce de litière courte ou de mousse, ou de feuilles sèches, pour empêcher la trop grande évaporation de l'humidité du sol. Cette opération peut être faite en automne ou au printemps; cependant, comme il est facile de conserver le marc dans des tonneaux pendant tout l'hiver, beaucoup de pépiniéristes ne l'exécutent qu'en février et mars.

Le plant sort de terre en mai, plus tôt ou plus tard, selon le climat, l'exposition, la nature de la terre et la chaleur de la saison. On le sarcle deux ou trois fois pendant le cours du premier été, et on l'arrose, si besoin est et si possibilité s'y trouve, lorsque les sécheresses sont trop prolongées.

Il est des pépiniéristes qui lèvent ce plant dès le printemps suivant pour le mettre en rigoles, d'autres le laissent dans la planche du semis pendant la seconde année. Les avantages et les inconvéniens de ces deux modes de pratique sont à-peu-près compensés. *Voyez* PÉPINIÈRE.

Parmi ce plant il en est qui est épineux, d'autre qui ne l'est cas. Ce dernier, annonçant par cela seul un plus haut degré de perfection, devrait être mis à part pour être greffé des meilleures variétés, sur-tout des variétés fondantes, telles que le beurré, la virgouleuse, le colmar, etc.; mais on n'a nulle part cette attention, ce qui prouve avec combien peu de réflexion travaillent les pépiniéristes.

La plus grande partie du plant de poirier est propre à être greffée en écusson à œil dormant, dès l'automne de l'année de sa transplantation, à une petite distance de terre pour faire des ESPALIERS, CONTR'ESPALIERS, BUISSONS, VASES, PYRAMIDES et QUENOUILLES; le reste est mis en RIGOLES (*voyez* ce mot) pour lui donner le temps de se fortifier. Quelques personnes pensent cependant qu'il est mieux d'attendre la seconde année après cette transplantation; mais les inconvéniens compensent encore ici les avantages.

Lors de la greffe on a soin de réserver çà et là quelques-uns des pieds les mieux filés, pour en faire ce qu'on appelle des ÉGRAINS, c'est-à-dire pour les laisser monter jusqu'à 5 à 6 pieds, et les greffer en fente à cette hauteur trois à quatre ans après. Ces égrains, qui, dans quelques pays, sont préférés pour les plantations de plein vent, par l'idée, peut-être bien fondée, où l'on est qu'ils donneront des arbres plus vigoureux et d'une plus longue durée que ceux qui ont été greffés plus jeunes et plus près de terre, se vendent souvent aussi cher que les pieds greffés, quoiqu'ils aient moins coûté de travail.

C'est parmi ces égrains qu'on peut espérer de découvrir de nouvelles variétés préférables sous un ou plusieurs rapports à celles connues. Des bourgeons gros et obtus, des feuilles larges, épaisses et rondes, le défaut absolu d'épines, un ensemble différent des autres, sont des caractères qui peuvent mettre sur la voie ; mais il est cependant de très-bonnes poires qui naissent sur des arbres à rameaux grêles, à petites feuilles, et épineux. Ce n'est donc qu'en attendant les fruits qu'on peut être assuré de faire des découvertes en ce genre. Les personnes se livrant à cette sorte de recherche étaient plus nombreuses jadis qu'en ce moment.

Ce que j'ai déjà fait observer plusieurs fois relativement à la différence de vigueur, de durée, de qualité de fruit, etc., entre le poirier greffé sur franc et sur coignassier, doit décider la question de savoir laquelle de ces deux greffes il faut employer dans tel ou tel cas. Les pépiniéristes tiennent pour greffer le plus possible sur coignassier et à quelques pouces de terre, pour que les demandes des amateurs qui veulent jouir promptement soient en concordance avec leur intérêt personnel, qui les porte à fournir des arbres de peu de durée. D'ailleurs les pleins-vents ne sont plus de mode. Je ne blâmerai pas plus qu'il ne convient ce goût du public et cette conduite des marchands ; mais je regretterai ces poiriers séculaires, dont on ne trouve plus des exemples que dans les départemens éloignés de Paris, poiriers aux dépens desquels plusieurs générations avaient vécu. En principe général les poiriers en plein vent, ceux en demi-tige et ceux en buisson devraient être, pour la plus grande partie, greffés sur franc, ainsi que ceux en espaliers, contr'espaliers et quenouilles, destinés à être placés dans des terrains un peu secs.

La distance entre les poiriers ne peut être ici fixée, puisqu'elle dépend de la nature du sol, de la variété, de la forme, etc. Je donne aux mots PLEIN-VENT, ESPALIER, BUISSON, PYRAMIDE, QUENOUILLE, etc., des bases propres à guider celui qui est dans le cas d'opérer : je n'en parlerai donc pas ; il me paraît cependant bon de citer un passage de Rozier.

« N'est-il pas démontré, dit cet estimable écrivain, que le franc est plus vigoureux que le coignassier ? Si cela est, pourquoi planter à la même distance l'un et l'autre ? La végétation est inégale entre eux et très-inégale, chacun en convient. Le plus fort doit donc de toute nécessité venir, à la longue, manger le plus faible, c'est-à-dire occuper sa place. Point du tout, le tailleur d'arbres n'entend point cela ; il taille chacun à sa place, tant pis pour lui si, chaque année, il pousse trop vigoureusement. Ce franc, ainsi perpétuellement retenu, est forcé de pousser sans cesse du bois; mais du fruit, c'est autre chose; ce n'est pas sa faute. Pour que le bouton à fruit se forme, il faut que le bois soit au moins de deux ans, et on ne donne pas à cet arbre le temps d'en former. Le jardinier tout fier prononce hardiment devant son maître, qui n'y entend pas plus que lui, qu'il faut arracher cet arbre, et qu'il ne donnera jamais de fruit. Combien de fois n'ai-je pas entendu de pareils raisonnemens! Combien de fois n'ai-je pas vu l'arbre vigoureux et magnifique de la virgouleuse réduit à un espace de 6 à 8 pieds sur 9 à 10 de hauteur, donner chaque année un gros fagot de bourgeons et de branches, et pas un seul fruit! Pour le mettre à fruit, on lui supprime deux grosses branches, on le mutile, etc., et le tout très-inutilement; tandis que si on avait arraché les deux voisins, si on avait étendu ses branches sans les rogner, si dans cette position on les avait laissés pousser à volonté, elles auraient donné du fruit dès la seconde année. »

Le résultat de ce passage de Rozier est qu'il faut beaucoup écarter les poiriers, et que ce n'est pas par une taille courte qu'on peut les amener à fruit lorsqu'ils sont vigoureux. Je ne puis qu'applaudir aux principes qu'il renferme.

Dès la seconde année de la plantation des poiriers dont on veut faire des espaliers, des contr'espaliers, des pyramides ou des quenouilles, il faut s'occuper de les régulariser par la taille, soit qu'ils aient été ou non déjà disposés pour telle ou telle dans la pépinière.

Quelques amateurs croient gagner du temps en achetant des arbres de cinq à six ans et plus entièrement formés, soit dans la pépinière, soit dans un autre jardin; mais une constante expérience prouve que leur but non-seulement n'est pas rempli, mais que le plus souvent ces arbres restent faibles et vivent peu long-temps. Ce sont des pieds de trois ans qu'il faut toujours préférer, mais les choisir bien sains, et les tirer d'un terrain moins bon que celui où on doit définitivement les placer. J'en ai dit la raison au mot PÉPINIÈRE.

Quoique les poiriers en espaliers, disposés selon la méthode de Montreuil, c'est-à-dire sur deux mères-branches formant le V, soient très-avantageux, et pour le coup d'œil et pour le produit; cependant il y a quelque tendance en ce moment à préférer d'en former des quenouilles en palmette, selon la méthode de Forseyth. Il m'a paru que les inconvéniens de cette nouvelle pratique étaient plus nombreux que ceux de celle la plus en usage. En effet, on reproche à cette dernière de ne pouvoir pas être conservée, quel que soit le talent du jardinier, exactement dans les principes de la taille du fort au faible, parce que cet arbre pousse des bourgeons sur le vieux bois;

mais très-peu des pieds de quenouille en palmette que j'aie connus m'ont offert, après trois à quatre ans, des arbres réguliers, parce que quelques-unes des branches latérales ont péri, et n'ont pu être remplacées, la greffe réussissant très-rarement dans ce cas.

Un poirier en espalier, quelque soin qu'on apporte à le bien conduire, se transforme toujours en palissade en vieillissant, c'est-à-dire qu'il se garnit sur le devant de rameaux qu'il n'est plus possible de fixer au mur ni de supprimer. Dans cet état, il est quelquefois encore très-productif. On voyait, il y a deux ans, dans le potager de Versailles cinq à six pieds plantés par La Quintinie qui offraient cette disposition. Des barbares les ont arrachés, ainsi que je l'ai déjà dit, sans respect pour la mémoire du père du jardinage et pour leur âge de cent soixante ans. Ils produisaient encore, dans les années favorables, une abondance de fruits excellens, quoiqu'un peu pierreux, et annonçaient devoir vivre encore long-temps. Ils étaient à l'exposition du couchant.

Quant aux arbres greffés sur franc ou aux égrains dont on veut faire des pleins-vents, on peut les prendre beaucoup plus vieux ; cependant je conseillerai toujours de préférer ceux de cinq à six ans au plus, comme étant plus assurés à la reprise, et plus susceptibles de s'accoutumer au sol dans lequel on les place.

Je ne répéterai pas ici ce que j'ai dit aux articles qui les concernent, sur la manière de former les espaliers, contr'espaliers, pyramides, quenouilles, pleins-vents, etc. ; j'observerai seulement que le poirier se prête fort bien à toutes ces formes, mais qu'il est des variétés d'une nature si vigoureuse, qu'il est difficile de les amener à fruit, quoique greffées sur coignassier, lorsqu'on ne leur laisse pas un grand développement de branches. J'ai eu soin de noter cette circonstance dans le tableau des variétés, afin de guider ceux qui voudront faire des plantations. C'est pour n'y avoir pas donné l'attention convenable que tant d'amateurs ont fait arracher leurs poiriers après quelques années de plantation, comme incapables de leur donner jamais de fruit, quoiqu'au moyen d'une autre taille ils eussent pu en tirer un excellent parti. Ce sont sur-tout les plantations exécutées dans les bons terrains qui offrent ce cas. Il faut donc laisser arriver d'autant plus promptement les poiriers à toute la grandeur qu'on veut leur donner, qu'ils s'annoncent pour être plus vigoureux, sans cependant négliger de leur faire subir les opérations qui doivent les amener à la forme qui leur est destinée : pour cela tailler long et courber. *Voyez* TAILLE et COURBURE.

Il est des variétés de poires, telles que la crassane, le bon-chrétien d'été, qu'on laisse très-longues, c'est-à-dire qu'on taille d'un à 3 pieds. La pratique du fort au faible doit être employée, mais au moment du palissage seulement. Lorsque l'équilibre est rétabli, on supprime à la taille les branches surnuméraires conservées du côté le plus faible. *Voyez* au mot PÊCHER.

Le bon chrétien d'hiver, la virgouleuse, la crassane, le saint-germain, le martin-sec, le colmar, le beurré d'hiver, sont les espèces qu'on place le plus souvent en espalier dans les environs de Paris; les deux premières l'exigent même, car elles donnent autrement très-peu de fruit : le bon-chrétien au midi, la virgouleuse au couchant ou au nord; les autres s'accommodent de toutes les expositions, mais celles du levant et du midi valent mieux.

Bien différent du pêcher et autres arbres à noyau, le poirier porte son fruit sur des branches qui sont trois, quatre et même cinq ans à se former; on appelle cependant aussi ces branches des lambourdes et des brindilles. C'est cette circonstance qui permet de tailler cet arbre à telle époque de l'hiver qu'on le désire, puisqu'on voit toujours quelles sont les branches qu'il faudra conserver pour avoir la même quantité de fruit non-seulement l'année de la taille, mais encore les deux ou trois suivantes. *Voyez* BRANCHE.

Un poirier est-il trop chargé de brindilles, annonce-t-il qu'il souffre par la couleur jaune de ses feuilles, et encore plus par le desséchement de l'extrémité de ses rameaux, il faut le tailler court sur ces brindilles mêmes, afin de les transformer en branches à bois, et renouveler les secondes par une taille semblable.

Le colmar, plus que les autres variétés de poiriers, est sujet à fournir beaucoup de brindilles intermédiaires entre les branches à bois et les branches à fruit. Elles ne font qu'embarrasser l'arbre, mais en les taillant sur un œil en hiver, on peut les transformer en les premières, et en les cassant en été à trois ou quatre yeux les transformer en les secondes. La plupart des cultivateurs ne portent pas assez d'attention sur ces sortes de brindilles qu'ils suppriment généralement.

Les poiriers en plein vent qui poussent faiblement et qui annoncent leur fin prochaine peuvent être remis en vigueur par le retranchement de leurs branches. Cette opération, qu'on appelle RAJEUNISSEMENT (*voyez* ce mot), est cependant sujette à quelques inconvéniens.

Je ne chercherai point à fixer le rang que tiennent les poires parmi les fruits de nos jardins. Chacun peut l'assigner conformément à son goût; mais je dirai qu'une bonne poire est un excellent fruit, et je ne serai démenti par personne; non-seulement on les mange crues, mais encore cuites au four, en compotes, en marmelade. Certaines variétés que j'ai indiquées dans le catalogue, qui ne peuvent se manger crues, à raison de leur âpreté, sont non-seulement bonnes cuites, mais même meilleures dans cet état que certaines des plus estimées.

Un avantage que les poires ne partagent qu'avec les pommes (en ne comparant que les fruits pulpeux s'entend), c'est qu'un certain nombre de variétés peuvent se conserver une année sur l'autre et même plus.

Quant à celles de ces variétés qui ne jouissent pas de la faculté de se conserver long-temps en nature, il est encore plusieurs moyens d'en prolonger la consommation, même au-delà du terme des autres, c'est-à-dire en les faisant sécher au four, en les transformant en confitures, en pâtes, enfin en les mettant dans l'eau-de-vie.

On trouvera, aux mots FRUIT et FRUITIER, les indications nécessaires pour faire la récolte des poires de la manière la plus convenable et les conserver aussi long-temps que possible. Je n'en parlerai donc point ici.

La description d'un instrument commode pour cueillir les fruits auxquels la main ne peut atteindre, se trouve au mot POMMETTE.

Il y a deux manières de dessécher les poires au four.

La première consiste à les mettre simplement dans le four après qu'on en a tiré le pain, soit sur l'âtre même préalablement nettoyé, soit sur des claies, des planches, etc. On les y remet une seconde, une troisième et même une quatrième fois, selon leur grosseur et le degré de chaleur qu'elles trouvent dans ce four. L'important est que ce degré de chaleur ne soit pas assez fort pour les brûler, et qu'on ne les y expose pas assez long-temps pour qu'elles se durcissent. On les conserve dans des sacs, qui se placent dans l'endroit le plus sec de l'habitation. Les variétés de médiocre grosseur, fondantes et sucrées, sont les meilleures à soumettre à ce procédé, qui est sûr lorsqu'il est bien exécuté. Il est des cantons où tous les ans les cultivateurs se procurent, par ce moyen, un supplément de subsistance extrêmement sain et agréable pour l'hiver et le printemps; mais dans la majeure partie de la France on aime mieux donner les poires d'été aux cochons lorsqu'elles commencent à s'altérer, que de les employer. Les rousselets, les beurrés, le doyenné, etc., sont principalement dans le cas d'être préférés. Un seul arbre de beurré d'Angleterre peut, certaines années, faire la provision d'une famille. J'invite donc tous les cultivateurs à ne pas négliger cette ressource.

La seconde manière est plus recherchée. On la pratique principalement sur les rousselets, le messire-jean et le martin-sec ; mais beaucoup d'autres variétés peuvent leur être jointes. Les poires se cueillent un peu avant leur maturité. avec le soin de conserver leur queue. On les fait cuire à demi dans un chaudron avec un peu d'eau, puis on les pèle et on les met sur des plats la queue en haut. Il en découle une espèce de sirop qu'on met à part. Elles sont ensuite rangées sur des claies et portées dans le four dont on vient de tirer le pain, où, chauffé au même degré, on les laisse pendant douze heures ; après quoi, on les retire pour les tremper dans le sirop, que l'on a édulcoré avec du sucre et dans lequel on a mis un peu de cannelle, de girofle et d'eau-de-vie. Ces poires sont de nouveau exposées à la chaleur du four ; mais il est bon qu'elle soit moins élevée que la première fois. On répète cette opération jusqu'à trois fois, et on finit par laisser les poires dans le four jusqu'à ce qu'elles soient suffisamment sèches, ce qu'on reconnaît à leur couleur brun clair, à leur chair ferme et demi-transparente. On les conserve dans des boîtes garnies de papier et déposées dans un lieu très-sec. J'en ai mangé après trois ans de fabrication, qui étaient encore très-bonnes ; mais cependant il est préférable de les consommer dans l'année.

Quelques personnes, pour augmenter la quantité de sirop, font bouillir les pelures dans une petite quantité d'eau, et en expriment le jus.

Il y a aussi deux sortes de confitures de poires.

Les plus communes sont celles qui se fabriquent en faisant bouillir des quartiers de poires pelées dans du moût de vin. On appelle cette confiture RAISINÉ. *Voyez* ce mot.

Les secondes se font en pelant les poires, en les coupant par morceaux, en les faisant cuire sans eau ou avec une très-petite quantité d'eau jusqu'à ce qu'elles soient réduites en pâte, à laquelle on ajoute du sucre plus ou moins selon la variété, mais suffisamment pour que le résultat ne soit pas susceptible de moisir. C'est à l'expérience à fixer cette quantité dans chaque localité et même chaque année ; car la matière sucrée n'est pas aussi abondante dans les poires, comme je l'ai observé plus haut, dans les années humides et froides, que dans les années sèches et chaudes.

La pâte de poire ne diffère des confitures que parce qu'on a fait évaporer la plus grande partie de l'eau que contenaient ces dernières, de sorte qu'elle prend la consistance de la pâte de farine et peut se conserver, en morceaux très-aplatis, dans des boites entre des feuilles de papier blanc, pourvu qu'on place ces boites dans un lieu très-sec.

Les autres espèces de poiriers qui sont dans le cas d'être citées ici sont,

Le Poirier a feuilles cotonneuses, *Pyrus polveria*. Il ne diffère du précédent que parce qu'il est plus petit dans toutes ses parties, et qu'il a les feuilles velues en dessous. Il se trouve en Allemagne. On ne le cultive dans aucun jardin des environs de Paris. Je n'ai pas une opinion bien fixée sur son compte, attendu que, dans les semis des pepins des poires à poiré, il s'en trouve souvent qui, quoique provenant des fruits d'un même arbre, donnent des pieds qui ont les caractères indiqués par les botanistes allemands comme lui étant propres.

Le Poirier a feuilles de saule a les rameaux épineux; les feuilles linéaires, lancéolées, blanches en dessus, cotonneuses en dessous; les fleurs axillaires, presque solitaires, presque sessiles. Il est originaire de Sibérie. On le cultive beaucoup dans les jardins, où on le greffe sur le franc ou mieux, sur l'épine, et où il porte fréquemment du fruit. La couleur remarquable de ses feuilles et la disposition diffuse, même un peu réclinée, de ses rameaux, le rendent très-propre à l'ornement des jardins paysagers, où il se place sur le premier ou le second rang des massifs. Ses fleurs sont de peu d'effet en ce qu'elles se confondent avec les feuilles. Ses graines semées donnent, au rapport de mon savant collaborateur Thouin, des variétés qui le rapprochent du précédent et du suivant.

Le Poirier du mont Sinaï a les rameaux épineux ; les feuilles ovales, blanchâtres en dessous. Il est originaire du mont Sinaï, d'où il a été rapporté par les naturalistes de l'expédition d'Égypte. On le cultive comme le précédent ; mais il produit bien moins d'effet que lui dans les jardins paysagers. Thouin a publié, dans le premier vol. des Mémoires du Muséum, une savante dissertation, accompagnée d'une superbe figure, sur cette espèce, et propose de l'employer à la greffe des poiriers qu'on veut placer dans les sols calcaires et arides ou tenir nains, objet d'une très-grande importance dans le jardinage.

Le Poirier de la Chine a les feuilles ovales, acuminées, d'un vert tendre, bordées de dents épineuses; les fleurs couleur de rose, solitaires et axillaires ; l'ovaire cylindrique et très-allongé. Il vient de la Chine. On le cultive depuis peu d'années dans nos jardins. Il n'y a pas de doute qu'il ne contribue un jour beaucoup à l'ornement de nos jardins paysagers, à raison de la fraîcheur de son feuillage et de la belle couleur de ses fleurs. Sa multiplication par la greffe sur franc ou sur épine est aussi facile que celle des précédens. (B.)

Le poirier à faire du *poiré* étant le seul dont nous nous proposons de parler, nous observerons que les meilleures, et en quelque sorte les seules espèces de poires, 'sous ce rapport, étant celles dont la saveur est d'une âcreté, ou plutôt d'une âpreté rebutante, souvent il nous semblerait inutile de recourir à la greffe pour avoir de bonnes poires à poiré, si, comme nous le dirons à l'article POMMIER, ce procédé n'était reconnu comme susceptible de perfectionner les espèces et sur-tout de les rendre plus fécondes. En effet les fruits d'un arbre greffé sont toujours plus beaux, plus savoureux et plus abondans.

La culture du poirier à poiré offre de plus un avantage qui doit encore ne la pas faire dédaigner. Les poiriers sont de grands arbres qui, soutenant mieux leurs branches que le pommier, les tiennent naturellement assez élevées pour ne pas faire tort aux productions du sol; fleurissant à une époque différente de celle des pommiers, et leurs fleurs étant moins délicates, ils seront une chance de plus en faveur de celui qui en aura quelques-uns dans son verger, chance qui peut le dédommager de la privation des pommes (1).

La récolte des poires se faisant avant celle des pommes, et les poires n'ayant pas besoin du même degré de maturité, elles fourniront une liqueur qui, fermentant plus promptement, offrira encore des ressources précoces aux personnes dont les provisions seraient ou épuisées ou sur le point de l'être.

La culture du poirier à poiré étant moins répandue et la liqueur qu'on en tire moins estimée, il en résulte que cet article d'économie est presque neuf, ou qu'il a été traité si légèrement et si superficiellement par les auteurs qui en ont parlé, qu'il n'est en quelque sorte qu'indiqué. Ce sont vraisemblablement les mêmes motifs qui rendent la liste des poiriers beaucoup moins nombreuse que celle des pommiers, mais d'une synonymie tout aussi embarrassante à débrouiller. Le catalogue que j'en vais donner est une suite de renseignemens qui m'ont été communiqués par des agronomes également distingués par leurs lumières et leur amour pour l'avancement de la science. J'y joindrai le fruit de mes recherches et les comparaisons que j'ai faites sur différentes espèces. Quant à celles indiquées par

---

(1) On peut craindre que, dans les années abondantes en vin et en cidre, le produit des poiriers à poiré soit inférieur aux dépenses de l'impôt, de la culture, de la récolte, etc.; mais n'a-t-on pas pour ressource la nourriture des bestiaux, et sur-tout des jeunes cochons, qui peuvent être achetés dès le mois de juin ?   (*Note de M. Bosc.*)

quelques auteurs, comme souvent elles ne sont que nommées et qu'elles ne seraient que des synonymes de celles qui sont connues, je ne ferai que les citer.

Les mêmes considérations qui m'ont fait caractériser les espèces de pommiers dans le catalogue que j'en ai donné, se retrouvant à-peu-près ici, celles qui sont marquées d'un X sont d'une désignation certaine et sur laquelle on peut compter sous tous les rapports. Celles qui sont marquées par un Y ont été communiqués par des agronomes et des observateurs instruits.

Poiriers précoces ou de moyenne saison.

X Le Moque-friand { rouge. } { blanc. } Bonnes espèces, très-fertiles. Bon poiré. Orne, Falaise. (Robin. Pays d'Auge.) (Huchet. Eure.) (Garçon, Gris-cochon.) (Avranches.)

X Le Plessis. Espèce médiocre, produit beaucoup. Poiré sans qualité. Orne, Falaise. (Griffe-de-loup. Manche.)

X Paronnet. Bonne espèce, peu productive. Bon poiré. Orne, Bocage, Falaise. (Ramparonnot. Pays d'Auge, Bernay.)

X Gréal. Bonne et fertile espèce. Bon poiré. Orne, Falaise.

X Sauvagel. Espèce et poiré médiocres. Orne, Falaise. (Gros-Boquet. Pays d'Auge.)

X Raguenet. Bonne espèce, très-fertile. Poiré délicieux. Manche. Falaise. (Heugnon. Pays d'Auge.)

X D'Angoisse. Bonne et fertile espèce. Poiré très-spiritueux. Falaise. (Grosse-Grise. Pays-d'Auge.) Blanc-collet. Bernay.)

Y Hectot. Bonne espèce. Bon poiré. Bernay. (Càtillon. Pays d'Auge.)

Y De Marc. Espèce qui produit peu. Bon poiré, Bocage.

Y De Mier. Très-bonne et très-fertile espèce. Excellent poiré. Bocage.

X De Chemin. L'une des meilleures et des plus fertiles espèces. Poiré délicieux. Bocage, Pays d'Auge, Bernay, Pays de Caux, Manche, Orne, Ille-et-Vilaine.

X Grippe { grosse. } { petite. } Bonnes et fertiles espèces. Excellent poiré. Bocage, Orne, Falaise, Pays d'Auge, Bernay, Seine-Inférieure.

X Gros vert. Bonne espèce, fertile. Bon poiré. Falaise, Beray (verte, Pays d'Auge).

X Carisi { rouge. } { blanc. } Bonnes et fertiles espèces. Bon poiré. Falaise, Bocage, Orne, Eure, Seine-Inférieure (Pochon. Pays d'Auge).

Y Rochonnière. Bonne espèce, peu fertile. Bon poiré. Pays
      d'Auge.

Y Le Billon. Bonne espèce, bon poiré. Pays d'Auge, Bernay,
      Seine-Inférieure.

X Rouge-Vigny. Très-bonne, mais peu productive espèce.
      Très-bon poiré. Falaise, Bocage, Eure, Orne, Manche,
      Ille-et-Vilaine.

X Binetot. Bonne et fertile espèce, quoique douce. Bon poiré.
      Bocage, Falaise, Orne, Ille-et-Vilaine.

X De Branche. La meilleure et l'une des plus fertiles espèces.
      Poiré réunissant toutes les bonnes qualités. Bocage,
      Falaise, Orne, Pays d'Auge (Court-cou. Manche,
      Ille-et-Vilaine).

Y De Bisson.   } Espèces estimées dans les environs d'Avran-
   De Bon-sou. } ches.

X Lantricotin. Très-bonne espèce, fertile. Excellent poiré.
      Orne, Manche, Falaise.

Y De Valmont. Bonne espèce. Bon poiré. Bocage.

Y De Guoney. Espèce et poiré estimés dans le Bocage, Manche,
      Ille-et-Vilaine.

X De Bernay. Espèce fertile, mais douce. Poiré médiocre.
      Bocage, Manche, Orne, Falaise.

X Bedou. Espèce peu fertile. Poiré de peu de qualité. Orne,
      Manche, Ille-et-Vilaine, Bernay, Seine-Inférieure,
      Falaise.

Y Trochet. Bonne espèce et bon poiré. Orne.

Y Fourmi. Mauvaise espèce, poiré faible. Orne.

X De Fer. Bonne, fertile, mais très-tardive espèce. Poiré ex-
      cellent. Orne, Falaise, Pays d'Auge, Pays de Caux,
      Somme, Eure.

E De Roux. Bonne espèce, poiré délicat. Orne (Rousseau,
      Ille-et-Vilaine).

Y Gros-Mesnil. Grosse, bonne et fertile espèce. Bon poiré.
      Pays d'Auge, Bernay, Seine-Inférieure, Eure.

X Musquette. Espèce et poiré mauvais. Falaise, Orne.

X Sabot. Belle, bonne et fertile espèce. Poiré délicieux.
      Falaise, Orne (de coq. Eure, Pays de Caux,
      Somme).

X De Maillot. Bonne et productive espèce. Très-bon poiré.
      Falaise, Orne, Pays de Caux (Brionne, Manche,
      Bocage, Ille-et-Vilaine (1).

---

(1) A quoi j'ajouterai la *poire de sange*, qu'on cultive aux environs de
Montargis, et qui réunit toutes les conditions désirables. Voyez *Annales
d'agriculture*, 2ᵉ. série, vol. XII, pag. 63.
                         (*Note de M. Bosc.*)

L'Écuyer.
Le Jacob.
Le Rouillard.
Le Blin.
Le Bois-prieur.
} Espèces citées par M. de Chambray, qui ne sont pas connues sous cette dénomination.

Espèces citées par M. Louis Dubois. {
La Cirette.
Le Tahon.
Le Couillart.
Le Certeau à deux têtes (est, je crois, une poire à couteau un peu précoce).
Le Bois-Jérôme.
La Marche.
Le Libord.
La Vache.
La Grosse-queue.
Le Vignolet.
L'Hyverne (est, je crois, la poire de fer du département de l'Orne, etc.)
Rifau.
Le Pas.
La Livre ou Saint-Jean (ne serait-ce pas notre poire de livre, qui est meilleure à cuire qu'à faire du poiré?)
Le Coigny.
Le Fizé ou Margot.

Gosselin.
Ruette.
Coupré.
Meziras.
Blanchard.
Tourelle.
Perocrelle.
Feugier.
Cidreux.
Platé.
Amberville.
Morin.
} Le nom des espèces ci-contre, que nous n'avons pas été à portée de comparer, nous a été communiqué par un propriétaire de Lieuvain près Lisieux.

(BRÉBISSON.)

POIS, *Pisum*. Genre de plantes de la diadelphie décandrie et de la famille des légumineuses, qui renferme quatre à cinq espèces, qui toutes peuvent être l'objet d'une culture utile, mais dont une sur-tout et ses nombreuses variétés méritent la plus sérieuse attention, à raison de leur importance pour la nourriture des hommes et des animaux.

Le Pois CULTIVÉ a les racines annuelles, grêles, fibreuses, pivotantes; les tiges herbacées, fistuleuses, anguleuses; les feuilles alternes, pétiolées, ailées, à deux folioles ovales, opposées, entières, sessiles ; à pétioles cylindriques, terminés par une vrille à trois filets, et accompagnés de deux larges stipules arrondis et crénelés ; les fleurs grandes, portées plusieurs ensemble sur de longs pédoncules axillaires ; les fruits de 2 à 3 pouces de long sur 6 à 8 lignes de large.

Le Pois des champs diffère du précédent, parce qu'il est plus petit dans toutes ses parties, que ses pédoncules ne portent qu'une seule fleur, et que ses folioles sont presque toujours crénelées.

Quelques botanistes regardent le pois cultivé comme une espèce distincte; mais comme ils ne peuvent pas indiquer son pays natal, et qu'il n'y a pas de motifs pour se refuser à le croire une simple variété de celui des champs, je me rangerai à cette dernière opinion, et je dirai en conséquence que le pois est originaire des parties méridionales de l'Europe, où on le trouve dans les champs.

Ainsi que je l'ai observé plus haut, les pois, étant cultivés de temps immémorial, ont dû fournir et ont fourni en effet un grand nombre de variétés. Par-tout où j'en ai mangé, je les ai trouvés différens de ceux qui se cultivent aux environs de Paris. Dans l'impossibilité de détailler toutes les variétés, je me bornerai à mentionner ces dernières, les seules d'ailleurs dont il soit facile de se procurer de la graine par la voie du commerce.

On doit diviser, pour faciliter la recherche, les variétés de pois en pois à parchemin, c'est-à-dire dont la gousse est coriace comme le parchemin et ne peut se manger, et en pois sans parchemin, dont toute la gousse est tendre et se mange. Les premiers se subdivisent de plus en pois nains et pois ramés.

Pois nains dans l'ordre de leur maturité.

Pois de Francfort, ou *Michaux de Hollande*, s'élève à 18 ou 20 pouces. Il rapporte beaucoup.

Pois Baron. Il s'élève un peu plus que le précédent, mais ses gousses sont plus petites et ses graines moins sucrées.

Petit pois de Blois. S'élève moins et a les graines plus petites et plus lisses.

Pois nain, *pois à bouquet*, ne rame point. Il n'est pas d'une excellente qualité, mais il fournit beaucoup. On le cultive fréquemment aux environs Lyon.

Pois Michaux, *pois chaux*, *pois hâtif ordinaire*, *pois quarantain*. C'est celui dont on fait une si grande consommation à Paris. Ses tiges s'élèvent jusqu'à 2 ou 3 pieds de hauteur. Ses gousses sont abondantes ; et ses grains tendres et sucrés.

Il est encore une variété de pois hâtif qu'on appelle *pois crochu*, et que M. Appert regarde comme le plus moelleux, et le plus sucré de tous. C'est, avec le pois Clamart, le seul propre à être conservé en vert.

La culture des pois hâtifs étant un peu différente de celle des pois tardifs, je la décrirai séparément.

Dans les faubourgs de Paris, on sème une petite quantité de pois en pleine terre et sous châssis, pour fournir au luxe de quelques riches de cette capitale ; mais leur culture n'est ni assez importante, quoique les produits en soient quelquefois, dit-on, vendus 3oo francs le litron, ni assez intéressante, quoiqu'elle présente sans doute des faits particuliers, pour que je doive m'y arrêter.

Quelques jardiniers sèment des pois de primeur sur couche, mais ils réussissent très-rarement, et lorsqu'ils réussissent ils ne donnent presque pas de graines, à raison de ce qu'ils s'élèvent trop vite, qu'ils sont toujours grêles et comme étiolés. D'autres les sèment dans des terrines ou des paniers pour les repiquer ensuite en pleine terre, quoique le pois, quelque précaution qu'on prenne, ne devienne jamais beau à la suite d'une transplantation. D'ailleurs, dans l'un et l'autre cas, la dépense est très-considérable.

Dans les jardins, la culture des pois hâtifs n'est pas tout-à-fait la même que dans la campagne.

Toute espèce de terre convient aux pois, mais les hâtifs prospèrent mieux et sont plus précoces dans une terre légère et sablonneuse que dans toute autre. Aux environs de Paris, ce sont les plaines du Point-du-Jour, de Clichy, de Genevillers, de Colombe, de Houille, etc., plaines arides et formées de pur sable, qui fournissent les premiers de ceux que la grande culture amène à la Halle. Ils épuisent le terrain au point qu'on n'en peut mettre dans un lieu donné qu'après un intervalle de six à sept ans; même, au dire de M. Sageret, les cultivateurs de la première des plaines ci-dessus craignent d'en mettre dans les localités où il y en a eu dix ans auparavant; ils louent celles où il n'y en a jamais eu, à leur connaissance, beaucoup plus cher que le prix commun, uniquement à cause de cette circonstance. Le fumier leur est très-nuisible en ce qu'il les fait pousser vigoureusement, et que cette vigueur de végétation s'oppose à ce qu'ils donnent des fruits. Ce sont des labours fréquens et profonds, même des défoncemens, des transports de terre, du terreau bien consommé, des débris de végétaux et des immondices de rue, long-temps exposés à l'air, qu'il convient d'employer pour rapprocher l'intervalle ci-dessus indiqué de leur culture dans le même local.

La graine de pois ne vaut rien passé deux ans, encore faut-il qu'elle ait été laissée dans sa gousse, pour se conserver jusqu'à cette dernière époque. Son immersion pendant vingt-quatre heures dans l'eau accélère beaucoup sa germination.

C'est contre un mur exposé au midi et abrité des vents de l'est, ou contre un abri en paille, qu'on doit placer les pois de primeur, autant que possible, sur un talus incliné de 25 à 30 degrés, après avoir donné au moins deux bons labours à la terre. On les met en terre à la fin de novembre ou au commencement de décembre (je parle pour le climat de Paris), soit en touffes, soit en rangées Cette dernière manière mérite la préférence en ce qu'elle donne plus d'espace à chaque pied, lui laisse toute l'influence des rayons solaires et facilite les sarclages.

Les pois ainsi semés et recouverts de terreau gras ou d'immondices des villes, ou de colombine, lèvent au bout de quinze jours, et acquièrent, avant les gelées, assez de force pour résister à celles de ces gelées qui ne passent pas 5 à 6 degrés au-dessous de zéro ; mais lorsqu'on a lieu d'en craindre de plus fortes, il faut les couvrir, soit avec des paillassons, soit (et mieux) avec de la litière ou de la fougère soutenue sur des perches. On augmente l'épaisseur de cette couverture à mesure que la gelée augmente elle-même. Aussitôt le dégel on leur donne de l'air et ensuite de la lumière, mais petit à petit et par un temps couvert.

Quelques jardiniers font, avec des cercles de tonneaux enfoncés dans la terre et liés les uns aux autres par des perches, des espèces de berceaux au-dessus des pois, berceaux qu'ils recouvrent de paillassons pendant la nuit.

Vers le mois de mai, époque où les gelées cessent ordinairement d'être rigoureuses, on enlève tout-à-fait les couvertures, on donne un binage, et on renouvelle les engrais indiqués plus haut, si on le juge nécessaire. Quinze jours après on recommence les binages et on chausse les pieds. Il convient alors de les ramer ; car, quoique de petite taille, cela leur est très-avantageux. Bientôt ils montrent leurs premières fleurs.

L'usage presque général des jardiniers est de les pincer à leur troisième ou quatrième fleur pour augmenter la grosseur des fruits alors noués et accélérer leur maturité. Cette opération, critiquée par quelques écrivains, diminue la masse de la récolte, mais remplit réellement ses objets, et est fondée en principe. (*Voyez* au mot PINCEMENT.) Ensuite on sarcle et

chausse encore une seconde fois. La récolte ne tarde pas alors
à récompenser les soins du jardinier, pour peu que le temps
soit favorable. Malgré tous les soins ci-dessus, on est cependant quelquefois exposé à perdre les pois. En ce cas, il faut semer de nouvelles graines : en général, les semis d'automne
doivent être peu abondans. Il est toujours préférable de multiplier ceux du printemps, c'est-à-dire d'en faire toutes les
semaines, dès que la cessation des gelées le permet; car lorsque les premiers réussissent, ils ne gagnent que quinze jours
ou trois semaines au plus sur ceux-ci.

Ces semis du printemps, qu'on exécute comme ceux dont il
vient d'être question, se couvrent avec des paillassons pendant
la nuit, et même pendant les jours froids où le soleil ne paraît
pas. On leur donne trois binages; savoir, un lorsque les
plantes ont 6 à 8 pouces de haut, un lorsque les premières
fleurs paraissent, et le troisième deux à trois jours après
qu'on a pincé l'extrémité des tiges. Il faut les faire autant que
possible par un temps humide, ou à la suite d'une petite pluie.
Des arrosemens dans la sécheresse leur sont toujours très-
avantageux.

Comme toute végétation luxuriante nuit à la production
de la graine, semer du plâtre sur les pois destinés à la nourriture de l'homme, sur-tout sur les pois de primeur, serait
certainement nuisible.

Autour de Paris, la culture des pois de primeur en grand
est l'objet d'un produit de première importance, puisqu'on
en a évalué le résultat, dans une bonne année, à un million
de francs. Ce sont toujours les terrains sablonneux, et principalement les plaines ci-dessus citées, qui y sont consacrés.
On laboure à la charrue ou à la houe; mais plus souvent avec
ce dernier instrument, pour pouvoir faire des ados en plan incliné du côté du midi, ados auxquels on donne 2 pieds de
large, et sur chacun desquels on place trois rangs de pois,
ou trois rangs de touffes de pois, dès la fin de janvier ou le
commencement de février et de huit jours en huit jours.
Pour expédier un grand semis en peu de temps, une femme
accompagne l'homme qui fait les trous et jette cinq à six
pois dans chaque trou, que l'homme recouvre avec la terre
qu'il tire du trou suivant. Il en est de même quand on sème
à la charrue, c'est-à-dire qu'une femme suit le laboureur,
et fait tomber des graines à-peu-près de 4 pouces en 4 pouces,
graines qui sont recouvertes par la terre du sillon suivant.
Dans ce cas, il faut très-peu enfoncer la charrue, car les pois
trop recouverts pourrissent au lieu de germer.

On étend sur le semis, ou au moins sur chaque touffe, force

boue des rues de Paris conservée de l'automne précédent ; on bine deux à trois fois en chaussant chaque fois le pied des pois, et on pince. Le succès de la récolte dépend beaucoup de la succession des pluies et des chaleurs; le froid, la sécheresse et les pluies trop prolongées leur étant également contraires.

Jamais, à raison de la dépense, on ne rame les pois de primeur cultivés en plain champ ; mais on a soin de les espacer de manière qu'ils ne se gênent point, ou peu, en rampant. D'ailleurs, comme les premiers petits pois se vendent dix à douze fois plus cher que les derniers, et qu'ils ne coûtent cependant pas davantage de frais de culture, non-seulement on les sème le plus tôt possible, mais on les pince dès qu'ils ont deux ou trois fleurs, ce qui les empêche de s'élever beaucoup au-delà d'un pied.

En mars et en avril, on sème encore des pois, et même en grande quantité; mais alors on les place dans des terres franches.

En automne, c'est-à-dire en septembre, on sème de nouveau des pois de primeur, qu'on mange en octobre et en novembre. Ils se conduisent comme· ceux du printemps : leur culture n'est pas un objet bien considérable, même aux environs de Paris, puisqu'elle se fait rarement en plaine campagne.

Je reviens aux variétés des pois.

Pois dominé. S'élève plus que le pois Michaux, auquel il succède dans l'ordre de la maturité. Il produit davantage, et résiste mieux aux circonstances atmosphériques : son grain est blanc, aussi gros, aussi bon et moins rond; il vient bien par-tout et en tout temps.

Pois Laurent. Son grain est gros et sucré : il demande une terre légère, et ne réussit bien qu'au printemps.

Pois suisse ou *grosse cosse hâtive.* Il est moins délicat qu'aucun des précédens, et fournit beaucoup; sa forme est ronde et unie; sa couleur jaune verdâtre. On peut le semer jusqu'à la fin de juin; il demande une bonne terre.

Pois commun. Se rapproche du précédent pour les produits, l'époque de la maturité et la nature du sol. Son grain est un peu aplati sur les côtés, à raison de la gêne qu'il éprouve dans sa gousse qu'il remplit autant que possible : c'est celui dont on mange le plus en sec.

Pois sans pareil. Est gros, allongé, très-tendre, ne se cultive que dans quelques jardins particuliers.

Pois Marly. Son grain est gros et parfaitement rond. Il a

joui d'une grande estime; mais il paraît aujourd'hui moins recherché.

Pois carré blanc. Il est très-sucré , très-gros , et ne se mange qu'en vert. Ce n'est que dans une terre médiocre qu'il est productif, et encore l'est-il peu : on le sème depuis la fin de mars jusqu'à la fin de mai , très-clair , à raison de sa grandeur.

Pois cul noir. Sa forme et sa couleur ne diffèrent pas de celles du précédent, mais son ombilic est noir. Il n'est pas bon à manger sec; fournit beaucoup, se sème depuis la fin d'avril jusqu'au commencement de juin, et demande une terre fertile.

Pois carré vert. N'est pas aussi délicat en vert que le pois carré blanc; mais il lui est supérieur pour les purées en sec. Il devient très-dur dans les bonnes terres : on doit le semer peu épais.

Pois normand. Se rapproche du précédent pour la forme et la couleur; mais il est plus gros, plus tendre et plus moelleux en vert et en sec. Sa peau est très-fine, ce qui le rend supérieur à tous autres pour faire des purées; mais ses productions sont peu abondantes : on le sème dans une bonne terre depuis la fin de mars jusqu'à la fin de juin.

Pois à longue cosse. Il est de grosseur médiocre, mais offre douze à quinze grains dans chaque cosse ou légume. Il réussit très-bien dans l'arrière-saison, aussi ne se sème-t-il que depuis le milieu d'avril jusqu'au milieu de juillet On doit tenir les pieds très-écartés , parce qu'il s'élève et fourche beaucoup.

Pois vert d'Angleterre. S'élève fort haut, se garnit de fleurs depuis la racine. Sa cosse est totalement remplie de grains allongés, très-gros et d'un excellent goût en vert et en sec. Il demande une terre substantielle.

Pois Clamart ou *carré fin.* Très-recherché aux environs de Paris, à raison de son grand produit et de son excellence. Ses grains sont petits, aplatis et d'un blanc un peu roux. On le sème en même temps que les précédens, et encore en automne. Quelques jardiniers, pour satisfaire les amateurs de cette variété, qui sont très-nombreux à Paris, le mettent en terre en même temps que le *pois dominé,* c'est-à-dire au commencement de la seconde saison (fin de février).

Ces derniers pois, qui fleurissent après que le puceron (*voy.* au mot Bruche) a déposé ses œufs, sont exempts de ses ravages, d'après l'observation de M. Vilmorin fils; ce qui doit être un motif pour les cultiver de préférence lorsqu'on veut des grains secs pour l'hiver, emploi auquel on consacre généralement le pois commun, quoique moins délicat et moins productif.

Les *pois sans parchemin*, ou *pois mange - tout*, ou *pois goulus*, *pois gourmands*, diffèrent des précédens en ce qu'ils ont la cosse tendre, sucrée et bonne à manger. On en connaît six variétés ; mais elles sont peu communes aux environs de Paris.

1°. *A fleurs blanches*, haute de 5 à 6 pieds, et à grain blanc.

2°. *A fleurs rouges*, haute de 7 à 8 pieds ; ses cosses sont très-grosses. Le grain est rougeâtre et ponctué de violet.

3°. *A fleurs blanches*, haute de 7 à 8 pieds, et à grain blanc.

4°. *A fleurs blanches*, haute de 3 à 4 pieds, fournit de très-belles cosses, très-tendres et très-sucrées.

5°. Nain à fleurs blanches et à grain blanc.

6°. Nain à fleurs rouges et à grain gris.

Ces deux dernières variétés forment de petites touffes arrondies, dont les cosses sont beaucoup moins grosses que celles des précédentes.

La culture de ces six variétés n'a jamais lieu que dans les jardins. On les sème depuis mars jusqu'en mai seulement, et ce tous les quinze jours. Ils doivent être fréquemment arrosés. On mange le fruit positivement comme les haricots verts.

Lorsque les gousses des pois goulus avortent sur la partie inférieure des tiges, celles de la partie supérieure, d'après l'observation de M. Girod Chantrans, sont plus grosses, plus régulières, plus cylindriques, plus tendres.

Les pois de la seconde saison s'élevant beaucoup, il faut les planter à une certaine distance les uns des autres, afin qu'ils puissent jouir du bénéfice des rayons du soleil et de la circulation de l'air. Une fausse économie est souvent la cause de leur peu de produit ; il faut également ne jamais négliger de les ramer : je ne puis trop recommander, sur-tout aux cultivateurs éloignés de Paris, de séparer les variétés par de grandes distances, afin d'éviter que leurs poussières fécondantes se mêlent, et que les qualités qui les distinguent s'altèrent. C'est principalement l'oubli de cette précaution qui fait qu'on se plaint, dans les départemens, que les graines tirées de la capitale dégénèrent à la troisième et même quelquefois à la seconde génération. Il est toujours avantageux à la bonne culture d'isoler chaque planche par un intervalle de plusieurs autres semées en d'autres graines, qui veulent, ainsi que le plant qu'elles fournissent, de la fraîcheur et des abris.

La culture des pois montans diffère de celle des pois de primeur, en ce qu'ils demandent une terre moins légère et des arrosemens moins abondans ; qu'on ne les bine qu'une ou deux fois, qu'on les rame plus tôt, et qu'on se dispense le plus souvent de les arrêter. Leurs productions sont presque toujours plus abondantes. En général, moins les pois sont précoces, et moins ils sont bons en vert, mais plus ils sont productifs et mieux ils valent en purée, soit lorsqu'ils sont encore verts, soit lorsqu'ils sont complétement secs. Ils perdent de leur qualité à mesure qu'ils s'éloignent du moment de leur récolte ; cependant on peut les conserver mangeables un grand nombre d'années. Ils font, avec les haricots, le fond de la nourriture végétale des gens de mer, des prisonniers et des pauvres.

Nos pères faisaient germer, avant de les faire cuire, les pois qu'ils voulaient manger, afin d'en développer le principe sucré. Il est à désirer qu'on revienne à cet ancien usage, qui rend ce légume plus savoureux et plus facile à digérer.

Les riches ne mangent guère les pois qu'en vert, sur-tout à Paris, et cette circonstance est principalement due à l'insecte dont ils sont presque toujours infestés. J'ai indiqué, au mot BRUCHE, les moyens de l'empêcher de se propager dans les pois secs ; mais je n'en connais de propres à s'opposer à sa multiplication dans les champs que de tuer les femelles lorsqu'elles vont déposer leurs œufs, et il est impraticable en grand.

Lorsque les pois sont vieux ils sont aussi rongés par la larve du PTINE VOLEUR.

Les rames dont j'ai déjà parlé sont des branches de bois garnies de leurs rameaux, et auxquelles les tiges des pois s'attachent à mesure qu'elles montent, au moyen des vrilles de leurs pétioles. Ces rames s'enfoncent en terre à la profondeur de 6 pouces, afin qu'elles puissent résister à la fureur des vents ; on les dispose de manière que leur sommet converge du côté du milieu de la planche ; mais si le coup d'œil y gagne, les plantes de l'intérieur y sont moins aérées. Il vaudrait mieux que les rames divergeassent ; mais comme cela nuirait aux cultures voisines, la position mitoyenne, c'est-à-dire la perpendiculaire, est celle qu'on doit adopter. Un jardinier désireux de bien faire passe de temps en temps autour de ses planches de pois pour relever les tiges tombées, et donner une bonne direction à celles que les vents ou autres causes ont dérangées.

Hors des environs de Paris et de quelques autres grandes villes, la véritable récolte des pois est celle des pois secs ; elle s'annonce par le jaunissement de la tige : alors on arrache le tout et on le transporte sous des hangars, dans des greniers, où on le met en meule, où il achève de se dessécher et les pois de mûrir. Arrivés au point convenable, on écosse à la main ou on bat avec le fléau , et on vanne les grains comme le blé. Les tiges sont une excellente nourriture d'hiver pour les vaches et les autres bestiaux. Si par défaut de soin elles s'étaient moisies, on les emploierait pour litière.

Les pois verts sont un aliment agréable et sain lorsqu'ils sont très-jeunes ; plus vieux ils augmentent en qualité nutritive , mais deviennent plus indigestes, à raison de la nature coriace de la peau qui les recouvre. Il n'y a que les estomacs les plus robustes qui puissent les manger quand ils sont secs; aussi , dans les villes n'en use-t-on alors qu'en purée. On les accuse de plus , dans cet état, d'être très-venteux, et de rendre lourds ceux qui en font leur nourriture habituelle. En Angleterre , où ce qui est utile est mieux accueilli qu'en France , on ne les vend jamais au détail revêtus de leur enveloppe, qu'on leur enlève, sans les briser, entre deux meules de moulin convenablement écartées, positivement comme lorsqu'on fabrique le gruau d'orge ou d'avoine. Cette pratique a de plus l'avantage de n'offrir jamais de pois contenant encore des bruches, pois qui dégoûtent tant de personnes.

La bonté des petits pois a fait désirer de les conserver en vert pour en manger pendant toute l'année : il y a deux méthodes principales pour arriver à ce but.

La plus ancienne est de les mettre dans de l'eau bouillante pendant deux ou trois minutes, et de les faire refroidir dans l'eau fraîche, ensuite de les sécher à l'ombre, et de les conserver dans des sacs de papier dans un lieu aéré. Lorsqu'on veut les manger, on les fait revenir dans l'eau vingt-quatre heures à l'avance.

La plus nouvelle est de les renfermer dans une boite de ferblanc hermétiquement fermée, qu'on place dans de l'eau bouillante pendant une heure. Lorsqu'on veut les manger, on met tout ce qui se trouve dans la boîte dans la casserole où ils doivent cuire.

Toutes les variétés de pois ne sont pas également propres à ces préparations, qui, tout bien considéré, ne valent pas la peine qu'elles donnent. J'ai indiqué la variété qu'il est le plus avantageux d'employer.

Voyez, pour le surplus, la brochure de M. Appert sur la conservation des substances alimentaires, brochure que ne peuvent se dispenser d'avoir les ménagères de campagne qui vivent dans l'aisance.

Les pois sans parchemin se préparent comme les jeunes haricots, c'est-à-dire qu'on les sèche ou on les met dans une saumure.

Ordinairement on donne aux vaches ou aux cochons, qui les

aiment avec fureur, ainsi que tous les animaux herbivores, les cosses des pois qu'on mange en vert. Il est possible de les utiliser aussi pour la nourriture de l'homme. Pour cela, on les fait long-temps bouillir, et on les frotte les unes contre les autres : la pulpe qui les recouvre s'en sépare facilement, et sert à faire d'excellentes soupes.

Les produits des semis étant toujours proportionnés à la grosseur des graines et à leur bonté, il est beaucoup mieux de réserver une planche ou un carré pour les semis de l'année suivante, que de se contenter, comme on le fait ordinairement, des restes des planches, c'est-à-dire des cosses qui ont échappé aux différentes cueilles, attendu que ce sont le plus souvent les dernières et les plus faibles.

Il ne me reste plus, pour compléter ce qu'il y a à dire sur les pois, que de parler de la culture des pois des champs, ou des pois gris pour engrais et pour la nourriture des bestiaux ainsi que des volailles.

Quoique les variétés de pois ci-dessus mentionnées puissent être toutes cultivées en plain champ et à la volée ; cependant on préfère celui qui sert de type à l'espèce, qui se rapproche le plus de la nature, le pois dit des champs, dont j'ai établi les caractères distinctifs au commencement de cet article, comme plus robuste qu'aucune d'elles.

Ce pois se sème sur deux labours dès que les fortes gelées ne sont plus à craindre. Il paraît, par les observations d'Arthur Young, qu'il peut succéder à toutes sortes de cultures avec le même avantage. On le répand à la volée et un peu clair, et on le herse. Il faut garder le semis pendant quelques jours, pour empêcher les pigeons, les corbeaux, et autres oiseaux, qui en sont très-friands, de le manger. En Angleterre, on le sème quelquefois en rangées, pour pouvoir le biner avec la charrue, opération qui lui est très-utile. La dépense des binages à la houe s'oppose à ce qu'on lui donne cette façon en France, la même raison ne permet pas non plus de le ramer, de sorte qu'il est abandonné jusqu'au moment de la récolte. Souvent on le sème avec de l'avoine, du seigle, de la vesce, etc., soit pour le couper en vert, soit pour l'enterrer et le faire suppléer au fumier sur une jachère. Ces deux méthodes sont très-estimables. Le fourrage qui en résulte est excellent, améliore de plus la paille avec laquelle on le stratifie au moment même de sa rentrée. L'engrais qu'il fournit équivaut, dans toutes sortes de terrains, excepté ceux qui sont très-humides, à une demi-fumure. Ils sont donc blâmables les cultivateurs qui ne sèment pas toutes les années une certaine quantité de ce pois, et ce d'autant plus que, n'ayant d'affinité qu'avec la gesse et la resce, il offre le moyen d'allonger la série des assolemens, et, portant beaucoup d'ombre, favorise la destruction des mauvaises herbes, les étouffe, comme on dit vulgairement, cependant moins que les VESCES et les GESSES. *Voyez* ces mots et ceux MÉLANGE et ASSOLEMENT.

Il est remarquable que les cultivateurs de pois gris des environs de Paris ne répandent jamais du plâtre calciné et en poudre sur les feuilles de cette plante avant son entrée en fleur, moyen assuré de doubler la récolte du fourrage qu'on en espère. *Voyez* PLATRE.

Comme la formation de la graine des pois consomme beaucoup des principes nutritifs du sol, il convient, lorsqu'on veut leur faire succéder une culture de froment, de les couper avant leur complète floraison. *Voyez* GRAINE.

On fauche le pois des champs dès que la moitié de ses graines est arrivée à sa maturité : 1°. afin que la fane, c'est-à-dire les tiges et les feuilles, aient encore suffisamment de suc pour être mangées par les bestiaux, et que les pois non encore mûrs les engraissent ; 2°. pour éviter que les campagnols, les mulots, les souris, les pigeons, les geais, les corbeaux, les moineaux et autres animaux, qui sont fort avides de leur graine, la mangent ; encore pour que les cosses qui sont au bas des tiges ne pourrissent pas.

On bat les pois gris comme le blé, lorsqu'ils sont assez desséchés pour que les cosses s'ouvrent avec facilité ; on vanne ensuite.

Tous les animaux pâturans aiment les pois gris avec passion. Ils les engraissent mieux peut-être qu'aucune autre graine ; aussi les emploie-t-on beaucoup à cet usage, principalement pour les bœufs et les cochons. Il est toujours avantageux d'en donner pendant une quinzaine de jours par an aux chevaux et aux vaches, à la sortie de l'hiver, lorsqu'on les remet à l'herbe nouvelle, pour les *équilibrer* du peu de substance nutritive qu'ils trouvent alors dans cette herbe.

La fane des pois étant très-longue, et les bœufs ainsi que les moutons ne pouvant la couper lorsqu'elle est sèche, parce qu'ils n'ont pas de dents incisives à la mâchoire supérieure, elle est plus propre à la nourriture des chevaux qu'à la leur. On la leur donne cependant souvent sans la hacher, mais il serait bon de le faire.

La commission d'agriculture a publié une instruction sur la culture des pois. *Voyez* FEUILLE DU CULTIVATEUR, volume 5. (B.)

POIS D'ANGOLE. On donne ce nom au fruit du CYTISE CAJAN. *Voyez* ce mot.

POIS DE BÉLIER, DE BREBIS, DE MOUTON, D'A-GNEAU. Variété de pois (*pisum sativum*) qu'on cultive fréquemment pour la nourriture des bêtes à laine, et que Hall et d'après lui Rozier, ont confondue avec le CHICHE, *cicer arietinum*, Lin., et avec la GESSE CULTIVÉE. *Voyez* ces mots. (B.)

POIS-CAFÉ. C'est le LOTIER QUADRANGULAIRE.

POIS CARRÉ. Tantôt c'est une variété de POIS, tantôt c'est le CHICHE. *Voyez* ces mots. (B.)

POIS CORNU. Un des noms du CHICHE et de la JAROSSE (*Lathyrus cicera*), Lin. *Voyez* CHICHE et GESSE. (B.)

POIS A CRAQUOIS. Nom vulgaire de la CUCUBALE commune dans quelques endroits.

POIS DE MERVEILLE. Nom jardinier de la CORINDE.

POIS PERPÉTUEL. C'est la GESSE A LONGUES FEUILLES.

POIS DE PIGEON. C'est l'OROBE CULTIVÉE.

POIS DE SENTEUR. Nom jardinier de la GESSE ODORANTE.

POIS DE SOURIS. On donne ce nom, à Belle-Ile-en-mer, à la GESSE SANS FEUILLES (*lathyrus aphaca*), qui y nuit beaucoup aux moissons. (B.)

POIS DE TERRE. *Voyez* ARACHIDE.

POISON. MÉDECINE RURALE ET VÉTÉRINAIRE. On donne ce nom à toutes les substances qui peuvent conduire les hommes ou les animaux à la mort, en agissant sur leurs organes ou sur les liqueurs qu'ils contiennent. Ils ne diffèrent pas des venins en principe général; mais cependant on applique principalement ce dernier nom aux poisons introduits par les animaux vivans dans les veines. On dit le venin de la vipère, de la guêpe, du scorpion, de l'araignée, etc. (*voyez* VENIN); mais on ne dit point le venin des plantes, quoiqu'on appelle plantes vénéneuses celles qui sont des poisons.

Il y a des poisons dans les trois règnes de la nature.

Ceux que fournissent les animaux, outre les venins et la rage, ne se rencontrent guère que parmi les poissons, les insectes et les vers. En France, le seul qui soit réellement redoutable est celui des CANTHARIDES. *Voyez* ce mot.

Ceux que fournissent les végétaux sont extrêmement nombreux; ils se trouvent principalement dans la famille des solanées, des ombellifères, des renonculacées, des daphnoïdes, des tithymaloïdes, des aroïdes, des champignons. *Voyez* aux mots BELLADONE, JUSQUIAME, MORELLE, STRAMOINE, CIGUE, PHELLANDRE, CICUTAIRE, OENANTHE, RENONCULE, ANÉMONE, ACONIT, VÉRATRE, DAUPHINELLE, ELLÉBORE, CYCLAME, EUPHORBE, GOUET, AGARIC, BOLET, ORONGE, etc.

11 *

Quoique la manière d'agir des poisons végétaux soit fort différente dans chaque espèce, cependant l'expérience a prouvé
que les vomitifs les plus légers et ensuite les acides végétaux
étaient les antidotes de tous. Ainsi, quand un cultivateur se
trouvera dans le cas de secourir quelqu'un, il aura recours à
l'eau tiède et au chatouillement de la luette avec une plume,
ou à l'ipécacuanha, ou enfin à l'émétique, et immédiatement
après à d'abondantes boissons d'eau froide et de vinaigre. La
gravité des accidens cessant, on aura le temps de faire venir
un médecin pour compléter la cure.

Quoique les animaux herbivores soient journellemeut exposés à manger des plantes vénéneuses, il n'y a guère que les
jeunes, c'est-à-dire ceux qui sont encore sans expérience, à
qui cela arrive quelquefois ; leur odorat suffit pour les guider,
comme il n'est personne qui n'ait pu s'en apercevoir en suivant
un troupeau de bœufs ou de moutons au pâturage : d'ailleurs
il faut une certaine quantité de la plupart de ces plantes pour
que leurs effets délétères puissent être produits, et il est probable de plus que leur mélange avec d'autres plantes les affaiblit encore, soit en les atténuant, soit en agissant dans
un sens contraire ; de sorte qu'il est extrêmement rare qu'ils
meurent par cette cause.

Certaines plantes qui, vertes, sont des poisons, cessent
de l'être après leur dessiccation, les renoncules, les cléma-
tites, par exemple.

Je dois déclarer ici que très-souvent on attribue l'empoisonnement des bestiaux à des plantes qui n'ont jamais pu y
concourir, et que même on appelle empoisonnement des
accidens qui ont une tout autre cause que des poisons. Si une
grande incertitude règne à cet égard dans la médecine humaine, peut-on croire qu'elle n'existe pas dans la médecine
vétérinaire ?

Les poisons minéraux seraient peu à craindre pour les habitans des campagnes et encore moins pour leurs bestiaux, si
quelques métaux d'un usage fréquent, tels que le cuivre et le
plomb ne s'oxidaient pas, et si d'autres oxides encore plus
dangereux, tels que l'arsenic, les préparations antimoniales
et mercurielles, enfin les acides, tels que le sulfurique, le nitrique et le muriatique, ou quelques-uns de leurs composés,
tels que le sulfate de fer et de cuivre, le nitrate d'argent
(pierre infernale), le muriate de zinc, etc., n'avaient pas un
emploi utile et fréquent dans les arts et la médecine.

Tous les poisons minéraux agissent en corrodant la peau ou
les viscères : un homme ou un animal empoisonné par eux
doit donc être traité différemment que celui qui l'a été par des

plantes. Dans ce cas, un cultivateur le fera vomir comme il a été dit plus haut; puis on lui fera avaler en abondance de légères dissolutions de savon, des huiles, des mucilages, tels que la gomme dissoute dans l'eau, de la crême, du lait, etc. Les alcalis purs, que, d'après des données théoriques on doit regarder comme de très - bons contre - poisons, sont souvent dangereux. Comme l'action des poisons minéraux est très-rapide, il faut que les secours soient très-prompts pour produire quelque effet. Rarement dans les campagnes on peut espérer avoir le temps de faire venir un médecin pour les administrer, c'est pourquoi il est nécessaire que les cultivateurs puissent le suppléer d'abord, et c'est cette considération qui m'a déterminé à rédiger cet article.

Très-souvent les cultivateurs s'empoisonnent sans le savoir, comme il y en a eu souvent de tristes preuves : ainsi on a vu des familles entières périr pour avoir mangé du pain cuit dans un four chauffé avec des planches peintes, 1°. en blanc, avec de la céruse (oxide de plomb); 2°. en vert, avec du verdet ou vert-de-gris (oxide de cuivre); 3°. en rouge, avec du minium (oxide de plomb), ou avec du cinabre (oxide de mercure) : il faut donc éviter d'employer à cet usage aucun bois peint. Ainsi il en périt chaque année beaucoup, sans même qu'on s'en doute, pour avoir préparé ou laissé séjourner des alimens dans des vases de cuivre ou de plomb : il faut donc que les ménagères surveillent constamment ces vases, pour les faire nettoyer exactement, et ne pas y oublier des corps gras ou des substances acides. Le cuivre doit être étamé aussi souvent que cela est nécessaire : dans ce cas, comme dans tant d'autres, une petite économie peut amener de grands malheurs. En général, l'ordre et la propreté sont ce qui manque le plus dans l'intérieur des ménages pauvres ; et c'est cependant de ces deux qualités que résultent l'économie et la santé.

Il est encore des poisons qui appartiennent à tous les règnes : ce sont le phosphore et les alcalis, tels que la potasse, la soude et l'ammoniac, sur-tout quand elles sont pures ou caustiques. *Voyez* ces mots. (B.)

POISSON. Tout moyen de multiplier la subsistance des hommes est du ressort de l'agriculture : les poissons, qui fournissent un aliment si agréable et si sain, doivent donc être l'objet des considérations de l'agronome. C'est pour mettre les cultivateurs à portée d'apprécier l'importance dont ils sont à la société en général, et les avantages qu'ils peuvent en retirer, que j'ai parlé dans cet ouvrage de la plupart des poissons d'eau douce : si je n'ai pas fait mention des poissons de mer, c'est qu'ils sont l'objet d'une pêche à laquelle les cultivateurs ne peuvent jamais se livrer sans abandonner leurs intéressans travaux. Parmi ces poissons d'eau douce, je me suis principalement appesanti sur ceux que leur nature appelle à vivre dans les eaux stagnantes, à y multiplier beaucoup, et y arriver rapidement à un certain degré de grosseur, parce que c'est sur eux que l'industrie peut s'exercer avec le plus de succès. Ce que j'ai rapporté aux différens articles qui les concernent, ainsi qu'au mot ETANG, me dispense de m'étendre ici sur les généralités qui ont rapport à leur multiplication et à leur pêche; mais il me reste à parler de leur emploi comme engrais.

On a indiqué l'AVOINE bouillie jetée chaude dans l'eau comme un moyen assuré d'attirer les poissons dans un endroit propre à la pêche à l'épervier. Je n'ai pas d'expérience à faire valoir en faveur de cette pratique; mais, par analogie, je la crois bonne pour prendre des carpes, des barbots et des poissons blancs.

Il paraîtra peut-être surprenant à beaucoup de cultivateurs français qui paient si cher le poisson, que je propose d'en faire usage comme engrais; cependant il est certain que, dans le nord de l'Europe et sur-tout en Angleterre, on applique fréquemment à cet objet non-seulement celui qui est gâté, mais encore qu'on le pêche exprès, et dans la mer et dans les lacs ou les rivières. C'est un excellent engrais, comme je m'en suis assuré pour l'ABLE (*voyez* ce mot). Les amis de l'agriculture doivent désirer que les localités qui, en France, sont dans le cas d'en profiter, apprennent à en faire usage, au lieu de les perdre et d'en être infectés.

Je sais bien que le poisson n'est pas assez abondant sur nos côtes et dans nos rivières pour qu'il puisse être pêché uniquement pour cet objet; mais il est des espèces qui ne se mangent point; mais il est des individus qui se gâtent très-rapidement; mais il est des parties, comme la tête, les ouïes, les intestins, les nageoires, qu'on rejette à la mer et qui pourraient être réservées. Dans la pêche de la morue, par exemple, on peut gagner une partie des frais en empilant dans des tonneaux tous ces restes. Combien d'objets du même genre qui infectent les faubourgs de Dieppe, comme j'en ai acquis personnellement la preuve, et qui pourraient être utilisés si quelqu'un se consacrait à les ramasser chez les pêcheurs! Il en est sans doute de même dans les autres ports de pêche. Je voudrais que dans tous ces ports, pour la salubrité des villes et l'utilité des campagnes, une loi de police exigeât que les pêcheurs jetassent chaque jour les poissons gâtés, les restes des poissons qu'ils préparent, etc., dans une fosse commune, où chaque jour aussi on recouvrirait ces restes d'une couche de terre proportionnée à leur plus ou moins grande épaisseur : on ferait ainsi petit à petit un Compost (*voyez ce mot*), dont la vente annuelle produirait certainement un revenu à la commune.

Parmi les poissons d'eau douce, je ne vois que le gasteroste-épinoche et les têtards des grenouilles qui, parmi ceux non employés à la nourriture de l'homme, soient assez abondans dans quelques localités pour être pêchés pour engrais. J'ai vu des mares desséchées en offrir à leur centre une couche d'un demi-pied d'épaisseur : qui ne sent que si on les eût pêchés avant la dessiccation complète de ces mares, on eût pu les utiliser pour cet objet? Quelquefois aussi la foudre, pendant l'été, les gaz délétères qui se développent sous la glace pendant l'hiver, font périr en un instant la totalité des poissons d'un étang : c'est le cas de les ramasser et de les employer au même objet, soit directement, soit, et mieux, en en fabriquant un compost sur les bords mêmes de l'étang.

Un autre moyen d'utiliser les poissons, c'est de les faire servir à la nourriture des animaux domestiques, non des vaches et des chevaux, comme en Norwege, mais des cochons, des dindons, des canards, des oies, des poules. On m'a dit que dans quelques ports de France on commençait à tirer parti des restes de la pêche, en en nourrissant de jeunes cochons, qu'à six mois on envoie dans l'intérieur des terres pour les mettre à une nourriture végétale, et faire disparaître le goût huileux que leur chair contracte. Je ne puis qu'applaudir à ce perfectionnement de notre industrie agricole. (B.)

POIVRE D'EAU. *Voyez* au mot Renouée persicaire.

POIVRE LONG. *Voyez* Piment.

POIVRE DES MURAILLES. C'est l'orpin brulant.

POIVRETTE. On donne ce nom à la nigelle commune.

POIVRIER, *Piper aromaticum*, Lam., *Nigrum*, Lin. Plante exotique qui donne le poivre.

Le genre des poivriers renferme un assez grand nombre d'espèces, toutes originaires des pays situés entre les tropiques ou dans leur voisinage. L'espèce dont il est ici question s'appelle le *poivrier aromatique*, à cause du parfum de sa graine, connue de tout le monde, et qui forme une des branches importantes du commerce des épiceries. On trouve ce poivrier aux Grandes-Indes, particulièrement sur la côte de Malabar, et aux îles de Java et de Sumatra. Il a une petite racine fibreuse, flexible et noirâtre; ses tiges sont vertes, ligneuses et sarmenteuses; elles grimpent sur les arbres voisins, ou se couchent sur la terre lorsqu'elles manquent d'appui. De chacun de leurs nœuds sortent des feuilles solitaires, disposées alternativement, et soutenues par de courts pétioles. Ces feuilles sont à cinq nervures, arrondies, larges de 2 ou 3 pouces, longues de 4, terminées en pointe, d'une consistance ferme et d'un vert clair en dessus. Les fleurs viennent en grappes portées sur un seul pédoncule; elles sont découpées à leur bord en trois segmens, n'ont ni calice ni corolle, mais deux anthères opposées, et un style à trois ou quatre stigmates. Tantôt les grappes de fleurs naissent dans la partie moyenne des tiges, sur les nœuds, et opposées aux pétioles des feuilles; tantôt viennent à l'extrémité des tiges. Quand les fleurs tombent, il leur succède des fruits ou des grains de plusieurs grosseurs, communément de celle d'un pois moyen. Il y en a jusqu'à vingt, quelquefois jusqu'à trente attachés au même pédoncule. Ils sont d'abord verts, et ensuite rouges à l'époque de leur maturité; leur surface, qui est alors unie, se noircit peu après, et se ride en séchant.

Ces grains ou fruits forment ce qu'on appelle le *poivre noir du commerce*. En ôtant à ce poivre son écorce on en fait le *poivre blanc*, qui est celui qu'on nous apporte des Indes en plus grande quantité. On enlève cette écorce en faisant macérer dans l'eau de la mer le poivre noir; l'écorce extérieure s'enfle et s'ouvre par la macération, et on en retire très-facilement le grain, qui est blanc et que l'on sèche; il est beaucoup plus doux que le noir et lui est préférable.

Le poivre a été recherché dans tous les temps. Il était connu des anciens Grecs, qui en faisaient le même emploi que nous. Son usage est général. On le mêle aux alimens, soit pour exciter l'appétit, soit pour faciliter la digestion. Le poivre noir est celui dont on se sert le plus dans les cuisines; le blanc, comme moins fort, est servi sur les tables, et préféré par les gens d'un goût délicat.

Autrefois les Hollandais étaient seuls en possession de vendre cette épicerie; mais l'illustre intendant de l'Ile - de - France, M. Poivre, a introduit dans cette île le poivrier, qu'on y cultive avec succès, ainsi que dans la Guiane française, où M. Martin l'a apporté. Sa culture peut offrir de grandes ressources à la Guiane, en mettant en valeur beaucoup de terrains restés en friche dans cette vaste contrée. Je vais en dire un mot d'après M. de Velloso et M. Le Blond. Le premier a composé en portugais un petit traité pour enseigner aux habitans du Brésil la manière de cultiver avec succès le poivrier; et M. Le Blond a adressé au Muséum d'histoire naturelle un mémoire sur le même objet, dont on trouve un extrait rédigé par M. Desfontaines dans les *Annales* de cet établissement. Ce qui suit est copié, en grande partie, de ce dernier écrit.

Suivant M. de Velloso, la récolte du poivre se fait à Goa depuis le mois de février jusqu'en mai; et c'est pendant la saison des pluies, qui continuent depuis juin jusqu'en novembre, que les graines tombent à terre, germent et produisent de nouveaux individus. On multiplie aussi le poivrier de boutures, et l'on choisit les jeunes branches qui n'ont pas encore porté du fruit, parce qu'elles sont plus vigoureuses. Le poivrier aime les bonnes terres, et il y vient presque sans soins et sans culture. M. de Velloso dit que les terres argileuses, qui ressemblent au bol d'Arménie, sont préférables, et il assure que le poivrier ne réussit pas dans les terrains sablonneux. Cette observation est d'une grande importance pour les habitans de la Guiane française, où le sol des montagnes, des vallées et de la plupart des plaines, est formé d'une argile ferrugineuse jaune ou rougeâtre qui convient peu à d'autres cultures, à moins qu'on n'emploie le secours des engrais.

Les climats les plus chauds des tropiques sont les seuls qui conviennent au poivrier. Il ne réussit point à Bombay, à Dine, à Surate et autres pays situés au nord de Goa. Le plus aromatique et le meilleur croît à Bragare, Talicheri et Calicut; les îles de Malaca, de Java, et particulièrement celle de Sumatra, en produisent aussi d'excellent.

Le poivrier grimpe sur les arecs, sur les cocotiers, les manguiers et autres arbres des forêts, qu'il couvre de sa verdure. Il s'élève jusqu'à 30 coudées, et le tronc a quelquefois 6 pouces d'épaisseur. Lorsque les sarmens des jeunes poivriers ne s'attachent pas d'eux-mêmes aux arbres destinés à leur servir d'appui, les Portugais ont soin de les fixer, soit avec des liens, soit avec de la terre glaise, ou toute autre substance convenable, afin que leurs radicules puissent s'implanter dans l'écorce. M. de Velloso observe que les poivriers qui croissent le long des murs, ou qui rampent à terre, ont des tiges plus grosses que ceux qui montent sur les arbres; mais les premiers ne produisent presque pas de fruits, sans doute parce qu'ils sont privés de la nourriture que les autres tirent des arbres auxquels ils s'attachent.

Après avoir fait connaître ce que M. de Velloso dit de la culture du poivrier aux Grandes-Indes, M. Le Blond expose la méthode employée à la Guiane pour la culture de la même plante, et il rapporte les observations qu'une expérience de douze années a fournies à M. Hussenet, l'un des cultivateurs les plus distingués de cette colonie.

Huit mois après que les poivriers eurent été apportés de l'Ile-de-France à Cayenne par M. Martin, que le gouvernement avait chargé de cette mission, M. Hussenet s'en procura trois individus, qu'il planta l'un auprès d'un *immortel (erythrina)*, le second près d'un *monbin*, et le troisième au pied d'un *mam-*

mea. Les deux individus plantés auprès de l'immortel et du monbin fleurirent et donnèrent quelques grappes de fruits au bout de dix-huit mois; mais celui auquel le mammea servait de soutien périt bientôt après, et sans doute les sucs âcres et astringens de cet arbre, joints à la dureté de son écorce, à laquelle le poivrier ne s'attache que difficilement, en furent la principale cause. Le même cultivateur tenta ensuite des essais sur d'autres arbres, tels que l'avocatier, l'oranger, le manguier, l'acajou, le corossolier, le calebassier, et il résulta de ces essais que le calebassier est celui qui convient le mieux au poivrier. L'écorce du calebassier est spongieuse et épaisse; les griffes du poivrier la pénètrent avec facilité et y adhèrent fortement; c'est d'ailleurs un arbre peu élevé, et qu'on peut réduire, en le taillant à la hauteur qu'on veut, sans qu'il en souffre; ses branches, flexibles et peu cassantes, s'étendent horizontalement, ses feuilles se conservent long-temps, et lorsqu'il les perd, elles se renouvellent en huit jours; les chenilles ne l'attaquent point; il procure au poivrier de l'ombrage pendant les fortes chaleurs de l'été; enfin l'expérience a appris que les poivriers auxquels ces arbres servent d'appui produisent des récoltes plus abondantes. Un autre avantage du calebassier, c'est que ne s'élevant qu'à 12 ou 15 pieds, on peut, au moyen d'une échelle double de même longueur, récolter le poivre avec une extrême facilité. Il faut l'élaguer, afin de donner de l'air au poivrier, et couper toutes les branches gourmandes, pour que celles qui restent acquièrent plus de vigueur. Le calebassier se multiplie aisément de boutures; il croît fort vite et s'accommode de toutes sortes de terrains.

Ces observations de M. Hussenet, rapportées par M. Le Blond, sont confirmées par celles de M. Martin. « J'ai abandonné, dit ce dernier (*Lettre à M. Thouin, du 8 floréal an* X), l'idée que j'avais d'abord de planter des monbins pour soutenir les poivriers, parce que je me suis aperçu que le poivrier en s'attachant à ces arbres, en recevait un effet préjudiciable à sa fleur. Plusieurs personnes ont planté des poivriers sous des manguiers, des abricotiers, et même contre des cannelliers, dans des vergers ou jardins, à Cayenne. Ils fleurissent bien tous les ans; mais ensuite les chatons tombent. Je suis tenté de croire, d'après mes propres observations, que la sève de ces arbres qui servent de tuteurs aux poivriers, étant résineuse et gommo-astringente, et par conséquent âcre, doit nuire à la sève aromatique du poivrier, et causer instantanément la chute des fleurs et des feuilles. Le poivrier, en mêlant à sa sève celle de ses tuteurs, qu'il pompe à l'aide de ses griffes ou suçoirs, et en s'imbibant pour ainsi dire de cette sève échauffante et hétérogène, perd alord ses fleurs avant leur fécondation, et ses feuilles encore toutes vertes. »

M. Hussenet a fait le premier, à la Guiane, une plantation régulière de poivriers; elle en renferme deux cents, et autant de calebassiers, séparés par des espaces de 10 pieds carrés. Chaque poivrier a été mis à la distance de 5 à 6 pouces de chaque cale-bassier un an après la plantation de ces derniers : car, si les calebassiers n'avaient pas acquis assez de vigueur lorsqu'on plante à leur pied le poivrier, ils ne pourraient en soutenir le poids, et seraient étouffés en peu de temps, parce que le poivrier croît avec beaucoup de rapidité.

Il convient d'enlever les bourgeons des calebassiers jusqu'à 6 pieds au-dessus de terre, afin que l'arbre s'élève davantage, et de ne laisser que sept à huit branches sur le tronc, pour qu'elles acquièrent plus de force et puissent soutenir le poivrier, qui peut alors s'étendre sans être trop ombragé. Par cette pratique, il produit beaucoup de fleurs et de fruits.

Un pied de poivrier suffit pour chaque calebassier. Lorsqu'on propage le poivrier de boutures, il faut, comme on l'a dit, choisir des jets qui n'aient pas encore produit, dont le bois soit bien formé, leur laisser quatre à cinq nœuds, les planter obliquement et enfouir trois ou quatre de ces nœuds.

Chaque pied de poivrier vigoureux, sur un calebassier bien développé, peut donner 15 livres de poivre sec. Ainsi les 200 pieds de la plantation dont nous venons de parler, et qui n'occupent guère que deux tiers d'arpent, en produisent 3,000 liv., qui, à raison de 40 sous la livre, formeraient un revenu de 6,000 fr. M. Laforêt, colon de la Guiane française, a cueilli 29 livres de poivre sur un seul plant. Il était vert, il est vrai, quand on l'a pesé; mais, séché, il n'a été réduit qu'à la moitié de ce poids. Ce poivre, dit M. Martin, était d'une excellente qualité, gros, bien plein, d'une belle couleur, très-piquant, aromatique, supérieur même à celui qu'on nous apporte de l'Inde.

Le poivrier réussit aussi sur l'immortel; mais cet arbre a l'inconvénient de perdre ses feuilles en été et d'en rester dépouillé pendant deux mois, ce qui expose le poivrier à l'ardeur du soleil et le fait souffrir. L'immortel a d'ailleurs le bois très-cassant; il s'élève fort haut, et si on le taille souvent pour l'empêcher de croître, on le fait périr. Le poivre a mal réussi sur les autres arbres qu'on a essayés.

Lorsqu'il commence à monter, on lui fait prendre une bonne direction, en conduisant ses sarmens le long des tiges et des branches du calebassier, et en les y fixant avec des liens souples qu'on serre peu, afin de ne pas arrêter les sucs et occa-

sionner des engorgemens. On continue cette opération jusqu'à
ce que le poivrier soit bien établi sur l'arbre qui lui sert de
soutien.

Comme tous les arbres fruitiers, le poivrier donne alternativement de bonnes et de mauvaises récoltes. Les grandes
pluies font couler ses fleurs; mais les vents du nord qui,
lorsqu'ils soufflent long-temps, endommagent les cultures de
la Guiane, ne leur sont pas très-nuisibles, parce que les feuilles
des calebassiers lui servent d'abri, et que ces derniers arbres
résistent bien à l'influence des vents.

Le poivrier fleurit tous les ans et même deux fois par an
quand il est vigoureux. Sa fleur paraît ordinairement un ou
deux mois après les premières pluies qui succèdent à la saison sèche. Les fruits nouent en mars et avril, quelquefois plus
tard. Ils se teignent en rouge lorsqu'ils sont mûrs; mais on les
cueille dès qu'ils se colorent en jaune, et que quelques-uns des
grains commencent à rougir, parce que les oiseaux les mangent avec avidité quand ils sont parvenus au dernier terme de
maturité.

La récolte se fait quatre mois après la chute des fleurs; elle
est très-facile. Un nègre monte sur une échelle avec un panier
attaché à sa ceinture; il cueille une à une les grappes, qui se
cassent sans effort; puis on les expose au soleil sur des planches ou sur des draps, et elles sont sèches au bout de cinq à
à six jours. Quand une plantation de poivriers a été faite, un
seul nègre peut en cultiver et soigner huit cents à mille plants,
et en récolter les fruits.

Le poivrier est sujet à la piqûre d'un ver qui s'insinue entre
le bois et l'écorce, et le fait quelquefois périr. (D.)

POIX, ou POIX-RÉSINE. On donne généralement ce nom
à toutes les résines qui fluent naturellement ou par incision
des arbres du genre des pins et des sapins, mais plus particulièrement à celle que fournit le Sapin-Pesse. *Voyez* ce mot.

Lorsqu'on met la poix-résine du sapin-pesse dans de l'eau
sur le feu, elle se fond et on peut la filtrer à travers une toile
claire. Cette poix purifiée perd alors le nom de *poix grasse,*
de Bourgogne. Lorsqu'on y mêle du noir de fumée, elle devient la *poix noire;* mais aussi quelquefois la poix noire n'est
que du Goudron épaissi. *Voyez* ce mot.

Pour beaucoup de personnes, la poix n'est que le goudron
épaissi par l'évaporation des parties aqueuses qui lui sont
unies. Telle est principalement celle dont les cordonniers font
usage. (B.)

POLDERS. Nom qu'on donne aux grands desséchemens
dans la ci-devant Flandre maritime.

Il existait entre les villes de Dunkerque, Berg-Saint-Vinox, Honscoote et Furnes des lacs connus sous le nom de moërs, ces lacs furent desséchés au commencement du seizième siècle et furent cultivés jusqu'en 1746, que ces terrains furent inondés avec les eaux de la mer pour la défense de Dunkerque alors assiégé. Plusieurs tentatives faites pendant la fin de ce siècle et la première moitié du suivant pour rendre de nouveau ces lacs à la culture, n'eurent pour résultat que la ruine de ceux qui les entreprirent. Enfin les frères Herwyn conçurent le hardi projet de séparer les lacs en deux par une chaussée, ce qui forma trois polders contenant ensemble 3000 arpens séparés par des digues et des écluses. Pour élever les eaux, ils construisirent cinq moulins à vent qui les versèrent dans un canal de ceinture, d'où elles s'écoulaient au port de Dunkerque. Leurs dépenses furent presque entièrement perdues en 1793 par suite de la guerre, les polders furent de nouveau submergés. Forts de leurs connaissances locales, les frères Herwyn n'ont pas craint d'y mettre de nouveaux fonds. Aujourd'hui ce terrain est couvert d'arbres, de moissons, de prairies, de bestiaux dans la plus grande partie de son étendue, et dès que les eaux des pluies auront dessalé la partie que les eaux de la mer ont le plus long-temps couverte, le tout sera en état de reproduction complète.

Cette belle entreprise, qui a fait le plus grand honneur aux frères Herwyn, est dans le cas d'être citée pour modèle aux propriétaires de tant de marais insalubres et d'un rapport presque nul. *Voyez* DESSÉCHEMENT. (B.)

POLÉMOINE, *Polemonium*. Genre de plantes de la pentandrie monogynie et de la famille des polémonacées, qui renferme une demi-douzaine d'espèces, dont une est fréquemment cultivée dans les jardins d'agrément, qu'elle orne de ses beaux bouquets de fleurs bleues.

Cette plante, qu'on appelle vulgairement la *valériane grecque*, est originaire des parties moyennes de l'Asie Ses racines sont vivaces et fibreuses ; ses tiges hautes de 2 pieds, droites et nombreuses; ses feuilles, alternes, sessiles, ailées, à folioles nombreuses, oblongues, entières, glabres, et d'un vert foncé; ses fleurs sont larges de 5 à 6 lignes, bleues ou blanches, et disposées en bouquets à l'extrémité des tiges. Elle se place dans les plates-bandes des parterres et dans les corbeilles, ou même sur les bords des massifs des jardins paysagers, où ses grosses touffes font un très-bon effet lorsqu'elles sont en fleurs et qu'elles contrastent avec quelques autres plantes de couleur et de forme différentes. Son seul feuillage même se considère avec plaisir parce qu'il est élégant. Elle est fort rustique et se plaît dans tous les terrains; mais il lui faut du soleil. On la multiplie de graines et par déchirement des vieux pieds. On préfère ordinairement ce dernier moyen comme le plus expéditif. En effet, les nouveaux pieds qui résultent de cette opération, qui se fait en hiver, portent des fleurs dès la même année, tandis que ceux provenant des graines n'en donnent guère que la troisième. Les soins communs à tous les jardins lui suffisent; cependant elle aime à être arrosée dans les grandes chaleurs et amendée avec du terreau, lorsqu'on veut qu'elle développe toute sa beauté. Les plus fortes gelées ne lui font aucun tort; elle fleurit en mai et en juin.

Lorsqu'on désire obtenir des variétés de polémoines ou des polémoines à fleurs doubles, on sème ses graines au printemps sur couche et sous châssis dans des terrines remplies d'une terre appropriée. Le plant qui en provient se repique ensuite en pleine terre dans un sol bien fumé et à une bonne exposition ; mais ces variétés, si l'on excepte la blanche, sont peu recherchées; la double même, se voit rarement dans les jardins. (B.)

POLÉMONACÉES. Famille de plantes qui a le genre POLÉMOINE pour type.

Les autres genres qui y entrent sont LOÉSELIE, DIAPENSIE, CANTU, COBÉE et PHLOX. *Voyez* ces mots. (B.)

POLLEN. Poussière fécondante des étamines et dont les abeilles nourrissent leurs petits. *Voyez* ÉTAMINE et ABEILLE.

Le pollen peut se conserver desséché pendant plusieurs années sans perdre de sa vertu prolifique, ainsi que le prouvent les expériences faites sur les dattiers par les Arabes, et sur le pistachier en France et ailleurs. (B.)

POLLENTA. Nom italien de la BOUILLIE de MAÏS. *Voyez* ces deux mots.

POLLETOT. Synonyme d'AUGET et de POCHET. (B.)

POLYGALA, *Polygala*. Genre de plantes de la diadelphie octandrie et de la famille des rhinanthoïdes, qui renferme plus de quatre-vingts espèces, dont deux, parmi les cinq qui se trouvent en Europe, sont dans le cas d'être mentionnées ici.

Le POLYGALA VULGAIRE a les racines fibreuses, vivaces; les tiges herbacées, simples, souvent couchées à leur base; les feuilles alternes, linéaires, lancéolées; les fleurs bleues, rougeâtres ou blanches, disposées en épi à l'extrémité des tiges. Il est extrêmement commun dans les pâturages des montagnes, le long des bois ou autres lieux incultes, fleurit au milieu de l'été et s'élève à 5 à 6 pouces. C'est une plante d'un aspect très-agréable, et qu'on ne doit pas repousser des gazons des jardins paysagers, mais dont la culture dans les parterres n'est rien moins que facile. On la connaît, dans quelques endroits, sous le nom de *laitier* ou d'*herbe à lait*, parce qu'on croit qu'elle donne beaucoup de lait aux bestiaux, et par suite aux nourrices qui en mangent. Les vaches et les chevaux l'aiment avec passion. Il est fâcheux qu'elle pousse tard et qu'elle ne s'élève pas davantage, car elle serait, sans cela, très-propre à former des prairies artificielles dans les terrains secs et arides, où elle se plaît de préférence et où il n'est pas toujours facile d'en établir. Je ne sache pas, au reste, qu'on ait tenté aucun essai à cet égard. Elle passe pour le meilleur béchique et le meilleur incisif que possède la médecine en Europe.

Le POLYGALA AMER ressemble beaucoup au précédent, mais il s'élève moins, a les feuilles inférieures rondes et plus grandes et la saveur amère. Il croît très-abondamment sur les collines calcaires. Ses propriétés médicinales sont encore plus prononcées que celles du précédent, et il est plus purgatif. (B.)

POLYGAMIE. C'est la vingt-troisième classe du système sexuel de Linné. Elle renferme les plantes qui portent ou sur le même individu des fleurs hermaphrodites et des fleurs d'un seul sexe, mâles ou femelles, ou sur deux individus de la même espèce des fleurs hermaphrodites et des fleurs mâles sur l'un, et des fleurs hermaphrodites avec des fleurs femelles sur l'autre, ou bien encore des fleurs mâles sur un individu, et des fleurs femelles sur un autre, et des fleurs hermaphrodites sur un troisième individu de même espèce. *Voyez* BOTANIQUE. (R.)

POLYGONÉES. Famille de plantes dont le type est le genre des RENOUÉES (*Polygonum*, en latin).

Outre ce genre, la famille des polygonées renferme encore ceux appelés RAISINIER, OSEILLE, RHUBARBE, qui intéressent les cultivateurs, et qui ont un article dans ce Dictionnaire, et ceux nommés ATRAPHORIDE, CALLIGONE, KŒNIGIE, POLYGONELLE, TRIPLARE et PALLASIE, qui ne se cultivent que dans les écoles de botanique. (B.)

POLYPE. MÉDECINE VÉTÉRINAIRE. Nous entendons ici sous ce nom une excroissance fibreuse, flasque, spongieuse et indolente, qui se forme quelquefois ou sur la membrane pituitaire, ou sur la tunique qui recouvre le larynx et le pharynx ; il se présente comme une espèce de chair morte, dans laquelle on aperçoit néanmoins des vaisseaux sanguins, et c'est proprement cette excroissance que les auteurs vétérinaires ont désignée sous le nom de *souris* ; mais la bizarrerie de cette expression ne doit pas étonner, et n'est qu'une preuve très-sensible des ténèbres qui jusqu'ici ont obscurci l'art que nous professons.

L'effet ordinaire de cette tumeur dans les fosses nasales est de s'opposer plus ou moins considérablement à l'entrée et à l'émission de l'air inspiré et expiré, et lorsqu'elle a son siége dans la gorge elle peut s'opposer encore à la déglutition, et rendre la respiration plus ou moins laborieuse : ces suites différentes dépendent entièrement de son volume.

Les causes les plus ordinaires sont des commotions, la fracture, la perforation des os du nez, des cornets, des conques, des sinus maxillaires, la respiration d'un air échauffé, un flux très-long et très-copieux par les naseaux, soit à raison d'une GOURME, soit à raison d'un CATARRHE ou d'une MORFONDURE (*voyez* ces mots), une blessure faite à la membrane pituitaire par un tuyau de paille qui se sera insinué dans l'une ou l'autre des fosses, ou par une autre cause quelconque, comme un clou ou un autre instrument pointu avec lequel un maréchal ignorant entreprend de saigner un animal dans ces parties, et alors il n'est pas étonnant que cette membrane, séparée et détachée des parties osseuses, forme une ou quelquefois plusieurs espèces de sacs tuméfiés par l'humeur qui se rassemble dans son tissu cellulaire.

Ces sortes de polypes sont ordinairement à bases étroites, c'est-à-dire suspendus par un pédicule ; mais s'ils sont produits par des abcès farcineux ou morveux (*voyez* FARCIN, MORVE) ; s'ils sont dus au vice ou à l'impureté de la masse du sang, la base en est large, leur exposition ayant lieu plutôt en largeur et en profondeur qu'en hauteur ; ils sont livides, noirs, douloureux, et bien loin d'être benins comme les autres, ils portent avec eux tous les caractères de la malignité, et sont bientôt suivis de la carie des os du nez, du *spina acutosa* dans les tables osseuses, de l'infection de l'haleine, du marasme et de la mort, sur-tout si on entreprend de les traiter par des médicamens locaux, ressources malheureuses et les seules le plus souvent employées par le commun des maréchaux, qui ne savent pas que l'extirpation de ces excroissances en hâte toujours la renaissance et la végétation, et qui, incapables de faire la moindre distinction des cas, ne pensent pas que, dans celui-ci, les astringens, les caustiques, le feu et tous les moyens propres à réprimer des tumeurs bénignes et à en arrêter les progrès, ne peuvent qu'irriter et ne servent qu'à enflammer les polypes dont il s'agit, corrompent presque toujours les parties adjacentes et voisines, et exigent principalement des remèdes intérieurs, et extérieurement des topiques anodins, plutôt que des substances fortes et destructives, qui accroissent sans cesse le mal et multiplient les désordres qui l'occasionnent.

Les polypes qui surviennent dans la gorge peuvent naître d'une expansion des polypes du nez, lorsqu'ils sont situés très-près des arrière-narines , c'est-à-dire des orifices postérieurs des fosses nasales; ils sont assez souvent une suite de l'inflammation excessive de l'arrière-bouche , ainsi que de la tuméfaction et de l'engorgement de la glande palatine, de la vélo-palatine , des arythénoïdiennes , des pharyngiennes , etc. ; ils peuvent encore être attribués à des angines, à des aphthes et à d'autres ulcères malins, qui les font placer parmi les tumeurs d'un genre vraiment dangereux.

A l'égard du prolongement et du relâchement de la membrane du voile du palais, et principalement de la tunique qui ceint et qui entoure le cartilage épiglootique , prolongement et relâchement qui peuvent être tels, qu'ils opposent un obstacle au passage des alimens solides et même liquides , il n'en résulte pas proprement ce que nous appelons un polype. Si néanmoins le corps ou le ligament pulpeux ou onctueux dans lequel le cartilage dégénère , et par lequel il s'attache à l'angle du thyroïde, se tuméfie et s'abcède, cette tuméfaction forme une excroissance polypeuse très-redoutable pour les chiens , ainsi qu'il est prouvé par l'expérience.

Le larynx des volatils , sur-tout dans les poules et dans les dindes, est très-sujet à ces sortes de végétations; mais la facilité que l'on a d'atteindre, dans ces animaux, les parties attaquées, de les couper, et d'y porter des topiques convenables, en rend la présence bien moins effrayante.

On ne doit pas confondre, au surplus, la maladie que nous considérons ici avec celle à laquelle l'exsudation des fluides entre les deux lames de la membrane pituitaire , ou entre cette tunique et les os qu'elle recouvre, peut donner naissance. La tumeur s'abcède bientôt ; d'ailleurs on la distingue aisément par le lisse et le poli de sa surface, par l'évasement de sa base, et par la fluctuation dont il est possible de s'assurer en y portant la main, si la chose est praticable, ou en introduisant une sonde aplatie, si le mal est très-profond, ou plutôt trop voisin des orifices postérieurs des fosses.

Il y a quelque temps que l'on a vu , à l'Ecole vétérinaire près de Paris, deux abcès de cette espèce , placés dans les deux cavités nasales à la hauteur de la partie supérieure des os du nez : leurs effets ne différaient point de ceux des polypes ; ils gênèrent également la respiration, qui était très-difficile ; leur ouverture donna issue à une grande quantité de matière suppurée , assez fluide, blanche et sans odeur. Cette évacuation dégagea le passage de l'air ; l'animal expira et inspira librement; de simples injections d'eau d'orge miellée détergèrent , consolidèrent et cicatrisèrent promptement les ulcères. Du reste, l'état sain des os, qui ne furent point à découvert, prouve ici que la collection de l'humeur exsudée s'était faite entre les deux lames de la membrane muqueuse; un purgatif minoratif termina la cure.

Comment peut-on s'assurer de l'existence du polype? Les symptômes, au moyen desquels on peut reconnaître le polype dont nous parlons sont tous ceux qui décèlent le défaut de l'entrée de l'air dans les poumons, et de son émission hors de ce viscère. Portez la main aux ouvertures nasales, vous distinguerez facilement celle qui n'en fournit que peu ou point du tout. Examinez, dans les temps froids, la condensation des vapeurs pulmonaires, qui forment alors une espèce de nuage très-sensible à chaque expiration, l'orifice nasal embarrassé de ce polype n'en laissera échapper que très-peu; faites exercer l'animal, vous entendrez un sifflement qui sera la suite ou l'effet de la collision de l'air lors de son passage dans les fosses affectées; cette collision sera en raison, d'une part, de la célérité de la marche de ce fluide, et de l'autre, du volume du polype. Bouchez un des naseaux de l'animal, vous saurez et vous connaîtrez à-peu-près la forme, lorsqu'elle ne sera pas à portée des yeux, en portant une sonde aplatie dans le nez, au moyen de laquelle vous en parcourrez toute l'étendue.

Nous avons dit plus haut que le polype qui se prolongeait dans le larynx gênait autant la déglutition que la respiration; mais si sa base est étroite, il ne doit pas alarmer. Pour reconnaître et juger de la situation, de l'étendue et de la forme de ceux qui occupent l'arrière-bouche, il n'est besoin que de l'inspection et de l'introduction de la main.

Les moyens que l'art suggère pour la guérison de ces sortes de maux sont généraux et particuliers. Les premiers se prennent dans les altérans et les évacuans, que nous administrons en breuvage ou en opiat; ils sont tous relatifs à l'état actuel des parties malades et du sujet.

La tunique dans laquelle le polype siége est-elle relâchée, le sujet est-il d'une constitution flasque et molle, ayez recours aux styptiques, aux absorbans et aux martiaux. Y a-t-il rétinence, douleur et inflammation, saignez, faites usage des délayans, des nitreux et des tartareux en breuvage.

La tumeur est-elle livide, fibreuse; fournit-elle une sanie infecte, employez le quinquina, la petite centaurée, la teinture de camphre, celle d'aloès, etc. A l'égard des purgatifs que vous aurez intention d'administrer, combinez-les de manière à remplir les indications.

Le choix des remèdes particuliers, c'est-à-dire de ceux que

l'on applique extérieurement sur le mal, n'est pas moins important. Leur nature tonique, relâchante, astringente, rongeante, etc., doit être réglée d'après l'espèce de polype. La forme sous laquelle l'on doit employer ces topiques ou médicamens locaux n'est pas moins un effet de réflexion de la part du vétérinaire. Celle de vapeur est préférable lorsqu'il y a de l'irritation ; celle d'injection, lorsque le sentiment des parties est moins exquis.

S'agit-il de l'opération, il faut encore déterminer quelle est la méthode à préférer. L'incision, la cautérisation, l'extraction, la ligature, etc., sont autant de méthodes qui ont leurs avantages et leurs inconvéniens ; l'expérience prouve néanmoins que la méthode la plus sûre pour guérir le polype est de le couper toutes les fois que l'on peut y atteindre. Si l'instrument tranchant ne peut pas parvenir jusqu'au mal, tentez l'extraction avec des tenettes ou avec des pinces mousses par le bout ; poussez-les le plus avant qu'il vous sera possible, jusqu'à la racine de la tumeur, que vous saisirez et que vous tirerez peu-à-peu en faisant des demi-tours à droite et à gauche ; vous serez peut-être obligé de la prendre à plusieurs fois ; mais si vous parvenez à l'arracher en entier, il surviendra une hémorrhagie, que vous arrêterez en portant sur la plaie un bourdonnet lié et imbibé d'eau de Rabel. L'opération finie, faites des fumigations avec les plantes émollientes, ensuite des injections avec du vin tiède, terminez la cure avec des eaux vulnéraires et dessiccatives et par un purgatif minoratif. (R.)

POLYPÉTALE (FLEUR) : celle dont la corolle est formée de plusieurs pièces. On divise les corolles polypétales en polypétales régulières et en polypétales irrégulières. M. Adanson dit avoir observé que, dans toutes les plantes où l'ovaire est séparé du calice, où ce dernier ne fait pas corps avec l'ovaire, la corolle est toujours polypétale lorsqu'elle est attachée au calice : alors le calice est toujours d'une seule pièce.

La fleur polypétale régulière est celle dont les pétales sont disposés en croix, en rose, en un mot dans une feuille symétrique. Les fleurs des pois, des lentilles, sont par cette raison des polypétales irrégulières. *Voyez* Plante, Corolle, Botanique. (R.)

POLYPODE, *Polypodium*. Genre de plantes de la cryptogamie et de la famille des fougères, qui renferme plus de cent cinquante espèces, dont plusieurs appartiennent à l'Europe et sont assez intéressantes sous les rapports économiques ou médicinaux, pour que je doive en mentionner quelques-unes.

Le Polypode vulgaire a les racines rampantes, noueuses, vivaces, de la grosseur d'une plume à écrire, couvertes d'é-

cailles et garnies de fibrilles ; les feuilles très-profondément
divisées, ou presque pinnées et à folioles oblongues, obtuses,
légèrement dentées, portées sur de longs pétioles qui sortent
des deux côtés de la racine. Il se trouve très-fréquemment
dans les lieux ombragés, sur les rochers, les vieux murs, au
pied des arbres, etc., sur-tout dans le nord de l'Europe. On
le connaît dans certains cantons sous le nom de *réglisse des
bois*, parce que sa racine a un goût sucré et se mange comme
la véritable réglisse. Dans d'autres, on l'appelle le *polypode
de chêne* par suite des idées superstitieuses des druides à l'égard
du chêne, idées qui attribuaient de grandes vertus aux racines
des pieds qui croissaient sur celles de cet arbre. Par-tout ses
racines passent pour apéritives, pectorales, laxatives et ver-
mifuges. On en fait fréquemment usage dans les pays de montagnes.

Les murs de clôtures sur lesquels croît le polypode vulgaire se conservent mieux que les autres, parce que ses racines
s'entrelacent et empêchent la terre qui les recouvre d'être entraînée par les pluies ; il en est de même de la crête du toit
des chaumières. On doit donc toujours les en garnir lorsque
cela est rendu possible, par la position ombragée de ces murs
ou de ces chaumières. On doit aussi ne pas négliger de le placer
sur les ruines, les rochers et autres fabriques des jardins paysagers, car il forme par l'élégance de ses feuilles, au moins
d'un demi-pied de haut et toujours vertes, une décoration très-
agréable.

Le Polypode fougère male a les racines vivaces, épaisses,
fibreuses, écailleuses ; les feuilles de 2 à 3 pieds de haut sur
un pétiole écailleux et deux fois pinnées par des folioles obtuses et crénelées. Il croît très-abondamment dans toute l'Europe septentrionale, dans les bois, sur les montagnes exposées
au nord, au pied des rochers ombragés, où il forme de grosses
touffes et couvre quelquefois des espaces considérables. C'est
la plus commune et la plus célèbre des fougères d'Europe
après la Ptéride. (*Voyez* ce mot et celui de Fougère.) Sa
racine est amère, apéritive et éminemment vermifuge. Elle
forme la base du remède de Mad. Nouffre contre le *ténia* ou
ver solitaire. (*Voyez* au mot Ténia.) Ses feuilles vertes ne sont
point mangées par les bestiaux, mais stratifiées avec de la
paille, à laquelle elles communiquent leur odeur ; elles sont
alors de leur goût. On en tire un grand parti dans quelques
cantons pour faire de la potasse, en les brûlant, à la fin de
l'été, dans des fosses creusées exprès. Souvent, lorsque l'opération est bien conduite, leurs cendres donnent près de la
moitié de leur poids de ce sel. Il est à regretter qu'on en laisse

perdre de si grandes quantités dans d'autres endroits, car la potasse devient chaque jour plus rare et plus chère, tant par suite de la destruction du bois, que de l'augmentation des fabriques qui en font usage, et on est obligé d'en tirer, chaque année, pour bien des millions de l'étranger. Les propriétaires des grandes forêts devraient organiser des coupes régulières de cette plante, tant pour leur propre intérêt que pour celui de la société en général. On peut aussi en tirer un parti très-utile pour chauffer le four, cuire le plâtre, la chaux, faire de la litière, couvrir les plantes délicates pendant l'hiver, etc., etc. Elle peut entrer comme ornement dans les jardins paysagers, où elle trouve place derrière les rochers et autres fabriques, au milieu des massifs et autres lieux ombragés. Ses tiges s'élèvent et se déroulent en spirale, ce qui leur donne dans sa jeunesse un aspect très-élégant.

Les cochons aiment beaucoup les racines de cette plante, que l'homme même mange, dit-on, quelquefois dans le nord de l'Europe.

Les autres espèces de polypodes d'Europe se rapprochent de celui-ci, mais sont plus petites, telles que les POLYPODES FOUGÈRE FEMELLE, LONCHITE, PHÉGOPTÈRE, THELEPTÈRE, AIGUILLONNÉ, FRAGILE et ODORANT. On peut tirer le même usage de leurs feuilles pour faire de la potasse et de la litière. Le dernier est employé par les Russes en guise de houblon, pour donner un goût agréable à leur bière. (B.)

POLYTRIC. Espèce de fougère. *Voyez* DORADILLE.

POMME. *Voyez* l'article POMMIER.

POMME D'AMOUR. Espèce de MORELLE. *Voyez* au mot TOMATE.

POMME DE CANNELLE. C'est le fruit du COROSSOLIER.

POMME ÉPINEUSE. Nom vulgaire du fruit de la STRAMOINE.

POMME DE MERVEILLE. Les jardiniers appellent ainsi la MOMORDIQUE LISSE.

POMME DE PIN. C'est le fruit du PIN CULTIVÉ. *Voyez* au mot PIN.

POMMELIÈRE. MÉDECINE VÉTÉRINAIRE. Maladie qui affecte les vaches laitières et qui, à différentes époques et surtout dans ces dernières années, s'est montrée plus commune qu'à l'ordinaire. J'ai été chargé en 1789, en 1791 et 1794, de faire à l'administration des rapports sur sa cause et ses effets, ainsi que sur les moyens d'en diminuer les ravages ou même de la faire complétement disparaître. C'est un court extrait du mémoire que j'ai rédigé et fait imprimer pour remplir les vues de l'administration, que je vais mettre sous les yeux du lecteur.

Cette maladie n'est ni épizootique ni contagieuse. C'est une inflammation lente, chronique, souvent répétée, quelquefois gangreneuse des poumons, qui dégénère en véritable phthisie pulmonaire lorsque les bêtes ont la force de résister aux premières attaques du mal : elle n'a point le caractère aigu et inflammatoire de la péripneumonie épizootique et contagieuse qui affecte les bêtes à cornes de plusieurs départemens, et qui a été décrite par M. Chabert dans ses Instructions et Observations sur les maladies des animaux domestiques.

Cette maladie affecte les vaches laitières de tous les pays, sur-tout lorsqu'elles sont nourries à l'étable.

Plusieurs anciennes coutumes l'ont placée au nombre des maladies redhibitoires ou qui entraînent la nullité des ventes.

L'activité qu'on exige aux environs de Paris des vaches laitières, pour les faire aller le plus rapidement possible de marché en marché, concourt d'abord à développer les germes de cette maladie.

Le régime des vaches des nourrisseurs de Paris, vaches qui ne sortent point des étables étroites et infectes dans lesquelles elles sont renfermées à leur arrivée dans cette ville, est très-propre à développer cette maladie ; c'est pourquoi elle se fait plus remarquer parmi elles, mais elle est connue dans tous les départemens.

Elle est souvent héréditaire comme la phthisie dans l'homme, ainsi que j'en ai acquis positivement la preuve.

Les symptômes de la maladie ne sont pas très-multipliés ; la toux est générale et univoque. Elle n'est pas sèche et sonore comme la toux ordinaire, elle est au contraire rauque, ou plutôt c'est une expulsion longue de l'air contenu dans le poumon et gêné dans ses passages par plusieurs obstacles successifs ; elle est particulière à cette maladie, et il faut l'avoir entendue pour s'en former une juste idée.

Ce symptôme est long-temps et même quelquefois pendant plusieurs années, le seul qui annonce l'existence de la maladie, et les obstructions du poumon qui y donnent lieu ; toutes les autres fonctions paraissent se faire comme dans l'état naturel, les bêtes acquièrent même de l'embonpoint ; mais si une cause quelconque, comme le renouvellement des saisons, les grandes chaleurs, les grands froids, l'humidité abondante, ou des fourrages nouveaux, augmente l'embarras des poumons et y excite de l'irritation ou de l'inflammation, alors le dégoût, la tristesse, le froid alternatif des cornes et des oreilles, la diminution et la suppression du lait, l'accélération du pouls, le battement des flancs, le frisson, la sensibilité de la poitrine à sa partie intérieure et derrière les coudes, la cessation de la rumination, annoncent une inflammation de poitrine qui n'a point le caractère aigu de la péripneumonie ordinaire.

Si la vache est assez faible pour supporter cette crise (on sait que les tempéramens faibles résistent mieux aux maladies aiguës), les symptômes diminuent peu-à-peu et disparaissent, la toux seule subsiste toujours et l'animal paraît se rétablir; mais les attaques, qui se répètent à des distances plus ou moins éloignées, ne se terminent jamais qu'au détriment d'une portion du viscère malade, et c'est lorsque l'abcès est formé ou l'obstruction parfaite, que les accidens diminuent.

J'ai observé, dans mon Instruction sur la manière de conduire et gouverner les vaches laitières, qu'alors ces vaches devenaient souvent en chaleur, qu'elles ne retenaient point, et que ce symptôme était un des signes certains du mauvais état de la poitrine.

Lorsque les vaches sont très-vigoureuses, ou lorsque le poumon a déjà été affaibli par des attaques antérieures, la maladie fait des progrès plus rapides, et aux symptômes précédens se joignent bientôt la lenteur du pouls, des battemens violens du cœur, un mâchonnement, ou plutôt un grincement répété des dents; l'évacuation par la bouche d'une bave épaisse, visqueuse et plus ou moins fétide; l'écoulement, par les naseaux, d'une humeur limpide, quelquefois ichoreuse, d'autres fois sanguinolente, ou de couleur de chair lavée, laquelle, comme l'air expiré, répand une odeur cadavéreuse; enfin un amaigrissement très-prompt. Ces symptômes annoncent une mort prochaine qu'on ne prévient qu'en livrant la bête au boucher.

Quoique cette maladie règne pendant toutes les saisons, c'est après les chaleurs de l'été et les froids humides de l'hiver qu'elle se développe avec le plus d'intensité: alors elle dévaste en peu de temps des étables entières.

Le grand nombre de bêtes qui sont attaquées à-la-fois chez les nourrisseurs des faubourgs de Paris a fait croire que la pommelière était contagieuse; mais tout porte à croire qu'elle ne l'est pas, et que si elle se développe plus fréquemment dans les étables de ces nourrisseurs, c'est qu'elles sont malsaines, comme je l'ai déjà observé, et que le régime contre nature auquel on y astreint ces bêtes est propre à la faire naître.

Le traitement curatif de cette maladie a toujours été infructueux: si quelques vaches ont paru guéries, elles sont retombées peu après. On a néanmoins employé une foule de remèdes, qui le plus souvent n'ont fait qu'accélérer la marche de la maladie. Je me dispenserai, en conséquence, d'en indiquer la série. Ce sont, à mon avis, des moyens préservatifs dont les propriétaires doivent espérer plus de succès.

Plusieurs personnes assurent s'être louées d'avoir frotté les auges, les murs, les longes et même les dents des animaux avec de l'ail; d'avoir fait un fréquent usage du sel de cuisine; d'avoir tenu les vaches dans des étables très-propres et très-aérées. Je ne répéterai pas ici tout ce que j'ai dit sur cet objet dans mon Instruction sur les vaches laitières, parce qu'il se trouvera mieux placé à l'article VACHE. *Voyez* ce mot.

Le lait des vaches attaquées de la pommelière est moins consistant, moins crêmeux, moins savoureux que celui des vaches saines : de plus il tourne constamment sur le feu. On ne le mange pas moins sans inconvéniens pour la santé.

La viande de ces vaches, qui presque toujours est vendue sous le nom de basse-viande, ne doit pas être aussi bonne que celle des autres; mais l'usage qu'on en fait si généralement parmi le peuple de Paris, prouve qu'elle n'est point nuisible à la santé. L'ouverture des cadavres a constamment fait voir qu'il n'y avait que les poumons d'affectés. (H.)

POMMERAIE. Lieu planté en pommiers.

Ce mot ne s'emploie que dans les pays à cidre, celui de verger étant, dans les autres, commun aux lieux plantés en arbres fruitiers en plein vent, qu'ils le soient d'une ou de plusieurs espèces. (B.)

POMMETTE. Chevilles disposées en forme d'entonnoir, et fixées sur un disque percé d'un trou central, au moyen desquelles, en fixant le disque à un long bâton, on cueille les pommes et les poires fixées aux branches les plus élevées, sans être obligé de monter sur les arbres et sans craindre de les taller.

Lasteyrie a figuré cet instrument, et deux analogues, dans le premier vol. de son Recueil d'instrumens employés dans l'agriculture. (B.)

POMMES DE TERRE (1). Cultivées dans le potager, ou en grand dans les champs à peu de distance de la ferme, elles

---

(1) Mon collègue, M. François (de Neufchâteau), mu par la reconnaissance des services rendus à l'agriculture par Parmentier, et principalement par l'insistance avec laquelle il a provoqué la culture de la pomme de terre pendant presque toute sa vie, a donné son nom à ce tubercule, d'ailleurs si improprement désigné : aussi le mot SOLANÉE PARMENTIÈRE, ou simplement PARMENTIÈRE, est-il aujourd'hui, dans beaucoup de livres, synonyme de pomme de terre.

La culture des parmentières est actuellement si générale, les malheu-

sont extrêmement précieuses sous tous les rapports ; elles nettoient pour plusieurs années les terres infestées de mauvaises herbes, détruisent le chiendent, si abondant dans les vieilles luzernières, favorisent le succès des grains qui leur succèdent et deviennent un puissant moyen de tirer parti des fonds les plus ingrats. Leur culture ne contrarie en rien les travaux ordinaires de la campagne : elles se plantent après toutes les semailles, et leur récolte termine toutes les moissons. En un mot, il n'y a pas d'expositions et de climats qui ne leur conviennent (1).

Qui pourrait donc maintenant résister aux avantages qu'offre cette production, sous le prétexte que le fond de son domaine est d'une trop mauvaise qualité ? Après les expériences les plus concluantes, entreprises dans toutes les espèces de sols, sur les montagnes sablonneuses comme dans celles de nature calcaire, dans les vallées comme sur les coteaux, sa réussite soutenue n'est-elle pas une preuve sans réplique qu'il n'y en a point, quelque aride qu'on le suppose, qui, moyennant un peu de travail et d'engrais, n'en puisse rapporter : point de plante plus propre à vivifier les terrains et à procurer à des familles entières la subsistance, lorsque souvent elles n'ont d'autre ressource pour vivre que le lait d'une chèvre ou d'une vache, et un peu de mauvais pain.

L'Académie d'Amiens, pénétrée de toutes ces vérités consolantes, donna, il y a quelques années, un grand exemple d'esprit public en encourageant par des récompenses honorables la culture des pommes de terre. Citons un paragraphe de son programme : «Faire produire par les terres et jachères, sans nuire à » la récolte suivante, une moisson cinq fois plus abondante que » celle du blé qu'on en obtient tous les trois ans, c'est faire » un présent à la science agricole, c'est plus que quintupler » la propriété du cultivateur ; c'est ouvrir au commerce des » trésors nouveaux, c'est fournir au gouvernement des rela-» tions précieuses, c'est servir la population et l'humanité. La » culture de la pomme de terre procure tous ces avantages. »

---

reuses circonstances dans lesquelles s'est trouvée la France ont si bien convaincu de tous ses avantages, qu'il n'est plus nécessaire de la provoquer : le triomphe de mon maître, ami et collègue Parmentier est complet. (*Note de M. Bosc.*)

(1) La pomme de terre est certainement originaire de la chaîne des Cordilières ; elle était cultivée dans le haut Pérou à l'époque de l'arrivée des Espagnols, on l'y cultive encore, et elle y offre des variétés qui, au dire de M. de Humboldt, approchent d'un pied de diamètre. Je puis assurer, pour avoir questionné plusieurs habitans de la Floride, pays dans le voisinage duquel j'ai demeuré deux ans, qu'elle n'y a jamais été vue dans l'état sauvage. (*Note de M. Bosc.*)

Ah ! s'il était possible de persuader aux Français les plus intéressés à adopter la culture de ces racines, qu'elles peuvent servir à-la-fois dans la boulangerie, dans la cuisine et dans les basses-cours, sans doute on les verrait bientôt bêcher le coin d'un jardin ou d'un verger, qui produit à peine un boisseau de haricots, pour y planter des pommes de terre et en obtenir de quoi vivre pendant la saison la plus morte de l'année ; on verrait les vignerons, dont le sort est presque toujours digne de compassion, en mettre sur les ados de leurs vignes, et se ménager ainsi un aliment qui supplée à tous les autres.

On commence heureusement à apprécier l'utilité de cette plante, et l'inflexible routine n'ose plus s'en montrer le détracteur. Dans son Rapport sur le concours ouvert par la Société d'agriculture du département de la Seine pour faire connaître les améliorations de l'économie rurale en France, M. le comte François (de Neufchâteau) présenta, à la séance publique de 1809, avec l'éloquence qui lui appartient, les progrès rapides de la culture des pommes de terre dans sept départemens dont les latitudes sont toutes différentes. Leurs habitans en couvrent le douzième de leurs terres, et ne peuvent plus s'en passer ; ils en mangent le matin, le soir, dans la soupe, avec du lait, la substituant au pain, et en nourrissant les bestiaux.

Variétés. On les fait monter à plus de soixante, mais c'est sans doute pour avoir admis au nombre des espèces les nuances légères qui se trouvent dans chacune des variétés ; en les restreignant à douze, je ne prétends pas les décrire toutes, mais bien celles qui se sont soutenues dans les expériences auxquelles je les ai soumises pendant au moins vingt années.

La voie des semis et un concours d'autres circonstances suffisent pour en constituer de nouvelles, ou pour perfectionner celles qui existent déjà. Le moyen de les reconnaître ne serait pas de continuer à les désigner selon les cantons européens d'où elles ont été tirées à l'époque de leur maturité, puisque toutes viennent originairement d'Amérique, et que le moment de la récolte est différent. Il paraît bien plus naturel de les indiquer d'après le port de la plante, la forme, le volume et la couleur des tubercules.

Grosse blanche tachée de rouge, aussi appelée *patraque blanche, blanche à vache*. Feuilles d'un vert foncé, plus lisses et plus rudes en dessous ; tiges fortes et rampantes ; fleurs rouges, panachées de gris de lin ; tubercules oblongs, conglomérés, marqués par des points rouges intérieurement : la plus vigoureuse ; réussit dans tous les terrains.

Grosse rouge, aussi appelée *patraque rouge*. Tiges moins élevées, feuilles vert pâle.

Grosse jaune, ou *patraque de New-Yorck*. Voisine des précédentes, mais supérieure en qualité.

Blanche longue. Feuillage foncé; fleur petite, échancrée parfaitement blanche; tubercules conglomérés, exempts de points rouges intérieurement; bonne qualité; terre légère.

Jaunâtre, ronde aplatie. On la connaît sous les noms d'*anglaise*, de *hâtive jaune*. Feuille crépue, profondément découpée, d'un vert olivâtre; fleur panachée, souvent doubles tubercules qui s'écartent du pied de la plante et filent au loin; terre légère; se délaie dans l'eau pendant la cuisson; excellente qualité.

Rouge oblongue, ou *vitelotte*, ou *souris*, ou *rognon*. Ressemble pour le port à la longue blanche; feuilles plus longues, plus droites; tubercules d'un rouge foncé, intérieurement blancs; très-productive; chair ferme; goût excellent; ne se délite pas par la cuisson, et est en conséquence préférée pour les ragoûts; terre forte.

Rouge longue, ou *Hollande rouge*. Feuilles d'un vert foncé, drapées en dessous; tige roussâtre, velue sur sa longueur; tubercules raboteux à leur surface, garnis d'un grand nombre de cavités, ou yeux à bourgeons, marqués intérieurement d'un cercle rouge; chair ferme, délicate, forme d'un rognon; tardive; abondante; sol gras.

Longue rouge. Feuilles verdâtres; tige grêle, ronde, presque droite et rougeâtre; tubercules pointus à une extrémité et obtus de l'autre, un peu-aplatis, ayant peu d'œilletons; chair absolument blanche; précoce; d'une bonne qualité; terrain gras. On l'appelle encore *corne de vache*.

Pelure d'oignon, ou *jaune de Hollande*. Feuilles petites et crépues; tiges grêles et rouges par intervalles; fleurs panachées d'abord, ensuite gris de lin; tubercules oblongs, aplatis, quelquefois pointus à une de leurs extrémités, ayant peu d'yeux; hâtive; excellente qualité; terrain léger. On la nomme en quelques endroits *langue de bœuf*.

Petite jaune aplatie. Semblable pour le port à la pelure d'oignon; tubercules en forme de haricots; bonne à manger; s'enfonce beaucoup en terre. On lui donne quelquefois le nom d'*espagnole*.

Rouge longue marbrée. Semblable à la grosse blanche, féconde et vigoureuse; tubercules d'un rouge éclatant intérieurement; ne vaut pas pour la qualité les rouges oblongues et rondes déjà décrites.

Rouge ronde, ou *truffe d'août*. Terrain sablonneux. Elle est en même temps excellente, productive et précoce; aussi la cultive-t-on beaucoup aux environs de Paris. Son plus grand inconvénient, c'est d'être d'une difficile conservation pendant l'hiver.

Violette. Tige grêle et folioles vert foncé, très-rapprochées les unes des autres, courtes et presque rondes; fleurs violettes, foncées en dedans et moins en dehors; tubercules ronds et oblongs quand ils ont du volume, marqués de taches violettes et jaunâtres; chair blanche, bonne qualité; terrain gras. On la nomme *violette hollandaise.*

Petite blanche, ou *chinoise*, ou *sucrée d'Hanovre.* Tiges et feuilles grèles, vert clair, mais plus multipliées et plus verticales; fleurs petites et d'un beau bleu céleste; tubercules constamment petits, irrégulièrement ronds, et de mince rapport; connue sous les noms de *petite chinoise*, ou *sucrée d'Hanovre* (1).

---

(1) Un boisseau de pommes de terre pèse environ 20 livres.

Les tubercules de la pomme de terre offrent, sous une peau mince, un tissu fibreux appelé PARENCHYME, dont les mailles sont remplies d'une fécule blanche, très-fine et très-nourrissante, qu'on peut en extraire ou par la gelée, comme le faisaient les anciens Péruviens, ou par la fermentation acide, ou par le simple déchirement et le lavage à grande eau : c'est ce dernier moyen qu'on emploie exclusivement aujourd'hui, comme je le dirai plus bas. *Voyez* FÉCULE.

Le terme moyen des composans d'une livre de pommes de terre est,

Eau de végétation. . .	12 onces.	» gros.
Fécule.	2	4
Fibres.	1	»
Mucilage et sels. . . .	»	4

Mais ces proportions varient sans' fin selon les variétés, les années, les terrains, les époques, etc.

On trouve l'analyse rigoureuse de quarante-huit variétés de pommes de terre, par Vauquelin, dans le troisième volume des *Mémoires du Muséum :* celles qui fournissent le plus de fécule sont dans l'ordre suivant : l'*Orpheline*, la *Décroizilles*, l'*Oxnoble*, la *Petite-Hollande*, la *Tartive-Ardenne*, la *Brugeoise*, la *Jaune-haricot*, la *Gélingen*, la *Belle-Ochreuse*, la *Long-brin*, qui, la plupart, ne sont pas inscrites dans la liste ci-dessus : toutes en ont donné plus de 100 grammes sur 500 gram. de pulpe. La *Patraque jaune*, réputée dans les fabriques, n'en contient que 91 grammes, et la *Truffe d'août* que 90.

L'abondance de la fécule dans la pomme de terre, la manière économique avec laquelle on l'en extrait aujourd'hui, sa faculté de se conserver sans altération pendant un temps indéterminé lorsqu'elle est placée en lieu sec, sa similitude avec l'amidon du froment, ont déterminé, dans ces derniers temps, beaucoup de boulangers à la faire entrer dans la confection du pain en assez forte proportion. Certainement, lorsque la disette du blé se faisait sentir, cette pratique était utile; mais aujourd'hui que ce malheureux temps est passé, elle est coupable en ce que le pain où elle entre est moins nourrissant, moins savoureux, moins propre à être employé en soupe. Il est, à mon avis, du devoir de la police municipale de défendre ce mélange toutes les fois qu'il n'est pas déclaré : c'est un délit de vendre une denrée inférieure sous un faux nom et au prix de la denrée la meilleure. (*Note de M. Bosc.*)

Culture. Elle n'est fondée que sur un seul principe, quelles que soient la nature du sol, l'espèce ou la variété de pommes de terre; il consiste à rendre la terre aussi meuble qu'il est possible avant la plantation et pendant toute la durée de l'accroissement. Les diverses méthodes de culture pratiquées doivent être réduites à deux principales: l'une consiste à les planter à bras, l'autre à la charrue. La première produit davantage, mais elle est plus coûteuse; la seconde cependant doit toujours être préférée lorsqu'il est question d'en couvrir une certaine étendue pour la nourriture et l'engrais du bétail.

Le sol le plus convenable doit être formé de sable et de terre végétale dans des proportions telles, que le mélange humecté ne forme jamais ni liant ni boue : celui qui convient au seigle plutôt qu'au froment mérite la préférence; il cède plus aisément à l'écartement que les tubercules exigent pour grossir et se multiplier. Telle est la condition, sans laquelle le succès de la plante est fort équivoque (1).

Deux labours suffisent assez ordinairement pour disposer toutes sortes de terrains à la culture des pommes de terre : le premier, très-profond, avant l'hiver; le second, avant la plantation. Il est bon que le sol ait 7 à 8 pouces de profondeur, que la racine soit plantée à un pied et demi de distance, et recouverte de 4 à 5 pouces de terre. Il faut planter plus clair dans les fonds riches que dans les terres maigres, et dans celles-ci plus profondément. Les espèces blanches demandent à être plus espacées que les rouges, qui poussent moins au dehors et au dedans. Toutes les espèces de pommes de terre sont tendres, sèches et farineuses dans les lieux un peu élevés, dont le sol est un sable gras; pâteuses, humides, dans un fond bas et glaiseux. Il faut mettre les blanches dans des terres à seigle, et les rouges dans les terres à froment; la grosse blanche dans tous les sols, excepté dans ceux trop compactes, où cette culture est difficile et les produits de médiocre qualité. On leur restitue, il est vrai, leur premier caractère de bonté en les plantant l'année d'ensuite dans le terrain qui leur est le plus favorable.

---

(1) C'est dans les sols siliceux et abondans en humus que les pommes de terre prospèrent le mieux. Elles ne réussissent point dans les argiles trop compactes ni dans le calcaire pur. *Voyez* CALCAIRE et CRAIE.

La culture des pommes de terre dans les pays de montagnes accélère la dénudation des pentes, à raison des binages multipliés qu'elle exige. Ce grave inconvénient serait bien affaibli, si plus généralement on formait des terrasses par le seul effet de plantations de haies basses transversales d'autant plus rapprochées, que la pente serait plus rapide. *Voyez* MONTAGNE, TERRASSE, HAIE et ORAGE.

(*Note de M. Bosc.*)

Plantation. Une seule pomme de terre suffit, quel qu'en soit le volume et quand elle a une certaine grosseur : il faut la diviser en biseaux et non pas en tranches circulaires, et laisser à chaque morceau deux à trois œilletons au moins, avec la précaution d'exposer un ou deux jours à l'air les morceaux découpés, afin qu'ils sèchent du côté de la tranche, et ne pourrissent point en terre par l'action des pluies abondantes qui surviennent immédiatement après la plantion (1).

L'expérience a encore prouvé que les petites pommes de terre entières, parvenues à leur point de maturité, valent mieux pour la plantation que le plus gros quartier de la plus grosse de ces racines. Il serait donc important de mettre d'avance en réserve toutes les petites pour la reproduction : la ménagère, qui en fait ordinairement le triage après la cuisson, les jette au rebut, à cause des soins minutieux qu'elles demandent pour les éplucher. Les fermiers remédieraient à cet inconvénient en changeant leurs grosses pommes de terre

---

(1) Les yeux les plus gros donnent les pieds les plus vigoureux : ainsi, si pour économiser la semence, on veut employer la méthode de semer les yeux, ce sont exclusivement ceux-là qu'il faut choisir. Il y a peu de différence entre le produit de ces yeux et celui des pommes de terre coupées par quartiers et même mises entières en terre.

Les principales manières de planter les pommes de terre, la terre convenablement labourée, sont :

1°. Faire un trou avec un plantoir ;

2°. Former une fossette avec une houe ;

3°. Ouvrir un sillon avec une charrue.

La première est la moins bonne, parce qu'elle tasse la terre.

La dernière est la plus économique, parce qu'elle expédie le plus rapidement.

Dans toutes, il est utile d'aligner les tubercules.

Lasteyrie a figuré, volume premier de sa *Collection des instrumens usités en agriculture*, une espèce de brouette dont la roue est armée de grosses chevilles propres à faire les trous où se placent les pommes de terre. Cet instrument, quoique je ne l'aie pas vu opérer, me paraît très-propre à remplir économiquement son objet. J'engage le lecteur à en prendre connaissance.

Il résulte des expériences de M. Chancey, que le maïs mêlé aux pommes de terre communique à ces dernières une ombre salutaire : de sorte qu'un arpent bêché, fumé et planté en pomme de terre et en maïs, lui a donné 1005 boisseaux de tubercules ; tandis que la même étendue de terrain, traitée de même, mais dans laquelle il n'y avait que des pommes de terre, n'en a fourni que 753. Au premier produit, il faut ajouter celui du maïs, qui était aussi considérable que s'il n'y eût pas eu de pommes de terre. J'ai eu plusieurs fois occasion de faire valoir cet utile assemblage de plantes de différentes natures, qui se communiquent réciproquement de l'humidité.   (*Note de M. Bosc.*)

contre les petites, en les achetant au même prix, ou bien encore en les prêtant à ceux de leurs voisins les moins aisés. Cet acte de bienfaisance ne coûterait absolument rien, et augmenterait les ressources alimentaires du canton.

Il est nécessaire de proportionner à la nature du sol la quantité de pommes de terre à planter; plus il est riche par lui-même et ensuite par les engrais qu'on emploie, moins il en faudra pour chaque arpent : depuis quatre setiers jusqu'à cinq, mesure de Paris, selon leur grosseur et leur espèce (1).

Façons. Dès que la pomme de terre a acquis 3 à 4 pouces, il faut la sarcler à la main, et quand elle est sur le point de fleurir, on la butte avec la houe, ou en faisant entrer dans les raies vides une petite charrue qui renverse la terre de droite et de gauche et rechausse le pied : souvent une première façon dispense de la seconde quand le terrain trop aride ne favorise pas la végétation des herbes étrangères et que l'année est sèche et brûlante; il faut dans ce cas borner les travaux de culture à une simple surcharge. En buttant la plante, on expose les tubercules, à mesure qu'ils se forment dans la terre amoncelée au pied, à recevoir les impressions immédiates de la chaleur et à s'y dessécher comme dans une étuve (2).

______

(1) Comme les gelées désorganisent les pousses de la pomme de terre, il ne faut les planter que lorsqu'elles ne sont plus à craindre. Je dois observer cependant que lorsqu'elles sont faibles, c'est-à-dire qu'elles n'atteignent pas les tubercules, ceux-ci repoussent, et la récolte est seulement un peu diminuée.

M. Marc nous a appris, dans son *Essai historique et statistique sur le département de la Haute-Saône,* que les plantations de pommes de terre faites en juillet et même en août sont presque aussi précoces et souvent plus productives que celles exécutées en avril. Le grand avantage de cette pratique, c'est de pouvoir obtenir une seconde récolte, dans la même année, sur les terres sablonneuses qui ont porté des navettes, des orges d'hiver, des seigles, etc. Pour empêcher les pommes de terre de germer, on les étend dans un grenier bien aéré. Les rides qu'elles y prennent ne nuisent pas à leur végétation ultérieure.

En Angleterre, beaucoup de propriétaires de plantations nouvelles ou de bois nouvellement coupés permettent aux pauvres de mettre gratuitement des pommes de terre dans ces plantations et ces bois, et y trouvent un avantage considérable relativement aux succès de ces plantations et à la recrue de ces bois, puisque les binages qu'elles exigent leur profitent. Pourquoi ne le fait-on nulle part en France? On pourrait accorder cette permission, avec certaines précautions, même dans les bois nationaux, en y mettant pour condition une plantation plus ou moins considérable de jeunes arbres, et en aggravant la punition pour ceux qui en labourant arracheraient ceux qui s'y trouvent.

(*Note de M. Bosc.*)

(2) On lit dans les *Annales* d'Hermbstadt, que dans le même terrain les pommes de terre simplement plantées rendent neuf pour un; que buttées elles donnent treize pour un, et que si après cette opération on couche leurs tiges en terre, on en obtient soixante-quatre pour un. On

Récolte. C'est assez ordinairement dans le courant de novembre qu'il faut s'occuper de la récolte des pommes de terre. Une simple charrue suffit pour en déchausser par jour un arpent et demi, et six enfans bien d'accord peuvent aisément la desservir, munis chacun d'un panier ; ils portent à un tas commun les racines dépouillées des filamens chevelus.

La récolte à bras est moins compliquée : on peut bien dans les terres légères, en saisissant les tiges et tirant à soi, enlever les racines en paquets ; mais dans les terres fortes, il faut se servir non pas d'une bêche ou d'une houe, mais d'une fourche à deux ou trois dents ; on fait le triage des petites d'avec les grosses, on met de côté celles qui sont entamées pour les consommer des premières (1).

---

voit par ce fait combien il est facile d'augmenter ses revenus par l'industrie et le travail ; mais il n'est pas donné à tous les hommes de posséder l'une et d'aimer l'autre.

La formation de la fécule dans les tubercules des pommes de terre équivaut à celle de l'amidon dans le froment : le terrain doit donc être épuisé dans les deux cultures. Aussi Arthur Young a-t-il établi qu'il faut fortement fumer le sol lorsque après les pommes de terre on veut y cultiver le froment. *Voyez* GRAINE.

Une manière très-fructueuse de multiplier les pommes de terre, mais qui n'est cependant pas dans le cas d'être exécutée en grand, c'est d'arracher à la main une partie des pousses qui sortent de chaque racine et de les replanter de suite. Il ne paraît pas que le pied se ressente de cette soustraction.

Pincer, un peu avant la floraison, le sommet des tiges des pommes de terre, est une opération très-favorable à la plus prompte formation de leurs tubercules et au grossissement. *Voyez* PINCEMENT, POIS, FÈVE, MELON . etc.

Les sommités fleuries de la pomme de terre donnent une couleur jaune intense et solide.

On a plusieurs exemples de fleurs de pommes de terre, qui, au lieu de former une baie, ont formé un groupe de petits tubercules pourvus de leurs yeux, qui, mis en terre, donnent naissance à un pied vigoureux. J'en ai vu en 1816, année très-pluvieuse, qui offraient sur un seul panicule plus de cent tubercules de différentes grosseurs, dont quelques-uns avaient près d'un pouce de long. Elles provenaient de la belle variété appelée corne-de-buffle.

Les expériences de M. Hermbstadt prouvent qu'il est fort avantageux sous le rapport de la bonté du tubercule, ainsi que sous celui du moindre effritement du sol, de couper les fleurs des pommes de terre avant leur développement. *Voyez* GRAINE.

On fabrique dans le département de la Meurthe de l'eau-de-vie avec les baies de pommes de terre : pour cela on écrase les baies et on les laisse fermenter. La qualité d'eau-de-vie fournie par ces baies est égale à celle donnée par le vin du même pays.   (*Note de M. Bosc.*)

(1) Il résulte invariablement d'expériences faites en Angleterre que le produit des récoltes de pommes de terre, toutes autres circonstances

Semis. De tous les moyens proposés pour multiplier les bonnes qualités de pommes de terre et empêcher qu'elles ne s'abâtardissent, il n'y en a point de plus efficaces que les semis ; il faut de temps en temps renouveler et perfectionner par cette voie l'espèce qu'on a dessein de rajeunir et de propager, en cueillant, la veille de la récolte des racines, les fruits ou baies de l'espèce qu'on a dessein de propager, en les conservant pendant l'hiver dans du sable, ou suspendus à des cordes, en les mêlant au printemps avec de la terre, et les répandant sur des couches ou sur un bon terreau.

Une fois la plante de semis levée, on la sarcle quelquefois, on la butte comme celle qui vient par la voie ordinaire ; replantée dès la seconde année, elle donne déjà d'assez grosses pommes de terre pour offrir une ressource, mais la production n'est véritablement en plein rapport que la troisième. La voie des semis, quoique plus longue que celle de la bouture, a procuré en différens endroits, dès la première année, des pommes de terre qui pesaient jusqu'à 24 onces.

M. Sageret, cultivateur distingué, que j'aime à citer, parce que ses expériences sont exactes et décèlent un excellent observateur, a obtenu par ce moyen plus de trois cents variétés, tant pour le feuillage que pour la fleur et le fruit. Il a observé qu'on n'avait jamais l'espèce pareille à celle qu'on avait employée ; que quelquefois c'était mieux et quelquefois pis ; que dès la seconde année les tubercules acquéraient leur volume ordinaire ; que les panachées finissaient par n'avoir plus qu'une seule couleur ; mais dans ce nombre il n'en a conservé que trois, auxquelles il a reconnu le plus d'avantages pour son terrain et sa position.

égales, est proportionnel au poids de chacune des racines plantées, qu'elles soient entières ou coupées.

Il est facile d'obtenir, comme je l'ai déjà annoncé, deux récoltes de pommes de terre sur un même terrain dans les pays chauds, même aux environs de Paris, en employant des variétés hâtives ; mais le principe des assolemens ne permet de l'entreprendre que dans des cas extrêmement rares.

M. Jackson, cultivateur du Connecticut, a obtenu 5 boisseaux de pommes de terre sur lesquelles il avait semé du plâtre, et seulement 3 de la même quantité attenante, qui n'avaient pas été plâtrées : de sorte qu'on ne peut douter du bon effet de ce minéral sur les pommes de terre, d'autant plus que leurs feuilles grasses et ridées doivent le retenir mieux que le trèfle et la luzerne. *Voyez* PLATRE.

On a calculé en Angleterre qu'un acre de terre planté en pommes de terre suffisait pour procurer un repas à seize mille huit cent soixante-quinze personnes ; tandis que le même terrain semé en froment ne pouvait fournir ce même repas qu'à deux mille sept cent quarante-cinq personnes : d'où il suit qu'il y a cinq fois plus de profit à cultiver les pommes de terre.   (*Note de M. Bosc.*)

Conservation des pommes de terre. Il ne suffit pas de se procurer beaucoup de pommes de terre, il faut savoir les conserver pendant l'hiver, époque où les temps doux les font germer et où les gelées, en les désorganisant, les rendent impropres à la nourriture des hommes et des animaux (1). Leur durée dépend autant de la perfection de leur maturité, que de l'influence du local où on les serre. Dès que les pommes de terre sont arrachées, il faut, si l'on n'a rien à redouter des gelées blanches, les laisser se ressuer sur le terrain où on les a récoltées, ou bien sur l'aire d'une grange : cette opération préliminaire, quand on n'a pas de gelées blanches à craindre, achève de dissiper l'humidité superficielle, détruit l'adhérence d'un peu de terre qui leur ferait contracter un mauvais goût, et rend leur garde plus facile.

Il est bien certain que quand la provision ne consiste que dans quelques setiers, la garde n'en soit très-facile, parce qu'on peut la déplacer, la transporter sur-le-champ de la cave au grenier, du hangar au cellier, dans des caisses, des paniers ou des tonneaux éloignés des murs ; mais quel que soit le lieu où l'on serre les pommes de terre, il convient de n'y point laisser pénétrer la chaleur, le froid, la lumière et les animaux ; de diviser la provision, autant qu'il sera possible, soit par des planches, des nattes, de la paille ou des feuilles sèches ; mais pour les grandes quantités il faut d'autres procédés : les trois suivans sont ceux en faveur desquels l'expérience a prononcé.

Par le premier de ces procédés, on place les pommes de terre à l'air, sur un terrain sec, à l'abri des bestiaux ; on en fait des tas séparés en forme de pains de sucre de 3 pieds de hauteur ; on les recouvre de 3 à 4 pouces de paille, et on jette sur cette paille 5 à 6 pouces de terre, qu'on bat avec le dos de la bêche, pour que les eaux de pluie puissent glisser dessus sans s'infiltrer dans le tas. On trouvera la terre nécessaire pour faire cette couverture, en pratiquant autour de chaque tas un petit fossé

---

(1) Aujourd'hui nous possédons des variétés de pommes de terre très-hâtives et très-tardives, et ces dernières se conservent facilement jusqu'à la récolte des premières ; de plus il est de ces dernières qui peuvent se garder deux ans. Il est donc moins nécessaire qu'à l'époque où écrivait Parmentier, de s'occuper des moyens artificiels de leur conservation.

Une faible gelée développe dans les pommes de terre une saveur sucrée, analogue à celle que produit la germination : de sorte que quelquefois, comme en 1819 à Munich, de mauvaises pommes de terre deviennent bonnes par un accident qui devait les détériorer complétement. M. Sageret m'en a fait goûter une de la variété violette, dont la saveur ne différait pas de celle d'une excellente PATATE. *Voyez* ce mot.

(*Note de M. Bosc.*)

pour écouler les eaux ; enfin, lorsque les grands froids sur-
viendront, on les couvrira avec du fumier ou de la litière pour
les préserver de la gelée : quand on voudra consommer les
pommes de terre, on en transportera à la maison un tas tout
entier, parce qu'il serait difficile de le recouvrir assez bien
pour le remettre à l'abri des injures du temps.

Au lieu de faire les tas ainsi qu'il vient d'être dit, on peut
les faire en long dans la direction du midi, s'il se peut, toujours de 3 ou 4 pieds de hauteur et en dos d'âne ; on les recouvre de la même manière : par cette méthode, on en place
davantage dans un plus petit espace ; en ouvrant les tas par le
bout du côté du midi, on aura soin de les refermer exactement avec de la paille ou des paillassons.

Le second procédé consiste à creuser dans le terrain le plus
élevé, le plus sec et le plus voisin de la maison, une fosse
d'une profondeur et largeur proportionnées aux pommes de
terre qu'on a dessein de conserver ; on garnit le fond et les
parois avec de la paille longue : les racines une fois déposées
sont recouvertes ensuite d'un autre lit de paille ; on pratique
au dessus une meule en forme de cône ou de talus, et on a
soin que la fosse soit aussi profonde du côté d'où on tire les
pommes de terre pour la consommation, en observant de bien
clore l'entrée chaque fois qu'on en ôte.

Une troisième méthode, qui supplée aux fosses et qui conserve
les pommes de terre sans aucun inconvénient, c'est de faire
dans l'intérieur d'une grange, ou de tel autre endroit dont on
pourra disposer, avec les claies qui servent ordinairement au
parc des moutons, ou avec des planches, un espace plus ou
moins grand, selon la récolte que l'on a à espérer, en réser-
vant un passage pour les y transporter et pour les enlever
à mesure de la consommation ; on sent aisément que cet
espace doit être entouré tous les ans par les pailles et les fourrages.

Au printemps, lorsque le danger des gelées est passé, il faut
s'occuper de mettre ce qui reste à l'abri de la germination,
après avoir mis de côté celles destinées à la plantation. Un
moyen assez efficace pour les conserver jusqu'à ce qu'on en
récolte de nouvelles hâtives, c'est de les transporter dans un
grenier bien aéré, de les étendre sur le plancher les unes à côté
des autres, et de les visiter quelquefois pour enlever les germes
qui poussent pendant les premiers jours du printemps (1).
Les mêmes procédés de conservation peuvent être employés

____

(1) Dans cet état, on casse successivement toutes les pousses qui se

13 *

avec un égal succès aux autres racines potagères, telles que la carotte, le navet, la betterave champêtre, le topinambour, le panais, le chou-rave et le chou-navet.

Pour prolonger la durée des pommes de terre au - delà du terme ordinaire, et se prémunir contre une année de disette, on peut les conserver long-temps pourvues de toutes leurs qualités en les séchant au four ou à l'étuve, mais sur-tout après les avoir cuites à moitié divisées et passées à travers un grillage, car sans cette opération préalable la farine qui en proviendrait serait défectueuse. Ainsi séchées, les pommes de terre acquièrent la transparence et la fermeté d'une corne, se cassent net, et présentent, dans leur cassure, un état vitreux, se réduisent difficilement sous l'effort du pilon, donnent une poudre blanchâtre et sèche, semblable à la gomme arabique, qui se dissout dans la bouche, et communique à l'eau une consistance muqueuse.

La nécessité de faire précéder la cuisson à la dessiccation des pommes de terre, pour obtenir un bon résultat, est une des premières vérités que j'ai établies dans mon Examen chimique de ces racines : elle a donné lieu en Allemagne à beaucoup de recherches utiles; on a imaginé entre autres un instrument propre à les broyer, c'est un tube cylindrique de fer-blanc dont le fond est percé de petits trous comme une écumoire, et à travers lesquels on fait passer cette racine bouillie, après l'avoir pelée; il en résulte une espèce de vermicelle, dont l'illustre Malesherbes m'a rapporté un échantillon au retour de ses voyages en Suisse.

J'ai fait connaître à Paris le mérite de cet instrument, et il a été mis en usage avec beaucoup de succès par M. Granet et par Mme Chauveau, qui ont vendu pendant un certain temps ce produit sous le nom de *riz*, de *vermicelle de pomme de terre*.

Usage des pommes de terre pour l'homme. De toutes les propriétés qui rendent les pommes de terre recommandables aux habitans des villes et des campagnes, la plus précieuse est celle de leur offrir un comestible tout fait; ils peuvent aller dans leur champ déterrer ces racines à onze heures, et avoir à midi une nourriture comparable au pain.

Les cantons qui ont adopté cette culture attendent avec impatience la saison qui ramène ce légume dans nos marchés, et la privation d'un pareil bienfait serait un véritable fléau pour

---

montrent, et lorsque la végétation est épuisée, elles peuvent passer l'année sans inconvéniens.   (*Note de M. Bosc.*)

eux. Il existe maintenant en Europe des pays entiers qui en font pendant l'hiver leur principale nourriture : eh ! pourquoi l'aliment de ces racines serait-il plus grossier que celui des semences graminées ou légumineuses? Leurs parties constituantes n'ont-elles pas atteint le même degré d'atténuation que celles des autres organes de la fructification ? Il n'y a pas de farineux non fermentés qu'on puisse manger en plus grande quantité et aussi souvent que des pommes de terre ; mais elles ne sont pas seulement l'aliment le plus simple, le plus commode et le plus salutaire pour l'homme, elles peuvent devenir le meilleur engrais pour le bétail (1).

Usage des pommes de terre pour les animaux. Tous s'accommodent indistinctement de ces racines; elles peuvent remplacer tous les autres végétaux alimentaires, crues ou cuites (2), selon les ressources locales, en observant toujours la précaution de les diviser dans le premier cas, et d'attendre dans le second qu'elles soient un peu refroidies ; de régler la quantité qu'on en donne sur la force, l'âge et la constitution du sujet; d'y ajouter du fourrage ou des grains, car l'usage d'une seule et même espèce d'aliment n'aiguillonne pas l'appétit ; les mélanges plaisent à tous les êtres, ils redoutent la fatigante uniformité (3).

---

(1) La farine de la pomme de terre contient beaucoup d'albumine, d'après des expériences faites en Allemagne ; et c'est à elle qu'elle doit la supériorité dont elle jouit comme engrais. De toutes les récoltes enterrées avant leur floraison, c'est celle qui améliore le plus la terre.

Brûlée, elle fournit vingt pour cent de POTASSE (*voyez* ce mot), ce qui peut engager à la cultiver uniquement pour cet objet; mais il ne faut pas, dans ce cas, penser à en obtenir une bonne récolte de tubercules. *Voyez* FEUILLE. (*Note de M. Bosc.*)

(2) M. Deloys, par des expériences directes, s'est assuré que les pommes de terre cuites nourrissaient mieux les vaches, et leur faisaient donner et plus de lait et de meilleur lait. Un quarteron de ces pommes de terre remplace 33 livres de regain. (*Note de M. Bosc.*)

(3) On peut être étonné que M. Parmentier ait traité aussi en raccourci la matière de ce paragraphe, lui qui toute sa vie s'est occupé des moyens d'étendre l'emploi des pommes de terre sous tous les rapports alimentaires; lui qui, dès 1775 ou 1776, a donné un grand dîner, auquel j'ai participé, dans lequel il ne fut servi que des pommes de terre, même pour boisson. Il est probable qu'il a été dirigé dans sa détermination à cet égard, par le motif que ses écrits, si multipliés et si répandus, rendaient inutiles de plus grands développemens. J'observerai de plus qu'aux articles FÉCULE et PAIN se trouvent des supplémens à ce paragraphe, et que lorsqu'il l'écrivait, on n'avait pas encore de notions positives sur les avantages de la distillation des pommes pour en obtenir de l'eau-de-vie; et que la découverte de M. Kirchoff, c'est-à-dire la transmutation de la fécule en sirop au moyen de l'acide sulfurique, n'était pas faite.

Je suppléerai au manque de ces deux objets, à la suite de l'article de M. Parmentier. (*Note de M. Bosc.*)

Un boisseau pesant 15 à 18 livres environ, par jour, indépendamment du foin que l'on jette toujours dans le râtelier, nourrit très-bien les bœufs destinés à la boucherie ; il en faut un peu moins pour les vaches, qui alors donnent du lait en abondance ; cette nourriture soutient également les chevaux à la charrue : dès qu'ils en contractent l'habitude ; ils frappent du pied aussitôt qu'ils voient arriver le panier qui contient les pommes de terre ; elle est propre aussi aux moutons à l'engrais, aux boucs et aux chèvres, qui profitent beaucoup, aux cochons et aux oiseaux de basse-cour ; il n'y a pas jusqu'au poisson qui ne trouve un aliment dans la pomme de terre : il suffit de la lui jeter en boulettes dans les étangs et les viviers.

Quel bénéfice le fermier retirerait des pommes de terre, s'il pouvait se déterminer à consacrer annuellement à leur culture deux pièces de terre les plus voisines de la métairie, d'une étendue proportionnée, l'une pour les besoins de la famille et l'autre pour le bétail ! On ne verrait plus tant de terrains inutiles ou stériles, parce qu'ils ne sont pas suffisamment fumés et travaillés.

Si on fait maintenant aux racines potagères que nous avons nommées l'application de ce qui vient d'être observé sur les avantages des pommes de terre cultivées en grand, administrées à la nourriture, à l'engrais du gros et menu bétail, on sera convaincu que si ces plantes succédaient aux grains dans l'année de jachère, elles deviendraient, comme tant de faits l'attestent, associées en certaines proportions au fourrage ordinaire, une ressource alimentaire précieuse et salutaire pendant l'hiver.

On se rappellera que l'extrême sécheresse de 1785, qui n'épargna aucun de nos départemens, fut beaucoup moins fâcheuse pour les cantons qui sont dans l'heureuse habitude de cultiver en grand les racines potagères ; la grêle désastreuse du 13 juillet, qui a changé le tableau de la plus riche moisson en un spectacle de la plus affreuse calamité, n'aurait pas enlevé toutes les ressources aux cantons qui l'ont essuyée, s'ils eussent couvert quelques arpens de ces plantes. Nous n'avons sauvé, m'ont écrit à cette époque critique plusieurs petits cultivateurs désolés, que le produit des pommes de terre que vous nous aviez données à planter.

Les propriétaires éclairés, qui font consister aujourd'hui une partie de leur revenu et du succès de leur exploitation dans les troupeaux, ont essayé depuis peu de leur donner des racines pendant l'hiver : les avantages qu'ils en ont déjà obtenus, les ont déterminés à en adopter l'usage pour tous les bestiaux que l'on nourrit à l'étable pendant les derniers mois consacrés à l'engrais.

Si les racines sont moins nutritives que les grains, il est impossible de leur refuser d'être plus substantielles que les fruits; elles ont joui de temps immémorial de la plus grande célébrité, on ne saurait même douter que l'usage n'en fût étendu aux bestiaux, puisque, dans la distribution de la métairie, les plus anciens agronomes indiquent les mangeoires pour la nourriture des bœufs pendant l'hiver, et les racines comme un des meilleurs produits de la ferme.

Il serait superflu de faire remarquer ici que la substitution des racines aux grains ne doit rien changer au régime des animaux, et qu'il ne faut pas moins continuer de leur donner le fourrage dont on peut disposer; mais il convient aussi d'ajouter qu'un arpent de racines représente 5 arpens en grains : donc il est naturel de conclure que la même étendue de terrain serait en état de nourrir un beaucoup plus grand nombre de bestiaux, parce que le produit des plantes potagères ne consiste pas seulement dans leurs racines, elles fournissent encore pendant le cours de leur végétation des feuilles qui sont mangées avec avidité par tous les bestiaux; elles contribuent à améliorer le sol en couvrant et en ombrageant tout le terrain, et elles préjudicient à la croissance des plantes parasites.

Il serait à souhaiter que par-tout on pût arroser d'un peu d'eau salée les pommes de terre près d'être administrées aux bestiaux; elles auraient plus de goût, deviendraient une nourriture moins délayante, une substance moins relâchante, surtout si on les associait avec d'autres racines, non-seulement à cause de la surabondance d'eau qui constitue les premières, mais encore parce que les mélanges plaisent à tous les êtres: les turneps ou gros navets en rendront la nourriture plus consistante, et la betterave champêtre plus savoureuse.

On a remarqué que les animaux qui commencent l'usage des pommes de terre fientent plus liquide qu'à l'ordinaire. Cet inconvénient, qui cesse bientôt d'en être un, se manifeste également lors de la transition du fourrage sec au fourrage vert. Une observation importante, faite par tous les cultivateurs qui ont nourri leurs bestiaux avec les racines, c'est que ceux de ces animaux qui font des crottins naturellement secs et brûlans rendent des excrémens visqueux et glutineux, semblables en quelque façon à ceux des vaches : de manière que le sol léger qui procurerait au bétail une excellente nourriture, recevrait en échange la nature d'engrais qui lui convient le mieux pour produire de bonnes qualités de légumes.

On pourrait commencer à jouir des racines dès la fin de septembre, sur-tout si le fourrage était rare, parce que, dans leur nombre, il y en a de tardives et de hâtives; consommer d'abord celles qui sont sensibles au froid, telles que la pomme de terre, et finir par le navet de Suède et le topinambour, plantes qui bravent la gelée. Il est possible que les animaux qui ne sont pas encore familiarisés avec les racines, montrent la première fois de la répugnance à les manger; mais on les habitue insensiblement à cette nourriture, en ne la leur administrant, dans le commencement, que bouillie dans de l'eau, et mélangée avec un peu de son, de foin, etc. Le grand point pour les animaux qu'on engraisse, c'est de leur donner peu à-la-fois, pour les exciter à manger plus qu'ils ne le feraient, si on leur en donnait des quantités considérables.

Les racines s'administrent ordinairement quatre fois le jour aux bestiaux, le matin, à midi, à cinq heures et à neuf heures du soir; cette dernière ration doit être plus forte. Lorsqu'on approche du terme de l'engrais avec des racines, il faudrait, avant de les livrer aux bouchers, les soumettre une quinzaine de jours à l'usage du foin ou de quelque autre farineux, par intervalles, afin de rendre leur graisse plus ferme et leur chair plus succulente, et sur-tout quand les racines appartiennent à la famille des choux et des raves, qui ont un montant propre à communiquer un mauvais goût à la viande.

Mais, pour recueillir tous les avantages de ma proposition, il faudrait lever les principaux obstacles qui peuvent s'y opposer, trouver une méthode de cultiver en grand la plupart des racines potagères, une méthode, par exemple, aussi facile et économique que celle qu'on suit pour les pommes de terre et les navets; car, on doit l'avouer, cette culture deviendra longue et coûteuse dans les cantons où le sarclage et la récolte se font à la main; l'embarras augmentera même encore, si l'on n'a pas la précaution de les semer par rangées, pour permettre à la houe à cheval, à la petite charrue, de passer par les intervalles pour biner et récolter: d'ailleurs il faut aussi que le cultivateur soit en état d'acheter assez de bestiaux pour leur faire consommer ces racines.

Tout en convenant des avantages de la culture en grand des racines potagères, et de leur application à la nourriture des animaux, M. Sageret a plusieurs fois tenté vainement cette culture dans les environs de Paris : ce qui l'a sur-tout effrayé, c'est le prix exorbitant de la main d'œuvre. Dans le nombre des racines qu'il a essayées, nous citerons la carotte et le navet: la première est lente à lever, et long-temps après sa naissance elle se trouve encore faible et étouffée par une multitude d'herbes parasites ; la seconde a un autre inconvénient , celui d'être la proie des insectes , au premier développement des feuilles : il faut , à cette époque , l'éclaircir , autrement elle ne fournirait que des racines plus fibreuses que charnues ; mais dans l'état actuel de notre agriculture , la méthode employée pour les carottes ne paierait pas les frais , quand bien même leur abondance forcerait de les consacrer aux bestiaux ; d'un autre côté , lorsque la sécheresse les fait manquer , ce qui n'arrive que trop souvent , attendu que le sol qui leur convient doit être plus sablonneux qu'argileux , le produit est alors si mince , que le prix , à quelque taux qu'on le suppose , compense à peine les frais énormes qu'elles ont coûtés.

Supposons maintenant la plupart des difficultés vaincues , il en reste encore une , assez grande pour se flatter que la méthode de cultiver en grand les racines potagères s'accréditera bientôt par-tout ; et en effet tant que les héritages ne seront point environnés de haies , que nous n'aurons aucune sorte de clôture , et qu'un fermier ne pourra pas dire : Ce champ est à moi , je puis seul y conduire mon troupeau , ce sera en vain qu'on cherchera à éclairer les habitans des campagnes sur les avantages incontestables de la culture dont il s'agit.

Parmi les racines potagères , il n'y en a point qui soit susceptible d'offrir autant de ressources et de profit que la pomme de terre ; elle conserve dans leur embonpoint les bestiaux qui s'en nourrissent une partie de l'année et rend leur fumier plus propre à l'amendement des terres. Avec cette denrée , les fermiers trouveront dans leurs fonds les plus médiocres l'avantage de faire des élèves pendant l'été , et , l'hiver , d'entretenir des troupeaux considérables. Le petit cultivateur , à son tour , fera rapporter à son faible héritage de quoi nourrir sa famille , sa vache , son cochon , sa volaille. Jamais cette culture ne pourra devenir préjudiciable à celle des grains , quand bien même l'une et l'autre seraient également abondantes. La pomme de terre , en un mot , est un aliment local qui diminuera la consommation des grains dans les campagnes , et fera disparaître ces fléaux des grandes populations , le monopole , l'accaparement et la famine.

A ces considérations joignons-en une dernière également intéressante pour la prospérité de notre agriculture et le soulagement de la classe la moins aisée du peuple. S'il est essentiel de diminuer la consommation du pain par l'adoption des soupes aux légumes , il ne l'est pas moins d'augmenter celle des pommes de terre , puisqu'il paraît constant qu'un arpent couvert de ces racines nourrit deux fois plus d'hommes que la même étendue de terrain semée en blé , sans compter que la récolte n'en est pas autant exposée à l'influence des saisons. Quelle plante, après les graines de première nécessité, a plus de droit à nos soins que celle qui prospère dans les deux continens, à laquelle la France doit l'inappréciable avantage d'avoir pu jouir d'une ressource dans cette effroyable disette que le règne de la terreur avait pour ainsi dire organisée.

Machine propre à couper les pommes de terre et les autres racines potagères destinées à la nourriture des bestiaux. Il est nécessaire que les racines, pour produire tout leur effet alimentaire, soient déchirées par les dents des animaux domestiques; on a donc profité des recherches que les Allemands ont faites pour découper les racines promptement et à peu de frais.

De tous les instrumens imaginés pour remplir ces vues, aucun n'a d'abord eu plus de succès en France que celui de Cretté Palluel; depuis, Gilbert, à la fin de son savant Traité des prairies artificielles, et M. Bourgeois, économe de l'établissement de Rambouillet, en ont fait construire un autre. Cette machine a été exécutée au Conservatoire des arts et métiers, à l'ancienne abbaye Saint-Martin. J'en ai fait construire une pour mon collègue Marans, ancien magistrat, et qui, dans ses domaines près Bordeaux, se livre tout entier à des expériences en grand, dont le résultat sera utile à l'agriculture et à son canton.

On ne peut refuser à cette machine de réunir à la simplicité la commodité, puisqu'un enfant peut la faire mouvoir et hacher en tranches assez minces et menues douze boisseaux de racines en cinq minutes : cette promptitude du service est très-avantageuse dans les exploitations d'une certaine étendue; cependant elle ne peut convenir, vu son prix, qu'à un fort métayer, ou à un grand propriétaire.

Description de la machine figurée Pl. I. Elle consiste essentiellement dans quatre lames d'acier, tranchantes par un de leurs bords, placées à la circonférence d'un cylindre, dont un des bouts est creux, et que l'on fixe par l'autre à l'extrémité d'un arbre en fer, comme un mandrin sur le nez de l'arbre d'un tour.

Le tranchant de chaque lame, ou couteau d'acier dont le cylindre est armé, est tourné du même côté; les surfaces du cylindre qui séparent les lames, rentrent graduellement vers le centre, à partir du dos de chaque couteau; de manière que, près du tranchant, elles laissent un espace entre elles et la lame, qu'on pourrait en quelque sorte comparer à la lumière d'un rabot, pénètrent dans le creux du cylindre : d'où il résulte qu'en faisant tourner le cylindre dans le sens qu'il convient, les carottes ou autres racines que contient une trémie placée au-dessus, sont coupées par tranches qui entrent dans le creux du cylindre, d'où elles sortent ensuite, et tombent dans la mangeoire qui se trouve devant la machine. Nous observerons seulement qu'il est nécessaire de placer sur les bâtis une boite à couvercle, dans laquelle on renferme les lames à tranchans lorsqu'on ne fait pas usage de la machine, afin de les préserver de la rouille et prévenir tout accident.

L'usage des racines applicables à la nourriture des bestiaux ne pouvait manquer d'être adopté par M. Yvart, l'un de nos premiers agriculteurs; il a perfectionné cette machine par deux changemens fort utiles, c'est même d'après le dessin qu'il en a donné que la grâvure dè la planche a été exécutée.

Le premier de ces changemens consiste dans la mobilité d'une des planches de la trémie, sur laquelle M. Yvart a fait adapter une vis d'approche; elle se trouve maintenue en position sur le bord des côtés de la trémie qui soutiennent l'axe du cylindre : cette vis est garnie d'une poignée, au moyen de laquelle on peut très-aisément approcher ou éloigner cette planche. Il avait remarqué que, malgré les précautions employées pour qu'il ne se trouvât pas de pierres parmi les topinambours, la ressemblance de quelques pierres avec les tubercules, pour la forme, la couleur et la grosseur, faisait que les ouvriers en ramassaient plusieurs, qui, se trouvant engagées dans la trémie, forçaient souvent à la vider. Au moyen de la mobilité de cette planche et de la vis d'approche, il suffit d'opérer un écartement convenable pour laisser tomber les pierres, et de resserrer la vis : cette opération épargne beaucoup de temps et de peine; le second changement consiste dans l'addition à l'extrémité de l'axe du cylindre opposée à celle qui porte la manivelle, de deux barres de fer de longueur plus ou moins considérable, disposées en croix, et armées à chaque extrémité d'une masse de plomb aplatiè : par là le mouvement du cylindre est rendu beaucoup plus prompt et plus facile.

Fig. 1. Quatre montans de bois AAAA à tenon et mortaise, par bas sur deux patins MM. Les traverses BBBB; autres traverses CCCC, en forme d'X, retenant le rouleau du châssis, et soutenant le cylindre. D, trémie pour les racines à hacher. E, la porte. F, cylindre creux garni de lames. GGGG, autres traverses servant à recevoir les coulisseaux. HHHH, les coulisseaux. I, boîte de cuivre, dans laquelle passe l'arbre tournant. K, manivelle faisant mouvoir le cylindre. L, plancher sur lequel tombent les racines hachées. MM, bâtis ou semelles de bois dans lesquels se trouvent emmanchés les montans. N, traverses qui servent de support à la trémie.

Fig. 2. Vis de pression, servant à rapprocher un des côtés de la trémie contre le cylindre. A, vis en fer. BB, traverse en fer, dans laquelle agit la vis. C, bout de la traverse, qui glisse dans l'épaisseur de la rainure du montant.

Fig. 3. Le moulin vu de côté. A, cylindre creux garni de lames de fer. B, arbre tournant et emmanché dans les deux tourtes. C, bascules par où sortent les racines. DD, planches de la trémie. E, pièce de bois placée sur les bâtis XX de la machine. F, endroit où se fait le travail des couteaux. G, planches placées sur des coulisseaux, attachées aux traverses et servant à recevoir les racines à mesure qu'elles tombent du cylindre.

Fig. 4. Partie du cintre du cylindre H vue en grand. IIII, forme des lames de fer. KKKK, vides par où passent les racines à mesure qu'elles se trouvent coupées, et lieu par où elles entrent dans le cylindre.

Fig. 5. Palette de bois qui sert à faire tomber les racines lorsqu'il en reste sur les planches de la trémie.

Fig. 6. Dedans de la trémie AA, au milieu de laquelle on voit une partie du cylindre. B, la plate-bande de fer qui est attachée sur une planche de la trémie. L'éloignement ou le resserrement de cette plate-bande avec les lames coupantes du cylindre, est ce qui sert à donner le plus ou le moins d'épaisseur aux tranches des racines.

Fig. 7. Cette figure représente le cylindre démonté et vu dans ses diverses proportions. A, pièces de bois qu'on nomme *tourtes*, et auxquelles sont attachés les couteaux avec des écrous; le bois de ces pièces doit être dur et épais de 2 pouces. B, arbre tournant fixé dans les tourtes. C, lames de fer trempé, ayant le tranchant aiguisé comme celui d'une plane, fixées des deux bouts sur les tourtes à une distance suffisante pour le passage des racines coupées en rond de 3 lignes d'épaisseur ou environ. D, bascule ouverte par le moyen des pivots qui tournent.

Fig. 8. Porte en fer détachée du cylindre, ayant des lames rivées sur des traverses en fer, et deux pivots ronds à chaque bout. Cette porte se ferme et s'ouvre à chaque tour que fait le cylindre; c'est la fréquence de ses mouvemens qui oblige à la fabriquer en fer, afin qu'elle puisse résister long-temps.

Fig. 9. Le moulin vu de face et dans l'enfoncement de son bâtis. A, représente le cylindre. BB, la trémie. C, la porte ouverte et vue de face. D, la manivelle servant à tourner le cylindre. *Voyez Pl. I.* (Par.)

Vers la fin du dix-huitième siècle, les anabaptistes, qui étudiaient peu les sciences, mais qui se consacraient exclusivement à la pratique de l'agriculture, introduisirent sur les bords du Rhin, dans l'ancien département du Mont-Tonnerre, la distillation en grand de la pomme de terre fermentée, et en tirèrent des produits très-importans. M. François (de Neufchâteau), le premier, porta l'attention des savans sur cette fabrication, ensuite MM. van Recum et Villiez. Elle a été ensuite décrite par M. Bottin, tome 65 des *Annales d'agriculture*.

Ce n'est pas seulement pour l'eau-de-vie que la distillation des pommes de terre doit être encouragée, c'est parce que la fermentation qu'elles subissent avant cette opération, fait disparaître leur qualité narcotique et les rend plus nourrissantes ; ce qui permet, par conséquent, de les mieux utiliser pour l'engrais des bestiaux et sur-tout des bœufs.

Il est donc à désirer que cette pratique s'étende sur toute la France, et j'engage les propriétaires aisés des départemens où elle n'existe pas à en prouver les avantages par des expériences faites publiquement

Pour opérer, on lave les pommes de terre en les agitant dans une masse d'eau suffisante, au moyen d'un balai de bouleau ; puis on les fait cuire, soit dans l'eau, soit à la vapeur. Cette dernière manière est préférable, à raison de l'économie du combustible et de la meilleure qualité des tubercules.

Après leur cuisson, les pommes de terre sont écrasées, soit avec un rouleau, soit avec un pilon de bois, soit entre deux cylindres tournant en sens contraire, ou sous une meule ; puis leur pulpe est mise dans une cuve jusqu'au tiers de sa hauteur.

Pour accélérer l'entrée en fermentation de la pomme de terre, on lui réunit 4 livres de drèche et un demi-litre de levure de bière par hectolitre ; puis on délaie le tout, à diverses reprises, dans environ le double d'eau chaude, mais non bouillante, laissant seulement vide un sixième de la hauteur de la cuve.

Au bout de trente-six heures, la fermentation se manifeste et dure cinq, six, sept, huit jours, selon la température, dont la plus convenable est celle de 18 degrés.

La fermentation est censée achevée quand le chapeau s'enfonce.

Avant de porter la liqueur fermentée dans l'alambic, on la remue avec force pour mêler toutes ses parties. On en remplit l'alambic jusqu'aux trois quarts et on chauffe. *Voyez* DISTILLATION.

La quantité d'eau-de-vie à 10 ou 12 degrés qu'on retire se monte à 10 ou 12 litres par chaque hectolitre de pomme de terre.

Pour n'être pas dans la nécessité de négliger d'autres soins, les cultivateurs du Mont-Tonnerre chargent leur alambic en se levant, vers midi, et en se couchant.

Toujours les résidus de la distillation sont donnés tièdes aux animaux, attendu que l'expérience a prouvé qu'ils les engraissaient bien plus rapidement dans cet état que froids : en conséquence, la grandeur de l'alambic est calculée sur le nombre de ces bestiaux.

Ne pas faire trois chauffes par jour est moins économique, parce que si on ne charge pas la chaudière aussitôt qu'elle est vide, elle se refroidit et il faut ensuite plus de feu pour la mettre en action.

L'eau-de-vie retirée par cette première opération est distillée une seconde fois pour devenir marchande, c'est-à-dire à 18 degrés. Dans cette opération, elle se réduit des deux tiers.

C'est depuis le mois de novembre jusqu'au mois d'avril que les cultivateurs des bords du Rhin se livrent à la distillation de la pomme de terre.

Il avait été reconnu, il y a quelques années, par les chimistes français qu'il y avait fort peu de différence entre la gomme, l'amidon, ou la fécule et le sucre ; mais ils n'avaient pas pu indiquer quel était le principe qui établissait cette différence.

Deux chimistes étrangers MM. Kirchoff et Lampadius, ont reconnu presqu'en même temps que c'était la proportion de l'oxigène. En conséquence ils ont transformé la fécule de pomme de terre en sirop, en la faisant bouillir dans l'eau avec de l'acide sulfurique.

Ainsi donc pour opérer on met dans un vaisseau de bois 50 livres d'eau, qu'au moyen de la vapeur d'eau sortant du bec d'un alambic on porte à l'ébullition. On y ajoute 3 livres d'acide sulfurique à 22 degrés, puis 25 livres de fécule de pomme de terre délayée dans pareil poids d'eau : le tout est doucement agité au moyen d'une spatule.

Au bout de 8 heures d'ébullition la totalité de la fécule est transformée en sirop, qu'on dégage de l'acide au moyen de craie en poudre qu'on projette par petites portions dans l'eau jusqu'à ce qu'il ne se fasse plus d'effervescence.

Après quelques instans de repos, on passe le sirop dans une chausse, qui retient le sulfate de chaux.

Si on veut fabriquer de l'eau-de-vie avec du sirop, on y ajoute deux centièmes de levure de bière ; on le place dans une étuve à 18 degrés de chaleur, et on remue le tout tous les jours. Lorsque la liqueur ne fermente plus, on distille selon les règles indiquées au mot DISTILLATION.

Si toutes les opérations ont été bien suivies, on obtient de 50 livres de fécule 12 à 15 litres d'eau-de-vie à 27 degrés.

Si on veut transformer, le sirop en sucre, on l'évapore dans des bassines conformément aux règles employées dans la fabrication de sucre de CANNE ou de RAISIN. *Voyez* ces deux mots.

C'est à M. Labbé, membre de la Société d'agriculture de la Seine, qu'on doit les premières expériences en grand faites à Paris pour transformer en sirop et en sucre la fécule de pomme de terre. J'en ai suivi la série, et j'en ai goûté les résultats : ainsi j'en puis parler en connaissance de cause; son mémoire, dont cette partie est extraite, se trouve dans le deuxième volume de la seconde série des *Annales d'agriculture.* (B)

POMMIER, *Malus.* Arbre naturel aux forêts de l'Europe, que Linnæus a placé dans le genre des poiriers, mais qui peut servir de type pour en former un particulier, qui serait caractérisé par des fruits arrondis, ombiliqués des deux côtés et qui contiendrait sept espèces, dont trois sont cultivées dans nos jardins.

Le POMMIER SAUVAGE est un arbre de moyenne grandeur, c'est-à-dire qui s'élève, dans l'état naturel, de 30 à 40 pieds, dont le tronc est droit, crevassé, grisâtre; les rameaux diffus, cendrés, pubescens, souvent épineux à leur extrémité; les feuilles alternes, pédonculées, ovales, dentées, d'un vert foncé en dessus, blanchâtres et velues en dessous; ses fleurs sont blanches et réunies en bouquets au sommet d'un rameau particulier.

On trouve le pommier sauvage en abondance dans tous les bois naturels de la France dont le sol est profond et humide, sur-tout dans ceux des pays montagneux. Le fruit qu'il fournit atteint rarement plus d'un pouce de diamètre, et est d'une âpreté acide, telle qu'il ne peut être mangé, soit cru, soit cuit; il sert de nourriture aux animaux sauvages, sur-tout aux sangliers. On en fabrique, dans quelques cantons, ce qu'on appelle de la BOISSON (*voyez* ce mot); mais le meilleur parti qu'on puisse en tirer, c'est de le donner aux cochons et aux vaches, qui l'aiment beaucoup, et auxquels il est très-salutaire lorsqu'ils n'en mangent qu'en petite quantité. Il était de principe dans beaucoup de localités que les pommiers sauvages de tiges devaient être respectés lors des coupes des forêts appartenant aux communes, et il en était résulté qu'ils y étaient excessivement abondans. Ils ont été coupés pendant la révolution, et les cultivateurs voisins de ces forêts doivent en gémir aujourd'hui ; car dans les années d'abondance ils étaient pour eux une importante ressource. Je dois dire cependant que ces pommiers nuisaient à la repousse des taillis , ainsi que je m'en suis assuré sur la chaîne de montagnes qui va de Langres à Dijon , et que les bois qui en étaient ainsi surchargés ne produisaient peut-être pas le quart de ce qu'ils fournissent de bois en ce moment. (*Voyez* Cerisier.) Quelquefois les bûcherons ou les charbonniers s'amusaient à greffer ces pommiers avec des espèces perfectionnées, de sorte qu'on trouvait dans les bois des reinettes, des rambours , etc.

Ce ne sont pas seulement leurs fruits que les pommiers sauvages livrent à l'utilité publique, ils fournissent encore leur bois ; ce bois donne un feu vif et durable et un excellent charbon. Quoique se voilant et se fendant avec excès, il est recherché par les menuisiers, les ébénistes et les tourneurs : son grain est fin et sa couleur grise, on en fabrique les planches d'impression pour les indiennes ; il est cependant par-tout regardé comme inférieur à celui du poirier. Il perd, d'après Varennes de Fenille, un douzième de son volume par la dessiccation, et pèse sec 48 livres 7 onces 2 gros par pied cube.

Le même Varennes de Fenille observe qu'un autre échantillon provenant, à ce qu'on l'a assuré, d'un vieux pommier sauvage greffé à 5 à 6 pieds de terre, était marqué de belles veines d'un brun rougeâtre, et pesait par pied cube 52 livres 12 onces.

Les ouvriers recherchent moins le bois des pommiers cultivés que celui des pommiers sauvages ; cependant le même a encore trouvé que celui d'un court-pendu ne perdait qu'un huitième par le desséchement, et pesait 66 livres 3 onces 3 gros par pied cube, ce qui indique une qualité supérieure ; il est vrai que cette qualité varie suivant les variétés , puisque le bois de reinette franche ne s'est trouvé peser que 51 livres 9 onces, et un autre dont le nom était inconnu 45 livres 12 onces 2 gros.

La croissance du pommier sauvage est assez rapide ; mais cependant plusieurs arbres indigènes lui sont supérieurs sous ce rapport. Il est assez commun dans certains cantons des montagnes de le voir concourir à la formation des haies, qu'il fortifie extrêmement, pour peu qu'on veuille diriger ses rameaux d'après les principes. (*Voyez* Haie.) Tous les bestiaux et sur-tout les chèvres, aiment ses feuilles.

C'est de ce pommier que sortent toutes les variétés de pommes qui se voient dans nos jardins et nos vergers.

L'époque où la culture du pommier a commencé se perd

dans l'origine des sociétés agricoles, puisque les pommes sauvages, quelque âpres qu'elles soient, ont dû servir d'abord de nourriture aux hommes. Les écrivains de l'antiquité parlent des pommes comme d'un fruit généralement connu, ils indiquent même le nom d'un assez grand nombre dont les unes étaient meilleures que les autres.

Ces variétés se sont d'autant plus multipliées, qu'il y a plus long-temps qu'on les recherche et qu'on a mis plus d'importance à leur conservation ; aujourd'hui leur nombre est si considérable, qu'il serait presque impossible de les énumérer toutes : il n'est point de pays qui n'en offre de particulières, et chaque semis en fournit toujours quelques nouvelles. On en voit ainsi disparaître et paraître sans cesse.

« Encore qu'il ne soit nécessaire de s'arrêter aux particuliers noms de chaque espèce de pommes, dit Olivier de Serres, si est-ce qu'il y a du contentement de savoir comment on les appelle par-ci par-là, afin aussi que de la généralité de telles appellations notre ménager puisse discerner ses fruits, sans toutefois s'y trop asseurer, pour la faiblesse du fondement, procédant cela du climat et du terroir, qui changent les noms des fruits, comme a été dit ; car quel besoin est-il de parler des pommes *pélusianes*, *sirices*, *marcianes*, *amérines*, *scandianes*, *sextianes*, *manlianes*, *claudianes*, *morianes*, et autres de l'antiquité, vœu que le temps a rendu vaine telle curiosité. Les noms suivants, comme les plus remarquables de ce siècle et en ce climat-ci, nous serviront de guide : la *melle* ou *pomme appie*, ainsi dicte de Claudius Appius, qui du Péloponèse l'apporta à Rome, la *rose*, le *court-pendu*, la *rainette*, le *blanc-dureau*, la *passe-pomme*, la *pomme de paradis*, la *pomme de curtin*, de *rougelet*, de *rambur*, de *chastaignier*, de *franc-estu*, de *belle-femme*, de *dame-jeanne*, de *carmaignolle*, de *sandouille*, de *pomme de souci*, la *pomme cire*, de *courdaleaume tubet*, *bequet*, *camien*, *couet*, *germaine*, *bianc doux*, *mennelot*, *feuillu*, *sapin*, *coqueret*, *cape*, *renouvet*, *escarlatin*, *espice*, *peau de vielle*, *pomme noire* ou *ognonet*, *barberiot*, *giraudette*, la *longue*, la *calamine*, la *musquate*, la *boccabrevé*, la *couchine*, la *bourguinotte*, la *pupine*, la *pomme de George*, de *Saint-Jean*, d'*hervet*, sur toutes lesquelles pommes nous choisirons les races les plus remarquables en bonté de goust et de conservation, pour la fourniture de nos vergers, n'y en mettant des autres que pour en passer la fantaisie. Ainsi par exquisse eslection prendra très-bon fondement notre jardin fruitier, pour durer longuement en réputation en l'honneur de son fondateur. Dans ce grand nombre de pommes s'en trouvent de diverses sortes, des grosses, moyennes, petites ; des longues, des rondes, des rouges, des jaunes, des blanches, des vertes, voire des noires, comme la *pomme de calvau*, noire en l'escorce, blanche en la chair; des douces et des aigres, des mangeables crues et cuites, augmentant ou diminuant ces qualités selon les situations. Il y a peu de pommes d'été, ne s'en recognoissant guières plus que de deux espèces: l'une est la petite pomme *Saint-Jean*, meure environ le commencement de juillet; l'autre est du mois d'août, dite de *grillot*. Celles qui restent sont toutes de l'automne, qu'on recueille en cette saison, toutefois en divers jours, par l'ordre de leur maturité, à ce plus s'advançant les unes que les autres, pour la variété de leurs naturels, non tant néanmoins qu'aucune précède les raisins. »

Je n'ai pu me refuser à citer ce passage qui est un petit traité sur les pommes.

Il a été reconnu par van Mons que plus est perfectionnée et nouvellement acquise la variété dont on emploie les pepins aux semis, et plus sont remarquables les variétés qui en résultent.

CATALOGUE, *par ordre de maturité, des pommes à couteau qui se cultivent le plus communément dans les jardins, mais dans lequel les variétés qui portent le même nom ont été placées à la suite les unes des autres.*

La **MAGDELEINE**. Calvel. Fruit rond à peau rouge, varié de lignes longitudinales blanches, à chair cassante, parfumée, devenant cotonneuse.

Cette variété mûrit au milieu de juillet; elle est très-sujette au ver : l'arbre est grand et vigoureux.

La **PASSE-POMME BLANCHE** ou *coussinette*, Calvel. Fruit petit, conique, blanc, à cinq côtes colorées de rouge du côté du soleil, à chair acide, peu agréable.

Cette variété mûrit un peu après la précédente, à laquelle elle est inférieure sous tous les rapports. L'arbre, quoique petit, est vigoureux.

La **PASSE-POMME ROUGE**, *calville d'été de Duhamel*. Fruit de moins de 2 pouces de diamètre, légèrement conique, d'un blanc couleur de cire, pourvu de côtes saillantes, à chair blanche, acide, peu agréable au goût.

Cette variété mérite peu d'être cultivée. L'arbre est médiocre, mais vigoureux.

La **PASSE-POMME D'AUTOMNE**, Calvel. *Pomme générale* ou *d'outre-passe*. Fruit médiocre, arrondi, à chair jaunâtre.

Cette variété mûrit en octobre et se conserve peu.

La **Daudent**, ou *pomme d'Audent*, Calvel. Fruit oblong, d'un vert rougeâtre, presque pourpre au soleil.

Cette variété mûrit au commencement d'août.

Les **Calville blanche d'été** et **Calville rouge d'été** ont été confondues avec les passe-pommes, dont elles se rapprochent beaucoup en effet. Elles en diffèrent par une chair plus fine, plus grenue, plus douce, plus agréable enfin. Elles mûrissent en même temps. *Voyez* la figure de la seconde, Duh., *Pl.* 1.

La **Calville blanche d'hiver**. Fruit de plus de 3 pouces de diamètre, d'un jaune de cire, quelquefois un peu teint de rouge du côté du soleil, chargé de grosses côtes saillantes, à chair blanche, grenue, tendre, légère, fine, très-bonne. *Voyez* Duh., *Pl.* 2.

Cette variété commence à mûrir en décembre et se garde quelquefois jusqu'en mars : c'est une de celles qui méritent le plus d'être très-multipliées à cause de son excellence. L'arbre est vigoureux et fertile.

Une sous-variété encore meilleure a été trouvée par M. van Mons à Bruxelles, et appelée de mon nom par ce savant chimiste, qui s'occupe avec tant de succès de la culture des arbres fruitiers, et auquel on doit un traité sur leur nomenclature et leur culture, imprimé depuis trois ans, mais que des événemens de librairie ont empêché d'être mis en vente.

M. Prévôt, inspecteur des forêts du département de la Dyle, possède une autre sous-variété qui jouit de la propriété de se conserver trois ans. Il doit en envoyer des greffes aux établissemens nationaux.

La **Calville rouge d'hiver**. Fruit de plus de 3 pouces de diamètre, un peu allongé, d'un rouge foncé du côté du soleil et plus pâle du côté de l'ombre, offrant de larges côtes peu saillantes ; chair grenue, rouge sous la peau, fine, légère, très-agréable. *Voyez* Duh., *Pl.* 3.

Cette variété mûrit en décembre, et se garde d'autant plus qu'elle provient d'un arbre plus jeune. Elle se cultive moins que la précédente, à laquelle elle est inférieure en qualité, mais elle n'en est pas moins très-bonne. L'arbre est assez grand et vigoureux.

La **Calville malingre** a le fruit de plus de 3 pouces de diamètre, fortement costé, coloré d'un rouge terne du côté du soleil, fouetté de larges traits plus rouges et tiquetés de gris de l'autre. Sa chair est blanche, agréable, mais de peu de garde. Poiteau et Turpin l'ont figurée dans leur *Nouveau Duhamel*.

La **Calville rouge normande**. Fruit très-gros, allongé, d'un rouge noir ; chair rougeâtre, acidule, agréable. L'arbre est vigoureux et fertile.

Cette pomme se conserve jusqu'en avril. C'est mal-à-propos qu'on l'a confondue avec le cœur de bœuf.

Le Cœur de bœuf. Fruit moyen, allongé, d'un rouge foncé presque uniforme, à côtes saillantes ; sa chair est tendre, aqueuse, d'un goût très-médiocre.

Plusieurs variétés qu'on confond quelquefois avec les calvilles rouges, mais qui leur sont de beaucoup inférieures en bonté, se réunissent sous ce nom. Généralement elles sont de peu de garde et ne se cultivent pas dans les jardins.

La Pomme suisse. Elle est jaune avec des bandes longitudinales vertes et plus jaunes. Son diamètre est de 4 pouces ; sa chair est médiocre. Poiteau et Turpin l'ont figurée dans leur *Nouveau Duhamel.*

Le Rambour franc, ou *rambour d'été, rambour rayé, pomme de Notre-Dame.* Fruit très-gros, de 3 pouces de diamètre, aplati aux extrémités, d'un jaune blanchâtre rayé de rouge, pourvu de grosses côtes ; sa chair est acide et peu agréable : aussi ne se mange-t-elle guère que cuite. *Voyez* Duh., *Pl.* 10.

Cette pomme mûrit au commencement de septembre et dure jusqu'à la fin d'octobre. Lorsqu'elle est trop mûre, elle devient fade et filandreuse. L'arbre est vigoureux et fertile.

Le Rambour d'hiver. Fruit gros, aplati, d'un jaune blanchâtre ponctué et strié de rouge, pourvu de grosses côtes. Sa chair est verdâtre, assez tendre, relevée, mais cependant un peu âcre. Elle ne se mange guère qu'en compote. L'arbre est vigoureux.

Cette pomme se conserve jusqu'à la fin de mars.

Le Pigeonnet. Fruit moyen, oblong, rougeâtre, varié de lignes d'un rouge foncé du côté du soleil et clair du côté de l'ombre. Sa chair est blanche, fine, d'un goût fort agréable.

L'arbre paraît faible, mais charge cependant beaucoup.

Cette pomme est fort estimée, mais a l'inconvénient de ne se conserver que jusqu'à la fin d'octobre.

Le Pigeonnet de Rouen a le fruit allongé, de près de 3 pouces de diamètre transversal ; jaune du côté de l'ombre, rouge du côté du soleil, avec des virgules de même couleur plus grosses et plus nombreuses sur la partie rouge. Sa chair est un peu jaune, fine, mais de peu de goût. Poiteau et Turpin l'ont figuré dans leur *Nouveau Duhamel.*

Je dois ici citer le Pommier-permelle, dont le fruit se rapproche du pigeonnet pour la forme, mais est plus gros. Il est, dit-on, comparable au drap-d'or en saveur et se conserve longtemps. C'est de Jersey que cet arbre a été apporté dans le Calvados, où il commence à se multiplier.

La **Trousselle**, Calvel. Fruit très-gros, oblong, d'un vert jaunâtre à l'ombre, et rouge vif au soleil ; sa chair est très-blanche, juteuse, d'une eau un peu aigrelette.

Cette pomme se cueille un peu avant les gelées.

La **Bien-venue**, Calvel. Fruit très-gros, rond, toujours vert, excepté du côté du soleil, où il se colore d'un rouge éclatant, sa chair est d'un blanc verdâtre, légèrement fondante, agréable.

Cette pomme se cueille à l'époque de la précédente.

Le **Pigeon**, ou *cœur de pigeon, gros pigeonnet*, ou *pomme de Jérusalem*. Fruit moyen, conique, rose ponctué de jaune, quelquefois bleuâtre lorsqu'on l'expose au soleil et qu'on le regarde de côté ; sa chair est ferme, grenue, très-blanche, quelquefois rouge sous la peau, agréablement acide. *Voyez* Duh., *Pl.* 12, n°. 3. *Voyez* aussi le *Nouveau Duhamel* par Poiteau et Turpin, où elle est également figurée.

Cette pomme n'a souvent que quatre loges ; elle mûrit en janvier et février. C'est une très-jolie et très-bonne variété. On en fait grand cas en Normandie, sur-tout pour cuire.

La **Reinette jaune hative**. Fruit moyen, comprimé, jaune ponctué de brun ; sa chair est tendre, juteuse, peu relevée, mais agréable.

Cette pomme mûrit à la fin de septembre et ne se conserve guère plus d'un mois.

L'arbre est médiocre, mais très-fertile.

La **Reinette rousse**, ou *reinette des carmes*. Fruit très-gros, arrondi, jaunâtre, parsemé d'une immense quantité de points bruns ; sa chair est blanche, abondante en eau, agréablement acidule.

Cette pomme se conserve une partie de l'hiver.

La **Reinette de Bretagne**. Fruit moyen, d'un rouge foncé, rayé d'un rouge plus foncé du côté du soleil, plus faible du côté de l'ombre, par-tout couvert de points saillans, jaunes et gris ; sa chair est assez ferme, d'un blanc jaunâtre, sucrée, relevée.

Cette pomme est fort bonne, mais se ride beaucoup et se conserve rarement jusqu'à la fin de décembre.

L'arbre s'élève peu.

La **Reinette dorée**, ou *reinette jaune tardive*. Fruit moyen, comprimé, jaune foncé, ponctué de gris, légèrement fouetté de rouge du côté du soleil ; sa chair est blanche, ferme, sucrée, relevée, à peine acide.

Cette pomme est comparable en bonté à la reinette franche, et est presque entièrement passée lorsque cette dernière commence à paraître.

La Pomme d'or, ou *reinette d'Angleterre, gold-peppin.* Fruit de moyenne grosseur, d'un jaune vif ponctué de rouge du côté du soleil; sa chair est d'un blanc un peu jaune, sucrée, très-agréable. *Voyez* Duh., *Pl.* 7.

Cette pomme est excellente, mais ne se conserve guère que jusqu'en novembre. On la cultive beaucoup plus en Angleterre qu'en France. Elle n'a contre elle que son peu de grosseur et son peu de durée. Plusieurs personnes la confondent avec le *drap d'or* et la *reinette d'Angleterre*, mais mal-à-propos.

La Grosse reinette d'Angleterre. Fruit très-gros (3 pouces et demi de diamètre), relevé de côtes, d'un jaune clair ponctué de blanc, et au milieu du blanc, de gris; sa chair est d'une eau abondante, mais peu relevée et sujette à se cotonner. *Voyez* Duh., *Pl.* 12, n°. 5.

Cette belle pomme mûrit à la fin de l'hiver.

L'arbre est grand et assez fertile.

La Pomme d'or est verte, tiquetée de gris, lavée de rouge pâle et pointillée de rouge foncé du côté du soleil. Son diamètre n'est que de 2 pouces. Elle se cultive en Angleterre et est figurée *Pl.* 19 du deuxième volume des *Transactions de la Société horticulturale de Londres.* Cette nouvelle variété de reinette est, dit-on, excellente.

La Reinette naine. Fruit moyen, allongé, blanchâtre, relevé de côtes, rarement ponctué de gris; sa chair est sucrée, légèrement acide, agréable, fort rapprochée de celle de la reinette blanche. *Voyez* Duh., *Pl.* 8.

Cette pomme se conserve jusque après l'hiver.

L'arbre a cela de remarquable qu'il reste nain, quoique greffé sur sauvageon ou sur franc, et que, lorsqu'il est greffé sur paradis, il s'élève à peine à 2 pieds de hauteur.

La Reinette blanche. Fruit de médiocre grosseur, d'un blanc jaunâtre, tiqueté de très-petits points bruns bordés de blanc, quelquefois légèrement lavé de rouge du côté du soleil; sa chair est blanche, tendre, très-odorante, se cotonne et est un peu relevée.

Cette pomme est commune et se conserve jusqu'en mars.

L'arbre est médiocre, mais charge beaucoup.

La Reinette grise. Fruit moyen, aplati à ses deux extrémités, à peau épaisse, rude au toucher, jaune verdâtre du côté de l'ombre, jaune rougeâtre du côté du soleil; sa chair est ferme, d'un blanc jaune, sucrée, relevée, d'une acidité très-fine et très-agréable. *Voyez* Duh., *Pl.* 9.

Cette pomme est regardée comme la meilleure; mais cependant la reinette franche lui dispute la primauté. Elle se conserve très-long-temps après l'hiver.

L'arbre est vigoureux et soutient mal ses branches.

La Reinette grise de Champagne. Fruit moyen, aplati, d'un gris fauve, rayé de rouge du côté du soleil; sa chair est cassante, peu odorante, douce, sucrée, fort agréable.

Cette pomme est fort bonne et se garde long-temps. Elle est préférée aux autres reinettes par ceux qui n'aiment pas leur odeur et leur acidité.

La Reinette grise de Granville, Calvel, diffère peu des précédentes, mais paraît plus robuste. Elle a résisté aux grands froids qui ont fait périr les autres reinettes.

La Reinette rouge. Fruit gros, rouge et ponctué de gris du côté du soleil, blanc jaunâtre et ponctué de brun du côté de l'ombre; sa chair est ferme, d'un blanc un peu jaunâtre, aigrelette et relevée.

Cette pomme ne se conserve pas aussi long-temps que la reinette franche, mais elle se ride moins.

La Reinette de Canada, Calvel. Fruit extrêmement gros (4 à 5 pouces), presque rond, d'un vert jaunâtre du côté de l'ombre, et d'un rouge clair du côté du soleil; sa chair est fine, d'un goût relevé, et ne le cède pas aux meilleures reinettes.

Cette pomme nous est revenue de l'Amérique septentrionale, où le pommier a été porté par les premiers Européens qui sont allés s'y établir. Elle serait la plus grosse de toutes, s'il n'y en avait une nouvellement rapportée du même pays par M. Dupont de Nemours, sous le nom de *reinette de Long-Island*, qu'on dit l'être encore plus.

Je ne puis trop recommander la culture de cette variété, qui n'est pas encore aussi répandue qu'elle mérite de l'être.

Il y en a une sous-variété au Jardin du Muséum qu'on appelle reinette de Canada grise.

La Reinette non pareille. Fruit gros, comprimé, d'un vert jaunâtre, ponctué de brun, quelquefois rougeâtre du côté du soleil, ou grisâtre du côté de l'ombre; sa chair est tendre, jaunâtre, acidule, relevée, très-agréable. *Voyez* Duh., *Pl.* 12, n°. 2.

Cette pomme mûrit en février ou mars. Elle mérite d'être plus cultivée.

La Reinette-princesse noble. Fruit moyen, oblong, d'un vert jaunâtre ponctué de brun; sa chair est acidule et fort agréable.

Cette pomme se conserve une partie de l'hiver.

L'arbre est fort vigoureux.

La Reinette franche. Fruit gros, rond, fortement et irrégulièrement ponctué de brun, quelquefois un peu rouge du côté du soleil; sa chair est ferme, d'un blanc jaunâtre, sucrée, agréable. *Voyez* Duh., *Pl.* 14.

Cette pomme se garde une année sur l'autre : c'est, malgré l'excellence des reinettes grise et du Canada, la meilleure de toutes ; mais elle varie beaucoup en bonté, en grosseur et en durée, selon les terrains, les expositions, les années, etc. Il lui faut de la chaleur. Je ne puis trop en conseiller la multiplication de préférence à tant d'autres variétés qui lui sont inférieures sous tous les rapports.

L'arbre est grand et de bon rapport.

Les pommes appelées *breedon peppin, lamb abbey pearmain, braddick nonpareil*, et *pilmaston russet nonpareil*, toutes appartenant à la division des reinettes, sont figurées *Pl.* 10 du 3e. volume des *Transactions de la Société horticulturale de Londres.* Il paraît qu'elles sont excellentes.

La Pomme - Poire , Calvel. Fruit médiocre, pyramidal, jaune, légèrement pointillé, un peu rouge du côté du soleil; sa chair est grossière, mais parfumée.

Cette variété mûrit en même temps que la reinette de Bretagne.

Le Fenouillet jaune, mal-à-propos appelé drap-d'or. Fruit moyen, jaune doré, recouvert d'un gris fauve fort léger, quelquefois teint de rouge du côté du soleil; sa chair est ferme, blanche, presque sans odeur, relevée, fort délicate.

Cette excellente pomme se conserve rarement au-delà de novembre, et devient cotonneuse dans son extrême maturité.

Le Fenouillet gris, ou *anis*. Fruit petit, rude au toucher, d'un gris fauve légèrement coloré du côté du soleil; sa chair est tendre, fine, sucrée, parfumée d'un goût d'anis ou de fenouil. *Voyez* Duh., *Pl.* 5.

Cette pomme se garde jusqu'en février.

L'arbre est délicat et de médiocre grosseur.

Le Fenouillet rouge ou *bardin*, le *court - pendu de la Quintinie.* Fruit moyen, d'un gris très-foncé, fouetté de rouge brun du côté du soleil; sa chair est très-ferme, sucrée, relevée, musquée. *Voyez* Duh., *Pl.* 6.

Cette très - bonne pomme se conserve jusqu'en mars; elle demande un terrain chaud et léger : on ne peut trop la multiplier.

Le vrai Drap-d'or ou Reinette blanche hative, Poiteau et Turpin. Fruit gros, rond, d'un beau jaune pointillé de brun et taché de gris; sa chair est légère, un peu grenue, d'un goût agréable, mais moins relevé que celui des reinettes. *Voyez* Duh., *Pl.* 12, n°. 4.

Cette belle pomme se conserve rarement jusqu'en janvier;

elle est figurée dans Duhamel. Il ne faut pas la confondre, comme on le fait souvent, avec la reinette pomme d'or.

La Pomme de Baltimore, a près de 5 pouces de diamètre; sa couleur est jaune sale, teinte de rouge tendre du côté du soleil; elle est figurée *Pl.* 4 du 3e. volume des Transactions de la Société horticulturale de Londres.

Le Saint-Julien. Fruit gros, oblong, rougeâtre, plus coloré du côté du soleil; sa chair est aigrelette.

Cette variété, qui se rapproche de la précédente, lui est inférieure en bonté, mais se conserve plus long-temps.

La Pomme de glace rouge, Calvel, ou rouge des chartreux. Fruit gros, oblong, à côtes, coloré en rouge du côté du soleil.

La Pomme de glace blanche transparente. Fruit gros, blanchâtre ou jaunâtre, comme demi-transparent dans certaines places, quelquefois un peu rouge du côté du soleil; sa chair est acide et ne se mange ordinairement que cuite.

Ces deux variétés sont plus curieuses qu'utiles; elles se mettent difficilement à fruit : elles durent peu.

La Pomme de glace hative est de grosseur moyenne, d'un vert jaunatre tiqueté; sa chair est demi-transparente, peu agréable. Poiteau et Turpin l'ont figurée dans leur *Nouveau Duhamel.* Une autre, qui en est fort voisine, est figurée vol. 1, *Planche* 12 des Transactions de la Société horticulturale de Londres.

La Pomme princesse, se rapproche des reinettes; a plus de 3 pouces de diamètre transversal, en est déprimée; sa couleur est vert jaune rouge du côté du soleil, et virgulée de la même nuance; sa chair est d'un blanc jaunâtre, très-sucrée, se garde jusqu'en janvier; est figurée dans le *Nouveau Duhamel* de Poiteau et Turpin.

La Pomme-Concombre semble peu différer de la seconde pomme de glace, quoiqu'elle ait été réunie avec la première par Calvel.

Le Doux, ou *doux à trochets.* Fruit à côtes, presque conique, vert, avec des lignes rouges, principalement du côté du soleil; sa chair est ferme, d'un blanc verdàtre, légèrement odorante, douce, agréable au goût.

Cette pomme est tantôt grosse, tantôt petite, selon les arbres, ce qui avait fait croire qu'elle offrait deux variétés; elle se garde jusqu'à la fin de décembre.

Le Museau de lièvre, Calvel. Fruit gros, allongé, d'un rouge foncé avec des lignes blanches; sa chair cuite est, par la finesse de sa chair et la bonté de son eau, préférable à toutes les autres.

Cette variété, qui est originaire de la Haute - Garonne, se conserve long-temps.

La Pomme de fer. Fruit moyen, allongé, aplati à ses deux extrémités, toujours vert du côté de l'ombre, rouge, ou seulement vergeté de rouge du côté du soleil; sa chair est verdâtre, dure, peu sucrée.

Cette variété se conserve jusqu'après l'hiver; elle peut être placée parmi les pommes à cidre.

L'arbre est vigoureux et fleurit pendant près de deux mois, ce qui fait qu'il manque très-rarement d'être chargé de fruit: c'est là son seul mérite.

Le Gros faros. Fruit gros, comprimé à ses extrémités, garni de quelques côtes, d'un rouge très-foncé, avec des lignes d'un rouge obscur, souvent taché de brun vers la queue; sa chair est ferme, blanche, un peu teinte de rouge sous la peau, fort juteuse et d'un goût relevé. *Voyez* Duh., *Pl.* 4.

Cette pomme peut se conserver jusqu'à la fin de février: c'est une fort bonne variété.

La Royale d'Angleterre, Calvel. Fruit gros, presque rond, difforme, jaune, taché de brun, légèrement teint de rouge au soleil; sa chair est fine et aigrelette.

Cette variété se conserve une partie de l'hiver.

Le Petit faros. Fruit oblong, de médiocre grosseur, pourvu de quelques côtes saillantes, de couleur rouge cerise, parsemé de taches plus foncées; sa chair est blanche, grenue, agréable au goût.

Cette variété diffère beaucoup de la précédente; elle est bonne et se conserve long-temps.

L'arbre est de médiocre vigueur.

L'Api, ou *pommier à long bois*. Fruit petit, luisant, d'un rouge vif du côté du soleil, blanchâtre ou jaunâtre du côté de l'ombre; sa chair est très-fine, blanche, croquante, fraîche, agréable et non sujette à se faner. *Voyez* Duh., *Pl.* 11.

Cette jolie pomme se conserve jusqu'en mai. On la multiplie beaucoup, parce qu'elle orne beaucoup un dessert; elle est moins grosse, mais meilleure sur les arbres en plein vent et dans les sols secs et chauds. Comme elle supporte fort bien les froids, on ne la cueille ordinairement qu'en novembre.

L'arbre ne devient jamais grand, mais il pousse beaucoup de branches et se charge souvent avec excès.

Le Gros api ou *pomme rose*, Calvel. Fruit moyen, très-comprimé aux deux extrémités, du reste ressemblant au précédent sous tous les autres rapports. Sa grosseur doit le faire cultiver de préférence; mais l'arbre est moins fertile, ce qui compense cet avantage.

L'Api noir. Fruit petit, d'un brun foncé tirant sur le noir, du reste peu différent des précédens.

L'Api blanc. Il ne devient jamais rouge, on le cultive au Jardin du Muséum.

La Gamache ou *pomme de gamache*, Calvel. Fruit moyen, comprimé à ses extrémités, d'un rouge pourpre du côté du soleil; sa chair est sucrée, très-parfumée, d'un goût agréable.

Cette variété, trouvée par M. Calvel, est peu distinguée de l'Api; comme lui, elle se conserve toute l'année sans se rider.

On cultive rarement cette variété, parce que sa couleur est moins brillante, qu'elle se conserve moins long - temps, et qu'elle est sujette à se cotonner.

Le Capendu ou *court-pendu*. Fruit petit, d'un rouge pourpre du côté du soleil, et d'un rouge noir du côté de l'ombre, par-tout piqueté de points jaunes; sa chair est assez fine, aigrelette, approchant de celle de la reinette, un peu jaunâtre, excepté sous la peau, où elle est teinte de rouge clair, diffère fort peu du fenouillet rouge. *Voyez* Duhamel, *Pl.* 13.

Cette pomme peut se conserver jusqu'à la fin de mars.

La Bellefleur. Fruit allongé, costé, de plus de 3 ponces de diamètre transversal; à peau jaunâtre, tiquetée de vert, flambée de rouge principalement du côté du soleil; sa chair est blanche avec des lignes verdâtres, agréablement acidulée : mûrit en octobre. Poiteau et Turpin l'ont figurée dans leur *Nouveau Duhamel*.

La Haute-Bonté. Fruit gros, comprimé à ses extrémités, relevé par des côtes, d'un vert jaunâtre légèrement teint de rouge du côté du soleil; sa chair est tendre, délicate, d'un blanc un peu vert, odorante, aigrelette. *Voyez* Duhamel, *Pl.* 13.

Cette variété se conserve jusqu'en avril; elle est moins agréable que la reinette.

La Noire ou *pomme noire*. Fruit petit, rond, luisant, d'un violet brun presque noir du côté du soleil, tiqueté de très-petits points jaunes; sa chair est blanche, un peu teinte de rouge sous la peau, fraîche, douce, presque insipide, d'une consistance moins ferme que celle de l'api.

Ce petit fruit se garde long-temps.

La Grosse noire d'Amérique, Calvel, est un peu plus grosse que la précédente, mais n'en diffère d'ailleurs que fort peu.

Le Chataignier, Calvel. Fruit moyen, aplati à ses deux extrémités, d'un rouge foncé du côté du soleil, panaché de raies rouges et blanches à l'ombre; sa chair est cassante, légèrement sucrée, peu relevée, mais agréable.

Cette variété se conserve tout l'hiver ; c'est celle qu'on voit vendre en si grande abondance dans les rues de Paris. On la cultive presque exclusivement en plein vent ; elle charge extrêmement et manque rarement.

La VIOLETTE ou *pomme de quatre goûts*. Fruit moyen, allongé, d'un rouge foncé du côté du soleil, d'un jaune fouetté de rouge du côté de l'ombre ; sa chair est fine, délicate, sucrée, ayant un peu du parfum de la violette, rougeâtre sous la peau, verdâtre autour des pepins.

Cette variété est une des meilleures ; elle se conserve jusqu'en mai.

L'arbre est vigoureux et a beaucoup de ressemblance avec celui de la calville d'été ; ses bourgeons sont coudés.

La BELLE HOLLANDAISE a 3 pouces de diamètre ; sa peau est jaunâtre, fortement tiquetée de brun et virgulée de rouge ; sa chair est blanche, tendre, grenue, sans saveur ; elle se garde jusqu'à la mi-janvier. Poiteau et Turpin l'ont figurée dans leur *Nouveau Duhamel*.

La POMME ALEXANDRE a plus de 5 pouces de diamètre ; elle est voisine du rambourg ; sa peau est d'un vert jaune rouge vergeté de rouge, plus foncé du côté du soleil. Elle a été apportée de Riga en Angleterre, et a été figurée *Pl*. 28 du second volume des *Transactions de la Société horticulturale de Londres*.

La POMME PERPÉTUELLE LOUISE a été trouvée par M. Prévôt, inspecteur des eaux et forêts, à Battignen-les-Bimbes, par Charleroy : elle se conserve trois ans.

L'ÉTOILÉE ou *pomme d'étoile*. Fruit petit, à cinq côtes saillantes, d'un rouge oranger du côté du soleil, et jaune du côté de l'ombre ; sa chair est jaunâtre, un peu rouge sous la peau, ferme et d'un goût de sauvageon.

Cette pomme n'a d'autre mérite que sa forme et la faculté dont elle jouit de se conserver jusqu'en juin.

La POMME-FIGUE est une monstruosité qui n'intéresse que la curiosité. Ses fleurs ont toutes leurs parties courtes, charnues et recouvertes de duvet ; son fruit est petit, allongé, et a un ombilic creusé jusqu'au quart de sa longueur ; il n'offre pas de pepins. On en voit une très-belle figure dans le *Nouveau Duhamel* de Poiteau et Turpin.

Pallas rapporte qu'il y a en Crimée une grande variété de pommes dont la plus estimée, celle de Sinap, est ovale, de médiocre grosseur, et se garde jusqu'en juillet de l'année suivante sans se rider.

On cultive, dans l'école du Jardin du Muséum et à la pépinière du Luxembourg, plusieurs variétés de pommiers qui n'ont pas encore donné de fruit, ou dont la description des fruits n'a pas encore été publiée. Je ne crois pas nécessaire d'en donner ici le catalogue, puisqu'il n'est pas encore certain qu'ils soient distincts de ceux dont on vient de voir la liste; je renvoie les lecteurs qui voudraient en connaître les noms aux catalogues de ces deux établissemens.

Les autres espèces de pommiers qu'on cultive dans les jardins, sont :

Le Pommier hybride, qui a les feuilles ovales, aiguës, dentées, glabres, accompagnées de stipules lancéolés, pétiolés; les fruits presque ronds; il est originaire de Sibérie et s'élève de 12 à 15 pieds. Ses fruits, qui ont quelquefois un pouce de diamètre, sont extrêmement précoces, et, quoique très-acides, susceptibles d'être mangés : on le multiplie de graines et par la greffe; il pourrait servir à suppléer le paradis.

Le Pommier de la Chine, *Pyrus spectabilis*, Willd., qui a les fleurs disposées en ombelles sessiles; les feuilles ovales, oblongues, dentées, glabres; les ongles des pétales plus longs que le calice, et le style lanugineux à sa base. Il est originaire de la Chine et se cultive depuis quelques années dans nos jardins; ses fleurs, d'un rose tendre, grandes et abondantes, le rendent très-propre à l'ornement. Il s'élève peu : on le greffe ordinairement sur paradis et on le tient en quenouille; ses fruits sont petits, mais mangeables.

Le Pommier a fleurs odorantes, *Pyrus coronaria*, Willd., a les feuilles en cœur, dentées, et les fleurs disposées en corymbes. Il est originaire de l'Amérique septentrionale, où j'en ai vu de grandes quantités; on le cultive dans nos jardins, quoiqu'il soit très-peu ornant.

Le Pommier bacciforme a les feuilles également dentées; les pédoncules réunis au même point; les fruits ronds et en forme de baie. Il est originaire de la Sibérie; ce que j'ai dit à l'occasion de l'espèce précédente lui est applicable.

Le Pommier toujours vert a les feuilles ovales, lancéolées, découpées, dentées, avec la base atténuée et entière; les fleurs disposées en corymbe. Il est originaire de l'Amérique septentrionale, et se cultive dans nos jardins comme les précédens.

Les pays tempérés sont les seuls où le pommier prospère. Il ne vient ni entre les tropiques ni sous le cercle polaire. Un sol profond, léger et un peu humide est celui qui lui plaît le mieux. Les départemens situés sur le bord de la Méditerranée sont déjà trop chauds pour lui. Je ne pouvais voir arriver ses fruits à bien dans le jardin d'acclimation de Charleston, Amérique septentrionale, à la latitude d'environ 32 degrés;

les argiles et les craies lui sont également contraires. Dans les années sèches et chaudes, ses fruits sont petits, mais très-bons et de garde. Dans celles qui sont humides et froides, ils sont gros, mais moins savoureux et de plus difficile conservation. Peu d'arbres fruitiers sont plus sujets à la COULURE. *Voyez* ce mot.

On peut multiplier le pommier de toutes les manières connues; mais on n'emploie que le semis des graines, les marcottes et la greffe.

Pour avoir des arbres vigoureux et de longue durée, il serait nécessaire de greffer les variétés cultivées sur le pommier sauvage, et c'est ce qu'on fait généralement dans les cantons éloignés des grandes villes et voisins des forêts, parce que, d'un côté, on s'y occupe moins de la perfection que de l'abondance des fruits, et que, de l'autre, on se procure facilement des jeunes pieds de ce pommier, en allant les arracher dans les bois; mais autour des grandes villes, le désir de jouir promptement, ou d'avoir de beaux fruits, et la difficulté de se fournir de sauvageons, font qu'on ne greffe que sur FRANC, ou sur DOUCIN, ou sur PARADIS. *Voyez* ces trois mots.

En greffant sur franc, on obtient des arbres très-propres à former des pleins-vents qui se mettent à fruit avant ceux greffés sur sauvageon. Parmi ces francs il y en a d'un grand nombre de natures différentes, puisque les uns sont épineux et les autres ne le sont pas, que les uns donnent des fruits bons à manger, d'autres bons à faire du cidre, enfin d'autres aussi âpres que celui du pommier cru dans les bois. En général on le produit rarement avec les pepins des meilleures variétés, de celles qu'on appelle pommes à couteau, la grande consommation qu'on en fait et l'économie obligeant, dans les grandes pépinières, à préférer le marc du cidre, qu'on se procure en telle quantité qu'on désire et le plus souvent pour les seuls frais du transport.

Le doucin sert à greffer les demi-tiges, les buissons, les espaliers et contr'espaliers, les pyramides. Il est vrai cependant de dire qu'on ne l'emploie plus guère dans les pépinières des environs de Paris, et que le franc l'y remplace sans inconvéniens; mais on le voit encore dans celles des départemens, comme je m'en suis assuré dans celle si importante de Bolleville près Colmar.

Le paradis est indispensable pour greffer les nains et les quenouilles. On se plaint, dans quelques endroits, que cette variété n'est plus aussi faible qu'autrefois, ce qui provient de ce qu'on place les mères qui les donnent dans de trop bons terrains, et qu'on fume trop les pépinières où l'on repique ses marcottes. Peut-être conviendrait-il de chercher dans les semis une nouvelle variété pour le remplacer, ou essayer de le suppléer par le pommier hybride.

Le pommier-paradis, dont la racine casse comme du verre, donne une pomme au-dessous du médiocre en grosseur et en qualité, mais qui mûrit de très-bonne heure, c'est-à-dire à la fin de juillet ; elle est jaunâtre, ponctuée de brun et vergetée de rouge du côté du soleil.

Les greffes des pommiers sur poirier, coignassier, épine, réussissent assez souvent, mais ne durent pas ordinairement plus de deux à trois ans.

Nos pères ne cultivaient que des pommiers en plein vent. Ce n'est que sous Louis XIV qu'on a commencé à en former des espaliers et des contr'espaliers, sous Louis XV que les quenouilles et les nains sont devenus à la mode, sous Louis XVI que les pyramides ont pris quelque faveur.

L'observation prouve qu'il y a un avantage à greffer sur paradis, pour accélérer l'époque de la production du fruit, puisque, dans ce cas, plusieurs variétés en donnent dès la seconde année de leur greffe, et toutes la troisième ou la quatrième, tandis que les mêmes variétés sur franc n'eussent commencé à en donner qu'à six ou huit ans, et sur doucin qu'à douze ou quinze ans.

L'observation prouve de plus que les variétés placées sur paradis donnent des fruits beaucoup plus gros et meilleurs, toutes choses égales d'ailleurs.

Il semble donc qu'il est de l'intérêt des cultivateurs de ne plus greffer que sur cette variété ; mais les arbres qui en résultent vivent peu de temps en comparaison de ceux qui sont greffés sur franc, et encore plus sur sauvageon, et ne produisent chaque année qu'un nombre de fruits extrêmement petit, tandis que les pleins-vents en produisent des tombereaux; il est donc désavantageux à la société qu'on ne multiplie plus autant ces derniers qu'autrefois. Pour tout compenser, je voudrais que les personnes riches continuassent à planter des pommiers greffés sur doucin et sur paradis dans leurs jardins, mais que cela ne les empêchât pas de planter aussi des pommiers greffés sur sauvageon ou sur franc dans leurs vergers, autour de leurs champs, par-tout enfin où leur croissance ne nuirait pas aux autres produits de l'agriculture, et où elles auraient espérance de profiter de leurs fruits. C'est toujours avec peine que je vois détruire un arbre fruitier en plein vent, parce que je sais qu'on le remplace rarement, et que lorsqu'on le fait il faut se passer pendant douze ou quinze ans des fruits qu'il aurait produits, c'est-à-dire jusqu'à ce que son successeur soit en état de donner à son tour des récoltes.

Aux environs de Boulogne-sur-mer, on préfère greffer les pommiers à tige sur deux variétés, qui se multiplient de rejetons ou de marcottes. On les appelle le *grand* et le *petit boquetier*.

Il serait difficile d'assigner l'âge auquel tel pommier greffé sur franc parviendra, parce qu'une infinité de causes peuvent accélérer sa mort, principalement la nature de la terre où il se trouve, une taille inconsidérée, une surabondance de productions ; mais il n'est personne qui ne soit persuadé qu'il durera moins qu'un sauvageon, car il n'est pas rare de voir des pieds de ce dernier, dans les pays de montagnes, auxquels on attribue deux à trois siècles, et il est beaucoup de vergers où il s'en trouve de la moitié de cet âge. Quant au paradis, on peut assurer que c'est chose très-rare que d'en voir de plus de vingt ans, quelque bien conduits qu'aient été les arbres qu'ils ont nourris.

Toutes les variétés ne se comportent pas de même : les unes veulent plus de chaleur, les autres moins ; les unes le plein vent, les autres des abris; telle se trouve bien de la taille, telle autre s'en trouve mal, et cela varie sans fin selon le climat et la nature du sol. Il est peu de jardiniers qui soient en état de donner les indications propres à guider dans tous ces cas, parce qu'il est rare qu'ils voyagent, encore plus qu'ils observent, et que la pratique de leur jardin ou, au plus, de leur canton, est la seule qu'ils soient disposés à approuver.

C'est principalement pour les pommiers que les formes de buisson, de vase, de contr'espalier, ont été imaginées. Ils se prêtent moins bien que les poiriers à la disposition en quenouille, en pyramide et en palmette. Je ne répéterai pas, en conséquence, ce que j'ai dit aux articles qui leur sont consacrés.

La distance à laquelle on plante les pommiers dans les jardins est presque toujours trop faible. Les pieds se nuisent par leurs racines, se nuisent par leurs branches, et le résultat est une moindre durée, des récoltes moins abondantes, des fruits moins beaux et moins bons. Beaucoup d'air est plus utile aux pommiers qu'aux autres arbres fruitiers ; c'est pourquoi ils ne réussissent pas aussi bien en espalier que la plupart des autres arbres fruitiers ; c'est pourquoi il est aujourd'hui reconnu que, dans les terres de moyenne qualité, 30 à 40 pieds ne sont pas de trop pour les pleins-vents, 15 à 20 pieds pour les buissons et les contr'espaliers, 12 pieds pour les pyramìdes , et 6 à 8 pieds pour les quenouilles , et 3 à 4 pour les nains.

Les agriculteurs varient sur l'âge et la hauteur à laquelle il convient de greffer les pommiers destinés à faire des pleins-vents. Le plus grand nombre ne leur font subir cette opération qu'à six à huit ans et à 6 ou 8 pieds. Dans les pépinières, on en greffe cependant quelquefois à 5 à 6 pouces de terre, qui deviennent de fort beaux arbres. La question a été discutée au mot GREFFE. J'ai lieu de croire que cette pratique provient principalement de ce qu'on ne plantait autrefois que des sauvageons arrachés dans les bois, et qu'on ne les plaçait que dans des vergers ou dans des champs fréquentés par les bestiaux , et qu'il fallait que ces arbres fussent assez hauts pour que leur tête ne fût pas atteinte, et assez forts pour que leur tronc ne fût pas renversé ou cassé par eux.

On appelle ÉGRAINS les pommiers francs qu'on élève dans les pépinières, dans l'intention de ne les greffer que lorsqu'ils seront arrivés à l'âge et à la hauteur indiqués plus haut. *Voyez* ce mot et le mot PÉPINIÈRE.

Quant aux pommiers greffés sur doucin , et encore mieux sur paradis, on les greffe toujours à peu de distance de terre , quelle que soit la destination qu'on est dans l'intention de leur donner.

On ne greffe communément sur paradis que les meilleures pommes, comme les calvilles , les reinettes, les apis , les rambours, etc. , parce que ce sont celles qui sont les plus recherchées pour l'ornement des desserts , et qu'elles y gagnent de la grosseur, ainsi que je l'ai déjà dit; ce qui est un grand mérite dans ce cas.

Toutes les sortes de greffes réussissent sur le pommier ; cependant on n'en pratique guère que deux , celle en fente et celle en écusson à œil dormant. *Voyez* GREFFE.

La taille des pommiers en plein vent se réduit à la suppression des branches mortes, des branches chiffones et des gourmands ; il est cependant quelquefois utile de supprimer des branches saines pour donner de l'air au centre de leur tête : car, je le répète, l'air est essentiel à l'abondance et à la bonne qualité des produits de tous les arbres fruitiers.

Plus qu'aucun autre arbre fruitier , le pommier est disposé à arquer ses branches: aussi dès qu'il a porté quelques récoltes, le poids de ses fruits lui fait-il prendre la forme recourbée, si avantageuse aux récoltes subséquentes (*voyez* COURBURE DES BRANCHES). Je ne doute pas que si ce n'était les circonstances atmosphériques , qui empêchent souvent ses fleurs de nouer , il y aurait non pas abondance , mais surabondance de fruits

tous les ans sur tous les pommiers en plein vent. Il n'est pas
rare d'en voir, parmi ceux qui sont sur le retour ou plantés
en mauvais sol, qui n'offrent que des Bourses (*voyez* ce mot),
c'est-à-dire des bourgeons gros et courts, du sommet desquels
sortent quelques feuilles et un bouquet de fleurs. Dans ce cas,
il ne se forme plus de branches à bois, et l'arbre produit pendant encore quelques années une immensité de fleurs, et
lorsque le temps est favorable, une grande quantité de fruits,
qui l'épuisent et le font enfin périr. Le remède c'est de couper
toutes les grosses branches à un ou 2 pieds du tronc, pour lui
faire pousser du nouveau bois, le Rajeunir, comme on le dit
vulgairement. *Voyez* ce mot.

La taille des pommiers en buisson, en contr'espalier, en
pyramide ou en quenouille est plus difficile que celle des poiriers, qui ont la même disposition lorsque les pieds ont été
disposés conformément aux vrais principes ; mais il faut qu'elle
soit exécutée par un jardinier instruit. Trop souvent il arrive
que, dans certains terrains la plupart des variétés, ou quelques
variétés dans tous les terrains, ne se mettent pas à fruit, sur-
tout lorsqu'elles sont greffées sur franc, parce qu'on les taille
trop court, et que tout l'effort de la végétation s'épuise à
pousser de nouvelles branches. Un moyen assuré de domter
les pieds fougueux, c'est de différer la taille jusqu'au moment
où ils entrent en fleur, et alors de pincer seulement l'extrémité des branches, et de les rapprocher de la ligne horizontale plus ou moins, selon les circonstances. Ces deux opérations, et même seulement une seule, font pousser, l'année
suivante, des Lambourdes, qui donnent abondance de fleurs.
Voyez ce mot.

Le talent du jardinier consiste à tailler court les premières
années pour former l'arbre, et d'allonger dès que l'arbre est
formé, pour avoir des lambourdes et des bourses, lesquelles ne
se taillent que dans le cas où il n'y aurait plus production de
branches à bois.

L'ébourgeonnage a lieu pour le pommier comme pour le
poirier ; mais il doit être moins rigoureux, et être retardé le
plus possible, c'est-à-dire au mois de juillet dans le climat de
Paris. *Voyez* Ebourgeonnage.

J'ai parlé jusqu'à présent des buissons et des contr'espaliers comme étant des formes généralement adoptées pour les
pommiers ; le vrai est cependant que si on conserve ces sortes
d'arbres dans les jardins où il s'en trouve, on n'en établit plus
guère ; on leur préfère, et peut - être avec raison, les quenouilles et les pyramides, qui tiennent moins de place et produisent davantage. Dans ces deux dernières formes, comme

ôn n'est pas astreint à une disposition aussi régulière des branches, on peut tailler plus rigoureusement dans les principes, et ce n'est pas un de leurs moindres avantages. *Voyez* Taille.

Il ne me reste plus, pour compléter les généralités relatives à la taille des pommiers, qu'à parler de celle des arbres nains, la plus facile de toutes les tailles, puisque toutes les fois qu'il n'y a pas une difformité à corriger, ou des branches à bois à substituer à des lambourdes, il ne s'agit que de couper les bourgeons à deux yeux.

On place ordinairement les pommiers nains en lignes dans les plates-bandes des parterres, en quinconces dans les carrés voisins de la maison, dans des pots qu'on place sur des fenêtres, même sur la table les jours de fête, soit qu'ils soient en fleur, soit qu'ils soient en fruit: ce sont des miniatures souvent fort élégantes. Le plus fréquemment, il faut l'avouer, ils sont difformes; la nodosité qu'ils offrent à l'insertion de la greffe, nodosité produite par la différence de vigueur entre le sujet et la greffe, concourt aussi à leur donner un aspect désagréable.

Un bon moyen de déterminer les pommiers nains à se mettre à fruit l'année suivante, c'est de casser l'extrémité de tous leurs bourgeons entre les deux sèves. *Voyez* Casser.

Lorsque le pommier nain est trop enterré, il pousse des racines au-dessus de la greffe, et se transforme ainsi en pommier franc, qui pousse trop vigoureusement et donne moins souvent des fruits *Voyez* Greffe.

En Allemagne, on cultive des pommiers nains en pots, qu'on rentre dans l'orangerie aux approches des gelées. Ils y fleurissent plus tôt qu'en plein air, y évitent les suites des gelées et des pluies froides du printemps, de sorte qu'on obtient sur ces arbres des fruits plus assurés et plus précoces que sur ceux en pleine terre; mais il ne faut y laisser qu'un petit nombre de ces fruits, sans quoi ils ne grossiraient pas, et l'arbre ne tarderait pas à périr.

Quoique naturel au climat de la France, le pommier est sujet aux effets des fortes gelées de l'hiver et des petites gelées du printemps. Toutes ses variétés ne sont pas, dans les deux cas, affectées au même degré. Varennes de Fenille, à qui on doit tant d'importantes observations sur l'agriculture, a remarqué que celles qui avaient le plus souffert en 1789 étaient la *reinette franche*, la *merveille d'Angleterre*, la *calville blanche*, la *reinette de Canada*, la *reinette à côtes*, et la *reinette de Champagne*. J'ai vu souvent des pommiers beaucoup souffrir au printemps, tandis que d'autres ne paraissaient pas avoir été touchés. Il est possible que l'exposition, la nature de la terre, les circonstances atmosphériques secondaires, agissent plus dans ce dernier cas que la constitution de l'individu; mais c'est ce que je n'ai pas recherché.

Les maladies des pommiers sont en général les mêmes que celles des autres arbres fruitiers; cependant ils y sont plus sujets que les poiriers. Il est rare de voir un vieux pied, sur-tout si on lui a coupé de grosses branches, dont le tronc soit sain dans son intérieur.

Il arrive quelquefois que les pommiers les plus gros et les plus vigoureux se fanent du jour au lendemain, se dessèchent et meurent. La cause de ce fait est encore inconnue, peut-être l'observation suivante mettra-t-elle sur la voie.

Le directeur de la pépinière du Luxembourg, M. Hervy, m'a fait remarquer que les pommiers nains d'un des carrés de cette pépinière mouraient par places, et que les places vides s'élargissaient circulairement. J'ai arraché un grand nombre de pieds morts, dont les racines étaient pourries et ne présentaient rien de remarquable. J'ai arraché des pieds mourans, dont les racines étaient couvertes de filamens blancs plus ou moins gros, plus ou moins longs, ayant une forte odeur de champignon, c'est-à-dire fort semblables au bysse blanc. Enfin j'ai arraché des pieds voisins de ces derniers, et des pieds fort éloignés : les premiers offraient quelques filamens ou quelques taches blanches, et les derniers rien. De ces observations j'ai dû conclure que ces filamens étaient la cause de la mort de ces arbres, et qu'ils agissaient positivement comme le SCLÉROTE DU SAFRAN (*mort du safran*) (*voyez* SCLÉROTE et SAFRAN), et qu'on ne pouvait arrêter leurs ravages que par le même moyen, c'est-à-dire en faisant une profonde tranchée à deux rangs plus loin que les derniers arbres attaqués, et en rejetant la terre sur la partie vide. C'est ce qui a été exécuté avec succès.

Ces filamens appartiennent au genre ISAIRE et constituent la maladie appelée dans quelques lieux BLANC DES RACINES.

Des champignons parasites de plusieurs sortes naissent sur les pommiers sur le retour et accélèrent leur mort, il faut les faire disparaître au moyen de la serpe.

Il en est de même du GUI. *Voyez* ce mot.

Les vieux pommiers sont souvent attaqués d'une sorte d'ulcère qui ne se remarque pas dans les autres arbres. C'est une large tache noire, arrondie, du centre de laquelle suinte une liqueur qui pénètre jusqu'au vif et altère le bois. Il paraît qu'on a opéré des guérisons par le moyen des scarifications;

mais je n'ai pas assez suivi cette maladie, pour émettre ici une opinion sur sa nature et son spécifique.

J'ai vu dans le jardin de M. Gillet Laumont, à Domont, de vieux pommiers, dont beaucoup de jeunes pousses, après avoir bien fleuri, se sont subitement desséchées et se sont trouvées portées sur des rameaux pourris. On ne peut expliquer ce fait que par la pourriture des racines, ce que je n'ai pas constaté. Ces pommiers sont dans un terrain frais et très-fertile.

Les ennemis des pommiers et des pommes sont nombreux, et il est souvent difficile de garantir les uns et les autres de leurs atteintes.

Au premier rang, il faut placer une très-petite chenille verte qui se met sous des toiles à l'abri des injures de l'air et de la recherche des oiseaux qui s'en nourrissent; c'est celle de la TEIGNE-PADELLE. Il est fréquent qu'elle dépouille de feuilles tous les pommiers d'un canton, et non-seulement anéantisse l'espoir de la récolte pour l'année où elle se montre, mais celle de la suivante et même plus. Son abondance est un motif de sécurité pour les cultivateurs, parce que cette abondance est cause que les feuilles sont consommées avant l'époque où elle se transforme en nymphe, et que mourant de faim, il n'y a plus à craindre ensuite ses ravages de plusieurs années. *Voyez* TEIGNE.

Le BOMBICE LIVRÉE semble se jeter plutôt sur les pommiers que sur les autres arbres fruitiers. Il leur cause souvent de grands dommages. Le BOMBICE COMMUN vit également très-fréquemment à ses dépens, mais il y est moins exclusif. *Voyez* BOMBICE.

La NOCTUELLE PSY et la PHALÈNE BRUMATE sont aussi fréquemment la cause d'une diminution dans les récoltes des pommes, parce que leurs chenilles mangent les feuilles du pommier. *Voyez* ces mots.

La chenille de la TEIGNE POMONELLE vit dans l'intérieur des pommes. Il en est de même des larves d'une TIPULE, d'une MOUCHE et d'un CHARANÇON. Ce sont ces larves, qui, sous le nom de *vers,* font tomber tant de pommes avant l'époque fixée par la nature, en accélérant leur maturité. Il y a encore beaucoup de recherches à faire pour compléter l'histoire des insectes qui vivent dans les fruits, et il est à désirer que quelque entomologiste zélé veuille bien s'en occuper. *Voyez* les mots ci-dessus.

Le CHARANÇON GRIS mange ses boutons au moment où ils s'ouvrent, et un seul de ces insectes nuit souvent plus à une plantation que des milliers de chenilles qui naîtront un mois plus tard.

Il arrive quelquefois que le PUCERON DU POMMIER y est assez abondant pour diminuer le produit des récoltes, ou affaiblir la qualité des fruits.

Ceux nouvellement taillés ou nouvellement greffés, poussant plus tard que les autres, les pucerons se jettent de préférence sur leurs bourgeons, et quelquefois en si grande abondance qu'ils épuisent ces bourgeons, en font tomber les feuilles et les forcent de s'allonger avant l'époque naturelle; ce qui nuit à leur accroissement. *Voyez* PUCERON.

Banck a décrit et figuré dans le premier volume des *Transactions de la Société horticulturale de Londres* le PUCERON LANIGÈRE, qui cause de grands dommages aux pommiers en Angleterre, et qu'on y regarde comme importé d'Amérique. J'ai imprimé, sur ce puceron, un Mémoire de M. Molsly dans le cinquième volume de la seconde série des *Annales d'agriculture*. La Société d'agriculture de Dinan, ayant fait remettre à celle de Paris des branches de pommiers couvertes d'exostoses qui empêchaient la sève de circuler et par suite empêchaient ces pommiers de porter des feuilles et des fleurs, et cette dernière m'ayant renvoyé ces branches pour les examiner, j'ai reconnu que leurs exostoses étaient dues aux piqûres multipliées du puceron lanigère, dont beaucoup d'individus morts se trouvaient encore attachés à ces branches; ce qui a donné lieu à un rapport que j'ai inséré dans le tome 14 du même Recueil. Le remède que j'ai indiqué est le lavage, au printemps, de toutes les branches infectées avec de l'eau de lessive, remède d'une difficile application sans doute, mais sans l'emploi duquel, joint à la suppression de toutes les branches fortement pourvues d'exostoses, il faut se résoudre à abandonner la culture des pommiers à cidre. Je renvoie pour les détails au rapport précité. *Voyez* aussi au mot PUCERON.

Je ne parlerai pas de beaucoup d'autres insectes moins communs, et de ceux qui attaquent généralement tous les arbres, il en est question à leur article.

On mange crues ou cuites les pommes dont il vient d'être question. Elles peuvent se succéder sur la table pendant toute l'année. Au contraire des autres fruits, ce sont les plus tardives qui sont les meilleures. Leur conservation est peu casuelle, parce que les influences atmosphériques agissent moins sur elles. Toutes celles de la même variété s'altèrent à la même époque, quelle que soit la différence des moyens employés pour avancer ou retarder leur altération. *Voyez* au mot FRUITIER.

Les phénomènes chimiques qui sont la suite de l'altération des pommes, ont besoin d'être étudiés avec soin par un chimiste éclairé. Ils varient plus ou moins dans chaque variété : le premier degré est le cotonneux, état qu'on ne peut expliquer, mais qui rend la meilleure pomme insipide. Plus tard, elles prennent une couleur brune, et deviennent ce qu'on appelle pourries ; mais cet état est bien différent de la véritable pourriture, qui n'arrive que long-temps après. On peut comparer au BLOSSISSEMENT (*voyez* ce mot) ce premier degré de pourriture des pommes, à l'exception qu'il ne les rend pas mangeables.

L'art du confiseur s'exerce beaucoup sur les pommes. Il en compose des confitures, des compotes, des marmelades, des gelées, des pâtes sèches, etc., tous mets aussi agréables que sains, et dont il est à regretter que le haut prix éloigne la majeure partie du peuple.

Simplement séchée au four, la pomme n'est pas aussi bonne que la poire. Elle ne peut pas non plus être employée dans la composition des raisinets.

Un acide appelé de leur nom malique, et qui dans l'extrême maturité se transforme en sucre, est le principe dominant des pommes ; aussi peut-on en tirer un sirop par les procédés employés pour obtenir celui du raisin (*voyez* ACIDE et SIROP), sirop qui, je crois, sera toujours inférieur au dernier, mais dont on pourra cependant tirer un parti utile dans beaucoup de cas.

La stratification prolongée des pommes avec la fleur de sureau dans un vaisseau fermé leur transmet une odeur et une saveur de muscat très-agréable. Il est surprenant qu'on ne la pratique pas plus généralement. (B.)

POMMIER. Ce nom s'applique quelquefois aux arbres des forêts de toutes espèces, lorsque leur sommet est arrondi comme celui des pommiers ; circonstance qui indique qu'ils ont cessé de croître en hauteur, ou qu'on doit les abattre. *Voyez* FORÊT. (B.)

POMMIER A CIDRE. Le moyen de cultiver le pommier à cidre avec succès est de former des pépinières, et de les placer dans un sol voisin ou analogue à celui que l'on se propose de planter. Lorsque l'on aura à choisir entre un terrain très-gras et très-riche ou un terrain médiocre, il sera toujours sage de donner la préférence au dernier. Des sujets tirés d'une pépinière dont le sol ne sera ni très-bon ni très-mauvais réussiront par-tout ; il n'en serait pas de même de ceux qui sortiraient d'un terrain dont la qualité serait de beaucoup supérieure à celui où on les destinerait.

Le choix d'un terrain convenable étant donc fait, on lui donnera un ou deux labours, afin de le bien nettoyer de toutes les mauvaises herbes qui pourraient nuire à la plantation que l'on se propose de faire. On dresse le terrain en planches de 8 décimètres à un mètre (2 à 3 pieds) de large ; on sème à la volée, avant ou après l'hiver, mais mieux avant, les pepins que l'on a choisis. Je dis choisis, parce qu'il est d'usage que l'on tire ces mêmes pepins du marc ou résidu des pommes pilées. Il en résulte qu'une partie de ces pepins, qui ont été fortement froissés ou même écrasés, lèvent fort mal ou ne lèvent point du tout. Il vaut donc beaucoup mieux, à l'époque de la maturité des pommes, choisir sur les arbres, ou dans le monceau des pommes cueillies, les plus beaux fruits et les meilleures espèces connues, soit relativement à la qualité du cidre, soit relativement à leur fécondité, les garder jusqu'à ce qu'elles commencent à pourrir. Alors on en ôté les pepins, que l'on sème de suite ou que l'on garde fraîchement dans du sable, si l'on ne sème qu'au printemps. De cette manière on aura un semis choisi, qui ne peut que contribuer plus efficacement au succès de l'opération.

Comme il arrive souvent que, par cette voie des semis, on obtient des variétés, même des espèces nouvelles, il sera à propos, si l'on a ce projet en vue, de faire un choix de pepins, comme nous venons de l'indiquer ; il faudra aussi que le terrain où l'on se propose de les planter soit très-amélioré ou mieux encore qu'il soit réduit en terreau. Les soins à donner au semis ne consistent qu'à le sarcler, l'arroser légèrement dans les grandes sécheresses et éclaircir un peu le plant, s'il était trop abondant. Il sera prudent de le mettre aussi à l'abri des grands froids en le couvrant avec un peu de longue paille.

Un an après, c'est-à-dire au printemps suivant, on arrache le jeune plant, en prenant les précautions nécessaires pour conserver les racines aussi entières qu'il sera possible, excepté celle connue sous le nom de pivot, que nous regardons comme essentielle à supprimer. Le jeune arbre, forcé, par le retranchement de cette racine, de tirer les sucs nourriciers dont il a besoin des racines latérales, celles-ci se multiplient, se fortifient et commencent d'avance à prendre la direction qu'elles auront dans l'arbre adulte.

En faisant le choix d'un terrain convenable pour mettre le plant que l'on vient d'arracher, on a dû se fixer sur celui qui avait de l'analogie avec le verger que l'on se propose de former ou de replanter. Un terrain neuf est celui qu'il faut préférer, et si l'on est obligé de l'améliorer, on emploiera un terreau végétal, c'est-à-dire composé de débris de végétaux, préférablement à tout engrais tiré des animaux, et si enfin pour rendre cet engrais plus substantiel, on était obligé de recourir au fumier, celui de vache serait le plus convenable. On doit être fort économe de cette dernière ressource, le fumier étant regardé comme une des principales causes des chancres qui attaquent souvent les pommiers.

Les préparations nécessaires à donner au terrain consistent à le fouir le plus profondément qu'il sera possible, pour bien ameublir la terre et la nettoyer de toutes les mauvaises plantes qu'elle pourrait contenir. S'il s'agit de la pépinière à obtenir des variétés ou des espèces nouvelles, il faudra encore renchérir sur les engrais et les améliorations à donner au terrain. Ensuite on procédera à la plantation des jeunes pommiers. On fera des rigoles dont la largeur sera proportionnée à leurs racines. On les y placera, en ayant soin de les tenir au moins à 7 ou 8 décimètres (2 pieds) de distance, en tous sens, les uns des autres. Ce travail fini, les soins se borneront à un petit labour au printemps, qu'il sera à propos de renouveler en automne. Après ce dernier, on couvre le sol avec du chaume, de la fougère, de la bruyère ou des feuilles. Cette précaution met les racines et le pied des arbres à l'abri des grandes gelées et fournit un engrais, que l'on enfouit en donnant le labour du printemps.

À deux ans de la dernière plantation, on coupe, au printemps, tous les jeunes arbres par le pied. Cette opération, qui se fait en bec de flûte avec la serpette, a pour but de fortifier les racines et de donner aux nouveaux jets une tige plus élancée, plus nette, plus saine et plus vigoureuse. (Quelques cultivateurs se refusent à cette pratique, que nous regardons comme très-avantageuse.)

. Au mois de juillet suivant, on supprime tous les jets, excepté celui qui est le plus fort, le plus vigoureux, et dont la direction la plus droite donne les meilleures espérances. Ce dernier, étant celui sur lequel se fixe l'attention du cultivateur, sera celui qui aura tous ses soins. A ceux dont nous avons parlé, il va falloir désormais joindre ceux de la taille : le printemps est l'époque la plus favorable. La sève de cette saison, étant la plus abondante, recouvrira mieux d'écorce les plaies un peu considérables que l'on aurait faites. Le but étant d'avoir des arbres droits et vigoureux, il faudra conserver aux dépens des autres la tige dont la direction sera la plus perpendiculaire. Si cependant, malgré tous les soins que l'on aura pris, une branche latérale, de celles que l'on appelle gourmandes, se trouve beaucoup plus forte et plus vigoureuse que la tige principale, il faudra lui sacrifier cette dernière, et faire prendre à celle que l'on conserve la direction à laquelle elle est desti-

née. Il en sera de même si votre arbre forme quelques fourches
avant d'avoir atteint la hauteur d'au moins 2 mètres (6 pieds);
il faudra supprimer la branche la plus faible de chaque fourche.
Les plaies qui résultent de ces diverses amputations doivent
toujours être faites avec autant d'économie que de prudence,
afin d'éviter les inconvéniens qui pourraient en résulter, soit
en rendant l'arbre plus faible, quelquefois difforme, quelquefois même en lui occasionnant des chancres. Cette maladie est
une sorte de gangrène qui va toujours croissant, si l'on ne
coupe jusqu'au vif toute la partie malade de l'arbre, que l'on
recouvre avec un mélange d'argile et de foin. Parmi les causes
de cette maladie, les plus communes résultent de plaies trop
grandes faites à l'arbre, du frottement d'un arbre contre un
autre, d'une ligature trop serrée, et plus souvent encore de la
mauvaise qualité d'un sol trop lourd et trop humide, ou dont
les sucs sont devenus âcres et grossiers par le mauvais choix
que l'on a fait des fumiers dont on s'est servi pour l'engraisser.

Lorsque le sujet a atteint la hauteur convenable de 2 mètres
à 2 mètres 5 décimètres (6 à 8 pieds), on l'y arrête en l'été-
tant. Alors il forme une tête, et la sève, plus puissamment
attirée par les nouvelles branches, fortifie et fait grossir le
haut du tronc. Quand il est de grosseur à recevoir la greffe,
on achève de supprimer toutes les branches qui se trouvent
au-dessous de la place où l'on compte greffer. Ces plaies se
recouvrent dans l'année et l'on greffe au printemps suivant.

La greffe en fente, que tout le monde connaît, est la meilleure. Quelques cultivateurs préfèrent mettre leur sujet en
place et le greffer un ou deux ans après, quant à nous, nous
croyons qu'il est plus avantageux de greffer dans la pépinière
et mettre en place deux ans après. Ce dernier moyen me semble
préférable au premier. Le sujet, n'ayant pas souffert par la
transplantation, doit être mieux disposé à recevoir et à transmettre à la greffe les sucs nécessaires pour la faire reprendre.
La situation toujours plus soignée de la pépinière mettra aussi
la jeune greffe à l'abri de beaucoup d'accidens qu'elle aurait à
craindre en plain champ.

Après six ou sept ans de soins, et souvent avant, un cultivateur reçoit la récompense qu'il a lieu d'attendre d'une pépinière qui a été bien conduite. C'est à cet âge que les sujets sont
bons à greffer. Un amateur de variétés ou d'espèces nouvelles
attendra que ses sujets aient produit, et ne se décidera à les
greffer qu'après s'être assuré de l'imperfection de ses essais.
Par là il sera encore à portée de savoir plus sûrement lesquels
de ces mêmes sujets sont précoces, moyens ou tardifs, et
d'adapter à chacun la greffe avec laquelle il a naturellement

plus d'analogie. Il n'oubliera pas davantage que les greffes doivent être choisies sur les arbres les plus sains, les plus vigoureux, et prises par préférence sur le côté exposé au midi. Il poussera l'attention jusqu'à remarquer la situation du sujet dans la pépinière, et lorsqu'il le mettra en place, il aura soin de tourner au sud le côté de l'arbre qui dans la pépinière était au midi.

C'est au mois de mars que l'on greffe. Une température douce, sans sécheresse comme sans humidité, est la plus convenable. Les vents d'ouest et de sud étant ceux qui contribuent à nous donner cette température, il n'est pas hors de propos de les indiquer comme ayant de l'influence sur le succès de cette opération.

C'est une chose bien connue que la greffe sert non-seulement à conserver les espèces, mais qu'elle les perfectionne à tel point, qu'un arbre que l'on greffe plusieurs fois avec la même espèce va toujours s'améliorant de plus en plus en raison du nombre de fois qu'il aura été greffé.

Il est également d'expérience que le pommier de reinette franche, dont les branches se couvrent fréquemment de chancres, n'a que très-rarement cet inconvénient lorsque sa greffe a été placée sur un arbre précédemment greffé. On assure que le pommier de doux-évêque offre plus que tout autre cet heureux préservatif.

Aux moyens de multiplier le pommier par des semis, quelques auteurs ajoutent ceux de faire des marcottes et des boutures d'espèces greffées. Ces deux procédés, du succès desquels je suis loin de douter, seraient bien préférables, s'ils n'avaient quelques inconvéniens bien reconnus. En effet, sans avoir la peine et courir les chances douteuses de faire reprendre une greffe, en marcottant on aurait très-promptement et très-sûrement l'espèce désirée ; mais ce ne serait pas sans altération, puisqu'il est reconnu que les arbres obtenus de marcottes, et sur-tout de boutures, perdent de leur qualité et encore plus de leur fécondité. Ils ne sont pas susceptibles d'un si grand accroissement, et leurs racines, toujours plus faibles que celles qui proviennent des semis, sont moins en état de les faire résister à l'impétuosité des vents, dont une grande quantité de pommiers sont annuellement victimes.

Les pommiers, comme nous l'avons dit, réussissent à toutes les expositions ; néanmoins nous croyons que celles dont l'inclinaison sera au sud-est, au sud ou au sud-ouest, seront les plus avantageuses. Leur aspect offre toujours une température plus douce, une plus grande quantité de momens favorables à la végétation, et met les arbres à l'abri des vents du nord, du nord-est et de l'est, dont la sécheresse et l'aridité sont si préjudiciables aux pommiers fleuris ou prêts à fleurir.

Si le sol que l'on se propose de planter est un terrain uni, ou se trouve avoir une inclinaison contraire à celle que nous indiquons, il faudra lui donner des espèces tardives, qui, fleurissant plus tard, n'auront pas à redouter les effets mortifères des vents du printemps, dont ils pourront impunément braver les atteintes.

Un rang de poiriers, dont le produit est généralement moins prisé que celui des pommiers, planté au nord et à l'est, offrira encore le même avantage, et atteindra d'autant mieux le but proposé, que ces arbres, devenant plus grands que les pommiers et faisant leur feuillage avant les derniers, les mettront encore plus sûrement à l'abri de l'action des vents.

Il sera encore avantageux, sur-tout dans un sol uni, de planter au nord les grandes espèces, c'est-à-dire celles qui s'élèvent davantage les premières, et graduellement celles qui s'élèvent moins en avançant vers le midi. Cette distribution, qui ne peut qu'être agréable à l'œil, contribuera encore à la maturité des fruits.

Si l'on a en vue de former un verger, il faut planter en quinconce; dans les terres labourables, on doit planter en lignes croisées. Cette disposition s'accorde mieux avec les mouvemens de la charrue. Quant à la distance à mettre entre chaque arbre, elle doit être relative au terrain, et telle qu'il se trouve entre chaque tête d'arbre un espace vide égal à celui qu'occupe la tête d'un pommier. Si l'on plante en avenue ou en ceinture, c'est-à-dire autour d'un champ, il suffira que les arbres soient assez éloignés les uns des autres pour que leurs branches ne se croisent pas.

Les fosses destinées à les recevoir doivent être faites quelques mois d'avance. Elles seront proportionnées et relatives au sol dans lequel on plantera. Dans un sol léger, elles seront profondes, afin que les racines trouvent et conservent plus de fraîcheur. Il en sera tout autrement si le sol inférieur est argileux. En creusant dans celui-ci au-dessous du sol cultivé, il en résultera une espèce de citerne, dans laquelle les racines pourriront. Dans un bon terrain, la fosse a ordinairement 2 pieds de profondeur et 4 pieds de diamètre (7 à 8 décimètres de profondeur et un mètre 3 ou 4 décimètres de largeur).

En la creusant, on fait un monceau de tous les gazons qui en couvraient la surface, on en fait également un de la terre végétale, et la terre que l'on tire du fond de la fosse forme un troisième tas.

L'arbre doit être enlevé de la pépinière de manière à lui

conserver toutes ses racines, et à ce qu'elles soient les plus
entières qu'il sera possible.

Dans les terrains secs, on les plantera en automne. Dans un
sol frais ou humide, il vaudra mieux planter au printemps.
On commencera par jeter au fond de la fosse le gazon, que l'on
aura soin de briser. On le couvrira d'une légère couche de
terre végétale, sur laquelle on placera le pommier, dont on
étendra soigneusement les racines, ayant pour but de les tenir
le plus éloignées que l'on pourra les unes des autres, ensuite
on répandra dessus le reste de la terre végétale, que l'on aura
bien ameublie. S'il se trouve un second étage de racines, on
doit prendre avec lui les mêmes précautions qu'avec le premier. L'homme qui est chargé de tenir l'arbre droit l'agite un
peu, afin de mieux faire pénétrer la terre dans l'interstice des
racines. Celui qui est chargé de leur arrangement comprime
légèrement la terre autour, et le troisième achève de remplir
la fosse avec la terre qui a été tirée du fond, ayant soin de
l'affermir de temps en temps autour de la tige. Si le terrain
dans lequel on a planté est sec, on formera une petite conca-
vité au pied de l'arbre, pour le disposer à mieux profiter des
pluies ou des arrosemens, que la sécheresse rendra peut-être
indispensables pendant l'été de la première année; dans un
terrain frais, on donnera au contraire une forme convexe à la
terre placée autour de l'arbre.

Les arbres plantés, il faudra en envelopper la tige avec quelques ronces ou autres plantes épineuses, qui les mettent à l'abri
de la dent des lièvres et des moutons, pour qui cette écorce
fraîche et tendre a beaucoup d'attrait. Il sera prudent de planter en outre trois pieux élevés, que l'on enfoncera à égale distance, et que l'on assujettira les uns aux autres à 5 à 6 décimètres (15 à 18 pouces) du sujet que l'on veut garantir des
chevaux et autre gros bétail, qui, en voulant se frotter contre
lui, ne manqueraient pas de le déplacer.

Le jeune plant ne sera débarrassé de ces entraves que lorsque
son écorce et lui-même auront pris une consistance qui les
mette à l'abri de leurs ennemis. Pendant quelques années, les
soins à lui donner se borneront à couper les jeunes pousses qui
se trouveraient au-dessous de la greffe et à retrancher celles
des branches qui prendraient une direction trop basse.

Dans les années heureuses où les pommes sont abondantes,
les arbres en sont tellement surchargés, que si l'on n'avait soin
de leur donner de forts et nombreux appuis, on aurait le cha-
grin de les voir succomber sous le faix.

Parvenu à l'âge où il commence à produire, le pommier
réclame encore quelques soins, tels que de donner des labours

à ceux qui, plantés dans un verger ou dans un herbage, n'ont
pas la ressource des engrais, dont jouissent ceux qui se trouvent dans les terres labourables. Un bon agronome ne laisse
pas s'écouler trois années sans enlever les gazons qui entourent
ses arbres dans un rayon de 2 mètres (5 à 6 pieds) de diamètre. Cette opération, qui se fait avant l'hiver, a pour but
de faire arriver plus directement aux racines les principes qui
viennent des neiges et autres météores de l'hiver. C'est encore
un moyen de détruire les chrysalides des chenilles qui s'étaient
enterrées au pied de l'arbre (1).

Dans les terrains frais, on recommande l'usage de la marne
déjà fusée à l'air pendant un hiver, que l'on répand sur la place
découverte. Dans un terrain sec, on lui substituera avec succès
un terreau végétal, et notamment composé de parties égales
de résidu ou marc de pommes pourries et de terre végétale.
Au printemps, on a soin de replacer les gazons enlevés avant
l'hiver, et d'en couvrir les engrais que l'on a mis au pied des
arbres.

En vieillissant, le tronc et les principales branches se couvrent d'une grosse écorce sèche, raboteuse, remplie de crevasses, qui donnent asile aux chenilles et autres insectes malfaisans et contribuent à multiplier les mousses, les lichens, etc.,
et autres plantes parasites, qui, jointes à cette même écorce,
que l'on peut regarder comme une maladie cutanée des arbres,
en obstruent les pores, les privent des émanations bienfaisantes
de l'atmosphère, et rendent leur végétation plus malheureuse
et plus difficile.

M. de Bois-Jugan indique un remède à ces maux. Il assure
qu'il a débarrassé ses pommiers des mousses et écorces chan-
creuses, en les frottant au commencement du printemps avec
un gros pinceau trempé dans un lait de chaux un peu épais.

Je citerai avec autant de confiance un moyen que j'ai vu
employer avec beaucoup de succès par quelques propriétaires
du pays d'Auge, et notamment par M. de Beauval, dont les
pommiers, frais et vigoureux, semblent n'avoir acquis que de la
grosseur et de la force sans avoir vieilli. Ce moyen consiste à
faire enlever toutes les vieilles écorces remplies de crevasses
avec un outil connu des charpentiers sous le nom de plane,
qui doit être beaucoup moins aiguisé qu'il l'est à l'ordinaire.
Ce travail, qui semble long et effrayant pour les cultivateurs

---

(1) Dans quelques cantons, on attache des cochons aux *pommiers*,
afin qu'ils en labourent les pieds et évitent cette opération aux valets d'exploitation.   (*Note de M. Bosc.*)

négligens, s'exécute très-promptement et a les résultats les plus avantageux.

Les arbres auxquels on donne de semblables soins, loin de dépérir, prospèrent. On n'est pas obligé de les débarrasser annuellement de cette quantité de branches sèches dont sont remplis les pommiers des cultivateurs peu soigneux. Ils ne se couvrent pas non plus avec autant de facilité de cet arbuste parasite, le gui, qui semble les métamorphoser en arbres toujours verts, lorsque ses graines, implantées dans les mousses et les crevasses des écorces, trouvent à-la-fois le moyen de s'y fixer, y germer et s'y multiplier de la manière la plus préjudiciable, si on ne les en débarrasse au plus tôt.

Le produit de ce travail, exécuté sur le tronc et les plus grosses branches, est un monceau d'écorces, de mousses, etc., qui brûlé donne de très-bonnes cendres et en grande quantité.

On doit aussi continuer de supprimer les branches trop abaissées; elles gêneraient l'agriculture, rendraient nulles ou au moins de peu de valeur les productions du sol, et donneraient aux bestiaux la facilité de les ronger et de déchirer les arbres en les tiraillant sans cesse.

Quoiqu'il y ait beaucoup d'espèces de pommiers, ainsi qu'on le verra par le catalogue suivant, et que parmi ces espèces il s'en trouve dont les fruits sont constamment d'une qualité supérieure, nous croyons, ainsi que nous l'avons déjà dit à l'article CIDRE, que la différence du sol influe plus puissamment encore sur le cidre que la différence des pommes. Le degré de maturité des fruits, la température de l'année, la plus ou moins grande quantité des fruits dont les arbres étaient chargés, sont encore des causes secondaires de la qualité supérieure ou inférieure du cidre.

Il faut cependant, nous persistons à le dire, rejeter de la formation d'un verger de pommiers à cidre toute espèce dont la saveur serait acide. Quel que soit le sol, cette espèce donnera toujours une liqueur d'une qualité fort inférieure aux deux autres. Nous avons pris le plus grand soin et nous espérons avoir banni du catalogue suivant des pommiers à cidre toutes les espèces que nous avons reconnues pour avoir cette saveur.

Nous ne parlerons pas des insectes malfaisans du pommier, ce serait la répétition d'une partie de ceux que nous avons désignés à l'article CIDRE. Il serait beaucoup plus intéressant de donner les moyens de s'en débarrasser; mais, il faut l'avouer, de tous les procédés, de toutes les recettes indiqués jusqu'à ce jour pour la destruction des chenilles, des hannetons, etc., les uns sont si niais, les autres d'une exécution si difficile, et tous si insuffisans, qu'il reste encore tout à désirer sur cet intéressant objet (1).

Quoique le travail que je vais présenter sur la nomenclature des pommiers à cidre soit le résultat de mes nombreuses correspondances avec des cultivateurs éclairés des départemens, même des contrées où l'on fait du cidre, et en même temps le fruit de la lecture que j'ai faite de la plus grande partie des auteurs qui ont traité ce sujet, auxquels j'ai joint mes propres observations, je crains bien qu'il n'ait pas encore atteint le but que je me proposais, but qui était de débrouiller la synonymie des noms et de donner une nomenclature exacte de chaque espèce, sans la désigner plusieurs fois sous des noms différens, comme autant d'espèces ou variétés distinctes.

Celles que l'on trouvera marquées d'un X sont d'une désignation certaine, et sur laquelle on pourra compter sous tous les rapports.

Celles qui sont désignées par un Y, m'ayant été communiquées par des agronomes et des observateurs instruits, méritent sûrement qu'on y ait confiance.

Celles enfin qui sont sans aucun signe sont tirées de différens auteurs également recommandables par leur érudition et leurs observations.

Pommiers précoces ou de première saison.

X Girard, amère. Bonne espèce, très-productive. Cidre de bonne qualité. Pays d'Auge, Bessin, Bocage, Ille-et-Vilaine, Manche, Falaise (Papillon, Renouvelet, Seine-Inférieure).

Y Lente au gros (deux espèces), douces. Bonnes espèces. Cidre un peu clair. Pays d'Auge, Eure (Moussette, Ille-et-Vilaine).

Y Louvière, amère. Mauvaise espèce, peu productive. Cidre de peu de durée. Bessin, Cotentin, Bocage.

X Relet (deux espèces), douces. Bonnes espèces, très-fertiles. Cidre léger et bon. Bessin, Manche (Coqueret, Falaise, Orne, Pays d'Auge, Seine-Inférieure).

---

(1) Les pommes à cidre sont quelquefois si abondantes qu'il y a peu de profit à les convertir en cidre ; mais qui empêche alors d'acheter en juin des cochons de l'année et de les nourrir une partie de l'hiver avec ces pommes ? Qui empêche de les donner aux chevaux, aux vaches, aux moutons (à ces derniers cependant avec modér..tion), qui tous les aiment avec passion ? Ce n'est que par manque d'intelligence qu'un propriétaire ne tire pas toujours un parti avantageux de sa récolte.

(Note de M. Bosc.)

Y Castor, douce. Mauvaise espèce. Cidre clair et peu durable. Bessin.

Y Cocherie-flagellée, douce. Bonne espèce, très-fertile. Cidre délicat. Avranches.

Y Gai, douce-amère. Petit fruit, sec, fertile. Cidre qui n'est bon que la seconde année ; se conserve trois ou quatre ans. Ille-et-Vilaine, Manche, Bessin.

X Doux-veret, douce. Très-bonne et très-féconde espèce. Cidre de bonne qualité. Bessin, pays d'Auge, Orne, Manche, Bocage (musel, doux à mouton. Seine-Inférieure). (Rouge-bruyère. Gournay, Falaise, Lisieux.)

Guillot-Roger, douce. Bonne et très-fertile espèce. Cidre délicat. Pays d'Auge, Bocage.

Y Saint-Gilles, douce. Très-productive. Cidre léger. Cotentin. (Longue queue. Bocage.)

X Blanc-doux, douce. Très-bonne espèce. Cidre épais qui s'éclaircit et devient bon. Bocage, Falaise. (Blanchet, doux de la lande, Bessin.) (Gros-blanc, Lisieux.)

X Haze, douce. Très-bonne espèce. Cidre excellent. Bocage, Bessin, pays de Caux, Eure, Falaise.

X Renouvelet, douce. Petite, mais très-bonne et très-productive espèce. Cidre excellent. Pays d'Auge, Cotentin, Ille-et-Vilaine, Eure, Orne, Falaise.

X L'épicé, douce. Bonne espèce, mais peu productive. Bon cidre, Eure, Pays d'Auge. (Belle-fille, petit Dammeret, Aumale, petit Rétel, Aufrielle, Pont-Audemer.) (Pomme de lièvre, de Gournay), (Doucet, Falaise, Lisieux).

Y La fausse Varin, amère. Bonne espèce. Pays d'Auge, Bernay.

Y L'Orpolin jaune, douce. Bonne espèce. Bon cidre. Pays d'Auge.

Y Greffe de Monsieur, douce. Bonne espèce. Cidre clair et léger. Cotentin, Avranches, Ille-et-Vilaine. (Elle a le mérite de fleurir tard.)

La Court-d'Aleaume, amère. Peu productive. Fleurit tard. Cidre bon et bien coloré. Pays d'Auge, Cotentin.

X Amer-doux-blanc, douce-amère. Très-bonne et productive espèce. Cidre bon et durable. Cotentin, Bessin, Eure, Orne, Seine-Inférieure, Somme, Pays d'Auge, Bocage, Falaise.

Quenouillette, douce. Peu productive. Fruit petit. Cidre clair et bon. Orne, pays d'Auge.

Y Blanc-mollet, douce-amère. Bonne espèce, très-productive et durable. Cidre bon, qui se conserve long-temps. Pays d'Auge, Eure (douce Morelle d'Aumale), grande vallée de Gournay, pays de Caux, Roumois, Orne.

Jaunet, douce. Bonne espèce, productive. Cidre bon et durable. Eure, Orne, pays d'Auge. (Gannel de Gournay.)

Groseillier, douce. Bonne espèce, très-fertile. Cidre clair et durable. Pays d'Auge, Cotentin (Berdouillère, queue de rat, janvier, Seine-Inférieure, Oise).

Doux-agnel, douce. Bonne et fertile espèce. Cidre clair, agréable, mais de peu de durée. Bocage, Cotentin, Pays d'Auge, Somme, Bessin.

Pommiers moyens ou de seconde saison.

X Fréquin, amère. L'une des meilleures et des plus productives espèces. Cidre excellent et durable. Pays d'Auge, Bessin, Cotentin, Manche, Ille-et-Vilaine, Orne, Eure, Seine-Inférieure, Oise, Somme, Bocage, Falaise.

X Petit-court, douce. Bonne et fertile espèce. Cidre bien coloré, agréable et de longue durée. Bessin, Manche, Bocage.

X Doux-évêque, douce. Bonne espèce. Cidre clair, léger, agréable et de peu de durée. Eure, Orne, Ille-et-Vilaine, Manche, Cotentin, Bessin, Bocage, Falaise. Pays d'Auge, Seine-Inférieure, Somme, Oise.

Y Paradis, douce. Espèce médiocre et de peu de durée. Cidre peu estimé. Cotentin, Seine-Inférieure.

Y Varelle, douce. Mauvaise espèce. Cotentin, Bessin.

Y Herouet, douce. Bonne et fertile espèce. Cidre excellent et nourrissant. Bessin, Cotentin, Bocage, pays d'Auge.

Y Gros-bois, Mouronnet, Avocat, douces. Bonnes espèces qui ne sont connues que dans le Bessin.

X Amer-doux, amer. Très-bonne et très-productive espèce. Cidre fort et durable. Eure, Cotentin, Bessin. (Gros-amer. Falaise.)

Y Saint-Philibert, douce. Bonne espèce, très-fertile. Cidre fort, très-coloré et de longue durée. Pays d'Auge, Cotentin, Eure. (Bonne sorte, Grande sorte. Seine-Inférieure.)

Y Douce-ente, douce. Espèce médiocre, assez productive. Cidre léger, peu durable. Pays d'Auge, Cotentin, (Clos-ente de l'Eure), (Verte-ente de Bernay).

Y Chargiot, douce. Mauvaise espèce. Pays d'Auge.

X Long-pommier, douce. Bonne espèce, fertile. Cidre délicat. Pays d'Auge, pays de Caux, Manche, Eure (Etiolé, Falaise).

Y Cimetière, douce. Bonne, très-productive. Cidre très-coloré et durable. Pays d'Auge, Bernay (Blagny, Eure).

X D'avoine, douce. Bonne espèce, produit beaucoup. Cidre ambré, très-bon et très-durable. Eure, Orne, Ille-et-Vilaine, Cotentin, Bocage, pays d'Auge, Seine-Inférieure, Somme (Grosse queue, Falaise).

X Ozanne, douce. Très-bonne espèce, charge beaucoup. Cidre excellent et bien coloré. Pays d'Auge, Bessin, Seine-Inférieure, Oise, Somme, Falaise (Orange. Manche et Bocage.)

X Gros-doux, douce. Bonne et fertile espèce. Cidre bon et agréable. Bessin, Manche, Ille-et-Vilaine, Falaise (Binet ; Gros-binin. Seine-Inférieure).

X Moussette, amère. Bonne espèce, très-productive. Cidre bon et durable. Manche, Bocage, Orne (Amer-mousse, Noron. Falaise).

Y Cusset, amère. Espèce peu connue. Environs d'Avranches.

Y De roi, douce. | *Idem.*

X Gallot, douce. Petite mais bonne espèce, très-fertile. Cidre ambré, agréable, mais de peu de durée. Orne, Manche, Bessin, Bocage, Falaise.

X Pepin-percé, ou doré, ou noir, douce. Espèce qui produit beaucoup. Cidre léger, bon, peu durable. Eure, Orne, Manche, Bessin, Falaise, Somme, Oise.

X Damelot, amère. Bonne espèce, bon cidre, léger mais durable. Orne, pays d'Auge, Bocage, Falaise.

X Rouget, douce. Espèce très-productive. Cidre agréable, mais peu coloré et de courte durée. Eure, Manche, Orne, Cotentin, Falaise (Rouge-pottier. Pays d'Auge). (Gros-écarlate, Gros-rouget. Seine-Inférieure.)

Y Cu-noué, amère. Bonne espèce, produit beaucoup. Cidre excellent et très-durable. Cotentin, pays d'Auge, Eure, Ille-et-Vilaine (Ennouée, Queue-nouée. Seine-Inférieure).

Piquet, amère. Espèce médiocre. Cidre pâle et peu durable. Seine-Inférieure.

Menuet, douce. Espèce peu fertile. Cidre de bonne qualité. Manche, Ille-et-Vilaine.

Y Peau-de-Vache (variété précoce), douce. Bonne espèce. Cidre bon et agréable. Environs de Lisieux.

Souci, douce. Bonne mais petite espèce, fruit abondant. Cidre bon et durable. Cotentin, pays d'Auge, pays de Caux, Eure, Ille-et-Vilaine.

Chevalier, douce. Bonne espèce. Cidre agréable à l'œil et au goût. Cotentin, pays d'Auge.

Y Blanchette, douce. Bonne et fertile espèce. Cidre excellent. Environs de Lisieux et de Bernay.

Jean-Almi, douce. Espèce qui donne de bon cidre. Cotentin.

Y Turbet, douce. Bonne et productive espèce. Cidre très-spiritueux. *Turbat caput.* Cotentin, Eure, pays d'Auge, Oise.

Becquet, douce. Bonne et très-fertile espèce. Cidre excellent, riche en couleur, et durable. Manche, Eure.

X Cappe, douce. Bonne espèce, produit peu. Cidre bon et durable. Bessin, Cotentin, pays d'Auge, Falaise.

Doux-ballon, douce. Bonne espèce, bon cidre. Cotentin.

X L'Épicé, douce. Bonne espèce. Très-bon cidre. Manche, Orne, Ille - et - Vilaine (Doucet. Falaise, pays d'Auge).

Doux-Dagorie, douce. Espèce aussi peu estimée pour sa qualité que pour son produit. Cidre coloré mais faible. Bessin, Orne, Bocage.

Feuillu, douce-amère. Espèce médiocre. Cidre épais qui s'éclaircit. Pays d'Auge, Bessin.

Y De rivière, douce. Bonne espèce. Cidre délicat et ambré. Bocage, Orne, Bessin, Manche.

Y Préaux, douce. Bonne, mais petite espèce, très-fertile. Cidre clair, ambré et durable. Bessin, Cotentin, pays d'Auge, Bocage.

Y Guibour, douce. Espèce peu connue dont on vante le cidre dans le Bessin.

Varaville, douce. Bonne et fertile espèce. Cidre coloré, fort et durable. Cotentin, pays d'Auge, Bessin, Eure.

Y Colin-Antoine, douce. Espèce médiocre. Cidre peu estimé. Seine-Inférieure (Colin-Jean. Environs de Lisieux).

Y Hommée, douce. Grosse et bonne espèce. Cidre léger, peu durable. Orne, Bocage, Ille-et-Vilaine, Somme.

X De côte, douce. Grosse et bonne espèce, très-productive. Bon cidre. Pays d'Auge, Orne, Bocage, Falaise.

Pommiers tardifs ou de troisième saison.

X Germaine, douce. Bonne espèce, très-productive. Cidre excellent, bien coloré et durable. Pays d'Auge, Seine-Inférieure, Somme, Oise, Bocage, Bessin, Manche, Ille-et-Vilaine, Orne, Eure, Falaise.

X Réboi, douce. Bonne et productive espèce. Cidre bon et durable. Orne, Falaise, Bocage, Manche, Ille-et-Vilaine, Eure.

X Marin-Onfroi, douce. Très-bonne espèce, très-fertile. Cidre excellent. Eure, Orne, Ille-et-Vilaine, Manche, Bessin, Bocage, Falaise, pays d'Auge, Seine-Inférieure, Oise, Somme.

X Sauge, amère. Bonne espèce, produit peu. Cidre clair et agréable. Eure, Orne, Manche, Bocage, Falaise, pays d'Auge, Seine-Inférieure.

X Barbarie, douce. Espèce très-fertile. Cidre fort en couleur, s'éclaircit la seconde année. Eure, Orne, Ille-et-Vilaine, Manche, Bessin, Bocage, Falaise, pays d'Auge, Seine-Inférieure, Somme, Oise.

X Peau-de-Vache, douce. Bonne et féconde espèce. Cidre excellent et durable (on en connaît deux variétés dans le pays d'Auge). Eure, Orne, Manche, Bocage, Falaise, pays d'Auge, Seine-Inférieure, Oise.

Y Messire-Jacques, amère. Bonne mais peu fertile espèce. Cidre clair, délicat et peu durable. Orne, Manche.

X Bédan, douce. Bonne espèce, produit beaucoup. Très-bon cidre, mais un peu clair. Ille-et-Vilaine, Manche, Bessin, Bocage, Orne, pays d'Auge, Eure, Seine-Inférieure, Somme, Oise, Falaise.

X Bouteille, douce (deux variétés). Bonne espèce, très-fertile (à piler avant sa maturité). Cidre agréable et coloré. Pays d'Auge, Bocage, Orne, Seine-Inférieure, Falaise.

Y La Petite ente, douce. Espèce extrêmement tardive. Bon cidre, très-coloré. Pays d'Auge.

Y Duret, douce. Espèce très-vantée pour son cidre clair et spiritueux. Bocage, Eure.

Y OEil de Bœuf, amère. Espèce médiocre mais fertile. Cidre faible et peu durable. Bocage.

Y Haute-Bonté, amère. Bonne et fertile espèce. Cidre délicat, bien coloré, peu durable. Bocage, Seine-Inférieure, pays d'Auge.

X De Chennevière , amère. Espèce très-productive. Cidre clair et de médiocre qualité. Manche, Orne, Bocage, Falaise.

X De Massue , douce. Bonne et féconde espèce. Cidre très-fort et durable. Bessin , Bocage , Manche , Ille-et-Vilaine, pays d'Auge, Falaise.

Y De cendres , amère. Bonne et fertile espèce. Cidre ambré, très-agréable au goût. Bessin , Bocage, Orne.

Y Aufriche , douce. Bonne espèce, peu fertile. Cidre excellent, ambré et durable. Eure, Orne, Ille-et-Vilaine, Manche , Bessin , Bocage.

X Fossetta , douce. Bonne et fertile espèce. Bessin , Falaise.

Y { Ros , douce. / Prépetit, amère. } Espèces estimées dans le Bessin.

Y Grimpe-en-haut , amère. Espèce peu productive. Arbre ayant un port élevé. Cidre agréable et durable. Bessin (Long-bois. Pays d'Auge), (Haut-bois , Menerbe. Seine-Inférieure).

Saux , douce-amère. Bonne mais peu fertile espèce. Cidre excellent et durable. Bessin , Manche.

Y Pétas , amère. Espèce connue et estimée dans le Bessin.

Doux-bel-heur, douce. Bonne et fertile espèce. Cidre clair et durable. Cotentin , pays d'Auge, Eure.

Camière, douce. Grosse et bonne espèce. Cidre très-bon et durable. Bessin , Cotentin, Eure, pays d'Auge.

Sauvage, douce. Grosse et bonne espèce, très-fertile. Cidre très-coloré, excellent et de longue durée. Cotentin, Bessin, Orne, pays d'Auge.

X Gros-doux, douce. Belle et bonne espèce. Cidre bon et agréable. Bessin , Bocage, Orne, Eure, Seine-Inférieure, Falaise.

Sapin, douce. Belle et bonne espèce. Cidre de belle couleur et durable. Bessin , Eure, Manche, Seine-Inférieure.

Y Doux-Martin, douce. Bonne espèce. Cidre excellent , ambré et durable. Manche, Ille-et-Vilaine, Eure, Orne (Saint-Martin, Rouge-mulot. Pays d'Auge).

Y Muscadet, douce. Bonne, mais petite espèce, très-féconde. Cidre bon et durable. Eure, Manche, Orne. Pays d'Auge.

Boulemont, douce. Espèce médiocre. Cidre clair et peu durable. Pays d'Auge.

Y Tard-fleuri , douce. Deux variétés bonnes et fertiles. Cidre bon et agréablement coloré. Ille-et-Vilaine, Manche, Eure , Seine-Inférieure, pays d'Auge.

Y A-coup-venant, douce. Belle et bonne espèce, très-fertile. Cidre clair, délicat, mais peu durable. Manche, Orne, Seine-Inférieure.

Adam, douce. Bonne espèce, peu fertile. Cidre riche en couleur, fort et durable. Bessin, pays d'Auge.

Y De suie, amère. Espèce médiocre, peu productive. Cidre fort, épais, qui s'éclaircit la troisième année. Pays d'Auge, Bernay.

Le Gros-Charles, douce. Espèce peu prisée, quoique fertile. Cidre clair et peu durable. Seine-Inférieure, Somme.

Y La Sonnette, douce. Espèce médiocre. Cidre sans qualité. Seine-Inférieure, Somme, Oise, Eure.

Jean-Huré, douce. Espèce très-vantée, peu connue en Normandie. On la dit très-bonne, très-fertile, et donnant un cidre excellent. (BRÉBISSON.)

POMPES. MACHINES HYDRAULIQUES. On donne généralement l'épithète d'hydraulique à toute espèce de machine simple ou composée, destinée à élever l'eau au-dessus de son niveau naturel. Nous réunissons ici toutes les machines hydrauliques dont l'agriculture et l'économie domestique font usage, afin d'éviter des recherches à nos lecteurs.

Le but de leur invention est d'employer utilement les forces qu'on leur applique pour les mettre en mouvement, et conséquemment de procurer, avec une force donnée, un effet que l'on n'obtiendrait pas avec la même force, étant privé de leur secours.

Cés machines sont plus ou moins compliquées et plus ou moins coûteuses, suivant leur construction plus ou moins ingénieuse, et sur-tout suivant les effets plus ou moins grands qu'elles doivent produire.

La forme de cet ouvrage ne nous permet pas d'entrer dans les détails particuliers de leur construction, qui exige quelquefois les talens des mécaniciens les plus expérimentés ; nous nous contenterons d'en donner une idée suffisante pour que chacun puisse reconnaître celle qu'il peut employer dans chaque cas particulier.

Nous divisons les machines hydrauliques en trois classes ; savoir, 1°. celles destinées à élever l'eau des puits, ou des réservoirs particuliers, pour des usages domestiques ou pour le jardinage ; 2°. les machines employées pour les irrigations ; 3°. celles dont on peut faire usage dans les épuisemens et les desséchemens.

SECTION PREMIÈRE. *Moyens d'élever l'eau des puits*, etc. Les

machines connues ou employées pour remplir ce but sont, 1°.
la poulie; 2°. *le treuil à manivelle*; 3°. *le treuil à roue*; 4°. *les*
pompes; 5°. *le soufflet hydraulique*, ou *machine de M. Du-*
puis; 6°. *la canne hydraulique*; 7°. *les syphons, etc.*

§ 1. *De la poulie.* Cette machine est une des plus simples
que l'on puisse employer pour élever l'eau d'un puits ou d'un
réservoir; mais aussi son effet est proportionné à la dépense
de sa construction. Indépendamment du temps que l'on consomme dans l'usage de cette machine, elle a encore un inconvénient, causé par le peu de profondeur de la gorge de la poulie;
la moindre secousse en fait sortir la corde, et elle se trouve
bientôt serrée entre la poulie et l'étrier de fer qui supporte son
axe au point d'arrêter son mouvement.

Cette manière d'élever l'eau des puits est d'ailleurs assez
connue pour nous dispenser de nous étendre davantage sur le
mécanisme de la poulie.

§ 2. *Du treuil à manivelle.* Le treuil est un cylindre de bois
d'environ un décimètre de diamètre, ayant la même longueur
que le diamètre du puits, et placé sur des chevalets établis
sur sa maçonnerie; c'est sur ces chevalets que tournent les
tourillons du cylindre qui lui servent d'axe. A l'extrémité de
l'un de ces tourillons, et même de tous les deux, lorsque le
puits a une certaine profondeur, on adapte une petite manivelle pour imprimer le mouvement. Une des extrémités de la
corde est fixée au cylindre, et l'autre est armée d'un crochet
à ressort pour attacher le seau. A mesure que l'on fait dès-
cendre ou monter le seau, la corde se déroule ou se roule sur
le cylindre.

Le but de cette machine est, comme dans les poulies, d'augmenter l'effet de la force du moteur; mais ici l'augmentation
de force est procurée en même temps par celle du diamètre
du cylindre et du rayon de la manivelle, tandis que dans
les poulies elle n'est que proportionnelle au diamètre de la
poulie.

Quoique la construction du treuil à manivelle soit un peu
plus compliquée que celle de la poulie, les treuils sont cependant encore plus multipliés dans les campagnes que les poulies,
d'abord parce que leur usage est susceptible d'un plus grand
effet et d'une perte de temps un peu moindre, et ensuite
parce que la construction en est plus facile à exécuter par
les ouvriers que l'on y trouve, et qu'elle est moins dispendieuse.

§ 3. *Des treuils à roue.* La seule différence qui existe entre
cette machine et la précédente consiste dans le cylindre, auquel on donne un plus grand diamètre, et dans une roue qui

y remplace la manivelle. C'est le treuil à manivelle perfectionné; car, au moyen de ces augmentations dans le diamètre du cylindre et du rayon de la manivelle, sa manœuvre exige beaucoup moins de force sans occasionner une dépense assez forte pour contre-balancer les avantages.

On diminue beaucoup les frottemens de cette machine et conséquemment on peut en augmenter l'effet, en faisant tourner l'axe commun du cylindre et de la roue, que l'on fabrique ordinairement en fer, sur des roulettes de cuivre appelées *galets* dans les arts.

Nous avons fait construire une semblable machine sur un puits de trente mètres de profondeur; on avait pu donner un tiers de mètre de diamètre au cylindre, parce que le puits était très-large; chaque seau contenait au moins autant que deux seaux ordinaires; la roue manivelle avait été construite sur un diamètre d'un mètre deux tiers, et un enfant la faisait tourner très-facilement en tirant les chevilles latérales, disposées à cet effet sur le côté extérieur de sa circonférence. Mais on s'aperçut bientôt que le mouvement de la machine s'accélérait avec trop de rapidité lorsque le seau vide était descendu à environ la moitié du puits, et qu'il rencontrait à ce point le seau plein montant; pour éviter les accidens qui pouvaient en résulter, on fut obligé de réduire le diamètre à un mètre un tiers. Alors un enfant pouvait également tirer de l'eau à ce puits, seulement il était obligé d'employer un peu plus de force dans le commencement de l'ascension du seau plein.

Dans des puits encore plus profonds, ou lorsqu'on a besoin journellement d'une grande quantité d'eau, on remplace la roue verticale du cylindre par un *pignon* de diamètre convenable, dont les dents engrènent avec celles d'une roue horizontale, que l'on peut faire tourner par des hommes ou par un cheval, comme dans les pressoirs à cidre, etc.; mais alors et pour y trouver de l'avantage, il faut avoir des seaux d'une capacité plus grande encore, et comme ils deviendraient trop pesans à vider, on est obligé de disposer la machine de manière que chaque seau, parvenu au haut du puits, soit forcé de se renverser de lui-même, et de vider son eau dans le réservoir, que l'on place à cet effet à portée du puits.

§ 4. *Des pompes.* On sait qu'une pompe est une machine hydraulique faite en forme de seringue.

Vitruve en attribue la première invention à *Ctescbe*, Athénien, d'où les Latins ont appelé cette machine *ctesebiana.*

On les distigue en différentes espèces, suivant la manière dont elles agissent; savoir, 1°. la *pompe commune* ou la *pompe aspirante*; 2°. la *pompe foulante*; 3°. la *pompe aspirante et foulante* en même temps.

L'une ou l'autre de ces machines est nécessairement composée d'un *corps de pompe* et d'un *piston*.

1°. *Pompe aspirante.* On la distingue par la position du piston, placé à une hauteur plus ou moins grande au-dessus du fluide qu'il s'agit d'élever. Alors le piston, en faisant le vide dans le corps de pompe, force l'eau dans laquelle il trempe à y monter par l'effet de la pression extérieure de l'air atmosphérique, et, étant ainsi élevée, l'eau s'épanche dans le réservoir disposé pour la recevoir.

2°. *Pompe foulante.* Dans celle-ci, le piston ainsi que le corps de pompe baignent dans l'eau. Le piston, passant alternativement de l'une à l'autre des extremités du corps de pompe, force l'eau qui y entre, soit au-dessus, soit au-dessous de lui, à s'élever dans un tuyau d'ascension. Pour cet effet, il est nécessaire de placer les soupapes de manière que l'eau, parvenue dans le corps de pompe, ne trouve plus d'autre issue que celle du tuyau d'ascension, et qu'une fois arrivée dans celui-ci, elle ne puisse pas rétrograder.

3°. *Pompe aspirante et foulante.* Dans cette espèce de pompe, le piston en s'élevant aspire l'eau par un tuyau d'aspiration muni d'une soupape qui l'empêche de rétrograder, et en descendant il force cette même eau à passer dans un tuyau d'ascension, qui peut n'être qu'un prolongement du corps de pompe (et alors le piston est garni d'une soupape), ou qui est adapté latéralement au corps de pompe, et dans ce cas le piston est plein.

Chacune de ces machines a ses avantages et ses inconvéniens. La pompe aspirante, ayant son corps de pompe établi au-dessus du fluide à élever, présente beaucoup de facilité pour découvrir et réparer les défauts ou les dégradations de ses différentes parties, car on ne doit pas dissimuler que les pompes exigent de fréquentes réparations. Mais l'aspirante ne peut élever l'eau d'un seul jet qu'à la hauteur extrême d'environ 10 mètres ; car à 32 pieds la colonne d'eau élevée serait en équilibre avec la pression de l'atmosphère, et il ne pourroit plus y avoir d'ascension : en sorte que si l'on avait besoin d'élever l'eau de cette manière à une plus grande hauteur, on serait obligé d'ajouter un nouveau corps de pompe à chaque 10 mètres d'excédant sur la première hauteur.

La pompe foulante au contraire peut élever l'eau sans aucune reprise, jusque sur la sommité d'une haute montagne ; mais comme tout son appareil est constamment plongé dans l'eau, il est difficile d'en reconnaître les défauts ou les dégradations, et, pour les corriger, on est obligé de tout démonter.

Les pompes-à-la fois aspirantes et foulantes sont reconnues les meilleures de toutes. Celle inventée par Ctesebe, ainsi que les pompes à bras, même celles dites à la hollandaise, sont de cette espèce. Ces dernières sont le plus généralement adoptées pour élever l'eau des puits dans les différens besoins du ménage, et même pour le jardinage; c'est pourquoi nous allons en donner ici une idée plus particulière (1).

La *pompe à bras*, que l'on voit dans les maisons des hommes aisés, est composée, 1°. d'un tuyau de plomb, dit d'*aspiration*, d'environ 5 centimètres (2 pouces) de diamètre, ayant son extrémité inférieure coudée et posée sur un soc de bois placé à cet effet au fond du puits. Le bout coudé doit tremper entièrement dans l'eau, et être percé de plusieurs trous, pour faciliter l'entrée de l'eau; 2°. d'un cylindre de cuivre servant de corps de pompe, de 14 centimètres (5 pouces) de diamètre, placé au-dessus du tuyau d'aspiration qui y aboutit, et terminé en entonnoir dans sa partie inférieure, pour se raccorder avec le tuyau d'aspiration, et afin de pouvoir y loger à force un petit barillet percé de même diamètre que ce tuyau, couvert d'une soupape et bien garni de filasse dans son pourtour pour empêcher l'eau de descendre; 3°. du piston du corps de pompe, également percé dans son milieu, couvert d'une soupape garnie de cuir en dessus, et attaché à une anse de fer suspendue à une verge de même métal, qui est fixé à l'extrémité d'une bascule aussi en fer; 4°. de cette bascule composée d'abord d'un levier, à l'extrémité duquel est accrochée la verge du piston, et ensuite d'une poignée, qui est le prolongement coudé de ce levier. Il fait bascule, et est soutenu, au moyen d'un étrier de fer attaché à la cuvette, par deux liens, avec un œil et un boulon de fer sur lequel tournent les deux bras du levier. L'eau élevée par ce moyen, et de la manière que nous avons exposée plus

---

(1) J'ai inséré dans le 59e. volume des *Annales d'agriculture*, la description et la figure d'une pompe inventée par M. Sarjeau, qui, par sa simplicité et son économie, mérite d'obtenir l'attention des cultivateurs. Elle peut s'établir sur tout cours d'eau, quelque faible qu'il soit, lorsqu'on peut lui donner une chute de 4 pieds. Elle consiste en une traverse se mouvant au sommet d'un poteau, aux extrémités de laquelle sont fixées 1°. d'un côté, une verge qui supporte un seau percé d'un trou, fermé par une soupape, qui s'ouvre lorsqu'il est plein ; 2°. de l'autre, une chaîne reposant sur un arc, portant un poids de plomb, et faisant mouvoir un piston dans un cylindre de cuivre armé d'une soupape. Lorsque le seau est vide, le poids de plomb fait fouler le piston ; lorsqu'il s'emplit, il fait aspirer le même piston.

Cette machine agit seule et sans discontinuer. (*Note de M. Bosc.*)

haut, tombe dans une cuvette de pierre par une gargouille ornée d'un masque.

La *pompe hollandaise* est construite absolument dans les mêmes principes que la précédente, seulement elle est plus simple et moins coûteuse. C'est un tuyau d'aune ou d'orme, creusé, qui sert à la fois de corps de pompe et de tuyau d'aspiration. Au bas de ce tuyau, et à la distance de 16 à 19 centimètres (6 à 7 pouces) de son extrémité inférieure, on établit une soupape ; cette partie trempe dans l'eau et est percée de trous. Le piston est percé, comme dans la pompe à bras, et son anse est attachée à une tringle de bois, dont le bout supérieur est accroché à l'extrémité d'une bascule en bois supportée par un étrier aussi de bois ; et cet étrier en fourchette est fixé au tuyau ou corps de pompe de la manière la plus solide. Cette pompe est nommée *hollandaise*, parce qu'elle est très en usage dans toutes les Provinces-Unies.

Dans toutes les pompes, on se sert de soupapes, ainsi que nous l'avons dit. La plus simple est celle appelée *clapet*, qui est composée d'un cuir et d'une petite masse de plomb qui l'oblige à se fermer. Les plus compliquées consistent dans une bonde de métal munie d'une tige au centre, qui retient la soupape en place, et qui l'empêche de s'élever au-delà du nécessaire.

Dans ces derniers temps, on a donné à cette partie essentielle de la pompe la forme d'une sphère creuse en métal, d'environ un tiers plus pesante que le volume d'eau qu'elle déplace. Il faut avoir le soin de limiter son mouvement d'ascension, afin qu'elle se ferme plus promptement et qu'elle empêche l'eau de rétrograder. Cette espèce de soupape a l'avantage, sur les précédentes, de livrer à l'eau un passage plus libre, et conséquemment de diminuer la résistance. On a aussi trouvé le moyen, dans la forme de ces soupapes, d'imiter les *valvules sigmoïdes de l'aorte* (artère), qui empêchent le retour du sang dans le cœur. Les valvules, comme on sait, ont la propriété de ne point rétrécir l'ouverture des vaisseaux artériels. Pour faire usage de ce moyen dans les pompes, on compose la soupape de deux pièces demi-circulaires, liées ensemble par une seule et même charnière, dont l'axe occupe la ligne de leur diamètre commun, de manière qu'elles représentent deux volets semi-circulaires accouplés. Les soupapes jumelles sont fixées, ou au corps de pompe, ou au piston, suivant le besoin. Lorsqu'elles sont fermées, elles forment, avec la base du piston, un angle de quarante-cinq degrés ; et quand elles sont ouvertes, elles se trouvent presque réunies verticalement par leurs bords circulaires, et l'eau en montant n'éprouve que la moindre résistance possible, parce qu'elle n'est point déviée latéralement comme dans les pompes munies de clapets ordinaires. M. Molard a fait construire des pompes avec les *clapets sigmoïdes* de son invention, qui ont produit les résultats que l'on vient d'énoncer. Ces clapets sont très-avantageux pour toute espèce de pompe, et particulièrement pour celles que l'on destine à élever les eaux chaudes des lessives et des savonneries. La dépense n'en est pas plus considérable, eu égard à leur plus grande durée et aux bons effets qu'on en obtient.

Ces perfectionnemens dans la construction des pompes sont très-avantageux, malheureusement on est trop souvent privé de bons ouvriers pour les pratiquer. D'ailleurs les pompes se détraquent facilement, leur entretien est continuel, et lors même que l'on pourrait se résoudre à en faire construire, on se trouverait encore arrêté par l'éloignement des ouvriers capables de les bien entretenir.

Ces inconvéniens, attachés à presque toutes les espèces de pompes, ont fait imaginer à des mécaniciens d'autres moyens de remplir le même but sans avoir besoin ni de corps de pompe ni de piston.

§ 5. *Machine de M. Dupuis.* Parmi celles dont nous venons de parler, nous devons d'abord indiquer la machine hydraulique de feu M. Dupuis, tant à cause de sa simplicité et de ses grands effets, que par la modicité de son prix de construction, comparé avec celui des pompes et les nombreuses applications que l'on peut en faire.

Nous ne pouvons mieux la comparer qu'à un soufflet de forge, avec lequel cette machine a beaucoup de ressemblance tant pour la forme que pour la manœuvre.

Pour la faire servir à élever l'eau d'un puits, et y remplacer la pompe à bras, on établit dans le fond un coffre de bois, séparé en deux par une cloison, pour pouvoir y placer deux plates-formes, et obtenir ainsi de la machine un effet double de celui qu'elle produirait si on n'y en mettait qu'une.

Le dessus de ce coffre est fermé hermétiquement, comme celui des pistons, et il est percé de quatre ouvertures accolées deux à deux, recouvertes par des clapets, et renfermées dans une espèce de hotte de cheminée bien calfatée, qui se raccorde avec le tuyau d'ascension dressé dans la partie supérieure du puits.

Les côtés intérieurs de chaque case du coffre sont revêtus en cuivre, à l'exception de la paroi taillée en portion de cercle pour le jeu de la plate-forme, laquelle est garnie de cuir fort, ou de bourre, pour empêcher l'eau de descendre.

Cette plate-forme, également garnie de deux clapets qui correspondent à ceux du dessus du coffre, est fixée d'un côté, immédiatement au-dessous de ce couvercle, à sa rencontre avec la cloison, ou avec l'une de ses parois, par un boulon de fer qui lui sert de charnière ; son côté opposé est contenu dans son mouvement de rotation, en dessus par le couvercle même, et en dessous par une tringle de fer inclinée au moyen de deux moufles, ou mieux encore par un châssis à deux branches, ou un étrier, qui se raccorde au-dessus du coffre, et y est attaché à une tringle de fer accrochée à la manivelle dans son extrémité supérieure : en sorte que lorsque la plate-forme est baissée, elle se trouve inclinée dans le coffre, et quand on la lève, elle vient s'appliquer contre le dessus de ce coffre. Pour bien jouer sur la paroi circulaire du coffre, cette partie de la plate-forme est taillée aussi en portion de cercle.

La manivelle destinée à donner le mouvement à cette machine est placée au-dessus du puits, et son tourillon en fer est disposé de manière qu'en la tournant chaque plate-forme se hausse et se baisse successivement.

Par ce mouvement alternatif, l'eau qui entoure le coffre et qui y entre continuellement, étant comprimée par le poids de l'atmosphère, fait lever successivement les clapets de chaque plate-forme, et elle s'introduit nécessairement dans l'espace compris entre elle et le dessus du coffre. Là elle se trouve bientôt comprimée par le mouvement d'ascension de la plate-forme, elle en ferme les soupapes et force celles du couvercle à s'ouvrir. Elle parvient donc ainsi dans la hotte de cheminée, d'où elle ne peut plus rétrograder, et elle s'élève dans le tuyau d'ascension qui la transmet dans le réservoir supérieur.

« L'avantage de cette machine est de ne point exiger de piston ni de corps de pompe; d'avoir peu de frottement; de s'user moins qu'une autre; d'être de peu d'entretien; de coûter peu dans l'exécution, qui ne passe pas, étant simple, la somme de 1200 livres; de pouvoir servir aux mines, aux desséchemens des marais et fossés; de se loger dans les puits et partout sans échafaudage et sans grande préparation ; d'être mise en mouvement par des hommes, des chevaux, par l'eau et par le vent; et, avec tout cela, d'amener dans le même espace de temps le double de l'eau que peut fournir la meilleure machine qui ait été exécutée jusqu'à présent. » Tel est du moins le jugement qu'en a porté, dans le temps, l'Académie royale des sciences, après en avoir fait constater les résultats à Cachans près Paris, et dans les mines de Pontpéan près Rennes, où cette machine a été établie en grand.

Ceux de nos lecteurs qui voudraient avoir plus de détails sur ses avantages et sa construction les trouveront dans l'Encyclopédie.

§ 6. *Canne hydraulique.* Si l'on n'avait besoin d'élever à-la-fois qu'une petite quantité d'eau, comme dans les buanderies, on pourrait se servir avec avantage de la canne hydraulique perfectionnée.

Cette machine est composée d'un tube garni à son extrémité inférieure d'une soupape d'ascension. En imprimant à ce tube, dans le sens vertical, un mouvement très-rapide, on parvient à faire jaillir l'eau par son extrémité supérieure. M. de Trouville, en 1787, est le premier, du moins à notre connaissance, qui ait essayé d'élever l'eau par ce moyen; mais comme la main serait insuffisante pour lui imprimer pendant long-temps un mouvement aussi rapide, on ne s'en est pas servi. M Molard, en cherchant les machines les plus simples qui pouvaient élever les eaux chaudes des lessives, est parvenu à manœuvrer la canne hydraulique par un mouvement continu de rotation. On en voit le modèle en grand au Conservatoire des arts de Paris.

§ 7. *Syphons.* On connaît depuis long-temps les moyens d'élever l'eau avec des syphons. Les appareils en sont décrits et gravés dans plusieurs ouvrages depuis plus de cent ans. M. Bertin les a reproduits il y a quelques années; mais leur construction exigeait toujours de manœuvrer les robinets à la main.

M. Jumelin a imaginé un syphon qui donne *seul* une petite quantité d'eau au sommet. Il obtient cet effet à l'aide de deux vases suspendus aux deux extrémités d'un balancier, dont l'axe est un robinet, et qui, en se vidant et en se remplissant alternativement, donnent au balancier un mouvement continu, au moyen duquel les orifices des conduits du syphon (qui sont disposés de la même manière que dans les anciens), s'ouvrent et se ferment alternativement.

Cet appareil pourrait devenir plus avantageux encore, et même servir en quelques circonstances aux besoins de l'agriculture, si l'on parvenait à prendre l'eau au sommet sans l'intermédiaire des robinets, qui prennent bientôt du jeu et s'opposent à l'effet de la machine. M. Molard, à qui nous devons plusieurs de ces détails, pense que le problème n'est pas insoluble.

§ 8. *Noria.* La noria, ou le noria, est aussi une machine sans pompe ni piston, que l'on emploie quelquefois pour élever l'eau des puits très-profonds. Elle est simple, peu dispendieuse, soit pour la construction, soit pour l'entretien, et l'on conçoit qu'elle doit durer long-temps et rendre un grand produit ; mais, pour la mettre en mouvement, il faut le secours des bras, ou des animaux, ou au moins du vent.

Cette machine subsiste en Espagne de temps immémorial ; on présume qu'il faut en attribuer l'invention aux Maures.

Les norias d'Espagne sont construites dans les plus grandes dimensions, parce que c'est particulièrement pour les irrigations des terres qu'on les emploie ; mais il serait très-facile de les simplifier et d'en réduire les dimensions de manière à être appliquées aux usages les plus communs. Voici quel en est le mécanisme.

Une roue horizontale, mue par un cheval, fait tourner la roue verticale de la noria par un engrenage ordinaire. Sur cette dernière roue passe un chapelet de godets de terre contenus entre des cordes d'écorce. Ces godets sont conduits dans le fond du puits par le mouvement de la roue ; ils s'y remplissent d'eau en y entrant par leur côté ouvert. Lorsqu'ils en sont remplis, comme ils prennent en remontant une position contraire à celle qu'ils avaient en descendant, leur ouverture est tournée en haut, et ils gardent l'eau qu'ils ont puisée jusqu'à ce qu'ils soient amenés à la hauteur de la roue. Alors, à mesure qu'ils montent sur cette roue, ils s'inclinent ; et quand ils sont au point le plus élevé, ils versent leur eau dans l'auge ou bache placée à cet effet au-dessus de l'axe de la roue et à travers ses barres. Cette bache est immobile, et conséquemment ne tient ni à la roue ni à son axe ; elle est fixée latéralement à l'orifice du puits. Il y a à cette bache une rigole qui conduit les eaux versées dans la bache à l'endroit destiné pour leur réunion.

La noria de Vitry, sur laquelle j'ai fait un rapport à la Société royale et centrale d'agriculture, est la plus perfectionnée qui me soit connue. *Voyez* Puits a chapelet.

Il existe encore plusieurs autres moyens d'élever les eaux pour le service de l'intérieur des habitations, soit à l'aide de la *force centrifuge,* soit avec des *pendules hydrauliques,* etc. ; mais, dans cet ouvrage, nous avons dû nous restreindre à ne parler que des machines les plus usuelles, ou de celles dont on pouvait obtenir les meilleurs résultats, étant construites comme il convient.

Section ii. *Des machines employées pour l'arrosement des terres.* Pour remplir le but que l'on se propose ici, il faut nécessairement employer des moyens plus grands que dans les machines de la section précédente ; car les irrigations exigent un volume d'eau plus considérable que les besoins ordinaires d'un ménage, ou les arrosemens d'un jardin circonscrit.

Cependant une partie des machines imaginées pour élever l'eau d'un puits peuvent aussi être employées pour l'irrigation des terres, en leur donnant les dimensions et la disposition convenables aux circonstances locales : telles sont les pompes, la machine de M. Dupuis, le noria, etc. On pourrait même s'en servir avec encore plus d'économie que pour élever l'eau des puits; car l'irrigation des terres exige rarement une aussi haute élévation de l'eau, et le cours d'eau à élever pourrait presque toujours servir de moteur à la machine, sans être obligé d'emprunter le secours des bras, ou des animaux, ou du vent, dont l'usage est généralement plus dispendieux.

Il en existe encore d'autres qui sont spécialement affectées à l'irrigation des terres, nous allons en faire connaître les principales.

§ 1. *Vis d'Archimède.* Cette machine, l'une des plus anciennes, est un tube, ou canal creux, qui tourne autour d'un cylindre, de même que le cordon spiral dans la vis ordinaire. Le cylindre est fixé dans le cours d'eau dans une inclinaison faisant avec l'horizon un angle de quarante-cinq degrés, et de manière que l'orifice du canal y soit toujours plongé. En faisant tourner le cylindre à l'aide d'une manivelle, l'eau s'élève dans le tube spiral, se décharge dans le réservoir, ou la bache préparée pour la recevoir, et est ensuite dirigée vers sa destination.

L'invention de cette machine est si heureuse, que le premier mouvement étant imprimé à l'eau, elle monte dans le tube par l'effet de sa seule pesanteur. En effet, au moyen de l'inclinaison donnée au cylindre, et lorsqu'on le tourne, l'eau descend réellement le long du tuyau, parce qu'elle s'y trouve comme sur un plan incliné.

Cette machine peut donc élever une assez grande quantité d'eau avec une très petite force, c'est pourquoi son usage est très-avantageux; mais par ce moyen, on ne peut pas élever l'eau à une grande hauteur, à cause de la grande longueur qu'il faudrait donner à cet effet au cylindre, qui le rendrait très-pesant, et l'exposerait même à être courbé par le poids de l'eau et à perdre ainsi son équilibre.

M. Cagnard-Latour vient d'imaginer une nouvelle application de cette machine. Il fait tourner la vis en sens contraire, et étant baignée dans l'eau, elle force l'air à descendre au fond du bassin, d'où il est possible de le faire servir à alimenter les feux de forge, etc. Plongée dans le mercure, cette machine servirait à faire descendre l'eau au-dessous du mercure, qui, à son tour et par sa pression, la forcerait à s'élever à une hauteur proportionnée à la différence des pesanteurs spécifiques des deux fluides.

§ 2. *Roues à godets*. Cette machine peut être mue par le cours d'eau même qu'il s'agit d'élever. Elle consiste dans une roue à aubes d'un diamètre proportionné, ou au volume d'eau dont on a besoin, ou à la hauteur à laquelle il faut l'élever. On garnit la roue de godets, ou vases attachés sur la surface latérale de ses jantes dans tout le pourtour de sa circonférence; Les godets se remplissent par le mouvement de la roue, comme dans les norias, et se vident dans une bache disposée en arrière pour en recevoir l'eau.

On peut doubler l'effet de la machine en adaptant des godets sur chacun des côtés des jantes de la roue.

§ 3. *Roues à cornets*, ou *escargots*. Cette machine a beaucoup de ressemblance avec la précédente. On s'en sert de préférence dans les épuisemens des constructions maritimes, parce qu'elle est très-simple et qu'elle produit un très-grand effet; mais il serait avantageux de l'employer pour les irrigations, lorsque la hauteur à laquelle il faut élever l'eau du courant n'excéderait pas la moitié du diamètre qu'il est possible de donner à la roue.

Un escargot est composé 1°. d'une roue d'un diamètre proportionné à la hauteur à laquelle on veut élever l'eau, et combiné avec le volume du courant et l'effet que l'on désire; 2°. de cornes ou cornets en tôle, ou en fer battu, de forme circulaire, et d'un diamètre plus grand à leur orifice, qui est fixé à la circonférence de la roue, qu'à l'autre extrémité, qui est recourbée et attachée au moyeu, ou axe, de cette roue; 3°. et d'une bache placée au-dessous de l'axe, dans laquelle les cornets se vident par leur extrémité recourbée.

C'est sans doute la forme de ces tubes qui a fait donner à la machine le nom vulgaire d'*escargot*.

Ces deux dernières machines hydrauliques sont très-multipliées en Perse et en Chine. Leur construction est simple et généralement peu coûteuse. L'axe de leurs roues ou leurs tourillons tournent, comme ceux des roues de moulins, sur des crapaudines en fonte solidement encastrées dans leurs supports, et lorsqu'on veut diminuer encore davantage le frottement de cette partie, on les fait tourner sur des galets de cuivre, ainsi que nous l'avons déjà indiqué.

§ 4. *Bélier hydraulique*. Cette machine a la propriété d'élever une quantité d'eau proportionnée à la hauteur de la chute et au volume du cours d'eau par l'effet de la *force vive*. On en voit une description détaillée dans le Bulletin de la Société d'encouragement.

Withurfth avait appris en 1772 à faire monter une petite quantité d'eau dans un réservoir placé à la hauteur convenable pour les usages domestiques. Pour cet effet, il avait pratiqué près du robinet d'écoulement un embranchement plongé dans un réservoir d'air construit à la manière des fontaines de compression : en sorte qu'en fermant brusquement le robinet d'écoulement, l'eau en mouvement dans le tuyau passait en partie dans le réservoir d'air, comprimait celui-ci, qui, à son tour, réagissait sur cette eau et la forçait à s'élever à la hauteur désirée dans un tube plongé dans ce réservoir.

M. Vialon avait aussi fait connaître un moyen fondé sur le même principe, pour tirer parti de la *force vive* de l'eau, à l'effet d'en élever une partie par cette même force, en faisant usage d'une soupape à contre-poids.

Vers l'an 5, M. Montgolfier a imaginé une *soupape d'arrêt*, qui ferme alternativement le passage à l'eau dans un canal, laquelle pressant sur la soupape d'arrêt, ouvre la *soupape d'ascension*, et s'élève en plus ou moins grande quantité et hauteur, suivant le volume d'eau disponible et la hauteur de sa chute. C'est à cause de ce choc que ce savant physicien a donné à cette machine le nom de bélier hydraulique.

Sa construction est très-délicate, et exige absolument toute l'intelligence des ouvriers exercés dans ce genre de travail. Sa dépense paraît plus forte que celle d'une roue à godets, ou d'un escargot de dimension à produire le même effet.

§ 5. *Autres machines.* Si l'on veut élever l'eau d'un courant à de grandes hauteurs, les machines dont nous venons de parler ne sont plus suffisantes ; il faut avoir recours aux pompes, et les multiplier autant qu'il est nécessaire pour remplir le but. Le seul avantage de cette position est de pouvoir toujours se servir de l'eau du courant pour moteur, car la construction de ces grands appareils est d'ailleurs extrêmement dispendieuse. Tels sont les *moulins dits à eau*, la machine de Marly, la pompe de Nymphenbourg, etc., qui sont décrits dans l'Architecture hydraulique de Bélidor et dans l'Encyclopédie ; la machine de M. Sailler de Memingen, et celle de la chartreuse de Bouxaime, dont on trouve des descriptions dans l'ouvrage de M. d'Ourches ; enfin les pompes mues par la vapeur de l'eau, autrement appelées *pompes à feu*, les plus ingénieuses et celles qui produisent le plus d'effet, mais aussi dont la construction est la plus chère : on en voit plusieurs à Paris de la composition de MM. Périer, et leur mécanisme est très-bien expliqué dans l'Encyclopédie, etc.

SECTION. III. *Des machines hydrauliques employées dans les desséchemens et pour l'élévation des eaux stagnantes en grande masse.* Dans ces cas particuliers, on ne peut plus employer pour moteur des machines l'eau même qu'il s'agit d'élever, car elle se trouve en stagnation. Cependant on se sert, pour produire cet effet et suivant les circonstances locales, des différentes machines que nous avons indiquées dans les sections précédentes; mais pour les mettre en mouvement, on est obligé d'avoir recours, ou aux bras, ou aux animaux, ou au vent, ou enfin aux machines à feu : en sorte qu'elles présentent dans leur mécanisme les différences nécessitées par le moteur que l'on a choisi. Tels sont les *polders,* ou *moulins à vent des Hollandais*, les *norias*, les *pompes à feu*, etc.

Le choix de ces différentes machines dans chaque cas particulier, doit s'arrêter sur celle dont la dépense de construction, de manœuvre et d'entretien sera la plus analogue à l'effet que l'on désire, et qui le produira de la manière la plus prompte et la plus économique.

L'eau est tellement indispensable pour les hommes, les animaux et les productions de la terre, que l'on se demande avec étonnement comment les machines hydrauliques ne sont pas plus multipliées en France, où les eaux sont généralement bien disséminées, et où la science de l'hydraulique a fait de grands progrès, sur-tout depuis environ un siècle. On ne peut pas supposer que les savans hydrauliciens qu'elle a produits ne se soient jamais occupés des moyens de simplifier les meilleures machines hydrauliques connues, pour les rendre d'une construction moins dispendieuse et d'un usage assez économique pour être appliquées aux besoins de la culture. Il faut donc croire qu'il en existe quelques-unes de ce genre dans différentes localités, et que si elles ne sont pas plus multipliées, c'est qu'elles sont trop peu connues, ou que le cachet du luxe qu'on leur a imprimé de tout temps a détourné les propriétaires voisins d'en adopter l'usage.

C'est pour lever un obstacle aussi préjudiciable à l'agriculture qu'à la salubrité publique, que la Société d'agriculture de Paris s'est déterminée, avec l'agrément de S. Exc. le ministre de l'intérieur, à ouvrir un concours sur les meilleures machines hydrauliques exécutées pour chacune des trois divisions que nous avons adoptées dans cet article; et pour être dans le cas de choisir sur un plus grand nombre, elle a admis les étrangers à ce concours. (DE PER.)

Une petite pompe pour les arrosemens dans les jardins est figurée *Pl.* 26 du Recueil des machines de M. Leblanc, recueil d'une exécution si parfaite, et auquel je renvoie le lecteur.

Plusieurs sortes de pompes sont figurées dans le second volume de la Collection des machines employées par les agriculteurs, rédigée par Lasteyrie. (B.)

POMPON. Espèce de ROSIER. *Voyez* ce mot.

PONCEAU. Nom vulgaire du PAVOT DES CHAMPS.

PONTIS. On appelle ainsi, dans quelques endroits, les BALLES des CÉRÉALES ou MENUES PAILLES.

POOURRE. Nom des jeunes CHEVAUX dans le département du Var.

POPULAGE, *Caltha*. Plante à racine vivace; à tige cylindrique, rameuse, couchée par sa base, haute d'un pied; à feuilles alternes, pétiolées, épaisses, glabres, réniformes, crénelées, d'un vert sombre et luisant; à fleurs grandes, jaunes, axillaires et terminales, qu'on voit très-communément dans les marais et les prairies humides, qui forme seule un genre dans la polyandrie polygynie et dans la famille des renonculacées.

On ne doit pas négliger de placer le populage des marais sur le bord des lacs, des rivières et autres parties humides des jardins paysagers, car il est d'un bel effet. Il fleurit au commencement du printemps. On le multiplie par le déchirement de ses racines en automne. Quelques jardiniers l'appellent le *bouton d'or*. Il y en a une variété à fleurs doubles qui reste plus long-temps épanouie, mais qui a moins d'élégance.

La médecine emploie le populage des marais comme détersif et apéritif. Les vaches et les chevaux n'y touchent pas, et il est, par conséquent, nuisible aux prairies; aussi un propriétaire actif le fait-il arracher, entre deux terres, au printemps avant la floraison, avec une pioche à fer étroit. Deux ou trois ans suffisent pour en débarrasser pour long-temps le pré le plus étendu. Les racines et les tiges se donnent aux cochons, qui les mangent avec plaisir. On confit ses boutons au vinaigre comme les câpres, et on colore le beurre avec ses fleurs pilées. (B.)

POQUET. On donne ce nom dans quelques jardins à ce que dans d'autres on appelle AUGETS (*voyez* ce mot), c'est-à-dire à de petits creux d'un pied de diamètre, et de 2 ou 3 pouces de profondeur, dans lesquels on sème ou plante les fleurs annuelles qui ont besoin d'arrosemens. La plupart de celles des parterres sont ainsi placées. *Voyez* SEMIS. (B.)

PORC. On donne ce nom au COCHON dans un grand nombre d'endroits.

PORES. Ouvertures le plus souvent extrêmement petites et invisibles à l'œil nu, qui existent sur la surface extérieure de tous les animaux et de tous les végétaux, et qui servent à l'absorption des fluides nécessaires à la conservation de leur vie, et à l'expiration de ceux qui leur sont nuisibles.

Dans les végétaux, les pores sont de différentes formes, c'est-à-dire qu'il en est de ronds, d'ovales, d'hexagones. Leur grandeur varie non-seulement dans chaque espèce de plante, mais encore souvent dans la même plante.

Il est des plantes où les pores paraissent tous obstrués; cependant en général cette obstruction est une maladie qui amène des accidens graves et peut-être la mort. Lorsqu'on bouche tous les pores d'une plante avec de l'huile, cette plante ne tarde pas à périr.

C'est par les pores que sort la transpiration insensible des végétaux, ainsi que la surabondance des gaz qui ont été portés par la circulation de la sève ou qui se sont formés dans leur tissu cellulaire, principalement l'oxygène. C'est encore par eux que s'exhalent les odeurs.

C'est par les pores que le gaz acide carbonique de l'air, que l'eau réduite en vapeur, etc., sont introduits dans l'intérieur des feuilles pour leur nourriture. Il est probable que ceux de toutes les parties des plantes remplissent les mêmes fonctions.

Les plantes aquatiques ont moins de pores que celles qui croissent dans les lieux secs, parce qu'étant toujours dans une atmosphère humide, elles peuvent plus difficilement perdre leur eau et ont moins besoin d'en absorber. Il en est de même des plantes étiolées, des fruits charnus, comme les prunes, les pêches, etc.

On distingue, dit le savant physiologiste Décandolle, quatre espèces de pores:

1°. Les *pores cellulaires*, qui existent sur les parois des cellules extérieures des plantes et qui sont analogues à ceux qui se remarquent sur les parois internes. Ils sont très-difficiles à voir; leur histoire est à peine connue.

2°. Les *pores radicaux*, qui n'ont jamais été observés, mais dont l'existence n'est pas douteuse. Ils paraissent être l'orifice inférieur des vaisseaux séveux, et sont placés à l'extrémité de chaque radicule; en effet c'est par cette extrémité seule, et nullement par leur superficie entière, que l'eau pénètre dans les racines.

3°. Les *pores corticaux*, qu'on peut regarder comme l'orifice supérieur des vaisseaux séveux. Ils se présentent au microscope comme de petits trous ovales plus ou moins ouverts; ils se montrent le plus souvent sur la lame externe du tissu membraneux. Les pores existent sur les jeunes pousses, les feuilles, les calices, certains fruits, etc., et ne se rencontrent jamais sur les vraies corolles, ni sur les organes générateurs, ni sur les parties submergées ou étiolées.

4°. Les *pores glandulaires*, qui suintent au dehors de la plante des sucs élaborés par des glandes particulières, et qui sont très-variés par leur forme, leur usage et leur position.

L'influence du cultivateur sur les pores se réduit à les débarrasser des matières qui les obstruent extérieurement. Ainsi il doit laver les feuilles et les jeunes pousses des plantes qu'il élève dans une serre ou dans une orangerie lorsqu'elles sont couvertes de poussière; il doit laver également celles des espèces les plus précieuses qui sont plantées en pleine terre, lorsqu'elles sont couvertes de Miélat (*voyez* ce mot); il doit enlever de dessus les écorces les lichens, les jungermanes et les mousses qui les couvrent souvent.

On a vu plus haut que les plantes étiolées offrent bien moins de pores que les autres; en faisant pommer des choux, en liant des escaroles, en enterrant du céleri, en portant à la cave de la chicorée sauvage, on diminue donc le nombre de leurs pores. *Voyez* au mot Étiolé. (B.)

PORION. C'est le Narcisse des bois. (B.)

PORREAU. *Voyez* Poireau.

PORREUR. Ancienne mesure de capacité pour les grains. *Voyez* Mesure.

PORT D'UNE PLANTE. C'est l'ensemble de toutes les parties d'une plante, qui fait qu'on la distingue, à la première vue, de toutes les autres.

C'est par le port que la plupart des cultivateurs connaissent les plantes, car il en est fort peu qui puissent dire pourquoi de l'orge est de l'orge, de la laitue de la laitue, un chêne un chêne.

Les botanistes proprement dits s'élèvent contre ceux qui se contentent de connaître les plantes par le port, sans vouloir reconnaître qu'eux-mêmes se décident presque toujours à nommer telle d'entre elles, avant de s'être assurés de la présence des caractères qui la font être elle, par conséquent qu'ils la jugent par le port.

Il est souvent difficile et toujours fort long de décrire le port d'une plante. L'esprit, en le saisissant, forme instantanément une série immense d'opérations, puisqu'il faut qu'il la compare à toutes celles qu'il connaît, et ce dans le plus grand détail : or les feuilles seulement lui présentent peut-être plus de six cents objets de comparaison à combiner deux par deux, deux par trois, trois par six, etc., etc. Que l'homme est grand par sa faculté de penser ! *Voyez* Plante et Botanique. (B.)

PORTE-CHAPEAU. *Voyez* Paliure.

PORTULACÉES. Famille de plantes dont le POURPIER (*portula* en latin) est le type.

Cette famille, outre ce genre, en renferme dix autres, dont deux sont de quelque intérêt pour les cultivateurs ; savoir, celui des TAMARIS et celui des GNAVELLES. (B.)

POSE. Ancienne mesure de superficie. *Voyez* MESURE. (B.)

POSE. Synonyme d'ALVIN dans quelques lieux. (B.)

POT. Vase d'argile cuite dans lequel on met de la terre et des plantes dont on veut rendre le transport possible à toutes les époques de l'année. *Voyez* ARGILE.

Le grand emploi de pots dans les jardins et les pépinières où on cultive des fleurs ou des plantes et arbustes étrangers, rend importante la connaissance de leur bonne ou mauvaise qualité, et des formes ou grandeurs les plus convenables à leur donner.

Pour être d'un long service il faut qu'un pot ne puisse être altéré ni par l'action de l'air ou, mieux, des alternatives de la chaleur et du froid, et du sec et de l'humide, alternatives auxquelles sont plus exposés ceux qu'on enterre, et encore plus ceux qu'on place sur des couches.

L'altération plus rapide d'un pot peut provenir et de la nature de l'argile avec laquelle il est composé, ou de son défaut de cuisson.

Les argiles qui contiennent trop de calcaire, et elles sont communes, sont celles qui forment les plus mauvais pots, parce que ce calcaire, devenu chaux, se délite à l'air et fait que le pot s'écaille et se réduit définitivement en poudre.

Un pot qui n'est pas assez cuit s'imprègne avec facilité de l'eau des pluies ou des arrosemens, et se fond pour ainsi dire. De plus, il se casse au plus petit coup, au plus petit effort de la main.

On ne distingue les pots de la première sorte qu'à leur couleur plus blanche et aux petits grains de chaux qui se montrent à leur surface. Il est des pays où la nécessité d'économiser ne permet pas d'employer d'autres pots, parce qu'il n'y a pas de meilleure argile.

On reconnaît les pots de la seconde sorte à leur couleur jaune pâle, à la facilité avec laquelle ils se raient sous l'ongle, ainsi qu'au défaut de son lorsqu'on les frappe d'un corps dur.

Un pot pourvu de toutes les qualités désirables est donc rouge ou noirâtre, dur et sonore, même un peu vitrifié à sa surface. Un tel pot ne se détruit que par accident ; j'en connais qui durent depuis l'origine des jardins de Versailles, et qui sont encore aussi bons que le premier jour. C'est toujours vers cette perfection qu'on doit tendre lorsqu'on fait une acquisition; mais le haut prix du bois fait que les fabricans en livrent rarement de tels, à moins qu'on ne les paie plus que le prix courant.

Les pots couverts d'un vernis de verre de plomb ne valent pas mieux, à égalité de fabrication, que ceux dont je viens de parler. On n'en voit presque plus dans les jardins des environs de Paris.

Il n'en est pas de même de ceux en faïence ou en terre blanche, qu'on peut appeler les pots de petit luxe. Ils sont généralement bons. Cependant j'en ai vu plusieurs fois dont la couverte s'enlevait par écailles avec la plus grande facilité, et cela parce qu'ils n'avaient pas été assez cuits à leur première chauffe.

Ce que j'appelle pots de grand luxe sont ceux qui sont fabriqués avec de la porcelaine, avec du marbre, avec des métaux, et ceux de faïence qui sont d'une forme particulière ou chargés d'ornemens en peinture ou en sculpture.

La forme la plus commune des pots de terre ordinaire est un cône tronqué dont l'ouverture est à l'extrémité la plus large. Cette forme remplit fort bien les indications du service, c'est-à-dire qu'elle permet d'enlever facilement les plantes et la terre du pot; mais elle est diamétralement opposée aux besoins de la plante, dont les racines prennent d'autant plus d'amplitude qu'elles s'approfondissent davantage. Comme si on faisait attention à cette dernière considération dans la fabrication des pots, il faudrait les casser chaque fois qu'on en voudrait renouveler la terre ou mettre la plante plus à l'aise; on n'en voit nulle part de cette forme. Ceux qui sont exactement cylindriques, et qui par conséquent sont intermédiaires entre ces deux formes, sont très-rares, et ce parce qu'ils sont d'une fabrication un peu plus longue et d'un service un peu plus difficile; je crois cependant devoir les conseiller dans un grand nombre de cas.

On fait quelquefois des pots dont l'ouverture est carrée, et ce dans l'intention qu'ils tiennent moins de place sur les couches ou sur les gradins où on les place. Ils ne plaisent pas à la vue, soit parce qu'on y est moins habitué, soit parce qu'il est fort difficile de les bien faire. D'ailleurs il est rarement bon que les pots se touchent par tous leurs points lorsqu'on les enterre dans une couche, parce qu'alors ils ne reçoivent que par leur base la chaleur de cette couche, et que c'est justement par leurs bords qu'il serait le plus avantageux qu'ils la reçussent, puisque c'est là qu'il s'en fait une plus grande déperdition.

La grandeur des pots varie sans fin en largeur, soit de leur ouverture, soit de leur fond. Il en est de même de leur hauteur. Cependant cette variation dans les pots proprement dits, c'est-à-dire d'usage pour l'élève des plantes à fleurs ou des arbustes étrangers, est limitée entre 4 pouces et un pied.

Lorsque les pots sont très-larges et peu profonds, on les appelle des Terrines. *Voyez* ce mot et celui Semis.

Presque toujours l'ouverture des pots est pourvue d'un rebord qui en augmente l'épaisseur du double, et la fortifie contre les accidens du service.

Comme il faut que la surabondance de l'eau des pluies ou des arrosemens ait un écoulement au fond des pots, on a soin de faire un trou central, ou trois trous à égale distance du centre et des bords, ou trois fentes marginales, selon leur grandeur. Ces trous se recouvrent, au moment de l'emploi, d'un taisson, ou d'une pierre plate, pour empêcher la perte de la terre.

Il est des pots auxquels on fait une entaille plus ou moins large, dans le sens de leur longueur, et qui pénètre jusqu'au centre de leur fond. Ces pots sont destinés à recevoir les branches des arbres qu'on veut marcotter, et qui sont trop élevées pour être couchées en terre. *Voyez* Marcotte en l'air.

Il en est d'autres auxquels on enlève le quart de leur circonférence dans le sens de leur largeur, et la moitié de leur fond. Ils sont destinés à ombrer les jeunes plantes nouvellement repiquées, ou celles qui craignent en tous temps l'effet des rayons du soleil. *Voyez* au mot Parasol.

Enfin il en est qu'on coupe obliquement par un plan tangent au cercle de leur fond, et plus ou moins incliné sur leur bord opposé. Ce sont, en appliquant un verre sur cette seconde ouverture, des cloches très-économiques. *Voyez* au mot Cloche.

On trouvera au mot Empoter le détail de l'opération principale à laquelle on emploie les pots.

Il est peu de jardins où on prenne un soin convenable des pots qui ne sont pas employés. On les voit, presque dans tous, dispersés de côté et d'autre et exposés à tous les accidens. Si on en rentre quelques-uns dans le local qui leur est destiné, on les y entasse sans ordre. Je puis poser en fait qu'il se casse plus du double de pots quand ils sont vides, que quand ils sont pleins, même y compris l'opération, toujours accompagnée de beaucoup d'accidens, du rempotage. Les jardiniers semblent ne mettre aucune importance à leur conservation. Il serait partout fort économique de les mettre à leur compte, si cela n'avait pas d'autres inconvéniens plus grands.

Pour conserver les pots, il faut faire rassembler tous ceux

qui sont de même grandeur, les faire mettre par douzaine ou demi-douzaine, selon leur grandeur, les uns dans les autres, et les coucher dans un endroit abrité de la pluie, et où les chiens et autres animaux ne puissent pas pénétrer. On ne mettra jamais plus de deux à trois rangs les uns sur les autres sans les séparer par un lit épais de paille. Chaque grandeur sera mise à part, et ce sera toujours l'ouvrier le moins étourdi qui sera chargé de les mettre en place et de les ôter.

Les plantes cultivées dans les pots sont en général plus fortement arrosées que celles qui sont en pleine terre : aussi l'humus nécessaire à leur végétation est-il promptement entraîné et faut-il renouveler leur terre plus fréquemment. *Voyez* Arrosement et Irrigation.

L'argile cuite étant un très-bon conducteur de la chaleur, celle du soleil qui s'est accumulée pendant le jour dans la terre des pots se disperse pendant la nuit : voilà pourquoi, toutes circonstances égales, les plantes prospèrent moins dans ces pots que dans des Caisses. *Voyez* ce mot.

Les plantes en pots poussant plus faiblement que celles qui sont en pleine terre sont moins dans le cas de résister aux circonstances nuisibles, de là leur mort si fréquente en toute saison, sur-tout en hiver. Les bulbes sont plus exposées surtout à pourrir ou à se dessécher si on ne surveille pas leurs arrosemens. C'est à ces causes qu'on doit, dans les écoles de botanique, où la culture en pots est si en faveur, la disparition si fréquente d'espèces dont la conservation eût été désirable, soit sous le rapport de l'utilité, soit sous celui de l'agrément. (B.)

POTAGER. On donne souvent ce nom aux jardins dans lesquels on cultive des légumes pour l'usage de la table, pour faire entrer dans les potages. On les appelle aussi *jardins légumiers*, et ceux des environs de Paris qui sont destinés à la consommation de cette ville, se nomment des Marais. *Voyez* ce mot et celui Maraicher.

La culture des potagers est une des plus importantes de celles qui font l'objet de cet ouvrage ; cependant l'article actuel sera court, parce qu'on trouvera, au mot Jardin, les dispositions générales qui leur conviennent, et au nom de chaque espèce de légume tous les détails nécessaires pour se diriger avec certitude de succès dans la série des travaux que cette espèce exige.

Les plantes qu'on cultive le plus communément dans les jardins potagers de la France appartiennent aux genres suivans :

Ail, Arroche, Artichaut, Asperge, Bette, Carotte, Céleri, Cerfeuil, Chervi, Chicorée, Chou, Concombre,

Cresson, Épinard, Fève, Fraise, Haricot, Laitue, Lentille, Lupin, Melon, Morelle, Oseille, Panais, Persil, Piment, Pimprenelle, Pois, Pourpier, Raifort, Rave, Salsifis, Scorsonère, Topinambour, Mache, etc., etc. *Voyez* ces mots.

L'étendue d'un jardin potager doit être proportionnée à la consommation du propriétaire, plus, un superflu qui, dans certaines circonstances, sert à couvrir les pertes, et dans d'autres à aider les voisins dans le besoin. Par-tout c'est erreur de croire que la vente de ses produits puisse payer les frais de sa culture, la rente de la terre, l'imposition, etc. Il n'appartient qu'aux cultivateurs par état de trouver un bénéfice dans leur exploitation, et ils n'y parviennent qu'à force d'économie et de travaux. Auprès d'une grande ville, il y a une concurrence telle, que le plus souvent les légumes se vendent au-dessous de ce qu'ils ont coûté de frais; loin d'elle, ils ne se vendent pas du tout. La cause est que la plupart de ces légumes ne peuvent pas se conserver, et qu'il faut par conséquent s'en défaire aussitôt qu'ils sont arrivés au point qui précède leur montée en graine ou leur altération.

Quelques propriétaires croient faire un arrangement fort avantageux à leur bourse en abandonnant à leur jardinier les produits de leur potager, après qu'ils en ont prélevé ce qui est nécessaire à leur consommation; mais en définitif l'économie qu'ils y trouvent est nulle, et ils ont journellement le désagrément d'avoir des discussions avec ce jardinier, qui ne leur donne que les plus mauvais légumes, et encore le moins et le plus tard qu'il peut. Quel intérêt ont des salades en mai, des petits pois en juillet, des melons en septembre? J'ai vu un de ces jardiniers trouver mauvais que la fille de la maison cueillît une framboise; j'ai vu des propriétaires recommander à leurs hôtes de ne pas se promener dans telle partie de leur jardin, afin que leur jardinier ne pût accuser que les loirs de la disparition de leurs pêches, etc. Aussi, combien de temps subsistent les arrangemens de cette sorte? Une ou deux années au plus. On reprend le jardin à son compte, parce qu'on n'en jouit réellement pas, qu'on paraît étranger sur son propre bien.

Pour éviter cet inconvénient et celui d'une trop forte dépense, il faut donc, comme je l'ai dit plus haut, n'avoir en potager que la quantité nécessaire à la consommation de la maison. Si l'étendue de la culture n'est pas assez considérable pour occuper un jardinier pendant toute l'année, on en prendra un à la journée, qu'on mettra à d'autres ouvrages lorsque son travail ne sera pas nécessaire au jardin. (B.)

POTAGES. Cet objet tient de si près à l'économie domestique, qu'il nous a paru devoir figurer dans un ouvrage consacré exclusivement à l'agriculture et à l'intérêt particulier de ceux qui pratiquent le premier et le plus nécessaire des arts. Je me propose donc de renfermer dans deux articles les différentes espèces de potages imaginées par le luxe de la table, ou par l'empire des besoins, pour préparer un genre de mets plus ou moins liquide, savoureux, nutritif, par lequel commence ordinairement le dîner du riche comme celui du pauvre ; mais c'est au mot Soupes économiques qu'il s'agira du second article, lequel constitue la partie la plus essentielle, quelquefois même l'unique ressource de la nourriture de ce dernier.

Toutes les boissons fermentées, le lait des animaux, le lait d'amandes, etc., peuvent servir de véhicule ou d'excipient aux matières muqueuses, gélatineuses et extractives qui forment la base des potages ; mais c'est l'eau sur-tout qu'on emploie le plus communément à cet usage. Ce n'est que par le concours du feu qu'on parvient à identifier ce liquide avec la substance alimentaire, et à donner à celle-ci cette mollesse et cette flexibilité si nécessaires pour sa transformation en chyle.

En effet, quoique nos connaissances relatives à la manière d'agir des alimens soient encore fort incomplètes, on ne saurait douter que l'eau ne joue le plus grand rôle dans la fonction importante de la nutrition, et que dans le pain, par exemple, elle n'entre quelquefois pour un tiers, et n'y devienne elle-même solide et alimentaire. Ainsi, dans son passage à l'état de potage, la matière nutritive, au moyen d'une cuisson ménagée et insensible, n'a subi d'autre changement que la combinaison intime avec l'eau, et un plus grand développement dans ses propriétés alimentaires.

Il semble que cette vérité ait frappé depuis long-temps les meilleurs observateurs en économie : ils ont remarqué que la même quantité de farine sous forme de bouillie, nourrissait moins long-temps et moins efficacement par conséquent que celle qui se trouvait dans un état moins consistant ; que l'eau, combinée et modifiée d'une certaine manière, avait une influence sensible et sur la qualité et sur les résultats de la nourriture.

Mais un autre avantage de l'aliment sous forme de potage, c'est de ne réunir ces qualités que lorsqu'il se trouve pourvu d'un certain degré de chaleur. On sait, d'après une suite d'expériences comparatives faites par des fermiers intelligens, que la substance solide ou liquide qui a éprouvé la cuisson, et qui conserve un peu de calorique lorsqu'on l'administre aux animaux, est incontestablement plus alimentaire, plus salubre, ainsi qu'il a été observé à l'article Hygiène vétérinaire, que le bénéfice résultant de cette pratique dédommage amplement des soins, du temps et des frais qu'elle occasionne nécessairement.

Aussi voyons-nous, dans les annales de l'espèce humaine, l'aliment qui renferme le plus d'eau et de calorique, le potage, appartenir à tous les âges, à tous les états, à tous les banquets; il est, après le lait, le premier aliment de l'enfance, et, dans tous les périodes de la vie, les Français sur-tout ne s'en lassent jamais. Le soldat à l'armée, le matelot en mer, le voyageur en route, le laboureur au retour de la charrue, le moissonneur, le vendangeur, le faucheur, le journalier, qui vont quelquefois travailler loin de leurs foyers, trouvent dans le potage un aliment qu'aucun autre ne saurait suppléer. La plupart d'entre eux croiraient n'être pas nourris s'il leur manquait.

Les potages au gras ou au maigre sont encore désignés assez ordinairement sous le nom de la substance qui y domine; on les appelle *potages à la purée* quand on y fait entrer la matière farineuse des graines légumineuses, et *potages aux herbes* quand l'oseille, la poirée, la laitue, en font la base, etc. Souvent aussi c'est l'excipient ou véhicule employé qui sert à les caractériser : ainsi on dit potage au vin, potage à la bière, potage au lait, qui sont les plus généralement usités parmi nous.

Nous nous abstiendrons de faire ici mention d'une foule de recettes de ce genre plus ou moins composées et exécutées en France à différentes époques : elles occupent dans nos anciens traités d'économie domestique une place distinguée, et leur composition est réglée sur les facultés des consommateurs. Bornons-nous à quelques-uns de ces potages.

Potage au gras. On connaît cette manie des cuisiniers d'un certain ordre, qui font leurs potages à grand feu dans des vases à découvert, et remplacent l'eau à mesure qu'elle s'évapore, ou qui l'enlèvent pour préparer leurs ragoûts, leurs coulis; jamais ils n'obtiennent, quelle que soit la proportion de la viande mise à la marmite, qu'un bouillon âcre et peu chargé de gélatine.

Ce n'est point la quantité de viande qui fait le bon potage, mais bien la manière de le gouverner. On est tout étonné, après avoir mangé la soupe dite bourgeoise, de voir sortir du pot et paraître sur la table le chétif morceau de viande qui a concouru à la faire, par la seule raison qu'à peine la liqueur a bouilli, et que la bonne ménagère n'y a employé que le combustible nécessaire, tout le temps et la patience qui conviennent pour bien faire.

L'opération du pot au feu se renouvelle tous les jours dans les ménages ordinaires, et devient par conséquent un objet qui mérite la plus sérieuse considération, soit du côté de l'économie du bois, soit relativement à la qualité du potage. Un fourneau fait exprès pour la marmite, dans lequel elle chauffe par son fond et peu à sa partie supérieure, est un des meilleurs moyens à employer pour obtenir un excellent bouillon et très-économique.

Des bouillons. Ce nom s'applique particulièrement au véhicule des potages gras ; il est l'extrait obtenu du tissu musculaire et membraneux des substances animales par l'intermède d'une quantité d'eau, qu'on détermine à raison de celle de la viande employée et à l'aide d'une température d'abord de 80 degrés, qui coagule l'albumine, ensuite plus modérée, pour donner aux principes contenus dans la chair le temps de s'unir au véhicule, et chacune, dans l'ordre de solubilité qui lui appartient, de se rassembler sous forme d'écume à la surface du liquide, et qu'on a soin de séparer exactement.

Les meilleurs bouillons sont toujours ceux qui se préparent avec des viandes faites, celle du bœuf dans les contrées du nord, celle du mouton dans les pays méridionaux.

Bouillons d'os. Il diffère essentiellement de celui de viande, en ce que le premier ne contient que de la gélatine, tandis que le second renferme en même temps la matière mucilagineuse extractive.

Aussi cette gélatine des os, tant recommandée par Hippocrate et Galien à la médecine-pratique comme un excellent restaurant, a-t-elle été long-temps sans intéresser l'attention publique sous le point de vue alimentaire. Papin est le premier qui ait tenté, à l'aide d'un digesteur, d'extraire des os la matière nourricière ; M. Proust en a formé des tablettes pour améliorer la subsistance du pauvre ; d'Arcet en préparait des bouillons au moyen de ce digesteur perfectionné. Je me suis servi aussi de cet instrument à l'Hôtel des invalides dans les mêmes vues ; mais c'est particulièrement M. Cadet de Vaux qui a cherché à en faire une heureuse application à l'économie domestique, et il n'a rien oublié pour y parvenir : c'était la cause de l'indigence qu'il plaidait. On connaît son dévouement aux intérêts de la classe la moins fortunée.

Les résultats malheureusement n'ont pas répondu à son attente. Les expériences qu'il a provoquées dans les hospices civils et dans les hôpitaux militaires ont suffi pour démontrer que si les os fournissent à-peu-près la moitié de leur poids de

gélatine au moyen de décoctions réitérées, cette gélatine est
d'une saveur insupportable, qu'on ne peut en faire un potage
passable qu'à force d'herbes et de racines potagères, et que
quand bien même la mécanique procurerait un moyen capable
de broyer les os aussi facilement que le café, il serait impossible d'en former des emmagasinemens, puisque par la simple
percussion du pilon ils contractent déjà un mauvais goût, que
l'air et une chaleur de 18 à 20 degrés leur donnent en moins de
vingt-quatre heures de la rancidité et une odeur putride. Nous
en expliquerons la cause au mot SALAISON.

Convaincus par l'expérience et le raisonnement que la préparation des bouillons dont il s'agit est absolument impraticable dans les petits ménages, et d'aucune économie dans les
grands établissemens, les administrations sages et réfléchies
ont pensé qu'il valait infiniment mieux continuer de vendre
les os aux fabricans de boutons, de colle-forte et de sel ammoniac, pour se procurer à la place de la viande et des légumes,
avec lesquels on fait les meilleurs potages.

Le vœu de M. Cadet de Vaux, assurément très-philantro-
pique, n'a donc pu s'accomplir, quoique par-tout on ait essayé
de le mettre à exécution avec un empressement et un zèle honorables pour le siècle, et par-tout on y a renoncé à regret.
Nulle part on ne fait de bouillon d'os, nulle part, par conséquent, il n'est l'aliment de la maladie et de la convalescence.

Ce défaut de succès, qu'on ne saurait attribuer qu'à la nature de la chose, n'empêche point les ménagères de continuer
l'usage qu'elles font de temps immémorial des os de rôtis de
bœuf, de veau, de mouton et de volailles, pour rendre leurs
potages plus substantiels et plus agréables, à cause de la légère
torréfaction de la viande qui les recouvre. Voici, pour ne rien
perdre, la pratique qu'on suit chez moi depuis quarante ans :
le gigot de mouton rôti paraît sur la table; le lendemain on
le sert froid, le surlendemain on en fait un hachis, et les os
concassés sont mis à la marmite.

Bouillon de bœuf. La viande doit être mise à la marmite
en même temps que l'eau, autrement l'écume qui s'élève à la
surface n'aurait pas lieu, elle resterait confondue en partie
dans le bouillon, qui alors a toujours un œil louche et n'est
pas de garde. On ne saurait donc trop insister sur l'attention
qu'on doit avoir d'écumer parfaitement le pot, d'y ajouter le
sel aussitôt qu'il est écumé, de n'ajouter les légumes que
quand le bouillon est à moitié fait, et de conduire le feu de
manière à ce que la liqueur soit agitée d'un léger frémisse-
ment et ne bouille jamais, et que la gélatine ne soit pas détruite à mesure que l'eau l'extrait par l'ébullition, et de

continuer l'opération jusqu'à parfaite cuisson de la viande et des racines.

On peut augmenter la qualité de ce bouillon en y ajoutant du veau, du mouton, du porc, un morceau de vieille volaille, telle que coqs, chapons, poules, oies, pigeons, perdrix. Il faut observer de les mettre en même temps que la viande de boucherie, afin que l'un et l'autre fournissent ensemble leur écume et tous les sucs gélatineux qu'il est possible d'en obtenir.

Si le bouillon qu'on prépare dans les grands établissemens manque des premières qualités qui lui appartiennent, c'est que les règles ci-dessus décrites ne sont pas strictement observées.

Quand on veut donner de l'agrément au bouillon par des herbes aromatiques, il faut avoir l'attention de ne les ajouter que hachées menu, et au moment où on va dresser le potage : tel est, par exemple, le cerfeuil, qui, changeant d'odeur et de goût par la cuisson, rendrait ce potage désagréable.

Une autre précaution pour conserver au bouillon toutes ses qualités, c'est de ne pas tremper, comme on dit, la soupe avec la mie du pain, sur-tout au sortir du four, à moins qu'elle ne soit grillée modérément, et de préférer toujours la croûte. La première mitonne mal, décompose sensiblement le bouillon, le décolore, affaiblit, modifie son goût, sa force, son caractère : la seconde ajoute au contraire à sa saveur : aussi le pain réduit à l'état de biscuit le bonifie. C'est pour cette raison que nous avons recommandé aux habitans des campagnes d'avoir toujours en réserve une fournée au moins de biscuit de mer, pour en consacrer une partie à cet usage.

Souvent on prépare un bouillon avec un morceau de mouton associé à du petit lard, du sel et un clou de girofle; quand tout est cuit à moitié, on passe la liqueur et elle devient le véhicule du vermicelle, du riz et même des ragoûts. On expose ensuite le mouton et le petit lard sur le gril pour achever leur cuisson, et on les sert avec une sauce piquante, après les avoir panés à la surface.

Bouillons médicinaux. Ils se préparent avec le veau, le poulet, la tortue, la vipère, les grenouilles, animaux dont la chair fournit plus de gélatine que d'extractif, deux principes dont le concours est indispensable pour constituer le véritable bouillon : l'un est la matière alimentaire, l'autre la partie restaurante ou l'assaisonnement. Les règles générales pour leur préparation sont absolument les mêmes que les précédentes; la plupart se font au bain-marie; mais ils ne peuvent se conserver plus de vingt-quatre heures en hiver et douze en été.

Bouillon de mou de veau. Prenez des poumons de cet animal, enlevez la trachée-artère et le corps graisseux qui la recouvre, coupez-les par morceaux, jetez-les dans de l'eau légèrement chaude, afin d'enlever le sang qui peut rester dans les petits vaisseaux. Lorsque l'eau ne sera plus colorée, faites cuire dans une petite bassine couverte, à un feu modéré ; sur la fin, ajoutez les feuilles et ensuite les fleurs indiquées dans l'ordonnance du médecin.

Si la prescription demande des fruits pectoraux, il faut les monder et les ajouter une demi-heure avant les feuilles ; passez et laissez déposer.

Bouillon de poulet. Prenez un poulet, séparez les intestins, le cou et les parties graisseuses ; faire cuire à un feu modéré ; ajoutez les racines et les fruits prescrits, tels que les navets, oignons, dattes et jujubes.

On prépare de la même manière les bouillons de grenouilles.

Bouillon de tortue. Prenez une tortue, séparez la carapace du plastron au moyen d'un ciseau qu'on introduit au point de l'insertion sur les côtés ; détachez la chair, coupez-la par morceaux ; faites cuire au bain-marie avec suffisante quantité d'eau ; quatre heures d'ébullition légère suffisent pour cuire entièrement la tortue. Si le médecin a prescrit des plantes aromatiques, ajoutez-les à la fin et couvrez le vase ; laissez refroidir et passez.

Bouillon de vipère. Séparez la tête, la peau et les intestins de la vipère vivante ; coupez le corps par tronçons, et faites-les cuire, comme la chair de tortue, au bain-marie.

Potages au maigre. Indépendamment des potages préparés au lait pourvu de sa crème, ou lait de beurre, dont la base est le riz, l'orge mondée, perlée ou gruée, le potiron, les choux, on en fait encore aux herbes, aux racines et aux graines légumineuses ; le consommateur qui n'aimerait point à rencontrer sous la dent ces graines pourrait les convertir en farine, et préparer la soupe plus promptement et à moins de frais ; mais pour les moudre il faut préalablement les faire sécher au four, et même les torréfier légèrement, sans quoi l'humidité constituante des graines, s'échauffant par la rotation et la pesanteur des meules, la farine passe difficilement à travers les bluteaux, dont elle graisse le tissu, d'où résulte une purée moins délicate que celle préparée avec la semence légumineuse cuite entière, puis écrasée et séparée de son écorce au moyen d'une passoire.

On ne peut pas toujours se procurer des herbes fraîches pour les potages au maigre, les ménagères s'occupent l'automne d'en faire cuire la provision de l'hiver. Tout le monde connaît la manière dont elles se préparent; on se dispensera donc d'en donner ici la recette. La seule remarque qu'on doive se permettre, c'est de ne jamais faire entrer dans leur composition des plantes aromatiques, parce que souvent par la cuisson elles changent de nature, donnent un mauvais goût à l'oseille et à la poirée, qui forment ordinairement la base des herbes cuites; on doit les saler et épicer plus qu'on ne fait ordinairement, parce que, forçant du côté de ces assaisonnemens, on contribue d'une part à la conservation des herbes, et de l'autre on n'a pas besoin d'en ajouter lorsqu'on prépare le potage.

C'est une grande économie de temps, de soins et d'argent, que d'avoir une provision d'herbes cuites dans la saison; indépendamment de l'agrément qu'elles donnent au potage maigre, elles relèvent la fadeur des substances nutritives employées, telles que l'orge, les lentilles, les pois, les haricots, les pommes de terre, quand elles sont délayées dans une certaine quantité d'eau et qu'elles présentent tous les caractères des soupes économiques dont nous parlerons dans un autre article.

Potage aux racines. Il tient un rang distingué dans cet ordre d'aliment: pour le préparer on prend d'une part des carottes, des navets, des panais, des oignons, qu'on monde et qu'on divise à la faveur d'une râpe de fer-blanc; on met la pulpe qui en provient dans l'eau sur le feu; après trois ou quatre bouillons, on le passe à travers un tamis en crin ou un linge fort clair. D'autre part, on a les mêmes racines divisées longitudinalement en lanières minces, qu'on fait revenir dans le beurre et qu'on jette dans la liqueur ci-dessus, où on les fait cuire.

Il est possible d'ajouter à ce bouillon, pour augmenter sa consistance et le rendre plus substantiel, une cuillerée de farine de fèves, de pois, de lentilles, de haricots, ou bien encore d'y faire du riz au maigre; enfin les racines consacrées aux potages doivent toujours être préalablement râpées; dans cet état elles fournissent la totalité de leurs principes; il en faut moins pour obtenir une plus grande quantité de matière alimentaire; une racine qui séjourne à la marmite tout le temps que dure la préparation du bouillon ne fournit à la décoction de viande qu'un faible extrait, et celui qu'elle a retenu se trouve combiné par la cuisson avec la matière fibreuse, laquelle constitue le corps ou la charpente de celles qui se seront trouvées entières ou divisées dans le potage ou autour du bouilli.

Potage au riz et au lait. On sait combien le riz, crevé d'abord dans l'eau, cuit ensuite, et délayé dans du bouillon gras ou maigre, dans du lait, présente de potages différens, mais toujours agréables et savoureux.

Le lait est souvent employé seul comme véhicule du potage ; dès qu'il est près de bouillir, il faut le verser sur le pain découpé par tranches et mis dans la soupière : en pratiquant le contraire, c'est-à-dire en jetant le pain dans le lait sur le feu et le laissant bouillir un moment, on court les risques de le coaguler (faire tourner).

Après que la crême a été battue, il reste un fluide qui porte le nom de *lait de beurre*, dénomination fort impropre, puisqu'il ne contient pas un atome de beurre : ce fluide n'est autre chose que du lait comparable au lait écrémé, aussi bon, aussi nourrissant, et qui peut servir dans les potages au riz et au lait. (PAR.)

POTAMOT, *Potamogeton*. Genre de plantes de la tétrandrie tétragynie et de la famille des fluviatiles, qui réunit une quinzaine d'espèces toutes vivant dans les eaux, et dont plusieurs sont très-abondantes dans celles d'Europe.

Le POTAMOT FLOTTANT, *Potamogeton natans*, Lin., a les racines vivaces ; les tiges grêles ; les feuilles alternes, ovales, oblongues, pétiolées, nageant sur la surface de l'eau. Il couvre souvent de ses feuilles les eaux stagnantes ou peu courantes. On le regarde comme astringent et on l'emploie en médecine sous le nom d'*épi d'eau*.

Le POTAMOT PERFOLIÉ a les feuilles en cœur et perfoliées. Il tapisse quelquefois entièrement le fond des eaux dont le fond est argileux.

Le POTAMOT LUISANT a les feuilles coriaces ou semblables à de la corne, légèrement pétiolées, ondulées et lancéolées. On le trouve avec le précédent.

Le POTAMOT SERRÉ, dont les feuilles sont ovales, lancéolées, même acuminées, dentées, et les épis quadriflores. Il croît dans les fontaines et les ruisseaux dont l'eau est pure.

Le POTAMOT GRAMINÉ a les feuilles linéaires, la plupart opposées, et les épis courts. On le voit très-fréquemment dans les rivières dont le cours est lent. Il est annuel.

Tous les cultivateurs devraient, à l'imitation de quelquesuns, employer ces plantes à augmenter la masse de leurs fumiers. Ils y trouveraient le double avantage de ne pas laisser perdre une chose qui peut leur être utile, et d'empêcher leurs étangs ou rivières de se combler par les détritus que ces plantes y laissent annuellement. Une fois qu'on a été mis à portée d'apprécier, par l'expérience, l'importance de l'emploi des potamots, il doit être fort difficile de se déterminer à le suspendre une seule année. Pour en faire la récolte, il suffit de se procurer de forts râteaux de bois à long manche, avec lesquels on tire très-aisément sur le bord la presque totalité de leurs tiges. Les jours les plus chauds de l'été sont ceux qu'il convient d'employer à cette opération. Quelques personnes les laissent sécher sur place pour avoir moins de charrois à faire; mais il vaut mieux les apporter tout de suite sur le fumier ou les enterrer dans des fosses hors de l'atteinte des crues d'eau. On trouvera, au printemps suivant, dans ces fosses un excellent terreau, principalement propre aux terres maigres, qui dédommagera au centuple des frais d'extraction. Les Anglais le savent; aussi ne laissent-ils pas volontairement perdre les potamots de leurs rivières. (B.)

POTASSE. On donne ce nom à l'alcali qui se trouve dans les plantes ou qui se forme par la combustion lente des végétaux qui n'ont pas cru dans un sol imprégné de sel marin. *Voyez* au mot SOUDE et au mot ALCALI.

Le grand usage qu'on fait de la potasse dans les arts et dans l'économie domestique, principalement dans la fabrication du verre et dans les lessives, la tient toujours, dans le commerce, à un taux plus élevé qu'il n'est convenable; c'est-à-dire que le besoin qu'on en a est plus considérable que la quantité qu'on en produit. Il est donc nécessaire de chercher les moyens d'élever cette quantité.

Toutes ou presque toutes les plantes fournissent de la potasse, mais dans des proportions fort différentes et dépendant, de plus, des temps, des lieux et du mode de la fabrication.

Rarement on brûle aujourd'hui en France le bois uniquement pour en obtenir de la potasse; car comment le faire avec avantage au prix où il est? Et c'est par cette cause que nous sommes obligés de tirer de l'étranger les trois quarts de la quantité nécessaire à notre consommation. La potasse française provient donc en majeure partie des foyers ou des usines.

Les plus mauvais bois pour la fabrication de la potasse sont ceux qu'on appelle *mous* ou *blancs*, et qui croissent rapidement, tels que les peupliers, les saules, les pins et sapins, etc.

Si on a employé et si on emploie encore en France la fougère à la fabrication de la potasse, c'est qu'elle est fort abondante dans certains lieux, et en fournit beaucoup plus proportionnellement à son volume que les autres plantes herbacées (1). Il

____

(1) D'Arcet a prouvé que la cendre de fougère contenait toujours plus de sulfate que de potasse.

serait bien à désirer qu'on se livrât plus généralement à sa récolte pour cet objet ; car si on n'en laissait pas perdre, elle pourrait peut-être fournir, elle seule, une grande partie de celle nécessaire à nos besoins. Je ne sache que les départemens de l'est
où l'on connaisse toute la valeur de cette plante sous ce rapport, et elle est très-commune dans beaucoup d'autres du midi
du centre et de l'ouest.

Les fougères sont rares dans les sols calcaires, rares dans les
plaines ; mais là elles sont remplacées par une grande variété
de plantes vivaces ou annuelles, dont les tiges peuvent fournir
également de la potasse par suite de leur combustion. Ces
plantes, j'ai eu soin de les indiquer nominativement à mesure qu'elles se sont présentées : ici, je dois me contenter de
dire que toutes celles dont la tige est élevée, à demi ligneuse,
peuvent être utilement employées pour l'objet dont il est question.

Le terreau produit par la décomposition du bois de chêne
fournit, d'après les expériences de Th. de Saussure, un quart
du poids de ses cendres en potasse. De là l'explication du fait
si anciennement connu, que lorsqu'on mettait le feu aux arbres creux, la cendre qui en résultait donnait plus de potasse
que celle du bois.

Il a été reconnu que le bois du chêne dont on a enlevé l'écorce
pour faire du TAN, fournit un tiers moins de potasse que celui
qui n'a pas subi cette opération.

Les cantons très-boisés, les pays secs et arides, les landes, etc., peuvent aussi fournir, pour la fabrication de la potasse, leurs ronces, leurs rosiers, leurs bruyères, leurs ajoncs,
leurs genêts et autres arbustes de plus basse qualité. Rarement cependant, hors des départemens précités, on les utilise
ainsi. Une grande partie pourrit sur terre.

Th. de Saussure a prouvé par des expériences sur la vé-
racité desquelles il n'y a pas moyen de jeter du doute, que
plus les plantes (ou leurs parties) sont jeunes et plus elles fournissent de potasse. Ce résultat peut avoir une importance très-
grande sur la fabrication et le commerce futur de ce sel, car
il rend possible la culture de certaines plantes uniquement
dans ce but, par exemple, celles qui poussent de bonne heure,
avec abondance et avec vigueur. Déjà il paraît qu'on a acquis,
par le fait, cette conviction à l'égard du PHYTOLACA DÉCANDRE
(*voyez* ce mot), plante qui réunit les qualités précitées, et
qu'on peut couper huit à dix fois par an dans le climat de
Paris et dans des terrains de fort médiocre nature. J'invite en
conséquence les cultivateurs à multiplier les essais sous ce
point de vue.

M. Mathieu de Dombasle s'est assuré, par des expériences directes, que les plantes de la famille des chénopodées, famille dont le phytolaca fait partie, étaient celles qui, en Europe, fournissaient le plus de *potasse* ou de soude, selon le lieu où elles se trouvaient. *Voyez* Chénopodées et Soude.

M. Braconnot, dans un excellent mémoire sur la force assimilatrice dans les végétaux, *Annales de chimie*, février 1807, a posé en principe que la potasse se trouvait en plus grande quantité dans les plantes âcres que dans les autres. Je crois devoir copier ici une de ses notes, relative à cet objet, à raison de son importance.

« Il paraît que la potasse se trouve abondamment dans toutes les plantes tétradynamiques, et les cendres de quelques espèces de cette famille ont servi long-temps à la fabrication du savon et du verre. Parmi elles, je citerai principalement la buniade, *bunias kakile*, Lin. J'ai presque toujours trouvé l'âcre et l'amer, des plantes associés à une très-grande quantité de ce sel, qui souvent était saturé d'acide nitrique. Ainsi, parmi les crucifères, qui sont toutes plus ou moins âcres, le cresson, la moutarde, m'ont fourni beaucoup de potasse. M. Bouillon-Lagrange a découvert dans les cendres de la vergerolle du Canada, *erygeron canadense*, Linn., qui est âcre, de la potasse en grande quantité, et d'après leur saveur, quelques espèces du même genre, telles que l'*érigeron âcre*, l'*érigeron camphrée*, paraissent en devoir également contenir beaucoup. Le tabac, qui est connu par son âcreté, donne, par quintal de cendres 40 livres de potasse. Parmi les plantes amères, la fumeterre a donné à Wiegleb, par quintal de cendres, 36 livres de matière soluble, et l'absinthe 75 livres. La chirone centaurée, le ménianthe trèfle d'eau, quelques centaurées, sur-tout la centaurée amère, donnent aussi beaucoup de potasse. »

L'intérêt général se réunit donc à l'intérêt particulier pour que les cultivateurs se livrent plus communément à la fabrication de la potasse. Pour cela, il suffit qu'ils fassent, d'après les expériences de Th. de Saussure, à la fin du printemps, couper tous les chardons et autres grandes plantes respectées par les bestiaux ; qu'ils ramassent toutes les branches surabondantes au service de leur four ou de leur foyer, pour les brûler lors qu'elles seront à moitié sèches.

Les motifs ci-dessus avaient déterminé la Société d'encouragement à proposer un prix pour déterminer la culture en grand des plantes susceptibles de fournir de la potasse. Il n'a pas été remporté ; mais elle a décidé de faire à ses frais des expériences comparatives, pour se mettre en mesure de le proposer de nouveau avec les modifications nécessaires.

Toutes les plantes, comme je l'ai déjà observé, fournissent de la potasse; mais elles en fournissent plus ou moins, et la quantité dans la même espèce est proportionnelle à la lenteur de la combustion. Ainsi de la fougère, par exemple, brûlée en plein air et rapidement, ne produira, supposé, qu'une livre de potasse; elle en donnera trois, si on la brûle dans une fosse profonde, et si on la couvre de manière à ne laisser entrer dans sa masse que la quantité d'air strictement nécessaire à sa combustion. Ce fait est attesté par l'expérience de tous les temps et de tous les lieux, et s'explique par la nécessité de laisser à l'air qui se décompose le temps de combiner son azote avec la cendre.

D'après cela, on doit présumer que la pratique consiste à faire une fosse plus profonde que large, et d'une capacité proportionnée à la quantité de plantes ou de broussailles qu'on a à brûler. En général on gagne à la faire petite. Six pieds de profondeur, autant de longueur et moitié de largeur, sont une indication suffisante pour le plus grand nombre des cas. Cette fosse doit être creusée dans une terre solide, pour que la cendre qu'on en retirera ne soit pas trop mêlée de matières étrangères. On en laissera sécher les parois pendant quelques jours avant d'en faire usage : on fera au fond un petit feu de bois sec, et on y accumulera ensuite rapidement tout ce qu'elle pourra contenir de plantes. L'art, c'est de laisser continuer la combustion sans qu'il se développe de flammes. On y parvient en pressant de temps en temps avec force, au moyen d'une fourche ou autrement, la surface du tas. Il serait bon d'avoir une plaque de tôle assez grande pour couvrir la fosse et ralentir encore par là l'intensité du feu; mais on s'en passe le plus souvent. On ne doit jamais jeter de l'eau dans la fosse; cependant si, malgré les précautions ci-dessus, le feu gagnait trop rapidement la surface, on mouillerait plus ou moins fortement une masse de plantes, qu'on jetterait dessus afin de le ralentir. Quelques plantes brûlent plus rapidement que d'autres, et il faut, autant que possible, les mélanger de manière que la combustion soit toujours égale.

Le fourneau une fois en train doit être entretenu toujours plein par l'apport de nouvelles matières : il ne faut pas, en conséquence, le quitter un instant. Lorsque le tout est consommé, on couvre la fosse avec la plaque de tôle ci-dessus conseillée, ou simplement avec des planches mouillées, et lorsque les cendres sont parfaitement refroidies, c'est-à-dire au bout de deux ou trois jours, on les enlève pour les porter à la maison. Je dis parfaitement refroidies, parce qu'il est quelques expériences qui constatent que la potasse se forme encore pendant cet intervalle et même après.

Les cendres des bois et des plantes ainsi traitées sont riches en potasse. Les cultivateurs peuvent les vendre immédiatement, soit pour les employer à la lessive, à la fabrication des verres communs, etc., soit aux personnes qui font métier d'en tirer le sel, pour le mettre en état de pureté dans le commerce. Des acquéreurs ambulans se présenteront en assez grand nombre lorsqu'ils sauront qu'il y a des marchés à faire dans un canton.

La potasse étant un sel très-soluble, il ne s'agit pour la séparer de la cendre avec laquelle elle est mêlée, que de faire passer de l'eau chaude à travers cette cendre, et ensuite de faire évaporer cette eau. Pour cela on met cette cendre dans un cuvier percé par le bas, et on procède positivement comme lorsqu'on fait une lessive. Trois eaux nouvelles passées deux ou trois fois sur la cendre suffisent ordinairement pour l'épuiser de toute sa potasse. On réunit ces eaux et on les fait évaporer dans des chaudières ou des bassines, dont la largeur est plus grande que la profondeur. Le résidu de cette évaporation est ce qu'on appelle *salin* dans les verreries. C'est un sel plus ou moins coloré en jaune par une matière grasse et quelquefois par du fer. Pour achever de la purifier, il faut la faire calciner fortement dans un four, la dissoudre de nouveau dans une petite quantité d'eau, laisser déposer les matières étrangères, décanter et évaporer.

Je ne fais qu'indiquer toutes ces opérations parce qu'elles sont faciles, et qu'il suffit de les avoir vu faire une fois pour les faire soi-même aussi bien qu'il est à désirer.

La potasse, encore plus que les cendres qui en sont chargées, attire puissamment l'eau qui est répandue dans l'atmosphère; il faut donc la renfermer avec soin dans des barils ou dans de grands vases, et la tenir dans les endroits les plus secs.

D'après la théorie, la potasse est le plus puissant des amendemens, puisqu'elle agit sur l'humus ou terreau à la manière de la chaux, mais bien plus efficacement; c'est-à-dire qu'elle le dissout complétement. Cependant comme elle fait périr toutes les plantes, rend infertile pour plusieurs années la terre sur laquelle on la répand, du moins lorsqu'elle est en certaine quantité, et qu'elle est fort chère, on ne l'emploie jamais. On trouvera, au mot CHAUX, toutes les données nécessaires dans le cas où on voudrait en faire usage sous ce rapport, et en répandant une quantité extrêmement petite à la-fois.

Dans les pays granitiques, où la chaux est fort chère , on peut chauler avec de la potasse ou des eaux de lessive. (B.)

POTELET. On donne ce nom à la JACINTHE DES BOIS dans quelques cantons. (B.)

POTENTILLE, *Potentilla*. Genre de plantes de l'icosandrie polygynie et de la famille des rosacées , qui renferme une quarantaine d'espèces, la plupart propres à l'Europe, et dont plusieurs sont très-communes et très-employées en médecine.

La POTENTILLE RAMPANTE, plus connue sous le nom de *quintefeuille*, a une racine vivace, longue, fibreuse, noirâtre; une tige grêle, rampante, rameuse ; des feuilles alternes, longuement pétiolées, à cinq folioles digitées , velues, dentées ; des fleurs jaunes, solitaires sur de longs pédoncules insérés dans les aisselles des feuilles supérieures. Elle croît dans les lieux frais et argileux, et fleurit à la fin du printemps. Tous les bestiaux la mangent Sa saveur est amère et astringente. On fait un assez grand usage de sa racine sous ce dernier rapport et encore plus comme fébrifuge. Souvent elle couvre des espaces considérables et nuit à la culture. Chaque nœud de la tige donne naissance à un nouveau pied, qui produit d'autres tiges et d'autres pieds, et ainsi jusqu'à l'hiver. Le seul moyen d'en débarrasser un champ, c'est de faire enlever tous les pieds à la suite de la charrue pour les brûler.

La POTENTILLE PRINTANIÈRE a les racines vivaces; les tiges courtes, penchées; les feuilles alternes, pétiolées, à cinq folioles digitées, velues et dentées; les fleurs jaunes, à pétales presque en cœur. Elle croît sur les collines sèches, dans les pâturages des montagnes calcaires , fleurit dès les premiers jours du printemps, et annonce ainsi le retour des beaux jours. Les touffes qu'elle forme sont très-denses et quelquefois si rapprochées, que le terrain en paraît couvert. C'est une très-agréable plante qui orne singulièrement les pelouses, et qu'on doit toujours faire entrer dans les gazons des parties les plus sèches des jardins paysagers. Les bestiaux la mangent.

La POTENTILLE ARGENTÉE a les racines vivaces, les tiges droites, rameuses, hautes de 6 à 8 pouces; les feuilles alternes, pétiolées, à cinq folioles digitées, cunéiformes, dentées, velues en dessous ; à fleurs jaunes. Elle croît assez fréquemment dans les terrains secs et sablonneux, où elle fleurit à la fin du printemps Les bestiaux ne la recherchent pas.

La POTENTILLE ANSERINE, vulgairement *l'argentine*, a les racines vivaces, traçantes; les tiges rampantes; les feuilles toutes radicales, pétiolées, ailées avec impaire; les folioles ovales, aiguës, dentées, velues et argentées en dessous, alternativement grandes et petites; les fleurs jaunes, solitaires sur des pédoncules quelquefois rameux qui sortent immédiatement des racines. Elle croît dans les lieux sablonneux sujets à être inondés, sur le bord des rivières et autres lieux humides, et fleurit au milieu de l'été. On la regarde comme astreingente, vulnéraire et dessiccative. Les cochons aiment beaucoup ses racines, mais ses feuilles ne sont pas du goût des autres bestiaux. La plus grande utilité de cette plante, c'est de fixer les sables amoncelés par les crues d'eau, sables que d'autres crues semblables disperseraient de nouveau, ses racines traçantes, très-fibreuses, et ses feuilles nombreuses et étalées sur la terre, étant très-propres à retenir ces sables. Ainsi, tout terrain sujet à inondation peut annuellement s'élever, tout terrain sablonneux et susceptible d'être arrosé peut devenir fertile par son moyen. Il ne s'agit que d'y semer des graines ou d'y planter des pieds de cette potentille, qui, quoiqu'à peine haute d'un demi-pied, est d'un assez élégant aspect pour qu'on doive la multiplier dans les jardins paysagers dont le sol lui convient.

La POTENTILLE FRUTESCENTE a la tige ligneuse, très-rameuse, haute de 2 ou 3 pieds; les feuilles alternes, pétiolées, pinnées, à sept folioles ovales, oblongues, dentées et pointues; les fleurs jaunes, disposées en bouquets à l'extrémité des rameaux. Elle est originaire du nord de l'Europe et fleurit pendant tout l'été. On la cultive dans les jardins, où elle produit un assez agréable effet quand elle est en fleur. Tout terrain lui convient. Comme ses fleurs avortent presque toujours dans le climat de Paris, on est réduit à la multiplier par marcottes et par le déchirement des vieux pieds, ce à quoi elle ne se prête pas toujours quand elle n'a qu'une tige. Elle pousse de très-bonne heure au printemps, et par conséquent demande à être divisée et transplantée en automne; souvent même elle est victime des gelées tardives. On peut la tailler, la palissader, et lui donner telle forme qu'on juge à propos; mais, à mon avis, pour lui conserver le plus possible de fleurs, dans lesquelles consiste tout son agrément, il faut lui laisser la forme globuleuse, qui lui est naturelle, et se contenter de retrancher les branches qui s'écarteraient trop des autres. (B.)

POTENTILLE-FRAISERAT, vulgairement FRAISIER STÉRILE, *Fragaria sterilis*, Lin., *Potentilla fragariastrum*.

Cette plante ne mérite par elle-même aucune mention dans un cours d'agriculture; mais sa ressemblance avec le fraisier des bois est assez grande, en certains temps et certains lieux, pour que des cultivateurs en aient planté et même cultivé plusieurs mois, et jusqu'à la fleur, chose moins facile à comprendre, mais qui se trouve d'accord avec le nom de *fraisier stérile* qui lui a été donné par les botanistes anciens de toute l'Europe, par Tournefort et même par Linnée, contre son caractère générique.

Le fraiserat ne produit point de longs courans menus et temporaires, comme le fraisier et la quintefeuille, mais de vrais rameaux gros, courts et feuillus, comme plusieurs autres potentilles ; ses fleurs axillaires sont solitaires et ne s'élèvent point ; leur calice plus velu, plus terne, est plus large et toujours refermé, notamment après la chute des pétales, qui sont d'un blanc sale et échancrés en cœur. Le réceptacle des ovaires ne prend aucun renflement, et les ovaires ou graines y adhèrent à peine : leur couleur est un gris blanc fauve dans la maturité complète. Quant aux feuilles, elles ont assez de ressemblance avec celles du fraisier ; cependant le vert en est plus terne, les nervures moins senties, le dessous plus velu ; les poils paraissent au pourtour entre les dentelures ; enfin ces dents, coupées un peu plus courbes, présentent la différence assez marquante, que celle du milieu de chaque foliole, loin d'être une des plus grandes, est tellement raccourcie, qu'elle n'excède nullement les deux qui l'accompagnent de droite et de gauche. Il ne faut véritablement qu'une légère attention pour distinguer ce faux fraisier au premier coup d'œil. (Duch.)

POTEREAU. Synonyme de GENEVRIER dans les pâturages des environs de Laon.

POTERIES. On donne généralement ce nom aux vases de terre vernissés ou non dont on fait un si fréquent usage dans les campagnes pour la cuisson des alimens, pour la conservation du LAIT, de l'HUILE, de la GRAISSE, etc.

Les vases de terre non vernissés absorbent les matières liquides. Les huiles, les graisses, etc., s'y déposent et les rendent bientôt impropres à tout autre service que celui auquel ils ont d'abord été employés.

Les vases de terre vernissés, sur-tout ceux d'un bas prix, le sont le plus souvent avec l'oxide de plomb vitreux, qui se dissout facilement dans les huiles et les graisses, porte un poison mortel dans les alimens. *Voyez* OXIDE.

M. Kirchoff a acquis, par des expériences nombreuses, la certitude qu'en imbibant d'huile de noix, de lin, et autres dites siccatives, l'intérieur d'un vase de terre non vernissé, et en le mettant plusieurs fois dans un four dont on vient de retirer le pain, il se formait sur les parois de ce vase un vernis

qui n'était attaqué par aucune des substances qui entrent dans
nos assaisonnemens, et qui ne lui communiquait aucun mauvais goût. C'est une véritable découverte pour les pauvres.
(B.)

POTIRON, *Cucurbita maxima*, *Pepo maximus*. Sensiblement distinct de toutes les sortes de courges comprises sous le genre secondaire des PÉPONINS, le potiron se reconnaît aux caractères suivans : fleurs plus évasées ou plus élargies dans le fond du calice, et limbe rabattu; feuilles très-amples, en cœur, arrondies, se soutenant dans une direction presque horizontale; poils moins raides et d'une substance plus molle que dans les PÉPONS, se rapprochant en cela des MELONNÉES; toutes les parties plus fortes en proportion que dans les PÉPONS; le fruit plus gros, plus constant dans sa forme si exactement énoncée par le botaniste Sauvage dans ces deux mots : « Sphère à pôles comprimés et ombiliqués, et méridien en sillons. » Sa pulpe ferme, mais juteuse et fondante; peau fine, telle que dans la plupart des PASTISSONS. Il faut ajouter qu'aucune des variétés du potiron ne participe à la nature des CITROUILLES, quoique très-souvent élevées pêle-mêle, et que la séparation des fleurs facilite d'autant plus les fécondations croisées. Cette preuve, quoique négative, ne semble pas dénuée de force pour faire conclure entre elles diversité d'espèces.

L'énorme grosseur qu'acquiert communément le potiron donne lieu de croire que, dans l'état où nous l'avons en Europe, il doit beaucoup à la culture. Il était nouveau dans le seizième siècle, et on lui donnait alors, comme à la melonnée, les noms de courge d'Inde, courge marine ou d'outre-mer, ce qui est loin d'indiquer rien de précis sur son origine. Ses variétés principales sont :

Le POTIRON JAUNE COMMUN. La nuance du jaune, quelque pâle qu'elle soit, est toujours teinte de rougeâtre, et quelquefois couleur d'airain; souvent une bande blanchâtre au fond du sillon, dans l'endroit le plus lisse; le reste de la peau sujet à de légères gerçures et cicatrices grisâtres, formant quelquefois broderie générale comme dans le melon; pulpe d'un beau jaune, et le plus vif annonçant le goût le meilleur. Le fruit frais cueilli, du poids de quinze à vingt kilogrammes, et quelquefois plus.

Le GROS POTIRON VERT. Sa nuance toujours grisâtre, quelquefois ardoisée; les bandes blanches fréquentes comme dans le jaune; la pulpe ordinairement plus colorée, quelquefois approchant du rouge orangé des melonnées rouges; moins gros, généralement meilleur et se gardant plus long-temps.

Le Petit potiron vert. Sous-variété moins profitable, mais estimée; son fruit fort aplati, plus plein, moins aqueux, étant bon à manger jusqu'à la fin de mars.

Le Petit potiron jaune hatif. Sous-variété du premier, dont la queue (pédoncule) jaune et non verte annonce la délicatesse. Leberiays dit qu'on en mange dès le commencement d'août.

La culture des potirons ne diffère de celle des pépons qu'en ce qu'ils sont un peu moins robustes. Si, pour en avoir de primeur, on les sème dès le commencement de mars, il faut les couvrir d'une cloche; mieux, les élever en pots sous cloches, et à leur troisième feuille les porter en place, et continuer à les garantir du froid et du soleil jusqu'au temps doux. Pour en avoir de garde, on ne les sème à Paris qu'à la fin d'avril, sur couche à l'air ou en place, avec ou sans précaution, suivant les localités. Dans les départemens méridionaux, c'est dès février qu'on les sème, et sans abri; mais par-tout ils ne réussissent très-bien que sur des tas de fumier à demi consommé, ou dans de grands trous qu'on en remplit, et qu'on retire en hiver pour l'employer en terreau. Il leur faut beaucoup d'eau.

On a traité, au mot Cucurbitacées, ce qui regarde la manière d'assurer leurs fruits. La pesanteur du fruit rend nécessaire de relever de bonne heure la terre sur laquelle il pose, pour éviter l'humidité, et de le soutenir sur un tuileau, un plâtras ou une pierre. Il faut aider leur maturité en coupant les feuilles qui les entourent, lorsqu'ils n'ont plus à grossir, puis les faire parfaitement sécher au soleil pendant une semaine ou deux sur un terrain ferme et sec, et les préserver ensuite de la gelée et de l'humidité.

La soupe au potiron est une soupe au lait mêlée d'un coulis épais de potiron cuit à l'eau, égoutté, pressé et bien écrasé, quelques personnes en mêlent aussi dans la soupe grasse, d'autres y mettent quelques morceaux entiers. Le coulis se prépare au gras ou au maigre, et de bons cuisiniers en tirent parti. Le potiron paraît devoir fournir aussi un meilleur pain que la citrouille. (*Voyez* Pépon.) On en fait du raisiné, et il réussit très-bien mélangé avec la carotte et la pomme de terre violette (1).

____

(1) Les sauvages de l'Amérique septentrionale sèment plusieurs espèces ou variétés de potirons, et en mangent les fruits non-seulement frais, mais secs : à cet effet, ils coupent ces fruits en tranches minces, les font sécher au soleil et les gardent dans des paniers, à l'abri de l'humidité, pour, pendant toute l'année, les employer à épaissir leur bouillon de viande.　　　　　　　　　　　　　　(*Note de M. Bosc.*)

Potiron d'Espagne. Sorte de pépon, mieux désigné sous le nom de pastisson giraumoné. *Voyez* Pépon. (Duch.)

POU, *Pediculus.* Genre d'insectes de l'ordre des aptères parasites, qui n'est que trop connu du cultivateur, attendu que plusieurs de ses espèces tourmentent et lui et les animaux qu'il a soumis à son empire.

Les pous des oiseaux, dont Latreille a fait un nouveau genre sous le nom de ricin, ne diffèrent de ceux-ci, qui ne vivent que sur les quadrupèdes, que parce que leur bouche est accompagnée de deux crochets distincts.

Tous les pous vivent de sang ; ils le sucent avec leur trompe, qui, entrant dans la chair, cause cette démangeaison que les personnes les plus propres ont été, au moins quelquefois pendant leur vie, dans le cas d'apprendre à connaître, et qui fatigue excessivement lorsqu'elle est très-souvent répétée. Quelque peu considérable que soit la quantité de sang que chaque pou tire du corps d'un animal, leur grand nombre dans quelques-uns, sur-tout les poules et les pigeons, amène la faiblesse, la diminution de l'appétit, la maigreur, etc. Les cultivateurs doivent donc prendre toutes les précautions possibles pour en débarrasser et eux, et leurs enfans, et leurs animaux grands et petits.

L'homme est attaqué par trois espèces : celui du corps, celui de la tête et celui du pubis, qu'on appelle vulgairement *morpion.*

Les enfans des pauvres cultivateurs sont principalement sujets aux deux premières espèces ; la dernière est le lot des débauchés crapuleux.

Changer fréquemment de linge, se laver souvent le corps, se couper très-court les cheveux sont des moyens certains de se débarrasser des deux premières espèces de pous. Le préjugé qui fait croire, dans quelques pays, que la conservation des pous est utile à celle de la santé, est un des malheureux résultats de l'ignorance et de la paresse. Plus le corps est fréquemment débarrassé de la crasse que la sueur et la poussière y accumulent, et plus la transpiration se fait avec facilité : or c'est d'une bonne transpiration que résulte principalement la santé. Quand on voit les habitans des campagnes de quelques parties de la France, qui ont souvent tant d'eau à leur disposition, ne jamais se laver le corps, et ne laver que très-rarement leurs vêtemens, on est disposé à médire de la nature humaine. Les autres moyens qu'on emploie pour détruire les pous des cheveux lorsqu'on ne veut pas couper ces derniers, sont de les rechercher avec les mains ; de les faire tomber au moyen d'un peigne fin ; de les faire mourir avec le secours des substances huileuses qui bouchent leurs stigmates, ou des poudres âcres, qui les chassent, telles que celles de staphisaigre, de coque du Levant, de tabac, etc.

Tous les animaux domestiques ont au moins un pou qui leur est propre, et quelquefois deux et trois : ainsi le cheval, outre son pou, nourrit aussi celui de l'âne, et réciproquement. On trouve sur la brebis celui qui porte son nom et celui qui porte le nom du cerf; sur le bœuf, celui du veau avec le sien ; le cochon en a trois qui sont peu connus.

Les substances dont il a été parlé plus haut peuvent être avantageusement employées en nature ou en décoction, pour débarrasser les quadrupèdes ci-dessus de leurs pous ; on peut de plus se servir des décoctions de poivre, de lède, d'orpin âcre, etc. Mais c'est encore la faute du cultivateur si leurs bestiaux sont trop tourmentés par ces insectes ; car au moyen d'écuries bien aérées, fréquemment nettoyées, de bains journaliers pendant l'été, on peut les empêcher de se multiplier, et c'est seulement leur abondance qui est à craindre. Pourquoi les chevaux de luxe en ont - ils si peu ? Parce qu'ils sont lavés et étrillés tous les jours. Les bœufs qu'on met à l'engrais doivent être traités de même si on veut qu'ils y restent le moins long-temps possible.

Quant aux oiseaux de basse-cour tels que les oies, les canards, les dindons, les poules, les pigeons, etc., ces moyens ne peuvent être facilement employés, et cependant ils sont bien plus tourmentés par les pous que les quadrupèdes. J'en ai compté cinq espèces sur la poule, et presque toutes les autres espèces en ont deux ou trois ; quelquefois ils sont si nombreux sur les poules et les pigeons, qu'ils ne pondent plus, maigrissent considérablement, abandonnent le poulailler, le colombier, etc.

Comme les oiseaux en se grattant en font beaucoup tomber, et que ceux qui sont tombés sont long-temps avant de pouvoir remonter sur les huchoirs, un moyen que toute bonne ménagère doit employer deux à trois fois dans le courant de l'été, c'est de faire exactement nettoyer le poulailler, et ensuite y brûler, après avoir fermé les portes et les fenêtres, pour 2 à 3 sous de soufre. Pour le colombier, on ne peut pas y faire cette dernière partie de l'opération, parce qu'il y a pendant tout l'été des œufs et des petits ; mais on multipliera les nettoiemens au point d'en faire un chaque semaine. Les colombiers à couvoirs en terre cuite sont préférables à tous les autres, relativement à l'objet qui m'occupe. *Voyez* au mot COLOMBIER.

On a indiqué les préparations mercurielles, même le sublimé corrosif, comme moyen de détruire les pous des hommes

et des animaux; elles sont en effet immanquables, mais leurs
dangers sont tels, qu'il n'y a que des ignorans ou des fous qui
osent les employer : la main la plus sage ne peut jamais répondre de leurs mauvais résultats. (B.)

POUAR. Nom d'un troupeau de cochons dans le département du Var.

POUARRÉ. Synonyme de poireau dans le département
du Var.

POUCE. Ancienne mesure de longueur. *Voyez* Mesure.

POUDET et POUDETTE. Espèce de serpette employée
dans le Var pour tailler la vigne et les arbres.

POUDRE. On donne ce nom dans le Médoc à une jument
de moins de trois ans. *Voyez* Cheval.

POUDRE DE LA PROVIDENCE. Mélange de potasse,
de nitre et de sel marin, qu'on vendait jadis pour empêcher la
propagation de la carie; la potasse seule avait de l'action.
Voyez ce mot, ainsi que ceux Carie, Froment et Chau-
lage. (B.)

POUDRE SÉMINALE. *Voyez* Poussière séminale, Anthère, Étamine et Fécondation des plantes.

POUDRETTE. On donne ce nom aux excrémens desséchés
et dont on se sert, après les avoir réduits en poudre, pour
engraisser les terres. *Voyez* Excrément et Aisance.

La dessiccation des excrémens est une opération coûteuse
et qui occasionne la perte de beaucoup des principes fertilisans qu'ils contiennent : il est donc bon de l'éviter toutes les
fois que cela est possible. On emploie ces excrémens frais dans
tous les lieux où on en fait habituellement usage, et on s'en
trouve bien. Ce ne peut être que par suite de la répugnance
qu'on a pour eux, qu'il peut être obligatoire de leur préférer
la poudrette, qui, ayant perdu toute mauvaise odeur et toute
apparence excrémentielle, peut être répandue, même dans les
jardins potagers, sans exciter aucun dégoût.

Il est bon de répandre la poudrette sur la terre avant l'hiver
et de n'en mettre que peu à-la-fois, parce qu'elle rend le sol
brûlant pendant l'été, si on n'a pas de l'eau en abondance
pour en tempérer la chaleur; c'est aux sols maigres et sablonneux qu'elle convient le mieux : elle agit peu dans les années pluvieuses, parce que ses principes sont entraînés par
les eaux.

On peut fixer à 24 boisseaux, mesure de Paris, la quantité moyenne de poudrette à employer par arpent; plus sur
les terres fortes, moins sur les légères, où elle agit avec beaucoup plus d'activité. Un sac d'un setier en contient 12 boisseaux; un tonneau, 18 boisseaux; elle pèse 24 livres le bois-

seau : une voiture attelée de trois chevaux en peut transporter huit à neuf tonneaux, par conséquent l'engrais de 6 arpens.

En 1817, la voirie de Montfaucon, où se confectionne la poudrette provenant des fosses d'aisance de Paris, en a livré soixante-dix mille sacs à 7 fr. 5o cent. le sac.

Il est à remarquer que cette voirie étant placée dans une ancienne carrière de plâtre, et entourée de buttes de marne, déblais de cette carrière, il semblait naturel de mélanger les matières fécales, à l'exemple des Chinois, avec cette marne, ce qui aurait empêché la perte d'une grande quantité de principes fertilisans, et accéléré le moment de l'emploi de cette sorte d'engrais; mais on ne l'a pas fait : ce n'est que dans ces derniers temps qu'on s'est imaginé d'absorber les urines par le plâtre. *Voyez* URATE. (B.)

POUÉE. On donne ce nom, aux environs d'Orléans, aux bombemens du sol, sur lesquels les vignes sont plantées ordinairement sur deux rangs qu'on appelle des FILÉES.

Une pouée a, terme moyen, 2 pieds de large et 4 pouces de hauteur; celles qui sont plus larges s'appellent des PAILLOTS. *Voyez* BILLON.

L'intervalle entre deux pouées s'appelle un ORNE ; il fait le service de sentier.

On laboure les pouées de deux manières : ou on les renverse par moitié dans les deux ornes voisines, ou on les place dans une seule. *Voyez* VIGNE. (B.)

POUILLEUX. Le thym commun se nomme ainsi aux environs de Boulogne.

POUILLON. Les deux bourgeons les plus gros et les plus droits des ceps portent ce nom dans le vignoble de Bar-sur-Ornain ; ils servent, l'un à plier, et l'autre à provigner l'année suivante. *Voyez* VIGNE. (B.)

POUILLOT. Espèce du genre des MENTHES.

POULAILLER. ARCHITECTURE RURALE. L'éducation et l'engraissement des volailles ne présentent un avantage certain aux cultivateurs que dans les pays de grande culture, et principalement dans les localités où les volailles grasses ont de la réputation. Il faut alors des bâtimens convenablement disposés pour loger, élever et engraisser les volailles, et le succès de cette industrie agricole dépend en grande partie de la salubrité et de la bonne disposition de ses bâtimens.

Si un poulailler est trop froid, les poules n'y pondent point ; s'il est trop chaud ou trop humide, elles y sont exposées à des maladies ou à des rhumatismes ; et si ses murs ne sont pas recrépis avec soin ; si son sol n'est pas exactement carrelé, les rats, les souris et les insectes s'y nichent, troublent le sommeil des poules et les empêchent de prospérer.

Les poulaillers doivent donc être construits aussi sainement que les logemens des autres animaux domestiques, et être entretenus avec une propreté particulière.

L'exposition d'un poulailler doit être au levant ou au midi, avec un jour au nord que l'on tient ouvert pendant l'été pour en rafraîchir la température intérieure, et que l'on ferme pendant les autres saisons. On garnit cette ouverture d'un grillage à mailles assez serrées pour que les souris et les autres ennemis des poules ne puissent pas s'introduire par là dans le poulailler.

Autant que cela est possible, il faut placer l'entrée des poules à environ 13 ou 16 décimètres (4 à 5 pieds) de hauteur au-dessus du niveau du pavé de la basse-cour, et de manière que le seuil de cette entrée soit au niveau des *juchoirs* dont on va parler. Les poules y monteront aisément à l'aide d'une échelle extérieure; le poulailler sera mieux clos et plus à l'abri des tentatives des animaux destructeurs que dans toute autre position de cette entrée; mais aussi elle exige une seconde entrée pour la fille de basse-cour chargée du soin des volailles, et le supplément de dépense est souvent la cause que l'entrée des poules, ou *la pouillère*, est le plus ordinairement pratiquée au bas de la porte même du poulailler.

L'intérieur des poulaillers est garni de *juchoirs* et de *nids*.

1°. *Des juchoirs*. On appelle ainsi les barres transversales que l'on place dans un poulailler à une certaine hauteur de son carrelage, pour que les poules puissent dormir dessus. On sait que cet oiseau domestique dort perché sur une patte, tandis que l'autre est repliée sous son corps. Dans cette position il reste en équilibre, mais il le garde mal si la traverse est ronde et lisse, parce que la poule ne plie pas ses ongles et ne peut embrasser les traverses rondes. Pour éviter cet inconvénient, il est donc nécessaire de donner une certaine grosseur aux perches de juchoir, et elles seront convenablement construites avec des chevrons un peu arrondis à leurs angles supérieurs. Leur disposition dans un poulailler n'est point une chose indifférente à connaître, car c'est sur la quantité de juchoirs que l'on peut y placer plus commodément, que l'on juge le nombre de volailles qu'il peut contenir.

En effet, la destination principale d'un poulailler étant de loger sainement pendant la nuit toutes les volailles d'une basse-cour, il aura des dimensions suffisantes lorsque la longueur développée des juchoirs dont il sera garni sera assez grande pour que chaque volaille puisse y trouver une place; et l'on sait

qu'une poule en dormant tient le juchoir sur une largeur d'environ 15 centimètres (5 à 6 pouces).

On place ordinairement les perches du juchoir dans le sens
de la largeur du poulailler, et on en scelle les extrémités dans
les murs. Elles y sont posées ou de niveau ou en échelons, et
à une certaine élévation au-dessus du carrelage. Cet usage est
défectueux, en ce que les poules n'ont pas assez d'aisance pour
monter dans les nids, et qu'il rend très-incommode le nettoie-
ment du poulailler.

Voici une forme de juchoir que nous croyons préférable à
tous égards. Ils sont établis sur chevalets et placés parallèlement
et en échelons sur chaque face du poulailler, de manière que
les poules peuvent y arriver du dehors, et parvenir jusque dans
les nids sans être obligées de prendre un vol. Chaque rangée
est isolée de l'autre, en sorte que l'on peut sans aucun embarras les sortir du local pour les laver et les brosser, et nettoyer
ensuite aisément le poulailler.

Le premier rang se place à 66 centimètres des murs; le second, qui sert d'échelon au premier, à 33 centimètres de celui-ci, et ainsi de suite. Par cette disposition, on peut approcher des nids sans obstacles pour y prendre les œufs, et le milieu du poulailler reste libre et n'est point encombré par la
fiente des poules.

Ainsi, pour procurer quatre rangs de juchoirs à un poulailler, et laisser dans son milieu un espace libre de 2 mètres
pour la commodité du service et la salubrité du local, il faudra
lui donner 4 mètres de largeur; et si on lui procure une longueur de 7 mètres dans œuvre, ce poulailler pourra contenir
environ cent cinquante volailles.

2°. *Nids.* Il n'est pas nécessaire que les nids d'un poulailler
soient aussi nombreux que les poules, parce qu'elles ne pondent pas toutes en même temps, et que d'ailleurs, au lieu
d'avoir de la répugnance à pondre dans un nid commun, il
faut presque toujours la vue d'un œuf pour les exciter à la
ponte.

Ces nids se placent, dans les poulaillers qui sont à rez-de-
chaussée, à environ un mètre un tiers de hauteur au-dessus du
carreau; mais dans ceux qui sont élevés, on peut les attacher
beaucoup plus bas. Il est bon de faire remarquer, à ce sujet, que
les nids des endroits les plus sombres d'un poulailler sont plus
souvent occupés que les autres.

Les nids des poules ont différentes formes selon les localités.

Ce sont le plus souvent des paniers sans couvercle, attachés
assez solidement contre les murs. Dans quelques endroits, ce

sont des cases faites avec des planches : on leur donne 33 centimètres de dimension en tous sens, et on les garnit d'un rebord de 8 centimètres de hauteur. Ailleurs ces nids sont pratiqués dans l'épaisseur des murs. Les paniers sont à préférer
aux cases, parce qu'une fois que celles-ci sont infestées par les
insectes, on ne peut plus les en débarrasser ; au lieu que des
paniers qu'on lave à l'eau bouillante ne contiennent plus ni œufs
ni insectes.

La construction des nids de poulailler est susceptible d'un
perfectionnement peu coûteux qu'il ne faut pas négliger dans
une grande éducation de volailles. Au lieu de fixer les paniers
directement contre le mur, ainsi qu'on le fait communément,
on pourrait les attacher à des planches disposées pour les recevoir, et fixées à cet effet dans les murs par quatre écrous dont
les vis y auraient été scellées solidement. Chaque planche
serait garnie des supports du panier, et d'un petit toit en planche
qui en couvrirait l'aire. Par ce moyen, chaque poule dans le nid
se trouverait pour ainsi dire isolée des autres, et en ôtant les
écrous de la planche qui le supporte, on pourrait aisément enlever tout l'appareil pour l'échauder et détruire les insectes
qui s'y trouveraient.

On distribue les nids sur les murs du poulailler et on les y
place en échiquier, afin qu'en en sortant les poules n'effarouchent point celles qui sont à pondre.

Les poules boivent souvent : il faut donc avoir à la proximité
de leurs logemens des auges toujours remplies d'eau propre,
pour qu'elles puissent satisfaire ce besoin pressant.

Chambre à mue. Cette pièce est un accessoire au poulailler, qui
est indispensable dans une grande éducation de volailles. Elle
est destinée à servir de retraite aux couveuses, et à placer les
volailles que l'on engraisse dans des *épinettes* disposées à cet
effet le long des murs de la chambre.

Les chambres à mue doivent être saines, d'une grandeur
proportionnée aux besoins, et leurs fenêtres disposées pour ne
laisser pénétrer à l'intérieur que la moindre quantité possible
de lumière, sans toutefois nuire à la salubrité du local, parce
que, soit pour couver, soit pour engraisser, les volailles ne
doivent avoir aucune distraction.

On trouve dans le Traité des bâtimens, etc., imprimé à
Leipsick, dont nous avons déjà parlé avec éloge, un modèle
ingénieux d'épinettes, qu'il serait très-avantageux d'imiter
dans cette partie de notre industrie agricole, parce qu'elles
tiennent peu de place. C'est une épinette à deux étages ; chaque
volaille est à son aise dans sa case sans cependant pouvoir s'y
retourner, et le plancher est à jour dans une partie du fond,

afin do faciliter la chute des excrémens, qui ne séjournent pas dans la case, comme cela arrive toujoûrs dans les épinettes ordinaires.

En général, on ne doit pas laisser écarter les volailles, autrement on s'expose à en perdre beaucoup, et sur-tout à perdre beaucoup d'œufs; on perd aussi leur fiente, qui a de la valeur en agriculture; et d'ailleurs les volailles commettent beaucoup de dégâts dans les champs, dans les jardins, dans les granges, et même dans les greniers et les écuries, où leur fréquentation est généralement nuisible.

Pour obvier à cet inconvénient, autant que l'économie peut le permettre, les fermiers de grande culture n'excluent pas tout-à-fait les volailles de la cour et sur-tout du voisinage des granges, mais ils font communiquer les poulaillers avec un verger enclos de murs, où elles s'empressent de passer après avoir pris leur repas, pour y pâturer, y chercher des vers, et s'y essoriller dans la poussière : alors les volailles ne cherchent point à s'écarter au dehors.

Nous avons vu un de ces enclos disposé avec beaucoup d'intelligence pour l'éducation des volailles. Il était garni de plusieurs massifs d'arbustes ou d'arbrisseaux, sous lesquels les volailles se mettaient à l'ombre, ou aux bords desquels elles s'essorillaient dans la poussière. Au milieu était un hangar ou grande cabane couverte en chaume, fermée au nord, à l'est et à l'ouest, et à jour à l'exposition du midi. Dans son intérieur était une grande cage sans fond pour l'éducation des poulets de primeur : cette cage était assez élevée au-dessus du sol et les intervalles entre les barreaux étaient assez grands pour laisser échapper les petits poulets, mais sans que les mères pussent en sortir. Cette cabane était leur refuge en cas d'alarme, et ils venaient aussi s'y mettre à l'abri de la pluie et des autres intempéries de la saison.

D'autres cages semblables étaient distribuées dans l'enclos et placées au-dessous des arbres les plus touffus pour les couvées de l'été.

Cette pratique nous a paru très-bonne et très-avantageuse, et nous en conseillons l'usage dans les grandes éducations de volailles.

« Quelques personnes, dit l'auteur de la huitième section du Recueil des constructions rurales anglaises, veulent qu'on tienne séparément chaque espèce de volaille. Cette précaution, ajoute-t-il avec raison, est inutile lorsqu'on place toutes les volailles dans un local assez grand pour qu'elles puissent agir en liberté, et y trouver des nids et des retraites séparés. »

On voit des exemples de cette bonne pratique au Muséum d'histoire naturelle de Paris, et il est dommage que l'exécution en soit aussi coûteuse. Cependant, pour la mettre à la portée des facultés pécuniaires d'un plus grand nombre de propriétaires, nous avons essayé de réduire au minimum les dépenses d'un semblable établissement, et nous croyons y être parvenus. On en touvera le plan dans notre *Traité d'architecture rurale;* nous allons en donner une idée, pour ceux qui ne possèdent pas cet ouvrage.

Le poulailler est supposé construit près d'une basse-cour, avec laquelle il communique directement. Les pièces du rez-de-chaussée sont destinées aux oiseaux aquatiques, celles du premier étage aux autres espèces de volailles, qui y montent à l'aide de petites échelles extérieures; et le grenier, à des pigeons.

Ce petit bâtiment, proportionné d'ailleurs au nombre de volailles de chaque espèce que l'on veut y élever, est accompagné d'une cour d'environ 4 à 5 ares de superficie, enclose d'une muraille en pierre sèche, ou, mieux, avec des palissades élevées et contenues sur un petit mur d'appui, et placées assez près les unes des autres pour empêcher les volailles de passer à travers. On les termine en pointe à leur extrémité supérieure, pour empêcher les volailles de s'y reposer dans le cas où elles pourraient voler assez haut pour atteindre l'extrémité des palissades, et on les consolide avec plusieurs rangs de traverses.

Une pièce de gazon, au milieu de laquelle on établit un bassin toujours rempli d'eau, offre aux volailles de toutes espèces un pâturage agréable, continuellement entretenu dans un état suffisant d'humidité, et aux oiseaux aquatiques l'élément qui convient à leur prospérité; des plantations de mûriers, etc., des massifs d'arbustes, disséminés avec goût et intelligence, présentent à tous les oiseaux domestiques un ombrage salutaire, ainsi que des fruits, dont ils sont très-friands et qui donnent à leur chair un goût exquis; enfin des auges placées à l'entrée de la cour pour y déposer leur manger, et des vases garnis de leurs supports et toujours remplis d'une eau pure, complètent tout ce qu'il est nécessaire de leur procurer pour assurer le succès de leur éducation.

En donnant à cet enclos une plus grande superficie, on pourrait supprimer le poulailler et le remplacer par de petites loges distribuées autour de l'enceinte pour chaque espèce d'oiseaux. Ces loges auraient une construction peu soignée, afin d'éviter la dépense, et cette espèce de faisanderie deviendrait un ornement très-agréable dans un grand jardin.

C'est à peu près ainsi que **M. Wakefield**, propriétaire anglais très-industrieux, élève annuellement une très-grande quantité de volailles de toutes espèces, sans prendre pour cela d'autre soin, même pour l'éducation des dindons, que l'on regarde comme la plus difficile, que celui de les bien nourrir et de leur procurer de l'eau.

Suivant l'auteur anglais qui rapporte ce fait, le plus beau poulailler que l'on connaisse est celui du lord Penrhyn : sa façade a 140 pieds de longueur. Nous avions en France de fort belles faisanderies particulières, entre autres celle de l'Ermitage près Condé en Hainault. Sa construction avait dû coûter fort cher à M. le prince de Croy, propriétaire de cette curieuse maison de campagne ; mais nous ne croyons pas que jamais Français ait eu l'idée ou plutôt la vanité de loger des poules aussi magnifiquement que lord Penrhyn (1). (De Per).

POULAILLER. On sait que l'excès du froid engourdit les poules, retarde et diminue la ponte, que la chaleur trop vive les affaiblit, que le manque d'eau leur cause la constipation et les autres maladies inflammatoires, que l'air humide leur donne des affections goutteuses, enfin qu'une atmosphère infecte les rend languissantes, d'où il suit nécessairement que leur fécondité est moindre, que la chair n'a pas autant de qualité, et que leur éducation est difficile.

D'après ces considérations, on peut facilement juger combien il importe pour la prospérité et la qualité de la volaille qu'elle soit toujours logée d'une manière saine, commode, mais sur-tout conformément à sa constitution physique, puisque c'est déjà le gîte que nous lui offrons qui commence à l'éloigner de l'état sauvage, et que nous devons tout faire pour qu'elle ne regrette pas sa liberté.

Il est donc essentiel, pour que le poulailler réunisse tous les avantages désirables, qu'il ne soit ni trop froid pendant l'hiver, ni trop chaud pendant l'été ; que les poules puissent s'y plaire et ne soient pas tentées d'aller coucher et pondre à l'aventure : sa grandeur doit être proportionnée à leur nombre, mais plutôt petit que grand, parce qu'en hiver les poules plus rassemblées s'électrisent et se communiquent de leur propre chaleur. Qu'on ne craigne pas que, serrées ainsi, elles se nuisent et s'infectent réciproquement : il est prouvé que les poules qui s'isolent sont peu fécondes, et que plus elles sont rapprochées

---

(1) *Voyez*, dans le premier volume de la collection, formée par Lasteyrie, des constructions, des machines et ustensiles employés dans l'économie rurale, la figure de plusieurs poulaillers, qui ont des avantages marqués sur les nôtres.   (*Note de M. Bosc.*)

dans un petit espace, plus leur ardeur à pondre est soutenue, *et vice versâ.*

Le meilleur poulailler est situé au levant, assez mais non pas trop près de la maison du fermier, sans fentes ni crevasses, ni cavités, pour ne pas permettre aux fouines, aux putois, aux belettes, aux rats, aux souris et même aux insectes d'y pénétrer et de s'y cacher; le toit doit être très-saillant pour le garantir de l'humidité, le plus redoutable fléau des poules; la porte petite, et avoir au-dessus une ouverture par laquelle elles puissent entrer du dehors à l'aide d'une échelle, et se placer sur le juchoir, qui se trouve exprès au niveau de cette ouverture, ainsi que deux fenêtres de forme circulaire, l'une au levant, l'autre au couchant, toutes deux garnies d'un grillage à mailles serrées et d'un contre-vent.

Ces fenêtres, qui servent à entretenir des courans d'air dans le poulailler pour le rafraîchir et sur-tout pour le sécher, doivent dans le jour, quand il fait beau, rester ouvertes, pour exhaler l'air de la nuit, et fermées la nuit, pour y conserver la chaleur et en interdire l'accès aux ennemis des volailles.

Dans les angles intérieurs doivent être placés sur des tasseaux et à 10 à 12 pouces d'intervalle, les juchoirs; ce sont des perches qu'on a soin d'équarrir, parce que les poules n'embrassent point une perche cylindrique, qu'elles ne peuvent point courber leurs doigts et leurs ongles pour s'affermir dessus.

Les espaces intermédiaires sont destinés aux pondoirs, tous recouverts d'une planche, pour garantir les pondeuses des fientes des autres poules, et leur procurer le repos qu'elles recherchent dans l'instant de la ponte.

Les pondoirs ou nids sont des paniers d'osier solidement fixés contre les murs garnis de foin bien sec, préférable à la paille, parce qu'il est plus souple, plus délié, plus doux, plus chaud, et moins sujet à engendrer la vermine; disposés assez avantageusement pour que les poules puissent y entrer sans risquer de casser les œufs qu'ils contiennent.

On peut placer dans le poulailler un abreuvoir semblable à celui des volières, pour y entretenir de l'eau toujours nouvelle; mais pour le sanifier, on n'emploie plus que le feu, l'air et l'eau; ces trois agens sont assez puissans, assez actifs pour produire les meilleurs effets.

Le sol, pavé en pierres plates ou polies, ou en bons carreaux, est fréquemment balayé, ratissé, lavé ou recouvert d'une couche de gravier ou de paille hachée bien menu.

Le poulailler ne doit servir que pour les coqs, les poules, les poulets et les pintades; les poules qui consentent à vivre avec les dindons le jour sur le fumier, ne les aiment point avec elles pendant la nuit sous le même toit ; elles ne souffrent pas plus volontiers sur leurs juchoirs les chapons, quoiqu'ils soient de la famille. Ces êtres disgraciés par notre sensualité , qui ne devraient trouver auprès d'elles que de l'indifférence, leur inspirent la plus grande aversion.

Il est nécessaire qu'il y ait, attenant au poulailler, des espèces de cabinets bien chauds, tant pour y faire couver les œufs, que pour y mettre les poussins qui sont éclos.

Dans le cabinet destiné aux poussins sont des cages séparées, où chaque mère reste huit jours avec sa famille, passe de là dans une enceinte jusqu'à ce qu'ayant achevé leur éducation, elle puisse sans danger les abandonner à eux-mêmes, et recommencer une ponte.

Un poulailler a pour accessoires, 1°. une petite fosse remplie de sable et de cendres ; les poules s'y roulent en été pour désoler la vermine qui les ronge.

2°. Une autre petite fosse où il y a du sable, afin que les poules puissent s'amuser à gratter, à se vautrer et à s'exercer sur le sol un peu ameubli, à s'y tenir un peu à l'ombre à l'âge d'un an ; si elles sont oisives elles s'appesantissent et cessent de pondre.

3°. Deux carrés de gazon qu'on leur abandonne successivement pour les y laisser paître et prendre leurs ébats.

4°. Des haies bien touffues , ou, mieux encore, des arbres à larges feuilles, qui puissent leur fournir de l'ombrage, les dérober à la vue des oiseaux de proie ; ces arbres sont ordinairement des mûriers ou des sureaux , dont les volailles, et surtout les poules , aiment les fruits avec passion.

5°. Un hangar, où elles trouvent à se mettre à couvert dans les temps de pluie, et à se préserver du hâle.

6°. Des auges en pierre ou en bois, couvertes, dans lesquelles les poules , en passant la tête par des ouvertures faites exprès, puissent s'abreuver d'une eau pure , plutôt que d'en aller chercher une corrompue et capable de leur nuire.

La fille de basse-cour. Dans les métairies un peu considérables, il faut à la volaille un surveillant actif qui la garantisse de tous ses ennemis, et la mette en état de procurer les avantages qu'on a droit d'en attendre ; sans quoi, son entretien deviendrait pour la maison une source d'embarras et de dépense plutôt qu'une de profit et d'utilité. Cet agent secondaire de la ferme est ce qu'on nomme vulgairement *la fille de basse-cour;* elle est , dans les petites exploitations, chargée encore des détails. de la vacherie et de ceux de la laiterie. .

Pour se bien acquitter de son emploi , il faut que cette servante maîtresse soit propre, soigneuse, douce, patiente, adroite, attentive et vigilante; quand elle réunit ces conditions, c'est un vrai trésor, il faut tout faire pour se l'attacher.

Son premier devoir lorsqu'elle entre en fonction, c'est de chercher à se faire connaître et aimer de la peuplade volatile qui lui est confiée, de venir souvent au milieu des individus qui la composent pour entretenir la paix parmi eux, apaiser leurs querelles domestiques, connaître l'humeur particulière de chacun, ramener les plus farouches en leur parlant un langage qu'ils entendent, en leur donnant à manger dans le creux de la main, en leur témoignant par des gestes caressans son affection. Que de poules hargneuses, condamnées à périr avant le temps sous le couteau du cuisinier, auraient perdu leur caractère sauvage, seraient devenues sociables, si elles eussent éprouvé dans leur premier âge plus de bienveillance de la part de la fille de basse-cour !

Après ces premiers soins, il y en a de journaliers dont il faut faire sentir tous les avantages : on se contente dans quelques endroits d'appeler les volailles pour manger vers sept à huit heures du matin en été et à neuf pendant l'hiver; mais la poule est un oiseau d'habitude, le moindre dérangement la contrarie. En demeurant trop tard dans le poulailler, elle perd un temps précieux à attendre la nourriture, et n'en a plus assez pour chercher avec la même activité celle dont elle doit se pourvoir elle-même; d'ailleurs, la majeure partie des poules, occupées à faire leurs œufs au printemps depuis sept jusqu'à neuf heures du matin, dérangées dans leur ponte, peuvent courir au dehors et causer des dégâts dans les jardins, si elles n'ont leur première ration à une heure réglée, c'est-à-dire au lever du soleil dans tous les temps, pour le matin, et le soir depuis deux jusqu'à quatre : alors la porte du poulailler, qu'on a laissée ouverte toute la journée, est fermée, excepté un guichet par où les poules rentrent successivement, guichet qu'on a soin de fermer à la nuit, afin d'éviter l'accès des animaux malfaisans.

La fille de basse-cour, une fois connue des poules, doit les passer souvent en revue, pour savoir si la troupe est au complet; assister de temps en temps à leur repas, afin de juger de leur appétit; examiner si elles sont en bon état, si elles engraissent ou ne maigrissent pas trop; suivre leurs démarches, épier leurs actions, et les traiter en conséquence, pour profiter de leurs dispositions à pondre ou à couver.

Si, d'après l'inspection de leur fiente, elle remarque qu'elles sont constipées, il est nécessaire qu'elle rende leur nourriture plus liquide, et de choisir dans les herbes qu'elle leur jettera

la bette et la laitue; si au contraire elles sont menacées du
cours de ventre, il faut changer le régime, faire qu'il soit
échauffant : car cette maladie, qu'on peut arrêter dans son
principe, une fois établie, devient incurable et souvent contagieuse.

Si elle aperçoit que la femelle éprouve de la difficulté à
pondre, elle doit lui mettre qnelques grains de sel dans l'anus
et souvent un peu d'ail. C'est même pour elle un moyen,
après s'être assurée qu'elle a l'œuf, de découvrir le lieu où
elle a pondu à son insçu ; comme elle est pressée alors de déposer son œuf, sa marche vers le nid est accélérée ; on la suit,
et bientôt on surprend son secret.

Une autre attention de la fille de basse-cour, c'est de visiter de temps en temps les nids où les poules pondent ; de
lever exactement à onze heures du matin et à quatre heures
du soir les œufs ; de faire un triage de ceux qui doivent être
vendus ou consommés, des œufs destinés à l'incubation ; de
mettre ces derniers dans une boite ou un panier de paille
rempli de grains ou de sciure de bois ; de suspendre ce panier
dans un endroit sec, frais et obscur; ne pas oublier sur-tout
que les œufs les plus susceptibles de se conserver pendant un
certain temps sont ceux que la poule a pondus dans le courant
d'août et de septembre ; ce qu'on nomme les œufs pondus entre
les deux Notre-Dame ; elle doit les rapporter à la fermière.
Mais ne sont pas réputés vieux les œufs qui ne sont qu'à un
mois de la date de leur ponte.

On ne saurait croire combien la nourriture administrée
dans l'état chaud contribue à la bonne santé de la volaille et
à sa fécondité. L'immortel auteur du *Cours complet d'agriculture*, Rozier, a vu une pauvre femme de campagne, propriétaire
d'une seule poule, qui le soir lorsqu'elle allait se jucher, lui
chauffait le derrière, et chaque jour elle donnait son œuf.
Cette observation ne doit pas être perdue de vue par la fille de
basse-cour ; et comme les pommes de terre sont pour les poules
un mets excellent, sur-tout pendant l'hiver, où les grains
sont ordinairement chers et les insectes peu communs, il convient de leur en donner de cuites dans l'état chaud, divisées
par morceaux et mêlées avec les autres alimens; mais choisir
toujours pour le réfectoire le dedans ou le voisinage du poulailler. Si on leur donnait indifféremment à manger dans les
diférens endroits de la basse-cour, les canards et les dindons
ne manqueraient pas de fondre dessus, occasionneraient de la
confusion et diminueraient de la pitance : d'un autre côté,
on n'attacherait point les poules à leur demeure, et cet objet
est de la plus grande conséquence, afin de pouvoir faire perdre

tout à coup à une poule l'ardeur qu'elle montre pour couver ou conduire ses poussins, et pour l'amener tout naturellement au besoin de pondre. Nous en avons indiqué le moyen au mot INCUBATION.

La poule boit beaucoup et souvent, toute eau sale ou croupie doit lui être interdite. Il faut donc porter son attention sur cette boisson, prendre garde qu'elle soit renouvelée tous les jours en hiver et deux fois en été, et entretenir les vaisseaux qui la contiennent dans un grand degré de propreté.

La soif, sur-tout chez la couveuse, est plus impérieuse que la faim. Il arrive souvent qu'elle demeure constamment sur ses œufs deux fois vingt-quatre heures sans boire ni manger. Quand la fille de basse-cour s'aperçoit de cette opiniàtreté, elle doit la lever et la déterminer à prendre son repas, ce n'est absolument que dans ce cas; car il vaut mieux qu'elle se lève et se replace elle-même sur ses œufs, à moins cependant qu'elle n'observe qu'une couveuse s'impatiente, et qu'elle cherche à sortir souvent de son nid. La fille de basse-cour alors doit avoir soin de la nourrir moins, de la remettre sur ses œufs, de lui présenter dans la main quelques grains de chenevis, de sarrasin : ce moyen l'attache davantage à son nid, sur lequel elle reste, dans l'espérance d'être mieux nourrie.

Mais c'est sur-tout le jour où les petits doivent éclore qu'il faut que la fille de basse-cour redouble d'attention soit pour favoriser leur sortie, soit pour les fortifier quand ils sont hors de la coque, soit enfin pour les soins qu'ils exigent pendant tout le temps qu'ils vivent sous la tutelle de la mère.

Il convient qu'elle possède les connaissances relatives à l'opération qui les chaponne, aux meilleurs procédés qui les engraissent; qu'elle sache distinguer les alimens qui échauffent d'avec ceux qui rafraîchissent; ceux qui font le plus de profit et coûtent moins; qu'elle mette à part chaque individu aussitôt qu'elle aperçoit son plumage hérissé, mal en ordre, ses ailes lâches et traînantes; qu'elle saisisse bien tous les symptômes des diverses maladies, afin de pouvoir appliquer à propos les remèdes les plus efficaces, c'est-à-dire une litière nouvelle, des œufs durs, un peu de caillé, de la mie de pain grillée, émiettée et trempée dans du vin, dans du lait.

Il est encore nécessaire qu'elle veille à ce que la volaille ait toujours suffisamment d'eau, et la boive tiède en hiver, et d'observer à temps quand elle est attaquée de la pépie, parce qu'alors le remède en est plus facile et plus certain. *Voyez* MALADIE DES VOLAILLES.

Quand les œufs ont la coque mollasse, c'est un signe que les poules menacent de passer à la graisse ; il est bon alors, pour arrêter cette disposition, de diminuer la ration, et de délayer un peu de craie dans leur eau, et de mettre de la brique pilée dans leur manger. (Par.)

POULAIN. Jeune Cheval. *Voyez* ce mot.

POULARDE. *Voyez* l'article suivant.

POULE. C'est le genre d'oiseaux domestiques le plus varié et le plus multiplié dans toutes les parties du monde, celui qui offre le plus de ressources alimentaires, tant par les œufs excellens qu'il fournit en abondance, que par la chair fine et délicate de tous les individus composant la famille. Ils sont connus sous les noms de *coq* et de *coq vierge, poule, poussin, poulet, poulette, chapon, poularde.* La durée de la vie du coq et de la poule, ménagés pendant leur existence, est d'environ dix ans.

Choix du coq et de la poule. Le coq, de même que les autres gallinacées, est polygame, c'est-à-dire qu'il ne s'attache pas à une seule femelle. Dès l'âge de trois mois il commence à faire sa cour aux femelles, et sa grande vigueur dure trois à quatre ans, quoiqu'il puisse vivre jusqu'à dix ans; mais lorsqu'il a atteint cinq ans, il faut lui donner un successeur.

Les poules, comme chez les autres oiseaux de leur famille, sont plus petites que le mâle; elles diffèrent encore du coq par leur plumage moins éclatant et moins varié sur la tête.

Nul doute que le concours du coq ne soit nécessaire pour la fécondation des œufs, mais le mâle n'a aucune influence directe sur leur formation. Ils naissent naturellement sur cette grappe qu'on nomme l'ovaire; ils peuvent également grossir, mûrir et se perfectionner dans les poules vierges, comme dans celles qui ont souffert l'approche du mâle. Les œufs décidément clairs ne présentent aucune différence pour le goût et les propriétés alimentaires. On ne devine pas pourquoi les œufs pondus sans la participation du coq ont été accusés d'être moins savoureux et moins sains que les autres.

Il faut que le nombre des coqs soit proportionné à celui des poules. Un pour vingt-cinq suffit; mais comme il est démontré que le mâle est en état de donner des preuves de sa puissance cinquante fois par jour, et qu'un seul de ses actes féconde toute la ponte, on doit nécessairement revenir de cette opinion assez générale, qu'un coq est nécessaire à douze poules. La maxime *qui n'a qu'un seul coq n'en a point,* n'est fondée également sur aucune observation exacte; la véritable économie consiste à n'entretenir aucun animal qui ne gagne sa nourriture par les services qu'il rend.

Il n'y a pas de ménages à la campagne, quelque pauvres qu'ils soient, qui n'aient quelques poules pour se procurer des œufs. Les particuliers dans les villes en réunissant également pour cet objet unique, ils croient tous qu'elles ne pondraient pas s'ils ne leur accordaient la société d'un coq; mais ils nourrissent un mâle en pure perte, et le grain qu'ils épargneraient les mettrait à portée non-seulement d'avoir une poule de plus, mais encore des œufs clairs, c'est-à-dire des œufs plus susceptibles de conservation.

Il y a des races de poules qui donnent d'aussi gros œufs que les dindes, mais la ponte n'en est pas aussi considérable; d'autres n'offrent pas moins d'intérêt, quoiqu'elles fassent des œufs d'une dimension moins grande, attendu que la quantité dédommage du volume. Telle est, par exemple, celle que l'on appelle la *poule commune*, à cause de la préférence qu'on lui donne dans la plupart des pays.

Poule huppée. Les variétés qui ont un plumage frisé et les pattes emplumées doivent, malgré les éloges qu'on leur a prodigués, être proscrites d'une basse-cour utile, les premières, parce qu'ayant la peau à nu, elles sont plus facilement affectées du froid et moins empressées à pondre; les secondes, à cause de l'humidité qu'elles apportent au poulailler avec leurs pattes hérissées, ce qui les rend moins aptes à pondre et plus sujettes à la vermine.

Le ci-devant pays de Caux possède deux variétés de poules, l'une huppée, d'un plumage varié, donnant de gros œufs, mais en petit nombre; l'autre, noire, portant une petite crête, pondant beaucoup et de beaux œufs. Ce sont deux variétés également bonnes pour élever des poulets dont on fait souvent des poulardes et des chapons. Madame de Chaumontet a observé, relativement aux huppes et aux crêtes, que plus la nature a fait de frais pour orner les poules d'une superbe coiffure, moins elles pondent, *et vice versâ.*

A la vérité, la poule huppée de Caux et la grande flandrine sont celles que la main des curieux a le plus travaillées; mais il faut convenir que si une basse-cour n'était peuplée que de ces poules, assurément très-agréables à la vue, leur entretien deviendrait trop dispendieux. D'abord elles donnent des œufs en moindre quantité, coûtent davantage de nourriture, ne pondent pas aussi long-temps, ont la vie plus courte, et ne prospèrent pas par-tout comme les poules de race commune.

Poule flandrine. Elle est plus délicate à manger, parce que, pondant moins que la poule commune et la poule huppée, elle acquiert plus de graisse. La poule de Caen est préférable pour fournir des poulets, des chapons et des poulardes : ce sont donc ces trois espèces de poules qui rapportent le plus de profit, qu'il faut s'attacher à élever dans les cantons assez heureusement situés pour en favoriser la perfection et le commerce.

Les parties des départemens de la Seine-Inférieure et du Calvados connues sous le nom de pays d'Auge et de pays de Caux, présentent deux branches assez considérables de commerce d'œufs et de poulets; les œufs sont vendus ordinairement 2 sous la pièce pour la couvaison, parce qu'on donne une grande extension à l'éducation des poulets, qui, sous le nom de *poulets de grains*, *poulets gras*, *coqs vierges*, *poules vierges*, gélines ou gélinottes, chapons gras, sont enlevés pour Paris à l'âge de cinq, six et sept mois, et fournissent à la capitale les plus excellentes volailles.

Poule de soie. Je voudrais retrouver la poule d'Adria, qui, selon *Aristote*, pondait régulièrement tous les jours, et quelquefois deux œufs par jour. C'est sur cette poule féconde que j'appellerais tous les soins, en supposant cependant que les œufs se rapprochassent par leur volume de ceux de la poule commune; car il paraît que la ponte est d'autant plus considérable que les œufs sont moins gros, *et vice versâ*. La *poule de soie*, si jolie et si mignonne à cause de sa forme et de la finesse de sa peau, si attentive à pondre, si assidue à couver, qui a pour ses poussins tant de tendresse et de sollicitude, serait à coup sûr ma poule favorite, et celle que je proposerais de substituer à toutes les autres, à cause de ses qualités; mais malheureusement deux de ses œufs n'en valent pas un de la poule ordinaire, et c'est à regret que je la relègue dans la basse-cour des curieux.

Poule commune. Hors le temps de la mue, elle pond sans s'arrêter jusqu'à l'apparition des froids. Cette race ne possède pas seulement la faculté de faire beaucoup d'œufs, elle est encore la plus vigoureuse et la moins difficile sur le choix de la nourriture. Quand la cour, la grange, les écuries, les fumiers, ne fournissent pas à sa subsistance, elle trouve le long des haies et des chemins des insectes et des graines pour y suppléer. Nous ignorons l'époque de son acquisition; elle se perd dans la nuit des premiers âges du monde : on peut l'envisager comme une vraie conquête pour les hommes réunis en société. La poule commune mérite donc d'occuper le premier rang parmi les pondeuses.

Pondaison. Elle se répète chez tous les oiseaux deux fois par an : la première après l'hiver, et c'est la plus considérable; la seconde, qui a lieu vers la fin de l'été, réussit rarement. La saison de pondre pour les poules commence en février, et jusqu'au moment où elles demandent à couver. Dans le premier cas, la poule caquette sans cesse, visite tous les coins et recoins pour en trouver un où elle puisse se cacher et jouir de la tranquillité; enfin elle se détermine à entrer dans le poulailler et à choisir le nid destiné à servir de pondoir; elle y monte, s'y arrange, se tait et pond; mais aussitôt qu'elle est débarrassée de son œuf, elle éprouve immédiatement après sa délivrance ce transport que partagent ses compagnes, et qu'elles expriment toutes par des cris de joie répétés qu'on nomme *gloussement*.

Entre les poules de la même espèce, il y en a dont la fécondité varie : les unes ne donnent qu'un œuf en trois jours, d'autres pondent de deux jours l'un, celles-ci en pondent, mais rarement, tous les jours; les poulettes en font davantage, mais de plus petits que celles d'un moyen âge (1).

Cette attention que nous avons recommandée à la fille de basse-cour, de ramasser les œufs deux fois par jour, pour n'en pas perdre, peut exercer une influence sur leur qualité.

Nous en avons donné la raison au mot INCUBATION; mais en général on remarque que la poule qui n'a pas fait le choix d'un nid se place plus volontiers sur celui où elle trouve qu'il y en a le plus : c'est sans doute à cette observation qu'on doit l'œuf figuratif qu'on place dans le nid pour déterminer la femelle à pondre.

Ponte d'hiver. Les vicissitudes des saisons ont beaucoup de part au succès de la ponte; le froid la retarde et la diminue, le chaud opère le contraire; aussi elle est plus hâtive et plus prolongée au midi qu'au nord. On doit donc se ménager dans l'endroit où on élève un grand nombre de poules tous les moyens reconnus pour produire au besoin cet effet, comme le voisinage d'un four, d'une étuve, l'intérieur d'une écurie, d'une étable, avoir soin de les mieux nourrir que celles qui restent au poulailler, et de leur donner de préférence du chenevis, de l'avoine, du sarrasin, un peu de pâtée chaude : par ce moyen on a facilement des œufs frais et même des poulets dans la saison la plus rigoureuse de l'année.

Les ménagères du pays d'Auge font jucher les poules sur le massif d'un four, et les font couver dessous dans des niches pratiquées exprès. Ce moyen facilite la multiplication des poulets, de manière qu'on en a de gros pour le mois d'avril. Par conséquent l'homme fatigué de passer son hiver sans manger d'œufs a la faculté de se procurer cette jouissance.

Couvaison. Ce n'est pas toujours à la même heure que la poule fait son œuf; mais le moment où elle cesse de pondre

---

(1) On a calculé que cinquante-quatre œufs sont le produit moyen de la ponte d'une poule commune pendant un an. (*Note de M. Bosc.*)

pronostique celui du couvage, par un cri différent de celui par lequel elle manifeste l'envie de pondre; il est encore indiqué par son assiduité au nid et par la défense qu'elle prend de ses œufs; alors elle demande à accomplir le vœu de la nature. Le nombre d'œufs qu'on donne à la couveuse varie selon son volume : c'est depuis douze jusqu'à quinze à seize, toutefois après les avoir présentés à la lueur d'une chandelle, pour s'assurer qu'ils sont transparens et pleins; car il est impossible, par ce moyen, de distinguer si les œufs sont fécondés ou non, et de quel sexe sera l'oiseau à naître, quoi qu'on en ait dit. L'erreur vient de ce que pendant long-temps on a pris pour le germe cette cavité qu'on nomme *couronne*, et qui n'est autre chose que le vide occasionné dans l'intérieur par l'évaporation spontanée de l'humidité. Et comment ce germe pourrait-il être aperçu à l'une des extrémités de l'œuf, puisqu'il se trouve placé sur le globe du jaune, à sa partie supérieure, quelle que soit la situation de l'œuf, au centre duquel il est suspendu? Cette position du germe doit servir encore à justifier ce que nous avons déjà dit sur les soins inutiles de la fille de basse-cour, de retourner les œufs en incubation pour les mettre dans le cas d'éprouver plus de chaleur. Cette opération est pour le moins absolument inutile, si elle n'est pas dangereuse pour la couvée. *Voyez*, au mot Incubation, les supplémens de ce paragraphe.

Nids des couveuses. Ce sont des paniers, des corbeilles, des tonneaux d'un diamètre convenable, suffisamment garnis de paille brisée : celle de seigle est la meilleure, parce qu'elle est sèche et flexible. Nous renvoyons encore à l'article Incubation, pour les détails dans lesquels nous sommes entrés sur les soins que demandent les femelles pendant qu'elles sont en couvaison; il faut sur-tout que le local soit disposé de manière à ce qu'elles jouissent de la plus grande tranquillité.

On prescrivait autrefois de ne commencer la couvaison qu'à la fin du croissant de la lune, de mettre toujours les œufs en nombre impair, de préférer les pointus pour avoir des mâles, et ceux arrondis par les deux extrémités pour se procurer des femelles, de garantir la couvée des effets du tonnerre en armant le nid de ferraille (l'œuf du coq et le serpent qu'il contient sont encore des fables), de les préserver du mauvais air avec des plantes aromatiques. On reconnaît maintenant le peu de valeur de toutes ces minuties, et nous invitons les fermiers à né plus s'y arrêter désormais.

Des poussins. C'est communément le vingt-unième jour de l'incubation que le poussin respire; il piaule, sa force vitale acquiert plus d'énergie, ses membres se développent, son bec agit, sa coquille est brisée, et il s'échappe de sa prison. Les uns font cette opération assez promptement, les autres éprouvent plus de difficultés, soit que la coquille que ces derniers attaquent, offre plus de dureté, soit que leur bec ait moins de force que ceux de leurs camarades.

On doit être *sur le qui vive*. Le jour de leur naissance, les poussins n'ont pas besoin de manger, on les laisse dans le nid; le lendemain, on les porte sous une espèce de grand panier garni en dedans d'étoupes, et on leur sert, ainsi que les jours suivans, pour nourriture, des miettes de pain trempées, ou dans du vin pour leur procurer de la force, ou dans du lait pour leur donner de l'appétit; on leur présente des jaunes d'œufs, si on s'aperçoit qu'ils sont dévoyés; on leur met tous les jours de l'eau nouvelle très-pure, et de temps en temps on leur distribue des poireaux hachés; après les avoir tenus enfermés chaudement sous cette mue pendant cinq à six jours, on leur fait prendre un peu l'air au soleil vers le milieu de la journée, et on leur donne de l'orge bouillie, du millet mêlé, du lait caillé, et quelques herbes potagères hachées.

Au bout de quinze à dix-huit jours, on permet à la poule de conduire ses petits dans la basse-cour; mais comme elle est alors en état d'en soigner vingt-cinq à trente, on ajoute aux siens ceux d'une autre poule, et on remet celle-ci à pondre ou à couver.

Ce qui détermine le choix de l'une de ces deux poules pour lui donner la conduite des poussins, c'est la grandeur de son corsage et l'ampleur de ses ailes, afin qu'ils puissent encore éprouver l'utile influence d'une seconde couvaison.

Des poulets. On vante avec raison la tendresse et les sollicitudes de la poule pour ses poussins. Le changement que l'amour maternel a produit sur son caractère et ses habitudes est réellement digne d'admiration : elle était vorace, insatiable, vagabonde, timide, pusillanime; aussitôt qu'elle est mère, on la voit généreuse, frugale, sobre, réservée, courageuse et intrépide; elle prend toutes les qualités qui distinguent le coq, elle les porte même à un plus haut degré de perfection.

Lorsqu'on la voit s'avancer dans la basse-cour, entourée de ses petits qu'elle y mène pour la première fois, il semble qu'énorgueillie de sa nouvelle dignité, elle prend plaisir à venir en remplir les fonctions aux yeux du mâle, et lui montrer les résultats de la couvaison, de cette opération qu'elle a exécutée sans son secours; ne dirait-on pas qu'elle veut lui faire connaître qu'elle saura bien encore sans lui nourrir ses poulets, les surveiller et les défendre?

Elle continue à leur prodiguer ses soins jusqu'à ce qu'ils leur

deviennent inutiles; ce qui a lieu lorsque les poulets sont revêtus de toutes leurs plumes, et qu'ils ont acquis la moitié de
la grosseur qu'ils doivent avoir.

Dans le nombre des élèves parvenus à cette grandeur, on
garde les plus belles poulettes pour remplacer les vieilles
poules, et les jeunes coqs les plus vigoureux pour succéder à
ceux qui sont épuisés; le superflu est ou vendu au marché ou
soumis à la castration.

Chapons. Avant le mois de juillet, s'il est possible, on enlève
aux poulets la faculté de se reproduire, parce qu'on a observé
que l'opération pratiquée dans l'arrière-saison ne produisait
jamais d'aussi beaux chapons. On destine de préférence à la
castration les poulets issus des grandes espèces provenant du
mois de juin, selon le proverbe : *Chapons avant la Saint-Jean
et chaponneaux après*, par la raison qu'ils s'engraissent plus
facilement, qu'ils deviennent plus gros que les autres et se
vendent un plus haut prix.

L'opération qu'ils subissent consiste à leur faire une incision près des parties génitales, à introduire le doigt par cette
ouverture pour saisir les testicules et les emporter avec adresse
sans offenser les intestins; à coudre la place; à la frotter
d'huile; à la saupoudrer de cendres, et enfin à leur couper
la crête.

Cela fait, on les nourrit avec une soupe au vin pendant trois
ou quatre jours qu'on les tient enfermés dans un endroit où
la température est modérée, parce qu'on a remarqué que,
lorsqu'il fait un temps très-chaud, la gangrène se met souvent
à la plaie et qu'elle les fait périr, comme aussi quand l'opération est mal faite.

Engrais des chapons. On les met sous une mue et on leur
fait une litière neuve chaque jour; on leur donne de l'orge,
du sarrasin bouilli, ou bien une pâtée composée suivant la
recette qu'on va voir plus loin. Le temps de s'en défaire le plus
avantageusement est depuis le mois de novembre jusqu'en
mars.

Le coq réduit à l'état de chapon n'est plus sujet à la mue,
sa voix devient enrouée, et il ne la fait plus entendre que rarement; traité durement par le coq, et avec dédain par les
poules, raillé enfin par les jeunes paysans, il est non-seulement exclu de la société de ses semblables, mais encore séparé
de son espèce; cependant, quoique voué à la stérilité, il peut
encore concourir indirectement à la conservation et à la multiplication des poulets, en remplaçant les poules pour couver
leurs œufs et conduire leurs poussins.

Chapon pour conduire les poussins. Il faut le choisir gros et vigoureux, lui plumer le dessous du ventre, le flageller avec une tige d'ortie, et l'enivrer avec une rôtie au vin et un peu d'eau-de-vie, réitérer ce traitement deux ou trois jours, pendant lesquels on le tient renfermé dans un endroit fort étroit; on le porte de là sous une cage avec deux ou trois poussins, qui mangent avec lui, qui se glissent sous son ventre comme sous leur mère, et lui font éprouver un frais agréable, parce qu'ils modèrent les angoisses qu'il ressent; on augmente le nombre des poulets tous les jours jusqu'à ce qu'il en ait autant que le volume de son corps et l'ampleur de ses ailes puissent en couvrir. Quand le chapon a avec lui toute la bande qu'il doit conduire, on le laisse encore pendant deux jours dans la grande cage; après quoi, on lui permet de se promener par-tout, lui et son troupeau, et il s'en acquitte avec autant d'attention que leur propre mère, et ne leur procure pas moins de chaleur, ce qui est le plus important.

Mais cette pratique a quelque chose de révoltant. Réaumur a imaginé un procédé moins cruel. On met le chapon dans un baquet peu large et assez profond, garni dans le fond d'une bonne couche de paille, et on couvre le dessus du baquet avec des planches; on l'en retire deux ou trois fois par jour pour le mettre sous une cage où il trouve du grain. Trois ou quatre jours après, on lui donne deux ou trois poussins huit jours après leur naissance; on les laisse dans le baquet avec lui pendant quelques jours, et on les en retire en même temps que lui pour les mettre sous la cage, et on les fait manger de compagnie. Quand le chapon s'accoutume à vivre paisiblement avec eux, on en ajoute deux ou trois autres, et lorsqu'il paraît s'y être attaché, on lui en confie un plus grand nombre, qu'il conduit avec tous les soins dont une poule est capable. Les premiers jours de cette éducation se passent rarement sans qu'il y ait quelques poussins tués ou estropiés; mais il ne faut pas être rebuté, parce que ces accidens n'auront plus lieu dans la suite : le chapon une fois instruit l'est pour toujours.

Chapon pour couver. Après des préparations préliminaires, analogues à celles qui disposent le chapon à conduire des poussins, on est parvenu à le faire couver. Cette faculté chez lui est d'autant plus avantageuse, qu'on peut lui donner jusqu'à vingt-cinq œufs. Après l'incubation et la conduite des petits, on peut encore lui faire recommencer même besogne une ou deux fois, si on a l'attention de le bien nourrir. *V.* Couvaison.

Nourriture des poules. Toutes les matières alimentaires leur conviennent, même quand elles sont confondues dans le fumier : rien n'est perdu avec les poules; on les voit pendant toute la journée occupées sans cesse à gratter, à chercher et à ramasser pour vivre. Le ver qui vient respirer à la surface de la terre n'a pas le temps de se replier sur lui-même ; il est aussitôt saisi par la tête et déterré.

Les poules repues de grains, de vers et d'insectes, de tout ce qu'elles ont trouvé par une recherche opiniâtre dans le fumier, dans les cours et dans les granges, dans les écuries et dans les étables, n'ont besoin dans les fermes, au printemps et en hiver, que d'un supplément de nourriture, qu'on leur distribue toujours le matin au lever du soleil, et le soir avant qu'il se couche. Ce repas est préparé de la manière suivante :

On fait cuire la veille dans les lavures de vaisselles les plantes potagères que la saison fournit, on les mêle avec du son ; on les égoutte le lendemain ; on porte cette pâtée réchauffée aux poules ; lorsqu'elles l'ont mangée, on leur jette, suivant les ressources locales, une certaine quantité de vannures, de criblures de froment et de seigle, ou d'orge pure, de sarrasin, de blé de Turquie concassé, de vesce, de pois chiches, d'os concassés, de marc de raisin ou de pomme, de fruits sains ou gâtés, coupés par morceaux, tous les débris de la table et de la cuisine, des racines cuites, et seulement, suivant la saison, on augmente ou on diminue la ration de l'une ou de l'autre de ces substances ; quelquefois, comme pendant la récolte ou le battage des graines, on supprime toute distribution du soir, vu que les poules vont chercher pendant le reste de la journée leur nourriture en insectes, et en grains dont on jette quelques poignées sur le fumier pour les accoutumer à y gratter.

La manière la plus avantageuse de donner les graines farineuses à tous les animaux, c'est après qu'elles ont subi la panification ; l'expérience a prouvé que cette opération développe infiniment mieux la substance alimentaire et la rend moins lourde à l'estomac ; mes essais ont également confirmé cette vérité sur les oiseaux de basse-cour.

Verminière. L'attrait que les volailles ont pour les vers a fait songer à ajouter à leur subsistance une ressource qui, de temps immémorial, a été indiquée pour leur en procurer beaucoup et sans frais : le procédé consiste à former une pâte avec du levain de farine d'orge, à mettre ce mélange avec du son et du crottin dans un vaisseau convenable ; au bout de trois jours, s'il fait chaud, elle sera remplie d'une multitude de vers qui serviront de pâture aux poules : mais voici un procédé plus en grand.

Sur un endroit de la basse-cour assez élevé pour permettre l'écoulement des eaux, on construit quatre murailles, chacune de 12 pieds de longueur et de 4 de hauteur, ce qui forme une fosse carrée ; on met successivement dans cette fosse de la paille de seigle hachée, du crottin récent de cheval, de la terre légère abreuvée de sang de bœuf ou d'autres animaux, et un mélange de marc de raisin, d'avoine et de son ; sur ce dernier lit on étend des intestins d'animaux coupés par morceaux, puis recommençant par un lit de paille, on suit le même ordre que la première fois, jusqu'à ce que la fosse soit remplie : alors on la recouvre de branches d'épines, qu'on assujettit par de grosses pierres pour en défendre l'accès à la volaille.

Ce mélange se convertit, pour ainsi dire, en un monceau de vers, qu'on leur ménage pour la saison où la terre, durcie par la sécheresse ou par le froid, ne leur en fournit plus, et on les leur distribue tous les matins par petites portions.

Quand la basse-cour est très-considérable, on établit plusieurs verminières, mais on a grand soin de ne jamais les laisser à la discrétion des volailles : dans quelques endroits, on charge des enfans de suivre le jardinier et de ramasser les vers qu'il fait sortir à chaque coup de bêche, ou bien on leur dit de remuer la terre avec un trident : ce mouvement, qui imite le travail de la taupe, détermine les vers à quitter leur souterrain pour éviter leur ennemi, et ils tombent entre les mains des enfans. C'est particulièrement au printemps qu'il faut s'occuper de la préparation de la verminière, et c'est aussi pendant les grands froids qu'on doit le plus s'en servir.

Avantages de la verminière. Les oies, les canards sont, comme on sait, extrêmement friands de viande ; ils la mangent avec avidité, quoique corrompue : les limaces, les araignées, les crapauds, les grenouilles, les vers de terre, les tripailles, toutes ces substances, en un mot, conviennent à leur appétit carnassier. L'instinct des poussins ordinaires, des poussins d'Inde et de tous les oiseaux pulvérateurs qui grattent la terre pour avoir des vers ; les sauterelles et autres insectes semblables sur lesquels ils se jettent, sont des indices suffisans pour nous apprendre que la première nourriture des oiseaux de basse-cour devrait toujours présenter un mélange composé de matières végétales et animales, et qu'elle aurait une grande influence sur le succès de leur éducation. Cette observation m'autorise à penser qu'on ne fait pas assez d'usage de la verminière adoptée et proposée pour la nourriture exclusive des poules. Rien à mon gré n'est plus économique, ni plus salubre, ni plus propre à la constitution physique de la volaille quand on a soin d'en proportionner la quantité à l'âge, à la saison et aux ressources locales. Ce goût pour les vers se fortifie à mesure qu'elle se développe, et on connaît l'agilité avec laquelle elle les découvre et les saisit pour s'en nourrir. J'ai vu, pendant mon séjour en Angleterre, chez lord Egremont, distribuer tous les jours des œufs de fourmis aux poussins d'Inde, et cette nourriture leur réussir à merveille : peut-être hâterait-elle le moment critique qu'ils ont de passer au rouge, comme elle exempte les faisandeaux des dangers dont ils seraient environnés sans ce moyen ; mais il ne faudrait y faire entrer ces œufs que pour un quart, leur excès est aussi fâcheux que l'usage modéré en devient nécessaire. Les œufs couvés qui ont manqué, les volailles qui meurent dans la basse-cour ; tous ces objets cuits, hachés et mêlés à la pâtée des poussins, leur conviennent ; il est vraisemblable que dans les cantons maritimes les débris de poissons deviendraient dans ce cas un supplément utile.

Des poulardes. On désigne sous ce nom les poules auxquelles on a enlevé l'ovaire, soit lorsqu'elles ont cessé de pondre, soit avant qu'elles n'aient encore pondu.

Cette opération, qui se fait à-peu-près de la même manière que celle qui se pratique sur les coqs, rend stériles les poules ; elle les dispose à prendre un embonpoint extraordinaire et à acquérir une chair fine et délicate.

Ou y soumet toutes les poules chez lesquelles on remarque les défauts essentiels, qui, comme il a été dit précédemment, les rendent peu propres à pondre ou à couver, de même aussi aux poulets qui ne paraissent pas réunir les qualités nécessaires pour devenir de bons coqs.

On chaponne sur-tout de préférence les poules ou poulettes des grandes races, tant parce qu'elles pondent moins que les poules communes, que parce qu'elles fournissent, après avoir été engraissées, de belles pièces de volailles extrêmement recherchées et qui se vendent très-cher.

Manière d'engraisser la volaille. Elle semble devoir être extrêmement simple ; on pourrait même croire qu'on en vient à bout en distribuant à la volaille, à des heures réglées, une nourriture saine capable de la rassasier complétement ; mais, pour remplir le but qu'on se propose, il n'est point nécessaire de la fortifier, de lui procurer une santé vigoureuse ; on veut au contraire lui donner une véritable maladie, une sorte de cachexie, dont l'effet est un embonpoint extraordinaire si supérieur à celui qui lui convient pour qu'elle jouisse de ses facultés dans toute leur énergie, qu'elle ne manquerait pas de mourir de gras fondu, si on ne la tuait pas à temps ; on veut l'engraisser, non pour son avantage, mais pour le nôtre, et, pour y parvenir, on emploie des moyens qu'elle ne choisirait pas elle-même ; on a recours à une des méthodes suivantes :

La première consiste à enfermer la volaille dans un endroit obscur, à la nourrir abondamment avec de l'orge et du sarrasin, ou du maïs, l'un ou l'autre de ces grains cuits et mis en boulettes.

La seconde, pratiquée au Mans, a cela de particulier, qu'au lieu de laisser manger librement la volaille, on lui fait avaler des patons de figure ovale, portant environ 2 pouces de longueur sur un d'épaisseur, composés de deux parties de farine d'orge, d'une partie de sarrasin et de suffisante quantité de lait.

La troisième passe pour être plus expéditive que les précédentes ; elle prescrit de mettre les volailles dans une cage ou épinette placée dans un endroit chaud, de les empâter deux à trois fois par jour, au moyen d'un entonnoir, avec de la farine d'orge, de maïs, de petit millet détrempé dans du lait ; de leur donner d'abord une certaine quantité de ce mélange un peu liquide, par la raison qu'on ne leur donne point à boire, puis d'augmenter successivement la dose jusqu'à leur remplir entièrement le jabot, leur laissant tout le temps de le vider à leur aise avant de recommencer, pour ne pas troubler leur digestion et occasionner des dégorgemens : les deux instrumens employés dans ce procédé méritent d'être décrits.

Épinette pour renfermer les poules. C'est une planche à plat, soutenue par autant de morceaux de planches que l'on voudra engraisser de poules ou de chapons, car chaque fond de planche fera une loge, et chaque volaille aura sa loge, qui sera séparée, étroite et longue, de manière que l'oiseau ne puisse point tourner ni s'élever ; à chaque loge, dont les deux côtés seront ainsi bouchés par deux petites planches passées à chacun des deux bouts, on mettra seulement une ou deux fiches de bois assez fortes pour que l'oiseau ait la faculté de manger et passer la tête au travers sans les rompre ; le dessous de cette loge sera aussi en l'air et fermé par quatre ou cinq bonnes fiches, afin que les fientes de la volaille n'y séjournent pas ; ce qui la rendrait mal propre et malsaine ; d'autres, au lieu de ces barreaux, pour mieux soutenir la volaille dans sa loge, ferment le dessous avec une planche, qui, étant plus étroite d'un tiers que celle de dessus, laisse un trou au bout de sa loge pour laisser écouler les ordures : au reste, l'épinette doit être posée dans un lieu chaud et très-sombre.

Entonnoir à empâter les poules. Cette machine, à la faveur de laquelle un homme peut empâter une cinquantaine de poulets dans l'espace d'une demi-heure, est tout-à-fait commode. Sur un escabeau à hauteur de bras s'élève une espèce d'entonnoir dans lequel on verse la mangeaille ; du bas de cet entonnoir sort un tuyau courbe, à-peu-près comme celui d'une théière ; on fait descendre en dedans de l'entonnoir, jusque

vers le bas, un secret garni d'une soupape, à côté de laquelle
la mangeaille passe dans le fond de l'entonnoir : ce secret est
suspendu par une petite verge de fer attachée à une languette
aussi de fer, qui fait ressort et qui s'élève depuis l'escabeau
jusqu'au-dessus de l'entonnoir ; à cette languette tient une
corde qui descend jusqu'au pied de l'escabeau ; là elle est arrêtée par une petite planche mobile que l'empâteur peut presser du pied : par ce mouvement, la corde tire la languette de
fer, qui en s'abaissant, force le secret, dont la soupape se
ferme, à descendre plus bas dans le fond de l'entonnoir ; et
par là, ce secret, faisant les fonctions d'une pompe foulante,
presse la pâte et l'oblige à sortir par le bout du tuyau courbé,
que l'engraisseur tient dans le bec de l'oiseau au-dessus de sa
langue. Il a soin de retirer le poulet à l'instant qu'il sent
qu'il a pris assez de nourriture : s'il a dépassé la dose convenable, il le fait dégorger dans un vaisseau placé au-dessous
de la machine pour l'empêcher d'étouffer.

Chaque fois qu'on se sert de l'entonnoir, on a soin de le laver
à l'eau fraîche, dans la crainte qu'il n'y reste de la mangeaille,
qui s'aigrirait.

Les poulets nourris de cette manière, qui convient sur-tout
aux marchands de volailles, sont, au bout de huit jours, bien
blancs et d'un goût excellent : en quinze jours ils ont acquis
leur plus haute graisse.

Observations sur l'engrais des volailles. On a vanté une
foule de moyens pour parvenir à ce but : les uns ont indiqué
d'ajouter à la nourriture prescrite les feuilles et les graines
d'ortie séchées et réduites en poudre ; d'autres, un peu de semence de jusquiame, dans la vue de provoquer au sommeil ;
reste à savoir si cette semence partage réellement les propriétés
de la plante d'où elle provient : plusieurs prescrivent le miel ;
il y en a enfin qui, au lieu de les mettre dans un lieu obscur,
comme nous le conseillons, leur crèvent les yeux, et sous prétexte de les délivrer de la vermine qui, en les tourmentant,
empêche l'engrais, les plument sur la tête, sous le ventre et
sous les ailes.

Mais un propriétaire humain, qui ne doit cesser de recommander à ses domestiques de n'être pas durs envers les animaux, ne permettra pas ces opérations à-la-fois barbares et
inutiles, inventées par la plus détestable sensualité, et qui ne
contribuent en rien à l'embonpoint de la volaille ; elles peuvent même lui devenir préjudiciables, puisqu'elles ne sauraient
avoir lieu sans occasionner des douleurs fort aiguës.

En renfermant les chapons, les poulardes et autres volailles
dans des cabas suspendus en l'air, et faits de telle manière

que d'un côté leur tête est en dehors, et de l'autre leur croupion, ainsi empaquetés et immobiles, ils mangent, dorment, et digèrent à-peu-près comme dans l'épinette.

Moyen économique d'engraisser la volaille. Autant les matières animales ou seulement animalisées sont utiles à l'éducation des oiseaux de basse-cour dans leur premier âge, autant les substances farineuses deviennent indispensables lorsque, ayant acquis toute leur croissance, il s'agit de les engraisser : il n'y a rien, à mon gré, de plus économique pour remplir ces vues que la pomme de terre, abondante dans la saison de l'engrais ; elle diminuerait la consommation des grains employés à cet objet, et présenterait un moyen d'obtenir à peu de frais et promptement des volailles grasses ou à demi grasses : j'invite donc les fermières à réfléchir sur ce que je leur propose, et elles perfectionneront le procédé que je leur soumets. Il consiste à faire cuire des pommes de terre lavées ; quand elles sont retirées du feu et de l'eau, à les écraser encore chaudes avec les mains, et à les pétrir avec parties égales de farine grossière de blé de maïs, de sarrasin, d'orge, de millet, selon les ressources locales ; on ajoute, par 8 livres de mélange, une once de sel. On peut préparer cette partie pour deux à trois jours, la donner matin et soir dans la quantité déterminée pour chaque espèce d'oiseau. (PAR.)

POULE D'EAU. Oiseau de la grosseur d'un poulet de deux mois, qui a quelque ressemblance avec la poule par son bec, ses pattes et le cri par lequel elle rappelle ses petits. Son plumage est noir brun en dessus, brun gris en dessous, excepté le bord des grandes plumes des ailes et le croupion, qui sont blancs. Il vit dans les marais couverts, sur le bord des étangs, de petits poissons, d'insectes aquatiques, et probablement aussi de graines. Quoique sa chair ne soit pas un excellent manger, on le chasse au fusil le soir et le matin, seules époques où il ne soit pas caché. On le prend aussi avec des lacets et des filets de diverses sortes, mais rarement en abondance. (B.)

POULET et POULETTE. Jeune coq et jeune POULE.

POULI. *Voyez* POULIN.

POULIN. On donne ce nom, dans le département du Var, aux jeunes ânes.

POUMON (MALADIES DU). *Voyez* PÉRIPNEUMONIE et PHTHISIE.

POUPÉE. Masse de terre argileuse, mêlée de mousse ou de foin, et entourée de lanières d'étoffes ou d'écorces d'arbres, qu'on place autour des greffes en fente ou en couronne, soit pour garantir la plaie du contact de l'air, soit pour entretenir la greffe dans une humidité propre à la conserver en état de végétation jusqu'à ce qu'elle soit soudée au sujet. *Voy.* Greffe.

Une poupée composée de matériaux trop tenaces remplit aussi mal son objet qu'une poupée dans laquelle entrent des terres sans cohérence, parce que, dans le premier cas, elle met obstacle à l'augmentation en grosseur du sujet ou de la greffe, et que, dans le second, elle laisse facilement évaporer son humidité, et se détruit rapidement par l'effet des pluies : c'est en mettant plus de mousse ou de foin dans la composition des poupées faites avec de l'argile trop tenace qu'on en diminue les inconvéniens ; c'est par leur mélange avec de la bouse de vache qu'on augmente la cohésion des terres légères, lorsqu'on est forcé à les employer à la fabrication des poupées.

En Angleterre, on recouvre souvent les greffes en fente, ou, mieux, leur poupée avec un tissu d'osier, qui lui conserve sa forme contre les effets des pluies et des dégels. Cette pratique peut paraître utile à employer pour des arbres très-rares; mais elle est minutieuse et sans objet pour les arbres fruitiers, dont la greffe est toujours soudée avant l'hiver.

Quoique l'humidité que la poupée nouvellement faite entretient autour de la greffe soit, selon moi, un de ses principaux avantages, il ne faudrait pas vouloir renouveler souvent cette humidité par des arrosemens, parce qu'on risquerait de faire noircir et, par suite, périr la greffe. L'eau des pluies entre rarement assez avant dans le corps d'une poupée pour être nuisible sous le rapport ci-dessus.

La grosseur des poupées dépend de celle des tiges ou des branches qu'elles enveloppent. Un pouce d'élévation au-dessus de l'écorce suffit le plus souvent.

Le temps que la poupée doit rester en place est fixé par celui qui est nécessaire non-seulement pour que la greffe se soude à l'écorce du sujet, mais encore pour que la plaie faite au sujet se ferme ; mais comme il faut quelquefois plusieurs années pour produire ce dernier résultat, il arrive souvent que la poupée est détruite avant cette époque, par le seul effet des injures du temps. En général on les brise rarement à la main ; cependant cela devient nécessaire lorsque leur trop de consistance gêne l'accroissement de la greffe, ou s'oppose à la formation du bourrelet qui doit recouvrir la plaie.

Toutes les poupées qu'on a proposé de faire avec d'autres matières que de la terre ne valent pas celles qui en sont composées, ainsi que Thouin s'en est assuré par des expériences directes et comparatives ; il en est de même des résines et autres englumens qu'on leur substitue dans quelques pépinières. (B.)

POURCADE. Troupeau de cochons dans le département de la Haute-Garonne.

POURCEAU. On donne ce nom au cochon dans quelques endroits.

POURCEAU (PAIN DE). *Voyez* au mot Cyclame.

POURGET. Le pourget est une espèce de ciment qu'on fait avec de la bouse de vache et des cendres passées à un gros tamis, afin que les charbons en soient séparés. Sur une égale quantité de cendres et de bouse de vache, on ajoute un quart de chaux éteinte ; on mêle le tout ensemble avec un peu d'eau, pour en faire un mortier dont on enduit l'extérieur des ruches en osier, et qu'on applique avec une truelle aux fentes des ruches en bois, et tout autour de la grande ouverture qui repose sur la table. (R.)

POURGOS. Ce sont les criblures dans le midi de la France. (B.)

POURPAIROLLE. On donne ce nom à la houlgrie porcho, dans les environs d'Angoulême. (B.)

POURPIER, *Portulaca*. Genre de plantes de la dodécandrie monogynie et de la famille des portulacées, qui renferme une demi-douzaine d'espèces, dont une est fréquemment cultivée dans les jardins pour l'usage de la table.

Le Pourpier commun, *Portulaca oleracea*, Lin., a les racines annuelles; les tiges rampantes, épaisses, tendres, couchées sur la terre, rameuses; les feuilles alternes, charnues, ovales, cunéiformes, luisantes; les fleurs petites, jaunâtres, solitaires dans les aisselles des feuilles supérieures, et accompagnées d'un involucre : il est originaire de l'Inde, et fleurit tout l'été dans nos jardins. (B.)

Ce pourpier a produit une variété que l'on appelle *pourpier doré;* elle est due à la culture. Si on la néglige, si on la sème dans un mauvais terrain, elle revient après une ou deux années à son premier état, et constitue ce que les jardiniers appellent *pourpier vert*, qui résiste mieux aux intempéries des saisons que le doré ; mais l'un et l'autre ne peuvent supporter le froid au degré de la glace : d'où l'on doit conclure que l'un et l'autre ne doivent être semés que lorsque la saison est décidée pour chaque canton, et qu'on n'y craint plus les gelées tardives.

Les amateurs sèment le pourpier vert sous cloche, et même sur couche, et par le moyen des paillassons et des soins ordinaires que l'on donne aux Couches (*voyez* ce mot), ils le garantissent du froid. Comme la racine est très-mince et presque sans corps dans le commencement, la graine demande à être semée sur du bon terreau, et nullement enterrée, mais simplement pressée légèrement avec la main contre le terreau. On sème fort épais, et on donne le soleil au plant autant que la saison le permet. Dès que la plante a deux feuilles un peu formées, on la coupe, et elle sert à décorer les salades dans les villes où l'argent est assez abondant pour dédommager le cultivateur des peines qu'il a prises.

La fin d'avril ou le commencement de mai est en général, pour la France, l'époque à laquelle on sème les deux pourpiers en pleine terre; et dans plusieurs cantons l'on choisit encore les expositions les plus méridionales et contre un mur. La petitesse de la graine et la ténuité de la racine indiquent l'espèce de terre qui lui convient le mieux. On doit donc choisir le terreau le plus consommé, et en mettre quelque peu sur la place que doivent occuper l'un et l'autre pourpiers. Comme le pourpier doré est plus agréable à la vue, on ne cultive guère que celui-là : ses tiges sont plus longues, ses feuilles plus larges et mieux nourries. Lorsqu'on a laissé grener, mûrir et pourrir sur place un ou 2 pieds de ces pourpiers, il est presque inutile de les ressemer l'année suivante. Les plantes pullulent de partout, et sont aussi bonnes que si on les avait semées exprès. On est étonné de voir qu'un pourpier dont les tiges disposées en rond occupent souvent près de 2 pieds de diamètre, ne tienne à la terre que par une racine très-déliée. La raison en est très-simple, c'est qu'à l'exemple de toutes les plantes grasses, celle-ci se nourrit plus des sucs répandus dans l'atmosphère que de ceux qu'elle tire de la terre. Il en est ainsi de toutes les espèces de pourpiers en arbres et autres, que les curieux conservent dans les terres chaudes, et dont nous ne parlerons pas, parce qu'elles sont étrangères à notre objet.

Dans les mois de juin et de juillet, on sème de nouveau le pourpier doré, afin de l'avoir plus tendre jusqu'aux gelées. Ces plantes ne demandent point ou presque point d'irrigation, pour peu que le climat soit pluvieux. En effet, si on les arrose le soir ou le matin, le pourpier doré perd de sa couleur et devient plus ou moins vert. L'arrosement du midi ne lui nuit pas, parce que la chaleur du soleil a bientôt dissipé l'humidité superflue. Quelques auteurs recommandent de mouiller le pourpier tous les jours pendant l'été : en suivant cette méthode on a du pourpier fort tendre, mais très-aqueux et sans saveur; ainsi la saveur est sacrifiée au coup d'œil. Il est inutile de la diminuer; car la plante est déjà fade par elle-même. Semez plus souvent, semez plus épais le pourpier doré, et vous en aurez toujours du tendre. Il convient d'arracher de terre quelques-uns des pieds qui ont le mieux poussé au premier printemps, lorsqu'on s'aperçoit que leur végétation est ralentie et que la graine est mûre, pour les étendre sur un drap; on hâte leur dessiccation au gros soleil; enfin on sépare la graine, que l'on porte dans un lieu sec, où elle se conserve bonne à semer pendant six ou huit ans.

Si le pourpier est à considérer par rapport à ses propriétés économiques, il ne doit pas l'être moins pour ses propriétés médicinales. Cette plante est aqueuse, fade et rafraîchissante, diurétique. Les feuilles, et particulièrement le suc exprimé, calment la soif produite par de violens exercices, la soif fébrile, la soif produite par des matières âcres. Elles nourrissent très-peu et se digèrent avec assez de promptitude; elles diminuent la chaleur du corps et des urines; elles ont quelquefois modéré le vomissement bilieux, la diarrhée bilieuse, le scorbut, l'inflammation des voies urinaires. Sous forme de cataplasme, elles apaisent la chaleur des tumeurs phlemoneuses et les répercutent légèrement. Les semences de pourpier ne font mourir aucune espèce de vers contenus dans les premières voies. (R.)

Dans les parties méridionales de l'Europe, le pourpier se multiplie dans les allées des jardins, au point d'en rendre le ratissage bien plus fréquemment nécessaire. (B.)

POURRITURE. Médecine vétérinaire. La pourriture est une maladie chronique, souvent épizootique et quelquefois enzootique, qui affecte particulièrement les bêtes à laine.

Le cheval, le bœuf et le chien en sont rarement attaqués. On a pu la confondre, dans les lapins domestiques et dans les gallinacées, avec l'hydropisie du bas-ventre, qui fait périr un très-grand nombre de ces animaux. Dans le cheval, elle est plus ordinairement la suite de quelques affections des viscères du bas-ventre, et principalement des inflammations lentes du foie.

Cette maladie est une véritable cachexie, dont les premiers effets sont peu apercevables et les progrès lents, mais qui, parvenue à un certain degré d'accroissement, se développe avec assez de rapidité et est promptement suivie de la mort.

Le tempérament mou et pituiteux des bêtes à laine paraît être une des causes de leur disposition à la pourriture; aussi cette maladie est-elle une de celles qui les affectent le plus souvent.

Elle a reçu différens noms (1); mais nous lui conserverons celui de pourriture, comme étant le nom sous lequel elle est plus généralement connue.

Les symptômes qui l'accompagnent sont généraux et particuliers : les symptômes généraux peuvent aussi appartenir à d'autres maladies; ils sont, la tristesse, l'abattement, la lenteur dans la marche, le dégoût des alimens solides et liquides, la diminution ou la cessation de la rumination, le flux par les naseaux, enfin la grosseur du ventre. (Ce dernier symptôme en impose quelquefois; il a été pris pour de l'embonpoint.)

Les symptômes particuliers et qui appartiennent spécialement à la pourriture sont la pâleur et la couleur quelquefois jaune de la conjonctive et de la membrane clignotante, ce que les bergers appellent *œil gras* (la membrane clignotante est cette partie blanche et mobile qu'on aperçoit dans le coin de l'œil du côté du nez), la couleur blafarde des lèvres et de la membrane de la bouche et de celle qui recouvre la langue, l'espèce de saburre blanche et limoneuse dont elle est enduite, la diminution du *suint*; la sécheresse de la laine, son peu d'adhérence à la peau, la facilité avec laquelle elle se casse; une soif pour ainsi dire inextinguible, enfin ce qu'on appelle communément *la bouteille*, qui est une tuméfaction molle, froide et indolente qui se montre sous la ganache, disparaît quelquefois pour se reproduire de nouveau et augmenter insensiblement au point d'occuper toute la partie inférieure du cou.

A l'ouverture des cadavres, on trouve sous la peau du ventre et de la poitrine le tissu cellulaire soulevé et infiltré, et lorsqu'on pénètre dans le bas-ventre une quantité plus ou moins

---

(1) Ces noms sont la rouille, les bangons, le calus, le dérignie, le gras fondu, le mal foie, le vestin, le fiel, le foie douvé, les hydatides, le teu, l'étourdissement, le froid-sang, l'étisie, la dorve, la douve, la doge, les doges, le bruxols, l'embéméadure, la primure, l'hydropisie, la foire grise, la grise foire, la boussa, la boulle, la bouteille, la falourdie, la falourde, la fotée, la grippe, la galatte, la jaunisse, la divauze, le guam, la gamer, la gamuse, la gamiche, le goulomon, la game, la ganache, la ganie, l'emblesca, la manne, la noble, les mittes, la pourriture sèehe, la prison, la pouille, le mourton, le mouron, bête pourrie, mouton pourri, graisse jaune, gonflement, farcin, énéaussement, épeu, rage-damon, dutraule, le mal de mouton, le mal mouton, la fagotte, le tare, la gouëtre, le gouetron, la bourse, la bomade, le bourrelage, le thim, le thim véreux, le thim de fagoue, le thim de foye, la cloche, les cloches, pigotte en Auvergne, etc., etc. Les Anglais l'appellent rot, dropsy; les Hollandais, het ongans; les Italiens, marciaja, bisciola, etc., etc.

considérable de sérosité ; les intestins renfermant des excrémens noirs, d'une odeur insupportable, tantôt solides, tantôt
liquides, mais plus souvent liquides ; le foie désorganisé,
squirrheux, recouvert d'hydatides, flétri, diminué de volume,
contenant des douves, ainsi que la vésicule du fiel ; la bile est
épaisse et noire ; le mésentère et les glandes mésentériques
sont plus ou moins décomposés, pâles comme s'ils eussent été
macérés dans l'eau ; les vaisseaux sanguins, qui rampent sur
la surface des viscères, sont peu apparens et ont perdu la couleur naturelle.

Quelquefois les viscères de la poitrine nagent, comme ceux
du bas-ventre, dans un grand amas de sérosité et présentent
à-peu-près les mêmes désordres : des tubercules, des hydatides,
de la flétrissure et une diminution de volume, qui caractérisent
la désorganisation.

Les causes de cette maladie peuvent être envisagées sous
deux rapports : 1°. celles qui dépendent du régime auquel on
soumet les animaux ; 2°. celles qui tiennent à l'intempérie des
saisons.

Nous rangerons parmi les premières les pâturages humides
et marécageux (1), ceux qui sont encore couverts de rosée

____

(1) M. Backewell, cultivateur anglais, qui a porté à un point de perfection étonnant les races des différens bestiaux, s'est sur-tout appliqué
à élever le plus de bêtes à laine, et afin que personne ne puisse avoir des
animaux de la race qu'il a formée, qu'en les lui payant à un très-haut
prix, il use de la faculté qu'il a de donner à volonté la pourriture aux
bêtes qu'il a engraissées pour le boucher, afin que les acquéreurs soient
forcés de les tuer le plus tôt possible. Nous sommes bien éloignés d'être
les apologistes du motif qui porte M. Backewell à opérer ainsi la destruction des animaux qu'il a vendus ; mais le procédé qu'il emploie pour leur
donner la pourriture pouvant éclairer sur les moyens de les préserver de
cette maladie, nous nous faisons un devoir de transcrire, d'après
M. Ayonne, ses observations.
Il a reconnu, par une très-longue expérience, que les herbages qui
croissent sur les terrains inondés procuraient cette maladie aux moutons
qu'on y conduisait ; il croit que lorsque l'inondation ne provient que des
pluies abondantes, ou que si les prairies, quoique continuellement arrosées, ne le sont que par des sources, les herbages ne produisent pas le
même effet. Sans prétendre rien décider sur la véritable cause de cette
maladie, on peut l'attribuer, du moins en grande partie, à ce que l'herbe
qui pousse sur un terrain qui a été inondé est aqueuse, lâche, et fournit
un mauvais chyle aux animaux. Quoi qu'il en soit, il est certain que les
brebis qui paissent dans des terrains qui ont été inondés ne tardent pas à
être attaquées de la pourriture.
Pour donner cette maladie à ces animaux lorsqu'ils sont prêts à être
vendus, M. Backewell inonde un pré pendant l'été, et il lui suffit à l'automne suivant d'y conduire ses moutons pour que ses vues soient remplies.
Ce procédé, qu'il répète tous les ans, a toujours son effet ; il n'aurait cependant pas lieu si les prés étaient inondés avant le mois de mai, quand

lorsqu'on y conduit les bestiaux, l'usage des plantes aquatiques, telles que les différentes renoncules, la douve, la laiche, etc. ; les plantes qui ont été submergées, quelque bonnes qu'elles soient d'ailleurs, et par conséquent les foins et les pailles rouillés, la mauvaise qualité des eaux, le défaut de nourriture, ou l'excès après un hiver long et pendant lequel les animaux ont été mal nourris, le passage subit de la nourriture sèche à la nourriture verte, le peu d'air des habitations, la mauvaise qualité de celui qui y circule ; nous pensons qu'on peut encore ajouter à ces causes l'engrais, pour ainsi dire forcé, lorsqu'on dispose les animaux à la vente.

Les herbagers qui élèvent et engraissent des bœufs pour la boucherie, et les cultivateurs qui font ce qu'on appelle des *moutons de poture*, sont persuadés qu'une fois que ces animaux sont parvenus à un certain degré d'engrais (ce qu'ils appellent *mûrs*), il faut les vendre, parce qu'ils *tournent*, suivant l'expression usitée parmi eux, et que, s'ils ne périssent pas, ils maigrissent et ne peuvent jamais reprendre graisse.

Quelques expériences entreprises à Rambouillet paraissent contraires à cette assertion et la démentir en quelque sorte ; mais ces expériences, qui n'ont été faites que sur quelques moutons, n'ont pas été assez multipliées pour être concluantes à cet égard ; ces expériences doivent être répétées : quels qu'en soient les résultats elles ne peuvent être que très-avantageuses à l'économie rurale.

Moyens préservatifs. On peut prévenir cette maladie en évitant et en éloignant le plus possible toutes les causes qui y donnent lieu. Comme nous avons déjà fait connaître ces causes, nous ne les indiquerons pas ici de nouveau, mais nous nous bornerons à dire qu'il faut éloigner les troupeaux des terrains humides et marécageux ; ne les conduire aux champs que dans les plus beaux momens de la journée et lorsque la rosée est

---

même ils auraient été couverts d'eau pendant tout l'hiver, et jusqu'en avril. Il faut nécessairement que les prés soient inondés vers la fin du mois de mai, et alors les animaux qu'y fait conduire M. Backewell ne manquent jamais de prendre la pourriture ; il rend aussi malsaines les parties du pré qu'il veut, quelle que soit la nature du sol ; et le même terrain qui devient de cette manière si malsain, ne procure jamais la maladie s'il n'est inondé. Cette expérience, d'ailleurs curieuse, peut servir à éclairer l'histoire de la pourriture, et à engager les cultivateurs à éloigner leurs troupeaux de pareils pâturages. Elle ne prouve point le patriotisme de M. Backewell, et ne sera très-certainement pas imitée par nos cultivateurs français. (*Feuille du Cultivateur*, année 1770, n°. 6, page 23.)

(*Note des Éditeurs.*)

dissipée ; les mettre à l'abri des pluies et des brouillards ; leur donner une nourriture saine , telle que du trèfle , de la luzerne , de la bonne paille , soit de froment , d'avoine , ou de seigle ; la première est préférable (il faut en général choisir celle qui a conservé le plus de grains , et même en donner de temps à autre de celle qui n'a pas été battue , ou quelques poignées d'avoine) ; arroser les fourrages d'eau dans laquelle on aura fait fondre du sel de cuisine (environ une livre sur 8 à 9 litres d'eau); ne les abreuver que d'eau pure et saine, éviter de leur laisser boire celles qui sont froides et dures. Il faut les tenir proprement, nettoyer les étables deux fois par jour, n'y point laisser séjourner les fumiers, faire en sorte que l'air y circule librement, qu'il soit de bonne qualité, et le renouveler souvent.

Le traitement curatif se compose des soins et du régime que nous venons d'indiquer et des médicamens propres à combattre la maladie.

C'est sur le choix des médicamens et la manière de les administrer que sont fondés tous les avantages qu'on peut obtenir du traitement.

On doit préférer les substances simples et faciles à trouver, enfin celles qu'on a sous la main. Quant à la manière de les administrer, on donne les unes sous forme liquide et les autres sous forme solide ; il faut choisir celle de ces manières qui est la plus convenable eu égard aux bêtes à laine, en observant : 1°. qu'on peut très - aisément les suffoquer en leur donnant des breuvages; 2°. qu'il faut pour administrer ce genre de secours beaucoup de monde et beaucoup de temps, sur - tout si la maladie est très-répandue et qu'elle ait pris le caractère épizootique.

Les médicamens solides , tels que les opiats , nous paraissent préférables , on ne craint pas de suffoquer les animaux ; une seule personne peut les administrer.

On place l'animal entre les jambes , on le maintient avec les genoux, et on lui ouvre la bouche avec l'index et le pouce, puis avec une spatule de bois qu'on tient de la main qui est libre on introduit peu-à-peu et à diverses reprises la quantité d'opiat déterminée.

Formule. Prenez racine de gentiane pulvérisée depuis un demi-gramme jusqu'à un décagramme ; incorporez avec suffisante quantité de miel ; ajoutez quelques pincées de sel de cuisine, ou si vous voulez donner plus d'activité au médicament, remplacez le sel de cuisine par 2 grammes de carbonate (1) de soude : on peut donner cette dernière substance jusqu'à 4 grammes ; l'augmentation ou la diminution est toujours dictée par l'intensité de la maladie et les forces du malade ; on donne les opiats tous les jours le matin à jeun.

Autre formule. Limaille de fer , ou ses différens oxides porphyrisés (c'est-à-dire pulvérisés), depuis 2 grammes jusqu'à 12 ; racine d'aunée en poudre , depuis un décagramme jusqu'à 6 , mêlez ces poudres avec suffisante quantité de miel pour faire un opiat ; parmi les oxides de fer , l'oxide noir (ou les battelures de fer , ce qui est la même chose) est préférable ; il se trouve chez tous les forgerons ; c'est ce qu'on appelle la paille de fer ; on le donne comme le précédent.

Les extraits de genièvre et de gentiane peuvent remplacer le miel avec avantage pour faire les opiats.

L'aloës en poudre , à la dose de 10 décagrammes , donné dans l'un de ces extraits , est encore un moyen qu'on peut employer ; il faut être bien circonspect dans l'augmentation des doses de ce médicament ; il deviendrait purgatif.

Il vaut mieux , dans cette circonstance , l'employer à petite dose et en continuer l'usage plus long-temps.

Le quinquina est également bon , mais la cherté n'en permet pas l'usage dans la médecine vétérinaire , au moins pour le moment.

Si on a une certaine quantité de malades , on peut faire ces opiats en grand , c'est-à-dire en faire à-la-fois pour huit animaux ; il est assez facile de diviser une masse par huitièmes , alors on augmente les doses d'après les proportions que j'ai indiquées.

On aura l'attention d'abreuver les animaux malades avec de l'eau dans laquelle on aura mis pendant vingt-quatre heures des morceaux de fer rouillés.

On pourra y ajouter aussi du vinaigre jusqu'à agréable acidité , c'est-à-dire qu'il ne faut pas que le goût du vinaigre se fasse sentir.

En n'indiquant ici qu'un très-petit nombre de formules , nous avons voulu éviter l'embarras du choix.

Il faut consulter les *Instructions vétérinaires* , volume de 1791 , on y trouvera , depuis la page 152 jusqu'à celle 183 ,

---

(1) Il faut faire la différence de la soude caustique , qui est privée d'acide carbonique , d'avec celle dont nous indiquons ici l'usage ; cette dernière est un médicament salutaire qu'on peut employer avec avantage à l'intérieur , tandis que privée d'acide carbonique elle ne peut s'employer qu'à l'extérieur pour ronger les chairs.

un mémoire de M. Chabert sur la pourriture dans les bêtes
à laine : ce mémoire contient des détails intéressans sur les
causes et sur les effets de cette maladie, qui y est traitée complétement. (Desp.)

POURRITURE, PUTRIDITÉ. Médecine vétérinaire.
C'est un état dans lequel les parties intégrantes du corps des
animaux, en se décomposant par la dissolution ou la séparation des particules élémentaires dont elles étaient formées,
passent à une disposition différente, et forment de nouvelles
combinaisons.

On peut distinguer quatre degrés dans la putridité qui attaque une partie externe d'un animal vivant. Le premier degré
est la disposition à la pourriture; le second, la pourriture
commençante, ou l'état putride; le troisième, la pourriture
avancée, ou la gangrène; et le quatrième, la pourriture parfaite, ou de sphacèle. Il nous suffit de dire ici que la putridité
accompagne un grand nombre de maladies : telles sont les
fièvres putrides du sang, les maladies inflammatoires et pu-
rulentes; nous renvoyons le lecteur à chacune de ces maladies
en particulier, suivant l'ordre du dictionnaire. (R.)

POURRITURE DES PIEDS DES MOUTONS. *Voyez* au
mot Pesogne.

POURRITURE. La mort est le résultat de la vie, et la pourriture est presque toujours le résultat de la mort.

Je dis presque toujours, parce que, 1°. les animaux et les
végétaux peuvent être partiellement attaqués de pourriture
pendant leur vie; 2°. qu'après leur mort, les premiers, réunis
en grande quantité, à l'abri de l'action de l'air, se changent
en adipocire, et que les seconds se transforment en charbon
de terre, en pierres, en pyrite, etc.

Ce sera comme agissant sur les corps vivans et comme s'ef-
fectuant sur les corps morts, que je considérerai ici la pourriture.

Les maladies internes, qui dans les animaux sont appelées
putrides, parce qu'après la mort elles déterminent plus rapidement la pourriture, feront la matière d'articles particuliers.
Voyez Putridité.

Les affections externes, qui offrent les caractères d'une sorte
de pourriture dans les mêmes animaux vivans, sont principalement les Phlegmons, les Abcès, les Ulcères, les Bubons,
les Charbons, les Squirrhes, les Cancers, et sur-tout la
Gangrène. *Voyez* tous ces mots.

Il reste donc à considérer ici la pourriture des animaux
après leur mort.

On appelle fermentation putride l'acte de la décomposition des corps morts des animaux. Il y a en effet une réaction des uns sur les autres, et sur les parties solides (les os exceptés), des différens fluides qui existent dans ces corps. Il y a en effet absorption d'oxygène et dégagement d'azote. *Voyez* AMMONIAC.

Expliquer tous les phénomènes qui se passent dans la putréfaction des corps morts serait chose difficile pour moi et peu utile pour les cultivateurs. Je me bornerai donc à mentionner quelques circonstances qui l'arrêtent ou l'accélèrent.

La pourriture ne peut s'effectuer sans eau : ainsi elle est arrêtée dans la viande par sa dessiccation, par sa congélation ; elle l'est également par l'intermède de différens agens, tels que l'ALCOOL, l'AMMONIAC, l'acide du VINAIGRE, soit liquide, soit en vapeur (*voyez* FUMÉE), le SEL MARIN, lo NITRE, les RÉSINES, etc. La cuisson, l'exposition à un air FROID, l'immersion dans un tas de CHARBON, de TERRE VÉGÉTALE, etc., retardent beaucoup ses progrès (*voyez* tous ces mots.) Elle est accélérée par un air HUMIDE et CHAUD, par l'action d'une petite quantité de SEL, de PLATRE, par le contact avec de la viande déjà altérée, par la présence des larves de MOUCHES, de BOUCLIERS, de NICROPHORES et autres insectes.

Le dernier résultat de la pourriture des animaux est du terreau presque tout soluble ; aussi est-il le meilleur de tous les engrais quand il est mélangé avec une certaine quantité de terre : car lorsqu'il est pur, il fait d'abord périr les plantes qu'on lui confie, par l'excès de ses principes nutritifs. L'herbe qui se trouve sous une charogne périt immanquablement ; mais l'année suivante elle repousse avec une vigueur extrêmement remarquable. *Voyez* ENGRAIS et CHAROGNE.

La pourriture des végétaux suit une marche analogue à celle des animaux ; elle s'exerce aussi sur les parties vivantes des plantes, comme sur les plantes entières lorsqu'elles sont mortes (*voyez* aux mots CARIE, GOUTTIÈRE DES ARBRES, ULCÈRE). L'humidité et le contact avec une partie déjà affectée la favorisent ; mais il ne paraît pas que la chaleur et le froid accélèrent ou retardent autant ses effets ; presque toujours elle est accompagnée de MOISISSURE (*voyez* ce mot). L'amputation de la partie affectée et la privation du contact avec l'air sont les seuls moyens curatifs employés, et ils suffisent dans un grand nombre de cas.

Comme la plupart des racines, des tiges, des feuilles, des fleurs et des fruits que l'homme cultive pour son usage, ne se consomment qu'après qu'ils ont été arrachés, coupés et cueillis, non-seulement les cultivateurs ont à craindre qu'ils pourrissent sur pied, mais encore, et même beaucoup plus, après qu'ils les ont récoltés. L'emploi des moyens propres à augmenter dans ce dernier cas les chances de leur conservation en bon état de service, est un des principaux objets de l'économie agricole et domestique; aussi ai-je soin, dans tous les articles qui en traitent, de détailler ces moyens; et malgré cela, je crois devoir les indiquer ici d'une manière générale.

Toutes les racines qui se mangent sont charnues et par conséquent exposées perpétuellement à se pourrir, la dessiccation les altère et d'ailleurs serait trop coûteuse; il en est de même de leur immersion dans des liqueurs conservatrices. Les laisser dans la terre ou les enfouir dans du sable dans une serre à légumes, un cellier, une cave sèche, sont les moyens généralement employés. Il est bon qu'aucune ne se touche, pour que si l'une pourrit, elle ne communique pas la pourriture aux autres. La gelée, qui d'abord retarde en elles les effets de la pourriture, l'accélère ensuite, parce qu'elle les désorganise. Presque toujours une blessure est la première cause de leur perte : ainsi il faut avoir soin de ne conserver que celles qui sont parfaitement saines.

La conservation des tiges, des feuilles et des fleurs a le plus généralement lieu par dessiccation (*voyez* aux mots Foin et Paille); mais il faut avoir soin de ne les réunir en masse que lorsqu'elles sont parfaitement sèches, et d'empêcher la pluie et même les simples vapeurs de les humecter. Quant aux feuilles des légumes, elles sont trop aqueuses et elles s'altèrent trop pour être conservées de la même manière. Quelques-unes, comme les choux, les chicorées, se conservent à-peu-près comme les racines; quelques autres, comme l'oseille, les épinards, se font cuire ou se mettent dans une eau chargée de sel.

Relativement à l'objet qui m'occupe, on doit diviser les fruits en trois séries : 1°. les fruits secs, comme le blé; les haricots, qui ne craignent la pourriture que lorsqu'ils sont exposés à une humidité forte et durable; 2°. les fruits charnus qui, comme les poires, les pommes, les melons, portent en eux un principe sucré, ou mucilagineux, toujours plus ou moins disposé à fermenter; 3°. les fruits pulpeux, qui, comme les figues, les pêches, les abricots, les prunes, les cerises, les fraises, etc., offrent le même principe bien plus abondant, bien plus aqueux et bien plus susceptible de se décomposer, à raison de la faiblesse du tissu cellulaire dans lequel il est renfermé.

Les fruits secs n'ont besoin, comme le foin et la paille, que d'être étendus dans un lieu aéré et abrité de la pluie, pour ne pas craindre la pourriture. *Voyez* Blé, Haricot, Pois, Lentille, Maïs, etc.

On subdivise les fruits charnus en deux ordres ; les fruits d'été et les fruits d'hiver. Les premiers pourrissent dès qu'ils sont arrivés au dernier degré de leur maturité, en passant presque tous par un état intermédiaire qu'on appelle Blossissement (*voyez* ce mot). Il faut donc ou les manger à cette époque, ou les faire sécher au soleil ou au four, ou en faire des confitures, des marmelades, des pâtes que leur cuisson, leur plus grande dessiccation, l'excès de sucre qu'on leur donne préserve de la pourriture, ou les mettre dans l'eau-de-vie. Les seconds, qui n'achèvent leur maturité que bien avant dans l'hiver, même après l'hiver, quoique cueillis avant le commencement de cette saison, se conservent plus ou moins bien en les tenant dans des chambres qu'on appelle Fruitiers. *Voyez* ce mot.

Quant aux fruits de la troisième sorte, il n'y a pas de moyen de les conserver au-delà de quelques jours sans les faire sécher, ou les mettre dans l'eau-de-vie, ou les transformer en confiture, en marmelade, etc.

Dans les années pluvieuses, les fruits, sans exception, se pourrissent plus promptement que dans les années sèches, parce qu'ils sont plus aqueux, qu'ils contiennent moins de principes astringens et de sucre.

Toutes les parties des plantes qui, après avoir fait leur évolution, restent exposées à l'air se pourrissent, les unes en peu de jours, les autres en quelques mois, en plusieurs années, etc., selon leur nature plus ou moins aqueuse, le lieu plus ou moins sec, etc. En dernière analyse, elles se changent en terreau et elles rendent à la terre plus de principes qu'elles n'en ont reçu. C'est ainsi que se forme la Terre végétale ou Humus (*voyez* ces mots), sans laquelle toute végétation serait réduite aux lichens et à quelques plantes des autres familles qui se nourrissent plus d'air que de terre.

Les résultats de la pourriture ou décomposition des végétaux sont moins fertilisans que ceux des animaux ; mais leur immensité fait compensation et bien au-delà.

La nature présente, relativement à la pourriture, des anomalies remarquables et encore inexpliquées ; par exemple, les bois les plus durs pourrissent plus promptement dans les terres marécageuses, et cependant l'aune, qui est très-mou, s'y conserve plus long-temps qu'à l'air ; le chêne résiste pendant des siècles à l'action pourrissante de l'eau dans laquelle il est complétement plongé, et s'altère rapidement s'il reste sur la surface de la terre exposé à l'action des météores.

Plusieurs espèces de champignons croissent sur le bois qui se pourrit et accélèrent sa décomposition, qui peut être cependant arrêtée par la chaux vive ou un fer rouge. *Voyez* Carie sèche.

On garantit encore les bois de la pourriture en les induisant d'une ou plusieurs couches de peinture à l'huile, de goudron, etc. *Voyez* Bois.

L'opinion des cultivateurs est que la carbonisation de la surface du bois qu'on met en terre l'empêche de se pourrir; mais Duhamel, par des expériences directes et que j'ai vérifiées, s'est assuré que cet effet n'était qu'apparent, que le charbon restait intact, mais que la pourriture n'en gagnait pas moins le bois à travers ses fentes : c'est donc une opération superflue que cette carbonisation. (B.)

POUSSE DU CHEVAL. Médecine vétérinaire. La pousse est une maladie dont la nature et le siége ne sont pas connus, quoique l'affection soit commune et malgré l'importance qu'il y aurait à la connaître. Elle est caractérisée par des signes assez faciles à saisir quand ils sont portés au dernier degré, mais qui sont difficiles pour des yeux peu exercés quand l'affection n'est pas encore grave.

Le symptôme le plus apparent est une certaine gêne de la respiration; mais comme ce symptôme accompagne quelquefois d'autres maladies, la première attention à avoir est de s'assurer s'il n'existe point conjointement avec une autre affection. Si l'animal paraît se bien porter d'ailleurs, on reconnaîtra la gêne de la respiration, qui caractérise la *pousse*, aux caractères suivans.

Dans le temps de l'inspiration, élévation graduée et régulière des côtes, tandis que dans l'expiration le mouvement d'abaissement est à peine commencé qu'il s'arrête subitement, s'interrompt pour recommencer et achever ensuite de se faire tranquillement. C'est cette interruption dans le mouvement d'abaissement des côtes qui est le *signe caractéristique* de la pousse ; c'est là le *coup de fouet*, le *contre-temps*, le *soubresaut* de cette maladie. C'est sur-tout aux dernières côtes, le long des hypocondres, qu'on l'aperçoit le mieux. D'autres signes accompagnent souvent celui-là, mais ne font que confirmer la réalité de la maladie sans la caractériser, et peuvent manquer sans que le cheval n'en soit pas moins poussif.

Ces signes sont les suivans : l'inspiration commence par un écartement subit des côtes; une toux particulière, sèche, quinteuse et sans rappel, accompagne la maladie quand elle est avancée : il y a une dilatation habituelle des naseaux et un écartemennt singulier de l'aile interne, écartement qui

subsiste même quand le cheval est en repos. Le dernier signe
connu est un aspect particulier des côtes, qui sont très-ap-
parentes dans presque toute leur longueur, et dont le jeu est
marqué au-dessous de la peau ; enfin une grande maigreur et
un ventre plus volumineux et avalé sont d'autres signes qui accompagnent la maladie parvenue au dernier degré.

Quelle est la nature de cette affection? Nous l'ignorons.
Mais il est très-important de la découvrir, s'il est possible,
parce que cette connaissance pourrait peut-être nous donner
quelque moyen de la reconnaître dans son commencement, ce
qui est très-difficile quelquefois, et néanmoins très-important
dans le cas d'expertise. Pour faciliter cette découverte, nous
allons successivement exposer les opinions que l'on a émises
à ce sujet, en invitant les vétérinaires à chercher si l'une
d'elles est la véritable, à faire des expériences et à publier ou
communiquer tout ce qu'ils découvriront. Nous passerons ensuite à ses causes présumées, et enfin au régime le plus avantageux auquel on puisse soumettre le cheval poussif.

Les premières personnes qui ont fait des ouvertures de cadavres ont placé la cause des phénomènes qui caractérisent la
pousse dans toutes les lésions qu'elles ont observées dans la
poitrine, tels que adhérences de la plèvre pulmonaire avec
la plèvre costale ou diaphragmatique, abcès, tubercules
dans la substance des poumons, congestions dans le sac des
plèvres ou dans le péricarde, etc.; toutes maladies étrangères à la pousse, et qui quand elles sont accidentellement
accompagnées du mouvement du flanc, qui caractérise cette
dernière, ont d'autres signes qui les différencient aux yeux
du vétérinaire. D'autres personnes qui n'ont rien trouvé aux
ouvertures des cadavres ou qui n'en avaient point faites, ont
attribué la maladie à l'épaisissement des liqueurs animales, qui
ne circulaient pas aussi librement dans les poumons; d'autres
l'ont regardée comme une névrose des muscles de la respiration : quelques auteurs anglais la considèrent comme une affection des vésicules pulmonaires, et disent qu'un animal
poussif, ouvert comparativement avec un animal sain tué de
la même manière, présente les poumons plus remplis d'air,
par conséquent plus volumineux et beaucoup plus légers. A
l'Ecole vétérinaire de Lyon, on avait cru reconnaître par des
expériences faites à dessein que, dans le cheval poussif, le
diaphragme, au moment de l'inspiration, était porté en avant,
et vice versá en arrière dans le mouvement expiratoire, par
conséquent totalement en sens inverse de l'état de santé, et
qu'ainsi la pousse était une affection nerveuse de ce muscle.
Enfin un professeur de l'Ecole d'Alfort, M. *Godine* jeune, a

avancé qu'elle était la suite d'une affection du cœur, particulièrement du défaut des proportions naturelles entre les cavités droites, qui reçoivent le sang veineux, et les cavites gauches, qui reçoivent le sang artériel venant des poumons. Selon
ce professeur, les cavités gauches étant diminuées en étendue
par suite d'une affection maladive, il doit arriver que ces cavités
ne peuvent plus admettre tout le sang qui a été converti dans
le poumon en sang artériel, et qu'une partie en est refoulée
dans le poumon, qui se trouve ainsi trop rempli et surchargé de
fluides. La respiration, sur-tout le mouvement expiratoire,
éprouve dans ce cas une gêne, dont le *contre-temps*, qui indique
la pousse, est, suivant ce professeur, le signe caractéristique.

Toutes ces différentes façons de voir ne peuvent être regardées que comme des conjectures, même la dernière, tout
ingénieuse qu'elle est, tant qu'elles ne seront pas appuyées par
des faits ou des expériences qui ne laisseront rien à désirer.

Causes. Si tous les auteurs qui ont écrit sur la pousse diffèrent d'opinion sur la nature de la maladie, ils sont d'accord
sur quelques-unes de ses causes, sans l'être pour cela sur toutes.
Ainsi le trop de nourriture, une nourriture trop échauffante
et continuellement sèche, un exercice trop fort immédiatement après la réplétion de l'estomac, enfin l'hérédité, sont
les causes sur lesquelles ils s'accordent en général, et que je
crois être fondé à regarder comme probables. En effet, si l'on
considère d'abord que les monodactyles ont un petit estomac
proportionnellement à leur grandeur, et qu'ils paraissent destinés à manger peu et souvent, tandis que certains travaux de
la domesticité nous obligent à leur donner en une fois une
masse considérable d'alimens; ensuite que, pour renouveler
leurs forces, nous leur donnons beaucoup plus de nourriture
qu'ils n'en auraient besoin; que souvent nous exigeons d'eux
des travaux accélérés au moment même où leur estomac est
chargé d'alimens, et par conséquent où il gêne le plus les organes respirateurs, et s'oppose à la dilatation naturelle du
thorax, et cela au moment où la circulation et la respiration
sont accélérées par l'exercice, il est impossible que ces contre-
sens journaliers dans le régime n'altèrent pas à la longue l'économie en entier, et plus particulièrement les systèmes de la
respiration et de la circulation, qui sont ceux qui en souffrent
le plus immédiatement. Nous remarquons en effet que le plus
grand nombre des chevaux poussifs se trouvent parmi ceux qui
sont le plus exposés aux écarts de régime que je viens d'indiquer, tels que les chevaux de cabriolets, de petites voitures,
de fiacres, de loueurs de carrosses, et dans les chevaux de trait,
parmi tous ceux qui, dans les grandes villes, servent à ces

travaux non réglés, qui les mettent à chaque instant, sans aucune règle, à la merci du premier qui en a besoin, tels que les chevaux de ces hommes qui louent leurs charrettes pour faire les charrois de bois, de pierres, les déménagemens, etc.

Une raison me fait croire aussi que la nourriture constamment sèche est une des causes communes de la pousse : c'est que les chevaux poussifs sont plus communs dans les villes que dans les campagnes, et qu'ils sont rares dans certaines contrées, où ceux qui travaillent aux champs sont nourris toute l'année à un régime moitié sec et moitié vert. En Angleterre, par exemple, où ils ont l'été une ration de fourrage vert, et l'hiver une ration de navets, on en trouve rarement de poussifs, quelque vieux qu'ils soient. Dans une grande ville, il est rare au contraire de trouver un vieux cheval qui n'ait pas le flanc un peu altéré par le contre-temps de la pousse. Une raison encore en faveur de cette opinion, c'est qu'il n'y a pas de doute que le régime du vert seul ne diminue les signes de la pousse à un point tel, que des chevaux poussifs outrés, mis pendant un mois en liberté dans un bon pâturage, ne le paraissent presque plus; j'ai vu ce moyen souvent employé pour pallier la maladie sur des animaux qu'on voulait vendre comme sains, qui l'ont été en effet, mais qui se sont trouvés dans les cas redhibitoires, parce que la pousse ainsi cachée s'est manifestée de rechef au bout de quelques jours de travaux et du régime sec et ordinaire.

Plusieurs personnes ne regardent pas la pousse comme héréditaire; mais d'autres croient avoir des raisons pour la regarder comme telle : pour moi, quand même je serais sûr qu'elle ne l'est pas, et malgré les qualités qu'un cheval ou une jument pourrait avoir, je ne voudrais pas employer l'animal pour la reproduction, si je voulais avoir de bons chevaux : les lois physiologiques, d'accord avec l'expérience, démontrent d'une manière positive que les enfans d'un père ou d'une mère atteint d'une affection maladive sont beaucoup plus susceptibles que d'autres d'être attaqués de cette maladie; et je ne doute pas qu'une partie des chevaux qui sont poussifs de bonne heure et sans cause apparente ne proviennent, pour la plupart, de chevaux affectés de pousse, et sur-tout de jumens poussives, que l'on emploie souvent de préférence pour poulinières, parce qu'elles ont été de bonnes bêtes.

Cette malheureuse indifférence, par rapport à la pousse, dans le choix des bêtes à employer à la reproduction, a détérioré beaucoup quelques-unes de nos races, a sur-tout abrégé leur existence; nos races nobles de Normandie sont dans ce cas. Un raisonnement que j'ai entendu faire non-seulement aux nourrisseurs de ce pays, mais à des personnes revêtues d'emplois dans les haras, et dont l'autorité peut être d'un grand poids, propage singulièrement cette négligence. Elles disent *la pousse qui vient de père ou de mère est héréditaire; mais celle qui est accidentelle n'est pas héréditaire.* Il est permis, d'après cela, d'employer à la reproduction tout individu dont la pousse est accidentelle : or comme la pousse ne se manifeste guère qu'après l'âge adulte, qu'elle ne se manifeste pas chez les animaux tenus à un certain régime, à celui du vert, par exemple, qu'elle disparaît même momentanément chez ceux tenus constamment à ce dernier régime, il s'ensuit qu'on attribue toujours à des causes accidentelles la pousse qui se manifeste, et qu'il y a fort peu d'animaux chez lesquels on pense qu'elle soit venue par hérédité, et fort peu, par conséquent, qu'on ne puisse pas employer à la reproduction.

Un raisonnement bien simple détruira cet échaffaudage de raisonnemens mal construit. Toutes les personnes avec lesquelles j'ai parlé de ce sujet, conviennent que la pousse qui vient de père ou de mère peut être héréditaire : or, comme cette maladie a eu un commencement, la première fois qu'elle a eu lieu, elle était accidentelle; cependant elle est devenue héréditaire : eh bien ! toutes les fois que la pousse sera accidentelle dans un individu, je ne doute pas qu'il ne puisse transmettre à ses descendans une propension à la contracter, et cela arrivera d'autant plus vite, que le descendant se trouvera dans des circonstances plus favorables à faire naître la maladie. Je ne doute pas qu'on ne puisse faire facilement une race dont tous les individus seraient poussifs. Les Anglais savent bien rendre des formes, accidentelles dans des individus, héréditaires dans leur génération; on rendra la pousse très-commune dans les chevaux, en ne prenant pas soin d'écarter de la reproduction les individus poussifs : le mal est même déjà fait, il est étonnant de voir la quantité de chevaux poussifs qui existent, et quand on passe dans les lieux de la capitale où l'on trouve rassemblés accidentellement les plus beaux attelages, ceux par conséquent où il devrait y avoir le moins de chevaux poussifs, on est attristé de la quantité de chevaux qui font entendre cette toux quinteuse qui accompagne si souvent la pousse.

Les peuples chez lesquels l'éducation des chevaux se fait encore en grand, chez lesquels on trouve encore des haras, en Autriche sur-tout, et où la place de directeur (gestut-meister) ne se donne qu'à des personnes qui ont fait une étude particulière de cet objet, ces peuples, dis-je, ne mettent pas cette insouciance dans le choix des animaux destinés à la reproduction, et ceux dont le flanc est altéré sont bien vite éloignés dès qu'on s'en aperçoit ; j'ai trouvé dans quelques-uns de ces haras des chevaux normands , que leur rare beauté y avait fait introduire , et qu'on en avait éloignés avec soin , à cause de l'irrégularité de leur respiration : ainsi à Caltano , dans le haras du grand-duc de Toscane , on avait rejeté de belles jumens normandes , à cause de ce défaut ; ainsi , dans le grand haras militaire de Mezöhegyes , en Hongrie , ai-je trouvé un bel étalon normand , nommé le *Nonius* , qui avait déjà donné des productions superbes , et cependant qu'on éloignait de la génération , lui et ses productions , à cause de ce défaut dans le père. Chez ces peuples , la durée commune de la vie des chevaux est de 15 à 16 ans ; pour plusieurs de nos races , elle est de 9 à 10.

Plusieurs écrivains ont indiqué des traitemens pour la pousse ; mais il n'y en a pas un dont la bonté soit constatée , et je pense qu'il n'y en a pas pour la pousse déjà ancienne ; le seul propre à faire servir long-temps l'animal affecté est un bon régime , qui éloigne toutes les causes que nous avons indiquées comme causes probables de la pousse. Il consistera à donner à l'animal en alimens secs des alimens qui , sans être échauffans , donnent , sous un petit volume , beaucoup de matière nutritive ; à mélanger , s'il est possible , la nourriture sèche d'un peu de nourriture verte , telle que navets , foin ou luzerne coupés et donnés de suite en vert ; à supprimer en grande partie le foin sec , qui est trop stimulant , en même temps de difficile digestion , et dont les animaux mangent en général beaucoup ; à le remplacer par de la bonne paille , qui n'a point de propriétés stimulantes , et dont les animaux mangent en général peu , parce qu'elle flatte moins leur gourmandise , et enfin à distribuer leurs repas le plus possible de manière à ce que , après les avoir pris , ils puissent se reposer quelque temps avant de travailler ; enfin à éloigner soigneusement de la reproduction tout animal qui serait affecté de la maladie.

Comme l'on voit , il reste beaucoup à apprendre sur cette affection , et je ne doute pas que toutes les sociétés savantes , et sur-tout la Société royale et centrale d'agriculture , n'accueillent avec bienveillance tout mémoire qui leverait un peu le voile qui cache à nos yeux ce qui nous reste à connaître.

(Huz. fils.)

POUSSE DES PLANTES. On dit vulgairement qu'une graine pousse lorsqu'elle sort de terre , qu'une plante pousse lorsque ses bourgeons ou ses feuilles se développent. La pousse des plantes n'est donc autre chose que le commencement ou le renouvellement de leur VÉGÉTATION. *Voyez* ce mot.

Trois circonstances sont indispensables à la pousse des plantes : l'AIR, la CHALEUR et l'HUMIDITÉ (*Voyez* ces mots.) La TERRE et la LUMIÈRE (*voyez* ces mots), quelque nécessaires qu'elles paraissent, ne viennent qu'en seconde ligne, puisque les graines et les plantes peuvent végéter quelque temps sans elles.

Les cultivateurs au-delà des tropiques distinguent deux pousses dans les arbres, la pousse de printemps et la pousse d'automne. Toutes deux concourent à toutes les dimensions de ces arbres, mais la première plus en branches, et la seconde plus en racines. Dans l'une, la sève est principalement ascendante, et dans l'autre principalement descendante. (*Voy.* au mot SÈVE.) Les plantes annuelles n'ont qu'une pousse.

Entre les tropiques la végétation n'est jamais interrompue dans la plupart des arbres, aussi ne peut-on pas lever leur écorce en lanières, les greffer en écusson. *Voyez* GREFFE.

Il est des plantes, et c'est le plus grand nombre, qui poussent au printemps; quelques-unes commencent à pousser en été, d'autres en automne, même en hiver, de sorte que le théâtre de la végétation est garni, quoique inégalement, pendant tout le cours de l'année.

Le moment de la pousse des plantes est d'une grande importance pour le cultivateur, parce qu'il décide souvent de la vigueur de ces plantes, et par suite de l'abondance des récoltes qu'on en attend. Ils doivent donc l'observer avec attention pour prévenir les dangers qu'elles sont alors dans le cas de craindre, principalement la GELÉE et la SÉCHERESSE. *Voyez* ces deux mots.

Toutes les jeunes pousses sont molles, herbacées et très-susceptibles d'être gelées, d'être brisées par les vents, les animaux, etc. On les appelle des bourgeons.

Voyez, pour le surplus, aux mots GERMINATION, VÉGÉTATION, PLANTE, TURION, BOURGEON, AOUTER, etc. (B.)

POUSSE ou POUX. Altération des vins rouges aux environs de Poitiers, à la suite de laquelle ils deviennent amers. *Voyez* VIN. (B.)

POUSSIER DE FOIN. Fragmens de tiges, d'épis, de balles, de graines de foin mûres et non mûres qu'on trouve sur le plancher des FENILS, après qu'on en a retiré le foin.

Généralement les cultivateurs jettent dans la cour le poussier de foin. Les poules y trouvent fort peu à vivre, et ce qui reste est entraîné par les eaux pluviales dans les fumiers, et porté avec lui sur les champs, qu'elles infestent de MAUVAISES HERBES. *Voyez* ce mot.

Employer ce poussier, comme on le fait dans tant de lieux, à la formation de nouvelles prairies, est fort blâmable, en ce que 1°. les graines qui s'y trouvent, pour la plus grande partie, ne sont pas mûres et par conséquent ne lèvent point; 2°. en ce que souvent il s'y trouve des graines d'espèces nuisibles.

Pour tirer un parti vraiment utile de ce poussier, il faut le mélanger avec les criblures et le semer sur des terres en labour, afin d'avoir une prairie temporaire, qu'on fait pâturer au printemps et qu'on retourne en été pour la semer d'autre chose en automne. *Voyez* Prairie temporaire.

Il est toujours à désirer que les prairies naturelles soient formées au moyen de graines de plantes cultivées exprès, ou choisies dans les bonnes parties des anciennes, dont le terrain est analogue (B.)

POUSSIÈRE. Matières terreuses (quelquefois animales ou végétales) extrêmement divisées, et que les vents ou le mouvement des hommes et des animaux enlèvent facilement et dispersent au loin.

Je dois considérer ici la poussière dans ses rapports avec les hommes, les animaux et les plantes.

En entrant dans le nez, la bouche, les yeux des hommes et des animaux, la poussière cause des irritations qui sont suivies de toux, d'inflammation de la gorge, et quelquefois de maladies plus graves, telles que l'asthme, la phthisie, etc. Parmi les agriculteurs, ce sont sur-tout les batteurs qui sont, par la nature de leur ouvrage, dans le cas d'éprouver ses délétères effets. (*Voyez* Batteur et Battage.) Les chevaux, les ânes, les mulets, les bœufs, sont aussi très-fréquemment exposés à avaler de la poussière, soit pendant l'été sur les routes, soit en tous temps, lorsqu'on les emploie à certains travaux. C'est un mal qu'on ne peut que très-difficilement empêcher d'avoir lieu.

En bouchant les pores exhalans et inhalans des feuilles des plantes, la poussière s'oppose plus ou moins à deux de leurs plus importantes fonctions, la transpiration, et l'absorption des gaz : aussi voit-on que les arbres plantés sur les routes, les productions de la culture qui les bordent, l'herbe qui y croît, ne poussent pas avec la même vigueur que là où il n'y a pas de poussière. Sans les pluies qui entraînent de temps en temps cette poussière, beaucoup de ces plantes périraient.

Dans les serres et dans les orangeries qui sont exposées à la poussière, non-seulement il faut arroser quelquefois les feuilles pour produire le même effet que la pluie, mais encore les frotter avec une éponge ou une brosse, pour enlever plus complétement cette poussière.

Mêlée avec l'eau, la poussière devient de la Boue, qui est presque toujours un excellent Engrais, ou un Amendement, ainsi que je l'ai dit à ces trois mots.

Les bestiaux doivent tous les jours être débarrassés de la poussière qui s'est accumulée entre leurs poils, soit par le moyen de l'Étrille, du Bouchon, de l'Eponge, ou du Bain. *Voyez* ces mots.

Il n'est que trop commun de voir les écuries, les étables, les granges et autres bâtimens ruraux surchargés de poussière dans tous les lieux où elle peut s'accumuler, poussière qui est portée souvent par le vent ou autre cause sur le manger des animaux, dont elle altère la saveur et même les bonnes qualités. Un cultivateur jaloux de bien conduire son exploitation, fera housser et balayer de fond en comble l'intérieur de tous ses bâtimens ruraux au moins deux fois par an.

Il est très-important de battre le foin et la paille, de cribler l'avoine ou l'orge qu'on donne aux chevaux ou autres bestiaux au moment même de les leur donner. *Voy.* aux mots Battage et Criblage.

Faire passer de nouveau au crible le blé qu'on envoie au moulin est, à plus forte raison, une opération importante. (B.)

POUSSIERE FÉCONDANTE ou SÉMINALE. *Voy.* Etamine, Anthère et Pollen.

POUSSIN. Très-petit poulet. *Voyez* Poule.

POUTRE. Nom d'une pouliche ou jeune jumet dans le département des Ardennes. *Voyez* Cheval.

POUTRE. C'est un arbre ordinairement de chêne et équarri, qu'on met en travers dans les bâtimens et qui sert à soutenir les planchers. Quelles que soient sa longueur et sa grosseur, une poutre, pour durer, doit être d'un bois bien sain et bien sec. Il n'est pas rare d'en voir dont l'intérieur est échauffé, comme disent les charpentiers, c'est-à-dire attaqué de la carie sèche avant son emploi, se réduire insensiblement en poussière au bout de quelques années. *Voyez* Carie sèche.

On prévient une partie des inconvéniens qui sont la suite du défaut de dessiccation des bois en laissant leurs deux extrémités à l'air libre. *Voyez*, pour le surplus, au mot Bois. (B)

POUTURE ou POTURE. Engrais des bestiaux fait presque exclusivement avec des graines farineuses.

Cette sorte d'engrais est celle qui donne le meilleur goût à la chair et le plus de qualité au suif; mais elle est la plus coûteuse.

Comme les diverses manières d'engraisser les bestiaux ont été détaillées aux mots Boeuf, Mouton, Cochon et Engrais, j'y renvoie le lecteur. (B.)

POUZOLANE. Déjections volcaniques de forme pulvérulente, qui, unies à la chaux, ont été reconnues former un mortier de qualité supérieure à celui dans lequel on emploie le sable. *Voyez* VOLCAN, CHAUX, MORTIER et SABLE.

La pouzolane n'a d'abord été connue qu'à Pouzole, près Naples, Faujas de Saint-Fond l'a ensuite trouvée dans le Vivarais; depuis, elle a été reconnue abondante dans beaucoup de localités des montagnes de l'Italie, de la ci-devant Auvergne, sur les bords du Rhin, près Andernac.

Les Hollandais font de la pouzolane artificielle en réduisant en poudre grossière les BASALTES voisins de la même ville. *Voyez* ce mot.

Il y a cinquante ans que la pouzolane était regardée comme la matière par excellence pour faire des constructions sous l'eau, et en effet l'irrégularité de ses molécules et leur propriété absorbante la rendent très-précieuse pour cet usage. Elle est égale en qualité et souvent meilleur marché que le CIMENT. (*Voyez* ce mot.) Aujourd'hui qu'on connaît les propriétés de la chaux hydraulique, on la recherche moins.

Comme les cultivateurs sont rarement dans le cas de faire usage de la pouzolane, je borne ici ce que j'ai à leur apprendre à son égard. (B)

PRADIER. Il est quelques cantons où toutes les prairies d'une commune sont mises sous la surveillance d'un homme à gages, pour être encloses, arrosées, débarrassées des pierres, des taupinières, des plantes nuisibles, etc.; et cet homme s'appelle pradier. (B.)

PRAIRIES ARTIFICIELLES. On a donné ce nom à des prairies composées d'une seule espèce de plante, et établies pour quelques années seulement sur les terres arables.

D'après cette définition, de la graine de foin, c'est-à-dire de la graine de toutes les sortes de graminées et autres plantes qui croissent dans les prairies naturelles, semée sur une terre qui porte ordinairement du blé, ne formerait pas une prairie artificielle. C'est un *pré-gazon*. *Voyez* PRAIRIE NATURELLE.

Des champs dans lesquels on sème des graines de plantes du goût des bestiaux, pour faire pâturer ces plantes une seule fois, ou les couper pour les faire consommer à la maison, s'appellent des PRAIRIES TEMPORAIRES, des PRAIRIES FOURRAGÈRES, des PRAIRIES MOMENTANÉES. *Voyez* le premier de ces mots.

Je crois qu'il est bon, pour se conformer à l'usage généralement admis, de ne pas non plus appeler prairies artificielles celles qui sont formées avec une seule espèce de graminée vivace, ni toutes les cultures de plantes annuelles qui ont pour objet la nourriture des bestiaux.

Cependant quelques auteurs appellent toutes ces sortes de cultures des prairies artificielles.

Il est douteux qu'en France il se trouve des prairies artificielles, dans ce dernier sens, composées d'une seule espèce
de graminée ; mais il paraît qu'en Angleterre on en établit
quelquefois avec l'AVOINE ÉLEVÉE, l'IVRAIE VIVACE, le PA-
TURIN DES PRÉS, etc., plantes d'une excellente nature et dont
on ne peut trop recommander la culture. Au reste, ces sortes
de prairies durent moins que les autres et demandent des soins
trop minutieux pour être conservées exemptes de mélange. *V.*
GAZON.

Les plantes avec lesquelles on forme le plus communément
les prairies artificielles en France, se réduisent à la LUZERNE
pour les terrains gras et humides, au SAINFOIN pour les sols
secs et calcaires, au TRÈFLE pour ceux sablonneux ou argileux,
pourvu qu'ils ne soient pas excessivement arides ; il faut cependant ajouter la PIMPRENELLE et la CHICORÉE. *Voyez* ces mots.

C'est à Olivier de Serres qu'on doit la création des prairies
artificielles ; du moins il leur a donné leur nom et on n'en
trouve aucune trace dans les ouvrages antérieurs au sien. N'eût-
il que ce seul mérite, la reconnaissance publique devrait lui
élever un monument, non pas seulement, comme la Société
d'agriculture de la Seine, dans une seule petite ville voisine
du théâtre de ses travaux, mais dans tous les chefs-lieux de
départemens ; car peu de découvertes ont plus influé sur la
prospérité de l'agriculture française.

En effet, outre que les prairies artificielles fournissent un
fourrage plus abondant que les naturelles sur la même étendue
de terrain, elles en procurent dans des lieux où il n'en croît pas
naturellement ; ce qui favorise par conséquent d'autant la multiplication des bestiaux de toutes espèces ; elles servent encore
de plus à faciliter l'assolement des terres, c'est-à-dire à les cultiver de manière à leur faire produire davantage en les épuisant
moins. *Voyez* les mots ASSOLEMENT, JACHÈRE et SUCCESSION
DE CULTURE.

Sans prairies artificielles on ne peut donc faire de la bonne
agriculture, même dans les pays les plus abondans en prairies
naturelles. Elles deviennent le fondement d'une fortune assurée pour tous les cultivateurs qui en établissent, lorsqu'ils savent
en proportionner l'étendue à celle de leur exploitation. Déjà
elles font la richesse de beaucoup de cantons de la France ;
mais combien en est-il encore qui ne les connaissent pas ? Car,
comme tout le monde le sait, les innovations les plus avanta-
tageuses sont celles qui sont les plus lentes à être adoptées par
les habitans des campagnes.

Les articles de cet ouvrage cités plus haut, et sur-tout ceux
rédigés par mon collaborateur Yvart, développant avec un grand

détail les diverses sortes d'avantages qu'une exploitation rurale retire des prairies artificielles, ainsi que la manière de les
établir, de les conserver et de les détruire, je pourrais me dispenser d'étendre celui-ci; mais je crois cependant qu'il est
utile de citer quelques passages de l'ouvrage que Gilbert a publié sur ce qui les concerne.

« S'il est une question qu'il soit intéressant d'éclairer, observe cet estimable agriculteur, c'est celle si souvent élevée,
si vivement débattue, et encore si indécise sur la proportion
dans laquelle les prairies artificielles doivent entrer dans une
exploitation : les uns, sans cesse occupés des grains qui servent
à la nourriture de l'homme, ont cru défendre les droits de la
population en resserrant les prairies artificielles dans les bornes
les plus étroites, et n'ont pas senti que les productions des
terres n'étaient pas en raison de leur étendue, mais de leur
culture ; d'autres, oubliant qu'il existait des hommes, et que
la véritable destination des animaux était de concourir à leur
subsistance, oubliant encore qu'il ne suffit pas que les animaux aient un aliment abondant, mais qu'il leur faut encore
des litières pour se coucher et pour entretenir la fécondité des
terres, n'ont pas craint de les employer presque toutes à la culture des prairies artificielles. Quelques-uns, plus sages, ont
tâché de garder un juste milieu entre ces deux extrêmes, et
ont fixé les uns au quart, les autres au tiers, d'autres à la
moitié de l'exploitation, le terrain qu'elles doivent occuper ;
il n'est pas bien difficile de rendre raison des différences qui
se trouvent dans cette fixation ; elle est subordonnée à des circonstances qui ne permettent pas qu'elle soit générale ; les terrains très-riches, n'ayant pas besoin de la même quantité d'engrais que ceux qui sont pauvres, n'ont pas besoin de la même
quantité de bestiaux, et, par une suite nécessaire, de prairies
naturelles ou artificielles. On peut donc établir comme règle
générale, que la proportion des herbages dans une exploitation
doit toujours être en raison inverse de la richesse du fond et
des autres ressources locales qui servent à la subsistance des animaux.

» Il serait cependant très-utile, à ce qu'il me semble, et je
ne le crois pas impossible, de déterminer précisément cette
proportion dans un canton déterminé.

» Voici comme il me paraît qu'on peut arriver à cette fixation :

» Une fois admis que c'est sur-tout sur l'engrais des terres
qu'est fondée l'utilité des prairies artificielles, il est nécessaire
de connaître,

» 1°. Le nombre d'arpens des terres labourables de ce canton et les sortes de cultures qui y ont lieu ;

» 2°. La quantité de fumier nécessaire pour engraisser les terres ;

» 3°. Le nombre des animaux qui peut fournir ces engrais ;

» 4°. La durée de l'engrais sur les terres ;

» 5°. Le produit moyen de chaque arpent ;

» 6°. La consommation de chaque tête de bétail ;

» 7°. La quantité d'arpens de prairies naturelles et leur produit moyen ;

» 8°. Enfin la différence qui se trouve entre le fourrage des prairies naturelles et celui des prairies artificielles sous le rapport de leurs facultés alimentaires.

» Il me paraît évident qu'au moyen de ces données, en comparant le nombre d'arpens à fumer avec la nourriture nécessaire aux animaux qu'il faudra pour fournir le fumier, on aura pour résultat le nombre d'arpens à mettre en prairies artificielles, moins ceux qui sont employés déjà en prairies naturelles fournissant à la nourriture des bestiaux.

» On pourra m'objecter que mon calcul portant sur la quantité d'engrais nécessaire à chaque arpent de terre labourable, et cette quantité se trouvant réduite par l'établissement des prairies artificielles au demi de celles que j'ai d'abord assignées, il paraîtrait nécessaire de déterminer le nombre des animaux, non sur la totalité des arpens, mais sur celui qui reste après la distraction des arpens employés en prairies artificielles, avec d'autant plus de raison, que l'une des principales utilités de leur culture consiste à engraisser le sol qu'on y emploie.

» Je réponds à cette objection que je ne fais pas cette défalcation, 1°. parce qu'il faut réellement quelque engrais aux prairies artificielles, quoiqu'en bien moindre quantité que pour les autres productions de la terre ; 2°. parce que plusieurs de ces prairies, telles que celles de trèfle, ne dérangent point l'ordre des sols et reçoivent l'engrais à leur tour ; 3°. parce que je n'ai pas compris dans la somme totale des arpens à engraisser celle des prairies naturelles, qui cependant ont aussi besoin d'engrais ; 4°. enfin parce qu'il est bien moins à craindre que les terres péchent par défaut que par excès d'amendement. »

Je dois faire remarquer que, quoique M. Gilbert dise un mot de l'influence des prairies artificielles sur l'amélioration de la terre, il ne fait pas entrer dans son calcul leurs avantages comme appliqués à la rotation des cultures, circonstance cependant d'une telle importance, qu'elle doit être mise à la tête de l'énumération des motifs qu'il fait valoir en leur faveur. (*Voyez* Assolement et Succession de culture.) Il n'ignorait pas cependant cette influence, puisque dans la section qui suit celle que je viens de transcrire il établit la nécessité de cette rotation des cultures.

M. Gilbert examine ensuite si les plantes vivaces dont on forme des prairies artificielles, doivent être semées seules ou associées à des grains.

« Si, sur cette question, dit-il, on consulte les auteurs géoponiques, elle sera bientôt décidée : tous ou presque tous s'élèvent contre la pratique de semer des grains sur les graines des fourrages artificiels; mais si on interroge les cultivateurs et l'expérience, on est tenté de faire grâce à cette méthode ; il ne me paraît pas qu'elle ait été connue des anciens, mais des circonstances locales pouvaient ne la pas rendre nécessaire. Les raisons qu'on donne ordinairement pour la proscrire, sont que les grains, attirant à eux la plus grande partie des sucs nourriciers, affament les jeunes plantes et les empêchent de croître; qu'ils les étouffent s'ils deviennent trop forts, et qu'ils ne donnent, s'ils sont faibles, qu'une très-chétive récolte ; mais ces raisons ne me paraissent pas péremptoires. Il n'est pas bien sûr que la végétation des grains nuise à celle des herbages ; je ne dirai point que ce n'est pas le même suc qui les alimente, je l'ignore : mais ce que je sais, c'est que ces plantes ont une manière différente de végéter et de croître. Les utiles leçons de la nature nous apprennent journellement que plusieurs plantes peuvent s'élever sur le même terrain sans s'entre-nuire ; et quant à la seconde objection, il me semble que pour la détruire il suffit de la rétorquer. Si les grains végètent avec beaucoup de force, et qu'ils affament les plantes artificielles avec lesquelles ils sont associés, ils donneront une très-riche récolte; s'ils sont faibles et qu'ils ne promettent qu'un produit médiocre, on en sera dédommagé par celui de l'herbage, qui sera très-abondant. La raison que donnent les cultivateurs pour justifier cette méthode, c'est que les feuilles du blé, de l'orge, de l'avoine, du lin, de toutes les plantes enfin qu'ils associent aux prairies artificielles, les défendent des atteintes brûlantes de la chaleur, et cette raison qu'on a cherché à ridiculiser n'est rien moins qu'improbable. Je ne vois pas qu'elle répugne aux principes de la saine physique. Les céréales semées avec les herbages doivent conserver autour de leurs racines les eaux pluviales, celles des rosées; elles doivent s'opposer à une évaporation trop abondante, et défendre le sol des ardeurs du soleil. J'ai souvent remarqué, et tous les agriculteurs ont sûrement fait la même remarque, que les herbages artificiels et spécialement le trèfle venaient plus beaux semés avec l'orge qu'avec les autres céréales dont la fane est moins large ; j'ai encore remarqué que la végétation de ces herbages était toujours en raison directe de celle de l'orge qui couvrait de son ombre leurs feuilles encore trop tendres pour résister aux feux du soleil. Je ne doute point que cette ombre ne leur fût contraire lorsqu'elles sont devenues assez fortes pour se défendre elles-mêmes ; mais alors l'orge bienfaisante, l'orge protectrice quitte le sol, qu'elle leur abandonne tout entier.

» Ce sont là, ce me semble, des raisons assez bien établies ; mais ce qui est bien plus concluant, ce qui mérite bien plus de confiance encore, c'est l'exemple de tous les pays où l'on cultive le plus les prairies artificielles, où cette culture est par conséquent plus perfectionnée. En Normandie, en Alsace, en Allemagne, en Suisse, par-tout je les ai vu semer avec des plantes étrangères, et par-tout j'ai vu s'applaudir de l'avoir fait ; on retarde, dit-on, la récolte ; on perd en quelque sorte celle de la première année ; mais compte-t-on donc pour rien la récolte de grains ? D'ailleurs, lorsqu'ils ne sont pas excessivement épais, ils ne leur nuisent pas ; ils les favorisent au contraire. Si des pluies abondantes ou autres circonstances rendent leur végétation trop vigoureuse, on a un moyen bien simple de remédier à cet inconvénient ; c'est de faire faucher ces céréales, qui donnent une récolte de fourrage très-abondante, aussi avantageuse souvent que celle de l'herbage, qu'elle ne diminue en aucune manière, qu'elle favorise plutôt dans un grand nombre de circonstances.

» J'ajouterai enfin, pour dernière raison, que quelques plantes en prairies artificiel es croissent très-lentement, comme le sainfoin, ne donnent de bonnes récoltes qu'à la troisième année, et qu'il est peu de cultivateurs qui ne fussent découragés par une attente aussi longue s'ils n'avaient une ressource dans la récolte du grain produit la première.

» Quelque céréale qu'on préfère pour semer avec les fourrages, on ne doit jamais employer plus des deux tiers de la semence qu'il faudrait pour ensemencer le champ sans ces fourrages, et les semences de ces deux sortes de plantes seront semées séparément, parce qu'elles ne doivent pas être enterrées à la même profondeur.

» Ils sont très-blâmables, au reste, les cultivateurs qui mêlent ensemble la luzerne, le trèfle et le sainfoin. Des plantes de la même famille, d'inégale hauteur, d'une manière différente de végéter, doivent nécessairement se nuire, et j'ai remarqué qu'elles se nuisaient en effet. »

Mais quelle est la saison qu'on doit préférer pour semer les prairies artificielles?

Plusieurs agronomes pensent qu'il faut les semer en automne, M. Gilbert est d'avis qu'il y a plus d'avantages à les semer au printemps. Malgré ses raisonnemens, je crois qu'il est des cas où les semis d'automne doivent être préférés. Comme cet objet a été discuté aux articles de chaque espèce de plantes employées dans les prairies artificielles, je ne m'étendrai pas sur ce qui le concerne. Je dirai seulement qu'aux environs de Paris c'est sur le second hersage des avoines qu'on sème ordinairement les prairies artificielles.

L'expérience et le raisonnement prouvent qu'il ne faut pas faire succéder une récolte de céréales à une autre, ni une culture de fourrage à une culture du même genre. Jamais on ne doit donc mettre deux fois de suite le même terrain en prairies artificielles. Développer les principes serait ici un double emploi, puisque l'article ASSOLEMENT n'a pas d'autre but. J'y renvoie donc le lecteur.

« Quelque plante qu'on veuille semer en prairie artificielle, dit M. Gilbert, il est important que le sol soit extrêmement divisé et qu'il le soit très-profondément. Les labours sont toujours assez nombreux si la terre est bien divisée, *et vice versâ*. Dans les terres dont la couche végétale a peu de profondeur et souvent même quoiqu'elle en ait beaucoup, on craint de ramener à la surface la terre du fond ; cette crainte, souvent fondée dans la culture des graminées, qui étendent leurs racines horizontalement à une très-petite profondeur, ne l'est pas également pour les plantes vivaces qui enfoncent extrêmement leurs racines. J'ai vu des cultivateurs moins timides ne pas craindre d'amener au jour cette terre depuis long-temps dépositaire de tous les engrais répandus sur le sol. Ces couches n'ont besoin, le plus souvent, pour jouir au plus haut degré de la propriété fertilisante, que d'être exposées aux influences de l'atmosphère ; les racines des plantes vivaces ne nous indiquent-elles pas, en les pénétrant pour y chercher leur nourriture, les avantages du procédé que je crois devoir conseiller dans tous les cas, du moins, où le fond n'est pas absolument mauvais ; mais alors le terrain est peu et même point du tout propre aux prairies artificielles, dont le succès est dû à la facilité qu'ont les racines de s'enfoncer. C'est encore cette manière particulière de se nourrir qui m'engage à blâmer la crainte qu'ont les cultivateurs d'enfoncer leurs fumiers trop profondément : ne semble-t-il pas naturel que l'engrais soit placé dans le lieu où les racines des plantes vont chercher leur nourriture ?

» Quel que soit le nombre des labours, et il est rarement de plus de deux, il est important que le premier soit donné avant l'hiver. Si ce labour d'automne est nécessaire à toutes les terres, il l'est plus spécialement encore aux argileuses, qui ont besoin d'être plus divisées que les autres. *Voyez* LABOUR.

» Il ne suffit pas que la terre soit divisée, il faut encore qu'elle soit engraissée, si elle est naturellement maigre ou qu'elle ait été épuisée par une suite de productions successives. Si depuis la nouvelle fumure elle n'a donné que deux récoltes, elle contient ordinairement assez de principes pour pouvoir se passer de nouveaux engrais. Il est bien plus avantageux alors de réserver ces engrais pour la seconde et même pour la troisième année. *Voyez* ENGRAIS et FUMER.

» Les opérations les plus importantes qu'exigent ensuite les terres destinées à recevoir un semis de prairies artificielles sont l'EPIERREMENT, le HERSAGE, le ROULAGE. (*Voyez* ces trois mots.) Les pierres sont nuisibles aux prairies artificielles non-seulement parce qu'elles font perdre du terrain, mais encore parce qu'elles rendent leur FAUCHAISON fort difficile, soit en obligeant de l'exécuter à une hauteur considérable, soit en ébréchant continuellement la faux. Le nivellement exact du sol n'est pas moins nécessaire, et par la première de ces raisons, et parce que les creux qui s'y trouvent favorisent la stagnation de l'eau qui, d'un côté, pourrit les plantes qui les composent, et, de l'autre, donne naissance aux plantes aquatiques. »

C'est en mars qu'il convient de faire ramasser les pierres dans les prairies artificielles semées l'année précédente. Cette opération se fait mieux et plus économiquement par des enfans que par de grandes personnes. Ses résultats sont d'abord mis en petits tas au milieu du champ, et ensuite enlevés avec une charrette pour servir aux réparations des chemins d'exploitation.

Herser chaque année, à la sortie de l'hiver, les prairies artificielles avec une herse de fer est une excellente opération, soit parce qu'elle arrache la mousse, détruit les plantes annuelles déjà germées, soit parce qu'elle supplée un binage. Un grand nombre d'expériences et la théorie ne doivent pas permettre aux cultivateurs de s'en dispenser, et cependant on la fait dans fort peu de lieux.

Le plus souvent on réserve pour semence la seconde pousse des prairies artificielles, quelquefois même la troisième. On ne peut agir plus contre ses intérêts, car tout produit d'un semis est proportionné à la bonté des semences, et les semences de la première pousse sont généralement les meilleures. (*Voyez* au mot Semence.) Un agriculteur jaloux du succès de ses cultures, doit donc toujours réserver une portion de ses prairies artificielles pour sa graine, et ne la couper qu'à parfaite maturité. C'est dans un champ d'âge moyen, plutôt que dans un très-jeune ou très-vieux qu'il fera cette réserve par les raisons indiquées au mot Graine.

« Les indices auxquels on reconnaît la bonne graine des fourrages qui entrent dans la composition ordinaire des prairies artificielles se tirent ordinairement, dit Gilbert, de sa couleur, de son poids, de son volume, de son odeur, de la sensation qu'elle imprime sur le palais, de la plus ou moins grande quantité de graines étrangères qui y sont mêlées, enfin des atteintes qu'y font assez souvent les insectes.

» La graine de luzerne doit réfléchir une teinte rembrunie, très-éclatante, et avoir beaucoup de poids. Elle est vicieuse si elle est blanche, ou verdâtre, ou noire. Celle du trèfle doit être d'un jaune doré ; celle qui est violette est infiniment moins bonne. Celle du sainfoin doit être d'un gris tirant légèrement sur le bleu, ou d'un brun luisant et l'intérieur d'un beau vert. Est-elle noire, c'est une preuve qu'elle est échauffée ; blanche, qu'elle a été récoltee avant sa maturité. Toutes doivent être pleines ; celles qui sont ridées ne germent point ou ne donnent que des tiges faibles qui périssent bientôt. Le meilleur guide qu'on puisse prendre pour distinguer la bonne graine de la mauvaise est, 1°. d'en mettre une quantité dans l'eau et d'enlever avec une écumoire celles qui surnagent, lesquelles ne valent rien ; 2°. d'en semer une autre quantité dans un pot sur couche. Par ces deux opérations cumulées, je me suis assuré que la proportion de mauvaise semence était rarement de moins d'un tiers et qu'elle était souvent beaucoup plus forte.

» Le temps qui s'est écoulé depuis que la graine a été récoltée influe beaucoup sur sa bonté. La graine de la première année est ordinairement préférable à celle de deux ou trois ans ; il est cependant des personnes qui préfèrent celle de deux ans, principalement pour le trèfle. »

Des expériences plusieurs fois répétées ont prouvé qu'on pouvait gagner une année et augmenter les produits des prairies artificielles, en semant en juillet les graines non encore colorées, mais cependant bien formées, cueillies quelques jours auparavant. Ces expériences militent beaucoup en faveur de ceux qui pensent qu'il est plus avantageux de semer les fourrages en automne qu'au printemps.

Un relevé qu'a fait M. Gilbert de la quantité de semence que les écrivains ont conseillé de répandre sur une mesure quelconque de terre prouve qu'ils ont varié depuis un jusqu'à cinquante. Les uns veulent que les pieds des plantes soient très-espacés, les autres qu'ils soient très-rapprochés. Il n'y a pas de doute qu'il y ait des avantages et des inconvéniens dans les deux extrêmes. Voici le sentiment de M. Gilbert :

« Je conviens d'abord que les plantes semées clair deviendront plus grandes, plus grosses, plus vigoureuses, qu'elles donneront plus de fourrage ; mais la quantité de fourrage est-elle donc le seul avantage qu'on doive rechercher dans les prairies artificielles ? N'est-ce pas à la qualité qu'il faut surtout s'attacher? Or, il est hors de doute que la luzerne, le trèfle, le sainfoin, semés dru, sont d'une qualité bien supérieure à celles de ces plantes semées plus clair : le défaut des plantes des prairies artificielles est en général d'avoir les tiges trop grosses, trop dures, qui opposent une trop grande résistance à l'action de la mastication, et sur-tout à celle des sucs dissolvans de l'estomac. Cet inconvénient diminue, il disparaît même presque entièrement lorsque la semence n'a pas été épargnée. Les tiges sont déliées, tendres, ne s'élèvent pas à une aussi grande hauteur ; mais comme elles sont plus nombreuses elles gagnent en quelque sorte d'un côté ce qu'elles perdent de l'autre.

» Un autre avantage qui me paraît très-important, c'est que les plantes très-serrées étouffent, dès la première année, les plantes étrangères qui leur disputent le terrain ; elles rendent inutiles les sarclages, si dispendieux et quelquefois même si nuisibles aux herbages nouvellement sortis de terre. Le principal des fléaux de nos prairies artificielles c'est la sécheresse : or, les plantes serrées s'opposent à l'évaporation en empêchant l'action directe des rayons du soleil. Au reste, quand on a semé trop dru, les pieds les plus vigoureux étouffent les plus faibles, et au bout de deux ans il ne reste que ceux que le sol peut nourrir.

» Quelle que soit mon opinion à cet égard, continue M. Gilbert, je n'en pense pas moins qu'il est un milieu à observer dans la quantité de semence qu'on doit confier à la terre : si l'excès n'est pas aussi nuisible que l'autre extrême, il n'est cependant pas sans inconvénient ; n'en eût-il d'autre que d'occasionner une dépense inutile, ce serait déjà beaucoup. On peut admettre comme principe général que les plantes vivaces doivent être moins serrées que les annuelles, et qu'elles doivent l'être d'autant moins qu'elles sont plus vivaces : il ne faut pour en sentir la raison que réfléchir sur la végétation de ces plantes, sur la marche de leurs racines, sur les nouveaux jets qui en sortent, etc. On doit savoir encore que la nature du sol, la quantité d'engrais qu'il a reçus, le temps de l'ensemencement, la température de l'atmosphère et bien d'autres circonstances encore, apportent des variations dans cette fixation. Elle doit toujours être en raison inverse de la bonté du sol auquel on la confie, c'est-à-dire plus forte sur un terrain sec et chaud que sur un terrain froid et humide, parce qu'il importe que le premier soit couvert promptement par les plantes pour conserver un peu d'humidité, et que le second au contraire doit rester exposé à l'action de l'air et de la chaleur qui favorisent l'évaporation de l'humidité surabondante, qu'il contient.

» S'il n'est pas possible de déterminer précisément la quantité de semence qui convient à tous les terrains, je crois que j'aurai une fixation très-approchée en prenant une quantité moyenne entre une douzaine. Or cette quantité est, aux environs de Paris, pour un arpent.

» Pour la luzerne, *minimum*, 12 liv.; *maximum*, 25 liv.; moyenne, 18 liv.

» Pour le trèfle, *minimum*, 10 liv.; *maximum*, 18 liv.; moyenne, 16 liv.

» Pour le sainfoin, *minimum*, 200 liv.; *maximum*, 240 liv.; moyenne, 220 liv. »

En France, l'ensemencement des prairies artificielles se fait exclusivement à la volée; en Angleterre, on le pratique quelquefois en rangées, soit à la main, soit au moyen d'un semoir. *Voyez* Rangée et Semoir.

Le semis à la volée s'exécute de deux manières, ou à la poignée, en mélangeant les graines de luzerne et de trèfle, qui sont très-fines avec du sable ou de la terre, ou à la pincée et sans mélange. *Voyez* Semer.

Les semences répandues doivent être recouvertes, et la manière de procéder à cette opération n'est pas indifférente. Elle aura la perfection requise, si toutes les semences ne sont enterrées ni trop ni pas assez. Un Hersage léger pour les terres fortes, et un hersage suivi d'un Roulage pour les terres légères, sont les meilleures méthodes. *Voyez* ces mots.

Cependant les hersages peuvent être évités pour le trèfle et la luzerne, sur-tout lorsque le semis a été fait par un temps humide. D'ailleurs on ne peut pas les exécuter quand on sème, comme on le fait dans certaines localités, au printemps, sur les blés déjà grands. *Voyez* Semis.

Lorsque les prairies artificielles ont été semées seules, il faut leur donner un sarclage au commencement de l'été de l'année de leur semis, afin de les débarrasser des grandes plantes vivaces ou annuelles, qui étoufferaient le plant, ou qui fourniraient des graines qui les perpétueraient pendant les années suivantes. Cette opération ne laisse pas que d'être coûteuse dans certaines localités, lorsque la terre n'a pas été bien préparée. Quand on a semé avec des céréales, la coupe de ces céréales tient lieu de sarclage. Dans l'un ou l'autre cas, il n'en faut pas moins sarcler l'année ou, mieux, les années suivantes; car tant que la prairie est en bon état, il faut éviter la multiplication de ces sortes de plantes. Rarement cependant on s'occupe de cet objet au-delà de la première et de la seconde années; aussi combien y a-t-il de prairies artificielles bien conduites! Gilbert n'était point partisan des sarclages, parce qu'il voyait qu'ils étaient fort dispendieux, et qu'en définitive ils n'empêchaient pas les mauvaises herbes de se multiplier. Il m'a paru qu'il a exagéré sous les deux rapports : ce ne sont que les grandes plantes comme les chardons, les crépides, les lychnides, dont je demande la suppression. *Voyez* SARCLAGE.

Une foule d'ennemis attaquent les prairies artificielles dès leur naissance; c'est-à-dire que quelques plantes, telles principalement que la CUSCUTE, le CHIENDENT; que quelques insectes comme l'EUMOLPE pour la luzerne, la ZIGAENE pour le sainfoin, les larves des HANNETONS, la COURTILIÈRE pour tous, leur nuisent beaucoup. Je renvoie aux articles particuliers de ces plantes et de ces insectes les indications nécessaires pour procéder à leur destruction.

La première année, d'après le principe que les plantes vivent autant par leurs feuilles que par leurs racines, on ne coupe point les prairies artificielles, afin de leur fournir les moyens de se fortifier; mais la seconde année, on peut les couper une et même deux fois. Celles d'entre elles dont la durée est la plus longue sont dans toute leur force à trois ou quatre ans; alors on peut les couper aussi souvent que leur nature : la qualité du sol et la chaleur du climat le comportent. Ainsi la luzerne est coupée ordinairement trois fois, et quelquefois jusqu'à dix et douze, et dure de huit à vingt ans; ainsi le sainfoin et le trèfle ne se coupent guère plus de deux fois; mais le premier dure six à douze ans, et le second seulement deux ou trois, plus ou moins, suivant la nature du terrain. En principe général, il ne faut les couper ni trop tôt ni trop tard; le point le plus avantageux est celui où elles commencent à entrer en fleur.

La dessiccation du foin des prairies artificielles doit être plus soignée, à raison de la grosseur des tiges et de l'épaisseur des feuilles des plantes qui les composent, que celle des prairies naturelles. Il faut les retourner plus souvent, craindre davantage les pluies , etc. J'ai parlé des précautions à prendre dans ce cas aux articles Luzerne , Sainfoin et Trèfle.

Les opérations qu'on fait subir au foin des prairies artificielles , ne diffèrent pas de celles que reçoit celui des prairies naturelles : ainsi je n'en parlerai pas particulièrement. J'observerai seulement que, comme il conserve ou même attire davantage l'humidité , qu'il est plus exposé à s'enflammer spontanément , à se moisir ou à se pourrir , il faut redoubler de précautions. On le bottelle ordinairement pour diminuer ces inconvéniens.

« Le moyen le plus sûr de conserver la qualité des fourrages des prairies artificielles , dit Gilbert , et de les préserver de l'humidité, qui les vicie si souvent, consiste à former alternativement un lit de ces fourrages et un lit de paille, jusqu'à ce que le tas soit achevé ; la paille et le fourrage trouvent un égal avantage dans cette union ; la première devient aussi appétissante que le foin , qui devient aussi inaltérable qu'elle. »

Pourquoi donc fait-on si rarement usage de ce moyen si simple? On peut répondre : l'ignorance d'un côté et la paresse de l'autre.

Une prairie artificielle qui commence à être sur le retour peut être ranimée par tous les Engrais et par la plupart des Amendemens (*voyez* ces mots) ; rarement cependant on les emploie, on préfère la rompre avant le temps. Je n'entreprendrai pas de rechercher s'il vaut mieux agir d'une manière ou d'une autre , attendu qu'une si grande quantité de circonstances peuvent influer sur la détermination , que ce n'est que sur le lieu qu'on peut en prendre véritablement une bonne.

Mais parmi les amendemens il en est un dont on peut faire usage à toutes les époques de la durée d'une prairie artificielle, dont l'emploi est facile et les effets si marqués, que je ne dois pas oublier de le signaler en particulier ; c'est le Platre. (*Voyez* ce mot.) Comme il augmente presque de moitié le produit de chaque récolte , il ne faut pas se refuser à en faire usage de temps en temps lorsque son prix est peu élevé.

On doit, autant que possible, au moins jusqu'à ce qu'elles commencent à dépérir, se refuser à laisser paître les bestiaux sur les prairies artificielles ; les chevaux, les bœufs et les vaches, leur nuisent en piétinant la terre ; les moutons et les chèvres les empêchent de repousser, en mangeant le collet des racines.

Un hersage au premier printemps avec une herse à dents de fer produit de très-bons effets sur les prairies artificielles , soit par l'espèce de labour qu'il forme, soit en arrachant la mousse et les herbes annuelles qui commencent à germer.

Les produits des prairies artificielles sont de beaucoup supérieurs, comme je l'ai déjà observé, à ceux des prairies naturelles, en quantité et en qualité. On les donne aux bestiaux en frais ou en sec, mais dans les deux cas il faut les leur ménager ou les mélanger avec de la paille ; car ils les aiment tant, qu'ils en mangent presque toujours trop, ce qui les expose à des Météorisations et à des Indigestions très-dangereuses. *Voyez* ces deux mots.

Au printemps, et pendant la rosée, même dans aucun temps, il ne faut abandonner les animaux domestiques dans les prairies artificielles ; car les accidens ci-dessus sont presque toujours la suite de l'avidité avec laquelle ils y mangent.

Aux articles de ces animaux il a été indiqué les rations en vert et en sec qu'il est convenable de leur donner selon les saisons, j'y renvoie le lecteur.

Les premières coupes des prairies artificielles sont toujours les meilleures. Les dernières sont, comme les regains des prairies naturelles, presque sans saveur et sans principes nutritifs. On est souvent obligé de les faire manger en vert aux bestiaux, par l'impossibilité de les dessécher.

Après avoir fourni d'abondans produits en fourrages, les prairies artificielles s'épuisent ; c'est-à-dire que l'espèce qui les constituait dispar\`it, que des graminées et d'autres plantes vivaces ou annuelles de mauvaise nature les remplacent. Alors il convient de les labourer et de les remplacer par des céréales ou autres articles de culture. Ordinairement c'est l'avoine qu'on sème sur leur défrichement, parce qu'on a remarqué qu'elle y réussissait mieux que les autres.

Je dois citer ici un morceau pris dans le petit *Traité d'agriture* de M. de Barbançois.

« On dirait que le trèfle rouge, la luzerne et le sainfoin, quoiqu'ils aient pour propriété commune d'avoir une racine longue et pivotante, qui leur fait rechercher les terres labourées profondément, affectent particulièrement une espèce de terre qui ne convient pas aux deux autres ; et ce qui est aussi remarquable, chacune d'elles paraît également convenir plus particulièrement à l'une des trois espèces principales d'animaux qu'élèvent et nourrissent les agriculteurs. Ainsi le trèfle se plaît dans les terres un peu humides où l'argile domine, et redoute le calcaire ; tandis que la luzerne aime les terres un peu sèches où la silice soit très-dominante, et que le sainfoin préfère celles où le calcaire se trouve en abondance ; de même s'ils sont donnés en fourrage, le trèfle convient plus aux bêtes à cornes, la luzerne aux moutons, le sainfoin aux chevaux. Il y a à cet égard une prédilection de convenance que l'expérience m'a confirmée, quoique cependant on puisse donner ces fourrages à tous les animaux. Le trèfle parraît donc l'opposé du sainfoin, soit pour le sol qu'il demande, soit pour les qualités; les chevaux nourris au trèfle ne sont pas aussi vigoureux que ceux nourris au sainfoin, et réciproquement les bœufs se portent mieux nourris au trèfle qu'au sainfoin. La luzerne serait donc le fourrage intermédiaire, et cependant, quoiqu'elle convienne mieux généralement à tous les animaux, elle ne peut être comparée au trèfle pour les bœufs, et au sainfoin pour les chevaux; mais pour les bêtes à laine elle est bien préférable au trèfle, parce qu'il est susceptible de les engraisser trop vite et même de les pourrir, et au sainfoin, parce qu'il les échauffe trop, sur-tout les brebis qui allaitent.

Cet article aurait pu être plus étendu, car il est un des plus importans de la grande agriculture; mais si je l'eusse rédigé avec tous les développemens dont il est susceptible, il n'eût été que la répétition d'une infinité d'autres. Je m'arrête donc ici en renvoyant de nouveau à ces articles et principalement à ceux Assolement et Succession de culture. (B.)

PRAIRIES FOURRAGÈRES. *Voyez* Prairies temporaires.

PRAIRIES MOMENTANÉES. *Voyez* Prairies temporaires.

PRAIRIES NATURELLES (CULTURE DES). On donne le nom de pré, ou de prairies naturelles, ou d'herbage, à toute espèce de terrain qui produit naturellement une herbe assez abondante ou assez haute pour pouvoir être fauchée à sa maturité et convertie en foin.

Lorsque l'herbage est le produit de la culture, on l'appelle alors *herbage sec*, ou *pré-gazon*, afin de ne pas le confondre avec les autres espèces de Prairies artificielles. *Voyez* ce mot.

Les produits des prairies naturelles et artificielles servent à la nourriture des bestiaux, qui se trouvent nécessairement en plus grand nombre dans les localités riches en pâturages naturels, et dans celles où la culture des prairies artificielles a reçu de l'extension, que dans toutes les autres; cependant, malgré les progrès que cette dernière culture a faits en France depuis le milieu du siècle dernier, et l'augmentation de bestiaux qu'elle a procurée; malgré l'immense étendue de prairies naturelles qui est disséminée sur son territoire, et les soins qu'on leur donne dans plusieurs localités, les produits réunis sont encore très-insuffisans pour pouvoir nourrir la quantité de bestiaux qui serait nécessaire aux besoins de la consommation annuelle de ses nombreux habitans ; et si notre agriculture est parvenue à élever et à engraisser un nombre de bestiaux beaucoup plus grand qu'autrefois, il faut croire que la consommation a augmenté dans une proportion encore plus considérable ; car le prix de la viande est toujours plus élevé, et, suivant M. Sauvegrain, les importations de bestiaux deviennent de plus en plus nombreuses. On ne peut remédier à cet inconvénient, fâcheux sous tous les rapports, que par une plus grande extension dans la culture des prairies artificielles, ou par l'amélioration des produits des prairies naturelles.

En France, le premier moyen, ainsi que nous l'avons dit au mot AGRICULTURE, est nécessairement borné dans ses effets, et doit être circonscrit dans des limites que son agriculture ne peut dépasser sans de grands inconvéniens, car sa destination principale est d'alimenter la population générale en céréales, et ce n'est que secondairement, et pour rendre les terres arables plus fertiles, qu'elle doit en consacrer alternativement une portion en prairies artificielles.

C'est donc principalement par l'amélioration générale des produits des prairies naturelles que l'on peut espérer de voir l'éducation et l'engraissement des bestiaux s'élever en France non-seulement au niveau de la consommation générale, mais encore, et avec le temps, devenir l'objet d'une exportation singulièrement avantageuse ; mais pour parvenir à ce but important, il faudrait que tous les propriétaires fussent familiarisés avec les différens procédés qui constituent la bonne culture des prairies naturelles. Malheureusement, elle semble reléguée dans un petit nombre de localités ; dans toutes les autres, les prairies sont, pour ainsi dire, abandonnées à la nature, et, dans cet état, elles ne rendent pas à leurs propriétaires la moitié des fourrages qu'elles devraient produire avec des soins, et quelques travaux d'amélioration, dont la dépense, pour le plus grand nombre de cas, est insensible dans la balance des produits, comme nous l'avons établi au mot IRRIGATION qui fait le complément de cet article.

Nous allons réunir ici tout ce que notre expérience et les renseignemens que nous avons trouvés dans les ouvrages des meilleurs agronomes nous ont fourni sur la culture des prairies naturelles.

CHAP. 1. *Classement des prairies naturelles.* L'auteur de la nature, toujours admirable dans sa prévoyance infinie, semble avoir donné aux divers pâturages un caractère particulier qui pût les faire reconnaître facilement par les animaux

dont ils devaient être la nourriture la plus salutaire, comme
étant la plus convenable à leur constitution spéciale. ·

Ainsi, les pâtis et les pâturages les plus secs, que l'on rencontre le plus ordinairement sur les lieux très-élevés, paraissent être exclusivement destinés à la nourriture des chèvres
et des bêtes à laine. Le besoin de respirer un air vif et pur,
et le parfum aromatique des plantes qui croissent naturellement sur les montagnes, y attirent les animaux. *Voyez* PA-
TURAGE et MONTAGNE.

Les bêtes chevalines, dont les dimensions sont plus fortes
que dans les bêtes à laine, ne trouveraient pas sur ces hauteurs une nourriture assez copieuse pour les entretenir en bon
état de santé ; elles se tiennent donc dans les vallons, où elles
rencontrent des pâturages encore secs, mais plus abondans en
herbe que ceux des hauteurs.

Enfin, les bêtes à cornes ne peuvent prospérer que dans les
pâturages les plus gras sans cependant être marécageux, parce
que c'est seulement dans les prairies de cette espèce qu'elles
peuvent trouver journellement assez d'herbe pour remplir leur
énorme panse.

On remarque en effet que, lorsque par nécessité ou par une
autre raison, on nourrit habituellement des bestiaux dans des
pâturages qui ne sont pas analogues à leur constitution particulière, ils y dépérissent, ou dégénèrent plus ou moins vite,
ou y engraissent trop promptement.

D'après ces observations, et à l'exemple des botanistes,
nous pourrions donc n'admettre que trois classes de prairies
naturelles ; savoir, 1º. les *prairies hautes*, ou les pâturages
situés sur les montagnes ; 2º. les *prairies moyennes*, ou celles
des vallons élevés et des coteaux ; 3º. les *prairies basses*, ou
celles des plaines basses ; mais cette division, très-bonne pour
distinguer les différentes espèces de végétaux qui croissent
naturellement et ordinairement à ces différens degrés d'élévation du sol, serait incomplète en agriculture : car, pour
tirer le plus grand parti des prairies naturelles, il ne suffit
pas de les considérer sous le rapport de la qualité des herbes,
il faut encore les envisager sous celui de leurs produits, qu'il
est toujours avantageux de pouvoir augmenter. D'ailleurs,
il peut exister des pâturages abondans, même des prairies
marécageuses sur des plaines élevées, et des prairies fort
maigres dans des plaines basses : dès-lors, leur division botanique manque absolument d'exactitude. Enfin, les différens
moyens pratiqués pour améliorer les produits des prairies
sont subordonnés à leur humidité naturelle plus ou moins

grande, suffisante ou insuffisante, et, selon les circonstances, les moyens d'amélioration ne peuvent pas être les mêmes.

Ainsi pour éviter toute méprise dans le choix des améliorations qui conviennent dans chaque cas particulier, il est donc important que les différentes espèces de prairies soient désignées avec la plus grande précision. C'est pourquoi nous les divisons en quatre classes principales : dans la *première*, nous plaçons tous les pâtis et les pâturages secs plus ou moins élevés, et dont l'herbe est trop courte ou trop rare pour pouvoir être fauchée ; dans la *seconde*, tous les prés secs, prés-pâtures, prés-gazons, dont l'herbe est assez élevée ou assez fournie pour pouvoir être fauchée, et auxquels on donne ordinairement la dénomination de *prés d'une herbe ;* dans la *troisième*, tous les prés bas non marécageux, situés sur les bords d'un cours d'eau et exposés à ses inondations accidentelles, ou susceptibles, par des travaux convenables, d'être soumis à des irrigations régulières, et généralement tous ceux que l'on appelle vulgairement *prés à deux herbes*, ou *prés à regains ;* et dans la *quatrième*, nous comprenons tous les prés plus ou moins marécageux et les marais.

CHAP. II. *Culture des différentes classes de prairies naturelles.* La bonne culture de toutes les prairies consiste, 1°. à leur donner les soins que chaque classe exige particulièrement pour être maintenue constamment dans un bon état de conservation et de rapport ; 2°. à employer les moyens convenables pour en améliorer les produits ; 3°. à en faire la récolte, ou à les faire consommer de la manière localement la plus avantageuse,

SECTION Ire. *Culture des prairies de première classe (pâturages secs et non fauchables).* Il existe en France beaucoup de pâturages de cette classe, particulièrement dans les départemens frontières et maritimes ; il y en a même qui ont une très-grande étendue : tels sont les RIAIZES des Ardennes, les LANDES de Bordeaux, etc. *Voyez* ces mots.

Leur aspect est celui des déserts : au lieu d'une herbe fine et succulente que les pâturages pourraient souvent offrir avec une certaine abondance s'ils étaient convenablement soignés et aménagés, on n'y rencontre que des buissons épars, des genêts, des ajoncs, des bruyères, etc. ; et si quelquefois on y aperçoit un peu d'herbes, elles ne sont dues qu'à l'humidité accidentelle de la température, ou au voisinage d'eaux stagnantes, ou à l'influence de quelques sources visibles ou cachées.

Aussi dans leur état présent, ces pâturages offrent-ils de bien faibles ressources pour la multiplication des bestiaux, non pas qu'il soit impossible d'en augmenter les produits, mais uniquement parce que leur jouissance appartient ordinairement aux communes qui les avoisinent. Il est vrai que leur vaste étendue présente souvent des terrains de qualités très-différentes, et que tous ne seraient pas également favorables à la production des herbes ; mais en consacrant chacune de leurs parties à la culture locale qui serait la plus convenable au terrain et la plus profitable au cultivateur, on parviendrait aisément à en augmenter les produits.

Par exemple, celles qui auraient l'avantage d'être dans le voisinage de sources éparses, que l'on réunirait pour être ensuite répandues sur leur surface en temps et saisons, ou à la tête desquelles on pourrait rassembler des eaux pluviales en assez grand volume pour remplir le même objet, pourraient devenir, à peu de frais, des prairies de seconde et quelquefois de troisième classe. *Voyez* IRRIGATION (1).

Les parties qui, avec un sol d'aussi bonne qualité, ne pourraient pas obtenir les avantages des irrigations, seraient défrichées pour être ensuite cultivées en prairies artificielles ou en prés-gazons. Enfin les parties les plus arides seraient plantées en bois.

Mais ces pâturages sont des propriétés communales, et jusqu'à ce qu'elles deviennent des propriétés privées, il n'y a point d'amélioration à espérer pour eux ; car l'homme peut bien se décider à bonifier sa propriété pour augmenter son

---

(1) Un pré en pente qui reçoit les eaux de terres supérieures cultivées en céréales, s'améliore annuellement des détritus des végétaux, détritus qui sont amenés par les pluie et qui s'arrêtent dans les interstices des herbes ; aussi le foin qu'il donne est-il très-abondant. Un tel pré a rarement besoin d'être labouré. L'herbe qu'il donne est généralement de bonne qualité.

Il est des pays, le département des Hautes-Alpes, par exemple, où on répand de temps en temps, pendant l'hiver, de la terre végétale sur les prés naturels. On ne peut qu'applaudir à cette pratique, qui n'a contre elle que sa grande dépense.

C'est principalement après avoir fait pâturer les prés par les moutons aussi rigoureusement que possible, qu'il est avantageux de les couvrir de terre, parce qu'alors le tallement des pieds des herbes est plus considérable et qu'il en résulte de plus de nouveaux pieds.

Lorsqu'on a chargé une prairie de terre, que le râteau ou la herse l'a étendue le plus également possible, il faut y passer le rouleau pour briser les mottes qu'elle pourrait encore offrir.

Les prairies destinées à donner des récoltes de foin doivent être composées de plantes différentes de celles qui ne doivent être employées qu'au pâturage. Les Anglais connaissent cette distinction et agissent en conséquence. Chez nous l'ivraie vivace, le trèfle blanc, le plantain lancéolé, sont presque regardés comme nuisibles, et on en fait le plus grand cas chez nos voisins, parce qu'ils donnent ou un pâturage précoce ou un pâturage qui ne craint point les chaleurs de l'été.

(*Note de* **M Bosc**.)

aisance personnelle, ou le bien-être futur de ses enfans ; mais il ne fait rien pour autrui, et use sans mesure de ce qui n'est pas à lui seul, sans penser à le conserver. *Voyez* le mot Communal.

Les pâturages de cette classe continueront donc d'être abandonnés à la nature, et à être livrés continuellement en cet état au petit nombre de bestiaux qu'ils peuvent à peine sustenter.

Section II. *Culture des prairies de la seconde classe (prés élevés, fauchables).* Ces prairies sont ordinairement encloses et situées dans des vallons élevés, ou sur des coteaux voisins des prairies à deux herbes. Un sol généralement meilleur que celui des pâturages de la première classe, ou une humidité naturelle un peu plus grande, procure aux différentes plantes dont elles sont composées une végétation assez forte pour pouvoir être fauchées à leur maturité.

§ 1. *Travaux et soins de conservation.* Aussitôt que les pluies d'automne en ont amolli le sol, il serait bon d'en exclure les bestiaux, et sur-tout les bêtes à cornes : d'abord, à cause des trous qu'elles pourraient faire et des plantes qu'elles enfouiraient avec leurs pieds ; et en second lieu, parce qu'à cette époque de l'année, il ne reste rien dans les prés de cette classe. La pratique contraire, qui est beaucoup trop commune, dégrade les prairies sans être d'aucune utilité pour les bestiaux. *Voyez* Déprimer les prés.

La réparation des haies et des fossés de clôture est un des premiers travaux de cette saison (1).

L'attention du propriétaire se porte ensuite sur les accrues des haies, et sur les arbustes parasites qui auraient pu pénétrer dans la prairie, afin de la faire arracher et de les conserver en rapport d'herbe dans toute sa superficie.

Les mousses peuvent être extraites avec une herse de fer, au printemps suivant, on en recouvre les vides avec de bonnes graines de foin.

Une partie des plantes nuisibles ou parasites seront facilement arrachées ; mais d'autres, dont les racines sont très-profondes, ne peuvent être détruites que par la bonne culture et les engrais. Ces soins sont beaucoup plus importans et plus

---

(1) C'est une fort bonne idée que celle de répandre, à la fin de l'hiver, les balles de seigle, de froment, d'avoine et même d'orge sur les prairies naturelles, dans une épaisseur d'environ un pouce, pour garantir l'herbe poussante des atteintes de la gelée et des effets du hâle, ainsi que pour arrêter la dispersion de la chaleur qui s'était accumulée dans la terre pendant les jours de soleil, enfin pour fournir un engrais par leur décomposition.   (*Note de M. Bosc.*)

nécessaires qu'on ne le pense communément ; car on ne craint pas d'avancer que les maladies des bestiaux, à l'exception des plaies et des fractures, sont occasionnées par leurs alimens, et sur-tout par ceux qu'ils prennent en vert lorsqu'ils sont de mauvaise qualité (1).

Les botanistes qui ont analysé les prairies naturelles, ont reconnu, 1°. que, sur quarante-deux espèces de plantes que contenaient quelques prairies moyennes, il y en avait dix-sept de convenables à la nourriture des animaux, et que les vingt-cinq autres étaient inutiles ou nuisibles ; 2°. que, dans les hauts pâturages, sur trente-huit espèces il ne s'en trouvait que huit d'utiles ; 3°. enfin que, dans les prairies basses, il n'y en avait que quatre sur vingt-neuf. Il résulte de ces expériences, qui ont été faites avec le plus grand soin en Bretagne, que, sur le foin des prairies moyennes, il doit y avoir cinq septièmes de perte, plus de trois quarts sur celui des hauts pâturages, et six septièmes sur celui des prairies basses, si l'animal rejette tout ce qui lui est insipide ou nuisible ; ou qu'il est exposé à quantité de maladies lorsqu'à la suite de son travail, attaché à un râtelier, la faim le force de manger tout ce qu'on lui donne (M. d'Ourches) (2).

On doit donc admettre comme un principe incontestable, que la prospérité du bétail tient essentiellement à la bonne qualité du fourrage dont on le nourrit habituellement, comme

---

(1) En Suisse, où on suit assez régulièrement la bonne pratique de rompre de temps en temps les prés naturels, pour les cultiver pendant quelques années en plantes annuelles et les remettre ensuite en prés après une large fumure, on a remarqué que l'épeautre favorisait beaucoup plus que le froment la pousse de l'herbe qu'on semait avec lui.

Il y a toujours à gagner lorsque l'on veut rétablir une prairie naturelle qui a été cultivée pendant quelques années, de préférer la semer en trèfle et en luzerne plutôt qu'en graines ramassées dans les greniers ; car après la destruction de ces deux plantes on aura certainement une excellente herbe, tandis qu'avec les graines on en aurait une mélangée de beaucoup de mauvaises.

Les cultivateurs anglais ont remarqué que les prés semés ne duraient pas long-temps au même degré d'abondance et de bonté, et ils n'en ont pas indiqué la cause, qui est qu'ils contiennent une moins grande variété d'espèces de plantes, et que ces variétés épuisant bientôt le sol des sucs qui leur sont propres, périssent sans être remplacées par d'autres aussi multipliées et aussi du goût des bestiaux.

(Note de M. Bosc.)

(2) J'ai vu aux environs de Paris, et ailleurs, des prairies où la jacée des prés dominait au point de croire qu'elle avait été semée. De telles prairies, qu'on pourrait couper dès les premiers jours de mai, à la fin de juin et peut-être encore deux autres fois, seraient excellentes, si cette plante n'était pas si dure, et si les bestiaux, qui l'aiment beaucoup, pouvaient la manger seule. *(Note de M. Bosc.)*

à l'espèce de celui qui convient le plus à la constitution particulière de chaque animal.

Il est donc à désirer que le cultivateur s'attache à connaître
à fond la botanique rurale de sa localité, à distinguer les
plantes salutaires et avantageuses d'avec celles qui sont nuisibles ou inutiles, afin de pouvoir multiplier les unes et détruire les autres.

« Qu'on ne croie pas d'ailleurs (dit M. d'Ourches, d'après
un mémoire de M. Lelarge), qu'il soit si difficile de juger
de la bonne ou mauvaise qualité des herbes, on en peut
faire des expériences suffisantes sans le secours de la botanique et de la chimie. M. Lelarge a trouvé un paysan à
qui il donna l'idée d'en faire de semblables, et qui sut en faire
son profit. »

Il nous semble qu'il serait possible de reconnaître les plantes
nuisibles ou inutiles, sans s'assujettir à des expériences, à la vérité concluantes, mais qui sont longues et ne seraient pas toujours exemptes d'inconvéniens : pour y parvenir, il suffirait
d'observer celles que les bestiaux en liberté laissent dans les
pâturages, on les arracherait ensuite, et on en garnirait les
vides avec de bonnes graines. Ce moyen, que les Normands
emploient avec tant de succès, nous paraît suffisant dans la
pratique pour améliorer la qualité des herbes des pâturages ;
mais pour les prairies que l'on fauche habituellement, sur-
tout sur une grande étendue, nous ne connaissons que l'extirpation successive des mauvaises herbes, les engrais et les
coupes précoces, qui puissent améliorer la qualité de leurs
produits. Heureusement pour les propriétaires, que nombre de
plantes, telles que les RENONCULES, le COLCHIQUE, qui sont
nuisibles aux bestiaux lorsqu'ils sont forcés de les manger en
vert, perdent leurs qualités malfaisantes quand elles ont été
converties en foin à leur maturité.

La prairie étant convenablement nettoyée, on cure les rigoles d'*irrigation accidentelle*, la seule dont les prairies de
cette classe soient susceptibles, afin de pouvoir profiter des
premières eaux de l'automne, qui fournissent les alluvions de
la meilleure qualité, comme nous l'avons indiqué au mot IR-
RIGATION ; ou bien on y répand d'autres engrais.

Après ces travaux d'hiver, et aussitôt que la température
du printemps se fait ressentir, on commence le premier étaupinage. Si cependant les taupinières étaient anciennes, il faudrait faire cette opération pendant l'automne ou au commencement de l'hiver : on enlève alors les calotes des taupinières
et des fourmilières avec une houe, au niveau du terrain environnant, et même un peu au-dessous de ce niveau ; au prin-

temps suivant, on recouvre les trous avec les calotes; on roule ensuite le terrain et on le rend uni.

On sait les dégâts que les taupes et les fourmis commettent dans les prairies, particulièrement à cause des monticules qu'elles y élèvent et qui les rendent très-difficiles à faucher, et combien il faut de soins et de constance pour obvier à·cet inconvenient. *Voyez* les mots TAUPE et FOURMI.

Quoi qu'il en soit, l'étaupinage est un des principaux travaux d'entretien des prairies. Cette opération se fait ordinairement à bras d'hommes, et comme on est souvent obligé de la répéter deux fois, elle occasionne une assez grande perte de temps. Pour économiser sur le temps et la dépense qu'elle exige, et même pour rendre l'étaupinage encore plus avantageux, on a imaginé une espèce de herse traînée par des chevaux, qui tranche toutes les buttes, unit toutes les inégalites du sol, et fait en même temps l'office du rouleau.

Cette herse ingénieuse, que nous avons trouvée chez M. Arnoult, maître de poste à Provins, et qu'il appelle COUPE-TAUPE, est un bâtis de charpente composé, 1°. de deux solles A et B, *fig.* 1, *Pl.* II, de 14 à 17 centimètres d'équarrissage sur 2 mètres de longueur; 20 de trois traverses C D E, de même grosseur que les solles, et assemblées avec elles, à tenons et mortaises; cet assemblage est établi de manière que la herse présente la forme d'un trapèze dont les dimensions sont cotées sur le plan; 3°. de deux entre-toises G F, de 9 à 12 centimètres de grosseur, chevillées sur les trois traverses, à deux chevilles sur chacune; 4°. d'une lame de fer H I K L, ou *couteau*, de 12 millimètres d'épaisseur au talon et amincie à son tranchant, et d'un mètre 83 centimètres de longueur. Les deux extrémités H I et K L de ce couteau sont saillantes de 22 centimètres de chaque côté de la herse, et recourbées en dessus d'environ 12 millimètres de hauteur (*fig.* 4). Il est solidement fixé sur le devant de l'instrument et dans sa partie inférieure; savoir, aux deux solles A et B par les deux écrous O P, et à la première traverse E, par une lame de fer recourbée à cet effet et contenue par les deux écrous M N; 5°. de deux crochets Q et R pour attacher les chevaux.

Cet instrument, dont l'inventeur n'est pas connu, et que l'on croit originaire de Normandie, devrait être adopté par tous les propriétaires de grandes prairies. Nous l'avons fait exécuter nous-même, et nous en avons reconnu l'avantage et les excellens effets (1).

M. Duperrey, jardinier à Rouen, a proposé de hacher, chaque hiver, les prairies, au moyen du ROULEAU COUPANT, pour augmenter leurs produits, et l'expérience a confirmé l'avantage de sa pratique. *Voyez* ce mot et RACINE. (*Note de M. Bosc.*)

§ 2. *Travaux d'amélioration.* Ces travaux peuvent être considérés sous deux rapports différens, ou plutôt être distingués en deux classes ; savoir, ceux qui ont pour but d'améliorer la qualité des herbes ou du fourrage, et les travaux qui doivent en augmenter la quantité.

L'extirpation des mauvaises plantes, prescrite dans le paragraphe précédent, suffit pour l'amélioration de la qualité des produits d'une prairie ; mais au lieu d'augmenter la quantité de son fourrage, elle la diminue, à cause des vides que cette extirpation opère. Il faut donc regarnir ces vides, et l'on y parvient aisément en y répandant au printemps de bonnes graines de foin, que l'on ramasse ordinairement dans les granges où on le met en bottes pendant l'hiver, ou, mieux encore, prises dans les greniers où l'on a resserré les foins des prés de la classe qui nous occupe, parce qu'étant naturellement moins humides que ceux de troisième classe, le foin qui en provient est toujours de meilleure qualité ; mais ces graines ne suffisent pas toujours, parce que le plus grand nombre ne germent pas, à cause de leur défaut de maturité. Pour suppléer à cet inconvénient et avoir un pré toujours bien garni, il faut donc en ajouter d'autres dont la qualité et la maturité soient toujours certaines. Les meilleures sont celles du *trèfle rouge*, dit de Hollande (*trifolium pratense*), de luzerne (*medicago sativa*), de jacée noire (*centaurea jacea*), de fenouil de porc (*peucedanum officinale*), de lotier ou trèfle jaune (*lotus corniculatus*). Quatre sacs de graines de foin de grenier, et 10 kilogrammes de celles que nous venons d'indiquer, mêlées ensemble, suffisent pour semer un hectare de terrain (Cretté de Palluel).

Sans doute il serait mieux de faire un choix de graines analogues à la nature du terrain et dont la maturité pût arriver en même temps, le foin en serait meilleur ; mais la dépense des semis deviendrait plus considérable.

Si la prairie présentait quelques parties marécageuses ou trop fraîches, il faudrait les dessécher complétement, et en leur ôtant cette humidité surabondante, on en ferait périr les plantes aquatiques ; de nouvelles graines répandues sur ces parties, dont la végétation serait aidée par des engrais, les remplaceraient avec beaucoup d'avantages. Enfin, si ces plantes étaient des joncs, et que le desséchement et les engrais ne fussent pas suffisans pour les détruire, on serait obligé de défricher ces parties, et de les semer ensuite comme nous venons de le dire (1).

___

(1) Mon collaborateur aurait dû parler ici de l'enlèvement des mauvaises herbes des prairies pendant l'hiver et au premier printemps, **au**

La clôture des prairies de cette classe est aussi un des principaux travaux de leur amélioration ; car c'est le seul moyen de les soustraire à la servitude du parcours après la récolte de leur première herbe ; mais pour l'effectuer avec profit, il faut que les prairies aient une étendue suffisante. *Voyez* les mots Clôture, Irrigation et Parcours (1).

Après avoir ainsi amélioré la qualité des herbes de ces prairies, il faut chercher à en augmenter la quantité par des engrais, ou au moins à entretenir leur fertilité naturelle par ce moyen. A cet égard, on croit trop communément qu'après avoir donné aux prairies les soins d'entretien que nous venons de prescrire, on peut sans inconvénient les abandonner à la nature, et cette erreur est la cause de cet abandon presque général.

Il est vrai que de toutes les productions végétales les herbes sont celles qui occasionnent au sol la moindre déperdition de fertilité ; mais si petite que puisse être cette déperdition, elle n'en est pas moins réelle, et nous avons constamment observé que les produits des prairies diminuaient progressivement lorsque leur fertilité n'était pas entretenue par des engrais périodiques. Il faut donc leur en procurer de temps à autre ; cette dépense est d'autant moins considérable que la déperdition de principes végétaux est moindre annuellement, et elle est d'autant plus avantageuse, que les effets des engrais sur les prairies sont toujours prompts et très-productifs.

Tous les engrais sont bons pour les herbages, et les meilleurs sont ceux que l'on peut se procurer localement au meilleur marché : tels sont les fumiers, les bonnes terres, l'argile, la marne, le plâtre, la chaux, les cendres de lessive, de houille et de tourbe, les *tangues* ou vases de mer, les varecs, les irrigations d'eaux troubles ou limpides, etc. ; seulement, avant de les employer, il faut consulter le terrain, parce que tous les

---

moyen d'une houe à fer de 3 pouces de large, avec laquelle on coupe la racine de ces plantes entre deux terres avec rapidité et sans inconvéniens marqués ; car il est très-rare de voir un pré haut qui n'offre pas plus de plantes inutiles et même nuisibles que de bonnes. Les labourer et les ressemer, après deux ou trois ans de culture, serait un moyen plus certain de les rétablir que celui que je viens d'indiquer ; mais on s'y refuse par-tout, et ce par des motifs si peu valables, qu'ils ne méritent pas la peine d'être développés. (*Note de M. Bosc.*)

(1) L'irrigation exagérée des prés les dénature très-souvent, comme j'ai eu occasion de m'en assurer dans beaucoup de lieux, principalement dans les montagnes des Vosges, où d'excellens qu'ils étaient, les prés sont devenus très-mauvais. C'est ainsi que quand les hommes ne sont pas accoutumés à réfléchir sur ce qu'ils font, les meilleures pratiques deviennent désastreuses. (*Note de M. Bosc.*)

engrais ne sont pas aussi bons les uns que les autres sur les différentes natures de sols. L'engrais d'irrigation est le seul qui paraisse convenir à toutes.

Si l'usage de ces différens engrais devenait localement trop dispendieux, il vaudrait mieux défricher les prés de seconde classe lorsqu'ils seraient épuisés, que de les conserver en friche ou en prés-pâtures; on les cultiverait en céréales pendant quelques années avec un grand profit, et on les couvertirait ensuite en prés-gazons, composés, comme nous l'avons indiqué plus haut, pour les défricher encore lorsque leurs produits viendraient à diminuer.

Cette dernière pratique est la plus avantageuse qu'un propriétaire de prés secs non arrosables puisse adopter; elle est également bonne pour ceux qui voudraient convertir des terres arables en prés-gazons (1).

§ 3. *Consommation des produits des prairies de cette classe.* Lorsqu'elles ne sont point encloses, leurs produits sont toujours fauchés à la maturité des herbes pour être donnés en foin aux bestiaux, et sur-tout aux chevaux, à qui il convient particulièrement.

La meilleure manière de consommer les produits de ces prairies, et qui économiserait beaucoup les engrais qu'elles exigent pour être entretenues dans leur fertilité naturelle, serait de les faire pâturer tous les deux ans, d'abord par des bêtes à cornes, auxquelles on ferait succéder un troupeau de moutons, et de ne les faucher que dans les années intermédiaires (2).

---

(1) M. de Dael a fait, dans les environs de Clèves, une expérience qui mérite d'être rapportée ici. Il a semé de l'avoine sur l'herbe d'une prairie basse, et l'a recouverte d'environ un demi-pouce de terre. La récolte de cette avoine a été superbe, et l'année suivante celle du foin ne l'a pas été moins. D'après cette expérience, étant fondée sur les principes (*voyez* GRAMINÉE et GAZON), il semble qu'on devrait non la répéter toutes les années, mais bien de loin en loin, sur-tout sur les prairies basses, afin d'élever le sol petit à petit et de ranimer sa vigueur pour quelques années, le produit de l'avoine en payant les frais.

Dans les prairies des montagnes, on arrose avec des eaux de fontaines, qui, à raison de leur température douce, avancent de près d'un mois la pousse des herbes; ce qui ajoute un avantage bien précieux à celui déjà si considérable de l'augmentation du foin, suite de leur irrigation. Il est tel canton en Suisse où on perdrait souvent les bestiaux, faute de fourrage sec, si on n'avait pas cette ressource pour accélérer le retour des herbes vertes.   (*Note de M. Bosc.*)

(1) Arthur Young et Marshall, les deux plus célèbres cultivateurs d'Angleterre, ne cessent de répéter qu'il faut faire pâturer les prairies semées de l'année précédente par des moutons, pour qu'elles se gazonnent au gré du propriétaire. Cette pratique, qui paraît au premier coup d'œil plus propre à détruire l'herbe qu'à en favoriser la crois-

Nous n'entrons pas ici dans de plus grands détails sur cet objet important, parce qu'il sera celui d'un article général que l'on trouvera ci-après.

Section III. *Culture des prairies de la troisième classe* (*prés bas, non marécageux, à regains*). Les prairies de cette classe sont ordinairement placées sur les bords des cours d'eau ; et soit que la bonté naturelle de leur sol provienne des alluvions que leurs débordemens ont déposées sur sa surface, et qui s'y sont accumulées par le temps, soit que leur fertilité naturelle soit activée par une humidité constamment suffisante que ces cours d'eau leur procurent, ces prairies réunissent ordinairement l'avantage d'une qualité d'herbe presque aussi bonne que dans celles de seconde classe, à celui d'une quantité beaucoup plus considérable, sur-tout lorsqu'elles sont administrées avec intelligence.

§ 1. *Des travaux et des soins de conservation.* Ils sont absolument les mêmes que ceux que nous avons prescrits dans la section précédente, lorsque les prairies ne sont point soumises à des irrigations régulières ; mais si elles sont améliorées par l'établissement d'un système convenable d'irrigation, les travaux et les soins de conservation sont plus multipliés.

Un peu avant les pluies de l'automne, c'est-à-dire vers la fin de novembre, les bestiaux doivent être exclus de ces prairies, afin d'avoir le temps de curer les rigoles principales et secondaires d'irrigation, de réparer les empellemens, et d'assurer le jeu des eaux avant les premières inondations de cette saison. Aussitôt qu'elles sont arrivées, il ne faut pas négliger d'en profiter pour donner à la prairie la première irrigation d'eaux troubles, parce que, et ainsi que nous l'avons déjà dit, les inondations qui suivent immédiatement la fin des semailles procurent le meilleur engrais d'IRRIGATION. *Voyez* ce mot.

On en retire les eaux aussitôt qu'elles commencent à s'éclaircir ; on répare les rigoles immédiatement après l'opération, et on la recommence ensuite toutes les fois que l'occasion s'en

---

sance, d'après les données de cette théorie par le tallement et l'engrais qui sont la suite du séjour des moutons.

On donne le nom de DÉPRIMAGE dans quelques cantons du centre de la France au pâturage de la première herbe des prés, pâturage qu'on croit n'avoir aucune influence sur la récolte des foins. Je n'émettrai point d'opinion contraire, faute d'observations positives ; mais j'dois cependant observer que les plantes vivant autant par leurs feuilles que par leurs racines, doivent croître avec moins de vigueur lorsqu'on les supprime et que la perte de la sève par les plaies doit de plus influer défavorablement sur la suite de leur croissance. *Voyez* FEUILLE.

(*Note de M. Bosc.*)

présente pendant l'hiver, jusqu'au moment de la pousse des herbes. A cette époque, on ne peut plus donner d'irrigations d'eaux troubles aux prairies; mais pendant les printemps secs et chauds, et même jusqu'à la récolte de la première herbe, on doit encore, lorsque l'abondance des eaux disponibles le permet, activer sa végétation par des irrigations d'eaux limpides, dont l'effet sera d'autant plus grand que la température sera plus chaude. Il faut cependant user modérément de ces irrigations, car autant une humidité constamment suffisante est favorable à la végétation des herbes, autant une humidité surabondante leur serait nuisible, principalement sous le rapport de la qualité.

L'attention du propriétaire doit aussi se porter sur la conservation des travaux d'art qui préservent la prairie des inondations du cours d'eau pendant l'été; il visitera donc les *digues latérales, les passes à clapets*, afin de faire réparer les avaries que les inondations d'hiver leur auraient occasionnées, et d'assurer le jeu des clapets ainsi que l'écoulement des eaux intérieures. *Voyez* le mot IRRIGATION (1).

Enfin, après la récolte de la première herbe, il activera la pousse des regains par de nouvelles irrigations d'eaux limpides lorsque cela est possible.

§ 2. *Travaux d'amélioration*. Les mêmes travaux d'amélioration, soit pour bonifier la qualité de l'herbe, soit pour en augmenter la quantité, sont nécessaires à ces prairies comme à celles de la seconde classe.

Le desséchement complet des parties trop humides favorisera la destruction des mauvaises herbes, et les engrais feront d'autant plus d'effet sur le sol de ces prairies, qu'il sera de meilleure qualité. Dans ses parties humides ou marécageuses, l'usage des cendres fera périr les joncs, les roseaux et les laiches; « pour les détruire, on fait faucher, au mois d'avril, les places où elles croissent; on y sème des cendres, qui entrent dans leurs tubes ouverts et les brûlent. Un mois après, on use

____

(1) Toujours, observe Roland de la Platière, dans son excellent mémoire sur la *Culture de France comparée à celle de l'Angleterre*, il est avantageux de diviser les prés destinés au pâturage en parcs d'une étendue proportionnée au nombre des chevaux, des vaches et autres bestiaux qu'on possède, afin que pendant que l'herbe d'un de ces parcs se mange, celle des autres ait le temps de pousser. Quand on sait que les plantes vivent autant par leurs feuilles que par leurs racines, on ne peut qu'applaudir à un aussi bon précepte, dont l'application est générale en Angleterre et malheureusement très-rare en France.

Un arpent de pré de qualité moyenne doit donner environ 3,000 livres de foin sec de première coupe, et moitié de regain.

(*Note de M. Bosc.*)

du même moyen : il y a peu de ces plantes qui y résistent ; les bonnes profitent de cet engrais, et le pré se bonifie à vue d'œil. » (Cretté de Palluel.)

« La combustion de ces mêmes plantes sur le lieu même produit le même effet, et ce moyen d'amélioration est moins dispendieux que le premier. (M. de Chassiron.) » De tous les engrais que l'on peut employer sur les prairies de cette classe, le meilleur est celui procuré par des irrigations régulières. En eaux troubles, il peut remplacer tous les autres, et en eaux limpides, il a la double propriété de fertiliser le sol et de lui procurer en même temps l'humidité suffisante, qui lui manque presque toujours pendant l'été, ou sous des températures habituellement chaudes.

C'est donc par cette amélioration des immenses prairies que l'on rencontre sur les bords de la grande quantité de ruisseaux, de rivières et de fleuves dont le sol de la France est favorisé, que l'on pourra en tripler souvent les produits, et augmenter dans la même proportion le nombre de bestiaux qu'elles nourrissent actuellement.

Nous avons fait voir, au mot IRRIGATION, que cette amélioration est la plus facile à obtenir et la moins coûteuse à exécuter, lorsque l'étendue des prairies le permet, ou que l'on peut former des associations (1).

§ 3. *Consommation de leurs produits.* Le plus ordinairement on fauche les prairies de cette classe pour les convertir en foin, principalement celles qui ne sont point encloses, parce qu'il ne serait guère possible d'en faire pâturer les produits. Quant

---

(1) Les prairies trop constamment arrosées changent de nature, et aux bonnes herbes se substituent de mauvaises ; ainsi il convient de leur ménager les irrigations.

Il est des prairies dont le sol est élevé presque tous les ans par les inondations ; d'autres où il peut l'être à volonté par des irrigations d'eau trouble. La surface de telles prairies fournit, en l'enlevant de loin en loin, à leurs propriétaires un engrais plus durable que celui du fumier, et préférable à ce dernier pour les vignes et les potagers. Les îles de la basse Loire sont ainsi souvent pelées sans que leur fertilité diminue.

J'ai indiqué, au mot INONDATION, un moyen d'élever le sol des prairies qui y sont sujettes, par le moyen de fossés parallèles à la rivière. Je renvoie le lecteur à cet article.

Dans les départemens où la vaine pâture s'est conservée avec tous ses inconvéniens, et où les prairies naturelles rapportent par conséquent fort peu, sur-tout depuis qu'on a établi des prairies artificielles en concurrence. Les propriétaires ont été déterminés par leur propre intérêt à les cultiver en céréales ; mais celles de ces prairies qui étaient sujettes aux inondations ont bientôt été dénudées, et ont perdu la moitié de leur fertilité. Quel moyen employer pour arrêter ce mal ? L'instruction et des lois plus concordantes avec l'état actuel de la science agricole, que celles qui nous régissent.   (*Note de M. Bosc.*)

aux prairies encloses, on en fait consommer les produits en sec ou en vert, selon les lieux et les circonstances, ainsi que nous le dirons ci-après plus en détail (1).

Section IV. *Culture des prairies de la quatrième classe.* (*prairies généralement marécageuses, marais*). Par le mot culture, il faut entendre ici les travaux d'amélioration dont ces prairies sont susceptibles; car du moment qu'elles seront améliorées comme nous allons l'indiquer, elles rentrent dans la troisième classe de prairies, et s'administrent alors de la même manière.

Les prairies marécageuses et les marais n'ont aucun besoin d'engrais ni d'humidité pour entretenir la fertilité de leur sol ou pour en augmenter les produits. Ces terrains, dont le voisinage est si malsain pour l'homme, et le pâturage si nuisible à la constitution des bestiaux qui n'ont pas d'autre nourriture, sont annuellement fertilisés par une grande quantité de plantes grasses que les bestiaux refusent de manger, et qui pourrissent sur le sol même : une humidité toujours surabondante favorise la végétation de ces plantes, et détruit le peu de bonnes herbes qui pourraient y croître. L'amélioration de ces prairies est donc spécialement attachée à leur desséchement.

Pour l'opérer, il faut, comme dans les desséchemens de la plus grande étendue, remplir deux conditions essentielles et principales : la première est de contenir les eaux extérieures qui rendaient le terrain marécageux, à cause de leur stagnation sur sa surface; et la seconde, de vider les eaux stagnantes intérieures.

Le choix des moyens qu'il faut employer pour y parvenir dans les grands desséchemens, suivant les différentes circonstances locales, exige des connaissances théoriques et pratiques qui ne peuvent être l'apanage que des hommes consommés dans cet art; mais autant ces travaux demandent de précautions, présentent de difficultés et occasionnent de dépenses, autant ils deviennent faciles et peu dispendieux lorsque les marais ont peu d'étendue, ou que leur desséchement est favorisé par la topographie des lieux.

Si l'on n'a qu'une petite portion marécageuse à dessécher dans une prairie, il n'est pas toujours nécessaire de contenir les eaux extérieures qui y restaient en stagnation, et souvent

____

(1) Dans les prairies encloses, la faux laisse quelques herbes sur pied dans le voisinage des haies. Là, c'est une bonne pratique que de mettre les bestiaux dans ces prairies pendant quelques jours, immédiatement après leur fauchaison, pour utiliser ces herbes, qu'ils recherchent alors et qui à, l'époque des regains, ne seraient plus d'aucune valeur.

(*Note de M. Bosc.*)

il suffit de procurer à ces eaux intérieures un écoulement complet par un fossé de desséchement partant du fond de cuve de la partie marécageuse, et allant aboutir, dans une pente convenable, au ruisseau ou à la rivière qui l'avoisine.

Si telle partie du marais avait une certaine étendue, il faudrait ajouter au fossé principal de desséchement d'abord des sangsues en pattes d'oie à sa naissance, et ensuite, et au besoin, des fossés secondaires, pour en soutenir toutes les eaux surabondantes et les réunir dans le fossé principal.

Enfin, si le marais avait pour cause de sa formation les débordemens périodiques d'un cours d'eau voisin, dont le lit fût au-dessus du niveau du marais, sans pouvoir les faire ensuite écouler que par des travaux extraordinaires, alors seulement on serait obligé de contenir ses eaux extérieures, et de chercher, pour le nivellement du terrain environnant, les moyens de faire écouler les eaux intérieures de ce marais, et d'en assécher toutes les parties autant qu'il serait possible. Quelques exemples vont donner une idée suffisante de ces travaux.

« La prairie **AA**, *Pl.* III, était un marais où les eaux séjournaient et formaient un lac, faute de n'avoir aucune issue. Ce terrain était inculte, et les habitans de trois paroisses voisines y envoyaient paître leurs bestiaux à mesure que les grandes chaleurs de l'été en avaient desséché quelques portions.

» Par une opération qui n'a rien que de simple, et qui a été peu dispendieuse, l'on a acquis une portion de pré de plus de soixante-dix arpens, qui produit aujourd'hui d'excellens foins et fait un excellent pâturage.

» Le terrain **DDDD**, qui entoure la prairie **AA**, est plus haut de 8 à 9 pieds ; d'un autre côté, les berges de la rivière de Croust forment aussi une élévation de 6 à 7 pieds au-dessus du sol de la prairie, de manière qu'elle n'avait aucune issue pour s'égoutter.

» La rivière de Rouillon, quoique fort éloignée de cette partie, mais à un niveau inférieur, a présenté le moyen de desséchement : pour y parvenir, on a construit un coffre (aquéduc souterrain) en pierre **FF**, qui passe sous la rivière de Croust, et un fossé principal **I**, de 8 pieds de largeur, qui y amène toutes les eaux du marais **AA**, et qui les conduit ensuite à la rivière de Rouillon à travers la prairie **AA**, et pour éviter par la suite les débordemens de la rivière de Croust, on en a élevé et élargi les berges d'une quantité suffisante.

» La dépense de ce desséchement, sans y comprendre cependant celle des sangsues ou fossés secondaires, qui ont ensuite été établis aux frais de chaque copartageant, a été de *quatorze cent dix livres*, et ces prés sont aujourd'hui loués à raison de *quarante-deux livres* l'arpent. Voilà une prairie achetée à bon marché! » (Cretté de Palluel.)

Autre exemple : « La partie M (même planche) formait aussi un marais tourbeux et impraticable, et la plus grande portion était inaccessible aux bestiaux. Le foin en était aigre, sûr, et elle ne produisait que des joncs, aujourd'hui ce pré est aussi riche que les autres. Par le moyen d'un conduit L, sous la rivière du Croust, j'ai fait baisser l'eau de cette prairie de 4 pieds au-dessous de la superficie du sol. Les joncs ont disparu au moyen des engrais que j'y ai fait répandre à plusieurs reprises. Les arbres qui n'y avaient jamais rien fait jusqu'alors y viennent supérieurement, et depuis deux ans je me suis procuré la facilité d'y faire extraire de la tourbe, sans que les ouvriers aient été gênés par les eaux. *Ibidem.* »

Mais quels qu'aient été les soins et l'intelligence que l'on aura apportés dans le desséchement d'une prairie marécageuse, toutes les parties ne se trouveront point également asséchées, et il y en aura toujours qui resteront plus humides les unes que les autres. Les portions les plus saines seront destinées à faire des pâturages, où les bestiaux iront se nourrir pendant l'été, et les prairies les moins sèches pourront encore produire du foin abondamment pour l'hiver.

On divisera donc les prairies en pâturages de différentes espèces, suivant l'humidité naturelle plus ou moins grande de chaque portion; on les séparera par des fossés et des plantations analogues à la nature du sol; et après en avoir extirpé les joncs et les glaïeuls par le moyen de l'essartage, si cela est nécessaire, et en avoir retiré pendant plusieurs années consécutives d'abondantes récoltes d'avoine, de chanvre, etc., on les semera en herbe.

Nous avons déjà indiqué celles qui conviennent aux prairies saines; les plantes qu'il faut choisir de préférence pour les parties les plus humides sont la salicaire (*lythrum salicaria*), le chamænerion (*epilobium angustifolium*), la reine des prés (*spirea ulmaria*), et *la rue des prés* (*thalictrum flavum*). Cretté de Palluel les a cultivées avec succès sur ces terrains. Elles y croissent jusqu'à 4 à 5 pieds de haut, et font un excellent fourrage que l'on fauche plusieurs fois. Les bestiaux le mangent avec appétit en vert comme en sec.

Il faut bien se garder de laisser entrer les bestiaux dans ces nouvelles prairies, parce qu'ils arracheraient ou enfonceraient les jeunes plantes avec leurs pieds, sur-tout dans les terrains frais et mouvans.

Les travaux de conservation des prairies desséchées consis-

tent dans l'entretien scrupuleux des fossés, rigoles et sangsues
de desséchement ; et on les maintiendra dans la fertilité naturelle, si, dans les travaux de desséchement, l'on s'est ménagé
les moyens de procurer à ces prairies des irrigations par *infiltration* pendant l'été. *Voyez* le mot IRRIGATION.

Pour établir les irrigations dans des terrains aussi peu solides, on se servira avec beaucoup d'avantage des *écluses à
poutrelles* des Hollandais, dont M. de Chassiron a donné la
description au mot DESSÉCHEMENT.

CHAP. III. *De la récolte des foins.* Le moment le plus favorable pour cette récolte n'est pas toujours, ainsi qu'on pourrait le croire, celui de la maturité de toutes les plantes d'une
prairie. Toutes ne sont pas également précoces ; et si l'on at-
tendait, pour la faucher, que les herbes les plus tardives fussent parfaitement mûres, il en résulterait *appauvrissement* du
sol, *détérioration* dans la qualité du fourrage, et *diminution*
dans la quantité de la récolte : *appauvrissement* du sol, à
cause de la fructification complète des plantes précoces qui
lui occasionne une grande consommation des sucs nutritifs ;
détérioration dans la qualité du fourrage, parce que, comme
l'observe très-bien Rozier, la maturation de la graine ne peut
s'opérer que par l'altération plus ou moins considérable des
tiges, des feuilles, etc., et qu'alors elles se trouvent privées
de leur mucilage, qui en constitue la partie nourrissante ainsi
que le parfum ; et *diminution* dans sa quantité, car les tiges
des herbes étant appauvries par la fructification et privées de
leurs feuilles, ne fournissent pas autant de foin que lorsqu'elles
ont été fauchées un peu avant la maturité des graines, comme
il convient de le faire.

D'ailleurs on ne récolte pas les prairies uniquement pour
avoir de la graine, mais spécialement pour en obtenir du fourrage sec de la meilleure qualité possible, et l'expérience ap-
prend que les prés fauchés aussitôt que la floraison y est plei-
nement établie, et immédiatement avant la maturité de la
majorité des graines des différentes plantes, remplissent ce
but essentiel, et donnent encore des regains plus abondans
que lorsque l'on a attendu que les graines fussent parfaitement
mûres.

C'est par ce motif qu'on fauche les différentes espèces de
prairies artificielles aussitôt qu'elles sont généralement en
fleurs, et c'est seulement à leur dernière coupe que l'on en
réserve une portion qu'on laisse venir à graine, sans autre
inconvénient que celui d'y répandre des engrais pour réparer
la perte des sucs nutritifs que leur fructification a fait éprouver
au sol.

Nous admettons donc avec Rozier que l'époque la plus avantageuse pour couper un fourrage quelconque, et conséquemment pour faucher les prairies naturelles, est celle où la masse des plantes est en pleine fleur, ou plutôt lorsque les plantes les plus tardives commencent à entrer en fleur.

Souvent un préjugé très-préjudiciable empêche de saisir cette époque favorable dans les lieux où les prairies sont couronnées par des coteaux ensemencés en blé.

On prétend que si l'on fauchait les prairies avant la fin de la fleur des fromens, cette opération occasionnerait la *rouille;* en sorte que, quel que soit l'état de maturité des herbes, on n'y commence la fauchaison que lorsque la fleur des fromens est entièrement passée.

On explique cette conduite en disant « qu'aussitôt après la récolte des foins, toute l'humidité que les herbes maintenaient sur le sol des prairies, se trouve presque subitement exposée à l'évaporation de la température chaude alors existante, et occasionne des brumes épaisses, qui se répandent sur les blés environnans; que ces brumes s'attachent à leurs tiges, s'y combinent avec la sève, qui est surabondante à cette époque de leur végétation, et produisent l'accident connu sous le nom de ROUILLE DES BLÉS. » *Voyez* ce mot.

C'est effectivement dans cet état de leur végétation que les blés sont les plus exposés à la rouille, mais avant d'en attribuer la cause à la fauchaison, lorsqu'elle coïncide avec la fleur des blés, il faudrait constater le fait par des expériences concluantes; et jusqu'à ce qu'elles aient été faites, nous ne pouvons regarder cette opinion que comme un préjugé très-fâcheux, car son effet est souvent de retarder le moment qui serait le plus avantageux pour la fauchaison des prairies.

Pour nous, nous faisons annuellement faucher nos prairies à l'époque la plus favorable, sans avoir aucun égard à l'état de floraison des fromens; et depuis plus de vingt ans que nous pratiquons cette méthode, nous ne nous sommes pas aperçus que les blés qui les avoisinent aient été plus souvent rouillés que les autres (1).

Un beau temps fixe est aussi une circonstance nécessaire pour

___

(1) Ceux qui prétendent qu'il faut laisser l'herbe mûrir dans les prés, donnent pour un de leurs motifs que la graine des plantes qui les compose se ressème d'elle-même; mais ils ne savent pas que les graminées vivaces, sur-tout lorsqu'on les coupe après la formation de leur graine, ne peuvent subsister dans la même place par la loi des ASSOLEMENS (*voyez* ce mot); qu'en conséquence, si cette graine lève, le plant qu'elle a produit ne tarde pas à périr.

(Note de M. Bosc.)

24 *

faire de bons foins et pour les resserrer sainement. Malheu-reusement, elle ne dépend pas du cultivateur, car il est obligé de faucher ses prés aussitôt qu'ils sont en pleine fleur.

Lorsque le temps est beau, non-seulement les foins que l'on récolte conservent leur bonté naturelle, mais encore la promptitude avec laquelle on peut les faire, en y employant le nombre convenable de bras et de voitures, rend cette récolte la moins dispendieuse possible.

Mais s'il est variable ou pluvieux, alors la fauchaison devient longue, incertaine, dispendieuse, et ne produit que des foins plus ou moins avariés : on est quelquefois obligé de dérober pour ainsi dire le foin à l'intempérie de l'atmosphère. On tâtonne ses opérations ; on consulte à tout moment le baromètre pour savoir si l'on fera faucher ; si l'herbe est coupée, on n'ose pas faire *désandiner*, ou *désandainer*, parce que le foin exposé à la pluie se détériore moins en *andain* que lorsqu'il est répandu sur le pré ; enfin, sur la foi quelquefois périlleuse du baromètre, on fait désandiner ; on se presse de façonner le foin, on le fait *sauter* pour accélérer sa dessiccation ; on le ramasse ensuite en petits tas, ou *mulons*, ou *veillottes* ; les voitures arrivent pour l'enlever ; on est prêt à le charger, et souvent la pluie la plus légère suffit pour détruire l'effet de ces peines et de ces sollicitudes.

Dans cette fâcheuse circonstance, il y a perte de temps dans la fenaison, et perte dans la qualité du fourrage, qui ne conserve plus ni couleur ni parfum lorsqu'il a été mouillé plusieurs fois pendant sa dessiccation. Du moins le foin qui en provient n'est point nuisible pour les bestiaux ; seulement, sa qualité n'est pas aussi bonne que s'il avait été fait par un beau temps, et il n'est plus *marchand*.

Mais lorsque les prairies ont été rouillées par des inondations d'été, les foins qu'elles produisent ne sont plus qu'une récolte funeste pour le cultivateur. Il est d'abord obligé de supporter en pure perte les frais de leur fauchaison et de leur transport, afin de disposer les prairies à produire des regains. Le seul moyen qui lui reste pour s'indemniser un peu de cette perte, est de les faire faucher immédiatement après l'inondation, lorsque le terrain est suffisamment raffermi, parce que si la saison n'est pas alors encore trop avancée, les prés donneront des regains beaucoup plus abondans que si l'on avait attendu pour les faucher l'époque ordinaire de la maturité des herbes. *Voyez* ROUILLE DES FOINS.

D'un autre côté, le foin rouillé ne devrait être employé qu'à faire de la litière, après avoir été convenablement desséché ; mais, dans les années intempestives, la disette des bons fourrages se fait généralement ressentir. Chacun cherche à tirer parti du foin le moins rouillé. On le bat avec des fléaux, on le secoue ensuite pour en ôter la poussière, et c'est à-peu-près en vain que l'on prend toutes ces peines ; la rouille a corrompu la partie nutritive ou mucilagineuse du foin, et l'eau, la terre et la sève des herbes, combinées ensemble, ont formé sur leurs tiges et sur leurs feuilles un mastic qui résiste à tous les efforts et qu'on ne peut en détacher entièrement; cependant, faute d'autre fourrage, on le donne aux bestiaux ainsi préparé, et cette nourriture les fait bientôt dépérir, et leur occasionne trop souvent des maladies inflammatoires, qui deviennent presque toujours épizootiques.

Peut-être serait-il possible de corriger les pernicieux effets des foins rouillés, en les mêlant par couches avec de la bonne paille, et en arrosant chaque couche avec du sel. C'est du moins par ce procédé, que M. de Chassiron nous a indiqué, que l'on bonifie les foins des marais des bords de la Charente, ou plutôt que l'on atténue les mauvaises qualités de ces foins.

Les qualités apparentes que l'on recherche dans le fourrage sont la siccité, une couleur bien verte et une bonne odeur, et ces qualités sont effectivement les caractères distinctifs des foins des meilleurs prés.

L'état de siccité dans lequel doivent être les herbes pour faire de bon foin est relatif à leur espèce et à la manière de les récolter. Trop sèches, elles perdraient une partie de leur mucilage; trop humides, elles fermenteraient trop fortement dans le fenil et y perdraient de leur couleur naturelle. Il est impossible d'établir des règles à ce sujet, et l'expérience doit être localement le guide le plus sûr. Nous ferons seulement observer que si l'on est dans l'usage de botteler le foin sur le pré, ce qui n'arrive guère que dans les lieux où il n'y a pas beaucoup de prairies, il faut y laisser sécher l'herbe plus long-temps, afin d'éviter que l'intérieur des bottes ne soit moisi par l'effet de la transsudation du foin.

Le parfum de ce fourrage, comme sa couleur, dépendent de la qualité des herbes, et du temps plus ou moins favorable que l'on aura eu pendant la fenaison. M. d'Ourches prétend qu'en mêlant une poignée de FLOUVE (*voyez* ce mot) dans du foin inodore, on parvient à lui donner le parfum des meilleurs foins, mais que les bestiaux révèlent la fraude par leur répugnance à manger de ce mélange.

Quant à sa couleur, on peut avec du soin la lui conserver telle que la nature des plantes peut la donner : il suffit de ne jamais laisser le foin répandu sur le pré pendant la nuit, car la rosée le blanchit. Pour éviter cet inconvénient, qui le rend d'une vente moins avantageuse, on le met chaque soir en tas ou veillotes, et le lendemain, lorsque la rosée est évaporée, on le répand pour en achever la dessiccation.

Les foins étant récoltés dans un état de siccité convenable, il faut les resserrer sainement, afin qu'ils puissent être conservés dans le meilleur état jusqu'à la récolte suivante. *Voyez* le mot FENIL.

On ne peut donner du foin nouveau aux bestiaux qu'environ six semaines après sa récolte, c'est-à-dire après qu'il a suffisamment *ressué*, parce que cette nourriture les échaufferait trop.

Le meilleur foin est celui qui provient des prairies sèches, parce qu'elles contiennent peu de plantes nuisibles, et que les autres sont très-substantielles, et éminemment aromatiques. Les chevaux en sont très-avides ainsi que les moutons.

Les foins des prairies de troisième classe, et sur-tout de celles qui sont annuellement arrosées, sont plus doux, un peu moins parfumés; leur usage est moins échauffant et convient très-bien aux bêtes à cornes. Le pâturage de la première herbe de ces prairies est également salutaire aux moutons; mais celui des regains des prairies arrosées leur est funeste. (M. Vill. Tatham.)

Le foin des prairies très-humides ou marécageuses et des marais est le plus mauvais de tous, et paraît nuisible à la santé de toute espèce de bétail lorsqu'il n'est pas bonifié comme nous l'avons indiqué plus haut.

M. d'Ourches paraît douter de la suffisance de la qualité des foins ordinaires pour la nourriture des bestiaux : il prétend qu'ils contiennent peu de substances nutritives, et que c'est par cette raison que l'*on donne autant d'avoine aux chevaux qui sont au foin qu'à ceux qui sont à la paille.* Cependant nous habitons un pays d'éducation de bestiaux; les prés y sont de deuxième et troisième classes, et les foins qu'on en retire sont généralement placés dans le même fenil; les jumens poulinières et les poulains ne reçoivent point d'autre nourriture jusqu'aux regains : on les met alors dans les herbages, pour achever de consommer ceux que les bœufs y ont laissés; enfin on ne donne d'avoine aux jumens que lorsqu'elles travaillent, et aux poulains que pour les mettre en état de vente. Si ce régime n'était pas suffisamment substantiel, les bestiaux n'y prospéreraient pas aussi bien qu'ils le font ordinairement, lorsque d'ailleurs ils sont bien soignés.

CHAP. IV. *Récolte des foins de regains.* Les regains sont ordinairement très-faibles dans les prairies de seconde classe, parce que l'humidité naturelle du sol n'est pas assez grande pour en favoriser la végétation. On ne peut donc pas les faucher et en faire du foin ; on les fait consommer par les bestiaux sur le lieu même , lorsqu'ils commencent à entrer en fleur.

Les regains des prairies de troisième et de quatrième classes sont beaucoup plus abondans, principalement dans celles que l'on peut arroser à volonté : il est donc facile de les faucher ; mais il n'est pas toujours possible de les faire dessécher suffisamment , à cause de l'avancement de la saison dans laquelle arrive la maturité. Ce n'est donc que dans les départemens méridionaux que la récolte des foins de regains peut être une récolte annuelle, et dans les autres ce n'est qu'une récolte accidentelle, qu'il sera très-souvent plus avantageux de faire pâturer que de convertir en foin.

Les foins de regains demandent à être resserrés dans un état de siccité encore plus grand que ceux de première herbe, parce qu'ils sont susceptibles d'un plus grand degré de fermentation dans les fenils. Cette disposition oblige aussi de les resserrer dans des greniers séparés, et encore plus aérés, s'il est possible, que les fenils ordinaires, afin d'éviter les dangers de leur fermentation, qui devient quelquefois assez excessive pour enflammer le tas.

Lorsque ces foins ont suffisamment ressué , ils deviennent une excellente nourriture pour les veaux d'élève et les jeunes poulains (1).

CHAP. V. *De la meilleure manière de faire consommer les produits des prairies naturelles.* Ce sujet a été jusqu'ici un objet de controverse parmi les agronomes, parce que chacun de ceux qui l'ont traité n'ont point envisagé la question dans tous les rapports qu'elle peut avoir avec les différens besoins de l'agriculture, et ces besoins ne sont pas les mêmes dans toutes les localités. La meilleure manière de faire consommer ces produits, c'est-à-dire celle qui doit être la plus avantageuse au cultivateur, ne pouvait donc être absolue, mais seulement relative aux besoins particuliers de la culture dans sa localité. En

---

(1) Il est d'usage dans quelques cantons de l'Angleterre , de réserver les regains pour les faire pâturer à la fin de l'hiver, et cette méthode est extrèmement avantageuse, en ce que l'herbe de ces regains, quoique jaune et même en partie desséchée , est une excellente nourriture pour les bestiaux. Les prés dont les regains ont été ainsi réservés s'appellent des FOUENS.

Cette pratique serait dans le cas d'être imitée en France d'une manière plus générale, mais pour cela il faudrait que les clôtures fussent plus communes ; cependant il a été remarqué en Flandre que les prairies dont on réservait le regain, s'appauvrissaient plutôt que celles où on le faisait pâturer de suite.   (*Note de M. Bosc.*)

effet, on connaît trois manières de faire consommer les fourrages naturels par les bestiaux : la première consiste à les faire manger en vert sur le lieu même de leur végétation ; la seconde, à faucher les fourrages à mesure du besoin, pour les donner en vert aux bestiaux dans leurs logemens ; et la troisième , à ne les couper que lorsqu'ils ont acquis une maturité convenable , pour les convertir en foin et les donner en sec aux bestiaux.

L'usage de chaque localité, ou quelquefois des circonstances particulières, déterminent ordinairement les propriétaires à adopter l'une ou l'autre de ces manières, et quelquefois à en pratiquer plusieurs, et l'on doit croire que cet usage, ou que cette détermination est motivée dans chaque localité par des raisons convenables ; car chaque cultivateur a le plus grand intérêt de pratiquer le mode de consommation définitivement le plus avantageux.

Mais chaque manière de consommer les fourrages a ses avantages et ses inconvéniens, et les uns et les autres sont plus ou moins grands, comme on le verra ci-après, suivant les besoins particuliers de la culture locale. La meilleure manière pour chaque localité sera donc celle qui présentera au cultivateur le plus d'avantages et le moins d'inconvéniens ; et pour pouvoir les apprécier, il est nécessaire de les faire connaître.

§ 1. *Consommation des fourrages en vert sur le lieu même de leur végétation.* C'est particulièrement dans les parties maritimes des départemens de l'ouest, et sur-tout de l'ancienne Normandie, que les bestiaux restent pendant toute l'année dans les gras pâturages qui font la richesse de ces départemens.

Les avantages incontestables que leurs cultivateurs retirent de cet usage sont, 1°. de n'avoir aucun frais de récolte à supporter ; 2°. d'être dispensés de se procurer des écuries et des étables pour loger leurs nombreux bestiaux ; 3°. l'état constant de prospérité de ces bestiaux, pour qui l'air extérieur est plus salutaire que celui qu'ils peuvent respirer dans des logemens ordinaires ; 4°. les engrais que les bestiaux déposent naturellement sur les herbages, qui n'en exigent alors qu'une plus petite quantité d'autres pour être entretenus dans leur fertilité.

Mais, comme l'a très-bien observé M. d'Ourches, cette pratique occasionne le gaspillage d'une grande quantité d'herbes que les bestiaux foulent aux pieds, ou qu'ils recouvrent avec leurs excrémens et qu'ils dédaignent ensuite : ces herbes sont donc perdues pour leur nourriture, et les herbages ne doivent pas alors sustenter autant de têtes de bétail qu'ils en pourraient nourrir, si les herbes n'étaient pas pâturées sur le lieu même. Pour éviter, ou plutôt pour diminuer cet inconvénient, il propose avec raison de diviser les herbages d'une grande étendue par portions d'un hectare et demi à 2 hectares, que l'on ferait manger successivement.

Un autre inconvénient de cette pratique, qui paraît avoir échappé à M. d'Ourches, c'est que les bestiaux qui restent continuellement dans les pâturages ne font pas de fumier pour les terres en culture, et celui-ci est absolument sans remède dans le plus grand nombre des localités.

On ne peut donc adopter cet usage, même avec l'amélioration proposée par M. d'Ourches, que dans celles où, comme dans les parties de la Normandie que nous avons citées, on trouve à se procurer à peu de frais et en grande abondance des engrais maritimes pour entretenir la fertilité des herbages et satisfaire aux autres besoins de la culture, c'est-à-dire que dans les pays où l'agriculture peut se passer du fumier des animaux.

§ 2. *Consommation du fourrage en vert dans les écuries.* Cette pratique offre pour premier avantage celui d'une plus grande économie dans la consommation des fourrages, parce que, n'entrant point dans les herbages, les bestiaux ne sont plus dans le cas de les gaspiller et de les piétiner. En second lieu, le régime convient très-bien aux vaches laitières, qu'il entretient dans une abondance de lait presque aussi grande, à nourriture égale, que lorsqu'elles restent continuellement dans les pâturages et qu'elles y vivent à discrétion; enfin, cet usage est un grand moyen d'engrais pour l'agriculture, parce qu'en laissant constamment les bestiaux dans leurs logemens, ils peuvent y faire beaucoup de fumier.

Mais, 1°. on peut opposer à cette méthode, comme à la première, l'inconvénient d'être obligé de faire consommer les herbes avant leur maturité: alors leur sève n'est pas assez élaborée et leurs sucs nutritifs assez formés, et pour remplacer cette insuffisance de leur qualité, on est forcé d'en donner à-la-fois un plus gros volume aux bestiaux; 2°. une vie aussi sédentaire est contraire à leur constitution naturelle, et pour qu'elle ne nuise point à leur santé, on est obligé de leur construire des logemens plus vastes, plus aérés, et de procurer à ces logemens une température toujours égale; 3°. il faut tous les jours, et le plus souvent deux fois par jour, couper le fourrage vert, et le transporter à la ferme pour y être distribué aux bestiaux; 4°. si l'usage des fourrages en vert est salutaire aux bêtes à cornes et aux bêtes à laine, il n'est pas généralement aussi favorable aux chevaux de service, qu'il affaiblirait nécessairement; 5°. la dépense de construction des étables et des bergeries permanentes est aussi un inconvénient qui n'existe pas dans la première manière.

Parmi ces inconvéniens, le seul qu'on puisse éviter est le transport journalier des fourrages. A cet effet, on établirait sur les rives des chemins qui avoisinent les herbages des crèches temporaires dans lesquelles on préparerait ces fourrages, et l'on y conduirait soir et matin les bestiaux aux heures ordinaires de leur manger. Ces promenades journalières seraient d'ailleurs très-salutaires à leur santé.

§ 3. *Consommation à l'écurie des fourrages en sec.* Ce régime est celui qui économise le plus les fourrages, parce que, pour convertir les herbes en foin, on est obligé d'attendre qu'elles soient en maturité, et qu'il est plus aisé de doser les fourrages en sec qu'en vert ; il est d'ailleurs aussi avantageux que le second sous le rapport de la fabrication des fumiers. Mais ce régime ne convient pas aussi bien à la constitution des bêtes à cornes et à laine que l'usage du fourrage en vert, et il nécessite les frais de récolte, de transport, ainsi que la dépense de construction des bâtimens destinés à la conservation des fourrages secs.

D'après l'exposé que nous venons de faire des différentes manières de faire consommer les fourrages, et des avantages et inconvéniens attachés à chacune d'elles, l'on voit que dans chaque localité, le besoin plus ou moins grand que l'on y avait du fumier des animaux a dû particulièrement influer sur l'adoption du régime auquel il était le plus avantageux de les soumettre.

Ainsi, par-tout où l'on a trouvé la facilité de se procurer à peu de frais des engrais autres que les fumiers des animaux, ou dans les localités dont les terres en culture n'ont pas besoin d'engrais, on a dû adopter le premier régime.

Dans les pays d'éducation de bestiaux, où la culture des céréales est cumulée avec cette industrie agricole, on a dû ne tenir les bestiaux dans leurs logemens que le temps nécessaire pour y fabriquer tous les fumiers que la culture des terres peut exiger, et les laisser ensuite dans les pâturages pendant le reste de l'année.

Enfin, dans les cantons de grande culture, où une agriculture perfectionnée n'a jamais assez d'engrais de toutes espèces, on a dû adopter avec beaucoup d'avantages la seconde et la troisième manières de faire consommer les fourrages.

CHAP. VI. *Effets que produit le pâturage des différentes espèces de bestiaux sur les prairies naturelles.* Chaque espèce de bétail a une manière particulière de brouter l'herbe, dont l'influence sur la fertilité des prairies doit être connue des propriétaires et entrer aussi comme élément dans le calcul des avantages et des inconvéniens du régime auquel ils doivent soumettre localement les bestiaux.

§ 1. *Du páturage des bêtes à laine.* On croit communément qu'il est dangereux de mettre les moutons dans les prairies naturelles, et l'exemple des meilleurs cultivateurs, ainsi que l'expérience des Anglais, qui suivent cette méthode depuis si long-temps, n'ont pas encore pu détruire entièrement ce préjugé.

Il est vrai que le pâturage des prairies marécageuses est très-malsain pour ces animaux et leur occasionne des maladies dangereuses ; mais c'est à la mauvaise qualité des herbes qu'il faut en attribuer la cause et non pas au régime en lui-même, car dans les prés sains les moutons prospèrent très-bien, pourvu qu'on ne les y laisse pas manger à discrétion, autrement ils y engraisseraient trop promptement et tendraient à la pourriture. Il paraît aussi que les regains des prairies arrosées sont nuisibles à leur santé, sans cependant en découvrir la cause, et qu'ils leur donnent la maladie appelée *tac* par les Anglais.

« Dans le comté de Wiltshire, où l'usage de faire pâturer les moutons dans les prairies naturelles existe depuis long-temps, on a reconnu que toutes les prairies arrosées étaient parfaitement saines au printemps pour les moutons, *même sur un fond qui leur causerait des maladies putrides s'il n'était pas arrosé ;* mais qu'en automne les meilleures prairies arrosées étaient dangereuses. » (M. W. Tatham)

L'opinion contraire est donc un préjugé et un préjugé d'autant plus nuisible, que l'on se prive alors au printemps, dans le temps que les herbes des prés non arrosés n'ont pas encore poussé, et où des fourrages verts seraient si salutaires aux brebis et à leurs agneaux, d'une ressource que la précocité de la végétation des prairies arrosées rendrait extrêmement précieuse. C'est ainsi que les cultivateurs du district de Wilts tirent le plus grand parti de leurs prairies arrosées. Après le premier pâturage, ils y mettent l'eau pendant deux ou trois jours, et la retirent ensuite pour laisser croître l'herbe, qui est alors destinée à être récoltée en foin.

Quoi qu'il en soit, le pâturage des prairies par les bêtes à laine n'est point du tout nuisible à leur santé lorsqu'il est administré avec prudence, et après y avoir fait passer des bêtes à cornes pour en manger l'herbe surabondante ; ces animaux les rasent de près, y font disparaître tout ce que les bêtes à cornes avaient négligé, et disposent très bien les prés à pousser des regains lorsque leur végétation est ensuite favorisée par les pluies ou par des irrigations ; enfin la fertilité des prairies n'en est point altérée, à cause des engrais qu'ils y déposent pendant le pâturage.

Mais lorsque la saison est sèche et chaude, leur pâturage dans les regains des prés non arrosés y occasionne en pure perte de grands dommages. Pendant cette température, les p és ressemblent à des terres en friche; ils ne présentent çà et là que quelques brins d'herbe que l'on aperçoit à peine. Pour les saisir, les moutons les pincent au plus près, et le plus souvent ils en arrachent le pied desséché, qu'ils rejettent ensuite après en avoir séparé le brin d'herbe qu'ils avaient convoité. On voit alors les prairies jonchées de ces racines, dont la place reste vide, et qui ne peut ensuite être remplie qu'avec le temps ou par de nouveaux engrais.

Ces dommages ne sont pas ici compensés, comme dans le premier cas, par les engrais du parcage, parce que la sécheresse du terrain et la chaleur de l'atmosphère en ont bientôt fait évaporer les sels; et ils sont encore augmentés par les dégâts que les moutons font aux haies de clôture qu'ils broutent faute d'herbes, car leur dent est presque aussi meurtrière pour le bois que celle des chèvres.

§ 2. *Pâturage des chevaux.* Le séjour des chevaux dans les prés non arrosés périodiquement est singulièrement préjudiciable à leurs produits. D'abord ils gaspillent beaucoup plus d'herbe que les autres animaux, soit à cause de leur turbulence naturelle, soit parce que, pinçant l'herbe avec force, ils en arrachent souvent le pied, soit enfin parce qu'ils dédaignent un plus grand nombre de plantes.

Ces dommages ne sont pas très-sensibles sur les prairies annuellement fertilisées par des inondations, ou par des irrigations, et que, par cete raison, les Normands appellent des *prés à chevaux;* mais sur les herbages secs le tort qu'y occasionne leur pâturage est assez grand pour avoir fixé l'attention de leurs propriétaires en Normandie.

Tous les baux de ces herbages portent « que le fermier ne pourra y introduire qu'un nombre déterminé de bêtes chevalines par acre en concurrence avec les bêtes à cornes, et sous la condition expresse de fumer périodiquement les herbages avec un certain nombre de tombereaux de tangue mêlée avec de bonne terre. Lorsque le fermier manque à cette condition de rigueur, la contravention est punie par une forte amende au profit du propriétaire pour chaque bête chevaline excédante, et en outre par l'obligation de réparer le dommage fait à la fertilité de l'herbage, en y versant des engrais extraordinaires, dont la quantité est également déterminée pour chaque bête d'excédant. »

§ 3 *Pâturage des bêtes à cornes.* Leur pâturage, loin d'être nuisible, est, dans le plus grand nombre de cas, une véritable amélioration pour les prairies, à cause des engrais que les bestiaux y déposent; et si en Normandie les fermiers des herbages secs destinés au pâturage des vaches laitières sont aussi obligés à y répandre périodiquement des engrais, cette clause de leurs baux n'a pour but que d'en augmenter les produits ou d'en entretenir la fertilité naturelle.

§ 4. *Pâturage des oies.* Ces oiseaux sont un véritable fléau pour les prairies, et il devrait être absolument défendu de les y laisser introduire. Cette défense faisait partie des anciennes lois de police rurale; la révolution l'a fait tomber en désuétude, et il est à désirer que cette défense soit expressément renouvelée dans le nouveau Code rural.

. D'ailleurs, toute espèce de bétail dégrade plus ou moins les prairies avec les pieds, lorsque le sol en est humide, et particulièrement après les dégels; il faut donc en interdire l'entrée aux bestiaux jusqu'à ce que leur sol soit suffisamment raffermi.

CHAPITRE VII. *Moyens que l'on pourrait employer pour augmenter et améliorer les produits des prairies de troisième classe, lorsque leur position, ou leur petite étendue, ne permet pas de les enclore.* Nous avons indiqué la clôture des prairies, comme étant le premier travail à faire pour pouvoir en retirer exclusivement tout le fruit des autres améliorations dont elles peuvent être susceptibles.

Il faudrait donc renoncer à l'amélioration de celles qu'il est impossible d'enclore, si l'intérêt général, et même celui particulier de leurs propriétaires, ne commandaient pas de rechercher les moyens de surmonter cet obstacle.

Leur position sur les cours d'eaux les rend susceptibles d'être soumises à des irrigations régulières, comme les prairies de cette classe qui sont encloses; mais pour pouvoir exécuter les travaux convenables à cette amélioration, il faudrait le concours de la majorité des propriétaires qui y seraient intéressés, et l'expérience a prouvé que ce consentement serait moralement impossible à obtenir dans l'état actuel de l'ancienne législation administrative. Il ne reste donc que la voie des associations forcées, c'est-à-dire des décisions du gouvernement prises avec connaissance de cause, sur la demande d'un ou de plusieurs des principaux propriétaires. Le projet du nouveau Code rural renferme d'excellentes dispositions à ce sujet, c'est pourquoi nous nous dispensons de les répéter ici; mais, en supposant ces travaux bien exécutés et les bases d'une juste répartition des eaux bien établies, il nous reste à examiner comment les propriétaires pourraient retirer de ces prairies ainsi améliorées tous les avantages que produisent les prairies encloses de la même classe.

Au moment de la fauchaison, chaque propriétaire récolterait, comme par le passé, la première herbe, qui lui appartient exclusivement.

On préviendrait ensuite le gaspillage ordinaire des regains qu'auraient pu produire les prairies, sans l'usage de la vaine pâture, après la récolte de la première herbe, par les mesures administratives suivantes.

D'abord l'équité voudrait que chaque propriétaire ne pût envoyer au parcours qu'un nombre de bestiaux proportionné à l'étendue de sa propriété dans celle générale de la prairie ainsi améliorée; car l'amélioration a bien été faite aux frais de tous les propriétaires, mais chacun n'y a contribué qu'en raison de l'étendue de sa propriété : il n'a donc droit à l'augmentation des produits communs que dans la même proportion.

En second lieu, il faudrait ne pas livrer la prairie au parcours immédiatement après la récolte de la première herbe, ainsi que cela a lieu dans les prés non clos, afin de laisser aux regains le temps de pousser, et de pouvoir en activer la végétation par des irrigations. Leur entrée serait donc défendue aux bestiaux depuis l'enlèvement des foins jusque après la moisson. Cette défense ne présente aucun inconvénient, car la récolte des blés succède ordinairement à la fauchaison sans interruption, et les terres nouvellement moissonnées, sur-tout dans la moyenne culture, offrent aux bestiaux un pâturage abondant.

En troisième lieu, lorsque la moisson serait terminée, et après avoir fait consommer les herbes et les résidus des terres récoltées, on commencerait le pâturage commun des regains, d'abord dans la partie de la prairie dont la végétation paraîtrait la plus avancée. Après l'avoir fait consommer, les bestiaux passeraient ensuite dans une autre, mais sans pouvoir entrer dans la partie déjà mangée, et ainsi successivement; en sorte qu'après les avoir fait pâturer toutes, les premières abandonnées pourraient encore offrir de nouvelles ressources aux bestiaux.

En quatrième lieu, pour faciliter cet aménagement économique du pâturage commun, la prairie serait divisée en portions ou triages d'étendue proportionnée au nombre des bestiaux du parcours, et ces triages seraient séparés les uns des autres par des fossés ou par d'autres clôtures.

Enfin, vers la fin de novembre, ou plutôt à l'époque ordinaire et locale des pluies d'automne, ou des premières inondations, toute la prairie serait interdite aux bestiaux, afin de pouvoir lui donner des irrigations d'eaux troubles.

Avec ces moyens, ou avec d'autres analogues, ces prairies donneraient des produits presque aussi grands, et leur administration pourrait être régularisée avec autant de précision et d'économie que si elles appartenaient à un seul propriétaire.

Résumé et conclusion. On voit, par les détails dans lesquels nous venons d'entrer sur la culture des prairies naturelles, ainsi que par ceux que nous avons donnés au mot IRRIGATION, que les améliorations dont les prairies sont susceptibles suivant leur classe, ne sont ni difficiles à comprendre, ni dispendieuses à exécuter, et qu'elles sont généralement avantageuses. Dans l'un et l'autre de ces articles, nous n'avons rien avancé que nous n'ayons exécuté nous-mêmes, ou que nous n'ayons vu exécuter avec le plus grand succès, ou enfin qui ne soit constaté par des témoignages dignes de toute confiance.

Si nos exemples étaient imités en France par tous les propriétaires de prairies, si leur bonne culture était adoptée dans toutes ces localités, leur effet incontestable serait d'en augmenter prodigieusement les produits annuels.

Avec plus de fourrages, on pourrait élever et engraisser annuellement un plus grand nombre de bestiaux; avec plus de bestiaux, leur prix serait plus modéré, la main d'œuvre et les frais de culture moins chers; l'agriculture, le commerce et les arts auraient plus de moyens de perfectionnemens, et la généralité des Français pourrait se procurer une nourriture plus substantielle, et par suite acquérir une constitution plus robuste. Enfin, lors même que l'amélioration générale des prairies naturelles ne produirait d'autre effet que celui d'élever annuellement le nombre des bestiaux d'éducation et d'engraissement au niveau des besoins de la consommation générale, la France se trouverait déchargée du tribut qu'elle paie à l'étranger pour compléter cet objet de consommation. *Voyez* ASSOLEMENT et SUBSTITUTION DE CULTURE. (DE PER.)

PRAIRIES SÈCHES. Prairies situées dans des terrains sablonneux ou de peu de profondeur, et dont l'irrigation est impossible.

Ces sortes de prairies, qui rentrent dans la première classe de l'article précédent, sont considérées par M. de Perthuis comme ne pouvant jamais être fauchées; mais le fait est qu'elles le sont souvent, car où on n'a rien on cherche à avoir quelque chose. Ainsi, sur les coteaux crayeux de la ci-devant Champagne, sur ceux granitiques du ci-devant Limousin, sur ceux volcaniques de la ci-devant Auvergne, sur les plaines sablonneuses de bien des parties de la France, j'ai vu des pâturages, pour ne pas sortir de la division adoptée par mon collaborateur, soustraits au parcours, dont les touffes étaient éloignées de 3 à 4 pouces, donner des récoltes de foin, non pas abondantes sans doute, mais qui, provenant de grands espaces, suffisaient pour nourrir les bestiaux pendant l'hiver. Leur foin était excellent et susceptible d'une parfaite conservation. Les graminées en faisaient le fond, et l'on n'y voyait jamais de plantes nuisibles.

La plupart de ces prairies sont susceptibles d'être de loin en loin, et le sont effectivement, cultivées en céréales, principalement en seigle et en avoine. Le sainfoin seul peut y être placé lorsqu'on désire le transformer en prairies artificielles. C'est presque exclusivement pour les MOUTONS et pour les VACHES qu'on les conserve, parce que les premiers acquièrent, par l'usage de leur herbe, une excellente chair, et les secondes un lait très-savoureux. Jamais il ne faut penser à en obtenir du REGAIN. *Voyez* ce mot. (B).

PRAIRIES TEMPORAIRES, FOURRAGÈRES OU MOMENTANÉES. On donne ces noms à des semis de plantes annuelles, dans l'intention d'en appliquer le produit en herbe à la nourriture des bestiaux. *Voyez* HIVERNAGE.

Parmi les plantes qui sont dans le cas d'être employées à cet objet, il en est deux (le seigle et le maïs) qui méritent la préférence sous beaucoup de rapports. Comme j'ai fait valoir leurs avantages aux articles qui les concernent, je n'en parlerai pas particulièrement.

Le maïs quarantain, jouissant de la propriété de pousser en trochets, est préférable aux autres variétés pour la formation des prairies temporaires. On ne doit jamais dans les pays chauds, à raison de l'excellence du fourrage qu'il donne, négliger de le faire entrer dans celles où la vesce et la gesse dominent.

Les autres plantes propres à entrer dans les prairies temporaires peuvent être rangées, à raison de leur bonté, dans l'ordre suivant, AVOINE, FROMENT, ORGE, VESCE, POIS GRIS, GESSE, FÈVE DE MARAIS, LENTILLE, SPERGULE. *Voyez* ces mots et celui SUCCESSION DE CULTURE.

Les prairies temporaires mélangées sont sur-tout extrêmement profitables à ceux qui ont de nombreux troupeaux de VACHES ou de MOUTONS. *Voyez* ces mots et MÉLANGE.

Une exploitation bien conduite ne peut dispenser d'avoir des prairies temporaires, indépendamment des prairies artificielles, et parce qu'elles donnent un PATURAGE ou un FOURRAGE d'herbe fraîche aux époques de l'année où on en manque ordinairement, et parce qu'elles doivent nécessairement entrer, dans un assolement régulier, ne fût-ce que pour occuper le

terrain pendant l'hiver, et varier les cultures. Aussi Yvart,
dont je suis si souvent dans le cas de citer l'excellente pratique,
les multiplie-t-il sur ses exploitations, non-seulement au printemps, mais pendant toute l'année, de manière que dès qu'une
de ces pâtures est consommée, il s'en trouve une autre propre
à l'être.

Je ne puis trop recommander ces objets aux méditations des
cultivateurs en général, et sur-tout de ceux qui opèrent dans
des terrains de mauvaise nature, parce que ce sont ces derniers
qui en tireront les avantages les plus marqués. (B.)

PRATIQUE. Ce nom se donne dans tous les arts à l'habitude d'une opération. Par conséquent on dit d'un cultivateur
qui laboure et sème lui-même ses champs, qui récolte et bat
lui-même ses blés, qu'il pratique l'agriculture.

Je n'aurais pas parlé de la pratique, puisqu'elle n'est que
l'action de tout ce qui se fait en agriculture, si on ne disait
par-tout que *la pratique suffit pour faire un bon cultivateur,
qu'il faut être praticien pour écrire d'une manière utile sur
l'agriculture.*

Sans doute la théorie sans la pratique est peu propre à perfectionner la science ; mais qu'est-ce que signifient ces deux
mots ? Le premier d'entre eux est-il bien défini ?

Si je parcours les livres sur l'agriculture, je vois des auteurs
composer une théorie comme ils eussent composé un roman,
c'est-à-dire laisser errer leur imagination sur les sujets qu'ils
traitent sans s'inquiéter de la vérité ; mais j'en vois d'autres
interroger à chaque instant l'expérience, et dont toute la théorie
ne consiste qu'à lier les faits qu'elle présente et à en tirer des
conséquences ou générales ou particulières. C'est cette dernière manière d'écrire qui suppose des connaissances dans
toutes les sciences sur lesquelles est fondée l'agriculture, qui
indique un esprit accoutumé à méditer sur ce qu'il voit, à réfléchir sur ce qu'il fait, que je crois la seule bonne. *V.* THÉORIE.

D'un autre côté, si j'accompagne un laboureur conduisant
sa charrue, je lui vois l'esprit continuellement tendu pour la
diriger droit, pour ne pas prendre plus de terre soit en largeur,
soit en profondeur, pour éviter les pierres, pour guider ses
chevaux, pour exciter ou ralentir leur marche, etc. Enfin il
est si occupé de son objet, qu'il est impossible qu'il pense à
toute autre chose. Il ne réfléchira donc pas sur la possibilité non-seulement d'améliorer ses champs par des amendemens, par la préférence à donner à telle ou telle plante, à telle
ou telle variété de la même plante, de perfectionner sa charrue,
de rendre la race de ses chevaux plus vigoureuse, mais même

de rechercher s'il n'y aurait pas une meilleure manière de conduire sa charrue. Rentré chez lui, il aura plus besoin de manger et de dormir que de méditer sur ces objets et autres analogues.

Ce que le praticien fait bien après quarante ans d'exercice, le théoricien le fera très-mal ; mais le dernier, en voyant opérer pendant quelques instans le premier, peut lui apprendre qu'il est facile de diminuer la fatigue de son travail en rapprochant de quelques pouces de son soc la ligne de tirage de ses chevaux, en donnant une autre courbure à l'oreille de sa charrue, en substituant la forte race des chevaux normands à celle qu'il emploie, etc. Il peut enfin lui apprendre, sur cette opération, plus compliquée qu'on ne le croit communément, beaucoup de choses utiles à ses résultats et auxquelles le laboureur n'aurait jamais songé de sa vie.

La pratique donne donc des faits à la théorie, et la théorie des faits à la pratique ; mais la première, en les considérant toujours isolément et dans leur application au même lieu, cède tout l'avantage à la dernière qui embrasse la série des siècles passés et s'étend sur l'univers entier, qui fait attention à toutes les circonstances dont ils sont accompagnés, circonstances si variables, que le laboureur précité, pendant ses quarante années de pratique, n'a peut-être pas labouré deux fois son champ dans les mêmes.

Une preuve que la pratique, poussée à l'extrême, loin d'être utile à la perfection de l'agriculture, lui est nuisible, c'est qu'elle rétrécit l'intelligence. Il n'est presque jamais possible d'obtenir des explications de ces laboureurs qui se vantent de leur habileté : *C'est l'usage ; mon père faisait ainsi,* est le plus souvent la seule réponse qu'ils puissent faire. Il suffit de les voir pour juger par le peu d'expression de leur physionomie qu'ils sont privés d'idées. Tels sont principalement les valets de charrue des grandes plaines à blé, comme la Beauce et la Brie.

La routine, car c'est ainsi qu'on appelle la pratique lorsqu'elle est privée de toute théorie, s'exerce également sur les bons procédés comme sur les mauvais. Le Flamand, qui cultive avec tant de supériorité sa ferme, n'a pas plus de théorie que le Bas-Breton, qui ne tire aucun parti de la sienne.

Heureusement pour la société que les extrêmes sont rares, et qu'on ne trouve guère de praticien qui n'ait un peu de théorie, et de théoricien qui soit entièrement étranger à toute pratique. Dans les pays de montagnes sur-tout, les cultivateurs, même très-pauvres, réfléchissent souvent leurs opérations ; aussi est-ce chez eux qu'on trouve le plus de diversité dans les procédés agricoles, et des cultures plus variées.

L'agriculture repose sur un si grand nombre d'élémens, qu'il est fort difficile qu'un seul homme puisse, même en les étudiant exclusivement, apprendre à les connaître tous au moyen des livres, des maîtres, des voyages, des expériences, etc. Que peut-on donc attendre de ses agens les plus nécessaires, lorsqu'ils ne savent le plus souvent ni lire ni écrire, qu'ils n'ont jamais reçu de leçons que sur une seule opération; qu'ils ne sont jamais sortis de leur village, qu'ils n'ont pas un sou à sacrifier en pure perte ?

Les propriétaires ne sont pas praticiens, puisqu'ils ne tiennent jamais la queue de leur charrue; cependant c'est d'eux, et de quelques hommes instruits habitant les grandes villes, qu'on doit attendre le perfectionnement de l'agriculture, parce que ce sont eux seuls qui peuvent observer les faits et faire des Expériences. *Voyez* ce mot. (B.)

PRÉ. Ce mot est généralement pris comme synonyme de prairie; cependant il signifie plus particulièrement un pré d'une petite étendue, ou une prairie, prise dans une acception plus circonscrite. On dit souvent: J'ai un pré dans la Prairie. *Voy.* ce mot. (B.)

PRÉ-BOIS. Pâturages, reste d'anciennes forêts communales, qui se trouvent sur la pente des montagnes, dans le département du Doubs, et qui contiennent encore quelques grands arbres et beaucoup de buissons; ils sont d'une excellente nature, mais peu abondans en herbe. Le plus souvent la rapidité de leur pente ne permet pas de les cultiver en céréales ou autres articles qui demandent des labours. (B.)

PRÉBOUIN. *Voyez* Provin.

PRÉCEPTE. C'est la rédaction, quelquefois en vers, d'une règle de conduite rendue obligatoire par l'usage.

Il est en agriculture des préceptes, fruit de l'expérience des siècles, auxquels on doit applaudir; mais il en est un bien plus grand nombre qui sont fondés sur d'absurdes préjugés, sur des jeux de mots, etc. Je dirai plus, les meilleurs préceptes pour une localité deviennent souvent mauvais au bout d'un certain nombre d'années, et sont presque toujours faux lorsqu'on les applique à une autre. Il ne faut que la destruction d'un abri pour changer la marche des saisons, et par conséquent les préceptes d'un canton. Il serait possible de citer des exemples sans nombre de ces cas.

Ce n'est donc point sur des préceptes qu'un cultivateur doit fonder sa conduite, mais sur l'étude de son climat, de sa terre, des objets qu'il cultive, des résultats qu'obtiennent ses voisins en suivant telle ou telle méthode, etc., sur sa propre expérience enfin. Mon opinion n'est cependant pas qu'il repousse sans examen les préceptes généralement adoptés dans son canton; au contraire, je crois qu'il doit en rechercher l'origine, en suivre les effets, en considérer les suites, et faire du tout son profit.

Il ne faut pas confondre, comme on le fait si souvent, les préceptes avec les principes, car ils produisent des résultats totalement opposés; c'est-à-dire que les premiers rétrécissent souvent l'intelligence, et que les seconds favorisent toujours son développement.

La presque totalité des ouvrages anciens sur l'agriculture sont pleins de préceptes; celui-ci, autant que possible, n'a été fondé que sur des Principes. *Voyez* ce mot. (B.)

PRÉCOCE, PRÉCOCITÉ. On dit qu'une fleur est précoce lorsqu'elle se développe avant les autres; qu'un fruit est précoce lorsqu'il mûrit de très-bonne heure; qu'une année a été précoce lorsqu'une accélération dans les phases de la végétation a permis de profiter plus tôt du produit des cultures en général.

La précocité de la végétation tient à beaucoup de circonstances. 1°. A l'espèce. La violette est plus précoce que l'œillet. 2°. A la variété. Il est des poires qui sont mûres six mois plus tôt que d'autres. 3°. Au climat; les moissons sont depuis long-temps terminées aux environs de Marseille lorsqu'on commence à les faire autour de Paris. 4°. L'exposition. Des pêches exposées au midi sont plus tôt bonnes à manger que celles placées au couchant. 5°. Les abris. Les récoltes des vallons se font plus tôt que celles du sommet des montagnes et même que celles des plaines. 6°. La couleur des terres ou des murs. Les sols schisteux donnent les productions des pays beaucoup plus chauds, et un espalier contre un mur peint en noir fournit des fruits bien plus hâtifs. 7°. La nature des terres. Les terrains secs et sablonneux donnent lieu à une végétation plus accélérée que ceux qui sont humides et argileux. 8°. L'influence de l'industrie humaine. Un melon est plus tôt mûr sous un châssis que sur une couche, et sur une couche plus tôt qu'en pleine terre.

Les diverses considérations que présente la précocité des végétaux pourraient donner lieu à un article extrêmement étendu; mais je crois que des faits valent mieux que des idées générales. Je les restreindrai donc à quelques lignes, et je renverrai le lecteur à tous les mots qui ont rapport aux fleurs d'agrément, aux fruits proprement dits, aux légumes, etc.

Il est presque toujours de l'intérêt des cultivateurs de désirer la précocité de leurs récoltes, parce qu'ils risquent moins de les voir atteintes des accidens qui les menacent journellement, parce qu'ils jouissent plus tôt de leurs produits, parce que la rentrée de leurs avances est accélérée, parce qu'ils peuvent plus promptement commencer d'autres cultures sur le même sol, etc., etc., etc.

Il est beaucoup d'espèces de culture, par exemple les grandes, sur lesquelles l'industrie de l'homme ne peut, sous le rapport de la précocité, avoir d'action que dans quelques circonstances, et en suivant certaines pratiques qui ne sont pas toujours faciles.

Lors donc qu'un cultivateur veut hâtiver ses récoltes, il est obligé de choisir la variété la plus précoce, l'exposition la plus favorable, la terre la plus légère, la plus sèche et la plus colorée, et ne pas perdre un instant pour mettre en action tous les agens de la nature, principalement la chaleur.

Mais ce sont les petites cultures, c'est-à-dire celles qui ont lieu dans des jardins, qu'il est principalement avantageux, sous tous les rapports, de rendre précoces, parce que ce sont celles dont les produits se vendent le mieux dans ce cas, et celles dont la succession non interrompue est la plus facile à exécuter et la plus productive. Aussi dans tout le cours de cet ouvrage ai-je soin d'indiquer les espèces ou variétés de légumes, de fleurs et de fruits qui sont les plus précoces, et de faire connaître les moyens naturels ou artificiels propres à accélérer encore cette précocité.

J'appelle moyens naturels ceux qui ont été mentionnés au commencement de cet article, quoique plusieurs, tels que les variétés, soient des résultats de notre industrie. J'appelle moyens artificiels ceux qui augmentent l'action de la chaleur, principal agent de la végétation. Par exemple, les Murs au midi, les Couches, les Paillassons, les Cloches, les Chassis, les Baches, les Serres chaudes, etc. *Voyez* ces mots.

Quelques hommes atrabilaires se sont élevés, par différens motifs, contre les efforts que font continuellement les cultivateurs pour hâter la précocité de leurs légumes ou de leurs fruits, et ont trouvé mauvais que l'industrie humaine surmontât la nature même. Aujourd'hui on se rit de leurs déclamations.

Les Romains savaient se procurer des primeurs par des moyens artificiels, témoin ces couches sur des roues qu'on rentrait le soir dans une serre, qui se voyaient dans la maison d'Auguste, à Rivoli.

On a avancé, et avec raison, dans plusieurs cas, que les légumes, les fruits hâtifs étaient moins savoureux et moins de garde que ceux qui avaient cru et avaient mûri à l'époque fixée par la chaleur du climat où ils se trouvaient. J'ai répondu à cette objection à l'article Primeur, et j'y renvoie le lecteur.

Le goût des primeurs, loin de diminuer, augmente tous les jours, et quoique son excès puisse devenir un mal, je suis loin de croire qu'il faille le proscrire : le bonheur général et les moyens d'existence de beaucoup de particuliers s'y rattachent. La science agricole y gagne beaucoup, car toutes les opérations qui les ont pour objet sont de véritables expériences, et telle anomalie observée par un homme accoutumé à réfléchir a contribué à soulever un coin du voile que la nature a mis sur ses opérations.

La précocité, indépendante de la saison et des abris, tient à la nature même de la plante. Probablement elle est due à son plus grand degré d'excitabilité. Ainsi la nivéole est plus précoce que la tulipe, l'amandier que le cerisier. Cette influence de l'excitabilité a lieu même d'individu à individu dans la même espèce, et c'est sur elle que sont fondées les variétés précoces et les variétés tardatives des légumes et des fruits. Il n'est point de cultivateurs qui ignorent qu'il y a dans quelques espèces, comme les cerisiers, les pruniers, quatre à cinq mois de différence entre la maturité des premiers fruits et celle des derniers. (B.)

PRÉJUGÉ. L'étymologie de ce mot le définit. Un homme à préjugés est celui qui a adopté une opinion sans se donner la peine de l'examiner.

Les préjugés sont d'autant plus enracinés chez les cultivateurs, qu'ils sont moins éclairés et placés plus isolément. Les obstacles qu'ils apportent au perfectionnement de l'agriculture sont presque toujours insurmontables. Une éducation plus perfectionnée et des voyages sont les moyens les plus certains de les faire disparaître. Les événemens de la révolution, qui ont poussé nos enfans dans toutes les parties de l'Europe, ont plus fait pour les déraciner que tous les livres publiés depuis un siècle. S'il en reste, c'est que les femmes, qui ont une si grande influence sur l'enfance, et chez qui les préjugés sont plus tenaces, sont restées dans leurs foyers.

Je ne m'étendrai pas sur ce sujet, qui demanderait beaucoup d'espace, parce que cela n'aboutirait à rien. Je fais seulement des vœux pour que les préjugés, principalement ceux relatifs à l'agriculture, disparaissent, et que cet ouvrage y contribue. (B.)

PREMERAGE. Synonyme de primeur dans quelques cantons. (B.)

PRÉOU. Présure dans le département du Var. *Voyez* Fromage.

PRÉPARATION. La plupart des travaux de l'agriculture sont composés de plusieurs opérations, dont les unes se font avant et les autres après celle qu'on regarde comme la principale.

Ainsi, labourer la terre est toujours une préparation pour les semis, la fumer en est souvent une autre. Chauler le grain est une préparation utile pour éviter le charbon et la carie. Faire un trou est une préparation pour planter un arbre, etc.

Cependant, dans beaucoup de localités, l'acception de ce mot est circonscrite, parmi les laboureurs, au seul ou aux deux labours qui précèdent celui sur lequel on doit semer le blé et autres céréales. *Voyez* Labour.

Il est de la sagesse des cultivateurs de préparer à l'avance tous les objets dont ils pourront avoir besoin pour telle ou telle opération, afin qu'ils ne soient pas retardés dans leur exécution, sur-tout quand cette opération doit être faite avec rapidité. La rentrée de toutes les sortes de récoltes est principalement dans ce cas. Combien de blé est perdu chaque année, parce que les voitures qui devaient le conduire à la grange n'ont pas été réparées ! Combien de vin gâté parce que les cuves n'ont pas été nettoyées, etc. ! (B.)

PRESCINDRE. Nom du premier labour donné aux jachères dans le département de la Haute-Vienne, c'est le latin *proscindere* à peine altéré. (B.)

PRESLE, *Equisetum*. Genres de plantes de la cryptogamie et de la famille des fougères, qui renferme sept à huit espèces toutes propres à l'Europe, et qui doivent être connues des cultivateurs, à raison de leur abondance, du dommage que lui causent les unes, et de l'utilité qu'ils peuvent retirer des autres.

Les presles ont les racines vivaces, les tiges fistuleuses articulées, striées, rudes au toucher, chaque articulation ayant une gaîne dentée et donnant naissance à des rameaux verticillés, qu'on regarde communément comme des feuilles, quoiqu'ils soient organisés comme les tiges. Quelques-uns portent leurs fleurs sur des tiges particulières, qui alors ne sont pas pourvues de feuilles. Les caractères de la fructification de ces plantes sont encore peu connus.

La Presle des bois a les feuilles composées et les fleurs sur la même tige ; elle est commune dans les bois humides, s'élève de 2 ou 3 pieds, et fleurit au commencement du printemps. On la connaît vulgairement sous le nom de *queue-de-cheval*. C'est une plante singulière qui ne manque pas d'élégance, et dont on peut introduire avantageusement quelques touffes dans les massifs des jardins paysagers.

La Presle des champs a des tiges stériles et des tiges florífères : les premières, hautes d'un pied, et garnies d'un petit
nombre de feuilles ; les secondes, hautes de 5 à 6 pouces, sans
feuilles, et terminées par un épi ovale : elle fleurit dès le mois
de mars.

Cette plante croît dans les champs argileux et humides, et
cause fréquemment de grands dommages aux cultivateurs, par
son abondance, en étouffant les plantes qu'ils y ont semées.
Ses racines sont si profondes, que ce n'est que par un défoncement qu'on peut parvenir jusqu'à elles, et un défoncement
est une opération coûteuse. Les labours les plus multipliés à
la charrue et à la bêche ne servent qu'à retarder le mal qu'elle
fait. Il m'a paru que le seul moyen d'en débarrasser un terrain
etait d'y semer de la luzerne, plante qui croît très-serrée et
pousse de bonne heure ; je dis, il m'a paru, parce que je n'ai
pas vérifié si elle repousse ou non après la destruction de ce
fourrage. Ses feuilles ont une saveur astringente, et sont
employées dans le pissement de sang, les hémorrhagies, la
dysenterie et les hernies. Les bestiaux ne les mangent point,
ou rarement. On peut en faire de l'excellente litière, et même
l'employer directement à augmenter le tas de fumier.

La Presle des marais a les tiges hautes d'un pied, et garnies de verticilles de cinq à neuf feuilles simples et courtes.
L'épi de fleurs n'en a pas de particulières : elle croît dans les
eaux stagnantes, et présente une variété à tige nue, que Linnæus a décrite sous le nom d'*equisetum limosum*. Les anciens
croyaient que son infusion détruisait la rate, et en faisaient,
en conséquence, boire l'infusion aux coureurs. Souvent cette
plante couvre exclusivement des espaces considérables sur le
bord des étangs, dans les marais fangeux. On doit la couper
pour en faire de la litière ; peut-être serait-il fructueux, sous
ce rapport et sous celui de la consolidation du terrain, d'en
planter dans les marais tourbeux qui en manquent ; mais cette
opération coûterait nécessairement plus qu'elle ne rendrait :
Elle se propage par le moyen de ses racines avec une prodigieuse rapidité.

La Presle fluviatile a les tiges stériles, droites, hautes de
3 pieds ; les feuilles longues, tétragones, au nombre de plus
de vingt à chaque verticille ; les florifères nues et à peine
hautes d'un pied. On la trouve sur le bord des rivières, dans
les étangs dont l'eau est pure ; elle fleurit au milieu de l'été ;
souvent elle est très-abondante : les Romains en mangeaient
les jeunes pousses, et encore aujourd'hui on en fait de même
dans quelques parties de l'Italie ; on les fait cuire et on les
assaisonne comme les asperges. Les bestiaux en général, sur

tout les vaches et les cochons, les aiment beaucoup : elles augmentent le lait des premières ; mais ce lait est sans goût, et le beurre qui en provient est de couleur de plomb. Dans quelques lieux on conserve ses racines pour la nourriture des seconds pendant l'hiver.

La PRESLE D'HIVER a les tiges hautes de deux pieds, un peu rameuses au sommet, et les feuilles peu nombreuses : elle croît dans les bois humides, et fleurit pendant l'hiver ; ce sont ses tiges que les ouvriers en bois et en métal emploient pour polir les résultats de leur travail. Elle fait, sous le nom d'*asprele*, l'objet d'un commerce de quelque importance pour les cantons où elle se trouve.

La silice est très-abondante dans l'écorce de ces plantes et c'est elle qui les rend si propres à polir le bois et les métaux. (B.)

PRESSE. Instrument le plus souvent portatif, que les cultivateurs devraient toujours avoir à leur disposition pour une infinité de services, tels que exprimer le jus des fruits, des plantes, comprimer leur linge, etc.

Ordinairement les presses sont composées de deux fortes planches, à l'une desquelles sont fixées les bases de deux vis en bois qui passent dans deux trous correspondans de l'autre, laquelle devient alors la supérieure. Un écrou à chacune de ces vis fait rapprocher cette planche de l'inférieure et comprime ce qui se trouve entre deux.

On peut varier de cent manières la forme des presses à vis, d'après le but qu'on se propose.

Les plus simples des presses sont celles à levier et à coins.

Une presse à levier est aussi composée de deux planches, armées chacune d'un bâton passant par leur milieu, et d'une longueur double ou triple, fixé sur leur dos : ces deux planches mises en regard, et l'inférieure chargée de ce qu'on veut presser, on fait passer les bâtons, d'un côté, dans un anneau de fer plus ou moins grand, selon le volume de ce qu'on veut presser, et de l'autre un lac de corde qu'on serre le plus possible.

Cette presse est faible, mais elle remplit une infinité d'usages : elle est très-bonne sur-tout pour égoutter promptement et suffisamment les FROMAGES. *Voyez* ce mot.

Le principe de cette presse peut également être modifié de cent manières.

L'effet des presses à coins est le plus puissant, mais ne peut pas toujours être rigoureusement gradué.

On en fabrique facilement soi-même, puisqu'il ne s'agit que d'avoir deux planches épaisses de 2 pouces, par exemple, et un cadre de même épaisseur, aussi fortement assemblé que possible sur un du côté intérieur duquel une des planches est fixée. On met la matière à presser sur cette planche, sur cette matière l'autre planche, et on chasse à coups de maillet deux coins proportionnés, mis en sens contraire entre la planche supérieure et le côté supérieur du cadre.

Plus les coins sont larges et plus également ils compriment.

Des coins de bois en se mouillant embarrassent quelquefois, parce qu'ils se gonflent et ne peuvent s'ôter : en conséquence des coins de fer sont préférables. *Voyez*, pour le surplus, au mot Pressoir.

La presse hydraulique est la plus puissante des machines comprimantes imaginées par les hommes; mais elle est d'un prix trop élevé et d'un emploi trop scabreux pour qu'elle devienne jamais d'un emploi habituel. (B.)

PRESSE. Ce nom se donne dans les Hautes-Alpes à l'effet d'une sécheresse prolongée ou d'un coup de soleil sur les céréales, après leur floraison. Alors leur épi devient blanc et ses graines s'oblitèrent. Ce mot est donc synonyme de brulure, d'échaudure. *Voyez* Sécheresse, Coup de soleil. (B.)

PRÉSOS. Nom des billons à plus de huit raies dans le département de la Haute-Garonne. (B.)

PRESSOIR. Architecture rurale. On appelle ainsi le lieu d'un vendangeoir dans lequel est placée la machine qui porte le même nom.

Cette pièce doit être assez grande pour contenir, 1°. le pressoir proprement dit, avec une aisance suffisante dans son pourtour pour la facilité de sa manœuvre et de son service ; 2°. les feuillettes ou les barlons chargés de l'espèce de raisin qu'on est dans l'usage de presser avant sa fermentation ; 3°. et même pour que les voitures chargées de cette espèce de vendange puissent entrer dans son intérieur, et arriver, lorsque cela est possible, jusqu'à la maie du pressoir, afin de diminuer d'autant les frais et les dangers de leur transport à bras. Le pressoir doit donc avoir son entrée extérieure dans la cour même du vendangeoir ; il est aussi très-avantageux que cette pièce communique directement par son intérieur, ou au moins au plus près, et avec la vinée et avec le cellier, afin de pouvoir transporter plus promptement et avec plus de commodité et d'économie le marc des cuves sur le pressoir, ainsi que les vins de pressurage dans le cellier. *Voyez* Cellier et Vinée. (De Per.)

PRESSOIR, PRESSER, PRESSÉE. Œnologie. Presser, c'est, au moyen d'une machine, forcer le raisin, les poires, les pommes, les olives, les graines à huile, etc., à rendre le suc qu'elles contiennent; pressoir est cette machine; pressée indique l'assemblage du fruit dont on doit exprimer le suc.

Généralement parlant, et prenant la partie pour le tout, on appelle pressoir le lieu où sont renfermés les cuves et les pressoirs, et en un mot tout ce qui est nécessaire à la fermentation tumultueuse du vin, à son pressurage et à son transport. Son étendue et sa largeur demandent donc à être proportionnées à la quantité de cuves et de pressoirs qu'il doit contenir. Ce n'est pas assez, il faut encore qu'il ait en outre assez d'espace vide pour que les ouvriers travaillent avec aisance et sans confusion quelconque; en un mot, il est nécessaire que chaque pièce soit rangée à la place qui lui est destinée, et ne gêne en rien le service pour la pièce voisine.

L'exposition la plus avantageuse pour ce local est le levant et le midi, même dans nos provinces méridionales. La chaleur du soleil concourt singulièrement à accélérer la fermentation de la liqueur dans la cuve, et plus la fermentation est active, meilleur est le vin. Il doit être bien éclairé, bien ouvert, de peur que la vapeur et l'odeur de la vendange ne fatiguent et même ne suffoquent les pressureurs; les murs doivent être bien enduits; le plancher de dessus bien plafonné, en sorte qu'il n'en tombe aucune saleté; le marchepied bien pavé, uni et lavé de façon que les pressureurs ne portent sur les maies aucune ordure qui puisse salir le vin.

Chaque sorte de pressoir a son mérite, qui souvent procède plus du goût et de l'habitude de s'en servir de celui à qui il appartient, que de l'effet qu'il produit (1).

CHAP. I. *Description des pressoirs de différentes espèces.* Pressoirs a pierre, ou a tesson, ou a cage, *Pl.* IV, *fig.* 1. Pressoir à cage. HK, arbre. PQ, jumelles. XY, fausses jumelles. Z, chapeau des fausses jumelles. RS, faux chantier. T, le souillard, sur lequel les fausses jumelles sont assemblées. *ff*, contrevent des fausses jumelles. *d*, autre contrevent des fausses jumelles. V, patins des contrevents; *mm*, chantier; GHIK, la maie. *p*, beron. 3, clefs des fausses jumelles. 4, mortaise de la jumelle. LM, moises supérieures des jumelles. *ab*, contrevent des jumelles et des fausses jumelles. E, la roue.

---

(1) Il paraît, par les monumens, que les plus anciens pressoirs avaient le coin pour moteur. Le plus puissant de ceux actuellement en usage, le tordoir de Flandre, est encore établi sur le même principe. Plus tard on a fait usage de longs leviers, qui serrent au moyen de cordes. Bientôt sans doute, on préférera à tous ceux existans la presse hydraulique, bien moins embarrassante et bien plus puissante, mais très-coûteuse et susceptible de se déranger. *(Note de M. Bosc.)*

EF, la vis. G. l'écrou. CD, moises de la cage. AB, fosse de la cage. W, barlong qui reçoit le vin au sortir du pressoir.

Ces pressoirs à pierre ou à tesson rendent, dit-on, plus de vin qu'un pressoir à étiquet. Cela est vrai, si on a égard à la grandeur du bassin de l'étiquet, qui est toujours beaucoup moindre que celle de ces premiers pressoirs; mais, malgré la forte compression de ces premiers par rapport à l'étendue de leurs bras de levier, il faut convenir qu'ils sont beaucoup plus lents, et qu'il faut employer pour l'ordinaire dix ou douze hommes au lieu de quatre pour l'étiquet, si on lui donne une roue verticale au lieu d'une roue horizontale, ce qui est plus facile qu'aux pressoirs à tesson; je ne dis pas impossible, car on peut augmenter la force de la roue horizontale de ces pressoirs, par une roue verticale à côté de l'horizontale. Pour lors, on range autour de la roue horizontale une corde suffisamment grosse; cette corde y est arrêtée par un bout, et son autre bout va tourner sur l'arbre de la roue verticale. D'ailleurs ces pressoirs cassent très-souvent, et quoiqu'il soit très-aisé d'en connaître la cause, on ne la cherche pas. Ne voit-on pas que ces grands arbres, que je nomme bras de levier et qui ont ont leurs points d'appui au milieu des quatre jumelles vers la ligne perpendiculaire, soit qu'on les élève, soit qu'on les abaisse, forment un cercle à leur extrémité, ce qui fatigue la force de la vis, qui est très-élevée, et qui devrait tourner perpendiculairement dans son écrou, et souvent la fait plier et casser; ce qui sera toujours très-difficile à corriger: cependant, au lieu d'arrêter l'écrou par deux clefs qui percent les dents des arbres, il faut le laisser libre de changer de place, en appliquant aux deux côtés de ces deux arbres un châssis de bois ou de fer dans lequel on pratiquera une coulisse. L'écrou aura à ses deux extrémités un fort boulon de fer arrondi, qui, glissant le long de la coulisse, fera avancer et reculer l'écrou d'autant d'espace que le cintre, que formeront les arbres, en fera en deçà ou en delà de la ligne perpendiculaire de la vis. Par ce moyen, on empêchera la vis de plier, et l'on diminuera considérablement les frottemens. Pour diminuer ceux que l'écrou souffrirait en changeant de place, on l'arrondira par-dessus, et l'on y posera des roulettes.

Il faut, pour ces sortes de pressoirs, un bien plus grand emplacement, par rapport à leur longueur, que pour les autres; ce qui, joint à leur prix considérable, ne permet pas à tout le monde d'en avoir. *Voyez Pl.* IV.

Pressoir a étiquet, *Pl.* V, *fig.* 2. AB, vis. 2, 3, 4 la roue. CD, écrou. 5, 5, 6, 6, 7, 7, clefs qui assemblent les moises ou chapeaux. 8, 8, liens. CHEF, jumelles. KL, mouton. *gk*, la maie. QM, RN, OP, chantiers. *kl*, faux chantiers. W, barlong. S, marc. TT, planche. *ii ab*, garniture qui sert à la pression. VX, arbre ou tour. Y, roue; Z, la corde.

L'étiquet est aujourd'hui plus employé que les pressoirs à grands leviers, parce qu'on le place aisément par-tout; sa dépense est bien moindre, tant pour la construction que pour le nombre d'hommes dont on a besoin pour le faire tourner. Si au lieu de la roue horizontale X, placée en face du pressoir, et à laquelle on donne près de 8 pieds de diamètre, on substitue une roue verticale B, *fig*. 3, de 12 pieds et même de 15, si la place le permet, et sur laquelle puissent monter trois ou quatre hommes pour la serrer, on aura beaucoup plus de force.

On a supprimé presque par-tout la roue horizontale, parce qu'elle occupe perpétuellement un grand espace, et on lui a subtitué deux barres qui traversent l'arbre en manière de croix l'une sur l'autre. Ces barres, plus ou moins longues, suivant le local, entrent et sortent comme si on les faisait glisser dans les coulisses; on les retire dès que la serre est finie, et la place reste vide; mais comme ces coulisses, ces ouvertures diminuent la force de l'arbre, toutes les parties qui les environnent en dessus et en dessous sont garnies par des cercles de fer. On enlève également l'arbre sur lequel la corde se dévide, en perçant en haut la poutre qui le reçoit, ou seulement en la creusant assez pour qu'en soulevant un peu cet arbre, son pivot en fer puisse entrer dans la crapaudine.

Si la roue a 15 pieds de diamètre, un seul homme pressera, et s'il voulait employer toute sa force, je doute si le pressoir n'éclaterait pas. J'ai la preuve la plus décisive de ce que j'avance; mais il y a une correction à ajouter à cette espèce de pressoir. Sur l'arbre droit, la corde, en se roulant, et la roue 3 et 4 de la *fig*. 2, en s'abaissant, se trouvent à la même hauteur; dès-lors la maîtresse vis A ne souffre pas, mais dans la roue verticale, *fig*. 3, l'arbre qui la supporte reste horizontal, et la corde ne se roule sur lui horizontalement que lorsque tous les deux se trouvent au même niveau; mais lorsque la roue du pressoir est plus haute ou plus basse, la vis fatigue beaucoup plus. Pour parer à cet inconvénient, il suffit d'ajouter à la jumelle, du côté que la corde se dévide, un arbre en fer bien arrondi, bien poli, *fig*. 4, fixé par deux supports à doubles branches; les supports fortement adaptés contre la jumelle et écartés suffisamment, afin que, dans l'espace qui restera entre la jumelle et l'arbre en fer, puisse rouler une poulie de cuivre, qui sera traversée par cet arbre et qui pourra monter ou descendre suivant que la corde accompagnera la roue 3 et 4 du pressoir. Par ce moyen, la vis n'est point fatiguée; tout l'effort se fait contre la poulie, contre son axe et contre la jumelle, qui est ordinairement faite d'une pièce de bois très-forte. Afin de diminuer le frottement de la poulie, on a grand soin de la graisser.

Je ne sais pourquoi M. Bidet méprise le pressoir à étiquet, je ne connais rien de meilleur ni de plus commode. Il a sans doute comparé les effets de celui dont il va parler, et qu'il appelle pressoir à coffre. Comme je ne l'ai jamais vu, je ne puis juger par comparaison; j'avouerai cependant qu'il me paraît préférable pour les personnes capables d'en faire la dépense (1).

PRESSOIR A DOUBLE COFFRE, *Pl.* V, fig. 1. PP, chantier. LL, faux chantier. 8, 8, 9, 9, 13, 13, etc., jumelles. *kkk*, contrevents. *mm*, chapeau des jumelles. 10, 10, etc., autres chapeaux ou chapeaux de béfroi. 12, 12, traverses. *ts*, chaînes. *q*, mulet; 14, 14, etc., flasques. *yyyy*, pièces de maie. *z*, coins. *ppp*, pièce de bois appuis du dossier. *xxxxx*, chevrons. *uu*, écrous. AB, grande roue. E, roue moyenne. G, petite roue. DE, pignon de la moyenne roue. FG, pignon de la petite roue. HK, pignon de la manivelle. MM, bouquets ou piédestaux de pierre. X, masse de fer. 1, grappin. II, pelle. III, pioche. IV et V, battes. RQ, barlong. V, soufflet. ST, tuyau de fer-blanc. T, entonnoir. VY, grand barlong. YZ, tuyau de fer-blanc. *abcd*, 1, 2, 3, 4, 5, 6, tonneaux. *ggff*, chantier. *ee*, chevalets qui soutiennent le tuyau de fer-blanc.

Tel est le pressoir à coffre simple ou double; on doit les perfections dont il jouit à M. Legros, curé de Marsaux. Cet habile homme a su, d'un pressoir lent dans ses opérations et

---

(1) Aux environs de Bar-sur-Seine, on retire le moût du raisin, dans la vigne même, au moyen de pressoirs établis sur une charrette, et qui m'ont paru remplir suffisamment bien leur objet. Voici leur construction. Une maie d'environ 6 pieds de long, 4 pieds de large, et 6 pouces de profondeur; dans un des larges côtés de cette maie, est une rigole débordant de 3 à 4 pouces; et à ses quatre angles sont quatre vis de 2 pieds de hauteur, dans lesquelles entrent d'abord deux madriers de la longueur des grands côtés, et quatre écrous en S, longs de 2 pieds. Quand la maie est chargée, on soulève les deux madriers, on passe dessous des planches de 4 pieds de long, et on fait descendre les écrous aussi d'ensemble que possible.

Le moût est reçu dans des baquets, versé de suite dans des tonneaux et conduit à la maison. Le marc est dispersé dans la vigne, à l'engrais de laquelle il concourt à la longue.

Il m'a paru que l'opinion des vignerons sur les avantages économiques de cette pratique pourrait être fondée. *Voyez* VENDANGE.

(*Note de M. Bosc.*)

de la plus faible compression, en faire un qui, par la multiplication de trois roues, dont la plus grande n'ayant que 8 pieds
de diamètre, abrège beaucoup plus l'ouvrage que les plus forts
pressoirs, et dont la compression donnée par un seul homme
l'emporte sur celle des pressoirs à cage et à tesson serrés par dix
hommes qui font tourner la roue horizontale!, et sur celle des
pressoirs à étiquet serrés par quatre hommes montant sur une
roue verticale de 12 pieds de diamètre; mais il lui restait encore
un défaut, qui était de ne presser que cinq parties de son cube,
de façon que le vin remontait vers la partie supérieure de son
cube, et rentrait dans le marc chaque fois qu'on desserrait le
pressoir; ce qui donnait un goût de sécheresse au vin, et obli-
geait de donner beaucoup plus de serres qu'à présent pour le
bien dessécher, beaucoup plus même que pour toute autre
espèce de pressoir, sans pouvoir y parvenir parfaitement.

La pression de ce pressoir se faisant verticalement, il était
difficile de remédier à cet inconvénient; c'est cependant à
quoi j'ai obvié d'une façon bien simple, en employant plusieurs planches faites et taillées en forme de lames de couteau, qui, se glissant les unes sur les autres à mesure que la
vis serre, contenues par de petites pièces de bois faites à coulisses, arrêtées par d'autres qui les traversent, font la pression
de la partie supérieure, sixième et dernière du cube. Par le
moyen de la seule première serre, on tire tout le vin qui doit
composer la cuvée, et en donnant encore trois ou quatre serres
au plus, on vient tellement à bout de dessécher le marc, qu'on
ne peut le tirer du pressoir qu'avec le secours d'un pic ou de
fortes griffes de fer.

On peut faire sur ce pressoir dix à douze pièces de vin rouge
et paillé, jauge de Reims, et six à sept pièces de vin blanc.
Trois pièces de cette jauge font deux muids de Paris. Je vais
donner ici le détail de toutes les pièces qui composent ce pressoir, le calcul de sa force, et la façon d'y manœuvrer, pour
mettre les personnes curieuses en état de les faire construire
correctement, de s'en servir avec avantage, et de lui donner une
force considérable relative à la grandeur qu'elles voudront lui
prescrire : on pourra, au moyen de ce calcul, en construire
de plus petits, qui ne rendront que six ou huit pièces de vin
rouge, qui par conséquent pourront aisément se transporter
d'une place à une autre, sans démonter autre chose que les
roues, et se placer dans une chambre ou cabinet; ou de plus
grands, qui rendront depuis dix-huit jusqu'à vingt pièces de
vin, et pour la manœuvre desquels on ne sera pas obligé d'employer plus d'hommes que pour les petits. Deux hommes seuls
suffisent, l'un pour serrer le pressoir, même un enfant de douze

ans; et l'autre pour travailler le marc, et placer les bois qui servent à la pression.

On suppose les deux coffres remplis chacun de leur marc, le premier étant serré pendant que le vin coule (on sait qu'il faut donner entre chaque serre un certain temps au vin pour s'écouler); le second se trouvant dessserré, on rétablit son marc; ensuite de quoi l'on resserre, et le premier se desserre; on en rétablit encore le marc et l'on resserre, et ainsi alternativement.

Détails des bois nécessaires pour la construction d'un pressoir à double coffre, capable de rendre douze pièces de vin rouge pour le moins, ensemble les ferremens, coussinets de cuivre, et bouquets de pierre pour les porter. Je donne à ces bois la longueur dont ils ont besoin pour les mettre en œuvre.

Six *chantiers* PPP, *fig.* 1 et 2, *Pl.* V, chacun de 11 pieds de longueur, sur 14 pouces d'une face, et 9 de l'autre, en bois de brin.

Quatre *faux chantiers* L, chacun de 9 pieds de longueur, sur le même équarrissage que les précédens.

Huit *jumelles*, dont quatre de 6 pieds et 6 pouces, et les quatre autres 13; 8 de 12 pieds, toutes de 7 pouces sur chaque face en bois de sciage.

Huit *contrevens k*, chacun de 3 pieds 6 pouces de longueur, et de 7 pouces sur chaque face en bois de sciage.

Deux *chapeaux mm*, chacun de 5 pieds 8 pouces de longueur, et de 7 pouces sur chaque face, en bois de sciage.

Deux autres chapeaux 10, 10, de 7 pieds de longueur, pour relier ensemble, deux à deux, les longues jumelles qui composent le béfroi, et les fixer aux poutres de la charpente du comble du lieu où le pressoir est placé.

Quatre *chaînes ts*, de 9 pieds 7 pouces chacune de longueur, sur 5 pouces d'une face, et 4 de l'autre en bois de brin très-fort.

Je distingue le bois de brin d'avec le brin de sciage. J'entends par bois de *brin* le corps d'un arbre bien droit de fil, et sans nœuds autant qu'il est possible, équarri à la hache. On le choisit de la grosseur qu'on veut qu'il ait après l'équarrissage; et pour le bois de *sciage*, un arbre le plus gros que l'on peut trouver, et que par économie on équarrit à la scie pour en retirer des pièces utiles au même ouvrage, ou pour d'autres, et qui n'a pas besoin d'être de droit fil.

Six *brebis rr*, *fig.* 2 et 3, chacune de 5 pieds de longueur, sur 6 pouces à toutes faces, en bois de brin.

Le *dossier y*, *fig.* 2 et 3, composé de quatre dosses, chacune de 3 pieds de longueur, sur 9 pouces 6 lignes de largeur, et 3 pouces d'épaisseur, en bois de sciage.

Le *mulet q*, composé de trois pièces de bois jointes à la languette, faisant ensemble 3 pieds 2 pouces de largeur, sur 6 pouces d'épaisseur.

Quatre *flasques*, 14, chacune de 10 pieds de longueur sur 2 pieds 8 pouces de largeur, et 5 pouces d'épaisseur en bois de sciage, mais le plus de fil qu'il sera possible.

Chaque flasque est composée de deux pieds sur sa largeur, si on n'en peut pas trouver d'assez larges en un seul morceau; mais il faut pour lors prendre garde de donner plus de largeur à celle d'en haut qu'à celle d'en bas, parce que la rainure qu'on est obligé de faire en dedans de ces flasques se trouve directement au milieu dans toute sa longueur. Cette rainure sert pour diriger la marche du mulet, et le tenir toujours à la même hauteur.

Neuf pièces de la *maie*, *yyyy*, chacune de 9 pieds de longueur, sur 10 pouces 8 lignes de largeur, et 8 pouces d'épaisseur, en bois de sciage. Elles seront entaillées de 3 pouces et demi et même de 4 pouces, pour former le bassin, et donner lieu au vin de s'écouler aisément sans passer par-dessus les bords. Le milieu du bassin aura 1 pouce de moins de profondeur que le bord, c'est pourquoi l'on pourra lever, avec la scie à refendre, sur chacune de ces maies une dosse de 2 pouces 9 lignes d'épaisseur, le trait de scie déduit, et de 7 pieds environ de longueur. L'entaille du bassin aura tout autour environ un pied ou 15 pouces de talus sur les 4 pouces de profondeur.

Six *coins* Z, de 2 pieds chacun de longueur sur 6 pouces d'épaisseur d'une face, et 2 pouces de l'autre pour serrer les maies dans les entailles des chantiers.

Le *mouton* D, *fig.* 2 et 3, de 2 pieds 4 pouces de hauteur, sur 8 pouces d'épaisseur, et 2 pieds de largeur, en bois de noyer ou d'orme et très-dur. On y pratiquera un fond de calotte d'un pouce de profondeur, à l'endroit contre lequel la vis presse. S'il peut y avoir quelques nœuds en cet endroit, ce ne sera que mieux, sinon, on appliquera un fond de calotte de fer, qu'on arrêtera avec des vis à bois, mises aux quatre extrémités. J'entends par vis à bois de petites vis en fer qu'on fait entrer dans le bois avec des tournevis; ces vis auront 2 pouces de longueur.

Onze *coins* EE, *fig.* 2 et 3, autrement dits *pousse-culs*, de 2 pieds 4 pouces de hauteur, sur 18 pouces de largeur, faisant ensemble 5 pieds d'épaisseur, dont 9 de 6 pouces d'épais-

seur, un de 4 pouces, et un autre de 2 pouces : afin que l'un
ne s'écarte pas de l'autre, on les fera à rainure et à languette.

Six *pièces de bois ppp*, servant d'appui au dossier, de 5
pieds de longueur, et de 6 pouces d'épaisseur sur chaque face,
en bois de brin.

Quatre *mouleaux* 10, *fig.* 3, servant à la pression supérieure
du marc, chacun de 3 pieds 4 pouces de longueur, sur 6 pouces
d'une face, et 4 pouces 6 lignes des autres, en bois de sciage,
et à rainure et à languette.

Quatre autres *mouleaux*, chacun de 2 pieds 3 pouces de
longueur; du reste, de même que les précédens et pour le
même usage.

Quatre autres *mouleaux*, de 18 pouces de longueur; du reste,
de même que les précédens.

Quatre autres *mouleaux*, chacun de 9 pouces de longueur; d'ailleurs, de même que les précédens. On pourra en
avoir de plus courts si on juge en avoir besoin, tels que les
suivans.

Quatre autres *mouleaux*, chacun de 6 pouces de longueur;
du reste, de même que les précédens, et autant pour l'autre
coffre.

Douze planches à *couteaux* GG, *fig.* 3, de 3 pieds 2 pouces
de longueur, sur 2 pouces d'épaisseur d'un côté et 6 lignes de
l'autre, et environ de 8 pouces de largeur, à l'exception de
de deux ou trois, auxquels on ne donnera que 4 à 5 pouces.

Cinq *chevrons xxx*, *fig.* 1 et 3, et chacun de 2 pieds 3 pouces
de longueur sur chaque face, pour porter le plancher.

Deux *écrous nn*, dans toutes les figures, de bois de noyer ou
d'orme, de 5 pieds de longueur, sur 20 pouces de hauteur
et 15 d'épaisseur.

Deux *vis* de bois de cormier CD, d'une seule pièce, de 10
pieds de longueur, de 9 pouces de diamètre sur le pas, de
11 pouces de diamètre pour ce qui entre dans le carré des embrasures, et de 14 pouces pour le repos.

La grande *roue* A B, de 8 pieds de diamètre, composée de
quatre embrasures de 8 pieds de longueur chacune, de quatre
fausses embrasures de 2 pieds 4 pouces chacune de longueur;
de quatre liens de 2 pieds de longueur chacun : la circonférence au dehors de la roue, non compris les dents, sera de
25 pieds 6 pouces 6 lignes; elle doit être partagée en huit
courbes, à chacune desquelles il faut donner 3 pieds un pouce
8 lignes de longueur, et 4 pouces pour le tenon de chacune.
Les embrasures et les courbes doivent avoir 6 pouces d'épaisseur en tous sens.

Une autre *roue* E, de 5 pieds 5 pouces de diamètre, composée de quatre embrasures, chacune de 5 pieds 4 pouces de longueur. La circonférence sera de 17 pieds un pouce ; elle doit être partagée en quatre courbes, à chacune desquelles. il faut donner 4 pieds 3 pouces 3 lignes de longueur, et 4 pouces pour le tenon de chacune ; les embrasures et les courbes doivent avoir 4 pouces 6 lignes d'épaisseur en tous sens.

Une autre *roue* G, de 3 pieds 9 pouces de diamètre, composée de quatre embrasures, chacune de 3 pieds 8 pouces 4 lignes de longueur. La circonférence sera de 11 pieds 10 pouces ; elle doit être partagée en quatre courbes, à chacune desquelles il faut donner 11 pouces une ligne de longueur en dehors, et 3 pouces pour le tenon de chacune ; les embrasures et les courbes doivent avoir 3 pouces 6 lignes d'épaisseur en tous sens.

Le *pignon* D E, de la moyenne roue, de 5 pieds de longueur, de 15 pouces 6 lignes de diamètre sur le carré des embrasures, et de 5 pouces de diamètre pour chaque boulon ; celui du côté des roues, de 4 pouces ; le repos vers la roue, de 9 pouces 6 lignes de longueur ; les fuseaux, de 10 pouces de longueur et de 2 pouces 6 lignes de grosseur ; le bout qui porte la crête de fer, de 2 pouces 6 lignes de diamètre ; le même pignon aura huit fuseaux.

Le *pignon* F G de la petite roue, de 3 pieds de longueur, de 14 pouces de diamètre sur les fuseaux, de 9 pouces sur le carré des embrasures, de 4 pouces de diamètre pour chaque boulon ; le repos vers la roue, de 8 pouces ; les fuseaux de 6 pouces 6 lignes de longueur, et de 2 pouces 6 lignes de grosseur ; le bout qui porte la crête, d'un pouce 6 lignes de diamètre. Le même pignon aura sept fuseaux.

Le *pignon* H K de la manivelle, d'un pied 11 pouces de longueur, de 13 pouces 6 lignes de diamètre sur ses fuseaux ; le boulon du côté du coffre, de 4 pouces de longueur, et celui de la manivelle, de 8 pouces ; les fuseaux de 5 pouces de longueur et de 2 pouces 6 lignes de grosseur ; le même pignon aura six fuseaux.

La grande *roue* doit avoir soixante-quatre dents, les dents doivent avoir 2 pouces et demi de diamètre, et 3 pouces 6 lignes de longueur en dehors des courbes ; 2 pouces de diamètre et 6 pouces de longueur pour ce qui est enchâssé dans les courbes.

La moyenne *roue* doit avoir quarante-deux dents ; les dents doivent avoir 2 pouces et demi de diamètre, et 3 pouces 6 lignes de longueur en dehors des courbes, 2 pouces de diamètre et 4 pouces de longueur pour ce qui est enchâssé dans les courbes.

La petite *roue* doit avoir trente - deux dents, les dents doivent avoir 2 pouces et demi de diamètre et 3 pouces 6 lignes de longueur en dehors des courbes, un pouce 9 lignes de diamètre et 3 pouces 6 lignes pour ce qui est enchâssé dans les courbes.

Le *béfroi* qui porte les roues et les pignons est formé par quatre longues jumelles de 15 pieds de longueur sur 7 pouces d'épaisseur pour chaque face, de deux chapeaux 10, 10, de 7 pieds de longueur sur la même épaisseur.

La *manivelle* de bois ou de fer.

Huit *bouquets* ou piédestaux M de pierre dure, non gelive, de 15 pouces d'épaisseur de toutes faces pour porter les quatre faux chantiers du pressoir.

Deux autres bouquets de même pierre, de 2 pieds de longueur sur un pied de largeur, et un pied 3 pouces d'épaisseur.

Si l'on craint que les *boulons de bois* des pignons s'usent trop vite par rapport à leurs frottemens, on peut y en appliquer de fer, d'un pouce et demi de diamètre, qu'on incrustera carrément dans les extrémités de ces pignons, de 6 ou même de 8 pouces de longueur. On leur donnera au dehors un pouce et demi de diamètre, et la longueur telle qu'on l'a donnée ci-devant aux boulons de bois.

Dans le cas que l'on se serve de boulons de fer au lieu de ceux de bois, il faudra aussi y employer des coussinets de cuivre, de fonte, pour chaque boulon; ces coussinets pourront peser environ trois livres chacun.

Il n'y a point de différence dans la composition des deux coffres: ainsi, le détail qu'on vient de donner pour la composition de l'un peut servir pour l'autre.

La *vis*, comme nous l'avons dit, 10 pieds de longueur; ces deux coffres ou pressoirs auront 4 pieds et demi de distance entre les longues jumelles pour l'aisance du mouvement.

La grande *roue* A B tiendra sa place ordinaire; la moyenne roue E sera placée sur le devant, au-dessus de la grande; et la petite G, sur le derrière un peu plus élevée que la moyenne. Celui qui tourne la manivelle sera placé sur une espèce de balcon G, qui sera dressé au-dessus de l'écrou du côté gauche.

Le pignon E D de la moyenne roue aura 6 pieds, y compris les boulons; du reste, du même diamètre sur la circonférence des fuseaux, sur le carré des embrasures pour chaque boulon; les deux boulons auront chacun une égale longueur d'un pied.

Le *pignon* F G de la petite roue aura 5 pieds 4 pouces de longueur, y compris les boulons : du reste, du même dia-

mètre sur la circonférence des fuseaux, sur le carré des embrasures, et pour chaque boulon ; les deux boulons auront chacun
une égale longueur de 8 pouces.

Le *pignon* H K de la manivelle aura 5 pieds 8 pouces de longueur, y compris les boulons ; du reste, du même diamètre sur
la circonférence des fuseaux, sur le carré des embrasures , et
pour chaque boulon. Le boulon de la manivelle aura un pied
de longueur, et celui de l'autre bout 8 pouces.

Les *fuseaux* du pignon de la moyenne roue , au nombre de
huit, auront 2 pieds 10 pouces de longueur et 2 pouces 6 lignes
de grosseur.

Ceux du pignon de la petite roue , au nombre de sept,
auront 8 pouces de longueur et 2 pouces 6 lignes de grosseur.

Ceux du pignon de la manivelle , au nombre de six ,
auront 5 pouces de longueur et 2 pouces 6 lignes de grosseur.

Les quatre montans 8 et 13, qui portent tout le mouvement,
ont chacun 15 pieds de hauteur non compris les tenons , et 7
pouces de largeur. Ces quatre montans seront maintenus par
le haut à deux poutres 12 , 12, qui forment le plancher.

On couvrira de planches, si on le juge à propos, l'espèce de
béfroi que forment ces quatre montans, ou on les arrètera aux
solives du plancher. *Voyez Pl.* V.

*De la façon de manœuvrer en se servant des pressoirs à
coffre simple ou double.* J'ai déjà dit qu'il ne fallait que deux
hommes seuls pour les opérations du pressurage, soit que la
vendange soit renfermée dans une cuve, soit dans des tonneaux. On doit l'en tirer aussitôt qu'elle a suffisamment fermenté, pour la verser dans le coffre du pressoir. Pour cet effet,
le pressureur sortira la vis du coffre , de façon que son extrémité effleure l'écrou du côté du coffre ; il placera le mouton D
contre l'extrémité de cette vis, et le mulet *q* , *fig.* 2 et 3 ,
contre le mouton. Le coffre restant vide depuis le mulet jusqu'au dossier, sera rempli de la vendange et du vin même
de la cuve et des tonneaux. Le pressureur aura soin, à mesure
qu'il versera la vendange, de la fouler avec une pile carrée ,
pour y en faire tenir le plus qu'il sera possible ; s'il n'a pas
assez de vendange pour remplir ce coffre, c'est à lui à juger de
la quantité qu'il en aura : si cette quantité est petite , il avan-
cera le mulet vers le dossier autant qu'il le croira nécessaire ,
et placera entre le mouton et la vis autant de coins E qu'il en
sera besoin. Le coffre rempli de la vendange jusqu'au haut
des flasques, il rangera sur le marc des planches à couteaux GG, autant qu'il en faudra, les extrémités vers les

flasques les couvrant environ de 2 à 3 pouces l'une sur l'autre; ensuite il placera sur les planches en travers les mouleaux et suivant la longueur du marc et d'une longueur convenable. Enfin il posera en travers de ces mouleaux une, deux ou trois pièces de bois *rr*, qu'on nomme *brebis*, sous les chênes qui se trouvent au-dessus des flasques, et emmanchées dans les jumelles, de façon qu'on puisse les retirer quand il est nécessaire, pour donner plus d'aisance à verser la vendange dans ce coffre.

Toutes ces différentes pièces dont je viens de parler doivent se trouver sous la main du pressureur, de façon qu'il ne soit pas obligé de les chercher; ce qui lui ferait perdre du temps. C'est pourquoi il aura toujours soin, en les retirant du pressoir, de les mettre à sa portée sur un petit échafaud placé à côté de ce pressoir.

Cette manœuvre faite, il dégagera la grande roue de l'axe de la moyenne : son compagnon et lui tourneront d'abord cette roue à la main, et ensuite au pied en montant dessus, jusqu'à ce qu'elle résiste à leur effort. Pour lors ils descendront l'axe de la moyenne roue pour la faire engrener avec la grande roue, et remettront les boulons à leur place pour empêcher cet axe de s'élever par les efforts de cette grande roue. et l'un d'eux fera marcher la manivelle, qui donnera le mouvement aux trois roues et à la vis, qui poussera le mouton, les coins et le mulet contre le marc.

Le maître pressureur aura soin de ne pas trop laisser sortir la vis de son écrou, de peur qu'elle ne torde. C'est une précaution qu'il faut avoir pour toutes sortes de pressoirs; quand il verra que la grande roue approchera de l'extrémité des flasques de quelques pouces, il détournera cette roue, après l'avoir dégagée de l'axe de la moyenne roue de la façon que nous l'avons déjà dit. Il remettra encore quelques coins, et ayant remis l'axe à sa place ordinaire, il tournera la roue et ensuite la manivelle. De cette seule serre il retirera du marc tout le vin qui doit composer la cuvée, qu'il renfermera à part dans une cuve ou grand barlong.

Cette serre finie, il desserrera le pressoir, ôtera un coin, reculera le mulet de l'épaisseur de ce coin, et fera par ce moyen un vide entre le mulet et le marc, ce qui s'appelle faire *la chambrée*; il retirera les brebis, les mouleaux et les planches à couteaux; après quoi il levera, avec une griffe de fer à trois dents, la superficie du marc à quelques pouces d'épaisseur, qu'il rejettera dans la chambrée et qu'il y entassera avec une pilette de 4 pouces d'épaisseur sur autant de largeur, et sur 8 pouces de longueur. Il emplira cette chambrée au niveau du marc, après quoi il le recouvrira, comme ci-devant, des planches à couteaux, des mouleaux et des brebis, et donnera la seconde serre comme la première. Trois ou quatre serres données ainsi suffisent pour dessécher le marc entièrement.

Le marc ainsi pressé dans les six parties de son cube, le vin s'écoule par les trous 14, 14, des flasques et du plancher, se répand sur les maies, et ensuite par la goulette, sous laquelle on aura placé un petit barlong Q pour le recevoir.

Pour empêcher le vin qui passe par les trous des flasques de rejaillir plus loin que le bassin, et le pressureur de salir avec la boue qu'il peut avoir à ses pieds le vin qui coule sur le bassin, on pourra se servir d'un tablier fait de voliges de bois blanc, comme le plus léger et le plus facile à manier, qu'on mettra contre les flasques devant et derrière le coffre et qui couvrira le bassin.

Les deux ou trois dernières serres donneront ce qu'on appelle le vin de *taille* et de *pressoir* ou de dernières gouttes; il faut mettre à part ces deux ou trois espèces de vin pour être chacune entonnée séparément dans des poinçons.

Je préviens le maître pressureur que, quand il aura dressé son pressoir, il aura de la peine à faire sortir les brebis de leur place, à cause de la forte pression. C'est pourquoi je lui conseille de se servir d'une forte masse de fer pour les chasser et retirer. Le marc étant entièrement desséché et découvert, on le retirera du coffre, et on se servira, pour l'arracher, d'un pic de fer, de la griffe dont j'ai déjà parlé, et de la pelle ferrée.

En égrappant les raisins dans le tonneau ou dans la cuve, on pourrait les laisser cuver plus long-temps; on n'aurait plus lieu de craindre que la chaleur de la cuve ou des tonneaux, emportant la liqueur acide et amère de la queue de la grappe, la communique au vin, ce qui rendrait le goût insupportable (1).

Toute espèce de vin, sur-tout le gris, demande d'être fait avec beaucoup de promptitude et de propreté, ce qui ne se peut facilement faire sur tous les pressoirs, les pressureurs amenant avec le pied beaucoup de saletés et de boue qui se répandent dans le vin; ce qui y cause un dommage beaucoup plus considérable qu'on ne pense, sur-tout pour les marchands qui l'achètent sur la lie, comme les vins blancs de la rivière

---

(1) On voit fort peu de pressoirs dans le Jura, parce que la pratique d'égrapper y est en faveur, et qu'après la fermentation les marcs servent à faire de la boisson en y ajoutant de l'eau ou de l'eau-de-vie, en les portant de suite dans la chaudière. Il est bien à désirer, sous tous les rapports, que cette excellente manière de faire le vin devienne plus générale en France. *Voyez* ÉGRAPPAGE. (*Note de M. Bosc.*)

de Marne, où ce défaut a plus souvent lieu que par-tout ailleurs.

Les forains ou vignerons de la rivière de Marne diront, tant qu'il leur plaira, que le vin, trois ou quatre jours après qu'il est entonné, jettera en bouillant ce qu'il renferme d'impur, ils ne persuaderont pas les personnes expérimentées dans l'art de faire le vin qu'il puisse rejeter cette boue, la partie la plus pesante et la plus dangereuse de son impureté ; cela n'est pas possible. Peut-être ceux d'entre eux qui se flattent et se vantent de mieux composer et façonner leur vin, répliqueront-ils qu'ils mettent à part la première goutte qui coule depuis le moment qu'ils ont fait mettre le vin sur le pressoir, jusqu'à l'instant où l'on donne la première serre, et qu'ils ne souffrent pas que cette première goutte entre dans la cuvée. On veut bien le croire ; mais combien y a-t-il de gens qui prennent cette sage et prudente précaution? On évite ce danger, cet embarras, cette perte presque totale de la première goutte de ce vin, qui ne doit dans ce cas trouver place que dans les vins de détours, en se servant du pressoir à coffre. Il est encore d'une très-grande utilité pour les vins blancs. (*Voyez* le mot Vin.) Quoi de plus commode en effet? On apporte les raisins dans le coffre avec les paniers ou barillets, on n'en foule aucun aux pieds, on les range avec la main ; on pose des planches de volige devant et derrière le coffre et dessus les maies, ce qui forme ce que nous appelons *tablier*, de façon que les pressureurs marchent sur ces planches, et que le vin s'écoule dessous elles sans qu'aucune saleté puisse s'y mêler, et que celui qui sort des trous des flasques puisse incommoder ni rejaillir sur les ouvriers.

A l'égard des autres pressoirs, on est obligé de tailler le marc à chaque serre avec une bêche bien tranchante, ou une doloire de tonnelier ; la grappe de ce raisin étant donc coupée, elle communique au vin la liqueur acide et amère qu'elle renferme ; ce qui le rend âcre, sur-tout dans les années froides et humides.

Dans l'usage des pressoirs à coffre, on ne taille pas le marc, on ne tire par conséquent que le jus du raisin, et on ne doit pas douter que la qualité du vin qu'on y fait ne l'emporte de beaucoup sur tout autre, joint à ce que le vin ne rentre pas dans le marc, et qu'il est fait plus diligemment.

Manœuvre du pressoir à double coffre. Les opérations sont les mêmes que celles du seul coffre, avec la différence qu'elles se font alternativement sur les deux coffres ; c'est-à-dire qu'en serrant l'un on desserre l'autre, et que tandis que celui qui est serré s'écoule, ce qui demande un bon quart d'heure, on travaille le marc de l'autre coffre de la façon déjà indiquée.

Ce double pressoir ne demande point une double force; c'est pourquoi il ne faut pas davantage de pressureurs que pour le seul coffre, et cependant il donne le double de vin. Ces opérations demandent une grande diligence. Moins le vin restera dans le marc, meilleur il sera. Il ne faut pas plus de deux ou trois heures pour le double marc, au lieu que dans les pressoirs à étiquet et dans les autres il faut environ hix-huit à vingt heures pour leur donner une pression suffisante.

Pour donner cette pression aux autres pressoirs, il faut quelquefois dix à douze hommes; s'ils ont une roue verticale, quatre hommes, au lieu que pour celui-ci deux suffisent.

Sur les gros pressoirs, un marc auquel en le commençant on donne ordinairement 2 pieds ou 2 pieds et demi d'épaisseur, se réduit, à la fin de la pression, à moitié ou au tiers au plus de son épaisseur, c'est-à-dire à 12 ou 15 pouces au plus; et sur les pressoirs à coffre, la force extraordinaire qu'on emploie dans sa pression réduit le marc de 7 pieds de longueur à 15 ou 18 pouces de longueur: je parle ici de longueur, au lieu d'épaisseur, parce que la vis pressant horizontalement dans le coffre, au contraire des autres pressoirs qui pressent verticalement, je dois mesurer la pression par la longueur, qui simule l'épaisseur dans tous les autres pressoirs.

Il est certain que les personnes qui en feront usage éprouveront que sur un marc de 12 à 15 pieds de vin il y aura, en se servant de celui-ci, par la forte pression, une pièce ou au moins une demi-pièce de vin à gagner. Cela indemnise des frais de pressurage et au-delà.

Il y a encore beaucoup à gagner pour la qualité du vin qui ne croupit pas dans son marc et n'y repose pas. Cela mérite attention, joint à ce que avec deux hommes on peut faire par jour, sur ce double pressoir, six maies, qui rendront chacun quinze poinçons de vin par chaque coffre, ce qui fera en tout cent quatre-vingts poinçons; au lieu que sur les autres pressoirs on ne peut en faire que quinze ou vingt par jour, si l'on veut que le marc soit bien égoutté. Il suffira de faire travailler les pressureurs depuis quatre ou cinq heures du matin jusqu'à dix heures du soir, ils auront un temps suffisant pour manger et se reposer entre chaque marc. Ainsi celui qui se sert des pressoirs à étiquet, etc., ne peut faire ces cent quatre-vingts poinçons, à vingt par jour, qu'en neuf jours.

Il faut convenir que le pressoir inventé par M. Legros est plus expéditif que les autres, et que, d'une masse donnée de vendange, il retire plus de vin qu'on n'en obtiendrait avec les autres pressoirs. L'auteur décrie un peu trop ces derniers;

cependant l'on est forcé de convenir que le sien vaut beaucoup mieux, sur-tout dans les provinces où le prix du vin est toujours très-haut, et où une barrique de plus ou de moins est comptée pour beaucoup ; mais les pressoirs ambulans, et même les pressoirs des particuliers, sont bien éloignés de la perfection même des simples pressoirs à tesson ; et de la même masse de vendange et avec le pressoir de M. Legros, on retirera deux barriques de plus. Lorsque l'on vend une mesure contenant 775 bouteilles de vin, de 15 à 50 liv., qui sont les deux extrèmes de leur prix, on n'est pas tenté d'y regarder de si près. Si ces vins acquéraient un jour la valeur de ceux de Champagne, de Bourgogne, et même des mauvais vins des environs de Paris, la révolution aurait bientôt lieu ; l'intérêt du propriétaire en fixera l'époque.

Il faut cependant dire qu'on est, en général, parvenu dans ces provinces à construire des pressoirs avec la plus grande économie de bois possible. Qu'on se figure deux pierres de taille d'un pied de hauteur au-dessus de terre, sur lesquelles repose une poutre en bois d'orme, ou encore mieux en bois de chène, équarrie sur toutes ses faces, et de 20 à 24 pouces de diamètre ; sa longueur est proportionnée à la largeur que l'on veut donner à la maie, ordinairement de 6, 7 à 8 pieds au plus dans tous les sens de sa superficie. Cette poutre excède de 2 pieds les deux côtés de la maie. Si on ne peut pas se procurer une pièce de bois capable de recevoir cet équarrissage, on en réunit deux ensemble par de forts boulons de fer, retenus par des écrous. Dans la partie qui excède la maie, et près d'elle, on pratique une ouverture ronde dans la partie supérieure, et cette ouverture ne descend qu'au tiers de l'épaisseur, quelquefois elle traverse d'outre en outre. Cette ouverture est destinée à recevoir la pièce de bois qui, dans les pressoirs à étiquet, à tesson, etc., sert de jumelle. Cette pièce de bois forme une vis depuis son sommet jusqu'à un pied au-dessus de la maie. Sa partie inférieure est également arrondie, mais non pas taraudée en vis. Cette partie inférieure entre dans l'ouverture dont on a parlé ; mais auparavant on a eu soin d'y faire en travers et sur toute la rondeur deux rainures ou goussets de 2 à 3 pouces d'épaisseur, qui reçoivent des coulisses : ces coulisses traversent de part en part l'arbre gisant : c'est par leur moyen que la vis est fixée sur ces côtés, et peut tourner intérieurement et perpendiculairement sur la partie du gros arbre qui la supporte..... Cette vis, dans la partie d'un pied qui excède la maie, et qui n'est pas taraudée, reste carrée ; c'est à travers cette portion cerclée en fer qu'on ménage deux ouvertures, l'une sur l'autre en croix, par lesquelles on passe deux barres de bois qui servent de leviers pour tourner cette roue.

Au sommet de la vis, qui excède la maie de 6 à 8 pieds, on fait entrer une forte pièce de bois, qui est traversée par cette vis et par la vis correspondante de l'autre côté ; mais cette pièce de bois n'est point taraudée ; son ouverture est simple et lisse ; son usage est de maintenir les deux vis, afin qu'elles ne s'écartent ni à droite ni à gauche.

Par-dessus cette poutre de traverse, qui est ordinairement en bois blanc, moins cher et plus facile à trouver que le chêne ou l'ormeau, on place le véritable écrou : c'est un morceau de bois de chêne ou d'ormeau taraudé sur le pas de la vis. Sa largeur est égale à celle de la poutre de dessous, et sa longueur de 2 à 3 pieds ; mais comme la poutre de dessous n'est point taraudée et par conséquent ne peut s'élever ou s'abaisser à volonté, le bois de l'écrou est, sur la face de devant et de derrière, armé de deux fortes crosses en fer, auxquelles on attache une chaîne de fer, que l'on assujettit sur la poutre de dessous, au moyen de semblables crosses. De cette manière, chaque écrou et la pièce de bois sont maintenus ensemble par quatre morceaux de chaînes et autant de crosses.

La maie ne serait pas assez assurée si elle ne portait que sur la pièce de bois dormante ; on fixe à ses quatre coins des tronçons de colonnes en pierre ou en bois, pour la soutenir. Quand les pressées sont finies, on soulève de quelques pouces seulement cette maie, afin qu'elle ne touche pas l'arbre dormant, et que l'humidité contractée par tous les deux pendant les pressées ne contribue pas à leur pourriture : quelques cales suffisent.

Tout ce pressoir n'est donc composé que de l'arbre gisant ou dormant, des deux vis, de leurs écrous, de l'arbre mouvant et de la maie.

Par-tout ailleurs l'arbre sur lequel se dévide la corde, et que l'on fait tourner au moyen d'une roue ou des barres, tourne sur son axe, ainsi que les ouvriers ; ici, les ouvriers ne peuvent faire qu'un demi-tour, ou décrire la moitié du cercle, parce que l'autre partie de ce cercle est occupée par la vendange en pression : d'où il résulte que si les barres ou les vis sont courtes, on n'agit que faiblement.

Dans plusieurs endroits du Languedoc, on appelle ces pressoirs *à la cuisse*, parce qu'effectivement c'est avec la cuisse que l'on presse. Je ne pus m'empêcher de frémir lorsque je vis pour la première fois opérer ainsi, et même, malgré l'habitude, je ne m'y suis jamais accoutumé. Les deux barres de chaque vis ne la traversent que de 4 à 6 pouces du côté de la vendange, et seulement assez pour y être maintenues par ce bout. Le grand bras du levier est du côté des pressureurs. Un homme tient de chaque main une de ces barres et les fixe de toute sa force. Vis-à-vis, en dedans de l'angle que les deux barres forment ensemble, se place un pressureur devant chaque barre; il faut que ces trois hommes, ainsi que les trois de l'autre côté, agissent ensemble, et ils ne se meuvent que lorsque le chef donne le signal convenu; ce signal est un son de voix approchant de celui du charpentier, qu'ils appellent le *Hem de Saint-Joseph* : alors tous quatre partent ensemble, et se jettent avec force contre la barre, la frappant avec la partie supérieure de la cuisse qui répond au défaut du ventre. Ces gens sont accoutumés à cette manœuvre, et elle ne leur donne aucune peine.

Je conviens que ce pressoir est très-défectueux; mais dans les pays où l'on ne trouve pas de bons ouvriers, ou lorsque les facultés des propriétaires sont très-circonscrites, il vaut mieux avoir un pressoir médiocre que rien du tout; il est, en tous points, préférable à la méthode de Corse, où l'indigence a forcé de recourir à un moyen encore plus simple. Que l'on se figure un espace quelconque, creusé sur le penchant d'une colline et environné de quatre murs, le fond du sol uni et plat, enfin bien pavé. Le mur du fond est du double et quelquefois de deux tiers plus élevé que celui de face et de devant, et la partie supérieure des deux murs de côté suit la direction de pente entre la hauteur du mur du fond et celui de devant; à travers le bas du mur de devant, on ménage une rigole, par laquelle le vin coule en dehors, et est reçu ou dans des barriques ou dans tels autres vaisseaux quelconques.

On a eu soin de placer, à-peu-près au tiers de la hauteur du mur du fond et dans son épaisseur, une grosse pierre de taille, à laquelle on attache et soude le tenon d'une grosse boucle; et encore, pour plus grande économie, on se contente d'y creuser avec le ciseau une forte entaille, proportionnée à l'épaisseur que doit avoir le levier, et capable de recevoir son gros bout. Ce levier est une longue pièce de bois droite, forte et sèche, que l'on assujettit à la boucle en la traversant, ou qui est retenue dans l'entaille de la pierre. Le coffre en maçonnerie est rempli de vendange telle qu'on l'apporte de la vigne jusqu'à la hauteur de la boucle. Alors on la couvre de plateaux en bois, taillés de grandeur et faits pour entrer dans le coffre; on abaisse le levier qui excède en longueur du double de celle de la maçonnerie, et on appuie à son extrémité autant que les forces le permettent. Lorsque ce levier commence à toucher le haut du mur de devant, on le relève,

et on charge la pressée avec de nouveaux plateaux semblables
au premier, et ainsi de suite, autant que le besoin l'exige. Les
forces des hommes ont alors peu d'activité, et pour y suppléer, on charge l'extrémité du levier avec de grosses pierres,
que l'on y maintient par des cordes. Ce levier fait l'effet du
fléau que l'on nomme *romaine*. Si on compare ce pressoir avec
celui de M. Legros ou avec celui à étiquet, on trouvera une
grande différence dans les résultats de la pression ; mais on
n'admirera pas moins l'industrie de ces pauvres et intéressans
insulaires. *Voyez* PRESSE A LEVIER (1).

CHAP. II. *De la manière d'élever et de conduire une
pressée.* La plus grande propreté doit régner dans le local vulgairement nommé *cuvier, pressoir* ; elle n'est pas moins essentielle pour tous les objets qu'elle renferme. CELLIER (*consultez
ce mot*) est la dénomination exacte pour désigner ce local.
Quelques jours avant la vendange, on jette de l'eau sur les
cuves, sur les pressoirs, et sur tous les autres vases dont on
est à la veille de se servir. Cette eau, que l'on change au moins
chaque jour, produit un double effet, celui de faire renfler les
bois des vaisseaux, et par conséquent de les mettre dans le cas
de ne pas laisser couler le fluide qu'on leur confiera, et celui
de détremper toutes les ordures et de céder aux frottemens
qui doivent les entraîner avec l'eau que l'on rejette. Cette
grande propreté est de rigueur, parce que tout corps étranger
est nuisible au vin et lui communique une odeur ou une saveur désagréable, et dont on chercherait vainement la cause
ailleurs. Les vignerons, les valets regardent ces prévoyances
comme déplacées ou comme inutiles : dès-lors le propriétaire
est forcé de tout voir, et de faire tout approprier sous ses yeux.

Il faut cinq hommes pour monter une pressée ordinaire, et
le double si elle est considérable. Deux sont placés dans la
cuve ; leur fonction consiste à remplir les bannes, bennes,
benots, ou comportes, etc., avec le marc ; à recevoir la banne
vide que leur présente le porteur, à soulever sur le bord de la

---

(1) La Société d'encouragement a fait décrire, dans son Bulletin de
juin 1821, un pressoir établi sur les mêmes principes et qui m'a paru un
des meilleurs connus. Il est établi sur quatre roues. Son effet résulte
de l'action d'un énorme levier fixé très-solidement par une de ses extrémités à une fiche sur laquelle elle tourne, et pouvant entrer par l'autre
dans un robuste anneau de fer qu'une vis peut faire élever ou abaisser
à volonté. C'est de tous les pressoirs que je connais celui qui m'a paru le
plus commode. Quoique petit dans ses dimensions, il doit suffire pour
les vignobles de moyenne étendue, à raison de la rapidité de son exécution. Son plus grand inconvénient, c'est la difficulté de donner toute
la solidité nécessaire à la fiche autour de laquelle tourne le levier, et à
l'extrémité de ce levier, à travers laquelle elle passe.

(*Note de M. Bosc.*)

cuve la banne pleine de marc, et à l'y maintenir jusqu'à ce
que le porteur l'ait enlevée. On établit communément, et cela
accélère le travail, un chantier, qui porte sur le bord de la
maie du pressoir, et correspond solidement à la cuve. Ce chantier est plus ou moins élevé ou abaissé, suivant la grandeur du
porteur. La fonction de cet ouvrier est de porter le marc de
la cuve au pressoir, de rapporter sa banne vide, qu'il remet
aux ouvriers de la cuve pour la remplir de nouveau ; mais en
attendant, il prend sur ses épaules celles qu'ils ont préparée d'a-
vance, et ainsi de suite jusqu'à la fin.

De la manière dont le porteur vide le marc sur le pressoir et
sur la pressée à mesure qu'on la monte, dépend en grande
partie son succès. Il faut qu'il la verse doucement, et, pour
cet effet, un des deux hommes qui travaillent sur le pressoir
prend une des cornes ou mannettes de la banne, le porteur
tient l'autre, et tous deux vident doucement. Les deux ouvriers placés sur la maie du pressoir sont uniquement occupés à ranger le marc lit par lit ; et à ranger la pressée jusqu'à la fin.

Avant de commencer à charger le pressoir, les ouvriers déterminent la largeur et la longueur que doit occuper le marc ;
c'est-à-dire qu'ils ne prennent que les deux tiers de la superficie de la maie, parce qu'ils savent qu'à mesure que la vis pressera, le marc s'aplatira et s'élargira ; enfin que, sans cette précaution, le marc déborderait de la maie, et une partie du vin
coulerait sur le sol. Quelques-uns tracent leur carré avec de
la craie, de la sanguine, etc., afin de fixer la première assise
du marc. Cette précaution, bonne en elle-même, est très-inu-
tile pour l'ouvrier accoutumé à ce genre de travail. D'autres
se servent d'une ficelle ou petite corde fixée sur les quatre faces
de la maie, et ils remplissent le carré qui reste dans l'intérieur.
Toutes ces précautions ne sont utiles que pour la première mise
du marc ; une fois l'alignement donné, il est facile de monter
la pressée carrément. S'il y a peu de vendange, on la tient plus
étroite, et plus ou moins large s'il y en a beaucoup. Il vaut
mieux que le marc gagne en hauteur qu'en largeur, parce qu'il
est bientôt aplati ; et dans ce cas, si l'on ne charge pas la pressée.
de pièces de bois *a b i*, *fig.* 2, *Pl.* IV, la vis est trop fatiguée
et on court risque de la rompre.

Lorsqu'on a fait EGRENER ou EGRAPPER le raisin (*consultez*
ces mots) il est plus difficile de bien monter une pressée, attendu qu'il ne reste presque plus de liens dont la grappe tenait
lieu ; mais il est facile d'y suppléer avec de la paille de seigle
un peu longue. A cet effet, on commence à étendre sur toute
la superficie de la maie un lit mince de cette paille, et qui,

s'il se peut, doit déborder la maie : c'est sur ce lit qu'on établit, ainsi qu'il a été dit, la première mise du marc ; la portion excédante de paille trouvera bientôt la place qui lui convient.

A mesure que le porteur vide le marc sur le pressoir, les deux ouvriers l'arrangent d'équerre sur la paille ou simplement sur la maie, si on a laissé la grappe ; ils piétinent ce marc, afin qu'il rende en grande partie le vin qu'il contient ; mais ils piétinent beaucoup plus fortement toute la circonférence sur la largeur d'un pied que le milieu. Cette circonférence représente l'extérieur d'un bastion et en tient lieu. Lorsque, lit par lit, le marc est parvenu à la hauteur de 8 à 9 pouces, les ouvriers replient toute la paille qui couvrait ou excédait la maie, la retroussent sur la partie de la pressée, contre laquelle ils la pressent et l'assujettissent par le moyen du marc nouveau de deux ou trois bannes que l'on jette. Sur cette première couche, qui se trouve renfermée comme du raisin dans un panier, on établit dans le même ordre un second lit de paille, qui la recouvre en entier, et qui la déborde comme la première débordait la maie, afin qu'elle serve à son tour à recouvrir le marc nouveau, dès qu'il aura 8 à 9 pouces de hauteur, et ainsi de suite jusqu'au complément de l'élévation de la pressée. Ces lits de paille font l'effet des tirans ; ils donnent de la solidité à la masse totale et empêchent que les bords ne se détachent du centre pendant que la pression agit. L'usage de cette paille n'est pas aussi esssentiel lorsque le raisin n'a pas été égrené ; cependant je conseille de ne pas le négliger, au moins pour deux ou trois rangs.

Si l'on se hâte trop d'élever la pressée ; si les ouvriers ne la piétinent pas autant qu'ils le peuvent lorsqu'elle est basse ; s'ils ne la serrent pas avec le poing, et par-tout, et sur-tout sur les bords lorsqu'ils l'élèvent ; enfin s'ils ne donnent pas le temps au vin de s'écouler, loin de gagner du temps, on en perdra beaucoup ensuite, parce que cette pressée, mal conduite dans son principe, se crevassera de tous côtés. On aura beau desserrer, couper et recouper, elle crevassera jusqu'à la fin, et elle ne sera jamais bien serrée. Lorsque cela arrive, ce qui n'est pas rare, les ouvriers disent que de méchans voisins, des jaloux leur *ont jeté un sort ;* et ce sort tient à leur mauvaise manipulation. Il y a vraiment un art pour bien monter une pressée. Il s'agit actuellement de la charger, et cette opération a encore ses difficultés ; car si elle ne l'est pas exactement, et autant en équilibre que faire se peut, un des côtés du marc est plus pressé que l'autre, ou bien le marc est poussé tout d'un côté par la pression.

Lorsque tout le cube du marc est élevé , on place deux barres de 3 à 4 pouces de largeur, et un peu moins longues que la maie. Ces deux barres ne sont pas représentées dans la figure de la planche V. On les place sur le marc à une distance égale, et au moins à 10 ou 12 pouces de ses bords ; elles servent à supporter les *manteaux* TT , nommés *planches* dans la description du pressoir à *étiquet :* ces manteaux sont deux pièces de bois de 3 à 4 pouces d'épaisseur , égaux entre eux en largeur, longueur et épaisseur, maintenues dans leurs parties supérieures par des traverses fortement clouées ou chevillées, qui empêchent que le bois ne se déjette. Les manteaux sont placés de manière qu'ils ne débordent pas plus d'un côté que de l'autre.

Pour bien monter une pressée, il faut absolument que le propriétaire ou celui qui le remplace, soit sur le sol du cellier et dirige l'opération. Voici un moyen facile de le mettre à même de juger si chaque pièce est mise à la place qu'elle doit occuper. Au milieu de l'écrou CD de la même figure et sur la face antérieure, et à la partie qui correspond au centre de la vis, on fait un trait ; si de ce trait on laisse pendre une ficelle avec son plomb, on verra qu'il correspond vis-à-vis, et juste au milieu de la gouttière par laquelle le vin s'écoule dans le barlong W. On aura donc deux points de comparaison pour le rayon visuel, et chaque pièce qui sert à charger le marc fera le troisième. Ainsi, lorsque les deux manteaux sont en place , on voit si leur point de réunion correspond à la marque imprimée dans le milieu de l'écrou et au point du milieu de la gouttière. Cependant ces trois points pourraient être d'accord sans que la partie postérieure des manteaux le fût: alors, après avoir laissé tomber le plomb, et en mirant la ficelle, on fait un trait contre le mur derrière le pressoir, et ce trait devient un quatrième point de comparaison ; enfin il sert de contrôle aux trois premiers et dirige le reste de l'opération.

Lorsque les deux manteaux sont placés et arrêtés dans leur juste position , il s'agit de placer en travers, c'est-à-dire d'une jumelle à l'autre EF, GH, deux pièces de bois appelées *garniture*, de la largeur des manteaux réunis. Ces pièces doivent avoir depuis 6 jusqu'à 10 et 12 pouces d'épaisseur, et être bien équarries sur toutes leurs faces. Il les faudra de diverses épaisseurs, mais toujours par paires, et encore mieux si elles sont numérotées, afin de pouvoir garnir juste sous le menton KL.

L'inspecteur ne saurait juger de la première place qu'il occupait, si les deux garnitures sont posées en lignes parallèles aux deux jumelles ; il se portera donc du côté des jumelles et il vérifiera leur position ; les secondes garnitures seront posées sur les premières et dans le sens opposé, c'est-à-dire qu'elles regarderont le mur et la face antérieure du pressoir, et ainsi de suite jusqu'à ce que les garnitures occupent l'espace entre la partie inférieure du mouton et la supérieure de marc.

Si l'on s'en rapporte à la gravure, *fig.* 2, *Pl.* IV, on verra que toutes les garnitures sont également posées les unes sur les autres et en se croisant. Cette méthode peut être bonne et plus facile à suivre que celle dont je vais parler; mais j'observerai que, sous le mouton, les garnitures doivent être placées en travers, c'est-à-dire suivant sa direction, afin qu'il porte à plat dans toutes ses parties. On sent que les garnitures, placées telles qu'elles sont représentées dans la gravure, laissent beaucoup de vide entre elles; mais comme la plus grande force de pression est directement dans la partie qui correspond à la base de la vis **A**, les extrémités du menton doivent souffrir par les garnitures des deux bouts qui forcent contre leur bois, puisque les extrémités sont la partie la moins épaisse et la moins forte du mouton. C'est par cette raison que je préfère les garnitures rangées en pyramides, et diminuant le diamètre de leur distance à mesure qu'elles s'approchent du mouton. Je dis donc que les garnitures de la base, au nombre de deux, trois ou quatre, suivant la largeur du pressoir, doivent (les extérieures) presque effleurer et correspondre aux bords du marc; que le second rang, placé en travers et au-dessus, ne doit porter que sur le bord intérieur des pièces du premier rang, et par conséquent resserrer l'espace; que le troisième et quatrième, etc., si le besoin l'exige, doivent de plus en plus se resserrer, enfin venir se joindre sous le mouton et dans le même sens de direction que lui : par ce mécanisme, la force de direction se fait sentir dans tous les points du marc. C'est ainsi que j'ai toujours fait presser sans que le mouton ait été fatigué; et lorsque j'ai voulu juger par comparaison, j'ai trouvé que la seconde méthode pressait mieux que la première. Au surplus chacun est libre de choisir celle qu'il aime le mieux, soit d'après l'habitude, soit d'après le raisonnement.

Aussitôt que tous les chantiers sont montés, on fait tourner la roue qui tient à la vis; son abaissement serre les garnitures, celles-ci les manteaux, et les manteaux tout le marc. On tourne la roue lentement et à bras d'hommes aussi longtemps qu'on le peut; mais on ne se hâte pas. Il faut que le vin ait le temps de couler, de faire des vides et que chaque partie du marc s'affaisse également et sans secousse. Enfin on porte la corde vers l'arbre **Z**, sur lequel on la fixe; elle se roule, et les hommes qui ont fait mouvoir la roue de la vis viennent tourner celle de l'arbre. La première serre demande à être faite lentement, et dès que les ouvriers sentent trop de résistance, ils doivent cesser et attendre avant de donner de nouvelles serres. Pendant ce temps, le vin s'écoule, et les ouvriers se servent de cet intervalle pour transporter le vin du barlong dans les barriques.

Après un certain laps de temps, on dévide la corde de dessus l'arbre Z, et on la fait glisser sur la roue de la vis, qui s'élève et se détourne à bras d'hommes. Lorsqu'elle est remontée jusqu'à l'écrou, les ouvriers déplacent les garnitures et les rangent rang par rang, chacun de leur côté, sur les bords ou sur le derrière du pressoir, de manière que les garnitures inférieures et les plus fortes se trouvent sur les autres, et par conséquent sous la main de l'ouvrier quand il s'en servira de nouveau. Les deux manteaux sont placés de champ contre les deux jumelles. Le marc, dépouillé de toute sa charge, est en état d'être coupé.

Le maître ouvrier s'arme d'une doloire, instrument dont se servent les tonneliers pour dégrossir et blanchir leurs douves; il trace avec cet outil sur la partie supérieure du marc et près de ses quatre faces une ligne droite, qui doit le diriger dans la coupe. Si le marc est destiné à fournir dans la suite le petit vin à ce maître ouvrier ou au vigneron, il aura grand soin de tailler peu épais, parce que les bords du marc retiennent plus de vin que son milieu. Le propriétaire doit veiller de près à cette opération. Cependant ce n'est pas à la première coupe qu'il faut tailler le plus épais, parce que le vin n'a pas eu le temps de s'écouler. D'ailleurs, ce que l'on détache des bords pour être remis sur le marc ne contribue pas beaucoup à une plus forte pression; 4 à 8 pouces de première taille suffisent suivant le diamètre du marc. L'ouvrier doit incliner contre le marc la partie supérieure en dos de la doloire, afin que de la coupe générale il résulte un petit talus. A mesure qu'il abat les bords, les autres ouvriers le suivent; les uns émiettent ce marc, et les autres le disposent sur le cube en le pressant, le serrant comme s'ils montaient une nouvelle pressée. Quelques-uns, et avec juste raison, enchâssent ce marc avec de la paille longue, comme il a été dit ci-dessus; il en est bien mieux pressé par la suite; enfin on replace de nouveau les manteaux, les garnitures, et on opère comme la première fois. C'est à cette seconde serre que doit se déployer la force des ouvriers, parce que si on a ménagé la première; si le vin a eu le temps convenable pour couler; enfin si la pressée a été bien montée dans son principe, on ne craint plus qu'elle crevasse. Il ne faut pas débuter par serrer trop fort; on doit ménager un peu en commençant, et aller ensuite par progression, suivant la force des hommes et du pressoir. Lorsque les efforts ne font plus ou presque plus rien rendre au marc, c'est le temps de travailler à le mettre en état de recevoir la troisième taille. C'est ici le cas de tailler fort épais, afin de ne laisser dans le marc que le moins de vin possible. Lorsque les pressoirs sont petits et faibles, on taille jusqu'à cinq fois. Enfin on débarrasse le pressoir pour y mettre de nouvelle vendange, et dans le pays où le vin est cher ou rare, on ajoute à ce marc de l'eau, qui fermente de nouveau et sert à faire ce qu'on appelle *petit vin*, *revin*, *buvante*, *piquette*.

M. Legros indique, dans l'ouvrage déja cité, une méthode facile, au moyen de laquelle s'exécute un mélange exact des vins de la cuve et du pressoir. C'est l'auteur qui va parler.

« Entonner les vins promptement, donner à chaque poinçon une même quantité de vin sans pouvoir nullement se tromper et d'une qualité parfaitement égale; en entonner trente ou quarante pièces en un espace de temps aussi court que pour en entonner une seule pièce, et par une seule et même personne, sans agiter le vin nullement, sans pouvoir en répandre aucunement, et en le préservant du contact de l'air de l'atmosphère qui lui nuit beaucoup, c'est, j'ose l'assurer, ce que l'on n'a pas encore vu et qui semblerait impossible. C'est cependant ce que je vais démontrer si sensiblement, que je suis persuadé que mon lecteur n'appellera pas de ma dissertation à l'expérience.

» La façon ordinaire, et que je ne puis me dispenser de blâmer, se pratique à-peu-près, du moins mal au mieux possible, dans chaque vignoble. Le vin de cuvée coule du pressoir dans un moyen barlong entièrement découvert, et qu'on place sous la goulette; les uns le tirent de ce barlong à mesure qu'il se remplit avec des sceaux de bois; les autres avec des instrumens en cuivre, qui, faute d'être bien récurés chaque fois qu'on cesse de s'en servir, communiquent leur vert-de-gris au vin dont on remplit les poinçons, le transportent dans un grand barlong aussi découvert, ou dans plusieurs autres moyens vaisseaux suivant leur commodité. Ils tirent ensuite de la même façon du barlong de la goulette les vins de taille et de pressoir, les transportent pareillement dans d'autres vaisseaux, chacun en particulier.

» Les vins de cuvée, de taille et de pressoir faits, les presseurs les transportent d'abord, celui de cuvée et ensuite les autres dans le cellier; et ils les entonnent dans des poinçons rangés sur des chantiers couchés sur terre et souvent peu solides.

» Un homme au barlong remplit les bannes, deux autres les portent au cellier et les versent dans de grands entonnoirs de

bois placés sur des poinçons, et portent dans chaque banne
ou hottée deux ou trois seaux, lesquels seaux peuvent contenir chacun 13 à 14 pintes, mesure de Paris. Un autre se tient
au cellier pour changer les entonnoirs à mesure qu'on verse
une hottée dans chaque poinçon, et il a soin de marquer chaque
hottée sur la barre du poinçon, pour ne pas se tromper, ce qui
arrive cependant fort souvent : quand les deux porteurs de
hottées ont versé chacun une hottée de vin dans chaque poinçon, ils recommencent une autre tournée dans les mêmes
poinçons, et ils continuent de même jusqu'à ce que tout le
vin soit entonné. Si après une première, seconde ou troisième
tournée, il reste encore quelque vin dans le barlong, et qu'il y
ait encore quelques moyens vaisseaux à vider, et dont le vin
doive être entonné dans le même poinçon, le pressureur
placé au barlong verse le vin de ces moyens vaisseaux dans le
grand barlong, et avec une pelle de bois le remue fortement
pour le bien mélanger avec celui qui était resté dans le barlong ;
ensuite ils continuent leur tonrnée jusqu'à ce que le vin soit
entonné. Ils en usent de même à l'égard des vins de taille et
de pressoir. Les uns emplissent leurs poinçons jusqu'à un
pouce près de l'ouverture, pour leur faire jeter dehors toute
l'impureté dans le temps de la fermentation ; les autres ne les
emplissent qu'à 4 pouces au-dessous de l'embouchure, pour
les empêcher de jeter dehors.

» Voilà l'usage des Champenois pour l'entonnage de leurs
vins. Je demande si, dans ces différens transports, ces changemens et reversemens d'un vaisseau dans un autre, le vin
n'est pas étrangement battu et fatigué, et si on n'en répand
pas beaucoup ; si le grand air qui frappe sur ces grands et
larges vaisseaux entièrement découverts ne diminue pas la
qualité du vin ; si le mélange en est bien fait ; si on peut assurer que chaque poinçon contient une quantité parfaitement
égale, etc. (*Voyez* FERMENTATION et VIN.) Le moyen de prévenir ces inconvéniens est de suivre la maxime que je vais prescrire.

» On peut préserver le vin de la corruption que l'air lui
occasionne dès le moment que, sortant du pressoir par la goulette ou beron, il se répand dans les barlongs RQ, *Pl.* V. Pour
y parvenir, il ne s'agit que de donner aux barlongs un double
fond serré dans son garle à 6 pouces au-dessous du bord d'en
haut. Quand ces barlongs sont pleins, on bouche l'ouverture
du fond, par lequel le vin y entre avec un fausset de bois de
frêne. Alors avec le soufflet, tel que celui que l'on voit en V,
et qu'on place à une ouverture du fond de ce barlong, on en
fait sortir, chaque fois qu'il est plein, le vin qui s'élève dans le
tuyau de fer-blanc ST, et qui, coulant le long de ce tuyau, se

répand, comme on le voit, par un entonnoir T dans un grand barlong VY, fermé aussi d'un double fond à 2 pouces près du bord, et contre-barré dessus et dessous par une chaîne de bois à coins.

» Je ne prescris, pour le barlong de la goulette, les 6 pouces de distance du double fond au bord d'en haut, que pour conserver un espace suffisant pour contenir le vin qui sort de la goulette pendant qu'on foule, par le moyen du soufflet, celui du barlong pour l'en faire sortir, et le conduire dans le tuyau TS dans le grand barlong. Ainsi cette distance de 6 pouces est absolument nécessaire.

» Quand tout le vin qui doit composer la cuvée est écoulé dans le grand barlong, on le bouche pareillement avec le même soufflet. On retire l'entonnoir T, et l'on bouche avec un fausset de bois l'ouverture par laquelle il entrait. On fait sortir de ce barlong le vin qui, en s'élevant dans le tuyau YZ qui y communique, se répand en même temps et également dans chacun des poinçons par l'ouverture des fontaines *a b c d*, 1, 2, 3, 4, 5, 6, qui sont jointes à ce tuyau, et dont les clefs ne s'ouvrent qu'autant que la force de la pression l'exige pour qu'il n'entre pas plus de vin dans un vaisseau que dans l'autre, tout ensemble.

» Pour parvenir à cette juste et égale distribution de vin dans chaque poinçon, il faut observer que le vin qui coule du tuyau EF, s'écoulant dans le même tuyau à droite et à gauche, doit tomber avec plus de précipitation par les fontaines du milieu 1 *a*, que par ses deux voisines de droite et de gauche, 2 et 6, et plus à proportion par ces deux dernières que par les suivantes; de même que ce vin, trouvant une résistance aux extrémités fermées de ce tuyau, doit couler plus précipitamment par les fontaines 6 *d* que par celles 6 *c*, par lesquelles le vin doit couler un peu moins vite que par les 4 6. C'est pour parvenir à cette égale distribution que nous avons joint à ce tuyau des fontaines dont on ouvre plus ou moins les clefs. Ces clefs étant suffisamment ouvertes à chaque fontaine, suivant l'expérience qu'on en aura faite pour cette distribution, on les arrêtera et on les fixera au point où elles sont avec un fil de fer ou par la soudure, afin qu'elles ne changent plus de situation, et qu'on soit assuré que chaque fois qu'on s'en servira elles auront le même effet.

» Il est facile de remarquer que l'entonnage se fait de cette manière en même temps dans chaque poinçon, avec une égalité des plus parfaites, puisque le vin qui s'y répand prend toujours son issue du même centre de ce barlong.

» Il faut, comme on l'a déjà dit, laisser à chaque poinçon

4 pouces de vide, suivant la grandeur, largeur et profondeur
qu'on donnera au coffre du pressoir, et qui fixeront la quantité de vin de cuvée que le pressoir pourra rendre. On se ré-
glera pour donner la contenance au grand barlong; et si on
donne, par exemple, à ce barlong la contenance de douze,
quinze, dix-huit poinçons, on donnera au tuyau douze, quinze
ou dix-huit fontaines, et au chantier gg *fff* la longueur suffisante pour tenir douze, quinze ou dix-huit poinçons de front.
On donnera à ce chantier la forme qu'il a.

» Il est encore à propos d'observer que le marc renfermé
dans le pressoir ne peut rendre autant de vin que le grand
barlong en peut contenir. Quelquefois on n'a de vendange que
pour faire trois, quatre ou cinq pièces de vin, plus ou moins,
parce qu'elle est composée d'une qualité de raisin qu'on veut
faire en particulier, et qu'au lieu de la quantité ordinaire on
n'ait que quatre ou cinq poinçons de vin à remplir, on n'en
couchera sur le chantier que cette quantité; c'est-à-dire que
si on en couche cinq, celui du milieu sera placé sous la fontaine du milieu 1, deux autres à sa droite sous les fontaines
2 et *a*, et les deux autres sous celles 3 et 6, et ainsi du reste
pour le surplus, quand le cas y échoit : par ce moyen on remplit également chaque vaisseau. »

Les habitans des provinces méridionales, qui prennent si
peu de précautions dans leur manière de façonner leurs vins,
regarderont comme puérile la méthode proposée par M. Legros. Il n'en sera pas ainsi dans les vignobles renommés, où
quelques barriques dont le vin serait inférieur à celui des barriques voisines, et que l'on présenterait cependant comme
égales en qualité, décrieraient une cave, ou bien causeraient
un fort rabais sur le prix de la vente totale. On a donc le plus
grand intérêt dans ces pays à rendre égale, le plus qu'il est
possible, la qualité de chaque barrique et de leur totalité (1). (R.)

PRESSOIRS A HUILE. Lorsque les olives ont été réduites
en pâte sous les meules, il ne s'agit plus que de tirer l'huile de

---

(1) La Société d'encouragement, qui s'occupe contamment des
moyens d'appliquer les découvertes faites dans les sciences aux travaux de l'agriculture et des arts, a proposé un prix pour disposer la presse
hydraulique, la plus puissante machine pressante connue, de manière à la
faire remplacer les pressoirs dont on vient de lire la description. Espérons que son zèle sera récompensé par le succès.

Quatre sortes de pressoirs de petites dimensions sont figurés dans l'excellent ouvrage de Lasteyrie intitulé, *Collection de machines employées
en agriculture*. Je ne peux que conseiller d'en prendre connaissance,
sur-tout de celui à double effet en usage aux environs de Bordeaux.

(*Note de M. Bosc.*)

cette pâte : pour cela, on la met dans des cabas et on la soumet à la presse. *Voyez* OLIVIER, HUILE et MOULIN.

Les cabas sont des espèces de sacs de joncs ou de sparte. Ils seraient meilleurs de laine ou de crin, mais le haut prix éloigne de ces derniers.

Le pressoir à Martin, dont Rozier a publié le premier la description, est peu employé en Provence, au dire de M. Bernard, à qui on doit le traité le plus complet qui ait été publié sur la culture de l'olivier et sur les moyens de tirer parti de ses produits ; cependant je le citerai. *Voyez Pl.* VI, *fig.* 1.

Ce pressoir est composé de quatre jumelles ou montans AA, entre lesquelles passe un grand levier ou mouton BB. Le milieu de ces montans est creusé ou évidé en C, afin d'avoir la liberté d'y placer des pièces de bois équarries de 4 à 6 pouces de hauteur, et d'une largeur proportionnée à la partie évidée des jumelles. Ces pièces de bois s'appellent *traverses*. La table ou maie du pressoir EF est fortement assujettie entre les jumelles, et portée sur des pièces de bois appelées *brebis*, ou sur un massif de maçonnerie ; sur cette maie on place les cabas FF. Quatre hommes placés aux leviers HH font tourner dans le sens qu'il convient l'arbre C, taillé en vis : alors le levier B, qui traverse dans la partie supérieure la vis C, s'abaisse ; mais comme l'autre extrémité de ce levier est fixée en H par les clefs DD, qui traversent les jumelles A, il s'abaisse et presse sur les cabas. Supposons actuellement qu'on veuille de nouveau presser les cabas en sens contraire, ou bien les changer, on y ajoute de l'eau chaude ; on tire les clefs KK de la jumelle A, on les place dans les vides 4 jusqu'à ce qu'elles touchent le levier B, et on enlève entièrement les clefs DD des jumelles A : alors les ouvriers placés en H tournent l'arbre G en sens contraire, le levier s'abaisse de leur côté, s'élève en I, et les clefs placées en 4, servant de point d'appui, facilitent l'élévation du levier entre les autres jumelles A : de sorte qu'il s'élève alors autant de ce côté qu'il paraît l'être de l'autre dans la figure. Dès qu'il est à cette hauteur, on manie sans peine les cabas et on les change à volonté.

Je prends dans l'ouvrage de M. Bernard, précité, la description et la figure du pressoir qu'on emploie le plus communément en Provence. *Voyez Pl.* VI, *fig.* 2.

AA sont deux montans ou jumelles amaigries vers leur extrémité supérieure pour entrer dans une mortaise faite à une autre pièce de bois B beaucoup plus épaisse, et dans le milieu de laquelle il y a un écrou. On donne en Provence à cette grande pièce le nom de *banc*. OO sont des cercles de fer destinés à empêcher ce banc de se fendre. V est la vis ; M la maistre ou la maie, c'est-à-dire la pièce de bois sur laquelle on pose les cabas. PP sont des chevilles de fer qu'on emploie pour assujettir les montans avec le banc et avec la maie.

Ce pressoir est sujet à se déranger par l'effet du service qu'on en exige, ce qui lui a fait substituer le suivant, qu'on appelle *moulin à chargement,* et qui n'en diffère pas pour le principe.

Le principal but qu'on doive se proposer dans la construction des pressoirs, c'est de lier toutes les parties qui les composent de manière qu'elles résistent aux plus grands efforts : c'est pourquoi on les établit aujourd'hui dans un des murs principaux du moulin, auquel on donne une épaisseur plus grande qu'aux autres (6 pieds ordinairement). La figure 3, même planche, représente une suite de quatre de ces moulins.

B, piliers en pierre de taille; P, bancs; D, banquette fixée à la vis, et qui monte et descend avec elle; A, la mastre ou maie en pierre, et dans laquelle on voit les trous par lesquels l'huile s'écoule.

La figure 4, même planche, représente le plan et la coupe de la mastre ou maie de ce dernier moulin; AA, le plan; B, la coupe; C, les cabas; D, partie saillante où on place les cabas; E, rigole pratiquée dans la maie pour donner écoulement à l'huile.

Une partie de ce que j'ai dit à l'article des MOULINS A VIN s'applique ici.

Il est sans doute beaucoup d'autres combinaisons de forces qu'on peut employer pour extraire l'huile de la pâte des olives; mais je me borne à ces trois sortes comme les plus usitées, renvoyant à l'ouvrage précité de M. Bernard ceux qui voudraient des détails plus circonstanciés sur leurs effets.

On trouvera de plus, à l'article MOULIN, deux autres pressoirs bien plus puissans que ceux-ci; savoir, le PRESSOIR A RECENSE et le PRESSOIR OU TORDOIR HOLLANDAIS. J'ai été déterminé à les placer à ce mot, parce qu'ils sont toujours joints à des moulins, et qu'ils en portent généralement le nom. *Voyez Pl.* VI. (B).

PRÉSURE. Lait caillé dans l'estomac des jeunes veaux, qu'on emploie pour faire cailler le LAIT frais et encore POURVU de sa CRÈME. *Voyez* ces mots et FROMAGE.

L'usage de la présure est fort étendu, et comme on n'en a pas toujours de fraîche à volonté, il faut, pendant la saison où on tue le plus de veaux, en faire une provision suffisante pour l'année. On la conserve fort bien en la salant et la séchant avec l'estomac même, et en la serrant dans un local exempt de toute nuisible émanation. Ordinairement on en coupe un petit morceau chaque fois qu'on en a besoin et on le met dans le lait. Quelquefois on en met dissoudre un petit morceau dans de l'eau ou dans du vinaigre, et c'est la liqueur qu'on emploie. Il est des lieux où on la met dans du vinaigre avant sa dessiccation, et on la garde ainsi; dans d'autres cantons enfin, on en imprègne du pain qu'on fait sécher, etc.

La présure que fournissent les chevreaux est préférée, comme plus active que celle des veaux, dans les pays où l'on élève beaucoup de chèvres.

J'ai dit plus haut qu'il fallait conserver la présure dans des lieux exempts de toute nuisible émanation, parce que je l'ai vu suspendre dans des écuries, où elle prenait un goût de fumier; dans des cheminées, où elle s'enfumait; dans des laiteries humides, où elle moissait, et que dans tous ces cas elle altère nécessairement la bonté des fromages, à la formation desquels elle concourt.

Trop de présure dans le lait rend les fromages secs et de mauvais goût. Ces qualités s'aggravent encore par la vétusté. Les ménagères doivent donc n'en employer que la quantité strictement nécessaire, et pour cela étudier leur lait et faire attention à la saison; car cette quantité varie selon ces deux circonstances.

Voyez, pour le surplus, au mot FROMAGE. (B.)

PRIM. Première qualité de la FILASSE du CHANVRE, dans le midi de la France. (B.)

PRIMAIRE. *Voyez* PRÉCOCE.

PRIME. Mot peu employé, mais dont le dérivé PRIMEUR l'est beaucoup. *Voyez* ce mot.

PRIMER. On donne ce nom au premier sarclage ou binage du maïs dans le Médoc.

PRIMEUR. On applique ce nom à toute espèce de fruit ou de légume qu'on obtient en devançant la saison par une culture forcée : par exemple, des laitues qu'on mange en janvier sont une primeur; des melons mûrs en mai sont une primeur, etc.

On appelle PRÉCOCES (*voyez* ce mot) ces mêmes articles lorsque c'est par leur nature ou par le seul effet de la saison qu'ils parcourent plus rapidement les phases de leur végétation. Ainsi il y a des laitues précoces, des melons précoces, des années précoces, des expositions précoces, etc.

Le désir de multiplier leurs jouissances peut engager tous les hommes à se procurer des primeurs ; mais la vanité ou le plaisir de montrer sur sa table des objets rares et d'un grand prix détermine bien plus puissamment leur production que la gourmandise. Aussi n'est-ce que dans les pays très-riches, autour des grandes villes, qu'on se livre généralement à l'art de les faire naître. Il se vend plus de primeurs dans les marchés d'Angleterre que dans ceux de France, plus dans ceux de Paris que dans ceux de Vienne.

Quelques personnes ont blâmé la culture des primeurs, sous le prétexte que ses résultats n'étaient pas aussi savoureux que ceux produits naturellement; mais parce qu'un raisin n'est pas aussi bon en mai qu'en octobre, s'ensuit-il qu'il ne soit pas agréable de le manger? D'ailleurs cette infériorité des fruits et des légumes crus artificiellement n'est pas aussi générale qu'on le dit. Les petits pois de primeur ne sont-ils pas meilleurs que les autres? De plus, c'est très-souvent la faute du cultivateur si ces primeurs sont moins bonnes : par exemple lorsqu'on ne leur donne pas assez d'air, assez de lumière, qu'on emploie des terreaux encore trop peu décomposés, des fumiers de mauvaise nature, qu'on leur prodigue trop l'eau, etc. C'est véritablement dans la production des primeurs que l'art du jardinage se montre dans tout son éclat. C'est par leur moyen qu'on retire d'un terrain le plus grand produit possible; elles donnent lieu à la formation d'un grand nombre d'excellens jardiniers, et fournissent des moyens d'existence à beaucoup d'hommes dans les lieux où elles sont recherchées.

Qui oserait dire jusqu'où cette branche d'industrie peut être portée? Il n'y a pas un siècle qu'elle existe et déjà elle est arrivée à un degré de perfection supérieur à celui de la grande culture, qui compte des milliers d'années de pratique ! Aussi un des buts de cet ouvrage est-il de fixer les principes de la culture des primeurs et d'indiquer les meilleurs procédés pour les obtenir, ainsi qu'on peut s'en assurer à tous les articles des cultures de fruits et de légumes, et aux mots ABRI, COUCHE, BACHE, SERRE CHAUDE, etc.

La culture des primeurs est d'autant plus aisée que le climat qu'on habite est plus chaud, soit par sa latitude, soit par son exposition. Ainsi elles réussissent mieux à Marseille qu'à Paris, au midi d'une montagne qu'au nord.

Lasteyrie, dans son utile Collection des machines et ustensiles employés en agriculture, donne, tome premier, la figure de plusieurs sortes d'abris peu connus en France, et propres à se procurer économiquement des primeurs.

Voyez le mot PRÉCOCITÉ, en supplément à cet article. (B.)

PRINCIPES NUTRITIFS. On donne ce nom aux parties des animaux et des végétaux qui servent de nourriture à d'autres animaux et à d'autres végétaux lorsqu'ils les ont séparées des autres par le DIGESTION. *Voyez* ce mot.

On est trop peu d'accord sur la nature des principes nutritifs, pour oser développer leur théorie; d'ailleurs cette matière sort du plan de ce dictionnaire.

Je me contenterai en conséquence de dire que, d'après l'analyse qu'a faite M. Imhof des diverses espèces de grains et graines qui servent le plus communément à la nourriture de l'homme, la quantité des sucs nourriciers qu'ils contiennent est dans la proportion suivante par cent :

Froment.	78.	Haricots.	85.
Seigle.	70.	Pois.	76.
Orge.	65.	Lentilles.	74.
Avoine.	58.	Féveroles.	73.
		Fèves de marais.	68.

Voyez tous ces mots. (B.)

PRINOS. *Voyez* Apalanche. (B.)

PRIMEVÈRE ou PRIMEROLE, *Primula*. Genre de plantes de la pentandrie monogynie et de la famille des primulacées, qui réunit une vingtaine d'espèces, dont trois sont très-multipliées dans les prés, les bois, sur les montagnes, et fréquemment cultivées dans les jardins, où elles présentent des variétés sans nombre, toutes plus belles les unes que les autres.

La Primevère officinale a les racines vivaces, fibreuses; les feuilles toutes radicales, pétiolées, ovales, dentées, ridées et velues en dessous; les tiges hautes de 6 à 8 pouces et portant à leur sommet une ombelle de fleurs penchées, jaunes, quelquefois ponctuées de jaune plus foncé. Elle croît très-abondamment dans les prés, les pâturages un peu humides, et fleurit en avril. Ses fleurs exhalent une odeur de miel très-faible. On en trouve dans les bois marécageux une variété plus élevée à fleurs plus grandes, moins jaunes et sans odeur.

Cette plante, excessivement commune dans certains prés, n'est point mangée par les bestiaux et nuit à la production de la bonne herbe. Il est donc de l'intérêt des cultivateurs de l'en extirper : or on le peut ou en la faisant couper entre deux terres, au printemps, avec une pioche à fer étroit, ou en faisant labourer et cultiver le sol en céréales pendant deux ou trois ans pour le semer de nouveau en foin après cet intervalle. Je préfère d'autant plus volontiers ce dernier parti, que je crois avoir remarqué que c'était principalement dans les prairies épuisées qu'elle abondait le plus.

L'aspect agréable et la précocité de la primevère officinale la rendent propre à l'ornement des jardins, et sur-tout des jardins paysagers ; mais on ne l'y emploie guère dans son état naturel. Ce sont principalement ses variétés produites par la culture, variétés qui jouent dans les nuances du jaune et du rouge, qu'on préfère y placer. Il en est de même des prolifères, c'est-à-dire des fleurs desquelles il sort d'autres fleurs. On les multiplie par la séparation des vieux pieds en automne; multiplication très-facile et qui procure des fleurs dès l'année suivante. Au reste, il n'y a que les touffes très-grosses qui produisent un grand effet, c'est pourquoi il est bon de ne pas trop les affaiblir. Une terre légère et substantielle est celle qui convient le mieux à cette plante.

La Primevère sans tige, ou *à grandes fleurs*, a les racines vivaces, fibreuses; les feuilles toutes radicales, pétiolées, oblongues, arrondies à leur sommet, ridées, velues en dessous; les fleurs grandes, jaunes, solitaires sur des pédoncules de 5 à 6 pouces. Elle croît dans les bois dont le sol est frais sans être marécageux, et fleurit en mai. La plupart des naturalistes la regardent comme une variété de la précédente, et en effet dans les jardins ses variétés, qui sont nombreuses et qui jouent dans les mêmes nuances, se rapprochent souvent; mais, dans la nature, elles sont bien distinctes et se trouvent même souvent ensemble dans le même lieu. Elle forme, soit dans l'état sauvage, soit dans les jardins, de superbes touffes, qui ornent fort agréablement les parterres et encore plus les jardins paysagers. On doit d'autant plus la multiplier qu'elle s'accommode de tous les terrains, de toutes les expositions, qu'elle se reproduit avec la plus grande facilité par le déchirement de ses vieux pieds et qu'elle augmente ses touffes avec la plus grande rapidité. Il est bon de la relever tous les quatre à cinq ans pour la changer de place, ou lui donner de nouvelle terre; car elle épuise beaucoup celle où elle végète. C'est alors en automne qu'il faut diviser ses touffes pour les renouveler. J'ai vu des plates-bandes où ses nombreuses variétés, parmi lesquelles il en est de doubles, étaient distribuées avec un tel art, que l'effet qu'elles produisaient était enchanteur; elles sont très-propres à former des bordures.

Si on voulait multiplier de graines ces deux espèces pour avoir de nouvelles variétés, il faudrait s'y prendre comme il sera dit à l'occasion de la suivante.

La Primevère auricule, ou l'*oreille d'ours*, a les racines vivaces, fibreuses; de petites souches portant des feuilles ovales, obtuses, dentées, épaisses, d'un vert glauque, les unes glabres, les autres farineuses; les tiges hautes de 4 à 6 pouces, terminées par une ombelle de fleurs grandes et plus ou moins nombreuses, dont la couleur primitive est pourpre, mais qui varie par la culture dans presque toutes les nuances du prisme. On la croit originaire des hautes montagnes du midi de l'Europe; elle est l'objet d'une culture d'amateurs qui a été plus en vogue jadis qu'en ce moment; cette culture est décrite au mot Oreille d'ours. (B.)

PRIMITIF (TERRAIN). On donne ce nom aux terrains composés de GRANITE, de GNEISS, DE SCHISTE, et autres pierres moins communes, parce que supportant tous les autres, ils semblent avoir été formés les premiers.

La plupart des hautes chaînes de montagnes sont composées et des pierres ci-dessus dénommées et d'un calcaire qui, contenant des coquilles étrangères à nos mers, doit avoir été formé dans une mer antérieure de bien des milliers d'années à celle actuelle.

J'ai donné des détails étendus sur la culture des terrains primitifs aux mots MONTAGNE, GRANITE, GNEISS, SCHISTE, CALCAIRE, mots auxquels je renvoie le lecteur.

Ma manière de considérer les terrains primitifs sous les rapports géologiques, sera expliquée au mot TERRE. (B.)

PRIMULACÉE. Famille de plantes appelées LYSIMAQUÉES par Jussieu, à raison de ce que la PRIMEVÈRE et la LYSIMAQUE s'y trouvent placées. Outre ces genres, elle en renferme douze autres, parmi lesquels les seuls dans le cas d'intéresser les cultivateurs sont : MOURON, PLUMEAU, SOLDANELLE, GYROSELLE, CYCLAME, GLOBULAIRE et MENIANTHE. (B.)

PRINTANIER. Ce qui pousse, fleurit ou fructifie, parmi les végétaux, dès les premiers jours du printemps, et même pendant l'hiver.

Ce mot était plus employé autrefois qu'aujourd'hui. On lui a substitué ceux de HATIF, de PRIMEUR, de PRÉCOCE, auxquels je renvoie le lecteur.

L'art a rendu printanières un grand nombre de plantes cultivées qui ne l'étaient pas autrefois, et par là il a considérablement augmenté le domaine de l'agriculture. Je dis l'art, quoique la seule influence du jardinier dans ce cas, soit de saisir les variétés qu'il remarque dans ses semis et qui lui sont présentées comme par hasard, parce qu'en effet, sans lui, elles seraient perdues, faute de multiplication. Il n'y a pas encore d'observation qui mette sur la voie de la marche de la nature dans cette circonstance. On voit le fait, on en profite, et c'est tout. J'invite les amis de la culture qui ont étudié les principes des sciences sur lesquelles elle est fondée, à s'occuper de recherches sur cet objet. (B.)

PRINTEMPS. Les cultivateurs ne se conforment pas exactement au calendrier. Pour eux, le printemps change d'époque dans toutes les longitudes, et souvent chaque année ; c'est-à-dire qu'il commence lorsque la sève est mise en mouvement par la chaleur du soleil : ainsi il arrive plus tôt à Marseille qu'à Paris, plus tôt contre un mur exposé au midi que contre un mur exposé au nord, plus tôt dans une espèce ou une variété que dans une autre.

Thouin, dans un excellent mémoire inséré dans les *Annales du Muséum*, divise le printemps des cultivateurs en trois parties. La première, qui commence lorsque la sève se met en mouvement dans les racines. C'est ordinairement, dans le climat de Paris, pour la plupart des plantes, depuis la fin de janvier jusqu'à la mi-février. La seconde, lorsque la sève monte dans les branches et en fait distendre les boutons; c'est, dans le même climat, depuis la mi-février jusqu'à la fin d'avril. La troisième s'annonce par le développement des bourgeons, des feuilles et des fleurs.

Au printemps recommence, dans toute sa plénitude, la série des pénibles travaux des cultivateurs. Dès que les glaces de l'hiver ont disparu, ils doivent ne pas perdre un moment. Pour la jeunesse désœuvrée, c'est la saison des amours; pour eux, c'est celle de l'extrême fatigue. La coupe des foins et la maturité des fruits rouges ont lieu pendant sa durée; mais malgré cela, c'est la saison la moins productive, elle est presque toute en espérance.

Pour qu'un printemps soit favorable, il faut qu'il ne soit ni trop sec, ni trop pluvieux, ni trop froid, ni trop chaud. L'excès, sous ces quatre rapports, est constamment nuisible. *Voyez* SÉCHERESSE, HUMIDITÉ, FROID et CHALEUR.

Les littérateurs en prose et en vers ont trop bien chanté les charmes de cette saison pour que j'entreprenne d'en parler. Je renvoie à la nature ceux qui veulent en jouir, non à celle des plaines du nord de la France, où elle n'est pas connue, mais à celle des montagnes du midi. Il me semble qu'il n'y a pas de printemps aux environs de Paris, quand je me rappelle ceux de la ci-devant Bourgogne, pays où j'ai passé ma jeunesse.

Beaucoup de faits, au reste, tendent à faire croire que les printemps étaient réellement autrefois plus hâtifs et plus chauds qu'ils ne le sont aujourd'hui. Il y a, dans le *Journal de physique*, un mémoire sur cet objet. On doit probablement en attribuer la cause d'abord au refroidissement graduel du globe terrestre, ensuite au défrichement du sommet des montagnes, qui a diminué la puissance des abris généraux. C'est par des abris particuliers et par un choix judicieux des variétés les plus hâtives parmi les plantes cultivées, qu'on peut contre-balancer les inconvéniens de cet effet.

Les mois d'AVRIL, de MAI et de JUIN sont ceux qui forment le printemps sur le calendrier, et c'est à leurs articles qu'on trouvera la série des principales opérations qui doivent être exécutées pendant sa durée. (B.)

PRISE D'EAU. Ce mot a deux acceptions en agriculture, qui cependant rentrent l'une dans l'autre.

Une prise d'eau pour faire tourner un moulin, pour arroser un pré, est une saignée faite dans une rivière, un ruisseau, un étang, etc.

Une prise d'eau pour former des bassins, des jets d'eau, des cascades, etc., dans un jardin, est le plus souvent une fontaine, un étang, quelquefois un édifice (lorsqu'on se procure cette eau par des moyens artificiels). Les principaux objets qu'on doit étudier lorsqu'on se propose de diriger un cours d'eau vers tel ou tel point où il ne tend pas naturellement, sont, 1°. la différence du niveau non-seulement de la prise d'eau comparée à ce point, mais encore à tous les points intermédiaires; 2°. la nature des terres que doit traverser le nouveau cours d'eau; car de là dépendent les travaux nécessaires pour arriver à son but. On appelle NIVELLEMENT les opérations géométriques qui conduisent au premier résultat. (*Voyez* ce mot.) On acquiert des connaissances propres à fixer le second par des fouilles de distance en distance. Il est des sols sablonneux qui ne retiennent pas l'eau. Il en est qui sont composés de rochers qu'il serait très-coûteux de creuser. *Voy.* TERRE et ARGILE.

Les fontaines appartenant à ceux sur les fonds desquels elles se trouvent, et les rivières qui ne sont pas navigables, appartenant aux riverains de chaque côté, on ne peut se procurer des prises d'eau hors de sa propriété que par un arrangement. Il sera fait par-devant notaires, pour la sûreté de l'acquéreur, sur-tout si ses effets doivent être durables. (B.)

PROLIFÈRES (FLEURS.) On donne ce nom aux fleurs du centre desquelles il sort une tige ou simplement un pédoncule qui porte une autre fleur.

La nature présente quelquefois des fleurs prolifères, mais c'est dans nos jardins qu'on en voit le plus abondamment. C'est une véritable monstruosité, tantôt passant, pour ne plus renaître, avec la fleur sur laquelle elle a apparu, tantôt se montrant tous les ans sur le même pied et pouvant se propager par les greffes, les boutures, les marcottes et même les semences.

Généralement cette monstruosité se montre plus communément dans les printemps pluvieux et dans les terrains gras et humides; aussi l'attribue-t-on, avec quelque fondement, à la surabondance de la sève. Supprimer toutes les feuilles et tous les boutons d'une plante au moment de sa floraison, produit presque toujours cet effet lorsque les circonstances ci-dessus existent.

Excepté la rose à cent feuilles et l'œillet à carte, je ne me rappelle pas une seule fleur prolifère qui mérite réellement d'être louée. C'est comme objet singulier seulement qu'on les conserve dans les jardins. J'ai vu par-tout s'enthousiasmer pour elles les premiers jours de leur apparition et ne les plus regarder ensuite.

Il y a aussi des fruits prolifères, tels que pêche, abricot, poire, pomme, etc. *Voyez* Monstruosité. (B.)

PRONOSTICS. Signes tirés de l'état de l'atmosphère, de la manière d'être des animaux, des végétaux, etc., qui indiquent les changemens de temps et autres phénomènes qu'il importe aux agriculteurs de prévoir d'avance.

Si l'astrologie, si l'art de la divination, sont des futilités seulement propres à prouver la sottise humaine, il n'en est pas de même des prédictions qui sont la suite de l'observation de certaines circonstances qui précèdent constamment tel ou tel changement de l'état de l'atmosphère. Il n'est point de bon esprit qui n'ait vérifié des faits qui ne permettent pas de douter de l'enchaînement de plusieurs effets, qui d'ailleurs ne paraissent avoir aucune liaison entre eux, quoiqu'ils en aient réellement et même une très-intime.

Les mêmes causes doivent amener les mêmes résultats, puisque la nature suit une marche régulière dans son ensemble comme dans ses détails. Aussi de tous temps a-t-on cru que l'étude des variations de l'atmosphère dans une période quelconque devait amener à la connaissance certaine de ces mêmes variations pendant la suivante. L'expérience cependant a prouvé l'impossibilité d'établir quelque chose de fixe à cet égard, quoique les calculs fondés sur l'observation ne pussent être contestés par personne. Les plus savans ouvrages ne sont donc pas plus utiles aux agriculteurs que l'absurde *Almanach de Liège,* qui est si souvent entre leurs mains et qui les entretient dans les plus ridicules préjugés.

Aratus, médecin grec, établi à Soli dans l'Asie mineure, a publié, il y a deux mille quatre-vingt-huit ans, un poëme sur les pronostics, qui est parvenu jusqu'à nous et qui renferme fort peu d'erreurs. J'en aurais copié ici la traduction si elle n'était un peu longue et si je n'avais pas, pour dédommager le lecteur, dans les signes des changemens de temps par Toaldo, un ouvrage bien plus concis, bien plus complet, bien mieux coordonné et plus facile à abréger.

Toaldo a divisé ses pronostics, que j'ai presque tous vérifiés, en trois classes : ceux tirés de l'atmosphère, ceux tirés des corps terrestres, ceux tirés des animaux. Il aurait pu en tirer aussi quelques-uns des végétaux.

Pronostics tirés de l'atmosphère. 1. Si les étoiles perdent de leur clarté sans qu'il paraisse de nuages dans le ciel, c'est un signe d'orage.

2. Si les étoiles paraissent plus grandes qu'à l'ordinaire, ou plus près les unes des autres, c'est un signe que le temps va changer.

3. Lorsqu'on voit des éclairs près de l'horizon sans aucun nuage, ils sont un signe de beau temps et de chaleur.

4. Les tonnerres du soir amènent un orage, ceux du matin indiquent le vent, et ceux du midi la pluie.

5. Le tonnerre continuel annonce une bourrasque ou un très-fort orage.

6. L'arc-en-ciel bien coloré ou double annonce une continuité de pluie.

7. Les couronnes blanchâtres qui se montrent autour du soleil, de la lune et des étoiles, sont un signe de pluie.

8. Lorsque la pluie fume en tombant, c'est signe qu'il pleuvra long-temps et abondamment.

9. Si après une petite pluie on aperçoit près de la terre un nuage ressemblant à de la fumée, c'est un signe qu'il tombera beaucoup de pluie.

10. Les nuages qui après la pluie descendent près de terre, et semblent rouler sur les champs, sont un signe de beau temps.

11. S'il survient un brouillard après le mauvais temps, cela indique sa cessation.

12. Mais si le brouillard survient pendant le beau temps, et qu'il s'élève en laissant des nuages, le mauvais temps est immanquable.

13. S'il paraît des parélies (deux soleils), cela annonce de la neige et du froid.

14. En hiver les éclairs sont un signe de neige prochaine, de vent ou de tempête.

15. Les nuages divisés comme la laine des brebis sur leur dos (moutonnés), indiquent pendant l'été du vent, et pendant l'hiver de la neige.

16. Si l'horizon est dépourvu de nuages et qu'il ne souffle aucun vent, ou celui du nord, c'est un signe certain de beau temps.

17. Si, après le vent, il s'ensuit une gelée blanche qui se dissipe en brouillard, le temps devient mauvais et malsain.

18. Dans le climat de Paris, le vent du sud-ouest est celui qui amène le plus souvent la pluie, et le vent de l'est celui qui l'amène le plus rarement.

Pronostics tirés des corps terrestres. 1. Si la flamme de la lampe étincelle, ou si elle forme un champignon, il y a grande probabilité de pluie.

2. Il en est de même lorsque la suie se détache et tombe des cheminées.

3. Si la braise paraît plus ardente qu'à l'ordinaire, et si la flamme paraît plus agitée, c'est signe de vent.

4. Lorsque la flamme est droite et tranquille, c'est un signe de beau temps.

5. Si on entend de loin le son des cloches, c'est un signe de vent ou de changement de temps.

6. Les bonnes ou mauvaises odeurs condensées, c'est-à-dire plus fortes, sont un signe de pluie.

7. Le changement fréquent du vent est l'annonce d'une bourrasque.

8. Si le sel, le marbre, le fer, les vitres, deviennent humides; si les bois des portes et des fenêtres se gonflent; si les cors aux pieds deviennent douloureux, c'est signe de pluie ou de dégel.

9. Les vents qui commencent à souffler pendant le jour sont beaucoup plus forts et durent plus long-temps que ceux qui commencent pendant la nuit.

10. La gelée qui commence par un vent d'est dure long-temps

11. Si le vent ne change pas, le temps reste tel qu'il est.

H.-B. de Saussure, dans ses *Essais sur l'hygrométrie*, *fait* beaucoup valoir la certitude de l'observation des phénomènes physiques pour prédire les changemens de temps. Il voudrait qu'on détaillât, avec plus de précision qu'on ne l'a fait jusqu'à présent, les diverses observations qui concernent l'état du ciel. Il explique, dans un chapitre spécial, quelques-uns des pronostics qui ne manquent jamais. Par exemple, l'air plus transparent que de coutume indique la pluie comme très-prochaine; de petits nuages blancs passant immédiatement sous le soleil et s'y colorant en rouge, en jaune, en vert et autres couleurs de l'iris, l'indiquent également; il en est de même lorsque la lune est entourée d'un cercle de vapeurs, qu'elle se *baigne*, qu'elle est *halo*, comme on dit vulgairement.

Outre ces moyens de reconnaître d'avance les changemens de temps qui doivent avoir lieu, par l'observation des phénomènes physiques, il y a trois instrumens dont on fait un usage fréquent dans les villes, mais qu'on ne trouve pas aussi souvent qu'il serait bon chez les simples cultivateurs; ce sont le Baromètre, le Thermomètre, l'Hygromètre. *Voyez ces* trois mots.

Pronostics tirés des animaux. 1. Les chauve-souris qui se montrent en plus grand nombre que de coutume ou qui volent plus long-temps qu'à l'ordinaire, annoncent pour le lendemain un jour chaud et serein. C'est le contraire si elles sont en plus petit nombre, entrent dans les maisons et jettent des cris.

2. La chouette qu'on entend crier pendant le mauvais temps annonce le beau.

3. Les corbeaux qui crient le matin indiquent la même chose.

4. C'est un indice de pluie et d'orage lorsque les canards et les oies volent çà et là pendant le beau temps en criant et se plongeant dans l'eau.

5. Les abeilles qui s'écartent peu de leurs ruches annoncent la pluie ; elles l'annoncent encore quand elles arrivent en foule à la ruche avant la nuit et sans être entièrement chargées.

6. Si les pigeons reviennent tard au colombier, ils indiquent la pluie pour les jours suivans.

7. C'est un signe de mauvais temps lorsque les moineaux gazouillent beaucoup et s'appellent pour se rassembler.

8. Les poules qui se roulent dans la poussière plus que de coutume annoncent la pluie. Il en est de même si les coqs chantent le soir ou à des heures extraordinaires.

9. C'est un signe de mauvais temps lorsque les hirondelles rasent la surface de la terre et de l'eau.

10. Le temps annonce l'orage lorsque les mouches piquent et deviennent plus importunes qu'à l'ordinaire.

11. Quand les moucherons (tipules) se rassemblent avant le coucher du soleil et qu'ils forment une colonne tourbillonnante, ils annoncent le beau temps.

Si les grenouilles croassent plus qu'à l'ordinaire ; si les crapauds sortent le soir en grand nombre de leurs trous ; si les vers de terre paraissent à la surface du sol ; si les taupes labourent plus que de coutume ; si les bœufs et les dindons se rassemblent, il y a presque certitude de pluie.

13. Lorsque les bestiaux et sur-tout les brebis sont plus âpres à la pâture qu'à l'ordinaire, la pluie n'est pas loin.

Il y a un grand nombre de dictons populaires qui pourraient être mis au rang des pronostics, mais dont la vérification n'est pas aussi facile que celle des changemens de l'atmosphère, à raison du temps qu'il faut attendre : ainsi l'on dit que lorsqu'il pleut le 3 mai, il n'y a pas de noix ; que lorsqu'il pleut le 15 juin, il n'y a pas de raisins. Cela peut être vrai, car ces époques sont celles de la floraison des arbres précités, et on sait que la fécondation des plantes demande un temps sec et chaud pour s'effectuer d'une manière convenable.

Dans l'hiver, une grande quantité de neige promet une année fertile, et des pluies abondantes font craindre le contraire. On sait que lorsque le printemps est pluvieux, il y a abondance de foin et faible production de blé ; que s'il est chaud, il y aura beaucoup de fruits, mais verreux ; que s'il est froid, les récoltes seront tardives.

Si le printemps et l'été sont tous deux secs ou tous deux humides, on sera menacé de disette. Si l'été est chaud, il y aura beaucoup de maladies.

Un automne pluvieux annonce une mauvaise qualité dans le vin, une médiocre récolte de blé pour l'année suivante. Un bel automne est presque toujours suivi d'un hiver venteux.

Tous ces pronostics ont une cause connue des hommes accoutumés à observer, et ils peuvent guider assez sûrement le cultivateur qui y fait attention.

En général la longue intempérie des saisons, soit par vent, soit par sécheresse, soit par humidité, soit par chaud ou par froid, devient nuisible aux plantes et aux animaux.

Les printemps et les étés humides sont ordinairement suivis d'un bel automne; si l'hiver est pluvieux, le printemps est sec ; si celui-là est sec, celui-ci est humide. Lorsque l'automne est beau, le printemps est pluvieux.

J'aurais pu beaucoup m'étendre sur ces objets; mais plus on veut particulariser dans ce cas, plus on est exposé à se tromper. Je renvoie, pour le surplus, à l'article Météorologie. (B.)

PROPOLIS. Matière résineuse, odorante, très-tenace, que les abeilles emploient pour fermer les ouvertures de leurs ruches qui se trouvent au-dessus de leurs gâteaux, et pour fortifier les attaches de ces gâteaux aux parois de la ruche. *Voyez* Abeille.

Vauquelin en a fait une savante analyse, insérée dans le sixième volume des Mémoires de la Société royale et centrale d'agriculture. On ne tire aucun parti du propolis dans les arts.

Long-temps on a ignoré d'où venait le propolis. Les uns le regardaient comme la résine liquide des bourgeons des peupliers, comme la résine solide des pins et sapins, sans considérer qu'il s'en trouve dans les pays où il n'y a aucun pied de ces arbres; les autres soutenaient que c'était une altération de la cire faite dans l'estomac des abeilles, quoique ses principes fussent fort différens ; enfin M. Mouny de Loches a prouvé, par des observations très-multipliées et incontestables, qu'elle est le résultat d'une sécrétion des pétales des fleurs des plantes de la famille des chicoracées, principalement des pissenlits et des PICRIDES, par-tout si communs où prospèrent les abeilles, et que ces dernières le récoltent en se roulant sur ces pétales pendant la grande chaleur du jour.

La résine qui flue des blessures faites à la CONDRILLE semble peu en différer. (B.)

PROPRETÉ. Ce mot est malheureusement peu connu dans le langage des cultivateurs ; cependant la propreté est une des bases sur lesquelles repose la santé. Pourquoi trouve-t-on tant d'insouciance à cet égard dans presque toutes les campagnes ? Pourquoi les femmes mêmes, qui tirent un de leurs principaux charmes de cette vertu, la négligent-elles si fort? De la misère, dit-on d'un côté ; de la nécessité de travailler, reprend-on de l'autre. Mais ces excuses sont-elles valables? Une chemise de grosse toile ne peut - elle pas être trempée dans une eau de lessive et lavée sans savon comme une chemise fine ? Les femmes des campagnes ne perdent-elles pas beaucoup plus de temps en bavardages inutiles entre elles, qu'il ne leur en faudrait chaque semaine pour blanchir leur linge et celui de leur famille, pour raccommoder leurs vêtemens, nettoyer leur habitation, leurs ustensiles de ménage, leurs étables, leurs écuries, poulaillers, colombiers, toits à porcs, leurs cours, etc.?

C'est de l'éducation qu'il faut attendre, sous ce rapport comme sous tant d'autres, l'amélioration de nos campagnes. Tant que leurs habitans ne seront pas convaincus, dès la première enfance, des avantages, je dirai même de la nécessité de la propreté, ils resteront toute leur vie aussi sales qu'ils le sont en ce moment. Or le gouvernement seul peut influer sur un tel changement pour le rendre prompt. L'opinion, qui agit avec tant de puissance sur les cultivateurs de la Hollande et de quelques parties de l'Angleterre, dont l'excessive propreté est connue, est presque nulle chez nous, et ne naîtra que lentement par tout autre moyen. (B.)

PROPRIÉTAIRE DE TERRE. La propriété des terres est le plus solide fondement de l'organisation sociale. Sans elle l'agriculture ne peut acquérir aucun développement. Le titre de propriétaire de terre doit être considéré comme supérieur à tous les autres, puisque tous les autres en émanent et s'y rattachent en dernière analyse. C'est principalement parce que les peuples chasseurs et les peuples pasteurs ne sont pas propriétaires de terres, qu'ils restent toujours au même degré de civilisation.

On distingue, relativement à l'agriculture, trois sortes de propriétaires. Les uns, et ce sont généralement les plus riches, ne s'occupent de leurs propriétés que pour les louer à des cultivateurs et en toucher les revenus. Les autres, ceux dont la propriété est d'une étendue moyenne, font cultiver sous leurs yeux par les ouvriers qu'ils dirigent. Enfin les troisièmes, et ce sont les plus pauvres, les plus nombreux, cultivent de leurs propres mains. *Voyez* SUBDIVISION DES PROPRIÉTÉS.

Sans doute il est une infinité de propriétaires que des circonstances prédominantes obligent de vivre éloignés de leurs biens, et qui par conséquent ne peuvent les faire valoir par eux-mêmes; mais il n'en est pas moins désirable que le nombre en soit restreint autant que possible, car il appartient plus particulièrement à ceux qui habitent sur leurs fonds de concourir efficacement aux progrès de l'art agricole. *Voyez* au mot CULTIVATEUR. (B.)

PROSTRATION DES FORCES, c'est-à-dire l'affaiblissement de l'action vitale des animaux malades. Elle est toujours un symptôme dangereux, mais quelquefois elle devient l'effet d'une crise favorable. On la combat par les cordiaux. (B.)

PROT. Baliveau de deux âges dans quelques cantons. (B.)

PROTOPHYLLE. Nom donné aux COTYLÉDONS des GRAINES germantes par Aubert du Petit-Thouars. (B.)

PROUBACHE. PROVIN de VIGNE dans le département de Lot-et-Garonne.

PROVENÇALE. Variété de la giroflée jaune, caractérisée par des taches d'un brun rougeâtre. *Voyez* GIROFLÉE.

PROVENDE. Mélange de pois gris, de vesce, d'avoine et autres grains, qu'on donne aux moutons pour les engraisser, et aux brebis pour augmenter leur lait. *Voyez* MOUTON et BREBIS. (B.)

PROVIGNER. *Voyez* PROVIN.

PROVIN. Espèce de marcotte particulièrement consacrée à la vigne. C'est un cep couché en terre, à l'exception de l'extrémité des sarmens, dans une fosse creusée à cet effet. *Voyez* MARCOTTE et VIGNE.

Le but du provignage est de repeupler une vigne qui a perdu beaucoup de ceps, et son résultat est autant de nouveaux pieds écartés de 2 ou 3 pieds l'un de l'autre, qu'il y avait de sarmens sur le cep provigné.

Pour qu'un provignement, qu'on appelle FOSSE à Orléans, soit bien fait, il faut que le carré ou rond dans lequel il doit s'exécuter soit assez profond pour que les labours ordinaires ne puissent pas atteindre la souche qui doit y être couchée. On peut sans inconvéniens ramener à la surface autant de sarmens qu'il est nécessaire pour remplir la place vide, mais on doit les tenir à des distances égales et plutôt trop grandes que trop rapprochées.

Dans la plupart des vignobles, on couche les provins selon

le besoin, c'est-à-dire dans tous les sens; mais dans la Bourgogne, sur-tout à la côte de Beaune et de Nuits, on les dirige vers la hauteur; en conséquence, il est de vieilles vignes, comme anciennement le clos de Vougeot, dont les ceps avaient plusieurs centaines de toises de longueur, et ce sont celles qui donnent le meilleur vin.

Outre le motif du repeuplement, le provignage a encore 1°. ceux de donner de la courbure aux sarmens; 2°. de les porter dans une terre neuve, où les racines qui naîtront trouveront une nourriture abondante; 3°. de mettre les grappes à une petite distance du sol, afin d'accélérer leur maturité. *V.* Courbure, Racine et Maturité. (B.)

PROVISION. Il semble que les cultivateurs qui habitent loin des marchés, qui ont journellement besoin de beaucoup d'objets qu'ils ne peuvent se procurer que dans les villes, devraient avoir ces objets en provision; ils y trouveraient économie de temps, puisqu'ils ne seraient pas obligés de se déplacer si souvent, et économie d'argent, puisque ce qu'on achète en gros est toujours meilleur marché que ce qu'on achète en détail; cependant presque nulle part on n'en fait. Le plus grand dénûment se remarque dans la maison du riche laboureur comme dans celle du pauvre journalier; à peine ont-ils une provision de farine pour eux et des fourrages pour leurs bestiaux. Ils achètent leur sel, leur huile, leur savon livre à livre, et dépensent souvent plus pour les aller chercher qu'ils ne coûtent, parce que ce n'est presque toujours qu'au moment du besoin le plus pressant qu'ils s'aperçoivent de ce qui leur manque. Un grain d'émétique les aurait sauvés d'une paralysie s'ils l'avaient eu sous la main, et il faut l'aller chercher à trois lieues.

On dira peut-être que la plupart des habitans des campagnes n'ont pas assez d'argent pour faire des provisions; mais c'est parce qu'ils n'ont pas eu de provisions qu'ils ont dépensé plus d'argent. D'ailleurs il n'est pas nécessaire qu'ils achètent tout le même jour, la plupart des articles qui leur sont nécessaires peuvent indifféremment être acquis à toutes les époques. Il ne s'agit que d'acheter en une fois, bon et à bon compte, ce qu'on achète en vingt fort cher et fort mauvais.

Je ne prétends pas corriger nos cultivateurs de cet usage; mais je ne puis m'empêcher de le signaler comme une des causes les plus puissantes de la misère qui règne parmi eux.

Ce que je dis des consommations journalières des simples laboureurs et des journaliers s'applique également aux riches propriétaires pour d'autres objets. Il est peu commun, en effet, d'en voir un qui ait du bois de construction et de charronnage, des matériaux pour réparer leurs bâtimens, des arbres de pépinière pour repeupler leurs jardins. Ont-ils un besoin, ils envoient chez le charpentier, chez le charron, qui donnent des bois verts et par conséquent de peu de durée ; chez le maçon ou le couvreur, qui leur fait payer les pierres ou les tuiles une fois plus cher ; chez le pépiniériste, qui les trompe sur l'espèce ou la qualité des arbres qu'ils ont demandés.

Le véritable esprit de conduite ne consiste pas à épargner sur sa consommation de manière à se priver de tout, mais à tirer le meilleur parti possible de ses revenus, pour diminuer la somme de ses dépenses, et augmenter cependant la masse de ses jouissances. Or, un des moyens de parvenir à ce double but est la prévoyance. (B.)

PRUNE. Fruit du PRUNIER. *Voyez* ce mot.

PRUNELLE. On appelle ainsi le fruit du PRUNIER ÉPINEUX.

PRUNIER, *Prunus.* Genre de plantes de l'icosandrie monogynie et de la famille des rosacées, qui renferme dix à douze arbres, dont un est, à raison de ses fruits, qui offrent une grande quantité de variétés, l'objet d'une culture de grande importance pour la France. Je ne puis donc me dispenser de donner quelque étendue à l'article qui le concerne, quoique, pour ne pas fatiguer le lecteur, j'aie particulièrement traité du cerisier, qui, selon tous les botanistes modernes, ne peut pas en être séparé. *Voyez* au mot CERISIER.

Les véritables pruniers sont tous des arbres ou des arbustes dont les feuilles sont alternes, pétiolées, ovales, dentées, accompagnées de stipules, et munies de glandes à leur base, dont les fleurs sont solitaires à l'extrémité de pétioles isolés ou réunis plusieurs ensemble au-dessus du point d'attache des feuilles de l'année précédente. Leurs fruits varient dans la plupart des nuances du rouge, du bleu, du jaune et du vert ; il en est même de blancs. Ils varient également par leur saveur, tantôt très-âpre, tantôt très-douce et très-sucrée, tantôt acide, enfin tantôt fade, ainsi que par leur forme et leur grosseur.

Le PRUNIER CULTIVÉ, *Prunus domestica,* Lin., est un arbre médiocre, dont les racines sont traçantes ; l'écorce brune, velue dans la jeunesse, crevassée dans la vieillesse ; dont les rameaux poussent d'abord droit et vigoureusement, mais ne tardent pas à se déformer et à se modérer ; dont les feuilles sont ovales-oblongues, ridées et légèrement velues ; dont les fleurs sont blanches et se développent en même temps que les feuilles. On le croit originaire de l'Orient ; mais on le cultive depuis si long-temps en France, qu'il y est comme naturalisé, et qu'on le trouve souvent sauvage sur la lisière des bois et dans les buissons.

Beaucoup de botanistes regardent le prunier que Linnæus a appelé *prunus insititia*, espèce qui croît naturellement dans les parties méridionales de la France, comme le type des pruniers cultivés : la spinescence de ses vieux rameaux n'est pas un motif de repousser cette opinion.

Ainsi que tous les arbres anciennement cultivés, le prunier a fourni, comme je l'ai dit plus haut, une grande quantité de variétés qui diffèrent par l'époque de leur maturité, ainsi que par leur forme, leur couleur, leur grosseur, leur saveur, etc. Il n'est point de pays isolé, c'est-à-dire dont les cultivateurs communiquent peu au loin, où l'on n'en trouve de particulières: j'en ai mangé souvent, dans mes voyages, que je n'ai pu rapporter à celles qui sont décrites par Duhamel, et cultivées dans les jardins des environs de Paris. Dans l'impossibilité et même l'inutilité de faire connaître toutes ces variétés, je vais indiquer, par ordre de maturité, celles qui ont été décrites par ce célèbre cultivateur, l'honneur de la France, en y en ajoutant quelques autres nouvellement introduites dans nos jardins. Je renverrai à son ouvrage même, ainsi qu'à une monographie de ces variétés, publiée en allemand avec figures coloriées, ceux qui voudront de plus grands détails.

La JAUNE HATIVE est petite, ovale, plus grosse du côté de la tête que de la queue. Sa peau est jaune et cassante ; sa chair est tantôt mollasse, sucrée et musquée, tantôt sèche et fade. Elle mûrit au commencement de juillet en espalier, et quinze jours plus tard en plein vent. L'arbre est peu vigoureux, mais très-fertile. *Voyez* Duhamel, *Pl.* 1.

La PRÉCOCE DE TOURS est petite, ovale ; sa peau est noire, très-fleurie, un peu amère ; sa chair est jaunâtre, quelquefois très-agréable au goût et adhérente au noyau. L'arbre est vigoureux et fertile.

Le MONSIEUR HATIF diffère peu du monsieur ordinaire, mais le devance de quinze jours ; sa peau est d'un violet foncé, très-fleurie, très-amère, et se détache facilement; sa chair est d'un jaune tirant sur le vert, fondante, mais peu sucrée. *Voyez* Duhamel, *Pl.* 20.

Le DAMAS DE PROVENCE HATIF, Calvel, est rond, de grosseur médiocre ; sa peau est d'un violet noir, très-fleurie ; sa chair jaune très-sucrée. Il mûrit à la fin de juin. C'est une des meilleures prunes précoces; Duhamel ne l'a pas connue, Poiteau et Turpin l'ont figurée dans le *Nouveau Duhamel*.

La JÉRUSALEM, Calvel, est grosse, ronde, comprimée, violette, brune, fleurie, et quitte difficilement le noyau. Elle mûrit en même temps que la variété précédente.

La GROSSE-NOIRE HATIVE, ou *noire de Montreuil*, ou *prune de la Magdeleine*, est allongée et de moyenne grosseur ; sa peau est d'un beau violet, très-fleurie, très-aigre ; sa chair jaunâtre, ferme, assez fine et parfumée. C'est celle qu'on cultive le plus en espalier à Montreuil et ailleurs, parce qu'elle est la meilleure des hâtives.

Il ne faut pas la confondre avec une autre noire hâtive, ronde et plus grosse, mais qui ne mérite pas d'être cultivée, parce que sa chair est fade et grossière.

Le GROS-DAMAS DE TOURS est ovale, de moyenne grosseur ; sa peau est d'un violet foncé, aigre, adhérente ; sa chair est ferme, presque blanche, sucrée, parfumée, et serait excellente si sa peau pouvait être facilement enlevée ; il mûrit à la mi-juillet : l'arbre s'élève beaucoup en plein vent, et est sujet à couler.

Le PERDRIGON HATIF, Calvel, est petit, oblong, noir, légèrement acerbe et ne quitte pas le noyau ; l'arbre charge beaucoup. Duhamel ne l'a pas connu.

L'AGRUNE D'AGEN, ou PRUNE D'ANTE, ou ROBE-DE-SERGENT est grosse, oblongue, d'un violet noir ; c'est une de celles qu'on emploie le plus pour faire des pruneaux à Agen, à mon avis, les meilleurs de France. On la confond avec la royale de Tours ; mais elle s'en distingue par sa couleur plus foncée, son noyau plus aplati. Duhamel ne l'a pas connue.

Le MONSIEUR est presque rond et a fréquemment 18 lignes de diamètre ; sa peau est d'un beau violet, se détache aisément et se fend souvent ; la chair est jaune, fondante, mais peu sucrée et rarement musquée ; l'arbre est grand et très - productif. *Voyez* Duh., *Pl.* 7.

La PRUNE - WILMOTS a été apportée de la Nouvelle-Orléans en Angleterre ; elle se rapproche de la prune de Monsieur. Hooter l'a figurée *pl.* 14 du 3e. vol. des *Transactions de la Société horticulturale de Londres.*

La ROYALE DE TOURS diffère peu de la précédente en forme et en grosseur ; sa peau est d'un violet clair, très-fleurie, semée de très-petits points d'un jaune presque doré ; sa chair est d'un jaune verdâtre, très - sucrée et relevée : l'arbre est vigoureux et fournit beaucoup ; il mérite d'être cultivé sous tous les rapports. *Voyez* Duh., *Pl.* 20.

La VIRGINALE A FRUITS ROUGES, Calvel, est petite, arrondie, rouge, plus foncée au soleil ; sa chair est jaune et un peu acerbe.

La VIRGINALE A FRUITS BLANCS, Calvel, est de grosseur

moyenne, ovale, blanchâtre, rouge du côté du soleil ; sa chair est jaune, douce, et quitte facilement le noyau.

Duhamel n'a pas connu ces deux dernières prunes.

La DIAPRÉE VIOLETTE est de moyenne grosseur, ovale, allongée ; sa peau est violette, fleurie, et se détache aisément; sa chair est d'un jaune verdâtre, ferme, sucrée, agréable, très-bonne crue, et excellente en pruneau ; l'arbre donne beaucoup de fruit. *Voyez* Duh. *Pl.* 17.

Le DAMAS ROUGE est ovale, de moyenne grosseur ; sa peau est d'un rouge foncé du côté du soleil, peu adhérente ; sa chair est fondante, jaunâtre, sucrée ; il mûrit à la mi-août : c'est un bon fruit.

Il y a un autre damas rouge plus petit et moins allongé, qui mûrit vers la mi-septembre.

Le DAMAS MUSQUÉ est petit, aplati, irrégulier ; sa peau est d'un violet très-foncé ; sa chair est jaune, ferme, d'un goût relevé et musqué, et quitte entièrement le noyau : il mûrit à la mi-août. On l'appelle *prune de Malte, de Chypre ;* l'arbre est d'une grandeur et d'une fertilité médiocres. *Voyez* Duhamel, *Pl.* 20.

Le PRUNIER VIRGINAL a le fruit gros, presque rond, d'un vert jaunâtre ; sa chair est verdâtre, fondante, adhérente au noyau ; son eau, abondante et très-agréable ; il est figuré dans l'ouvrage de Turpin et Poiteau.

La PRUNE-PÈCHE, Calvel, est très-grosse, légèrement ovale, violette, peu fleurie ; sa chair ne quitte pas le noyau : elle mûrit vers la mi-août. On voit sa figure dans le *Nouveau Duhamel* de Poiteau et Turpin.

La ROYALE est presque ronde et de 18 lignes de diamètre ; sa peau est d'un violet clair, extrêmement fleurie et tiquetée de points fauves ; sa chair est d'un vert clair, ferme, très-relevée, et quitte aisément le noyau ; l'arbre est grand et vigoureux. *Voyez* Duhamel, *Pl* 10.

La MIRABELLE est ronde ou légèrement ovale, d'environ un pouce de diamètre ; sa peau est jaune, tiquetée de rouge lorsque le soleil l'a frappée ; sa chair est jaune, ferme, sucrée, et ne tient pas au noyau ; elle mûrit vers la mi-août. On en fait d'excellentes confitures, de bonnes compotes et des pruneaux estimés : l'arbre s'élève peu, mais fructifie beaucoup.

La petite mirabelle est un peu plus petite, plus jaune, plus hâtive et moins bonne. *Voyez* Duhamel, *Pl.* 14.

Le DRAP D'OR, ou *la double mirabelle* est de la grosseur de la précédente ; sa peau est fine, jaune, tiquetée de rouge du côté du soleil, comme transparente ; sa chair est jaune, fondante, très-sucrée, et quitte difficilement le noyau ; c'est une très-bonne prune.

L'Abricotée rouge, Calvel, a le fruit médiocre, rond ou ovale, même un peu en cœur ; sa peau est jaune, fortement colorée en rouge. Elle a un goût d'abricot : c'est un bon fruit ; elle mûrit à la mi-août. Duhamel ne l'a pas connue.

L'Impériale jaune, Calvel, est très-grosse, ovale, jaune, plus foncée du côté du soleil ; sa chair est jaune, sucrée, acidule, et quitte bien le noyau ; elle mûrit à la mi-août. Duhamel ne l'a pas connue.

L'Impériale violette est ovale, longue de 20 lignes ; sa peau est coriace, adhérente, d'un violet clair et très-fleurie ; sa chair est d'un vert blanchâtre, demi-transparente, ferme, sucrée, d'un goût relevé, et n'adhère pas au noyau ; elle mûrit vers le vingt août : l'arbre est très-vigoureux. Il offre une sous-variété dont les feuilles sont panachées, et qu'on cultive quelquefois, à raison de cette circonstance, dans les jardins paysagers. *Voyez* Duhamel, *Pl.* 15.

Il y a une autre *impériale violette* dont le fruit est très-gros, très-allongé, la peau coriace et peu adhérente ; la chair jaunâtre et sucrée.

Le Damas violet est ovale, de moyenne grosseur, plus étroit du côté de la queue ; sa peau est violette, très-fleurie et peu adhérente ; sa chair est jaune, ferme, très - sucrée, mais cependant un peu aigre, adhérente au noyau d'un seul côté. Cette prune est fort estimée ; l'arbre est vigoureux, mais donne peu de fruit. *Voyez* Duhamel, *Pl.* 20.

Le Damas-Dronet est ovale et long d'un pouce ; sa peau est d'un vert jaunâtre, peu fleurie, peu adhérente et coriace ; sa chair tire sur le vert, est demi-transparente, ferme, fine, très-sucrée, et quitte entièrement le noyau ; il mûrit vers la fin d'août et est très-bon. *Voyez* Duh., *Pl.* 2.

Le Damas d'Italie est de grosseur moyenne, presque rond ; sa peau est coriace, d'un violet clair, très-fleurie ; sa chair est d'un vert jaunâtre, très-sucrée et non adhérente au noyau ; il mûrit à la fin d'août : c'est un fort bon fruit ; l'arbre est vigoureux et productif. *Voyez* Duhamel, *Pl.* 4.

Le Damas de Maugeron est presque rond et de 18 lignes de diamètre ; sa peau est d'un violet clair, fleurie, parsemée de points fauves et adhérente ; sa chair est ferme, tirant sur le vert, très-sucrée, et se détache du noyau. C'est une des prunes les plus estimées ; l'arbre est grand et assez productif. *Voyez Pl.* 5.

Le Damas noir tardif est petit, allongé ; sa peau est presque noire, très-fleurie, très-adhérente et coriace ; sa chair est jaunâtre ou verdâtre, agréable, quoique acide ; il mûrit vers la fin d'août : on le cultive peu. *Voyez* Duhamel, *Pl.* 20.

Le Perdrigon violet est légèrement ovale et de 18 lignes de long ; sa peau est coriace, d'un violet rouge, tiquetée de jaune et très-fleurie ; sa chair est d'un vert clair, fort sucrée, d'un parfum qui lui est propre, et adhérente au noyau. *Voy.* Duhamel, *Pl.* 9.

Le Perdrigon normand est gros, allongé, plus renflé du côté de la queue ; sa peau est bien fleurie, tiquetée de points jaunes, coriace et peu adhérente ; elle est d'un violet foncé du côté du soleil, et d'un violet clair mêlé de jaune du côté de l'ombre ; sa chair est d'un jaune très-clair, ferme, douce, relevée, et tient au noyau par quelques endroits. Cette prune est très-bonne et mûrit à la fin d'août.

L'arbre est vigoureux et fertile, mais son bois est fort cassant.

La Grosse Reine-Claude, aussi appelée *abricot-vert*, *vertebonne*, est grosse, ronde, un peu aplatie sur les deux bouts ; sa peau est adhérente, peu fleurie, fine, verte, maculée de gris et frappée de rouge du côté du soleil ; sa chair est d'un vert jaunâtre, fondante, sucrée, excellente et adhérente au noyau par quelques endroits ; elle mûrit à la fin d'août. Cette prune, qui est la véritable reine-claude de beaucoup de cultivateurs, est la meilleure de toutes pour être mangée crue ; on en fait des compotes et des confitures très-estimées. Ses pruneaux sont de fort bon goût, mais peu charnus.

L'arbre est vigoureux et charge bien. *Voyez* Duh., *Pl.* 11.

La Reine-Claude violette, Calvel, a la grosseur et la saveur de la précédente ; mais sa peau est d'un violet pâle, vergeté de blanc et ponctué de brun. C'est une excellente variété, nouvellement acquise et qu'on ne peut trop multiplier.

La Jacinthe est ovale, un peu renflée du côté de la queue et a 20 lignes de long ; sa peau est d'un violet clair, fleurie, coriace et adhérente ; sa chair est jaune, ferme, sucrée, aigrelette et tient à la chair par quelques endroits. Cette prune, qui ressemble beaucoup à l'impériale, mûrit vers la fin d'août : l'arbre est vigoureux. *Voyez* Duhamel, *Pl.* 16.

L'Impériale blanche est de la forme et de la grosseur d'un œuf de dinde ; sa peau est coriace, blanche, ferme et très-adhérente ; sa chair est blanche, acide et ne quitte pas le noyau. Cette prune, qui charge peu, n'a de mérite que sa grosseur ; elle n'est bonne ni crue ni en pruneaux.

La Reine-Claude petite ou Dauphine, est de moyenne grosseur, ronde, et légèrement aplatie du côté de la queue ; sa peau est coriace, d'un vert clair, très-fleurie ; sa chair est blanche, ferme, juteuse, plus ou moins sucrée et non adhérente; elle mûrit au commencement de septembre. Peu de prunes varient autant en saveur selon le climat, l'exposition, le terrain, etc.; souvent elle ne vaut rien du tout; toujours elle est inférieure à la grosse reine-claude, qu'on confond généralement avec elle.

L'arbre qui la produit charge beaucoup.

On regarde la prune dauphine comme la seule à qui l'exposition du midi convienne en espalier, toutes les autres s'y ridant à l'époque de leur maturité par l'excès de la chaleur.

Le Prunier a fleurs semi-doubles mérite plus d'être cultivé pour sa fleur que pour son fruit. En conséquence c'est lui qu'on doit placer de préférence dans les jardins paysagers, où il produit d'agréables effets, isolé au milieu des gazons ou à quelque distance des massifs, et à toutes les expositions. *Voy.* Duhamel, *Pl.* 12.

Le Damas blanc (petit) est presque rond et d'un pouce de diamètre; sa peau est coriace, verte et fleurie; sa chair est jaunâtre, succulente, sucrée, mais un peu aigre; il mûrit au commencement de septembre. *Voyez* Duh., *Pl.* 3.

Le Damas blanc (gros) est un peu ovale, plus renflé du côté de la tête; sa peau et sa chair diffèrent peu de celles du précédent, mais cette dernière est un peu plus sucrée.

Le Perdrigon blanc est petit, légèrement ovale, et renflé vers la tête. Sa peau est coriace, d'un vert blanchâtre tiqueté de rouge du côté du soleil et fleurie; sa chair est d'un vert blanchâtre, demi transparente, ferme, extrêmement sucrée, légèrement parfumée, et non adhérente au noyau.

Cette prune est une des meilleures, soit crue, soit confite : elle mûrit au commencement de septembre. *Voy.* Duh., *Pl.* 3.

L'arbre qui la porte est sujet à couler dans le climat de Paris, il convient de l'y planter en espalier, à l'exposition du levant.

La Brignole est oblongue, médiocre, d'un jaune pâle, rougeâtre du côté du soleil; sa chair est jaune, très-sucrée. Duhamel l'a confondue avec le précédent, dont elle diffère par son fruit plus gros, sa peau plus fine et la couleur de sa chair. C'est avec elle qu'on fait, dans le département du Var, ces pruneaux dits de Brignole, qui sont si estimés dans toute l'Europe et avec tant de raison.

La Prune d'avoine est oblongue, bleuâtre, et se cultive aux environs de Rouen. On en fait d'excellens pruneaux : elle a sur les autres variétés, employées à cet usage, l'avantage d'avoir la pulpe plus dissoluble dans l'eau.

L'Abricotée. Son fruit est plus gros et plus allongé que la petite reine-claude à laquelle il ressemble beaucoup; sa peau est aigre, coriace, d'un vert blanchâtre, frappée de rouge du côté du soleil; sa chair est ferme, jaune, musquée, assez agréable et point adhérente au noyau : elle mûrit au commencement de septembre, et est souvent peu inférieure à la reine-claude.

La prune d'abricot est plus longue que l'abricotée. Sa peau est jaune tiqueté de rouge; sa chair est plus jaune et plus sèche. *Voyez* Duh., *Pl.* 13.

Le DAMAS d'ESPAGNE, Calvel, est ovale, médiocre, fort fleuri, violet et taché de rouge du côté du soleil; sa chair est très-sucrée, très-parfumée et se sépare bien du noyau : il mûrit au commencement de septembre. Poiteau et Turpin l'ont figuré dans leur nouvelle édition de Duhamel.

La DIAPRÉE BLANCHE est petite et très-allongée; sa peau est coriace, amère, d'un vert clair, très-fleurie, peu adhé-rente; sa chair est ferme, d'un jaune très-clair, très-sucrée.

L'arbre qui la porte fait mieux en espalier qu'en plein vent dans le climat de Paris. *Voyez* Duh., *Pl.* 20.

La DIAPRÉE ROUGE, ou *rocher corbon*, est de grosseur moyenne, allongée, aplatie sur son diamètre; sa peau est d'un rouge cerise, très-tiquetée de points bruns et peu adhérente; sa chair est jaune, ferme, très-sucrée et quitte aisément le noyau : elle mûrit au commencement de septembre. *Voyez* Duh., *Pl.* 20.

L'arbre est vigoureux et charge bien.

La DATTE est allongée, de moyenne grosseur; sa peau est jaune, tachée de rouge du côté du soleil, jaunâtre du côté de l'ombre, acide, adhérente; sa chair est jaune, mollasse, fade : elle mûrit au commencement de septembre.

L'IMPÉRATRICE BLANCHE est de grosseur moyenne, un peu allongée, d'un jaune clair, très-fleurie; sa chair est ferme, jaune, demi transparente, sucrée et quitte entière-ment le noyau : cette prune est très-bonne dans les années chaudes.

La DAME-AUBERT, ou *grosse luisante*, est ovale, et longue de 2 pouces; sa peau est jaunâtre, plus colorée du côté du soleil, coriace, et peu adhérente; sa chair est jaune, légè-rement sucrée, mais peu agréable, sur-tout quand elle est complétement mûre; aussi ne l'emploie-t-on guère qu'en compote: elle mûrit au commencement de septembre. *Voyez* Duh., *Pl.* 20.

La DAME-AUBERT VIOLETTE a la grosseur et la forme de la précédente, mais sa peau est violette : elle est encore rare dans les jardins de Paris, où elle a été introduite par Thouin.

Le Rognon d'ane, Calvel, a le fruit ovale, très-gros, d'un violet foncé, presque noir. L'arbre qui le porte se rapproche de celui qui fournit la dame-aubert ; Duhamel ne l'a pas connu.

Le Moyeu de Bourgogne, Calvel, a le fruit gros, ovale, jaune en dehors et en dedans : il mûrit vers le milieu de septembre ; il n'est pas très-délicat, mais charge beaucoup. C'est la prune dont j'ai le plus mangé dans mon enfance ; en conséquence je la préfère à bien d'autres, peut-être meilleures ; Duhamel ne la pas connue.

L'Isle verte est très-longue, irrégulière ; sa peau est coriace, légèrement fleurie ; sa chair est verte, mollasse, acide, sucrée, adhérente : elle mûrit au commencement de septembre et n'est bonne qu'en compotes et en confitures. *Voyez* Duh., *Pl.* 20.

L'arbre est peu vigoureux et ne mérite pas d'être cultivé.

Le Perdrigon rouge est ovale et petit ; sa peau est d'un beau rouge tirant sur le violet, tiquetée de fauve et très-fleurie ; sa chair est jaune du côté du soleil, verte du côté de l'ombre, ferme, très-sucrée, et se détachant aisément ; c'est un excellent fruit qui mûrit vers le milieu de septembre. *Voyez* Duh., *Pl.* 20.

L'arbre est très-productif et peu sujet à couler.

La Sainte-Catherine est ovale et a un pouce et demi de longueur ; sa peau est d'un vert jaunâtre, très-fleurie, jaune, tiquetée de rouge du côté du soleil, et adhérente ; sa chair est jaune, fondante, très-sucrée, et se sépare entièrement du noyau.

Cette prune est excellente, soit crue, soit en compote, soit en pruneaux : elle mûrit vers la mi-septembre. *Voyez* Duh. *Pl* 19.

L'arbre qui la porte est vigoureux et très-productif.

La Chypre est très-grosse et presque ronde ; sa peau est coriace, très-acide, d'un violet clair et fort adhérente ; sa chair est verte, ferme, sucrée, très-acide, et tient au noyau par plusieurs endroits : ce noyau est petit et très-inégal.

Cette prune n'est supportable que lorsqu'elle est extrêmemement mûre.

Le Damas de septembre, ou la *prune de vacance*, est légèrement allongé et petit ; sa peau est fine, bien fleurie et adhérente ; sa chair est jaune, cassante, agréable, sans aigreur, et quitte entièrement le noyau : il mûrit vers la fin de septembre.

L'arbre est vigoureux et manque rarement de donner beaucoup de fruit. *Voyez* Duh., *Pl.* 6.

La Suisse est ronde et de moyenne grosseur ; sa peau est

d'un beau violet, très-fleurie, très-coriace et peu adhérente ;
sa chair est d'un jaune clair tirant un peu sur le vert du côté
de l'ombre, très-sucrée et tenant par places au noyau.

Cette prune, qu'on cultive beaucoup en Suisse, reste sur
l'arbre jusqu'au milieu d'octobre. *Voyez* Duh., *Pl.* 20.

La Bricette est petite, allongée et pointue aux deux extrémités ; sa peau est verdâtre, très-chargée de fleurs, très-
coriace et peu adhérente ; sa chair est jaunâtre, ferme, acide
et se détache aisément du noyau. *Voyez* Duh., *Pl.* 20.

Cette prune dure long-temps : on peut encore en manger à
la fin d'octobre.

La Saint-Martin a le fruit médiocre, arrondi, d'un beau
violet ; sa chair est jaune et quitte aisément le noyau : il mûrit
à la mi-octobre.

On voit sa figure dans le *Nouveau Duhamel* de Poiteau et
Turpin.

L'arbre qui le porte n'est pas très-vigoureux.

L'Impératrice violette, ou Prune d'Altesse, est de
médiocre grosseur, longue, pointue par les deux bouts ; sa
peau est coriace, violette, très-fleurie ; sa chair est ferme,
douce, jaune du côté du soleil, verte de l'autre.

Cette prune, qui mûrit en octobre, est fort bonne et mérite
d'être beaucoup cultivée. *Voyez* Duh., *Pl.* 18.

Il y a une autre impératrice violette qui est presque ronde,
violette, aussi tardive que la quetsche, avec laquelle on la
confond : Duhamel croit que c'est la véritable et que celle-ci
est un perdrigon.

La Quetsche est violette, médiocre, très-allongée, renflée
en son milieu ; sa chair est peu sucrée, mais douce et agréable
lorsqu'elle est desséchée : on en fait d'excellens pruneaux dans
la ci-devant Lorraine et la Suisse.

L'arbre est vigoureux, charge beaucoup et conserve ses
fruits jusqu'aux gelées.

Le Prunier bifère porte du fruit deux fois par an ; savoir,
au commencement d'août et à la fin d'octobre ; mais il ne
mérite d'être cultivé qu'à raison de cette circonstance : ce fruit
est long, d'un jaune rougeâtre très-pointillé de brun ; sa chair
est d'un jaune clair et fade lorsqu'elle est mûre : c'est un fort
mauvais manger. *Voyez* Duh., *Pl.* 20.

Le Prunier sans noyau a le fruit petit, ovale, d'un violet
foncé, dont la chair est jaunâtre, très-acide avant sa maturité,
très-fade après, dont l'amande est amère, grosse, sans noyau
et non adhérente à la chair : ce fruit mûrit à la fin d'août, et
n'est que singulier. *Voyez* Duh., *Pl.* 20.

Parmi ce grand nombre, les meilleures à manger sont la

précoce de Tours, la grosse mirabelle, le damas violet, l'impératrice, la Sainte-Catherine, et sur-tout la grosse reine-claude.

Les variétés qu'on cultive le plus aux environs de Paris sont la noire hâtive, le monsieur hâtif, les trois reines-claudes, les deux mirabelles, l'impériale violette, la prune-pêche, la diaprée blanche, les perdrigons, la Sainte-Catherine, les damas rouge et noir.

A Montreuil, on tient en espalier de presque toutes ces espèces, et on les conduit comme les autres arbres. Les espèces hâtives se placent à l'exposition du midi, et les espèces tardives au couchant.

L'Amérique septentrionale, où nous avons fait passer nos variétés de prunes, nous en renvoie actuellement de nouvelles. On en cultive déjà deux au Jardin du Muséum, l'une, appelée NOIRE FONDANTE, et l'autre, ROUGE ET BLANCHE : cette dernière est très-sucrée et très-tardive.

Quelques variétés de prunes, comme la quetsche, le perdrigon blanc, la reine-claude, la Sainte-Catherine, le damas rouge, et peut-être d'autres, se reproduisent par le semis de leurs noyaux; mais la plupart ne peuvent être propagées que par la greffe.

Il semblerait que les noyaux de toutes les variétés devraient donner des sujets propres à les greffer; cependant il n'en est pas ainsi. Les pépiniéristes ont remarqué que les variétés les plus voisines de l'état sauvage étaient exclusivement convenables. On ne peut pas facilement rendre raison de cette singularité; mais il n'y a rien à dire contre les résultats d'une expérience qui n'a pas encore été contredite par des observations positives : en conséquence je vais indiquer ces variétés.

Les CERISETTES BLANCHE et ROUGE. Leurs feuilles sont petites et presque rondes; leur fruit est médiocre, allongé et quitte le noyau : elles servent à greffer les pruniers et les abricotiers; elles sont très-abondantes en rejetons.

Les SAINT-JULIEN GROS et PETIT. Leur fruit est d'un violet foncé, fort fleuri et ne quitte pas le noyau. On les emploie pour greffer le prunier, l'abricotier et le pêcher. Ils donnent beaucoup de rejetons.

Les DAMAS GROS et PETIT, dont le fruit est noir, et ne quitte pas le noyau. Ils servent plus particulièrement à écussonner le pêcher, étant trop faibles pour les prunes et les abricots. Les rejetons qu'ils fournissent sont peu abondans.

Il est des variétés d'abricotiers qui réussissent mieux sur des variétés perfectionnées de pruniers que sur celles dont il vient d'être question.

Le Janet est une variété à demi sauvage, sur laquelle on grèffe, aux environs de Paris, les pêchers destinés aux terrains frais. Le fruit qui naît sur les pieds ainsi greffés est bon, mais peu abondant, d'après l'observation des cultivateurs de Montreuil.

Autrefois on greffait souvent les pruniers, pour les tenir nains, sur le prunelier (*prunus spinosa*); mais on y a renoncé, parce qu'ils étaient sujets à se décoller et qu'il se formait un bourrelet désagréable à l'endroit de la greffe. Il est cependant des cas où ces inconvéniens doivent être peu sensibles, et où il doit être avantageux de revenir à cette pratique.

On emploie trois moyens pour se procurer des pruniers pour la greffe, 1°. le semis des noyaux des variétés ci-dessus; 2°. l'enlèvement des rejetons crus autour des mère, à ce disposées, ou autour des arbres greffés; 3°. mais rarement, les marcottes ou les boutures.

Les sujets résultant du semis des noyaux sont toujours préférables, parce qu'ils ont plus d'énergie vitale, si je puis employer ce terme; mais ils exigent des soins particuliers pendant au moins deux ans, et il faut les attendre plus long-temps que les autres.

Les sujets provenant de rejetons naissant naturellement, poussant avec assez de vigueur pour être greffés même la première année, étant plus abondans que le besoin ne l'exige ordinairement, sont presque par-tout préférés, quoiqu'ils fournissent des arbres plus faibles, et que leurs racines soient très-disposées à tracer et à pousser de nouveaux rejetons, deux inconvéniens extrêmement graves, ainsi qu'on en voit si souvent la preuve dans les jardins et les vergers.

Selon l'ordre de la nature, il faudrait semer les noyaux de pruniers avant l'hiver; mais comme d'un côté on n'a pas toujours, dans les pépinières, de terrain libre à cette époque, et que de l'autre les mulots, les campagnols, les loirs, etc., en détruiraient beaucoup, on les stratifie en masse dans de la terre, soit en plein air, soit sous un hangar (*voyez* au mot Germoir), et on ne les sème qu'au printemps.

Le plant provenant de ces graines se relève le plus souvent la même année pendant l'hiver, et se repique autre part à la distance de 20 à 30 pouces. Lorsqu'il est trop faible, on attend la seconde année. Quelquefois cependant, lorsqu'on a semé les noyaux un à un et à une distance convenable, on les greffe sur place.

Le plant provenant de drageons, soit autour des mères à ce réservées, soit autour des arbres des jardins et des vergers, soit enfin autour des plants de deux à trois ans dans les pépinières, se lève pendant l'hiver, et se place également à la distance de 20 à 30 pouces.

Beaucoup de pieds de ces deux sortes de plants se greffent dès la même année à 5 à 6 pouces de terre, soit en abricotiers ou en pêchers pour espaliers, soit en pruniers pour espaliers, quenouilles et pyramide. Une autre portion se greffe de même la seconde année, et ceux de ces pieds qui sont les plus droits, les plus vigoureux, se réservent pour être greffés à 5, 6 et même 8 pieds de terre en abricotiers ou pruniers en plein vent, rarement en pêchers, du moins dans les environs de Paris.

La greffe en écusson à œil dormant est presque la seule pratiquée sur le prunier dans ses premières années. Celle en fente s'emploie le plus souvent sur ceux qui ont quatre à cinq ans.

On conduit, après cette opération, les pruniers de même que les autres arbres fruitiers. Comme ils poussent vigoureusement dans leur jeunesse, ils sont le plus souvent en état d'être plantés à demeure la troisième ou quatrième année, mais ne commencent à donner du fruit que la sixième ou septième, et même plus tard s'ils sont soumis à une taille vicieuse.

Un terrain argileux et frais est celui qui convient le mieux à la nature du prunier; cependant il craint beaucoup les lieux marécageux, ou même seulement quelquefois inondés; c'est sur lui qu'on greffe les pêchers et les abricotiers destinés à être plantés dans cette sorte de terrain. Il fait de faibles pousses, et vit peu de temps dans les sols sablonneux et secs; mais les fruits qu'il y donne sont bien plus sucrés. Dans les sols trop fertiles, il pousse avec une grande vigueur, produit peu, et donne des fruits sans saveur. Il en est de même aux environs de Paris, dans les expositions septentrionales ou trop ombragées. Là, c'est sur coteaux exposés au levant ou au midi qu'il se plaît le plus. Dans les climats méridionaux, toutes les expositions lui deviennent indifférentes, pourvu qu'elles ne soient pas trop brûlantes. C'est dans les départemens voisins de la Méditerranée, même à Lyon, qu'il faut aller pour manger de bonnes prunes. Les meilleures des environs de Paris sont sans saveur auprès de celles des environs de Marseille et de Montpellier.

Loin de Paris, tous les pruniers sont en plein vent, et n'ont besoin que d'être, pendant l'hiver, une seule fois labourés au pied, et débarrassés de leurs branches mortes, chifones ou gourmandes. Ils fournissent immensément de fruits, mais des fruits petits et tardifs. Le luxe, qui appelle toujours ce qu'il y a de plus rare, qui ne veut que des jouissances anticipées, a

déterminé aux environs de cette capitale une culture assez
étendue de pruniers en espalier, qui exige plus de soins.

On ne met guère en espalier que cinq à six variétés, deux
hâtives, deux intermédiaires et deux tardives. La reine-claude,
la grosse noire hâtive, la Sainte-Catherine, le perdrigon hâtif,
entrent toujours dans ce nombre, comme je l'ai dit plus haut.
Leur taille, leur palissage, leur ébourgeonnement, diffèrent
peu de ceux de l'ABRICOTIER. (*Voyez* ce mot et le mot TAILLE.)
Pour la première de ces opérations, il faut attendre que les
yeux soient assez formés pour être distinguables. Ce n'est ordinairement qu'après tous les autres arbres à noyau qu'on y
procède. Il faut avoir attention de ne pas tailler sur un bouton
à fruit simple, car il en résulterait un chicot. La longueur à
donner aux branches à bois dépend de l'espace à garnir et de la
quantité de fruit qu'on désire. En général, peu et beau est la
devise des cultivateurs des pruniers en espaliers.

Les jardiniers ignorans se plaignent que les pruniers en espaliers sont difficiles à mettre à fruit, à *matter*, à *rendre sages*,
pour me servir de leurs expressions; et en effet, tous les ans
ils rabattent leurs branches à trois ou quatre yeux, et ils les
ébourgeonnent avec rigueur. Il en résulte que tous les ans les
arbres ne travaillent qu'à réparer leurs pertes; qu'ils poussent
de nouveaux bourgeons d'autant plus vigoureux qu'il y a moins
de proportion entre leur tête et leur pied. Mais qu'on laisse
à leurs branches l'étendue convenable, c'est-à-dire 15 à 20
pieds, qu'on ne les taille d'abord qu'autant qu'il est nécessaire
pour couvrir le mur (*voyez* au mot ESPALIER), on sera assuré
de pouvoir les mettre promptement à fruit. Les cultivateurs
de Montreuil ne se plaignent pas de cet inconvénient, parce
qu'ils en connaissent la cause, et savent y pourvoir dès l'année de la plantation.

Comme ce sont, ainsi que je l'ai déjà observé, la beauté et la
précocité des prunes venant sur des espaliers qui déterminent
ce genre de culture, on a soin de n'en laisser qu'une certaine
quantité sur chaque pied, et de leur donner du soleil aux approches de leur maturité, en enlevant les feuilles qui les couvrent. Ces deux opérations doivent être faites avec prudence
pour bien remplir leur objet. *Voyez* au mot PÊCHER.

Quelques agriculteurs conseillent de rabattre les vieux pruniers en espalier sur le tronc pour les rajeunir; mais comme
il n'en résulte jamais de beaux ni de bons arbres, je crois qu'il
vaut mieux les arracher.

On met aussi, dans beaucoup de jardins de particuliers, des
pruniers en QUENOUILLES et en PYRAMIDES. (*Voyez* ces mots.)
Les fruits qu'ils fournissent sont aussi beaux et quelquefois

meilleurs que ceux provenant des espaliers ; mais ils sont moins
précoces. Ces quenouilles et ces pyramides se taillent comme
celles du Cerisier. (*Voyez* ce mot.) Elles sont beaucoup moins
difficiles à régler que ces dernières.

Une attention à avoir dans toute culture de pruniers est,
comme je l'ai déjà indiqué, d'enlever les drageons qui poussent
de leurs racines, et cela à mesure qu'ils se montrent. Ceux qui
attendent l'hiver pour faire cette opération ont tort, parce
que toute blessure faite à cette époque aux racines de ces arbres
détermine la sortie d'un plus grand nombre de jets au printemps suivant. J'ai indiqué, au mot Drageon, les motifs qui
devaient guider dans ce cas, et j'y renvoie le lecteur. Les arbres semés sur place, ou ceux à qui on a conservé le pivot,
sont, je le répète, exempts de cet inconvénient ; aussi ont-ils
une tête plus belle, et durent-ils plus long-temps que ceux
provenant de drageons.

Les pruniers des meilleures variétés donnant souvent de mauvais fruits, tantôt constamment, tantôt certaines années, il y
a lieu de croire, d'après quelques observations, que cet effet
est produit, parce qu'ils ont été plantés dans un sol trop humide, ou que l'année a été trop pluvieuse.

Les cultivateurs de la vallée de Montmorency, qui tirent de
si grands produits des prunes de reine-claude qu'ils vendent et
dont ils craignent de se voir frustrés par les ravages des chenilles, ont soin de battre les branches de leurs pruniers avec
un bâton rembourré de linge, pour en faire tomber ces chenilles, et d'entourer le pied de leurs arbres d'un anneau de
goudron de 6 pouces de large, afin de les empêcher d'y remonter.

Les prunes, comme on l'a vu dans la nomenclature de leurs
variétés, diffèrent beaucoup en saveur, et par conséquent en
qualité ; mais elles sont toutes nourrissantes et rafraîchissantes. Leur usage est rarement dangereux lorsqu'il est modéré. Presque toutes sont acidules ou le deviennent par la cuisson. L'astringence de plusieurs est très-marquée. Aussi les
ordonne-t-on souvent comme remède.

Quelque grande que soit la quantité de pruniers qu'on cultive en France, les amis de notre prospérité agricole doivent
faire des vœux pour qu'elle décuple au moins. A voir le peu
d'importance qu'on met à leur fruit, il semble que le seul parti
à en tirer est d'en manger pendant environ quatre mois que
dure la succession de maturité de leurs différentes variétés.
Cependant, par des procédés fort simples, on peut les conserver une ou deux années, au moins, en état de servir à la nourriture des hommes et des animaux. On peut en fabriquer une
boisson fermentée, sinon bonne, au moins meilleure que beau-

coup de celles dont s'abreuvent les pauvres cultivateurs dans diverses parties du royaume, et tirer de cette boisson une eau-de-vie propre à tous les usages de celle du vin.

La méthode la plus suivie pour conserver les prunes est de les dessécher au soleil ou au four, d'en faire ce qu'on appelle des pruneaux. Toutes les espèces de prunes peuvent être ainsi conservées; mais il en est quelques-unes qui sont préférables à d'autres pour cet objet, soit parce qu'elles sont plus charnues, soit parce qu'elles ne perdent pas de la qualité, même en acquièrent par suite de cette opération. Les plus recherchées pour cet objet sont le gros damas de Tours, la Sainte-Catherine, l'impériale violette, la Roche-Corbon, l'île-verte, la quetsche, la reine-claude, et par-dessus tout, à mon avis, la prune d'Agen.

La fabrication des pruneaux communs n'est point difficile, puisqu'il suffit de cueillir les prunes à leur plus parfaite maturité, de les mettre sur des claies, et de les exposer ou au soleil, si on habite les climats méridionaux, ou à la chaleur du four, si on opère dans les pays froids et humides. La dessiccation doit marcher rapidement pour que la moisissure ne la frappe pas. En conséquence, on ne doit pas laisser à l'air pendant la nuit, ni pendant les jours sombres, et encore moins humides, ceux qu'on expose au soleil, et on doit mettre coup sur coup trois ou quatre fois au four, selon leur grosseur, pendant vingt-quatre heures, en augmentant chaque fois la chaleur de ce four, ceux qu'on veut faire sécher par ce moyen.

On appelle *pruneaux rouges*, *pruneaux communs*, *petits pruneaux*, ceux qui sont ainsi fabriqués. Il y en a beaucoup dans le commerce; mais combien il serait possible d'en augmenter encore la quantité! Pourquoi tous les cultivateurs n'en font-ils pas chacun une provision pour la consommation de leur maison? Quand on connaît le peu d'objets qui servent ordinairement d'aliment aux cultivateurs, la mauvaise qualité ou le peu d'abondance de ces objets, et la facilité de faire des pruneaux, que leur saveur agréable, leur qualité nourrissante, rendent si précieux, on se demande par quelle fatalité ils se refusent à cette augmentation de bien-être.

Les pruneaux tenus dans un lieu sec peuvent se conserver deux ans en état d'être mangés; mais ils perdent de leur bonté à la fin de la première année.

On fait avec le petit damas, le Saint-Julien et autres prunes à demi sauvages, de petits pruneaux acides, qui, cuits dans l'eau, donnent un jus purgatif dont on fait un assez fréquent usage en médecine, sur-tout pour les enfans. La consommation de ces pruneaux à Paris est un objet de quelque importance.

Il est quatre localités en France où l'on fait des pruneaux avec plus de perfection qu'ailleurs, et par des procédés différens. Indiquer les moyens dont on fait usage dans ces localités remplit le but de cet ouvrage.

Le prunier-quetsche étant un de ceux qui se chargent le plus de fruits et qui prospèrent le mieux dans les pays froids et humides, on a été déterminé à le cultiver pour en faire des pruneaux dans le nord-est de la France. Le commerce que la ci-devant Lorraine en fait est très-considérable ; et, quoique leur saveur soit peu relevée, Paris en fait une immense consommation. Souvent un verger, aux environs de Nancy, rapporte plus à son propriétaire que quatre fois son étendue en toute autre culture ; comme son fruit ne mûrit qu'après la moisson, sa récolte et sa préparation ne nuisent pas aux travaux plus essentiels.

Pour fabriquer ces pruneaux, on se contente de ramasser les prunes à mesure qu'elles tombent par excès de maturité et à les mettre dans un four légèrement chauffé sur des claies à ce uniquement consacrées. Pour aller vite et mieux réussir, on a deux fours qu'on chauffe alternativement chaque jour, et dans l'un desquels on met les claies qui ont été retirées de l'autre. L'important est que la chaleur de ces fours ne soit ni trop forte ni trop faible, sur-tout au commencement et à la fin de la dessiccation. On parvient facilement, par l'expérience, au point convenable ; mais je ne puis l'indiquer ici, attendu qu'il dépend de la capacité et de la forme du four, de la qualité du bois employé, de l'état plus ou moins aqueux des pruneaux, etc.

Exposer les pruneaux au grand air à leur sortie du four est une opération très-avantageuse ; mais l'humidité de la saison s'y oppose le plus souvent.

Les pruneaux convenablement séchés se conservent d'abord dans des paniers déposés dans un lieu sec, et ensuite se placent dans des tonneaux pour l'exportation.

Les pruneaux pour l'usage des ménages ruraux doivent être fabriqués comme il vient d'être dit, parce que c'est la manière la plus économique.

Quelques particuliers, et parmi eux je citerai l'estimable et savant agriculteur M. Bertier de Roville, ôtent le noyau de leurs quetsches après la première chauffe, et y substituent la chair d'un et même de deux autres ; ce qui augmente beaucoup la grosseur des pruneaux et les fait rechercher sur les tables de luxe. On peut s'en pourvoir auprès de lui, en lui écrivant par Nancy.

C'est, d'après Gilbert, sur le territoire des communes de Chinon, l'île Bouchard, Preuilly, Richelieu, Saint-Maure, la Haie et Chatellerault, qu'on fabrique le plus de pruneaux dits de *Tours*, du lieu de leur entrepôt.

La variété regardée dans ces cantons comme la plus propre à être desséchée est la Sainte-Catherine, parce qu'elle prend mieux *le blanc*, dont il sera parlé plus bas. On choisit les plus belles pour être soumises à cette préparation.

Les prunes les plus mûres, celles qui tombent par la plus petite secousse donnée à l'arbre, doivent seules être employées. Aussitôt qu'elles sont ramassées, on les place sur des claies sans les entasser, et on les expose au soleil pendant plusieurs jours jusqu'à ce qu'elles deviennent aussi molles que possible : c'est alors que tout leur mucoso-sucré est formé. Arrivées à cet état, on les met dans un four chauffé à un degré de chaleur tiède et dont la porte doit être exactement fermée. Elles y restent vingt-quatre heures. Ce temps révolu, elles sont retirées. On réchauffe le four à un degré de chaleur d'un quart en sus, et on y replace les claies sans y avoir fait aucun changement ; le lendemain, on les ôte encore. On remue les prunes, c'est-à-dire qu'on les tourne en agitant légèrement la claie. Après cette nouvelle opération, le four est chauffé pour la troisième fois, mais encore avec un degré de chaleur supérieur d'un quart à la seconde fois, et elles y sont remises. Vingt-quatre heures après on les retire et on les laisse refroidir. Elles sont alors parvenues à la moitié de leur dessiccation.

Dans quelques villages du même canton, on creuse des fours pour cet objet par la simple excavation d'un tertre, excavation qui ne sert que pour une saison, et qu'on creuse ailleurs l'année suivante.

L'opération qui suit consiste à arrondir chaque pruneau, à tourner le noyau de travers, à donner au fruit une forme carrée, ce qui se fait en le pressant entre le doigt et le pouce. Quand cette opération est achevée, on remet les claies au four, échauffé au degré qu'il conserve lorsqu'on retire le pain, et bouché cette fois avec plus de précaution, puisqu'il faut employer du mortier. Une heure après on les retire, et on ferme le four pendant deux heures, après y avoir placé un vase rempli d'eau ; après quoi, on y remet les prunes, on le ferme exactement et on les y laisse pendant vingt-quatre heures. C'est alors qu'elles prennent le *blanc;* c'est-à-dire qu'elles se couvrent d'une poussière blanche semblable à de la farine, qui paraît être la même chose que la fleur, c'est-à-dire une matière résineuse qui sort ou transsude de l'intérieur. Si par événement ils n'étaient pas parfaitement cuits et qu'ils fussent blancs, il faudrait les laisser séjourner dans le four tant qu'il conserverait de la chaleur, sans le réchauffer : autrement, le blanc disparaîtrait.

On m'a rapporté que, pour faciliter la production du blanc, il était bon de mettre dans le four quelques poignées de Mercuriale. *Voyez* ce mot.

Une des bonnes qualités des pruneaux, c'est de n'être pas trop durs ; en conséquence, il faut savoir graduer le feu pour les amener au point convenable.

Les pruneaux de Brignoles ne sont pas moins estimés que ceux de Tours. On doit à M. d'Ardoin la description du procédé de leur fabrication, qui occupe les femmes de plusieurs villages des environs de ce lieu. C'est la prune de Brignoles, voisine du perdrigon blanc, qu'on emploie. La récolte s'en fait l'après-midi, en secouant légèrement l'arbre, et se garde jusqu'au lendemain matin dans des paniers. Ce jour, on pèle les prunes une à une avec l'ongle du pouce, sans jamais employer de fer, en s'essuyant les doigts de temps en temps, et on les met dans un plat. Lorsqu'on a ainsi pelé une certaine quantité de prunes, on les enfile dans des baguettes d'osier, grosses comme un tuyau de plume, longues d'environ un pied, et pointues aux deux bouts, de manière qu'elles ne se touchent point. Ces baguettes sont ensuite fichées à la distance d'un pied autour de faisceaux de paille ficelés, suspendus à des traverses et de manière qu'ils ne puissent pas se toucher par suite de leur agitation. On laisse les prunes ainsi exposées à l'air deux ou trois jours, ayant soin de les renfermer chaque soir, un peu avant le coucher du soleil, dans un endroit sec à l'abri de l'air humide de la nuit.

Au bout de trois jours, on détache les prunes des baguettes, et on fait sortir le noyau par la base en les pressant entre les doigts. On les arrange ensuite sur des claies très-propres qu'on expose au soleil pendant huit jours, en les renfermant tous les soirs avant qu'il se couche et en les remettant à l'air après son lever. On les arrondit alors, on les tape et on les aplatit entre les doigts. Elles sont assez sèches lorsqu'elles se détachent facilement de la claie et ne poissent plus aux doigts.

Ainsi arrivées à ce point, les prunes sont placées dans des caisses garnies de papier blanc, recouvertes de drap de laine, et se conservent dans un endroit bien sec jusqu'à ce qu'elles soient mises dans le commerce.

On laisse quelquefois les noyaux à ces pruneaux, et alors on leur donne une forme allongée.

L'important dans ces opérations, c'est de garantir les pruneaux des effets de l'humidité, qui les noircit.

Après ces trois sortes de pruneaux, les plus célèbres sont

ceux d'Agen, que je leur préfère. Plusieurs variétés servent à les fabriquer, dont une a été indiquée plus haut. J'espérais des renseignemens sur la méthode qu'on suit pour les faire, mais ils m'ont manqué.

Je voudrais que ceux qui se fabriquent à Rouen avec la prune d'avoine fussent plus connus.

Outre les pruneaux, on fait encore avec les prunes des confitures, des marmelades et des pâtes sèches d'un excellent goût, et qui sont susceptibles de se conserver au moins une année sur l'autre, sur-tout lorsqu'on y a ajouté du sucre. Les pâtes sèches sont, pour quelques endroits, l'objet d'un commerce de quelque importance, quoique inférieur à celui des pruneaux de Tours et de Brignoles, et encore plus à celui des pruneaux communs. J'ai toujours, en mangeant de ces pâtes, blâmé mes concitoyens de ne pas en fabriquer davantage, car j'avoue que je les aime beaucoup. C'est un régal pour tous les enfans, un aliment sain pour beaucoup de convalescens. Leur fabrication est un peu longue et minutieuse ; mais les femmes et les filles des cultivateurs aisés ont souvent tant de patience, d'adresse et de temps !

Pour faire des pâtes de prunes, il faut choisir les espèces les plus sucrées, les jaunes de préférence, à leur parfaite maturité ; les laisser se mollir pendant deux ou trois jours sur une table, dans un lieu abrité, puis les peler, les priver de leur noyau et les mettre dans une bassine, sur le feu, comme quand on fait des confitures. Lorsqu'une partie de leur eau est évaporée, on étend la matière sur des feuilles de fer-blanc, ou sur des planches, et on la place dans un four dont on a retiré le pain. Deux jours après on la retire, on l'ôte de dessus les feuilles ou les planches, on la pétrit et on la remet, en lui donnant 2 ou 3 lignes d'épaisseur, sur les mêmes feuilles ou les mêmes planches qu'on a exactement nettoyées et saupoudrées de farine, pour empêcher qu'elle ne s'y colle. On peut varier ce procédé et cependant arriver au même but, qui est une demi-dessiccation de la pâte. Le résultat se conserve dans des boîtes en lieu extrêmement sec.

Il semblerait, en voyant certaines prunes remplies d'une eau extrêmement sucrée, qu'il serait plus avantageux de les employer à faire du vin que le raisin même, et en effet elles fermentent très-aisément ; mais la surabondance de leur muqueux fait que le vin qu'elles produisent passe de suite à l'état vapide, c'est-à-dire ne se conserve pas plus d'une quinzaine de jours pendant l'été. Tous les essais qu'on a faits en France pour prolonger sa durée n'ont pas eu de résultats avantageux. Pour les utiliser sous ce point de vue, il faut les mélanger avec des poires, des pommes, des sorbes, des cormes, des prunelles, etc.; pour lui donner le principe astringent qui détermine sa conservation, c'est-à-dire en faire un poiré ou un cidre grossier.

Cette liqueur, dont j'ai bu un grand nombre de fois, n'est rien moins qu'agréable et passe pour être peu saine; mais les pauvres s'en contentent.

En Angleterre, où les cultivateurs sont généralement plus recherchés dans leur nourriture et leur boisson, on met les prunes seules en fermentation; et lorsque le vin est fait, on y ajoute un peu de bière très-chargée de houblon. On dit cette boisson fort bonne et fort durable.

M. Hydeck, pharmacien à Brunswick, a tiré de 24 livres de prunes, y compris les noyaux, 2 livres de sucre, 6 livres de sirop et 2 pintes d'eau-de-vie. Il prétend qu'il peut livrer le sucre à un franc 25 centimes la livre, et le sirop à 64 centimes.

Dans beaucoup de lieux de l'Allemagne et de la Suisse, ainsi que dans la partie de la France qui longe le Rhin, on tire du vin de prune une liqueur alcoolique, dont on fait une grande consommation en boisson et dans les arts. Elle est sans doute moins agréable au goût que l'eau-de-vie; mais quand elle est vieille, elle est aussi recherchée de certaines personnes que le kirchen-wasser. Il serait donc bon d'en encourager l'extraction même dans les pays de vignobles. On l'appelle QUETSCH-WASSER dans la ci-devant Alsace, du nom de la prune avec laquelle on la fabrique le plus souvent.

Il faut cependant le dire, lorsque les noyaux ont été concassés, leur amande porte dans cette liqueur, à raison de l'acide prussique qu'ils contiennent, un principe nuisible et même mortel, ainsi que l'a constaté une commission de chimistes et de médecins nommée par le gouvernement.

A ces produits du prunier, il faut encore joindre ses feuilles, que les bestiaux aiment avec passion, et son bois, qui sert à brûler, et dont les arts de l'ébenisterie et du tourneur font usage. Ce bois est dur, plein, compacte, marqué de belles veines; il reçoit un beau poli et se coupe sous l'outil sans se mâcher. Varennes de Fenille en a fait faire de fort beaux meubles que j'ai vus. Les ébenistes, qui l'emploient fréquemment aujourd'hui, l'appellent *satiné de France, satiné bâtard.* Ses couleurs s'avivent par le séjour dans l'eau de chaux, et se conservent par la simple application d'un vernis de cire. Les tourneurs le recherchent pour des manches de balais, des quenouilles, des chaises et beaucoup d'autres petits objets. Sa pesanteur spécifique varie suivant les variétés, depuis 51 livres

3 onces 4 gros par pied cube, jusqu'à 59 livres une once 7 gros.

Les pruniers sont sujets, comme les autres arbres à noyaux, à la maladie de la gomme, c'est-à-dire à une extravasation de gomme contre nature. Plusieurs circonstances concourent sans doute à la produire ; mais la matière n'a pas encore été assez étudiée pour indiquer ces circonstances. Je crois cependant être autorisé à croire, d'après mes propres observations, que cette maladie est plus souvent effet que cause. Une nourriture abondante, donnée aux racines par la substitution d'une terre nouvelle et fertile à celle qui entoure les racines, ou par des engrais animaux et végétaux, est un des plus puissans moyens à employer pour guérir les pruniers de la gomme. *Voyez* au mot GOMME.

Ces arbres sont aussi très-sujets à la carie interne, par suite des blessures qu'on leur fait en coupant leurs grosses branches. *Voyez* aux mots CARIE et GOUTTIÈRE DES ARBRES.

Beaucoup de sortes d'insectes vivent aux dépens des feuilles et des fruits du prunier. Les principaux sont le PUCERON du prunier, le CHERMÈS du prunier (ses bourgeons) ; la SAPERDE CYLINDRIQUE (ses rameaux) ; le CHARANÇON GRIS (ses boutons) ; le CHARANÇON DU PRUNIER (ses fruits) ; une TIPULE, une MOUCHE (ses fruits) ; une PYRALE (ses fruits) ; les TENTHRÈDES du PRUNIER, du CERISIER et des BAIES (ses feuilles) ; les BOMBICES COMMUNE, LIVRÉE, du PRUNIER et ANTIQUE (ses feuilles) ; la NOCTUELLE-PSY (ses feuilles) ; la PHALÈNE du PRUNIER (ses feuilles.)

Les vers des prunes appartiennent au CHARANÇON, à la TIPULE, à la MOUCHE et à la PYRALE, ci-dessus indiqués ; il est des variétés de prunes qui y sont plus sujettes que les autres ; il est des cantons où il est rare que beaucoup de prunes n'en soient pas annuellement altérées ; il est des années où ils sont plus communs que d'autres. Les moyens à employer pour les en garantir sont trop difficiles à mettre en pratique pour en espérer quelques succès. (*Voyez* les mots précités.) La nature a disposé les choses de manière qu'ils ne se font remarquer que de loin en loin, ce qui fait qu'on supporte plus patiemment leurs ravages.

Les autres espèces de pruniers propres à la France, ou étrangères et cultivées dans les jardins des environs de Paris, sont :

Le PRUNIER ÉPINEUX, ou *prunelier*, ou *épine noire*, qui croît abondamment dans les bois et les haies des parties moyennes et septentrionales de la France. C'est un arbrisseau de 10 à 12 pieds de haut, dont les rameaux deviennent épineux, dont l'écorce est brune, les feuilles lancéolées et velues en dessous ; ses fleurs, blanches et légèrement odorantes, s'ouvrent de très-bonne heure ; ses fruits, de 5 à 6 lignes de diamètre, sont noirs et ne mûrissent que bien avant dans l'hiver. Ils sont très-âpres et très-peu charnus, les enfans les mangent. Beaucoup de quadrupèdes et d'oiseaux les recherchent. On en fabrique une boisson dont les pauvres se contentent dans certains pays. On les appelle *prunelles, senelles, chelosses,* etc.

La propriété qu'a le prunelier de croître dans les terrains les plus arides, dans les fentes des rochers, de pousser très-vite, etc., et de se multiplier avec la plus grande rapidité par rejetons, le rend utile dans un grand nombre de cas. Le bois qu'il fournit est excellent pour chauffer le four, cuire la chaux, le plâtre, etc. C'est principalement avec lui qu'on fait ce qu'on appelle les *bâtons d'épine.* Il est très-solide et très-flexible ; mais il parvient rarement à une certaine grosseur.

Cet arbuste entre très-fréquemment dans la formation des haies naturelles, et peut être employé avantageusement dans celles qu'on forme artificiellement ; cependant il a deux inconvéniens dans ce cas : le premier c'est de tracer au point que la haie double, triple et quadruple rapidement d'épaisseur, si on n'a pas soin d'arracher tous les ans les rejetons qu'elle donne ; le second, c'est de pousser des tiges droites, ce qui oblige de le rabattre tous les deux ans, au moins, dans ses premières années, de manière qu'il offre des étages de têtards à 6 ou 8 pouces les uns des autres. Ces haies se font avec du plant enraciné qu'on peut se procurer par-tout ou de noyau. Ce dernier moyen, quoique plus long, est préférable, parce que le plant qui en provient, ayant un pivot, trace moins. (*Voyez* au mot HAIE.) J'ai toujours été surpris qu'on profitât aussi peu des facilités qu'il donne pour clore les champs arides, ceux de la ci-devant Champagne, par exemple, afin d'abriter les récoltes des vents desséchans, qui sont ceux qui nuisent le plus à ces sortes de terrains.

Les berges des fossés, les terrains en pente ou exposés aux ravages des torrens, sont fort bien défendus par les racines du prunelier. Sous ce rapport seul, il peut être d'un emploi fort avantageux.

L'épine noire est un des meilleurs intermédiaires qu'on puisse employer pour semer en bois les sols arides, parce qu'y croissant fort bien et y traçant immensément, elle fournit bientôt un abri tutélaire aux jeunes arbres dont on a confié les graines à la terre. C'est presque toujours par elle que les bois commencent à s'étendre : ainsi les propriétaires riverains de ceux de ces bois qui en contiennent, doivent être exacts à l'empêcher de dépasser leurs limites. Ce fait lui a fait donner, aux environs de Montargis, le nom de *mère du bois.*

Tous les bestiaux aiment beaucoup les feuilles et les bourgeons du prunelier. Les moutons et les chèvres les recherchent sur-tout avec passion.

La boisson que les pauvres font avec les prunelles, étant extrêmement astringente, leur cause souvent des obstructions qui les font languir long-temps et les conduisent à la mort. Il est à désirer qu'ils en perdent l'usage ou qu'ils n'emploient que des fruits parfaitement mûrs. Cinq à six pruniers de Damas, de quetsche, d'impératrice, etc., suffiraient dans un village pour suppléer à toute sa récolte des prunelles pour remplir l'objet qu'on se propose, et ce sans aucun inconvénient.

C'est le suc épaissi des fruits du prunelier qu'on vend dans les pharmacies sous le nom d'*acacia nostras* et qu'on ordonne contre la dysenterie. Les feuilles et l'écorce peuvent être employées pour tanner les cuirs.

Le Prunier de Briançon a les feuilles presque rondes, deux fois dentées; les fleurs réunies en bouquets et les fruits jaunâtres. Il croît dans les Hautes-Alpes et s'élève à 6 ou 8 pieds. C'est des noyaux de son fruit qu'on tire cette *huile de marmotte*, si recherchée par son odeur agréable de noyau, et qui se vend deux fois plus cher que celle d'olive. On peut tirer un grand parti de cette espèce pour utiliser les cantons pierreux, les fentes des rochers, pour arrêter la fougue des torrens. Son fruit n'est pas bon à manger, mais il peut servir à faire de l'eau-de-vie.

Cet arbre, dont on doit la connaissance au botaniste Villars, commence à se trouver dans les jardins des environs de Paris; mais il ne sera jamais utile de l'y cultiver. Il fleurit de très-bonne heure.

Le Prunier mirobolan, *Prunus cerasifera*, Willd., a les rameaux peu épineux; les feuilles elliptiques, glabres; les fruits solitaires et pendans. Il est originaire de l'Amérique septentrionale. On le cultive fréquemment dans les pépinières, non pour son fruit, de la grosseur et de la couleur d'une cerise commune, mais à raison de la précocité et de l'abondance de ses fleurs. Les effets qu'il produit au premier printemps dans les jardins paysagers, lorsqu'il est convenablement placé, c'est-à-dire isolé, ou à quelque distance des massifs, sont réellement très-beaux. Rarement il s'élève à plus de 12 à 15 pieds. Son fruit se mange quoique peu agréable. On le multiplie par le semis de ses noyaux, ou, mieux, par sa greffe sur le prunier commun. *Voyez* Duh., *Pl.* 20.

Le Prunier des Chicasas a les rameaux épineux; les feuilles ovales, aiguës; les fruits petits, ronds et jaunes. Il a été apporté dans la Caroline par les naturels dont il porte le nom,

Ses fruits mûrissent en été et sont fort abondans. On en fait des confitures sèches, qui se conservent fort bien une année sur l'autre, et que j'ai trouvées très-bonnes, quoiqu'un peu acides. On le cultive dans le jardin de Cels. Il craint les fortes gelées et ne s'élève pas à plus de 10 à 12 pieds.

Le Prunier hiémal a les rameaux non épineux; les stipules linéaires et divisées; les feuilles ovales, oblongues; les fruits noirs, un peu ovales, et réunis plusieurs ensemble. Il est originaire de l'Amérique septentrionale.

Poiteau et Turpin, dans leur *Nouveau Duhamel*, l'ont figuré sous le nom de la Galissonière.

Le Prunier acuminé, ou à feuilles de pêcher, a des épines très-longues et recourbées; des feuilles lancéolées et très-aiguës; des fruits ovales. On le trouve dans le même pays que le précédent.

Le Prunier a fruits ronds a les feuilles ovales, oblongues, velues; les bourgeons également velus; le fruit sphérique, d'un brun rouge. Il est originaire de la Caroline.

Ces trois espèces se cultivent dans les pépinières et sont dues à Michaux : elles n'offrent rien de remarquable.

Le Prunier de Chine a les tiges très-grêles; les feuilles lancéolées, rugueuses et les fleurs sessiles. Il est originaire de Chine, où on emploie sa variété double à l'ornement des jardins. Aujourd'hui on cultive cette même variété dans les nôtres, où elle se fait remarquer par la grandeur et le nombre de ses fleurs, les tiges en étant entièrement couvertes. On ne peut trop multiplier ce charmant arbuste, qui se greffe sur le prunier commun et qui se place dans les corbeilles des jardins paysagers; on l'a confondu long-temps avec l'amandier nain, quoiqu'il en diffère beaucoup. Ses tiges sont à peine hautes de 2 pieds et ses fleurs sont rougeâtres.

Le Prunier couché a les rameaux non épineux, couchés; les feuilles ovales, très-rugueuses, très-velues; les fleurs rouges et les fruits de 2 ou 3 lignes de diamètre. Il est originaire du Liban, d'où il a été apporté par La Billardière. On le cultive aujourd'hui en pleine terre dans les jardins des environs de Paris. C'est un arbrisseau très-élégant et qui est d'un charmant aspect lorsqu'il est en fleur et greffé à un pied de terre sur le prunier commun. Il ne craint pas les gelées. (B.)

PRUNIER : *l'épicéa* se nomme ainsi en Basse-Bretagne. (B.)

PSORALIER, *Psoralea*. Genre de plantes de la diadelphie décandrie et de la famille des légumineuses, qui renferme une trentaine d'espèces, dont deux ou trois se cultivent dans les jardins, à raison de leur port agréable, et sont utiles sous les rapports médicinaux.

Le Psoralier de la Palestine est un arbrisseau de 4 à 5 pieds de haut, dont les feuilles sont alternes, pétiolées, trifoliées, à folioles ovales et à pétioles pubescens; ses fleurs sont bleuâtres et disposées en têtes sur de longs pédoncules qui sortent de l'aisselle des feuilles supérieures. Il est originaire du Levant et fleurit tout l'été dans nos jardins.

Le Psoralier bitumineux est plus grand que le précédent; sa tige est plus faible; ses pétioles glabres; ses folioles plus allongées et d'un vert plus foncé; ses têtes de fleurs sont plus grosses. Il croît naturellement dans les parties méridionales de l'Europe et se cultive dans les jardins du climat de Paris sous le nom de *trèfle bitumineux*, *trèfle en arbre*, *trèfle odorant*. Ses feuilles répandent, quand on les froisse, ou dans la chaleur, une odeur forte, analogue à celle du bitume. La décoction de ses feuilles passe pour anti-cancéreuse. On retire de ses graines une huile, qu'on estime bonne contre la paralysie.

Le Psoralier glanduleux a 5 ou 6 pieds de haut; les pétioles de ses feuilles sont rudes au toucher; leurs folioles sont lancéolées; ses fleurs sont disposées en épis sur de longs pédoncules axillaires. Il est originaire du Pérou, où on fait usage de ses feuilles en infusion comme stomachiques; c'est le *thé du Paraguay* de quelques auteurs. Il fleurit pendant tout l'été.

Ces psoraliers ne vivent qu'un petit nombre d'années dans le climat de Paris. Ils demandent une terre un peu forte. On doit les placer dans les expositions chaudes et cependant aérées. Les fortes gelées leur sont presque toujours funestes, lors même qu'on a pris soin de les empailler aux approches de l'hiver. On les multiplie par leurs graines qui mûrissent assez bien, et qu'on sème sur couche et sous châssis dans les premiers jours du printemps. On repique en pot l'année suivante le plant qui en provient, et ensuite on le met en terre, soit en pépinière, soit en place. Au reste on les cultive peu hors des écoles de botanique. (B.)

PSYLLE, *Chermes*, Fab. Genre d'insectes de l'ordre des hémiptères, très-voisin des punaises et des cochenilles, qui renferme un grand nombre d'espèces, toutes vivant aux dépens des plantes, formant quelquefois sur leurs diverses parties des excroissances monstrueuses, et nuisant par conséquent dans certains cas aux cultivateurs.

Toutes les espèces de ce genre sont très-petites et ressemblent, au premier coup d'œil, à des pucerons; aussi quelques auteurs les ont-ils appelées *faux pucerons*. Elles sautent comme les puces et par le même mécanisme. Leurs larves ont une forme peu différente de celle de l'insecte parfait, mais elles sont privées d'ailes et souvent couvertes d'une matière cotonneuse ou de leurs excrémens. Les femelles de plusieurs de ces espèces ont une tarière, qui leur sert à déposer leurs œufs dans l'intérieur de l'écorce des végétaux, et à faire naître, comme je l'ai déjà dit, des espèces de galles, au milieu desquelles croissent les larves, solitairement ou en société.

Les psylles qui sont dans le cas d'être citées ici, comme les plus remarquables et les plus nuisibles, sont :

La Psylle du figuier, *Chermes ficus*, Fab. Elle est brune et ses ailes ont des nervures plus foncées. Ses pattes sont jaunâtres. On la trouve en grande quantité sur le figuier en mai et en juin, et elle doit nuire à cet arbre en consommant sa sève ; cependant les cultivateurs ne s'en plaignent pas, et mes observations ne me permettent pas de les contredire. C'est la plus grande du genre, quoiqu'elle ait au plus 2 lignes de long.

La Psylle du buis, *Chermes buxi*, Fab. Elle est verte, avec des taches rouges, et les ailes tachées de brun. Elle vit sur le buis. La piqûre de la femelle rend les feuilles des sommités de cet arbre concaves, et les rapproche de manière que les larves qui sortent de ses œufs trouvent entre elles un abri contre les ardeurs du soleil et la recherche de leurs ennemis. Elles sont ordinairement une vingtaine dans chaque boule. On voit fréquemment des buis, sur-tout de ceux qui forment palissade contre des murs exposés au midi, couverts de ces boules, qui non-seulement les défigurent, mais retardent leur croissance, puisque chaque bourgeon piqué cesse de s'allonger. Il n'y a d'autre moyen de s'en délivrer que de tondre les buis au commencement de l'été, et de brûler ce que le ciseau en enlève. La reproduction de l'année suivante est moins abondante. Détruire cette espèce est chose impossible, en ce qu'elle saute et vole très-bien, et peut venir par conséquent de fort loin.

La Psylle de l'orme, *Chermes ulmi*, Fab. Elle est d'un brun verdâtre. Sa femelle pique les feuilles des ormes pour y déposer ses œufs, et ses feuilles se contournent, par suite de cette piqûre, de manière à mettre les larves à l'abri. Il est des années où la beauté des ormes est considérablement altérée par cette cause, qui d'ailleurs n'agit que d'une manière insensible sur leur croissance.

La Psylle du poirier produit le même effet sur le poirier. Elle est d'un brun verdâtre ; ses ailes sont tachées de noir.

Il serait possible que celle du pêcher produisît la cloque

qu'on remarque si fréquemment sur cet arbre; mais quelques recherches que j'aie faites, je n'ai pu voir de larves habituellement sans les boursoufflures des feuilles attaquées de cette maladie. *Voyez* CLOQUE.

La PSYLLE DU SAPIN, *Chermes abietis*, Fab., est jaunâtre avec les yeux bruns et les ailes transparentes. Sa femelle, en déposant ses œufs à l'extrémité des jeunes bourgeons du sapin, donne naissance à une tubérosité écailleuse, allongée, de plus d'un pouce de diamètre, ayant à sa surface des cellules qui renferment chacune une larve enveloppée d'un duvet blanc. Il est des cantons où les sapins sont tellement garnis de ces tubérosités, que leur croissance en est retardée. On n'a rien de mieux à faire, pour se débarrasser de cet insecte, que de couper les tubérosités qui le renferment, avant qu'il soit transformé, et de les brûler. Les épicéas sont sujets à offrir des tubérosités semblables, même dans les pépinières, comme je ne l'ai que trop observé dans celles de Versailles.

La PSYLLE DU FRÊNE est noire, variée de jaune, et l'extrémité des ailes brune. Elle est commune sur le frêne, et saute avec beaucoup de vivacité. Ne pourrait-on pas soupçonner que ces excroissances ligneuses, irrégulières, qui pendent souvent aux extrémités des rameaux de cet arbre, sont dues à cet insecte? Je l'avoue cependant, quelque abondantes que soient ces excroissances dans certains lieux, et quelque soin que j'aie apporté à rechercher la cause qui les produit, je n'ai pu acquérir de notions certaines à leur égard.

Il en est de même des tubérosités à-peu-près de pareille nature, qui dégradent quelquefois les plantations de saule, car il y a aussi une psylle sur le saule.

Je pourrais en dire autant de beaucoup d'autres arbres, mais l'histoire des galles-insectes et de celles produites particulièrement par les psylles est encore à faire. Je ne puis donc que solliciter les amis de l'histoire naturelle qui habitent la campagne et qui ont du loisir, de se livrer à leur étude.

Voyez les mots TRIPS, COCHENILLE, PUNAISE, DIPLOLÈPE et PUCERON, qui servent de complément à cet article. (B.)

PTARMIQUE. Espèce d'ACHILLÉE.

PTELÉE, *Ptelea*. Arbre de petite stature, originaire de l'Amérique septentrionale, et qu'on cultive très-fréquemment dans les jardins paysagers, non à raison de sa beauté, mais parce qu'il fait variété et contraste par la couleur obscure de ses feuilles avec le vert tendre de celles des autres arbres.

Cet arbre, que les jardiniers appellent *orme à trois feuilles*, forme seul un genre dans la tétrandrie monogynie et dans la famille des térébinthacées. Il a les feuilles alternes, pétio-

lées , ternées , à folioles parsemées de points transparens.
Ses fleurs sont verdâtres et disposées en corymbes axillaires et
terminaux.

On multiplie le ptelée presque uniquement de graines ,
qu'on sème dès qu'elles sont mûres , qui lèvent au printemps ,
et dont le plant peut être mis en pépinière dès l'année suivante. Il ne craint point les gelées du climat de Paris. Une
terre légère et fraîche est celle qui lui convient le mieux ; cependant il réussit par-tout. Il fleurit et peut être mis en place
la troisième année. Comme il pousse peu de rameaux , et qu'il
n'a de feuilles qu'à leur extrémité , il garnit médiocrement.
C'est au second et au troisième rang des massifs qu'il demande
à être exclusivemeut placé. Il ne produit aucun effet lorsqu'il
est isolé.

MM. Baumann, pépiniéristes près de Colmar, ont substitué
avec succès le fruit du ptelée à celui du houblon dans la fabrication de la bière. La facilité de la culture de cet arbuste , qui
vient dans les plus mauvais sols, et qui se charge de fruits presque tous les ans, peut faire abandonner celle du houblon. Dans
ce cas, il sera avantageux de le tenir en buissons éloignés de
2 mètres , et de le rabattre tous les quatre à cinq ans. Là, un
hectare bien conduit peut rapporter 2,400 francs par an , sur
quoi il faut déduire les frais, qui ne laissent pas que d'être
considérables. (B.)

PTÉRIDE , *Pteris*. Genre de plantes cryptogames, de la famille des fougères, dont le caractère consiste à avoir la fructification disposée en ligne marginale continue, et les folli-
cules entourées d'un anneau élastique.

Ce genre renferme plus de quarante espèces, dont deux
seules sont indigènes. La plus commune de ces dernières est
la PTÉRIDE AQUILINAIRE, qui a les racines vivaces, épaisses,
horizontales ; les feuilles bipinnées , hautes de 3 à 4 pieds, et
souvent du double, à pétiole radical, semi-cylindrique et sil-
lonné , à pinnules lancéolées, les inférieures pinnatifides et
plus grandes , toutes d'un vert obscur. Elle croît dans toute
l'Europe , dans les bois, les landes, les sols sablonneux ou
argileux , rarement dans les calcaires. Souvent elle couvre entièrement ou presque entièrement des espaces considérables.
C'est elle qu'on a ordinairement intention de désigner lorsqu'on dit simplement la *fougère* ; c'est elle que, dans les livres
de médecine, on appelle *fougère femelle*. Sa racine a une saveur
gluante et amère. Elle est vermifuge, mais moins que celle du
POLYPODE FOUGÈRE MALE. Lorsqu'on la coupe en travers, elle
présente une image grossière d'un aigle à deux têtes, d'où lui
est venu son nom latin ; ses feuilles sont béchiques : les bes-

tiaux les mangent rarement, même il y a lieu de croire qu'elles peuvent leur faire du mal dans certains cas.

Elle remplace le bois pour chauffer le four, pour cuire la chaux, le plâtre, etc. ; elle forme une bonne litière pour les bestiaux et par suite un excellent fumier. On en couvre les hangars, les plantes qui craignent la gelée (*voyez* COUVERTURE); on en fait des liens, des lits pour conserver le fruit et les racines potagères, des emballages, etc., sur-tout on en tire de la POTASSE. *Voyez* ce mot.

Il résulte d'expériences faites il y a long-temps que la ptéride est une des plantes qui produisent le plus de ce sel, dont l'emploi dans les verreries, les teintureries, les fabriques de savon, les blanchisseries et autres manufactures, est si considérable. Des calculs établis sur des bases solides prouvent que, si on employait à cet usage toute celle qui croît en France, on pourrait épargner dix à douze millions, qui s'exportent dans le nord ou en Amérique pour nous procurer la quantité supplémentaire qui nous est nécessaire. Cependant, d'après les expériences de d'Arcet, la potasse qu'elle fournit contient plus de la moitié de sulfate. On ne peut trop recommander aux cultivateurs de se livrer à la fabrication de la potasse, fabrication qui n'est point difficile, puisqu'il ne s'agit que de couper la fougère, de la laisser à demi sécher sur place, de creuser une fosse deux fois plus profonde que large, d'y jeter la fougère et de l'y brûler le plus lentement possible, c'est-à-dire en l'empêchant de s'enflammer, soit en en mettant toujours de la nouvelle, soit autrement. Le point important est que l'air n'arrive que petit à petit au centre du foyer. L'expérience en ce cas instruit plus que le raisonnement. Deux personnes qui brûlent de la fougère dans le même canton peuvent trouver une différence de moitié dans le produit, selon qu'elles auront coupé cette plante plus tôt ou plus tard, qu'elles la brûleront de telle ou telle manière, même qu'elles choisiront tel jour plutôt que tel autre ; car les temps lourds, disposés à l'orage, favorisent singulièrement la formation de la potasse. *Voyez* au mot POTASSE.

L'époque la plus avantageuse pour couper la fougère est la fin de juin, c'est-à-dire celle où elle est arrivée à la moitié de sa grandeur. Autrefois on croyait qu'il fallait attendre jusqu'à la fin d'août; mais M. Th. de Saussure a prouvé que plus les plantes ou parties des plantes étaient jeunes, et plus elles fournissaient de potasse.

La combustion de la fougère terminée, on en ramasse les cendres, que l'on peut ou vendre telles qu'elles sortent de la fosse, ou lessiver pour en obtenir le sel pur.

Le meilleur moyen de débarrasser un champ de la fougère qui y croît, c'est de la couper à mesure qu'elle se montre; d'y semer des graines, telles que du maïs, des haricots, des fèves, des pommes de terre, dont le plant demande des binages, qui produisent le même effet. L'arroser avec l'eau salée est un moyen certain de la faire promptement périr ; mais on ne peut l'employer que dans les landes du bord de la mer.

Les cochons aiment beaucoup la racine de fougère.

La ptéride aquilinaire est une assez belle plante pour mériter d'être placée, dans les jardins paysagers, sous les massifs et derrière les fabriques. (B.)

PUCCINIE, *Puccinia*. Genre de plantes de la famille des champignons, dont les espèces, ainsi que celles des AECIDIES, des URÉDOS, etc., croissent sur les feuilles des plantes vivantes, et lorsqu'elles sont très-abondantes, nuisent beaucoup à l'accroissement de ces plantes, les font même périr.

Des plaques gélatineuses insérées sous ou sur l'épiderme, plaques desquelles sortent des tubercules pédicellés, divisés en deux ou en un plus grand nombre de loges par des cloisons transversales, et qui émettent leurs bourgeons séminiformes par leur sommet ou par leurs côtés, sont les caractères des puccinies.

Ce genre a été créé par Hedwig et adopté par Persoon et Décandolle. Il se rapproche beaucoup de celui des MOISISSURES (*voyez* ce mot), avec lequel Bulliard l'avait confondu.

Les espèces le plus fréquemment sous les yeux des cultivateurs sont :

La PUCCINIE DU ROSIER, qui est noire et à quatre loges.

La PUCCINIE DE L'ORME, qui est brune, a l'aspect velu et a trois loges.

La PUCCINIE DU JASMIN, qui couvre quelquefois toute la surface inférieure des folioles des feuilles de cet arbuste de tubercules bruns à trois loges.

La PUCCINIE DE L'ŒILLET, qui forme des taches jaunes sur la surface inférieure des feuilles de l'œillet de poëte. Elle a deux loges.

La PUCCINIE DU GROSEILLIER, qui croît sur la surface supérieure des feuilles du groseillier rouge ; ses tubercules sont bruns et divisés en deux loges.

La PUCCINIE DES PRUNIERS, qui forme de petits points bruns sous les feuilles du prunier cultivé, isolés ou réunis. Ses tubercules ont deux loges.

La PUCCINIE DES GRAMINÉES, qui se montre en automne et en hiver sur les feuilles et les tiges de beaucoup d'espèces de la famille des graminées, entre autres sur celles que l'on cultive. Elle forme des taches linéaires et parallèles entre les nervures des feuilles, qui sont d'abord jaunâtres et ensuite noires

Ses tubercules sont à deux loges. On a placé de cette espèce parmi les urédos.

La Puccinie des haricots, qui couvre quelquefois les feuilles des haricots en dessus et en dessous. Sa couleur, d'abord rousse, devient ensuite noire. Ses tubercules n'ont qu'une seule loge.

La Puccinie des pois, qui attaque toutes les parties des pois cultivés, et empêche quelquefois la fructification de cette plante. Elle offre des pustules brunes uniloculaires.

La Puccinie des trèfles. Elle attaque aussi toutes les parties des trèfles cultivés et autres, et nuit beaucoup à leur développement. Sa couleur est d'un brun roux; ses tubercules n'ont qu'une loge. Elle a beaucoup de rapport avec les urédos.

Voyez, comme supplément à cet article, les mots cités au commencement et ceux Carie, Charbon, Rouille.

Les grains des puccinies, d'après les observations de Benedict Prévôt, ne sont que l'enveloppe des bourgeons séminiformes arrivés à la moitié de leur croissance. Pour que leur végétation se complète, il faut qu'ils tombent sur la terre ou dans l'eau, et qu'ils poussent des espèces de tiges simples ou ramifiées, lesquelles contiennent les véritables bourgeons séminiformes; bourgeons infiniment petits, qui s'introduisent dans les plantes par les racines, et sont conduits dans les feuilles au moyen de la circulation de la sève. (B.)

PUCELAGE. C'est le nom vulgaire de la pervenche dans quelques cantons.

PUCERON, *Pulex*. Genre d'insectes de l'ordre des hémiptères, qui renferme un grand nombre d'espèces, toutes vivant aux dépens de la sève des plantes, et qui par là, nuisant beaucoup à la végétation, doivent être signalées aux cultivateurs comme de dangereux ennemis. *Voyez* Sève.

Les plus gros pucerons atteignent rarement deux lignes de long, et sont ainsi rangés parmi les petits insectes; mais leur nombre supplée à leur grandeur. Presque tous aiment à vivre en société. Les jeunes pousses des arbres en sont souvent si chargées qu'on n'en voit point l'écorce. C'est leur grand nombre qui les rend si nuisibles aux plantes; car l'extravasation d'un peu de sève a rarement des suites dangereuses. Peu sont coureurs; plusieurs même se fixent pour toute leur vie, comme les Cochenilles et les Chermès, avec lesquels au reste ils ont beaucoup de rapport. *Voyez* ces mots.

Les pucerons ont le corps ovale et toujours très-mou; leur couleur est le plus généralement verte, mais on en voit de blancs, de bruns, de jaunes, de rougeâtres et de panachés: souvent ils sont couverts d'une poussière blanche et même de longs filamens. Leur tête est pourvue d'une trompe placée en dessous, quelquefois fort longue, et susceptible de se replier sous le ventre. La plupart ont quatre ailes membraneuses qu'ils portent en toit à vive arrête ; je dis la plupart, parce que dans la même espèce il est des individus qui n'en prennent jamais et n'en sont pas moins propres à se perpétuer. Leurs six pattes ont des tarses d'un ou de deux articles ; l'abdomen de presque tous est armé, dans sa partie supérieure et postérieure, au-dessus de l'anus, de deux cornes, ou mieux, de deux tubercules perforés, par où sort, sous forme d'une liqueur sucrée, la surabondance de sève qu'ils ont pompée avec leur trompe, presque continuellement plongée dans l'écorce des arbres et en action.

L'étude suivie des pucerons présente des faits très-singuliers, lesquels ont dû et ont en effet très-étonné les premiers observateurs qui ont eu occasion de les remarquer. Comme tous les autres insectes de leur ordre, ils offrent des larves qui changent plusieurs fois de peau avant de devenir susceptibles de se reproduire ; mais ces larves ressemblent à l'insecte parfait, et plusieurs ne prennent jamais d'ailes, comme je l'ai déjà dit plus haut : ces derniers sont généralement des femelles. Ces femelles offrent deux singularités encore plus remarquables, c'est que pendant tout l'été elles font des petits vivans, qu'elles se soient accouplées ou non, et que ces petits en font de nouveaux sans s'être accouplés. Bonnet a vu se reproduire ainsi sans accouplement neuf générations en trois mois. En automne, c'est autre chose ; les femelles ailées ou non ailées s'accouplent, et le résultat est une ponte d'œufs qu'elles déposent sur les branches des arbres, et qui n'éclosent qu'au printemps. On ne peut douter de la vérité de ces faits, attestés par des hommes du plus grand poids, par les Bonnet, les Réaumur, les Lyonet, etc.

Dès que les pucerons sont nés par l'effet de la chaleur du printemps, ils se portent sur les bourgeons ou jeunes pousses des arbres qui se développent à la même époque, introduisent leur trompe dans l'écorce, et sucent continuellement la sève qui y circule. Lorsqu'il n'y en a qu'un petit nombre, ils ne font point de mal, même, peut-être, dans les années chaudes et humides, où la végétation est trop rapide, ils produisent un bien, en diminuant l'activité de la sève. (*Voyez* au mot Miélat.) Mais lorsqu'ils se sont multipliés, et cela arrive bientôt, puisqu'on a observé que chaque individu ne reste que quinze jours sous l'état de larve et que chaque femelle produit souvent jusqu'à quinze ou vingt petits par jour, ils sont un véritable fléau.

La plupart des pucerons vivent sur les tiges des plantes ; mais il en est qui se trouvent aussi sur les feuilles, sur les fleurs, sur les fruits, même sur les racines. On lit, dans l'ouvrage d'Huber sur les fourmis, des détails extrêmement curieux sur les moyens qu'emploient ces dernières pour les conserver à leur disposition pendant l'hiver.

Il arrive souvent que les arbres à fruits, taillés ou greffés, et qui par conséquent poussent plus tard que les autres, surtout les pommiers et les cerisiers, perdent leurs feuilles par la surabondance des pucerons qui vivent aux dépens de leurs bourgeons; ce qui les force de faire une seconde pousse avant le mois d'août, et nuit prodigieusement à leur accroissement et à leurs fruits de l'année et de l'année suivante.

La succion des pucerons est si active à certaines époques, pendant le mois de mai, par exemple, que les cornes ou les mamelons de leur abdomen paraissent, lorsqu'on les examine à la loupe, comme deux fontaines toujours coulantes. J'ai vérifié ce fait sur plusieurs espèces, et en différentes époques de la journée. Cet écoulement diminue dans la grande chaleur et pendant la nuit, peut-être même cesse-t-il entièrement lorsque les nuits sont froides. Il suit probablement, et est proportionnel à l'ascension de la sève. Qu'on juge de la déperdition qu'il doit y avoir de cette substance, lorsque des milliers de pucerons la sucent à-la-fois, et que ces pucerons se touchent ; aussi empêchent-ils les bourgeons de se développer, les font-ils devenir difformes, causent-ils le recoquillement des feuilles, donnent-ils naissance à des tubercules ou à des vessies quelquefois aussi grosses que le poing, et s'opposent-ils beaucoup à l'accroissement du bois et à la production du fruit, et enfin font-ils souvent périr les greffes et quelquefois même les arbres.

Les plus remarquables de ces vessies sont celles qu'on voit en si grande quantité sur certains ormes; vessies qui subsistent souvent plusieurs années, et qui déforment si désagréablement ces arbres. Le puceron femelle qui les occasionne se laisse enfermer dans leur cavité, y fait des petits sans le concours du mâle, et ces petits piquant les parois de ces vessies déterminent une grande affluence de sève et une augmentation proportionnelle de grosseur. J'ai vu souvent de ces vessies, grosses comme les deux poings, contenant des milliers de pucerons et une certaine quantité d'eau fétide provenant de la sève qui avait fermenté. Ces vessies se fendent en automne, et quelques-unes des jeunes femelles, alors fécondées, en sortent pour aller déposer les œufs, qui, comme je l'ai déjà dit, doivent perpétuer l'espèce l'année suivante. Ces femelles, en apparence si lourdes pendant l'été, savent alors fort bien voler pour aller sur les arbres voisins établir de nouvelles colonies.

Les piqûres des pucerons occasionnent souvent sur les plantes

des monstruosités différentes de celles dont il vient d'être
parlé et qu'il serait trop long et inutile d'énumérer. Je ne puis
m'empêcher cependant de citer la transformation des pétales
en feuilles, comme la plus remarquable de toutes.

C'est sur-tout dans les années sèches que les pucerons sont le
plus dangereux, parce que alors les plantes sont peu fournies de
sève, et que la plus petite déperdition qu'elles en font leur est
très-sensible : c'est donc alors qu'il faut leur faire la chasse par
tous les moyens possibles.

Depuis quelques années, il paraît, dans les départemens de
l'ouest, un puceron qui n'y était pas connu auparavant, et qui
menace de rendre impossible, à l'avenir, la culture des pommiers
à cidre. C'est le PUCERON LANIGÈRE de Banks, appelé ÉRIO-
SOME par Leach, figuré dans le second volume des Transactions de la Société horticulturale de Londres. Il paraît, d'a-
près le rapport des cultivateurs anglais, qu'il est passé d'Amérique en Angleterre, et d'Angleterre en France. Il est recon-
naissable à la longue laine blanche qui le recouvre postérieu-
rement. C'est aux branches de deux ou trois ans des pommiers
qu'il s'attache, et il fait naître des exostoses, qui s'augmentent chaque année et finissent par oblitérer les canaux séreux
et faire périr les branches. Les rameaux que j'ai à ma disposition étaient hideux à voir. J'ai fait, à son sujet, un rapport à
la Société royale et centrale d'agriculture, qui est imprimé dans
le 14e. volume de la nouvelle série des *Annales d'Agriculture.*
J'y renvoie le lecteur.

On a indiqué des milliers de recettes contre ces animaux,
dont je vais passer quelques-unes en revue.

Les huiles et les essences, principalement celle de térében-
thine, les font bien périr, mais elles sont trop chères pour être
employées en grand ; et leur emploi, même en petit, est difficile, long et nuisible, en ce que ces matières grasses bouchent
les pores des bourgeons et des feuilles, et s'opposent par conséquent à leur transpiration insensible, transpiration qui leur
est indispensable.

Les vapeurs de soufre, de fumée de tabac et autres, qu'on
dirige sur les arbres qui sont chargés de pucerons, n'ont aucun inconvénient pour ces arbres et doivent être préférées ;
cependant elles ne remplissent pas toujours leur objet, parce
que le vent s'y oppose, que des feuilles les en garantissent,
ou qu'ils savent se soustraire à leurs effets. C'est sur les espaliers qu'il convient principalement de tenter ce moyen. On a
inventé un SOUFFLET propre à diriger ces vapeurs sur les pucerons. *Voyez* ce mot.

Les dissolutions de sel marin, les infusions de plantes âcres, telles que celles de feuilles de tabac, de sureau, de noyer, de jusquiame, le vinaigre, l'eau des fumiers, ont très-souvent réussi à faire périr presque tous les pucerons, lorsqu'on les a répandus en forme de pluie, à plusieurs reprises sur les plantes qui en étaient infestées, par le moyen des pompes et des arrosoirs ; leur effet est sur-tout très-marqué sur les plantes herbacées nouvellement semées.

Le moyen le plus efficace est certainement la chaux, j'en ai vu des effets surprenans. Pour l'employer, on réduit en poudre de la chaux récente, et on la sème à diverses reprises snr les plantes garnies de pucerons ; tous ceux qui en sont atteints sont anéantis en peu d'instans. Les pluies lavent ensuite les feuilles et les bourgeons, et le sol profite du savon qui résulte de la décomposition des pucerons. L'usage de ce moyen demande quelque dextérité et n'est pas sans inconvéniens. Un lait de chaux produirait le même effet ; mais il blanchirait davantage les feuilles et s'enleverait plus difficilement. *Voyez* Chaux.

Les dissolutions de potasse ou de soude, ainsi que l'eau des lessives du ménage, qui n'en diffère que fort peu, produisent des effets également certains. C'est ce moyen que j'ai indiqué, dans le rapport précité, contre le puceron lanigère.

Enfin, lorsqu'on cultive des plantes précieuses, pour lesquelles on ne doit pas épargner la main d'œuvre, on préfère de les tuer, soit avec les doigts, soit avec un pinceau de poil de cochon, soit avec une brosse, parce qu'on est plus sûr de son fait que par les procédés ci-dessus.

Mais tous ces moyens, praticables dans un jardin, dans un verger, ne le sont pas dans la grande agriculture, et souvent, quoique plus rarement, les pucerons s'y font redouter par leur désastreuse abondance. En effet, comment détruire tous ceux qui nuisent aux chênes d'une forêt, aux ormes d'une avenue ou d'une grande route, à toutes les vignes d'un canton, aux pousses d'une luzerne de plusieurs arpens, aux semis de colza, de vesce, de fèves, etc., etc. ? Heureusement la nature a donné un grand nombre d'ennemis aux pucerons, et les a rendus très-sensibles aux impressions atmosphériques. Parmi les premiers, on doit compter d'abord les larves de l'HÉMÉROBE-PERLE et de plusieurs SYRPHES, qu'on a nommés, à raison de la grande destruction qu'ils en font, *lions des pucerons*. Celles des coccinelles et de quelques ICHNEUMONS en font également beaucoup périr. Les pluies froides qui surviennent après des jours chauds les font souvent presque entièrement et subitement disparaître. Les sécheresses trop prolongées produisent plus lentement le même effet, en arrêtant la circulation de la sève, et en les privant par conséquent de nourriture. C'est principalement cette cause qui fait que généralement la pousse d'automne en est moins fatiguée que celle du printemps.

Les arbres et les plantes chargés de pucerons le sont presque également de fourmis, auxquelles l'ignorance a souvent attribué les dommages produits par eux. Le vrai est que ces fourmis ne font aucun tort aux tiges et aux feuilles de ces arbres et de ces plantes; qu'elles n'y affluent que pour manger l'humeur sucrée, la sève mielleuse qui sort des pucerons par les deux cornes de leur dos, ou qui s'épanche par les blessures que ces pucerons ont faites à l'écorce. Il ne faut donc point s'occuper de la destruction de ces fourmis, puisqu'on doit être assuré qu'elles disparaîtront dès qu'il n'y aura plus de pucerons.

Le puceron du cerisier est souvent si abondant qu'il désorganise l'extrémité des jeunes tiges dans les pépinières, ce qui nuit beaucoup à leur croissance. J'ai vu souvent ces feuilles être comme mortes dès le milieu de l'été : il serait plus avantageux de les ôter que de les laisser, si on pouvait compter sur une bonne pousse d'août; mais cette opération peut amener la perte complète des boutons ou yeux.

Je ne ferai pas ici la nomenclature des pucerons, attendu que presque toutes les plantes en nourrissent, et que les naturalistes, faute de caractères, ne les ont jusqu'à présent désignés que par le nom de la plante sur laquelle ils les ont observés, quoique la même plante en offre souvent de plusieurs espèces. (B.)

PUCERON FAUX. C'est la Psylle. *Voyez* ce mot.

PUEL, PUCIL (BOIS EN). Bois en défends, c'est-à-dire qui n'a pas encore trois ans, et où les bestiaux ne peuvent pas entrer.

PUGNÈRE. Quart d'un arpent et quart d'un setier dans le département de la Haute-Garonne. *Voyez* Mesure.

PUGNET. Sorte d'ancienne mesure agraire. *Voy.* Mesure.

PUISARD. Architecture rurale. C'est une fosse profonde destinée à recevoir les eaux des pluies, celles des leviers, offices, cuisines, laiteries, etc., lorsqu'on ne peut pas les faire écouler naturellement, ou sans inconvénient, au dehors des habitations. *Voyez* Cloaque, Fosse a fumier, Marc et Puit perdu.

Ces fosses sont ordinairement circulaires. On en revêt le pourtour en maçonnerie de pierres sans mortier, afin de prévenir l'éboulement des terres sans empêcher les eaux qui y tombent de s'infiltrer et de se perdre à travers. On termine ensuite cette maçonnerie par une voûte, dans le dessus de laquelle on pratique un regard assez grand pour y introduire un homme lorsque le puisard a besoin d'être curé.

Un puisard est le plus souvent un voisinage très-incommode pour les habitations. Les graisses et les autres immondices que les différentes eaux qui y sont dirigées y entraînent, fermentent en peu de temps, et font de ces puisards des cloaques aussi malsains et aussi infects que des fosses d'aisance. Cette puanteur est sur-tout nuisible dans les cuisines basses et dans les laiteries, où elle pénètre par le conduit même de l'écoulement de leurs eaux, au point de rendre quelquefois les cuisines inhabitables, et de gâter tout le laitage dans les laiteries.

On tâche de remédier à cet inconvénient en faisant curer les puisards de temps à autre, ou en y pratiquant des évents ou des cheminées ; mais les palliatifs n'empêchent pas qu'il n'en sorte une odeur insoutenable, qui est attirée dans ces pièces par le courant d'air formé par le feu des cuisines ou par le vent.

Un seul moyen nous paraît véritablement efficace pour garantir les cuisines et les laiteries des inconvéniens qui résultent du voisinage des puisards ; c'est celui imaginé par feu M. de Parcieux, qui a été consigné dans les Mémoires de l'académie royale des sciences, année 1767.

La simplicité de ce procédé trop peu connu, la facilité de son exécution, et les applications que l'on peut en faire en plusieurs autres circonstances, nous engagent à en donner ici la description.

Il faut une cuvette de pierre, ayant 18 pouces de longueur intérieure, un pied de largeur, et 6 pouces de profondeur au milieu.

Le bord, ou dessus de l'un des bouts de cette cuvette (c'est celui qui doit être placé du côté du puisard) est de 2 pouces plus bas que les trois autres côtés du pourtour de la cuvette.

Ce petit bassin doit être posé de niveau dans l'épaisseur du mur, et à la hauteur du pavé intérieur ou de la rigole par laquelle les eaux arrivent dans le puisard : de manière qu'il faut qu'elles passent par la cuvette avant que d'arriver au puisard.

On fait à chacun des grands côtés de cette cuvette une entaille de 3 pouces de profondeur, autant de largeur, et seulement de 2 pouces dans l'épaisseur des flancs. Ces entailles doivent être un peu plus près du bout de la cuvette qui est du côté du puisard que de l'autre. On pose de champ dans ces entailles, un morceau de dalle de pierre dure, de 3 pouces d'épaisseur, de 16 pouces de largeur, et d'autant de

hauteur environ, et on achève de maçonner autour de cette
dalle ainsi posée, pour ne laisser d'autre passage à l'air du
dehors au dedans que par le bas de la cuvette, sous la pierre
de champ.

Le bord du bout de cette cuvette, qui est du côté du puisard,
n'étant que de 2 pouces plus bas que le restant du pourtour,
et les entailles de la pierre de champ descendant de 3 pouces,
il en résulte que cette pierre plonge d'un pouce dans l'eau
quand la cuvette en est remplie; ce qui ôte toute communi-
cation d'air du dedans du puisard au dehors, parce que la cuvette doit toujours être pleine d'eau. Cette eau cependant
pourrait se corrompre comme celle du puisard, si on lui en
laissait le temps; mais elle ne reste jamais dans la cuvette pendant un jour entier. Elle est continuellement chassée et rem-
placée par la dernière qui arrive, soit par celle que l'on répand
toutes les fois qu'on lave quelque chose, soit en y jetant quelques seaux d'eau propre : au moyen de quoi, on n'est pas plus
incommodé de l'eau du puisard dans l'intérieur de la cuisine
ou autre pièce, que s'il n'y avait point de puisard.

C'est par un semblable moyen que M. de Parcieux est parvenu à empêcher l'introduction de l'air extérieur par le canal
d'écoulement du puisard de la glacière de Pont-Chartrain,
ainsi que nous l'avons dit au mot GLACIÈRE. (DE PER.)

PUITS. ARCHITECTURE ET ÉCONOMIE RURALES. La plus
grande incommodité que puisse éprouver un établissement rural est de manquer d'eau; une plus grande perte de temps pour
s'en procurer est encore le moindre inconvénient qui en résulte
pendant les sécheresses de l'été. On n'en fait ordinairement venir
que pour la consommation journalière du ménage; on envoie
abreuver les bestiaux dans les ruisseaux environnans ou aux
sources les plus voisines, et souvent à des distances assez
grandes; dans les ardeurs de la canicule, ces animaux en reviennent presque aussi altérés qu'ils étaient partis; enfin, si
pendant cette saison il se manifeste un incendie, on ne trouve
aucun moyen d'en arrêter les progrès. *Voyez* EAU, FONTAINE,
RUISSEAU, ABREUVOIR, CITERNE, MARE.

Telle est en France la position fâcheuse de beaucoup trop
de fermes, sans que leurs propriétaires aient rien tenté jusqu'à présent pour en diminuer le nombre.

Cependant deux moyens sont connus depuis long-temps
pour procurer de l'eau aux localités qui en manquent, les
puits et les citernes; mais, soit que la construction des puits
présente trop souvent des incertitudes décourageantes sous
les rapports de la dépense et du succès, soit que celle des
citernes exige trop de dépense et des ouvriers plus adroits que

ceux que l'on rencontre ordinairement dans les campagnes, les propriétaires se déterminent difficilement à ces travaux d'amélioration.

Cependant l'eau est une substance d'absolue nécessité dans les besoins de la vie et de l'agriculture; il est donc nécessaire de familiariser les propriétaires avec les moyens que l'art indique pour s'en procurer, même dans les circonstances les plus ingrates.

Nous avons suffisamment parlé des citernes, dont la construction, ainsi qu'on l'a vu à ce mot, ne présente d'autre obstacle que celui de la dépense, laquelle d'ailleurs est toujours proportionnée au volume d'eau que l'on veut se procurer. Il nous reste donc à donner ici tous les détails relatifs à la construction des différentes espèces de puits.

La destination d'un puits est de mettre à découvert, à la portée de l'habitation, ou au milieu d'un jardin, une source qui était cachée avant sa construction.

Pour y parvenir, on fait un trou, ordinairement circulaire, que l'on fouille jusqu'au-dessous de la surface de cette source, et lorsqu'on a trouvé l'eau en assez grande abondance pour ne pas craindre le tarissement de la source pendant l'été, on établit au fond du trou un rouet de bois dur, sur lequel on élève la maçonnerie du puits.

Telle est la construction des puits ordinaires, dont le procédé est suffisamment connu des maçons de la campagne.

L'art de construire les puits est donc particulièrement fondé sur celui de découvrir la position et la direction des sources cachées d'une localité; car si, comme on le pratique trop communément, on choisit au hasard l'endroit où l'on veut creuser un puits, on s'expose, ou à ne point rencontrer de source, ou à ne la trouver souvent qu'à une très-grande profondeur. Dans le premier cas, la dépense de la fouille est absolument perdue, et dans le second, celle de la construction du puits devient très-considérable.

Ainsi, dans la routine ordinaire, la construction d'un puits présente presque toujours une grande incertitude et dans sa dépense et dans son succès; et si l'on ajoute à ce désavantage celui de ne pouvoir élever l'eau des puits très-profonds qu'à l'aide de machines hydrauliques plus ou moins dispendieuses, telles que des corps de pompe, des norias, etc., on ne sera point surpris de la répugnance des propriétaires à multiplier ces établissemens.

On ne pourra donc parvenir à vaincre cette répugnance qu'en faisant disparaître de la construction des puits l'incertitude de dépense et de succès qui l'accompagne presque toujours, et que nous regardons comme le plus grand obstacle à leur établissement.

Pour parvenir à ce but, nous n'emploierons pas les prestiges de la *baguette divinatoire*, nous n'invoquerons pas non plus les *sensations surnaturelles*, nous nous contenterons d'établir quelques principes que la physique générale ne pourra pas désavouer, et nous en déduirons une formule simple, applicable à toutes les localités où l'on voudra trouver de l'eau pour la construction d'un puits.

1°. Les hautes montagnes sont généralement regardées par les physiciens comme étant les réservoirs principaux des eaux qui se répandent dans les vallées sous la forme de sources, de ruisseaux, de rivières ou de fleuves. De là les eaux se rendent dans des lacs, ou dans la mer, dont elles ont été et dont elles sont constamment extraites par l'effet de l'évaporation de l'atmosphère, pour retourner ensuite dans les premiers réservoirs en pluie, en neige, etc. C'est par ce mécanisme admirable que l'auteur de la nature sait entretenir sur la surface de la terre la quantité d'eau nécessaire à la végétation, ainsi qu'aux besoins journaliers des hommes et des animaux. Il résulte de cet état de choses que, si l'on creuse un puits sur un emplacement dominé par des hauteurs voisines, et qu'on lui procure une profondeur suffisante, on est à-peu-près sûr d'y trouver une source cachée ; mais si la hauteur dominante est fort éloignée de l'emplacement, que nous supposons d'ailleurs à une certaine élévation au-dessus du niveau de la vallée inférieure, ou si cet emplacement est un tertre ou mondain isolé, on ne doit point y rencontrer de source, à moins que ce ne soit à une grande profondeur.

2°. Le trop plein, ou la surabondance des eaux dans les réservoirs des montagnes, se verse dans les vallées inférieures, et y coule sur des lits naturels, que l'observation a trouvés formés par des bancs de roches ou d'argile. Ce sont les seules substances minérales qui soient imperméables à l'eau ; toutes les autres, connues pour entrer dans la composition des différentes couches de la terre, telles que le sable, la grève, le tuf, la marne terreuse, la terre végétale, sont autant de filtres qui laissent échapper l'eau.

Aussi, par-tout, et même dans les hautes montagnes secondaires, où les couches supérieures ou apparentes sont de la nature de ces dernières substances, les sources sont-elles infiniment rares, tandis qu'elles sont abondantes et nombreuses dans les gorges des montagnes de roche ou d'argile. *Voyez* Montagne.

3°. Ces eaux apparaissent dans les vallées, ou sur les coteaux, à des expositions à-peu-près constantes pour chaque pendant de montagnes, ou dans chacun de ses *contre-forts* ou embranchemens, et lorsque l'un de ses pendans présente des sources visibles, l'autre en est ordinairement privé. Ce phénomène, que nous avons constamment observé, doit naturellement être attribué à l'uniformité de l'inclinaison des couches de roche ou d'argile qui existent souvent dans chaque montagne, car ces substances seules peuvent servir de lit aux sources que l'on y aperçoit.

Ainsi, si l'on veut établir un puits sur le penchant d'une montagne qui ne présente point de sources, tandis qu'il en existe de visibles sur son penchant opposé, on peut assurer d'avance qu'on n'y trouvera point de sources cachées, ou qu'on ne pourra les découvrir qu'à une très-grande profondeur.

4°. Les sources visibles dans les penchans des montagnes se montrent à des niveaux plus ou moins élevés au-dessus des plaines inférieures, suivant que l'inclinaison du banc de roche ou d'argile qui leur sert de lit est moins ou plus forte, et il est toujours possible de déterminer leur direction et l'inclinaison, ou la pente de leur lit, ainsi qu'on le verra ci-après.

Mais aussi, si son inclinaison est tellement forte, que le prolongement du lit passe au-dessous du niveau du vallon inférieur, alors les sources ne sont plus visibles, et pour découvrir leur existence, la direction et l'inclinaison de leur lit, il faut avoir recours à d'autres moyens, que l'on est parvenu à rendre simples et peu coûteux.

Il nous semble que ces principes et ces observations peuvent fournir tous les élémens d'une bonne théorie de l'art de construire les puits, et faire disparaître l'incertitude de dépense et de succès que leur construction a présentée jusqu'à présent. Un exemple choisi dans l'une et l'autre des deux hypothèses que nous avons établies suffira pour l'intelligence de notre méthode.

Premier exemple. Supposons, *planche VII*, que l'on veuille construire un puits au point B, choisi dans le penchant A d'une montagne qui présente une source visible en C.

Dans cet exemple, il n'y a aucune incertitude du succès de la construction du puits, car la source étant visible en C, son lit existe nécessairement au-dessous du point B. Il n'est donc plus question que de connaître la profondeur qu'il faudra lui donner pour mettre le lit de cette source à découvert au point B, afin de pouvoir évaluer la dépense de construction du puits.

Mais cette profondeur BE n'est autre chose que la distance verticale du point B au point E, où le puits doit rencontrer la surface supérieure du banc incliné de roche ou d'argile, qui sert de lit aux eaux de la source visible en C; et pour la déterminer, il faut préalablement s'assurer de la position de ce plan souterrain, dont l'inclinaison peut être supposée uniforme sans un grand inconvénient. A cet effet, nous supposons que le penchant A de la montagne est coupé par un point vertical passant par le point C où la source est visible, et le point B où le puits doit être construit (1)

Ce plan rencontrera celui du lit de cette source dans la ligne CE, qui en représente la projection horizontale, et pour en déterminer la position à l'égard du terrain supérieur, il suffit d'en connaître deux points.

Ici le point C de cette ligne CE est déjà connu de position: reste donc à en trouver un autre dans cette ligne par le procédé le moins coûteux.

Pour y parvenir, on choisit sur le terrain, à quelque distance au-dessus du point C, et dans la direction des points connus C et B, un autre point D. On y fait creuser le terrain jusqu'à ce qu'on rencontre l'eau, ou, pour plus d'économie, on y fait enfoncer la tarière du mineur. La profondeur DH, à laquelle on aura été obligé de l'enfoncer pour trouver le fond du lit, donnera la position du second point H, cherché dans la ligne CHE. Ce point une fois connu, on en déduira facilement, comme on le verra ci-après, et la position du point E et la profondeur BE.

Deuxième exemple. Si le penchant A de la montagne ne présentait aucune source visible, il faudrait d'abord s'assurer que l'on y trouvera de l'eau.

On commencera par examiner si le penchant opposé de la montagne contient des sources visibles : si l'on y en trouve, c'est, comme nous l'avons déjà dit, une forte présomption contre l'existence des sources cachées dans le penchant A; mais si l'on n'aperçoit aucune source dans l'un ni dans l'autre penchant de la montagne, et que, pendant l'hiver ou après de grandes pluies, on ait déjà observé dans le penchant A des pleurs ou des sources éphémères, on aura lieu d'espérer qu'en creusant à une certaine profondeur on y trouvera une source cachée.

Dès-lors on cherchera à en connaître la profondeur, ainsi que l'inclinaison de son lit, par le moyen de la tarière, comme dans l'exemple précédent.

---

(1) M. de Perthuis suppose ici que les eaux intérieures sont toujours en nappe sur l'argile ou la roche; mais le vrai est qu'elles sont le plus souvent en ruisseaux dans les pentes des montagnes. *Voyez* FONTAINE.
(*Note de M Bosc.*)

On sondera donc d'abord dans le fond de la vallée inférieure, immédiatement au-dessous du point où le puits projeté devra être placé, et jusqu'à ce que l'on trouve l'eau : on sondera ensuite à quelque distance au-dessous de l'alignement de la première sonde et du puits, et également jusqu'à ce qu'on trouve l'eau. On tiendra note de ces deux profondeurs, et elles serviront de données pour déterminer, comme dans le premier cas, la position du point E de la source, qui correspond verticalement à celui B où l'on veut creuser le puits.

Cela posé, la détermination de la profondeur des puits et conséquemment celle de la dépense de leur construction, peuvent toujours avoir lieu à l'aide d'une formule simple applicable à tous les cas.

En effet, la profondeur BE, *Pl. VIII*, qu'il faut leur donner, est égale à CE moins CK, en nommant BE, x; et CK, différence inconnue de niveau des points C et E, y; on aura $x = CC = y$. Mais par la théorie des triangles semblables,

$$\text{CK, ou } y : \text{EK} :: \text{CL} : \text{LH}; \text{ conséquemment } y = \frac{\text{EK} \times \text{CL}}{\text{LH}}$$

$$\text{donc BE, ou } x = CG = \frac{\text{EK} \times \text{CL}}{\text{LH}}$$

Or, on connaît la distance horizontale du point choisi B au point C de la source visible, ou premier point trouvé de la source cachée, et cette distance BG $=$ EK.

On connaît également la distance horizontale entre les deux points connus, ou fixés de position C et D, et cette distance DF $=$ LH.

Enfin, par les opérations du nivellement, on connaîtra facilement les différences de niveau qui existent entre le point C et les points D et B, tous trois connus ou donnés de position.

Ainsi, en supposant BG ou EK $=$ 100 mètres; DF, ou LH $=$ 12 mètres; CG $=$ 12 mètres; CL $=\frac{1}{2}$ mètre, et en substituant ces données dans la formule $x = CG = \dfrac{\text{EK} \times \text{CL}}{\text{L H}}$

on aura x, ou $BE = 12^m \dfrac{100^m + \frac{1}{2}}{12} = \dfrac{144^m - 50^m}{12} = 7^m 833$.

Au moyen de cette méthode, un propriétaire pourra donc toujours calculer d'avance la dépense de construction d'un puits dans un endroit déterminé, car sa profondeur étant connue, il trouve localement les autres élémens de ce calcul.

Il faut avoir l'attention d'éloigner les puits des étables, des fumiers et généralement de tous les lieux qui pourraient communiquer à l'eau une odeur désagréable ou nuisible.

On ne doit cependant pas conclure de ce précepte qu'il soit impossible d'avoir un bon puits dans une basse-cour, mais seulement qu'il faut toujours le placer au-dessus de l'égout naturel des fumiers, des étables, etc.

D'ailleurs les puits doivent toujours être à découvert, quelque inconvénient qu'il y ait à cet état, parce que l'eau en est meilleure. Les vapeurs qui montent s'évaporent plus facilement, et l'air qui y circule librement la purifie mieux. On prévient les accidens qui peuvent en arriver, en les couvrant avec un grillage léger et facile à retirer lorsqu'on tire de l'eau avec une poulie; et si le puits est muni d'une pompe à main, le grillage peut être fait en fil de fer peint. *V. Pl. VII.*

On lit dans l'Encyclopédie que la Flandre, l'Allemagne et l'Italie, ont imaginé de substituer à ces puits ordinaires des *puits forés,* c'est-à-dire des puits où l'eau monte d'elle-même jusqu'à la surface du terrain; en sorte qu'on n'a la peine que de puiser l'eau dans un bassin où elle se rend, sans qu'on soit obligé de la tirer.

« Ces puits sont infiniment commodes; mais leur construction présente souvent de grandes difficultés. On creuse d'abord un bassin, dont le fond doit être plus bas que le niveau auquel l'eau peut monter d'elle-même, afin qu'elle s'y épanche. On perce ensuite avec des tarières un trou d'environ 3 pouces de diamètre, dans lequel on met un pilot garni de fer par les deux bouts; on enfonce le pilot avec le mouton, autant qu'il est possible, et on le perce avec une tarière d'un diamètre un peu moins grand et d'un pied de gouge.

» C'est par ce canal que doit venir l'eau, *si l'on a enfoncé le pilot dans un bon endroit.* On la conduit ensuite dans le bassin avec un tuyau de plomb.

» Dans plusieurs endroits du territoire de Bologne en Italie, il y a aussi des puits forés; mais on les conduit différemment. On creuse jusqu'à ce qu'on ait trouvé l'eau; après quoi, on fait un double revêtement, dont on remplit l'entre-deux d'un couroi de glaise bien pétrie. On continue de creuser plus avant, et de revêtir, comme dans la première opération, jusqu'à ce qu'on trouve des sources qui viennent en abondance. Alors on perce le fond avec une tarière, et le trou étant achevé, l'eau monte; non-seulement elle remplit le puits, mais encore elle se répand sur toute la campagne, qu'elle arrose continuellement. »

Malgré l'insuffisance de la description de ces puits forés, on peut juger d'abord que ceux du territoire de Bologne doivent occasionner une grande dépense de construction, et même beaucoup plus considérable que celle de nos puits ordinaires lorsqu'ils sont très-profonds; le seul avantage qu'ils aient sur ces derniers, c'est que pour élever l'eau de ceux-ci il faut trop souvent employer des machines d'une construction et d'un entretien très-dispendieux.

Quant aux premiers puits forés, leur construction paraît simple, d'un effet certain; mais pour les pratiquer ainsi avec un seul pilot, que l'on fore après l'avoir enfoncé, il faut nécessairement que l'eau ne soit pas à une profondeur plus grande que la longueur ordinaire d'un pilot. Il y a donc aussi insuffisance dans la description de cette éspèce de puits forés; car, si la profondeur de la source cachée était plus grande, comment faudrait-il opérer? Les puits forés, pratiqués depuis si long-temps en Artois, et que l'on appelle par cette raison *puits artésiens*, noûs paraissent les seuls applicables à tous les lieux et à toutes les circonstances : ils sont aussi préférables à tous les autres, par l'économie de leur construction.

Voici la description que notre collègue M. Cadet de Vaux en a donnée dans le premier volume des Mémoires de la Société d'agriculture du département de la Seine.

« On perfore, avec une tarière d'environ 3 pouces de diamètre et d'un pied de gouge, le sol sur lequel on désire pratiquer l'un de ces puits. On place verticalement dans le sol perforé un cylindre en bois creusé, ou un tuyau carré, du même diamètre que le trou, et garni dans sa partie inférieure d'un fer saillant et tranchant, pour faciliter son enfoncement; on l'enfonce avec le mouton, après quoi on recommence à tarauder.

» Lorsque le nouveau trou est bien curé, on enfonce le premier cylindre jusqu'au fond, au moyen d'un second cylindre ajusté sur le premier, dans une feuillure pratiquée à cet effet à sa partie supérieure, et consolidée avec un cercle de fer.

» En répétant cette manœuvre à l'aide de la tarière, on parvient à percer les bancs de tuf, de pierre, etc., s'il s'en rencontre; au fur et à mesure que la tarière se remplit, on la retire pour la vider.

» Avec du temps, car cette opération en exige, et par l'addition successive de nouveaux cylindres, on parvient à de grandes profondeurs; enfin on obtient communément l'eau. Lorsque l'emplacement a été mal choisi, il arrive quelquefois que l'on a travaillé en vain; mais le cas est infiniment rare.

» Si le réservoir de l'eau obtenue est supérieur à celui de la surface du sol, l'eau jaillit, et c'est une *fontaine jaillissante* que l'on s'est procurée (cela est arrivé à la papeterie de Courtalin); mais si le réservoir est au-dessous de ce niveau, c'est un puits peu profond, et qui n'exige pas tout l'appareil des puits profonds ordinaires pour en élever l'eau.

» Dans le premier cas, on forme autour du tuyau un bassin, dont on dirige ensuite le trop plein à volonté; dans le second, on creuse un puits ordinaire autour du cylindre qui en occupera le centre; on l'approfondit jusqu'à 6 pieds au-dessous du niveau auquel l'eau s'est élevée dans le cylindre. On le recepe ensuite à un pied du fond, et alors on a un puits excellent qui ne tarit jamais (1).

» Les puits de la Perse, qu'on y appelle *kerises*, du nom des galeries ou conduits souterrains qui en réunissent les eaux, méritent aussi d'être connus, non pas que leur construction présente rien d'extraordinaire, mais parce qu'on pourrait en faire en France une utile application dans les localités qui en seraient susceptibles.

» Ces puits se rencontrent en grand nombre sur la pente des collines, au bas des montagnes et dans toutes les plaines. Ils sont en général peu profonds; cependant il y en a qui ont plus de 150 pieds. Parvenus à la roche ou à la couche d'argile sur laquelle l'eau repose, on a creusé des galeries et dirigé vers un même point les eaux de plusieurs puits, en soutenant leur niveau ou leur donnant le moins de pente qu'il a été possible; dès qu'elles ont été réunies, on a continué une seule galerie jusqu'à ce qu'on fût hors de terre.

» Ces galeries ou conduits souterrains sont infiniment multipliés et paraissent dater d'une époque très-ancienne; ils ne sont pas en maçonnerie, ce qui exige un grand entretien, attendu que les terres s'affaissent quelquefois. On a pratiqué, à des distances convenables, des soupiraux, afin de pouvoir y descendre lorsqu'on le juge à propos, et aussi pour donner de l'air, car on peut, en partant de la source, visiter toutes les galeries; elles ont plus ou moins de largeur, suivant la quantité d'eau qu'elles reçoivent. Quant à leur hauteur, on ne leur a pas moins donné de 8 à 9 pieds : quelques-uns de ces conduits parcourent une étendue de plusieurs lieues.

---

(1) Les puits forés ou puits artésiens, car ils ne diffèrent pas essentiellement, ne peuvent être établis que dans les localités où il y a, à une profondeur plus ou moins grande, une nappe d'eau remplissant l'intervalle de deux bancs de roche inclinés : de manière que cette eau est forcée, par sa seule position, à sortir par le trou percé dans le banc supérieur, et à s'élever au niveau de son point de départ. Il en résulte que partout où ces circonstances ne se trouvent pas, ce qui est le plus fréquent, il n'est pas possible de forer de ces sortes de puits. De là vient l'inutilité de tant de dépenses précédemment faites. (*Note de M Bosc.*)

» Lorsque les eaux sont trop basses ou que la nature du sol ne permet pas de les conduire hors de terre, on se contente de les élever au moyen d'un treuil établi sur l'ouverture du puits, ou simplement d'une poulie élevée au-dessus. On se sert, à cet effet, d'un grand seau de cuir, qui contient 15 ou 20 pintes, lorsque ce sont des hommes qui doivent le tirer, et au-delà de 100 lorsque ce sont des buffles ou des ânes.

» Au moyen de ces kerises ou de ces sources artificielles, les anciens Persans étaient parvenus à mettre en culture presque toutes les terres qui n'étaient pas trop élevées. » (Ces derniers détails sont tirés du *Voyage en Perse*, de notre collègue M. *Olivier*, tom. 1er. pag. 307.) (DE PER.)

PUITS. Excavation perpendiculaire plus ou moins profonde, qu'on pratique dans la terre pour arriver jusqu'aux eaux qui y circulent, dans l'intention de les en extraire par un moyen mécanique quelconque. Ainsi donc un puits ne diffère d'une fontaine que parce que la source qui l'alimente n'est pas à la surface de la terre, et d'une citerne que parce que les eaux qui y sont réunies ne viennent pas immédiatement du ciel.

Malheureux les pays qui, n'ayant pas de fontaines, de ruisseaux ou de rivières, n'ont pas le moyen de s'en dédommager en creusant des puits! Leur agriculture ne peut jamais être florissante, et ils sont obligés de renoncer à la pratique de beaucoup de sortes d'arts où l'eau est indispensable, soit comme agent, soit comme matière. Aussi par-tout où on a été obligé d'en creuser, l'a-t-on fait, ou a-t-on essayé de le faire aussi dans un ouvrage de la nature de celui-ci doit-on donner quelques notions sur la manière d'arriver à ce but.

Des eaux nombreuses existent par toute la terre à différentes profondeurs, se dirigeant des points les plus élevés jusqu'aux plus approfondis, et coulant soit sur des roches, soit sur des argiles. Les unes et les autres sont produites, par l'infiltration de celle des pluies, à travers les couches de la terre qu'un degré de porosité quelconque leur rend perméables. Quelques-unes de ces eaux suintent en nappes fort étendues, d'autres coulent en ruisseaux plus ou moins considérables. Ainsi, lorsqu'à la base des montagnes il se trouve, comme cela est souvent, une plaine de sable reposant sur des argiles, les eaux souterraines de ces montagnes se répandent uniformément sous toute cette plaine, de sorte que par-tout où l'on creuse de quelques pieds, ou au plus de quelques toises, on est sûr de trouver de l'eau. La même circonstance se retrouve dans les vallées où coulent de grands fleuves qui ont accumulé des bancs de sable sur leurs bords, parce que les eaux de ces fleuves s'y répandent également. Il n'en est pas ainsi dans les montagnes ou même dans les plaines élevées, où le sol est naturel, c'est-à-dire composé de couches soit granitiques, soit schisteuses, soit calcaires, soit argileuses. Là, les eaux se sont réunies en courans qui coulent dans les fentes des rochers ou dans les dépressions que présente leur surface ou celle des argiles. Il faut donc creuser des puits positivement sur un de ces courans pour avoir de l'eau : or, comment faire pour acquérir la certitude de réussir, lorsqu'on projette une semblable entreprise?

En général c'est dans les pays où il est le plus incertain et le plus coûteux de creuser des puits qu'on en a le moins de besoin, parce que ces pays présentent des sources naturelles fréquentes et abondantes ; mais enfin il en est, et ce sont principalement ceux à couches argileuses, superficielles et épaisses, ceux à couches calcaires fendillées, ceux à tuf volcanique, etc. Il faut donc se guider par quelques circonstances, telles qu'une dépression longitudinale dans la pente naturelle du terrain, c'est-à-dire une espèce de vallée, un changement dans la nature du sol, une végétation plus vigoureuse, des vapeurs plus abondantes à midi, etc. On préjuge la profondeur qu'on donnera au puits d'après la connaissance qu'on a de la composition du sol, soit par des puits déjà creusés, soit par des carrières en exploitation, soit par des ravins, des éboulemens de terre, etc. Quelquefois les eaux sont sur la première couche de pierre ou d'argile, quelquefois sur la seconde, la troisième, la quatrième. Il faut creuser ou quelques pieds ou plusieurs centaines de pieds, selon les localités. On ne peut donner aucun précepte général à cet égard, puisqu'il n'y a pas deux de ces localités exactement semblables. Dans ce cas, comme dans bien d'autres, il faut nécessairement beaucoup donner au hasard, c'est-à-dire risquer de perdre son temps ou son argent ; mais on ne doit pas se décourager facilement : tel qui a arrêté sa fouille à 100 pieds eût trouvé de l'eau à 102. Le changement de la nature des couches doit principalement guider dans ce cas la détermination : ainsi après la craie on doit espérer de trouver l'argile, et après l'argile le sable. Un moyen extrêmement commode de s'assurer de ce sur quoi on peut compter, c'est la sonde des mineurs, c'est-à-dire une tarière de plusieurs pièces, avec laquelle on perce les terres et les rochers et l'on amène à la surface des échantillons de leurs diverses natures. On fait même des puits presque uniquement avec elle dans certaines localités, en Artois, par exemple, d'où est venu à ces puits le nom d'artésiens. *Voyez* l'article précédent.

Un grand nombre de moyens sont employés pour tirer l'eau des puits. Le plus généralement on se sert d'un seau attaché à une longue corde qui tourne sur un treuil ou sur une poulie fixée au-dessus du centre du puits. Quelquefois il y a deux seaux, dont l'un monte plein quand l'autre descend vide. On emploie des chaînes de fer, des cordes de chanvre ou d'écorce de tilleul proportionnées à la grandeur des seaux et à la profondeur du puits; car un seau de même grandeur pèse plus sur elles quand il est en bas que quand il est en haut. Les dernières sont moins chères et plus légères, et elles durent quelquefois autant : on doit donc les préférer lorsqu'on a le choix. C'est une méthode digne d'un peuple barbare que de tirer l'eau en faisant frotter, comme on le fait encore dans quelques cantons, la corde contre la margelle, attendu qu'il en résulte plus de fatigue pour l'homme et une plus rapide usure du seau, de la corde et de la margelle. Dans ceux où on tire avec une perche armée d'un crochet, on éprouve beaucoup de fatigue et on s'expose à beaucoup de dangers, le poids, joint à une mauvaise position, entraînant souvent le tireur. Un moyen qu'on emploie dans beaucoup de lieux où les puits sont peu profonds est digne d'être suivi par-tout où cela devient possible. Il consiste à placer le seau au bout d'une perche un peu plus grande que la profondeur du puits, laquelle perche est fixée par l'autre bout sur une cheville mobile à l'extrémité d'un long levier, lui-même mobile sur une potence plus ou moins élevée, et portant à son autre extrémité des poids plus ou moins considérables. Par ce moyen, un enfant tire de l'eau, car il n'y a presque pas d'efforts à faire pour y parvenir. Tous les moyens plus compliqués, tels que les pompes et autres, sont le plus souvent hors de la portée des cultivateurs et réservés aux manufactures et aux villes; cependant je donnerai plus bas la description et la figure de la roue à chapelet ou noria, si employée pour les irrigations dans les parties méridionales de la France.

Les jardiniers des environs de Paris tirent l'eau de leurs puits avec deux très-grands seaux, qui montent et descendent alternativement, par le roulement et le déroulement d'une corde, autour du tambour d'un treuil perpendiculaire que fait tourner un cheval. *V.*, pour le surplus, l'article précédent (1).

---

(1) Lasteyrie, dans le premier volume de son important ouvrage, intitulé *Collection de machines et de constructions employées par l'agriculture,* figure diverses armures de puits, dont je conseille au lecteur de prendre connaissance.

On voit, dans le département de Vaucluse, quelques puits creusés dans les montagnes pour avoir de l'eau propre à arroser la plaine, en en faisant sortir, comme en Perse, les eaux par une galerie horizontale partant du fond. *Voyez* l'article précédent.   (*Note de M. Bosc.*)

L'eau des puits varie, comme toutes les autres eaux, dans ses qualités, à raison des matières étrangères qu'elle contient; mais non-seulement elle offre, dans certains lieux, plus de ces matières, mais elle a encore des qualités particulières qui tiennent à sa nature même, et qui la rendent la moins propre de toutes à la boisson des hommes et des animaux, à l'arrosement des végétaux et aux usages économiques. Ainsi, sans parler des eaux minérales proprement dites, toutes celles qui ne coulent pas sur le granit et autres pierres dures, tiennent en dissolution de la chaux, de la sélénite, avec ou sans l'intermède de l'acide carbonique; ainsi toutes sans exception contiennent moins d'air que celles qui proviennent des sources naturelles, comme ces dernières en contiennent moins que celles des rivières. Il résulte de là qu'elles sont ce qu'on appelle *dures, pesantes, indigestes, crues;* c'est-à-dire qu'elles sont désagréables au goût, ne désaltèrent pas, ne dissolvent pas le savon, ne cuisent pas les légumes, etc., etc. Le moyen le plus simple de les améliorer, c'est de les exposer à l'air et de les battre ou faire couler de haut plusieurs jours avant de les employer. (*Voyez* au mot Eau.) Un autre motif qui sollicite encore cette mesure, c'est qu'elles ne varient presque pas de température, qu'elles sont en été plus froides que l'atmosphère, et que, par cela seul, leur usage peut occasionner des maladies graves aux hommes et aux animaux, et faire périr ou au moins retarder la croissance des végétaux qu'on arrose avec elles.

Quelques jardiniers croient détruire les mauvaises qualités de l'eau de puits en mettant dedans du fumier. Cette pratique est utile dans beaucoup de cas, mais elle ne produit point la décomposition ni la précipitation de la sélénite, et c'est cette dernière substance qui, après leur froidure, est la plus nuisible pour eux. La potasse ou la soude seules peuvent décomposer ce sel-pierre, et la chaleur le précipiter; mais ces moyens sont trop coûteux pour être usités.

Il résulte de ceci que, dans une ferme bien administrée, on doit placer près du puits plusieurs auges, dans lesquelles on mettra l'eau destinée à la boisson des animaux, deux, trois ou un plus grand nombre de jours avant celui de sa consommation. Le mieux serait de faire couler l'eau à une grande distance du puits, de lui faire faire des cascades, afin qu'elle puisse plus rapidement absorber l'air qui lui est nécessaire.

Un puits bien fabriqué peut durer des siècles, mais il a besoin d'être nettoyé de temps en temps non-seulement à raison des terres que l'infiltration des eaux y amène continuellement, mais encore parce qu'il y tombe toujours, ou qu'on y jette des pierres, ou même des matières qui altèrent la bonté de l'eau qu'on en tire. Cette opération doit être faite en été, époque où les eaux sont ordinairement plus basses. On en profite pour faire au mur de revêtissement les réparations qu'il peut exiger. Il est des puits qu'on est obligé d'approfondir de temps en temps, parce que, soit par la nature du sol qui laisse infiltrer les eaux, soit par le défrichement des montagnes boisées, le desséchement des étangs ou autres réservoirs, qui diminuent la quantité d'eau propre à être infiltrée. Il en est quelques-uns qui tarissent pendant les fortes gelées, un plus grand nombre pendant les grandes sécheresses. Je ne puis donner de préceptes sur tous ces cas, parce que les localités seules peuvent fournir même les moyens propres à remédier aux inconvéniens qu'elles produisent. Il est rare qu'on voie employer en France l'eau des puits aux irrigations de la grande agriculture ; cependant il est des localités où cela peut se faire avec avantage. Je citerai la plaine sablonneuse qui est de l'autre côté de la Seine, vis-à-vis la terrasse de Saint-Germain-en-Laie. Là, on fait un puits en moins d'un jour de travail, et on ne dépense pas 12 francs pour le munir de tous les ustensiles qui lui sont nécessaires ; aussi y sont-ils très-nombreux. J'ai décrit la culture remarquable de cette plaine et la fabrication de ces puits dans la Bibliothèque des propriétaires ruraux, année 1805. (B.)

PUITS A CHAPELET, ou NORIA ; PUITS A ROUE, ou SEIGNE, en Provence et en Languedoc. C'est des Maures que les Espagnols ont emprunté la désignation de *noria* ; et sans le secours de cette mécanique, qui fournit beaucoup d'eau, il serait très-coûteux, et pour ne pas dire presque impossible, d'arroser de grands jardins dans les provinces méridionales, où la grande chaleur et la grande évaporation forcent à recourir à l'IRRIGATION (*voyez* ce mot) ; tout autre arrosement à bras serait ruineux ou de bien peu d'utilité. *Voyez* POMPE.

La noria n'est pas uniquement destinée à fournir l'eau nécessaire aux jardins ; elle peut encore être d'un grand secours pour l'irrigation des prairies, si la source, les puits, etc., d'où elles tirent l'eau, en fournissent abondamment. On sent fort bien qu'il est très-possible, si le cours des vents est réglé dans le pays, de supprimer le cheval qui fait tourner la roue, et de suppléer sa force par celle des ailes d'un moulin à vent, ou par le courant d'un ruisseau assez profond, en supposant une roue horizontale qu'il ferait mouvoir, et qui, par un équipage convenable, s'adapterait à la roue qui monte les seaux.

Les propriétaires de vastes jardins, soit potagers, soit d'agrément, où l'on est obligé d'arroser à bras d'hommes, trouveront une grande économie à construire une semblable machine. Il est facile d'entretenir et de remplir par son moyen de très-grands réservoirs, de grands canaux qui serviraient autant pour la décoration que pour l'utilité. L'expérience m'a démontré qu'une seule qui travaille alternativement pendant deux heures consécutives, et se repose tout autant, élève par jour, et de 10 pieds de profondeur, une quantité d'eau suffisante pour remplir un bassin de 36 pieds de longueur, 12 de largeur et 6 de profondeur, si une mule relève l'autre lorsqu'on la sort du travail; si, pendant plusieurs jours de suite et sans interruption, elles continuent à monter l'eau, il est aisé de calculer l'immense quantité d'eau qu'elles procurent. Heureux si le vent peut suppléer le travail des animaux! On n'aura d'autres dépenses que celles de l'entretien de la machine, qui agira autant pendant la nuit que pendant le jour.

Ceux qui emploient la noria ont trouvé un expédient bien simple, au moyen duquel ils se sont assurés que les mules, les chevaux, destinés à tourner la roue, ne s'arrêtent jamais pendant les deux heures que leur travail doit durer; autrement il faudrait qu'il y eût près des mules un homme, le fouet à la main, sans cesse occupé à les faire marcher. On attache une petite sonnette à la barre, et elle est mise en action tant que l'animal marche; c'est par le bruit qu'elle fait qu'on s'aperçoit s'il travaille; mais il faut l'accoutumer à ce travail, et lui apprendre que, dès que la cloche cesse de sonner, il est au moment de recevoir de grands coups de fouet. On commence par boucher les yeux de l'animal avec des lunettes, afin qu'il ne s'étourdisse pas en tournant circulairement. Ces lunettes sont faites en cuir; chacune ressemble à un bouclier très-creux, ou à une des deux sections d'un hémisphère coupé en deux par le milieu. Il faut que dans sa capacité l'animal ait le mouvement libre de l'œil. Ces lunettes sont maintenues par deux lanières; la supérieure passe derrière ses deux oreilles, et l'inférieure sous les deux branches de la partie supérieure des os de la mâchoire, où elle s'attache au moyen d'une boucle..... Quatre hommes se placent à des distances égales, à l'extrémité de la circonférence décrite par l'animal en tournant. Dès qu'il est mis en mouvement par la voie d'un des conducteurs, il doit régner le plus grand silence. Aussitôt que le cheval s'arrête, un des conducteurs, c'est celui qui se trouve le plus près de lui, assène un grand coup de fouet sans faire le plus léger bruit, et ainsi de suite pendant les deux heures du travail. Deux heures après, époque à laquelle on remet l'animal au travail, les mêmes hommes reprennent leurs postes, gardent le même silence, et le fouet agit au besoin. On continue ainsi pendant toute la journée, et il est très-rare que l'on soit obligé d'y revenir le lendemain. Cependant, si la leçon donnée pendant la première journée ne suffit pas, on la réitère jusqu'à ce que l'animal ne s'arrête plus que pour être détaché de la barre.

Il est essentiel que les environs de cette machine soient plantés d'arbres, afin que leurs rameaux et leurs feuilles tiennent à l'ombre l'animal qui travaille et les bois de la machine. La chaleur, jointe à l'eau dont ils sont sans cesse pénétrés, fait déjeter les bois, les tourmente et hâte leur destruction. Les propriétaires aisés doivent faire couvrir le tout par un hangar.

Une attention particulière à avoir, c'est d'essuyer avec un linge les yeux du cheval lorsqu'on lui ôte ses lunettes, et de ne pas le laisser exposé à un courant d'air. Ces lunettes retiennent contre le globe de l'œil et tout autour des paupières la matière de la transpiration et de la sueur, et il est rare, même en hiver, que ces parties ne soient pas humides ou mouillées : dès-lors elles sont susceptibles de se refroidir presque subitement, puisque l'humidité éprouve une grande évaporation, et que toute évaporation produit le froid : de là le reflux de la matière dans le sang ; de là les fluxions, et souvent enfin la perte de la vue. Si on a un cheval ou un mulet aveugle, c'est le cas de le sacrifier à ce genre de travail, parce que le paysan en général n'est pas homme à prendre aucune précaution. Passons à la description de la machine. *Voyez Pl. VIII.*

Imaginez un équipage ordinaire, A, B, C, D, conduit par un cheval. Les fuseaux verticaux *d* de la roue horizontale C prennent en tournant les extrémités saillantes *e* des barres d'assemblage de deux portions circulaires de la roue verticale FFF et la font tourner verticalement. Sur cette roue verticale FFF, passe un chapelet de godets de terre, *ggg*, etc., contenus entre les cordes d'écorce, ou, encore mieux, faites avec du spart. Ces godets *ggg* sont conduits au fond du puits HHH ; ils s'y remplissent d'eau en y entrant par leur côté ouvert. Lorsqu'ils en sont remplis, comme ils prennent en remontant une position opposée à celle qu'ils avaient en descendant, leur ouverture est tournée en haut, et ils gardent l'eau qu'ils ont puisée jusqu'à ce qu'ils soient amenés par le mouvement à la hauteur de la roue F. Alors, à mesure qu'ils montent sur cette roue ils s'inclinent ; quand ils sont à son point le plus élevé ils sont horizontaux, et quand ils ont passé le point le plus élevé, leur fond commence à se hausser et leur ouverture à s'incliner, et lorsque les cordes sont tangentes à la roue, cette ouverture est tout-à-fait tournée vers le fond du puits. Dans le passage successif de chaque godet par ses différentes situations ils versent leur eau à travers les barres de la roue F, dans l'auge ou bache KK, placée en dedans de cette roue, comme on le voit au-dessus de l'arbre, ne tenant, comme il est évident, ni à l'arbre ni à la roue ; car il faut que la roue tourne et que la bache soit immobile. Cette bache est donc fixée latéralement à l'orifice supérieur du puits lorsqu'il est de bois : on peut la pratiquer en pierre. Il y a à cette auge ou bache une rigole qui conduit les eaux versées par les godets dans la capacité de la bache à l'endroit destiné pour les rassembler; GG sont des portions de voûtes qu'on a pratiquées à de certaines distances de la hauteur du puits, pour en rendre la maçonnerie plus solide. Elle divise la circonférence intérieure et elliptique du puits en deux portions, chacune semi-elliptique, par l'une desquelles le chapelet des godets descend pour remonter ensuite par l'autre.... On a dans cette planche deux couches verticales de puits. La seconde coupe K, L, M, montre l'eau I, et le radier M placé au fond du puits, et servant d'assiette à la maçonnerie. *Voyez Pl. VIII.* (R.)

PUITS PERDUS. On donne ce nom à des espèces de puits ou de trous circulaires plus ou moins larges, plus ou moins profonds qu'on creuse dans les campagnes, aux lieux où les eaux des pluies ou des sources se rassemblent faute de pente suffisante, afin de s'en débarrasser, en facilitant leur infiltration. Leur établissement est fondé sur le principe que dans les puits l'eau reste souvent à la même hauteur ; c'est-à-dire que celle qui n'est pas employée s'écoule, comme elle était venue, par une ou plusieurs fissures existantes dans les couches intérieures de la terre. *Voyez* PUISARD.

Il est un grand nombre de circonstances où il peut être très-avantageux de faire des puits perdus pour effectuer un dessèchement temporaire, et même permanent ; mais on l'entreprend peu, parce qu'on est rarement certain du succès, et que les puits perdus les meilleurs sont ordinairement ceux qui se comblent le plus promptement.

Je crois cependant qu'il est peu de localités où on ne puisse en creuser fructueusement, et les conserver en activité de service pendant un grand nombre d'années : en effet il suffit, pour le même objet, de les approfondir davantage qu'on ne le fait ordinairement ; car d'abord les courans inférieurs sont constamment plus forts que les supérieurs, et ces derniers, se confondant dans le puits avec les premiers, laissent libres les tuyaux dans lesquels ils coulaient de l'autre côté du puits ; ensuite un petit bassin creusé auprès du puits, et qui communiquerait avec lui par une bonde ou une vanne, donnerait

moyen à l'eau de déposer la terre et autres matières qu'elle
entraîne, lesquelles en seraient retirées tous les ans ou tous
les deux ans pour être employées comme engrais. *Voyez*
Vase.

Quant aux puits perdus qui existent dans les terrains graveleux ou sablonneux, dans lesquels l'eau s'infiltre de tous côtés,
ils n'ont pas besoin de ces précautions. Comme le plus souvent ils ne sont pas d'une grande profondeur, on les laisse
se remplir, et lorsqu'ils commencent à ne plus rendre de service, on en creuse de nouveaux dans le voisinage.

Les Pierrées et les Fascinages (*voyez* ces mots) remplissent souvent la même destination que les puits perdus. (B.)

PULICAIRE, *Pulicaria*. Espèce de plantain dont on a
fait un genre particulier, sous la considération que sa capsule
est bisperme, tandis qu'elle est polysperme dans les plantains : cette plante a d'ailleurs un port particulier. Elle est rameuse et pourvue sur ses tiges de feuilles opposées et linéaires.
On la trouve souvent en grande abondance dans les sols sablonneux les plus arides : on lui attribue la vertu de chasser
les puces, parce que ses semences ressemblent à une puce par
la grosseur et la couleur. Sa véritable utilité serait d'être enterrée en fleur pour améliorer le sol et le rendre propre à être
cultivé. *Voyez* Récolte enterrée.

Décandolle rapporte, dans nn mémoire inséré au onzième
volume du mémoire de la Société d'agriculture de Paris, que
la graine de cette plante fait l'objet d'un petit commerce dans
le ci-devant Roussillon. On l'exporte en Angleterre et en
Allemagne pour, dit-on, donner aux chapeaux une apparence
lustrée. (B.)

PULMONAIRE, *Pulmonaria*. Genre de plantes de la pentandrie monogynie et de la famille des borraginées qui renferme une demi-douzaine d'espèces, dont une est assez commune
et assez souvent employée en médecine pour mériter d'être
citée dans cet ouvrage.

La Pulmonaire officinale a les racines fibreuses, vivaces;
les tiges anguleuses, velues, rameuses, hautes de 8 à 10 pouces;
les feuilles aiguës, velues, rugueuses, ordinairement tachées
de blanc ; les radicales ovales, en cœur, et longuement pétiolées ; les caulinaires alternes, sessiles, lancéolées et beaucoup plus petites ; les fleurs bleues et pourpres, quelquefois
blanches, disposées en corymbes terminaux et penchés. Elle
croît par toute l'Europe dans les bois arides, sur les pelouses
sèches, et fleurit dès les premiers jours du printemps. Ses
feuilles ne sont point tachées lorsqu'elle croît complétement
à l'ombre ; on les regarde comme adoucissantes. Dans quelques

pays, on les mange en guise d'épinards. Les moutons et les chèvres sont les seuls d'entre les bestiaux qui ne les dédaignent pas.

Cette plante jouissait autrefois de beaucoup plus de célébrité qu'aujourd'hui, par suite des absurdes conséquences qu'on avait tirées de la maculature de ses feuilles, maculatures qui ont quelques rapports avec la couleur du poumon. On la connaît sous les noms de *grande pulmonaire*, d'*herbe aux poumons*, d'*herbe du cœur*, d'*herbe au lait de Notre-Dame*, *de sauge de Jérusalem*. Son aspect est assez agréable pour mériter qu'on en place quelques touffes au bord des gazons des jardins paysagers. Ses fleurs distillent beaucoup de miel, aussi sont-elles très-fréquentées par les abeilles. (B.)

PULMONAIRE DE CHÊNE. Nom vulgaire d'une espèce de LICHEN.

PULMONAIRE DES FRANÇAIS. Espèce d'ÉPERVIÈRE.

PULMONIE. *Voyez* PHTHISIE PULMONAIRE.

PULPE. Nom donné à la partie charnue des fruits et même des feuilles.

Ce qu'on mange de la pêche, de la poire, du melon, de la fraise, etc., est une pulpe.

L'organisation de la pulpe varie autant que les sortes de fruits; cependant c'est toujours un tissu CELLULAIRE ou un PARENCHYME (*voyez* ces mots), contenant des sucs de différentes natures.

L'art du jardinier influe puissamment sur la pulpe des fruits, soit relativement à son épaisseur, à sa couleur, à sa saveur, à sa conservation, etc., comme on le voit quand on compare la pomme et la poire sauvages aux trois ou quatre cents variétés de poires et de pommes qui se cultivent dans nos jardins et qui leur sont supérieures sous tous les rapports *Voyez* aux mots FRUIT et GRAINE. (B.)

PULSATILE. Espèce d'ANÉMONE.

PULVÉRINE. On donne ce nom, en Italie, au crottin de mouton et de chèvre, réduit en poudre, engrais dont on fait grand cas, et que vendent les bergers. *Voyez* ENGRAIS, MOUTON et CHÈVRE. (B.)

PUNAISE, *Cimex.* Genre d'insectes de l'ordre des hémiptères, qui renferme plus de huit cents espèces connues, parmi lesquelles il en est plusieurs qu'il est important de connaître, soit pour éviter leur mauvaise odeur, soit pour les empêcher de nuire aux plantes et aux animaux, soit enfin pour les distinguer de celles qui, faisant la guerre aux autres insectes nuisibles à l'agriculture, doivent être considérées comme les auxiliaires des cultivateurs.

Ce genre si nombreux a été divisé dernièrement par Latreille en treize genres; savoir, *scutellere*, *pentatome*, *lygée*,
corée, *neide*, *miris*, *phymate*, *acanthie*, *punaise*, *nœbis*,
ployère, *reduve*, *gerris et hydromètre*; mais comme ces genres
seront encore long-temps renfermés dans les livres avant d'être
connus des cultivateurs, et que c'est pour eux que j'écris, je
le considérerai dans son ensemble, seulement j'indiquerai le
genre de Latreille à qui les espèces que je mentionnerai appar-
partiendront.

Fabricius a encore augmenté les genres de la famille des
punaises dans son *Systema rhyngotorum*. Il les porte à vingt-
deux.

Le nom des punaises rappelle toujours une sensation désagréable qui prévient contre elles; mais il est de fait que la
plus grande partie n'ont point d'odeur, et que quelques espèces,
telles que la punaise marginée et la punaise nugace, en exhalent une qui se rapproche de celle de la pomme-reinette, et
qui est, par conséquent, agréable. Celle de la jusquiame sent
le thym.

Toutes les punaises pondent des œufs, qu'elles déposent sur
les plantes, contre des pierres, dans la terre, et meurent bientôt après. Le petit nombre de celles qui passent l'hiver cessent
de vivre à la fin du printemps. Les mâles se distinguent assez
généralement des femelles par plus de petitesse et une colora-
tion plus intense. Leur accouplement dure long-temps, et dans
ce cas, c'est la femelle qui entraîne le mâle. La plupart volent
très-bien; mais il en est quelques-unes qui ne prennent jamais
ou presque jamais d'ailes, et d'autres qui semblent ne pas faire
usage de celles dont elles sont pourvues. Les larves ne diffèrent
des insectes parfaits que par la grandeur et la privation des
ailes. Le sang des animaux est la nourriture du plus grand
nombre, mais plusieurs vivent du suc des plantes. Leur trompe
est, en conséquence, assez solide pour percer la peau des
hommes, des quadrupèdes, des oiseaux et des insectes, ou
l'écorce des plantes. Quelques espèces causent beaucoup de douleur en piquant, moins peut-être par la piqûre même que par
la liqueur qu'elles versent en même temps dans la plaie, liqueur empoisonnée qui est destinée à accélérer la mort des
insectes dont elles se nourrissent. Cette trompe est composée
d'un fourreau de quatre pièces, qui rentrent jusqu'à un certain
point, les unes dans les autres, et dont la première est mobile
au lieu de son insertion, c'est-à-dire sous ou à l'extrémité
de la tête : dans ce fourreau se trouvent trois filets qui jouent
les uns contre les autres. Quelques espèces ont les pattes antérieures faites en forme de pinces ou armées d'épines, avec les-

quelles elles arrêtent les insectes et les tuent. En général l'histoire des punaises est d'un grand intérêt; mais elle est encore fort incomplète malgré les recherches de Réaumur, Degéer et autres. Je me suis beaucoup occupé de cette famille, dont je possède cinq cents espèces dans ma collection; cependant comme je suis forcé de ne les considérer ici que sous un seul rapport et d'une manière très-générale, j'invite ceux d'entre mes lecteurs qui ont l'amour de l'observation et le temps nécessaire de se livrer à l'étude de leurs mœurs, de faire usage des savans travaux de Fabricius et de Latreille, pour classer leurs diverses espèces et apprendre à connaître leurs noms.

La Punaise des lits, *Acanthia lectuaria*, Fab., a le corps aplati, couleur de rouille, et est toujours dépourvue d'ailes. Sa longueur est de 2 lignes. Elle vit du sang humain. Elle n'est malheureusement que trop connue par son exécrable odeur et par les tourmens qu'elle fait éprouver pendant le sommeil. On la croit originaire du Levant; mais aujourd'hui elle est naturalisée en France au point qu'il est impossible d'espérer de la détruire. C'est sur-tout dans les maisons des pauvres habitans des villes et dans les pays chauds qu'elle se multiplie avec une excessive abondance. Souvent le cultivateur le moins soigneux, principalement dans les pays qui ont peu de communications, en est exempt parce qu'elle n'est pas encore arrivée jusqu'à sa cabane. Elle échappe facilement aux regards en s'introduisant dans les trous des murs, les fentes des boiseries, les replis des étoffes, etc., d'où elle ne sort que la nuit lorsqu'elle est attirée par les exhalaisons des corps, pour venir se gorger de notre sang. Ordinairement elles se tiennent dans les parties supérieures des appartemens, dans le ciel des lits, et se laissent tomber sur leur proie plutôt que de l'aller chercher en marchant. Elle est d'autant plus active qu'il fait plus chaud; mais les plus grands froids, ainsi que Degéer l'a constaté en Suède, ne la font pas mourir. On a indiqué des milliers de recettes pour s'en débarrasser, mais la plupart ne servent tout au plus qu'à les éloigner momentanément. Une extrême propreté et une recherche journalière, sur-tout au printemps, est le plus sûr pour arriver à ce but lorsqu'il y en a peu; mais lorsqu'il s'en trouve des milliers, comme cela n'est que trop fréquent, il est indispensable de détendre les lits, de laver les bois, le linge ou autre étoffe à diverses reprises à l'eau de lessive bouillante, boucher tous les trous qui se laissent voir dans les murs, les plafonds, etc., et blanchir à la chaux ou peindre tout ce qui en est susceptible. Un moyen qui a été indiqué depuis long-temps, et dont je me suis souvent servi avec avantage pendant mes voyages pour pouvoir reposer dans les au-

berges où j'avais lieu de les craindre , c'est de laisser brûler
une chandelle à la proximité et à la hauteur du lit ; car elles
fuient la lumière et ne sortent pas de leurs retraites tant qu'elles
ont lieu de craindre d'être aperçues. Placer les matelas au
milieu de la chambre, comme on le fait souvent, diminue bien
le nombre des assaillantes , mais n'en débarrasse pas complétement, attendu qu'elles savent, guidées sans doute par l'o-
deur, aller chercher leurs victimes, soit par le plafond , soit
par le plancher.

Dans beaucoup d'endroits , les personnes pauvres qui ne
peuvent ni faire la dépense nécessaire pour détruire les punaises , ni se livrer chaque matin à leur recherche individuelle,
font faire une claie d'osier d'un pied de haut sur 2 ou 3 pieds
de long , et la placent chaque soir derrière leur oreiller. Les
punaises , après s'être repues , trouvant une retraite dans les
interstices de cette claie, s'y réfugient pour la plupart, et en
la battant le matin sur le plancher, on les fait tomber et on
les écrases. Ce procédé est un des meilleurs et doit être indiqué
dans toutes les campagnes où il n'est pas connu.

La multiplication des punaises s'effectue pendant tout l'été
dans le climat de Paris, et pendant presque toute l'année dans
ceux qui sont très-chauds ; aussi leur nombre augmente-t-il
dans une maison avec une incroyable rapidité lorsqu'on n'y
met pas obstacle.

La Punaise siamoise, *Cimex nigro-lineatus*, Lin., *Tetyra*,
Fab. , *Scutellera* , Latreille , est ovale , presque ronde , a un
écusson qui recouvre entièrement les ailes. Sa couleur est rouge
avec 5 lignes noires au corcelet , 3 à l'écusson , et en dessous
jaune avec des points noirs. Sa longueur est de 4 lignes. Elle
vit de la sève des plantes ; mais je ne l'ai jamais vue faire du
tort à celles cultivées. C'est un insecte très-brillant, mais d'une
odeur des plus désagréables.

Dans cette même division se trouve la Punaise hotten-
tote , qu'on rencontre sur le seigle et qu'on soupçonne en
sucer le grain lorsqu'il n'est pas encore endurci. Elle est d'un
brun couleur de suie. Ses mœurs ont besoin d'être étudiées
avant de prononcer si elle est réellement l'ennemie des cultivateurs.

La Punaise rufipède , *Cimex rufipes* , Fab. , est d'un gris
brun avec la base des antennes, l'extrémité de l'écusson , le
dessous du corps et les pattes ferrugineux. Son corcelet se prolonge de chaque côté en épine obtuse. Sa longueur est de 6
lignes et sa largeur de 4. On la trouve très-fréquemment au
printemps sur les arbres, suçant les chenilles, aux dépens

desquelles elle vit. Elle est donc un auxiliaire contre les ravages des chenilles; mais quelque abondante qu'elle soit certaines années, elle n'est pas d'une grande utilité aux agriculteurs. Elle sent d'ailleurs fort mauvais.

La Punaise a antennes noires, *Cimex nigricornis*, Fab., ne diffère de la précédente qu'en ce que son corps est moins coloré, ses antennes toutes noires, ainsi que l'extrémité des prolongemens latéraux du corcelet. Elle a les mêmes mœurs.

Plusieurs espèces moins communes doivent être encore assimilées à ces deux dernières, par la manière de vivre et par les services qu'elles rendent à l'agriculture. Ce sont toutes des *pentatomes* de Latreille.

La Punaise grise, *Cimex griseus*, Fab., *Pentatoma*, Latreille, est grise de diverses nuances, avec les côtés de l'abdomen marbrés de noir et de blanc. Son abdomen est armé d'une pointe qui se dirige en avant; son corps est ovale et long de 4 à 5 lignes. Cette espèce se trouve le plus communément sur les plantes, aux dépens desquelles elle vit. Elle sent extrêmement mauvais, et communique souvent cette odeur aux légumes et aux fruits qu'elle a sucés. C'est son plus grave inconvénient; car on ne remarque pas qu'elle nuise d'une manière sensible à la végétation.

La Punaise des baies n'a pas d'épine à l'abdomen et est d'un tiers plus petite que la précédente, à laquelle elle ressemble beaucoup. Elle est également très-commune sur les plantes et les fruits, principalement les fraises, les groseilles, les cerises et autres baies, auxquelles elle communique sa détestable odeur. Il n'est personne qui n'ait été dans le cas de s'en plaindre sous ce rapport. Les observations ci-dessus lui conviennent complétement.

La Punaise verte, *Cimex juniperinus*, Fab., est toute verte, et de la grandeur de la première. On peut lui faire les reproches ci-dessus.

La Punaise du chou, *Cimex ornatus*, Fab., est rouge, tachetée de noir. Elle est presque ronde et longue de 4 lignes. On la trouve très-communément sur les choux et sur les autres plantes de la même famille, aux dépens desquelles elle vit. Elle doit quelquefois leur causer un dommage notable; cependant on ne se plaint que de la mauvaise odeur qu'elle leur communique. Je crois être fondé à lui attribuer la perte d'un semis de choux qui avait été fait de bonne heure, et sans doute ce cas se retrouve souvent. Au reste, il est facile de la détruire lorsqu'on le veut, à raison de sa grosseur et de ce qu'elle ne se cache pas.

La Punaise des potagers, *Cimex oleraceus*, Fab., qui a la même forme que la précédente, mais moitié moins de longueur, dont la couleur est verte avec des taches rouges ou blanches, se trouve également sur les plantes de la famille du chou, et toujours en plus grande quantité. Je crois qu'on a quelquefois à s'en plaindre dans les pays où on cultive la navette et le colza.

Ces deux dernières espèces sont encore des *pentatomes* de Latreille.

La Punaise bordée, *Coreus marginatus*, Fab., Latreille, est d'un brun roux en dessus, et jaunâtre en dessous. Son abdomen est rouge en dessus; son corcelet est large, relevé en oreille sur les côtés : elle a deux petites épines à la base des antennes, et les pattes longues ; c'est la *punaise à ailerons* de Geoffroy. Sa longueur est de 6 lignes, et sa largeur de 3. On la trouve très-communément sur les plantes, sur-tout sur la tanaisie, dont elle suce la sève. Elle exhale pendant la chaleur une odeur de pomme reinette, qui serait très-agréable si elle était moins forte.

La Punaise nugace, *Ligœus nugax*, Fab., est longue de 5 lignes sur une et demie de large. Sa couleur est d'un gris brun, avec les antennes et les pattes annelées de blanc, et les bords de l'abdomen tachés de la même couleur. Elle se trouve fréquemment sur les plantes de la famille des labiées, principalement sur les menthes. Elle exhale une très-agréable odeur: c'est celle du thym mêlée avec celle de la reinette.

La Punaise équestre, *Lygœus equestris*, Fab., Latreille, a 6 lignes de long sur 3 de large. Elle est noire et rouge, et ses ailes sont noires et blanches. Elle vit sur l'asclépiade domtevenin, qu'elle fait quelquefois périr.

La Punaise de la jusquiame, *Lygœus hyosciami*, Fab., Latreille, est d'un tiers plus petite que la précédente, avec laquelle elle a au reste de grands rapports de forme et de couleur. Ses ailes sont entièrement brunes. On la trouve sur la jusquiame, dont elle suce le suc, quelque vénéneux qu'il soit pour les grands animaux. Elle exhale une odeur de thym fort agréable. Sa larve est remarquable par la disproportion de ses diverses parties.

La Punaise sans ailes, *Lygœus apterus*, Fab., Latreille, a le corps rouge et noir, et point d'ailes. Elle vit aux dépens de diverses plantes et principalement de la mauve. Elle forme des sociétés souvent très-nombreuses, qu'on remarque principalement à la fin de l'hiver, époque où elle s'accouple, contre les murs exposés au midi, au pied des arbres, sous les racines desquels elle a pu trouver un abri. Je l'ai plusieurs fois trouvée avec des ailes.

La Punaise des prés, *Lygœus pratensis*, Fab., Latreille, est jaunâtre, avec les élytres verdâtres; sa longueur est de 3 lignes, et sa largeur d'une : elle est excessivement commune dans les prés et les pâturages, et vit aux dépens de diverses plantes : il en est de même de la Punaise des champs, qui n'en diffère presque que par une tache ferrugineuse qu'elle a sur ses élytres.

Un grand nombre d'autres espèces assez communes, et vivant comme elle aux dépens des plantes, s'en rapprochent également, mais n'intéressent pas assez pour devoir être particulièrement mentionnées.

La Punaise nayade, *Cimex lacustris*, Lin., a 4 lignes de long sur une de large : elle est noirâtre ; ses pattes antérieures sont courtes et ses pattes postérieures longues. On la voit sur presque toutes les eaux stagnantes, où elle court comme sur la terre, et où elle s'enfonce à volonté pour poursuivre les autres insectes aux dépens desquels elle vit. Je ne la cite ici que parce qu'on l'accuse quelquefois de faire mourir les bestiaux qui l'avalent en buvant : je n'ai point de fait à alléguer contre cette opinion ; mais j'ai peine à la croire fondée, 1°. parce que cette punaise n'a pas d'arme assez forte pour blesser dangereusement l'estomac d'un quadrupède; 2°. parce qu'elle est si fort sur ses gardes et si agile, qu'elle est déjà loin du bord lorsqu'un animal en approche.

Plusieurs autres espèces voisines, mais plus petites, se trouvent également sur les eaux : elles font partie, ainsi que cette dernière, du genre *hydromètre* de Fabricius.

La Punaise clavicorne est noire avec le bord du corcelet gris, ainsi que les élytres ; son corcelet a trois saillies longitudinales, et ses élytres sont réticulés : elle n'a guère qu'une ligne de long. Je la cite, parce que sa larve vit dans les fleurs de la germandrée petit chêne, et en les piquant pour se nourrir de leur suc, leur fait acquérir un volume extraordinaire, et les transforme en une espèce de galle.

La Punaise du chardon se rapproche beaucoup de la précédente; mais elle est un peu plus grande et toute grise, ou peu tachée de noir ; ses antennes sont noires à leur extrémité : elle se trouve sur le chardon, les artichauts et autres plantes de la même famille, aux dépens desquelles elle vit. Elle fait naître sur le calice de leurs fleurs, en le piquant, des tubercules qui l'empêchent de se développer; il est possible qu'elle nuise quelquefois d'une manière notable aux plantations d'artichauts.

La Punaise staphilin est noire, luisante, exhale une odeur fétide; elle a 2 millimètres de longueur; elle cause de grands dommages aux oliviers, dont elle suce la sève comme la punaise-tigre suce celle des poiriers. On la connaît sous le nom de Barban dans le département des Alpes maritimes; elle appartient au genre Trips. *Voyez* ces mots.

La Punaise du poirier n'a pas une ligne et demie de long sur la moitié de large. Son corcelet est pourvu de deux appendices latéraux en forme d'ailes, et d'un intermédiaire vésiculeux: son corcelet a aussi un appendice dans son milieu, semblable aux latéraux du corcelet: ses élytres sont très-larges, réticulés, et ont chacun une vésicule dans leur milieu. Le corps est noir, et les élytres, ainsi que le corcelet, gris taché de brun.

Ce singulier insecte que Fabricius a appelé d'abord *acanthia pyri*, et ensuite *tingis pyri*, que Latreille range dans son genre *corée*, est le *tigre, le puceron du poirier des jardiniers.* Il est souvent si abondant sur les poiriers, de la sève desquels il vit, qu'il empêche les fruits de grossir, de prendre de la saveur, et qu'il cause quelquefois même la mort de l'arbre. C'est toujours sur la surface inférieure des feuilles qu'il se tient, principalement autour des grosses nervures. On reconnaît de loin sa présence à la couleur inégalement pâle des feuilles et aux excrémens dont elles sont chargées: il est fort difficile de le détruire autrement qu'en l'écrasant avec les mains: toutes les recettes indiquées dans les ouvrages d'agriculture ne remplissent que très-imparfaitement cet objet. La fumée et, encore mieux, la vapeur de soufre qu'on dirige sous les feuilles, font bien tomber une partie de ces insectes; mais une autre tient bon, et elle suffit pour renouveler la race; les eaux chargées de l'âcreté du tabac ou de celle des feuilles de noyer, des feuilles de sureau, seringuées contre le dessous de ses feuilles, produisent des effets également incomplets. Il en est de même de la chaux et de l'huile; l'eau bouillante produit plus de mal que de bien; chercher les œufs dans les interstices des murs, dans les gerçures de l'écorce, est trop long et trop insuffisant pour qu'on doive le conseiller : j'aimerais mieux, si mon jardin était loin des autres, sacrifier deux années de récolte, et affaiblir un peu mes arbres en les dépouillant avec précaution de la totalité de leurs feuilles au mois de mai pour les brûler sur-le-champ; les insectes qui, à cette époque, n'ont pas encore pondu leurs œufs, périraient ou dans le feu, ou de faim, et il n'y aurait pas de long-temps de génération assez abondante pour être nuisible. Quelquefois une suite de jours froids suffit pour faire périr la plus grande

partie des tigres, et peut en débarrasser un canton pour plusieurs années; d'autres fois, un temps favorable les fait multiplier au point qu'ils ont desséché toutes les feuilles avant
l'époque fixée pour leur ponte, ce qui les fait mourir de
faim et produit par conséquent les mêmes effets : tous les
arbres ne sont pas également attaqués par eux; ils préfèrent
les bons-chrétiens et les espaliers exposés au midi à tous
les autres. Les pays chauds en sont plus infestés que les froids.
(B.)

PUPION. Jets latéraux du blé dans le Médoc. Pupionner
est synonyme de TALLER. *Voyez* ce mot. (B.)

PURGATIFS. On entend généralement par purgatifs tous
les remèdes qui évacuent les humeurs; mais ce mot est plus
particulièrement employé pour désigner ceux qui purgent par
les selles, c'est-à-dire ceux qui, en agissant sur la membrane
interne de l'estomac et des intestins, en augmentent l'action
et les aident à expulser les matières amassées dans les viscères.
On administre ces médicamens à l'intérieur. Il faut être très-
circonspect sur leur emploi. L'usage des purgatifs exige beaucoup de précautions, soit dans la manière de préparer les animaux avant de les donner, soit dans le régime à leur faire
suivre lorsqu'ils les ont pris : c'est de ces précautions que dépendent le plus ou moins de force de leur action, et les bons
ou mauvais effets qu'ils produisent.

L'indication de l'emploi des purgatifs ne nécessite pas toujours le même degré d'activité de la part de ces médicamens;
il se rencontre des cas dans lesquels il importe d'évacuer promptement et abondamment, et d'autres dans lesquels on ne doit
avoir en vue que de solliciter une légère évacuation.

Il s'agit donc de saisir ces différentes nuances et de les faire
cadrer avec la nature de la maladie, l'âge, la force et le tempérament de l'animal auquel on les administre, et les différentes espèces d'animaux qu'on a à traiter : nous reviendrons
sur ce dernier point.

On ne doit jamais employer les purgatifs lorsqu'il y a éré-
thisme, tension et douleur, comme dans des fièvres aiguës ;
il y a cependant quelques cas dans lesquels ils ont été donnés avec succès, malgré les douleurs qui paraissent en contre-
indiquer l'usage : par exemple, dans les coliques d'indiges-
tion, et dans celles occasionnées par la présence de quelques
corps étrangers ou calculs dans le canal intestinal; l'action
des purgatifs dans cette circonstance a souvent déplacé le
corps qui obstruait l'intestin et lui a fait prendre une position plus favorable à la sortie des excrémens. Malgré ces heureux résultats, nous pensons que dans les cas de cette na-

ture on ne doit user des purgatifs qu'avec beaucoup de ménagement et qu'après les avoir fait précéder de moyens plus
doux.

On ne doit pas donner des purgatifs indifféremment dans
tous les temps d'une maladie, c'est ordinairement sur la fin et
lorsqu'on a plus à redouter ou à attendre des crises qu'on
peut les administrer ; c'est principalement à la suite des maladies putrides, et après celles qui laissent de l'engorgement
et de l'empâtement dans le canal intestinal, et encore pour
terminer la cure de quelques maladies chroniques, telles que
le farcin, les eaux aux jambes, qu'il est bon de purger.

Non-seulement il faut prendre en considération le tempérament, l'âge et la force des sujets que l'on veut purger, la
nature de la maladie pour laquelle on les purge et les différentes espèces d'animaux sur lesquels on agit ; mais il faut encore éviter autant que possible de donner des purgatifs dans
les grands froids et dans les grandes chaleurs : une température
douce est celle qui convient le mieux et qui favorise le plus
les bons effets de ces médicamens.

Avant de les administrer, il faut avoir préparé les animaux
par quelques jours de diète, l'usage des lavemens et des boissons délayantes, telles que l'eau blanchie avec la farine d'orge
ou celle de seigle pour les herbivores, et le petit-lait pour les
carnivores.

En disant qu'on doit préparer par la diète, nous entendons
seulement une diminution dans la quantité des alimens : par
exemple, si l'on a à purger un cheval, on ne lui donnera pendant quelques jours que la moitié du foin et le quart de l'avoine
qu'il mange ordinairement, et on le mettra à la paille ; on aura
l'attention de l'attacher au râtelier s'il est gourmand, afin d'empêcher qu'il ne mange sa litière.

La veille du jour où l'on doit purger, on ne donnera aux
herbivores pour le repas du soir qu'une botte de paille et de
l'eau blanche, et aux carnivores qu'un peu de soupe.

Les purgatifs se donnent en breuvage, pilules, opiats et
lavemens.

Pour faire avaler les breuvages on est obligé de mettre les
animaux dans une attitude forcée, en leur levant la tête ; il
faut éviter de les maintenir trop long-temps dans cette attitude et de verser trop précipitamment la liqueur, on courrait
risque de les suffoquer.

Les pilules n'ont pas le même inconvénient ; cependant
leur administration exige des précautions : il faut que les substances qui les composent soient bien mêlées et exactement
unies avec le miel ou les extraits dont on les enveloppe, afin

d'éviter la toux que pourrait exciter l'action de ces substances sur la gorge.

Le purgatif, divisé en pilules du volume d'une grosse noix, on fait lever la tête comme pour faire prendre des breuvages, on introduit la main dans la bouche, on place une de ces pilules sur la langue le plus près possible de sa base , et en même temps on donne un peu plus d'élévation à la tête : ce léger mouvement fait descendre la pilule plus facilement ; on agit ainsi de suite jusqu'à ce que toutes les pilules soient avalées. On fait boire ordinairement après la prise de la dernière environ un litre d'eau tiède.

Quant aux opiats, ils n'ont aucun des inconvéniens dont nous venons de parler ; on les fait prendre facilement en les introduisant dans la bouche peu-à-peu avec une spatule de bois , jusqu'à ce que l'animal en ait pris la quantité déterminée.

Les lavemens, qui paraissent au premier abord très-simples à donner, méritent néanmoins quelque attention de la part de celui qui les administre, dans les gros animaux, tels que le cheval, l'âne, le mulet et le bœuf. Si on soupçonne que l'intestin soit plein, *il faut le vider avant avec la main*, et s'assurer si le lavement n'est pas trop chaud, vu qu'il en est souvent résulté des accidens fâcheux.

Lorsqu'on donne un lavement, on doit introduire doucement et le plus avant qu'on peut le canon de la seringue et lever le manche de l'instrument de manière à ce qu'il soit au moins dans une position directe avec le corps de l'animal, ne pousser que doucement, et arrêter ou plutôt cesser lorsque l'animal fait des efforts ; il vaut mieux ne donner qu'un demi-lavement, et qu'il soit gardé, que d'en donner un entier, qui est rejeté sur-le-champ, sur-tout lorsqu'il s'agit d'un lavement médicamenteux.

On doit encore prendre en considération la position de l'animal auquel on donne un lavement ; il doit être placé de manière à ce que l'arrière-main soit plus élevée que l'avant-main.

Les purgatifs ne peuvent pas être administrés indifféremment sous la même forme à tous les animaux.

Parmi les herbivores, les ruminans, c'est-à-dire ceux qui ont quatre estomacs, ne peuvent être purgés avec des liquides, l'organisation de ce viscère ne permet pas l'usage des purgatifs donnés de cette manière : ces médicamens doivent leur être administrés sous forme solide ; on les donne le matin à jeun et on ne laisse rien prendre aux animaux que quatre ou cinq heures après : alors on leur donne quelques boissons ; savoir, pour les herbivores, de l'eau blanche, dans laquelle on aura jeté un peu d'eau chaude si c'est en hiver, et pour les carnivores, du bouillon coupé avec de l'eau.

Il faut faire faire de temps à autre de légères promenades aux animaux auxquels on a donné un purgatif.

Si le temps est froid ou humide, on aura l'attention de les couvrir, et s'il gèle, on fera ces promenades dans l'intérieur des écuries, s'il est possible, ou dans des lieux abrités ; quant aux carnivores, il est assez facile de les garantir de l'intempérie des saisons.

Dans les gros animaux, l'action des purgatifs est lente et sur-tout dans le cheval : il ne purge ordinairement que vingt-quatre heures après la prise du médicament.

Les substances purgatives que la médecine vétérinaire peut adopter sont très-peu nombreuses ; nous nous bornerons à indiquer ici celles dont les vertus réellement purgatives ont été confirmées par l'expérience : ces substances sont,

Le sel d'Epsom (sulfate de magnésie).

On l'emploie plus particulièrement pour le cheval et le bœuf ; on le leur donne depuis un hectogramme jusqu'à 4 (de 3 onces jusqu'à 12).

Sel végétal (tartrite de potasse).

Il purge les porcs, les chiens, les chats, les agneaux ; on le combine avec le miel, la manne, ou l'infusion de séné ; on peut le donner jusqu'à 3 décagrammes (une once).

Sel de Glauber (sulfate de soude).

Il est laxatif ; on le préfère, pour les petits animaux, aux deux précédens.

On le donne aux gros animaux depuis un hectogramme jusqu'à 3 (de 3 onces à 9 onces) ; et pour les petits, depuis un décagramme jusqu'à 3 (de 3 gros à 9).

Sel de duobus (sulfate de potasse) ; on peut le remplacer par le sel d'Epsom.

La manne grasse : c'est un purgatif doux pour le chien et le chat ; on le leur donne à la dose d'un décagramme à 5 (de 3 gros à 15), en le dissolvant dans une infusion de séné ou de polypode.

Le catholicon fin ; on le donne en lavement aux gros animaux à la dose d'un hectogramme (3 onces).

La rhubarbe ; elle n'est purgative que pour le chien ; on la lui donne en poudre dans les alimens jusqu'à un décagramme (3 gros).

Le séné ; il purge le cochon, le chien et le chat ; dans le cheval et dans le bœuf il n'opère pas seul, son infusion faite à chaud augmente l'action de l'aloès : on le donne aux petits animaux depuis un décagramme jusqu'à 6 (de 3 gros à 18) ; et pour les gros, jusqu'à 2 hectogrammes (6 onces).

Le jalap ; il purge le mouton, le chien, le cochon et le chat ; pour le cochon, on le fait prendre en poudre dans ses alimens : on en peut faire autant pour le chien en le mettant dans une boulette de pâtée ; on le donne en opiat au mouton, depuis 10 décigrammes jusqu'à un décagramme (20 grains à 3 gros.

Le turbith végétal : c'est un purgatif violent pour les petits animaux ; il n'est que comme auxiliaire pour les grands ; on le donne en poudre depuis un décagramme jusqu'à 6 pour le cheval et le bœuf (3 gros à 18), et depuis un gramme jusqu'à 4 pour les autres (18 grains à un gros).

Le diagrède ou la scammonée ; purgatif principalement en usage pour le chien : on le lui donne en poudre dans la soupe ou la pâtée, depuis 3 décigrammes jusqu'à 4 grammes (6 grains à un gros).

Gomme-gutte : c'est un purgatif violent ; on ne l'emploie que pour les petits animaux ; M. Daubenton la recommande dans la pourriture des bêtes à laine ; on la donne au chien et au chat jusqu'à un décigramme (2 grains) dans de la soupe.

M. Daubenton a purgé des moutons avec 4 grammes étendus dans un véhicule aqueux, et il les a tués à 8 grammes.

Pour les vertus et les doses de ces médicamens purgatifs, nous avons suivi la quatrième édition de la matière médicale de M. Bourgelat, augmentée et publiée par M. Huzard ; nous invitons les lecteurs à consulter cet ouvrage. (Des.)

PURIDIÉ. Synonyme de POURRITURE DES MOUTONS dans les montagnes du centre de la France. (B.)

PURIN. On donne ce nom, dans quelques lieux, aux urines des animaux domestiques rassemblées dans des fosses extérieures ou aux eaux de fumiers également réunies.

Le purin est un excellent engrais ; mais il faut le répandre au moment même des semailles, et ne pas le prodiguer. La chaux active son action en rendant dissolubles les parties qui ne le sont pas.

Il a été prouvé, par des expériences positives, que les arrosemens faits avec ce purin sont mortels pour les plantes, à moins qu'il ne soit fort affaibli par de l'eau. C'est la surabondance de l'engrais qu'il contient qui agit d'une manière nuisible dans ce cas. *Voyez* ENGRAIS et LIZÉ. (B.)

PUROT. Ce nom s'applique, dans le département de la Haute-Saône, à des espèces de citernes creusées dans les cours des fermes, et où l'on dirige les eaux des fumiers. On ne peut qu'applaudir à cette pratique ; cependant, par la manière de disposer le fumier, il est possible de l'éviter et de produire les mêmes résultats. *Voyez* Fumier, Lizé et Purin. (B)

PUS. Médecine vétérinaire. Résultat de la Suppuration. *Voyez* ce mot et ceux Abcès et Ulcère. (B.)

PUSTULADE. Synonyme de claveau.

PUSTULES. Élévations qui se développent sur la peau par plusieurs causes souvent difficiles à reconnaître. *Voyez* Tumeur, Echauboulure, Claveau. (B.)

PUTIER, ou BOIS DE SAINTE-LUCIE. *Voyez* Cerisier.

PUTOIS. Quadrupède du genre des fouines, qui se rapproche beaucoup de la fouine proprement dite, et qui, comme elle, est d'un côté l'ennemi des cultivateurs, dont il dévore la volaille, et de l'autre son auxiliaire dans la guerre perpétuelle qu'il fait aux rats, aux souris, aux lérots, aux campagnols, aux mulots, aux taupes, aux hannetons, etc.

On distingue le putois à son museau et à ses oreilles blanches à leur extrémité, à la fétide odeur qu'il répand et qu'il communique à tout ce qu'il touche. Il n'est point rare en France dans les pays de montagnes. J'en ai beaucoup vu, pendant ma jeunesse, sur les montagnes des environs de Langres, où tous les hivers des Suisses ou des Allemands venaient le chasser, ainsi que la fouine, avec des bassets dressés à cela, dans les greniers de la ferme de mon père.

Tout ce que j'ai dit de la Fouine s'appliquant au putois, j'y renvoie le lecteur. (B.)

PYRALE, *Pyralis*. Genre d'insectes de l'ordre des lépidoptères, qui faisait partie des phalènes de Linnæus, et dont plusieurs espèces intéressent les cultivateurs, comme causant, sous l'état de larve ou de chenille, des dommages souvent considérables aux productions végétales.

Ce genre, qui contient plus de deux cents espèces connues, est formé avec les insectes appelés *phalènes-chape* par Geoffroy, et *phalènes rouleuses* par Linnæus, parce que leurs ailes sont arrondies et presque aussi larges à leur base qu'à leur extrémité, représentent assez bien par leur réunion l'habillement de ce nom, et que leurs chenilles roulent ordinairement les feuilles des arbres ou des plantes.

La plupart des chenilles des espèces qui composent ce genre ont seize pattes, sont rases ou peu velues. Plusieurs pénètrent et se cachent dans l'intérieur des plantes ou de leurs fruits.

Il est des arbres, tels que le chêne, qui en nourrissent de si grandes quantités, que toutes leurs feuilles sont roulées, et qu'elles se montrent par milliers dès qu'on secoue une branche; car la plupart ont l'habitude de se laisser tomber au moindre danger , en filant, pour remonter, au moyen de leur fil , dès qu'elles croient n'avoir plus rien à craindre. Heureusement il n'y en a qu'un petit nombre d'espèces qui vivent aux dépens des arbres fruitiers et des plantes cultivées.

La plus désastreuse de toutes ces espèces est la PYRALE DE LA VIGNE , dont j'ai signalé les ravages et publié les caractères dans les Mémoires de l'ancienne Société d'agriculture de Paris , trimestre d'été 1786 , sous le surnom de d'Antic que je portais alors. Ses ailes supérieures sont d'un fauve verdâtre , avec trois bandes obliques noirâtres, dont la dernière est terminale. Sa grandeur est de 5 lignes de long sur 3 de large. Sa chenille vit sur la vigne , dont elle roule les feuilles et ronge les pétioles ainsi que les pédoncules. Elle est verte , avec une tache jaune de chaque côté du premier anneau et la tête noire. Elle cause souvent des pertes immenses aux pays de vignobles. Je l'ai observée dans les vignes d'Argenteuil une année où elle avait empêché la moitié des ceps de porter des raisins. Depuis lors , les vignobles des environs de Reims ont éprouvé le même malheur pendant plusieurs années consécutives ; il en a été de même dans ceux des environs de Mâcon. On peut croire qu'alternativement, quand les circonstances sont favorables , elle frappe de dévastation tous les pays de vignobles , et que si elle n'a pas été plus tôt remarquée , c'est qu'elle est presque toujours cachée et qu'on confondait ses effets avec ceux produits par les *gribouris* et des *attelabes*. Dire quelles sont ces circonstances serait chose fort difficile ; mais on a remarqué que leur nombre augmentait petit à petit pendant quelques années , et qu'ensuite on n'en voyait plus du tout. On peut croire que des pluies froides arrivées en juin , époque où elles sont en pleine activité de ravages dans le climat de Paris , les font périr souvent presque toutes, et que , lorsqu'elles sont assez abondantes pour ne pas laisser une feuille sur les ceps , elles doivent mourir de faim avant leur transformation. Si ces chenilles ne faisaient que manger les feuilles, on s'apercevrait à peine de leur présence, fussent-elles du double plus nombreuses , parce que leur grosseur, comparée à la largeur de ces feuilles, permettrait à plusieurs de vivre sur une seule ; mais c'est principalement à leur pétiole qu'elles s'attachent, de sorte que la feuille périt avant son développement complet , sans utilité pour l'insecte. Elles rongent aussi, comme je l'ai déjà observé, le pédoncule des grappes, de sorte que tel cep qui a conservé une partie de ses feuilles ne produit pas un grain de raisin. Non-seulement les effets de ses ravages se font sentir d'une manière désastreuse sur la récolte de l'année, mais encore sur celle de l'année suivante, et même de la troi-

sième, parce que les efforts que font les racines pour réparer
la perte des feuilles par de nouvelles pousses, à la sève d'automne, les affaiblissent et les empêchent de donner du fruit
jusqu'à ce qu'elles se soient rétablies.

Les moyens de détruire ces chenilles ne sont point faciles à
trouver. Les rechercher pour les écraser à la main est une chose
impraticable, à raison du temps, de la dépense et même du
peu de succès, car toutes les feuilles contournées n'en contiennent pas, puisqu'elles changent plusieurs fois de domicile,
et qu'elles se laissent tomber dès qu'on touche à celles où elles se
trouvent; couper ces feuilles pour les mettre rapidement dans
un sac, serait un remède pire que le mal. C'est donc sur les
insectes parfaits qu'il faut tenter d'exercer une action destruc-
tive : or, la meilleure de toutes celles qui peuvent se présenter
à l'idée est, sans contredit, celle de Roberjot, le même qui
a été si lâchement assassiné au congrès de Rastadt, et qui,
quoique prêtre, s'occupait, avant la révolution, de l'étude de
la nature et de l'application de la science aux travaux agricoles. Ce citoyen estimable, qui vivait dans un des plus riches
vignobles de la France, le Mâconnais, s'est donc dit: la pyrale
de la vigne, comme toutes les autres espèces de son genre et
comme un grand nombre de phalènes, est attirée le soir par
la chandelle, et vient s'y brûler de fort loin. Allumons donc
des feux de paille, de fagots, dans des lieux élevés autour
des vignobles, à l'entrée de la nuit, à l'époque où les pyrales
sortent de leur chysalide, et cherchent à s'accoupler; il l'a fait
dans son canton, et le succès a couronné ses espérances. Le
service qu'il a rendu à l'agriculture doit mériter à sa triste famille le souvenir des gens de bien, des véritables amis de la
patrie. Depuis, on a pratiqué la même méthode dans un grand
nombre de lieux, et toujours, lorsqu'on a pris les précautions
convenables, on est parvenu à détruire d'immenses quantités
de pyrales, qui, pondant chacune (les femelles s'entend) une
centaine d'œufs et peut-être plus, auraient causé de nouveaux
ravages l'année suivante. C'est ce qui s'appelle véritablement
arrêter le mal dans sa source. Beaucoup de ces insectes ne
viennent pas au feu sans doute; mais ce ne sont pas deux
mille, cent mille chenilles, si on veut, qui nuisent aux récoltes du vin d'un vignoble tel que celui de Mâcon, ce sont
des millions, des centaines de millions. Quel est le propriétaire, dit Virey, nouveau Dictionnaire d'Histoire naturelle de
Déterville, qui serait arrêté par la considération de la dépense
de quelques fagots de bois, de quelques bottes de paille ou de
chaume, ou autre combustible, qu'il est si aisé de se procurer? La durée des feux serait d'une heure chaque nuit; il n'est

pas même nécessaire qu'ils soient considérables. Si on a la précaution de les faire dans des lieux élevés, vingt feux dans chaque vignoble, changés d'emplacement chaque jour, peuvent suffire. Il faut que ces feux soient construits de manière à occasionner dans l'air des tourbillons, et que le moment où il convient de les faire soit fixé par une personne intelligente, pour qu'on n'en perde pas le fruit; car les pyrales éclosent à des époques différentes dans chaque climat et chaque année, c'est-à-dire qu'elles paraissent plus tard à Paris qu'à Màcon, et plus dans les années chaudes que dans les années froides : en général c'est dans l'intervalle du premier juillet au 15 août. Leur passage, si je puis employer ce terme, dure huit à dix jours, allant en croissant et en décroissant, de sorte qu'il faudrait faire des feux chaque jour pendant tout ce temps, excepté lorsque le ciel serait froid, pluvieux ou venteux, parce que les insectes changent alors difficilement de place. Non-seulement on fait ainsi périr les pyrales, mais encore un grand nombre de bombices, de noctuelles, de phalènes et autres insectes, qui sont également attirés par le feu, et dont les chenilles vivent aux dépens des arbres fruitiers et autres.

La Pyrale fasciane a les ailes antérieures d'un gris obscur, avec une bande transversale et une tache terminale brune; elle diffère peu en grandeur de la précédente. Sa chenille, qui est d'un vert brun, se trouve aussi sur la vigne, mais plus tard, c'est-à-dire en août. Il m'a paru qu'elle attaquait principalement le grain encore vert du raisin; elle est peu abondante aux environs de Paris, et j'ignore si elle l'est davantage autre part : ce que j'ai dit à l'article précédent lui convient parfaitement. Il ne faut pas la confondre avec les Teignes de la Vigne et de la Grappe. *Voyez* ces mots.

La Pyrale clorane a les ailes antérieures d'un beau vert, bordées extérieurement de blanc; elle a 6 lignes de long. Sa chenille vit sur l'osier blanc, ou *osier à longues feuilles, salix viminalis*, Lin., dont elle réunit les feuilles supérieures avec de la soie, et dont elle mange l'extrémité du bourgeon, ce qui l'empêche de croître en hauteur. Cette chenille est verte, ponctuée de blanc et tachée de brun sur les côtés. J'ai vu une année les oseraies des bords de la Seine tellement infestées par cette chenille, que toutes les pousses en avaient une, ce qui a dû causer une perte très-considérable aux propriétaires, le principal mérite de cette espèce d'osier étant la longueur de ses brins. Il n'y a d'autre moyen de diminuer ses ravages pour les années suivantes que de les écraser en comprimant avec les doigts les sommités des osiers; car faire du feu pour faire périr les insectes parfaits serait peu fructueux, les osiers bordant seulement les îles; c'est à la fin de mai qu'il faudrait faire cette opération.

La chenille d'une autre espèce, de la PYRALE AMERINE, vit encore aux dépens des osiers, principalement de l'osier jaune; mais elle se contente de plier les plus grandes feuilles, et nuit peu à leur végétation. Les ailes antérieures de l'insecte parfait sont couleur de brique avec une bande transversale couleur de rouille commune aux deux.

La PYRALE UNCANE a les ailes supérieures fauve brun, bordées de blanc, et une tache blanche sur le côté extérieur; sa longueur est de 6 lignes. J'ai trouvé sa chenille sur la luzerne, dont elle liait les feuilles supérieures des tiges pour en manger le cœur avec sécurité. J'ignore si elle est assez commune dans quelques pays pour se faire remarquer par ses ravages : je ne l'ai vue que peu souvent aux environs de Paris ; il ne faut cependant que quelques pièces de luzerne laissées sur pied dans une année favorable, pour la multiplier au point de se rendre nuisible. J'ai lieu de croire que ce qui la rend rare, c'est qu'on coupe ce fourrage avant que cette chenille ait complété sa croissance, et que par conséquent il ne se sauve que celles qui se trouvent sur des pieds isolés ou sur ceux qui échappent à la faux.

Il est probable que la PYRALE ZOÉGANE, qui se rencontre si abondamment dans les luzernes, vit aussi aux dépens de cette plante; mais je n'ai jamais trouvé sa chenille : elle est jaune avec des points et des lignes couleur de rouille.

La PYRALE DU ROSIER a les ailes antérieures couleur de brique avec une bande oblique grise; sa longueur est de 4 lignes; sa chenille est brune; elle plie les feuilles de rosier pour se cacher et les manger en sûreté. Souvent elle est si abondante, qu'elle nuit à la production des fleurs de cet arbrisseau.

La PYRALE CYNOSBANE a la moitié antérieure des ailes brune et la postérieure blanche; sa grandeur est la même que celle de la précédente. Sa chenille est fauve avec la tête noire; elle plie les jeunes feuilles du rosier autour de la sommité du bourgeon, et mange cette sommité. Elle nuit par conséquent beaucoup plus à la production des roses que la précédente; aussi les amateurs de cette fleur doivent-ils lui faire une guerre à outrance. J'ai souvent employé le moyen indiqué à l'article de la pyrale clorane; mais le mal était produit, et je ne travaillais réellement que pour l'année suivante.

Il est plusieurs autres insectes de ce genre qui nuisent aux fleurs et aux légumes, mais qui sont trop rares pour être remarqués des cultivateurs, et que je crois en conséquence pouvoir me dispenser de citer.

La Pyrale holmiane a les ailes antérieures couleur de rouille, avec une tache triangulaire et marginale blanche.

La Pyrale gnomane a les ailes antérieures jaunes, avec une bande oblique et une tache postérieure et marginale couleur de rouille.

La Pyrale oporane a les ailes antérieures couleur de rouille, tachées et réticulées de brun.

Ces trois espèces, et peut-être encore d'antres, proviennent de chenilles qui plient les feuilles des pommiers, sur-tout des pommiers en espaliers, et qui, quoique très-petites, nuisent souvent beaucoup à la production de leurs fruits. Je me suis trouvé fort bien de frapper légèrement avec un bâton les branches des arbres qui en étaient chargées; le coup les faisait descendre suspendues chacune à un fil, que je coupais en faisant faire horizontalement le moulinet au même bâton, ce qui les faisait tomber à terre, où la plupart périssaient par l'effet des rayons du soleil, ou de faim, ne sachant pas remonter sur l'arbre. Il faut faire cette opération vers midi et pendant un jour chaud. C'est dans le mois de mai qu'elles causent le plus de dommages aux pommiers; il y en a aussi sur les poiriers, mais elles y sont rares.

La Pyrale des pommes a les ailes supérieures nébuleuses avec une tache dorée à leur extrémité; sa longueur est de 5 lignes; sa chenille est rougeâtre avec la tête noire; elle vit dans l'intérieur des pommes, et se confond généralement, quoique très-distinguable par ses seize pattes, avec les autres larves, qui y vivent également sous le nom de *vers des pommes*. Il est des années où elle contribue plus que ces dernières à la chute de cette sorte de fruit avant sa maturité; elle est un très-grand fléau pour les vergers et les pays à cidre.

Elle sort du fruit lorsqu'elle a pris tout son accroissement, pour aller se transformer dans les gerçures de l'écorce, dans les inégalités des murs, sous les pierres, etc., où il est impossible de l'atteindre pour la détruire. S'opposer à la reproducduction des insectes parfaits en allumant des feux dans les vergers à l'époque où ils sortent de leurs chrysalides, serait certainement le seul moyen d'y parvenir; mais je serais bien embarrassé d'indiquer l'époque où ce moyen devrait être pratiqué, car j'ai trouvé de ces insectes parfaits au printemps, en été et en automne, ce qui me fait soupçonner qu'ils éclosent pendant une partie de la belle saison. En général, ces insectes parfaits sont beaucoup plus rares que le nombre des pommes verreuses ne semblerait l'annoncer: j'en ignore la raison.

Les poires et les prunes sont aussi fréquemment rendues verreuses par des chenilles appartenant sans doute à des insectes de ce genre; mais elles ont été peu étudiées jusqu'à présent. Au reste, ce que j'aurais à en dire, si elles étaient mieux connues, rentrerait sans doute dans ce qui vient d'être rapporté. (B.)

PYRAMIDE. Arbre fruitier garni de branches depuis sa base jusqu'à son sommet, et qu'on taille tous les ans comme les contr'espaliers, les buissons, les vases, etc. *Voyez* Taille.

Il n'y a de différence entre les pyramides et les quenouilles que dans l'inégalité de la longueur des branches, la hauteur du tronc, et qu'en ce qu'elles peuvent presque toujours être greffées sur franc, sans autre inconvénient qu'un retard de quelques années dans la production du fruit.

On doit croire que la connaissance des pyramides suivit de près celle des quenouilles; mais comme on les a long-temps confondues, on n'en trouve aucune description dans les ouvrages sur le jardinage publiés avant le règne de Louis XV. Ce n'est que dans ces derniers temps qu'elles sont devenues assez célèbres pour être préconisées et décrites dans les livres.

Toute pyramide a été quenouille pendant les premières années qui ont suivi sa plantation. Les principes qui guident dans sa formation étant absolument les mêmes, je renvoie au mot Quenouille pour apprendre à les connaître.

Les avantages des pyramides sur les quenouilles sont de durer plus long-temps, de pouvoir être formées avec un plus grand nombre d'espèces d'arbres fruitiers, de fournir plus abondamment du fruit. Les avantages des quenouilles sur les pyramides consistent à donner plus promptement du fruit et du fruit plus beau et plus coloré.

Comme les quenouilles, les pyramides donnent peu d'ombre et sont susceptibles de faire décoration. Elles peuvent donc être placées sans inconvéniens dans les parterres et dans les potagers.

La disposition des arbres en pyramide est celle qui convient le mieux dans les écoles d'arbres fruitiers. C'est celle qu'a adoptée mon estimable et savant confrère Thouin dans celle du Jardin du Muséum; c'est celle que je désire faire suivre à celle de la pépinière du Luxembourg, attendu qu'elles fournissent tous les ans la quantité de greffes dont on peut avoir besoin, quelque grande qu'elle soit, ce que ne peuvent faire toujours les espaliers, les quenouilles et les pleins-vents.

Une quenouille est vieille à douze ou quinze ans; une pyramide ne l'est pas encore à cinquante. Les reproches qu'on a faits à ces deux manières de conduire les arbres fruitiers retombent presque toujours sur ceux qui les ont dirigées ou les dirigent; cependant je dois avouer qu'elles fournissent moins de fruits, les premières, à raison du peu de développement de leurs branches, les secondes, à raison du trop de vigueur de leurs pousses. Le fruit des dernières est de plus souvent inférieur en bonté, comme jouissant peu de l'utile influence des rayons du soleil, à moins qu'on les évide beaucoup, ce qu'on fait rarement.

J'ai dit plus haut qu'on pouvait former utilement des pyramides avec beaucoup d'espèces d'arbres qui se refusent à être mis en quenouille. En effet, on voit des pruniers, des cerisiers et des abricotiers ainsi disposés, qui se chargent annuellement de fruits. L'amandier et le pêcher sont presque les seuls qui s'y refusent, et ce parce que chez eux les branches à fruit sont différentes des branches à bois, et qu'ils ne percent pas de bourgeons à travers la vieille écorce. Malgré cela, je ne crois pas qu'il soit bon, en principe général, de disposer en pyramide d'autres arbres que les poiriers et quelques pommiers.

Quoique, ainsi que je l'ai dit plus haut, on puisse espérer d'obtenir du fruit des pyramides greffées sur franc après trois ou quatre ans de plantation, il vaut mieux, si on est pressé de jouir et si le terrain est bon, greffer sur coignassier et sur doucin celles des poiriers et des pommiers. Ce conseil est fondé sur l'observation mille et mille fois répétée, que les arbres se mettaient d'autant plus tôt à fruit, qu'ils étaient d'une plus faible constitution, ou se trouvaient dans un plus mauvais terrain (sans excès cependant); c'est-à-dire qu'ils poussaient de plus petites branches. Les moyens à employer pour accélérer le rapport des pyramides sont donc les mêmes que ceux indiqués pour les quenouilles, seulement ils deviennent plus faciles.

Les branches des quenouilles sont tenues de la même longueur dans toute l'étendue du tronc, il n'en est pas de même de celles des pyramides. Comme le tronc de ces dernières s'élève tous les ans d'un demi-pied et quelquefois plus, les branches inférieures ont déjà éprouvé un grand nombre de tailles lorsque les supérieures reçoivent la première. Elles sont donc d'autant plus longues que l'arbre est plus vieux : c'est cette circonstance qui leur a fait donner le nom qu'elles portent, quoiqu'il eût été plus exact de les appeler cônes, car c'est véritablement un cône qu'elles représentent ou doivent représenter.

L'art du jardinier dans la taille des pyramides consiste principalement, 1°. à les tenir suffisamment garnies de branches et cependant de tenir ces branches à une distance telle, que les fruits qu'elles doivent porter puissent jouir de l'utile influence des rayons du soleil; 2°. à empêcher les plus vigoureuses de ces branches de trop prédominer sur les autres ; 3°. de retarder autant que possible leur accroissement en hauteur et en largeur lorsqu'une fois elles sont arrivées à fruit. Dire les moyens de parvenir à remplir ces trois données n'est pas l'objet de cet article : le lecteur trouvera, au mot TAILLE, tout ce qu'il peut désirer à cet égard.

Un grave inconvénient des pyramides, c'est de ne pas prendre assez de racines, ou, mieux, des racines assez longues ou assez profondes pour pouvoir résister aux efforts des vents. Cette circonstance, tenant à leur taille annuelle, ne peut être atténuée qu'en les plaçant dans des localités abritées, ou en leur donnant des tuteurs. *Voyez* RACINE.

On ne doit pas plus craindre de renouveler les pyramides avant leur caducité que les espaliers et autres arbres fruitiers assujettis à la taille, il y a toujours plus à espérer d'un jeune arbre que d'un vieux. Je ne donnerai cependant pas de conseils précis sur cet objet : c'est au propriétaire à juger du moment où tel arbre est sur le retour et s'il lui est convenable de le détruire plus tôt ou plus tard. (B.)

PYRAMIDE. On donne ce nom, en géométrie, à un solide qui a pour base un polygone, et dont la surface est composée d'autant de triangles qu'il y a de côtés à ce polygone.

On plaçait autrefois fréquemment dans les jardins et les parcs des pyramides de pierre de taille plus ou moins élevées, plus ou moins larges par leur base, à la rencontre de plusieurs allées, à l'extrémité d'une de ces allées, etc. : aujourd'hui on n'y voit plus guère que celles qui ont pour but de cacher un regard, une glacière, d'indiquer un tombeau, etc. Leurs dimensions dépendent le plus souvent du caprice.

Les pyramides à base triangulaire et à base carrée sont les plus employées.

La construction des pyramides ne diffère pas de celle des autres monumens en pierre de taille qu'on place dans les jardins, seulement comme leurs côtés sont inclinés, l'intervalle des pierres est plus susceptible d'arrêter l'eau des pluies et les graines des plantes, deux causes de détérioration; il y faut donc employer du ciment ou de la pouzzolane.

Lorsqu'une pyramide est fort élevée, relativement à la largeur de sa base, elle porte le nom d'OBÉLISQUE. *Voyez* ce mot. (B.)

PYRÉNACÉES. Famille de plantes qui réunit seize genres, à un seul près, celui des VERVEINES, étrangers à l'Europe.

Les seuls des autres renfermant des espèces susceptibles d'être cultivées en Europe, en pleine terre, sont ceux appelés GATTELIER et CALLICARPE. (B.)

Q.

QUADRUPÈDES. Nom commun à tous les animaux à quatre pieds, par conséquent aux lézards et aux grenouilles, et non aux phoques ni aux baleines. Cependant comme l'organisation de ces derniers est semblable à celle des véritables quadrupèdes, tels que le cheval, le chien, etc., et que le caractère le plus général qui le distingue des autres animaux est d'avoir des mamelles, on a voulu faire adopter le mot *mammaux* ou *mammifères* en sa place. Cette nouvelle dénomination n'est pas encore connue des cultivateurs, et ne le sera pas probablement de long-temps : c'est pourquoi j'ai toujours employé l'ancienne dans le cours de cet ouvrage. *Voyez* CHEVAL, ANE, MULET, BOEUF, VACHE, VEAU, BÉLIER, MOUTON, BREBIS, CHÈVRE, COCHON, CHIEN, CHAT, et ANIMAUX DOMESTIQUES. (B.)

QUARANTAIN. On donne ce nom à la NAVETTE D'ÉTÉ, à une variété de GIROFLÉE et au MAÏS PRÉCOCE.

QUARANTAINE. La NAVETTE D'ÉTÉ porte ce nom dans quelques cantons. (B.)

QUARRÉ ou CARRÉ. Comme on donne souvent la forme quarrée aux parties des jardins cultivées, séparées par des allées, on a été déterminé à appliquer le nom de quarré à toutes les divisions de ces jardins, lors même qu'elles présentent une autre figure. J'ai planté un quarré de haricots, de choux, etc., est une expression commune dans la bouche des jardiniers.

La nécessité de distinguer les cultures de diverses natures, ou de réserver des passages pour sarcler, biner, arroser les plants susceptibles d'être détruits par le piétinement des ouvriers, cueillir les feuilles, les fleurs, les fruits, sans nuire à la plantation, a porté à diviser les quarrés, par de petits sentiers, en planches d'une longueur qui peut être, sans inconvénient, égale au côté du quarré, quelle que soit sa mesure, mais dont la largeur ne surpasse pas 5 pieds, afin que la main du jardinier puisse atteindre dans le milieu. *Voyez* PLANCHE.

On pratique très-fréquemment autour des quarrés des PLATES-BANDES, qu'on sème en productions de nature différente, qu'on plante de contr'espaliers, de quenouilles, de pyramides, qu'on borde d'oseille, de persil, de cerfeuil, de ciboulette, de pimprenelle, de sauge, de thym, de lavande, de buis, de fleurs de diverses sortes. *Voyez* au mot JARDIN. (B.)

QUARTAL. Espèce de mesure à grain. *Voyez* MESURE.

QUARTAUT. Espèce de tonneau supposé le quart d'un plus grand. *Voyez* au mot MESURE.

QUARTELÉE ou QUARTERÉE. Ancienne mesure agraire. *Voyez* MESURE.

QUARTIER. Partie du pied des chevaux. *Voyez* PIED et MÉDECINE VÉTÉRINAIRE. (B.)

QUARTIER et QUARTERON. Anciennes mesures de superficie ou de poids, et division de cent. *Voyez* MESURE.

QUARTZ. Sorte de pierre qui se distingue par sa nature vitreuse et par la propriété de faire feu avec le briquet. Elle compose la base des GRANITS, des JASPES, des GRÈS, des SILEX, des MEULIÈRES, etc. Elle entre en petite quantité dans la plus grande partie des autres pierres composées. Sa base est une terre particulière qu'on appelle SILICE. *Voyez* ces mots.

La grande abondance des pierres quartzeuses leur donne une puissante influence sur la culture : ce sont elles qui composent les montagnes dites primitives, qui forment la couche supérieure des vallées et des plaines voisines de ces montagnes. Les pays sablonneux, les landes, etc., leur doivent leur infertilité. *Voyez* MONTAGNE, SABLE, SABLON, SABLONNEUX, ARGILE, LANDE et BRUYÈRE.

En effet, quoique les pierres quartzeuses se décomposent en argile par leur exposition à l'air, cette décomposition est si lente, qu'elle est nulle pour les générations, et elles ne fournissent par conséquent rien, absolument rien à la végétation. Si elles agissent quelquefois comme amendement dans les terres argileuses, c'est mécaniquement, c'est-à-dire en soulevant les molécules terreuses, en favorisant le passage des racines qui ont besoin d'aller chercher au loin l'humidité et les sucs qui leur sont nécessaires.

Le quartz brut en gros blocs est rare ; il sert, sous le nom de *cristal de roche*, à faire quelques bijoux. Les agriculteurs sont peu dans le cas de le remarquer, parce que son gite est presque exclusivement dans les hautes montagnes granitiques. (....)

QUASQUET. Espèce de RATEAU de bois en usage dans le Médoc.

QUARTAGER. C'est le quatrième LABOUR des vignes dans les environs d'Orléans. (B.)

QUEBLE. Synonyme de ruche aux environs d'Arcis-sur-Aube. (B.)

QUENNEÇON. On appelle ainsi la camomille puante aux environs de Boulogne. (B.)

QUENOUILLE. On donne ce nom à des arbres fruitiers, principalement à des poiriers, qu'on laisse, dans la pépinière, se garnir de branches dans toute la longueur de leur tige, et dont on arrête la croissance en hauteur à 6 ou 8 pieds au plus.

Les quenouilles diffèrent des Pyramides (*voyez* ce mot) tant par leur hauteur que par leurs branches latérales, qui sont taillées très-courtes, c'est-à-dire à 6 ou 8 pouces, et d'égale longueur dans toute la hauteur de la tige. Au reste, on peut toujours faire une pyramide d'une quenouille, et il est même rare qu'on les tienne exactement dans les limites que je viens d'indiquer lorsqu'elles sont arrivées à un certain âge.

Il n'y a pas un siècle que la méthode de tenir les arbres fruitiers en quenouille a été trouvée ; ses avantages ont d'abord été exagérés suivant l'usage, et ensuite ses inconvéniens développés avec aigreur, encore suivant l'usage. Le vrai est que certaines variétés de poires, greffées sur coignassier, réusissent fort bien en quenouilles, c'est-à-dire donnent promptement et abondamment de beaux et bons fruits, mais que certaines autres, d'une nature trop vigoureuse, s'épuisent à pousser du bois, et sont long-temps, et même toute leur vie, improductives.

C'est en choisissant les variétés les plus faibles par leur nature, et en affaiblissant artificiellement les plus fortes, soit au moyen d'une greffe hétérogène, soit en les mettant dans un sol très-aride, soit en les empêchant de pousser des racines au moyen d'une taille rigoureuse, qu'on parvient à se procurer de bonnes quenouilles ; aussi la greffe sur coignassier est-elle presque indispensable ; aussi ne doit-on pas en planter dans les terrains trop fertiles et trop frais ; aussi un arbre abandonné à lui-même dans ses premières années ne peut-il plus être employé à en établir.

C'est donc dans la pépinière même que les quenouilles doivent commencer à être formées, et qu'elles le sont en effet. Leur greffe a lieu rez terre : les branches latérales que pousse cette greffe la seconde année, excepté celles qui se trouvent très - rapprochées , sont rigoureusement conservées. L'hiver suivant, ces branches sont taillées à deux yeux, et le montant est arrêté à 3 ou 4 pieds.

Ordinairement les quenouilles sortent de la pépinière à la fin de la troisième ou de la quatrième année ; elles perdent à y rester plus tard , parce que leurs branches inférieures les plus faibles périssent ou deviennent très-grêles, par défaut de lumière et d'air. Toutes celles qui ne sont pas régulièrement garnies de branches dans toute leur hauteur doivent être rejetées : elles ne sont pas pour cela perdues pour le pépiniériste , qui en fait des demi-tiges , soit pour espalier, soit pour plein-vent.

Quelques pépiniéristes cherchent à engager les acquéreurs à ne pas refuser les quenouilles dégarnies, en observant qu'il sera facile de remplacer les vides par des greffes en écusson. Ce moyen, certain en apparence , séduit souvent ces acquéreurs ; mais il est de fait qu'il réussit très-rarement, parce que la sève se porte de préférence dans les bourgeons déjà développés. *Voyez* Greffe.

Il y a trois manières de disposer les quenouilles dans les jardins : 1º. ou on les place dans les plates-bandes, soit du parterre , car elles sont très-ornantes lorsqu'elles sont en fleurs ou en fruits, soit du potager, dont elles rompent la monotonie ; elles se marient fort bien avec les contr'espaliers ; 2º. on en fait des quinconces au milieu des gazons ou au milieu des autres cultures , en les écartant toujours au moins de 6 pieds ; 3º. on les applique contre des murs , et alors on en forme des espèces d'espaliers qui diffèrent de ceux dirigés selon la méthode la plus ordinaire , en ce qu'on leur laisse une tige montante , et que les branches latérales sont toujours tenues rigoureusent perpendiculaires au tronc, ou parallèles au terrain et entre elles. *Voyez* aux mots Espalier et Palmette.

La nécessité de tailler toujours court les quenouilles, c'est-à-dire au plus à deux yeux, et souvent à un seul, fait qu'il est fort difficile de les empêcher d'offrir des chicots , des calus , des exostoses, enfin des branches d'une irrégularité choquante ; il n'appartient qu'à des jardiniers instruits de les bien conduire, et ces jardiniers sont rares. Aussi dans combien de jardins y a-t-il de belles quenouilles de dix à douze ans ? Je puis même dire qu'en général il est rare qu'une quenouille subsiste beaucoup au-delà de cet âge. Les détracteurs des quenouilles se sont beaucoup élevés contre le peu de durée de leur existence, mais n'ont pas considéré qu'elles donnent abondamment du fruit dès la seconde ou troisième année de leur mise en place, tandis qu'un espalier n'en fournit souvent qu'au bout de six à huit ans, et un plein-vent au bout de quinze à vingt. Je crois que les propriétaires de jardins doivent souvent renouveler leurs quenouilles s'ils veulent en tirer tout le parti possible ; mais avant d'en planter de nouvelles dans le même lieu, il faut qu'ils en enlèvent la terre dans une étendue de 3 à 4 pieds de large, et de 2 de profondeur, et la remplacent par de la nouvelle.

Je suis loin de proscrire la quenouille, ainsi qu'on peut en juger par ce que je viens de dire ; mais mon avis est qu'on doit en restreindre le nombre autant que possible. Il n'y a guère que dans les parterres, à raison de leur élégance, et dans les plates-bandes des potagers, à raison du peu d'ombre qu'elles donnent, que je conseille d'en planter.

Cependant toujours il sera mieux d'en mettre, soit entre les contr'espaliers, soit entre les pleins-vents, que de diminuer l'écartement que doivent avoir ces deux dernières sortes d'arbres, sous prétexte de la perte de terrain qui peut avoir lieu pendant leur jeunesse. *Voyez* à l'article PLANTATION.

J'ai fait remarquer plus haut qu'on ne formait guère des quenouilles qu'avec le poirier greffé sur coignassier ; cependant, quoiqu'on préfère généralement tenir nains les pommiers greffés sur paradis, il est quelques amateurs qui en forment des quenouilles, sur-tout les apis, pour l'ornement des parterres. Quelques cerisiers, principalement le hâtif, à raison de la faiblesse de sa constitution, s'accommodent aussi de cette forme ; mais les deux races qui proviennent du merisier, et toutes les variétés qui sont greffées sur ce dernier, ne peuvent la supporter long-temps. Ce que je viens de dire s'applique aussi aux pruniers les moins vigoureux. Les amandiers, les pêchers et les abricotiers ne se mettent jamais en quenouille, parce qu'ils tendent toujours à se dégarnir du bas, et qu'ils poussent constamment des gourmands lorsqu'on leur conserve une tige perpendiculaire.

La taille des quenouilles ne différant de celle des espaliers, des contr'espaliers, des BUISSONS, des vases, et sur-tout des pyramides, que par son plus de rigueur, je renverrai à ces mots et au mot TAILLE ceux qui voudront connaître ses principes. Cependant je crois faire plaisir au lecteur en copiant ce que mon estimable et savant confrère Thouin dit à cet égard.

« Pendant l'hiver, on supprime les rameaux qui se trouvent trop rapprochés, de manière qu'ils soient distans de 5 à 6 pouces dans toute l'étendue de la tige : ceux réservés sont taillés à trois ou quatre yeux, et encore plus longs, selon la vigueur de l'arbre. La tige principale doit être taillée plus longue, pour peu que l'arbre soit vigoureux, pour éviter la formation des gourmands. Lorsque les arbres s'emportent, il est deux moyens de les domter, en courbant leurs bourgeons ou en cassant leur extrémité immédiatement après la première sève ;

mais il faut en user sobrement, parce que déterminant une production de fruit contre nature, ils épuiseraient promptement
l'arbre. Après plusieurs années d'une taille rigide qui ne
permet aux branches que de s'allonger de 2 à 3 trois pouces
par an, il arrive que ces branches s'appauvrissent, parce
qu'elles offrent tant de coudes, de calus, de bourrelets, de
nœuds à travers lesquels la sève a de la peine à circuler,
qu'elle n'a pas la force de produire des branches à bois. Pour
remédier à ce grave inconvénient, qui tend à dégarnir l'arbre
de ses branches, il convient de faire de temps en temps des
sacrifices de fruit, en taillant les bourses à un œil, d'où sort
la même année une branche à bois : par ce moyen, simple on
peut renouveler successivement les branches appauvries des
quenouilles, et les faire durer plus long-temps. Il faut sur-
tout ne pas donner lieu, par des retranchemens mal combinés,
à la formation des *têtes de saule*, qui consommeraient la sève
sans profit. »

Lorsque les quenouilles se dégarnissent de leurs branches,
on a la ressource d'en faire des buissons ou des demi-tiges :
dans le premier cas, en les coupant à un ou 2 pieds de
terre, et en conduisant les nouvelles pousses qui sortiront du
tronc, comme il a été dit au mot Buisson ; dans le second,
en retranchant toutes les branches inférieures, et en laissant
prendre tout l'accroissement possible aux supérieures. (B.)

QUENOUILLE. *Cnicus.* Plante à racines vivaces ; à tiges
creuses, striées, droites, hautes de 4 à 5 pieds ; à feuilles alternes, amplexicaules, pinnatifides, dentées, légèrement épineuses en leurs bords, longues de plus d'un pied sur 4 à 5 pouces
de large ; à fleurs grandes, purpurines ou blanchâtres, disposées en paquets à l'extrémité des tiges, et accompagnées de
bractées colorées, concaves et épineuses, qu'on trouve dans
les marais, sur le bord des rivières de presque toute l'Europe,
et qui forme, avec plusieurs autres, un genre dans la syngé-
nésie égale et dans la famille des cynarocéphales.

La Quenouille comestible fleurit au milieu de l'été ; on
mange ses feuilles en guise d'épinards dans beaucoup d'endroits, et on fait avec ses graines une huile très-bonne à brûler. Nulle part on ne la cultive, parce qu'elle est généralement
fort commune, il est même des marais dont elle couvre des
espaces considérables. Les chevaux l'aiment beaucoup, et les
cochons s'en accommodent fort bien ; mais les vaches ne s'en
soucient point. Un cultivateur soigneux ne doit point la laisser
se perdre, mais la faire couper avant l'époque de la maturité
de ses graines, soit pour en faire de la litière et augmenter

par conséquent la masse de ses fumiers, soit pour la brûler
et en tirer de la potasse. Au reste, la grosseur de ses tiges
et la grandeur ainsi que le nombre de ses feuilles, font croire
qu'elle doit plus que beaucoup d'autres plantes concourir à
élever le sol des marais par le résultat de sa décomposition
annuelle ; en conséquence il peut souvent devenir utile à un
propriétaire de la laisser se pourrir sur place dans cette intention. Son aspect est assez élégant pour qu'elle puisse être regardée comme propre à orner les jardins paysagers : ainsi lorsque le sol est humide, ou qu'on y a des eaux, on fera bien d'y
en placer quelques pieds. Elle se multiplie de graines et par
séparation des racines. (B.)

QUEUE. Médecine vétérinaire. La queue, dans le cheval, ne doit être ni trop haute ni trop basse ; quand elle est
trop élevée, la croupe paraît pointue ; quand elle est trop
basse, la difformité est visible ; mais nous ne disons pas qu'elle
annonce alors, comme on le prétend encore, la faiblesse des
reins de l'animal.

Le tronçon, qui en est la partie la plus élevée, doit être
d'un certain volume, ferme et fourni de crins. Une queue qui
en est dégarnie est appelée *queue de rat.*

Le cheval doit porter la queue horizontalement : c'est ce
que nous exprimons en disant qu'il la porte en trompe.

Une espèce de dartre qui cause de grandes démangeaisons
ronge quelquefois la queue. (*Voyez* Dartre, Gale, Roux-
Vieux.) Souvent aussi ces démangeaisons proviennent des faux
crins qui croissent sur le tronçon, et qui sont extrêmement
gros et courts; car nous voyons que les démangeaisons cessent
lorsqu'ils ont été arrachés. (R.)

Une absurde mode condamne une grande quantité de chevaux de luxe à avoir la queue coupée avant d'être mis en vente
pour la première fois ; cette opération, toujours très-doulou-
reuse, est souvent suivie d'accidens graves et quelquefois de
la mort. Qui ne sait que la queue a été donnée au cheval
comme une arme pour le défendre contre les mouches qui le
tourmentent pendant l'été? Qui n'a pas admiré le bel effet
qu'elle produit lorsqu'il court en liberté ? En l'amputant, on
lui nuit donc autant sous les rapports d'utilité que sous les
rapports d'agrément. Je ne ferai pas aux cultivateurs l'injure
de les croire désireux de suivre la mode à cet égard, et par
conséquent je n'indiquerai pas les différentes méthodes employées pour couper la queue des chevaux.

On coupe aussi généralement la queue, ou au moins le bout
de la queue aux chiens et aux chats ; mais c'est par suite de

préjugé, d'ignorance et d'habitude. Dans les campagnes, en effet, on suppose qu'il y a dans le bout de la queue un ver (c'est l'extrémité de la moelle épinière), qui, si on ne l'ôtait pas, pénétrerait dans le corps de l'animal et le ferait périr. La vue de quelques chiens ou de quelques chats qui n'ont pas été soumis à cette opération, et qui ne s'en portent pas moins bien, ne peut pas plus faire renoncer à cette fausse idée que les raisonnemens appuyés sur des faits anatomiques et physiologiques.

Quant à l'amputation de la queue des moutons à laine fine, elle a un but utile, aussi je ne la blâme pas. La manière de l'effectuer a été indiquée à leur article. (B.)

QUEUE DE RAT. On donne ce nom, aux environs de Laon, à un instrument propre à nettoyer le blé et à briser les gousses du sainfoin, de la luzerne, du trèfle, etc. Il est composé de trois cônes tronqués en fil de fer, entrant l'un dans l'autre, très-rapprochés, dont les fils sont d'autant moins écartés qu'ils sont plus extérieurs. On fait entrer les grains par une ouverture à ce disposée, dans le cône central par une ouverture ménagée à la base, au moyen d'une trémie, puis on fait tourner rapidement le tout, à l'aide d'une manivelle. Les balles ou les gousses brisées en partie par le frottement s'introduisant entre le cône le plus inférieur et le mitoyen, où ils continuent à se nettoyer, et après avoir également passé dans l'intervalle du mitoyen au plus extérieur, ils sortent par une ouverture ménagée au sommet du cône.

Je n'aï pas vu cet instrument; mais des personnes qui en font usage m'en ont parlé de manière à me faire désirer de l'indiquer aux cultivateurs comme étant peu coûteux et très-expéditif. (B.)

QUEUE DES FRUITS ET DES FEUILLES. Ce sont leur PÉDONCULE et leur PÉTIOLE.

QUEUE D'ANNEAU. On donne ce nom, dans les environs d'Orléans, aux SARMENS les plus faibles d'un CEP de VIGNE.

Il est des cas où on enlève toutes les queues d'anneaux à l'ÉBOURGEONNAGE, et d'autres où on laisse quelques-uns d'entre eux. (B.)

QUEUE DE CHEVAL. *Voyez* PRESLE.

QUEUE DE LION. Nom vulgaire de la PHLOMIDE.

QUEUE DE RENARD. Le LILAS s'appelle, dit-on, de ce nom.

On donne aussi ce nom aux racines des arbres, sur-tout des saules, des ormes et des peupliers, qui pénètrent dans les eaux, se divisent en une infinité de fibrilles qui grossissent et s'allongent peu, et qui imitent par conséquent une queue de renard, ou mieux de cheval.

Ce fait, dont l'observation est de tous les jours, s'explique par le défaut d'obstacle que rencontrent les fibrilles à se développer dans le liquide et au peu de nourriture qu'elles y trouvent. *Voyez* Racine. (B.)

QUILLÉ. Altération des feuilles de la Vigne qui semble devoir être rapprochée de la Brulure, et est caractérisée par des taches plus ou moins larges, plus ou moins nombreuses, soit jaunes, soit rouges, qui se forment au milieu de l'été. *Voyez* les mots précités. (B.)

QUIGNONS. On donne ce nom aux tas de lin qu'on laisse dans les champs, après les avoir couverts de paille pour que la maturité de leur graine se complète. (B.)

QUINCONCE. Disposition de plant faite par distance égale en ligne droite, et qui offre toujours des rangées d'arbres en quelque sens qu'on le regarde.

La beauté d'un quinconce consiste en ce que les allées s'alignent et s'enfilent l'une dans l'autre, et se rapportent juste. On ne met ni palissades, ni broussailles dans ce bois; on y sème quelquefois sous les arbres des pièces de gazon, en conservant des allées ratissées pour former des dessins; si on veut avoir une idée exacte du quinconce, il suffit de prendre dans les cartes à jouer celles qui présentent des cinq de pique, de trèfle, etc.

Pour bien diriger un quinconce, on commence à planter un arbre à chaque coin; ensuite trois hommes, outre les travailleurs, conduisent les alignemens: l'un aligne les arbres sur la ligne droite, l'autre sur la ligne qui croise, et le troisième sur la ligne diagonale.

On doit, pendant les premières années, faire travailler le pied des arbres sur un diamètre de 6 à 8 pieds. Si, après la première ou la seconde, un arbre est mal venant, il convient de lui en substituer un autre bien sain et bien enraciné, afin que sa tête et ses racines aient le temps de travailler avant que celles des arbres voisins s'emparent de tout le terrain. On plante et on replante en vain quand une fois les branches se touchent: on assure que les racines se touchent aussi. L'arbre nouvellement planté profite très-bien dans la première année, parce qu'il jouit du bénéfice de l'air dans la clairière formée par l'arbre mort et arraché, et ses racines travaillent dans la fosse qui a été rouverte pour le recevoir. Pendant cette première époque, les branches des arbres voisins, afin de profiter

des bienfaits de l'air, se sont jetées du côté de la clairière autant qu'elles l'ont pu, et le vide a diminué. Les racines voisines, sentant de la terre nouvellement remuée, ont imité les
branches, et bientôt l'arbre planté s'est trouvé étiolé par
l'ombre, et la substance des jeunes racines dévorée par celles
des arbres de la circonférence. Enfin le jeune arbre périt à la
seconde ou à la troisième année, il va rarement à la quatrième;
s'il subsiste plus long-temps, il reste faible et languissant. On
a sans cesse cet exemple sous les yeux dans les promenades
publiques, et cependant on replante sans cesse, parce que les
entrepreneurs gagnent à replanter.

Je ne vois qu'un seul moyen de préserver de cet inconvénient,
c'est, 1°. d'augmenter le diamètre de la clairière en raccour-
cissant les branches des arbres de la circonférence; 2°. de donner à la fosse destinée à recevoir l'arbre 10 à 12 pieds de diamètre; 3°. dans le milieu de l'espace qui reste entre les bords
de cette fosse et le tronc de l'arbre voisin, de creuser un fossé
de 4 pieds de profondeur sur 4 de largeur et 12 de longueur.
Les racines nouvelles des arbres voisins s'amuseront dans cette
fosse, la garniront, la tapisseront et ne pénétreront dans le
sol qui est au-delà que lorsqu'elles auront rempli toute la capacité du fossé. Pendant cet intervalle, l'arbre nouvellement
planté profitera en tête et en racines; enfin il acquerra assez
de force pour se défendre lui-même. Si cet arbre se trouve
dans le centre du quinconce, ou entouré par d'autres arbres,
on le circonscrira de toutes parts par le fossé de précaution dont
on vient de parler; mais le mal devient pour ainsi dire incurable lorsque les arbres n'ont été dans le principe plantés
qu'à 10 ou 15 pieds. Lorsqu'on place un arbre en terre, on
ne voit qu'un morceau de bois isolé, et l'espace d'un arbre à
un autre arbre paraît immense. Que l'on considère actuellement un arbre isolé, par exemple un noyer, un tilleul, un
platane, etc., et on verra que ces arbres couvrent une surface
de 60 à 80 pieds de diamètre. Je ne veux pas conclure de là
que les arbres d'un quinconce doivent être placés à cette distance. Cet exemple est cité seulement pour démontrer quelle
peut-être la portée d'un arbre, et prouve combien peu c'est
entendre ses intérêts que de planter trop près. Il faut au moins
aux marronniers, sycomores, tilleuls, platanes, ormeaux, etc.,
30 pieds de distance en tous sens. Si on veut promptement jouir
on plantera à 15 pieds, à condition toutefois qu'à la sixième
année on supprimera un rang entier. Il résulte des plantations
rapprochées que les branches ne tardent pas à se toucher; que
le jardinier se hâte de les incliner, afin qu'elles se touchent
plus promptement, et que ces branches, au lieu de s'élever

avec majesté, ne poussent que des branches latérales multipliées
et chifonées. Il s'admire dans son ouvrage, contemple avec
satisfaction un toit de verdure créé en moins de dix ans. Le
propriétaire applaudit à son travail, vient prendre le frais dans
son quinconce; il y gagne des fluxions, des maux de dents,
des rhumes, des transpirations arrêtées, etc., parce qu'il y
règne une humidité qui n'est pas entraînée par un courant
d'air et qui ne trouve aucune issue pour s'échapper; enfin,
ce charmant quinconce si vanté n'est plus que pour le plaisir
des yeux, et devient funeste à ceux qui s'y reposent. Si on
désire jouir sans crainte de la plantation, les arbres doivent
être espacés de 3o pieds, et ne commencer à produire des feuilles
qu'à la hauteur de 25 pieds : alors il sera sain et habitable sans
danger. Je ne conçois pas quelle est cette manie de tourmenter
les arbres, afin que leurs branches forment un toit plat en
dessus et en dessous, et parfaitement alignées sur les côtés. Je
ne vois dans ce travail forcé qu'un tour de force qui surprend
au premier aspect, et qui ennuie un moment après. Il n'y a
de beau que le vrai et le vrai naturel : si on se promène à l'ombre
de tels arbres, qu'aperçoit-on? un amas de branches; et quoi
encore? branches sur branches, et la pointe des bourgeons garnis de quelques feuilles. Quel contraste avec l'arbre naturel!
Passe encore si on se contentait de tailler en manière de charmille les bords extérieurs du quinconce, l'intérieur n'en souffrirait pas; mais j'aime mieux l'arbre livré à lui-même, qui se
montre tel qu'il est, et dont le prétendu désordre des branches
augmente la beauté des nuances de la verdure. (R.)

Mais ce ne sont pas seulement des arbres d'agrément qu'on
plante en quinconce. Les arbres fruitiers grands et petits le
sont aussi fréquemment, soit dans le jardin, soit dans le verger, soit en pleine campagne; car cette ordonnance est celle
qui permet d'en placer le plus dans des circonstances les plus
égales. Toujours on doit leur donner une distance proportionnée à leur grandeur, et plutôt trop forte que trop faible. Ainsi
des noyers ne seront pas trop espacés à 5o pieds, des poiriers
et des pommiers greffés sur sauvageons à 3o, et sur coignassiers à 20. Eh ! qu'on ne dise pas combien de terrain perdu !
Au contraire, par cette méthode on n'en perdra jamais, parce
qu'il y aura possibilité de faire des cultures de toutes sortes
ou au moins de semer des fourrages, de former un pré dans
les intervalles de ces arbres, sans craindre les effets de leur
ombre. Il sera plus facile d'ailleurs de remplacer ceux qui
mourront.

Une considération, quelquefois superflue, mais toujours
bonne à voir, c'est de ne pas mettre à côté les uns des autres

les arbres de la même espèce. L'agrément du coup d'œil y perd peut-être, mais une augmentation de vigueur et de production en est constamment la suite. (B.)

QUINQUINA. Ecorce de plusieurs espèces d'arbres du genre de ce nom, dont on fait un grand usage en médecine, principalement pour guérir la fièvre et s'opposer à la gangrène et autres affections où la putridité est à redouter.

La plupart des espèces de quinquina sont originaires du Pérou ; il s'en trouve aussi au Brésil et dans les Antilles. Chacune offre des différences dans ses vertus ou dans l'intensité de ses vertus, de sorte qu'il est extrêmement important de les connaître pour les choisir. Comme on en fait très-peu d'usage dans la médecine vétérinaire, à raison de leur haut prix, je ne crois pas devoir en parler plus au long.

On ne cultive pas en France une seule espèce de quinquina ; mais j'ai introduit d'abord, et Michaux fils après moi, le PINCKENYE, qui n'en diffère que fort peu par ses caractères botaniques, et dont l'écorce a la même amertume. J'ai lieu de croire, d'après un essai fait sur moi-même pendant mon séjour en Caroline, que cette écorce est propre à guérir également la fièvre. Cet arbuste, que je ne doute pas qu'on puisse cultiver en pleine terre dans nos départemens méridionaux, est encore rare dans nos jardins, mais s'y multiplie chaque année, de sorte qu'il est probable qu'on ne sera pas long-temps sans pouvoir faire des essais. (B.)

QUINTAL. Ancienne mesure de pesanteur. *Voyez* MESURE.

QUINTEFEUILLE. Espèce du genre POTENTILLE. *Voyez* ce mot.

QUINTEL. C'est dix GERBES de blé dans le département de Lot-et-Garonne.

QUOIMIO. Sorte de FRAISE cultivée dans quelques ports de la Manche, et dont le nom a été étendu à tous les fraisiers d'Amérique. (B.)

FIN DU TOME DOUZIÈME.

4 Pieds

Pl. I. Tome 12, Page 204.
Fig. 1.
Fig. 2.
Fig. 3.
Fig. 4.
Fig. 5.
Fig. 6.
Fig. 7.
Fig. 8.
Devere del. et dir.t

Pl. II. Tom. 12, Page 360.

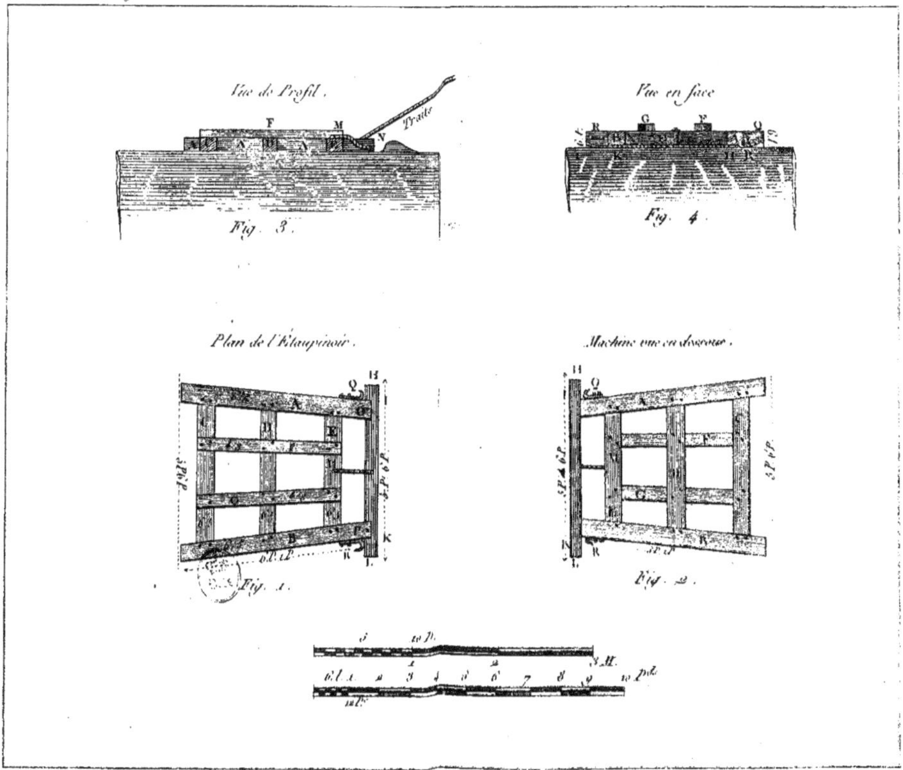
Vue de Profil.
Vue en face
Fig. 3.
Fig. 4.
Plan de l'Étaupinoir.
Machine vue en dessous.
Fig. 1.
Fig. 2.

Dessiné del. et dir.

Prairies (Herse à étaupiner)

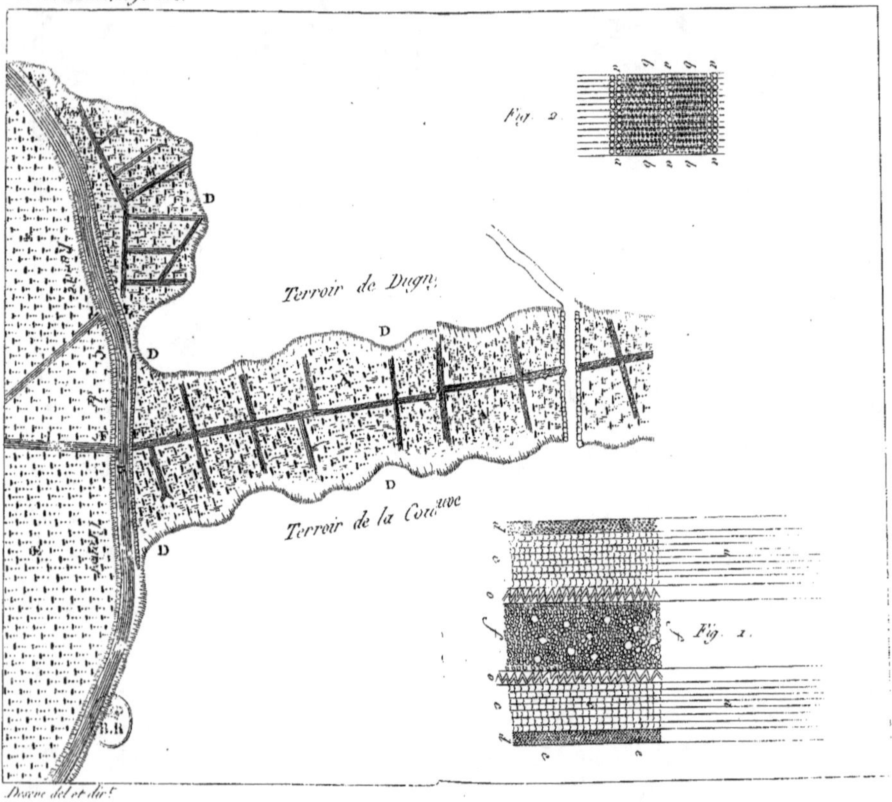

Descre del et dir.

Prairies (Irrigations et Dessèchemens des) Fig. 1 et 2 Physiologie végétale

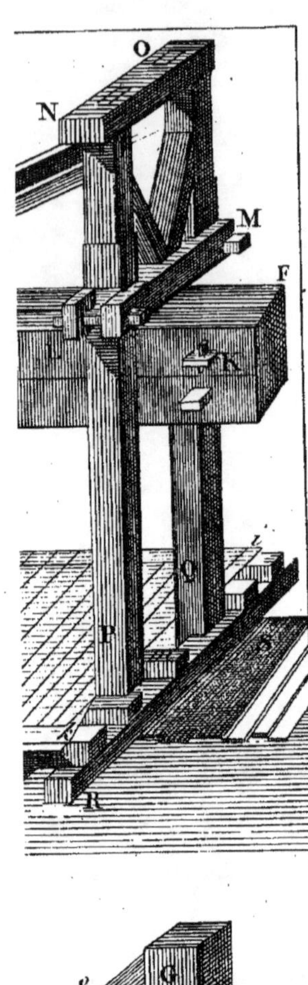

O
N
M
F
L
K
P
Q
R

8
G

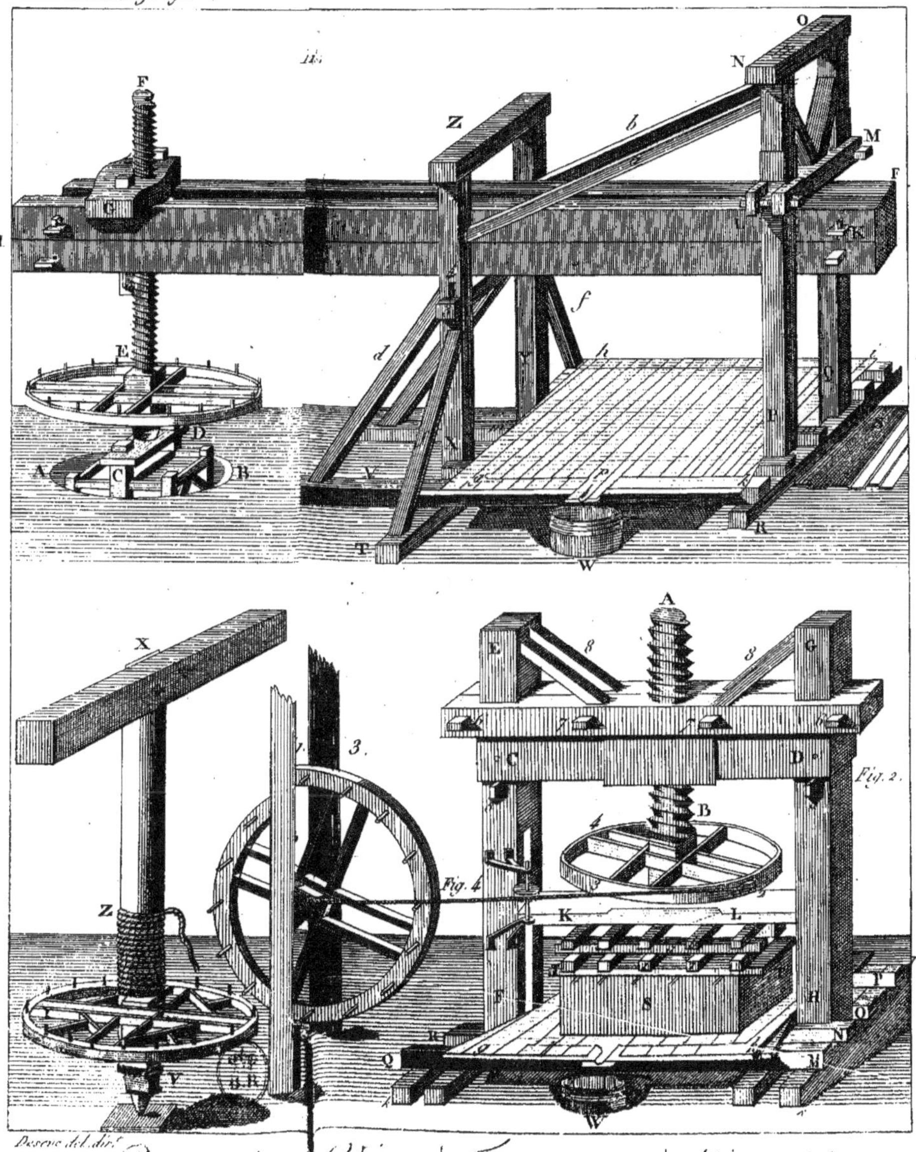

Pressoirs à Vin à Tasson et à Etiquel.

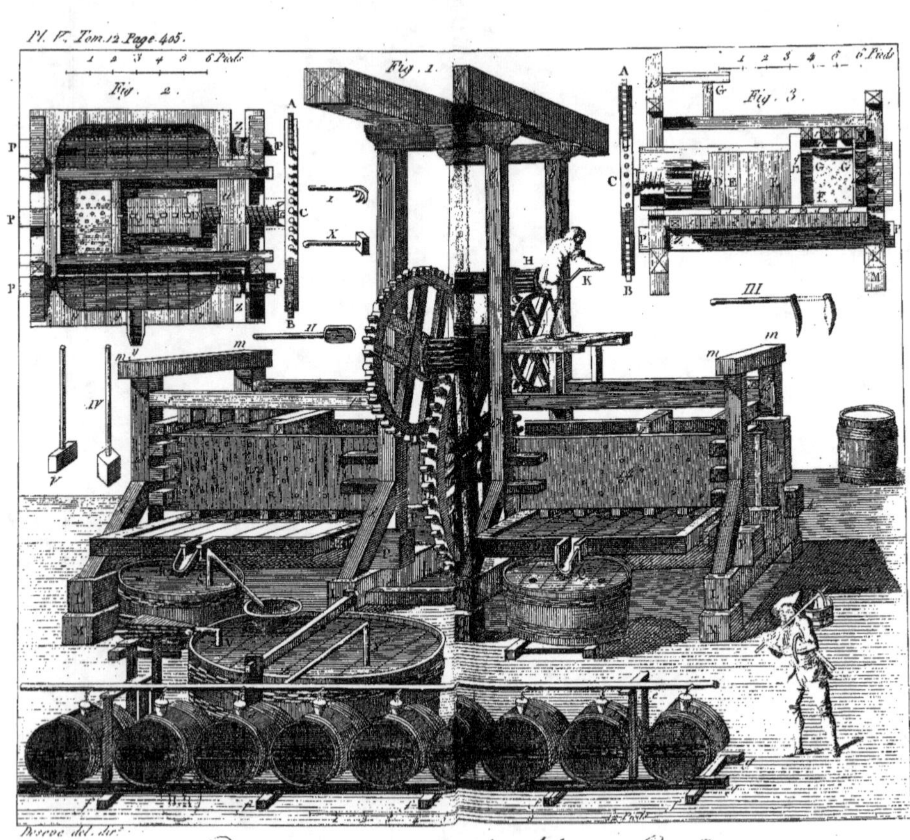
1 2 3 4 5 6 Pieds
Fig. 2.
Fig. 1.
Fig. 3.
1 2 3 4 5 6 Pieds
Preßoir à Vin double coffre
Deveve del. dir.

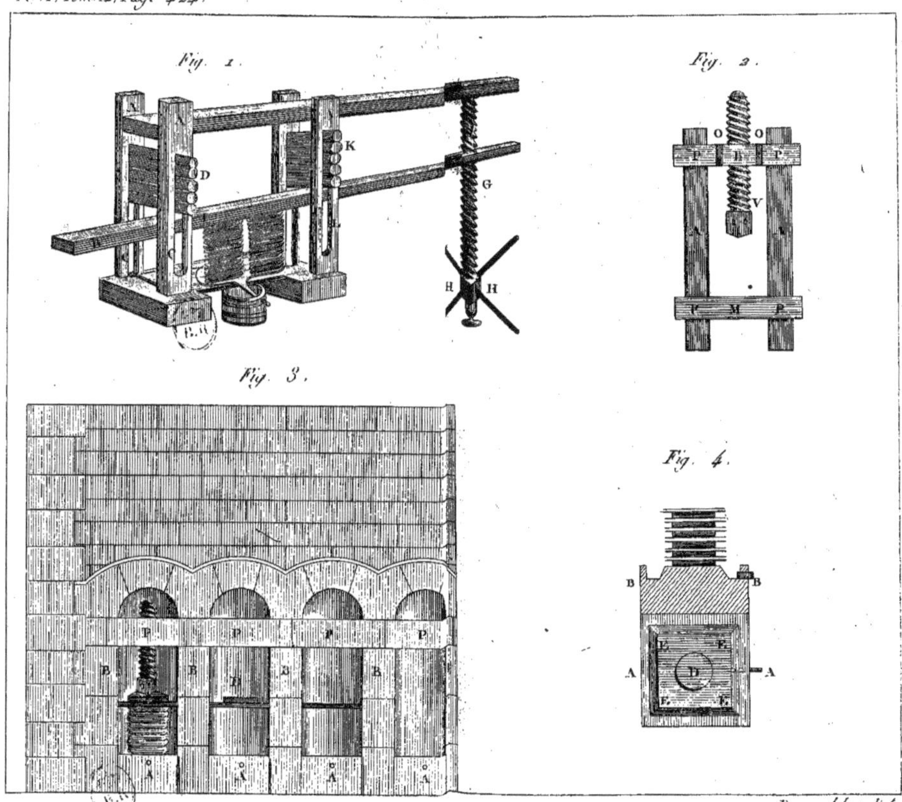

Pressoirs à Huile.

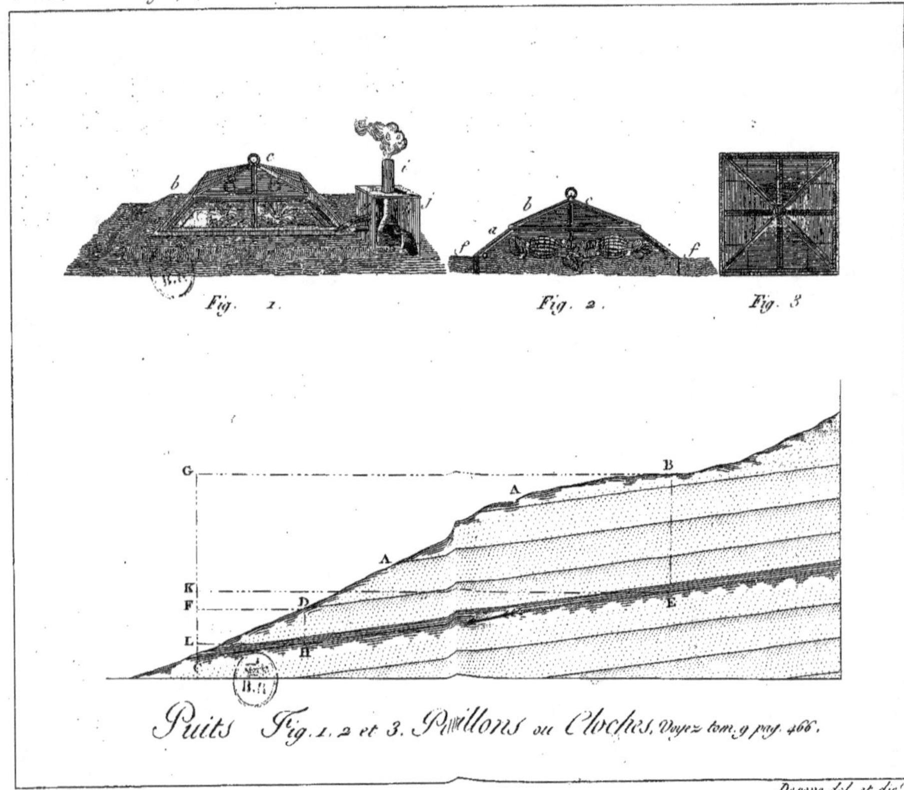

Puits Fig. 1. 2 et 3. Pavillons ou Cloches, voyez tom. 9 pag. 466.

Desene del. et dir.

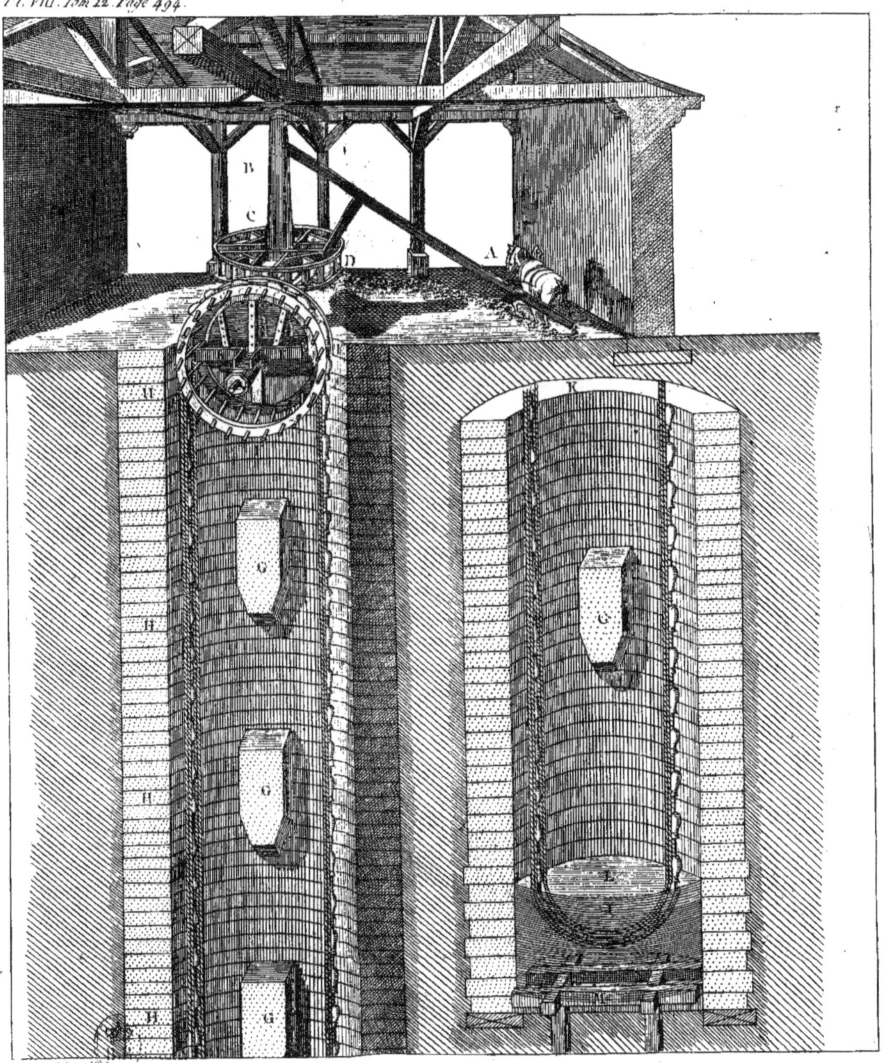

Puits à Chapelet.